해커스
소방설비기사
필기 전기
한권합격 　이론+최신기출+핵심노트

김진성

약력

가천대학교 대학원 졸업(소방방재공학 석사)
현 | 해커스자격증 소방설비기사 강의
현 | 해커스자격증 소방설비산업기사 강의
현 | 해커스소방 소방관계법규 강의
전 | 아모르이그잼 소방분야 강의
전 | 한국소방사관학원 원장 및 소방분야 강의
전 | 한국소방안전학원 원장 및 소방분야 강의
전 | 서정대학교 겸임교수
전 | 중앙소방학교, 인천소방학교 초빙교수
전 | (주)포스코, 강원대학교, 호원대학교, 경민대학교 초빙 교수

저서

- 해커스 소방설비기사 필기 전기 한권합격 이론 + 최신기출 + 핵심노트
- 해커스 소방설비산업기사 필기 전기 한권합격 이론 + 최신기출 + 핵심노트
- 해커스 소방설비기사 필기 공통 한권합격 소방원론·소방관계법규 이론 + 최신기출 + 핵심노트
- 해커스 소방설비산업기사 필기 공통 한권합격 소방원론·소방관계법규 이론 + 최신기출 + 핵심노트
- 해커스소방 김진성 소방관계법규 단원별 실전문제집
- 해커스소방 김진성 소방관계법규 단원별 기출문제집
- 해커스소방 김진성 소방관계법규 합격생 필기노트
- 해커스소방 김진성 소방관계법규 기본서
- 소방설비기사 소방관계법규, 예린
- 소방설비기사 소방전기일반, 예린
- 소방설비기사 소방전기시설의 구조원리, 예린
- 소방설비기사(전기분야) 필기 문제풀이, 예린
- 소방설비기사(전기분야) 실기, 예린

소방설비기사 단기 합격을 향한 길을 비추는 환한 불빛 같은 수험서

해커스 소방설비기사
필기 전기 한권합격 이론＋최신기출＋핵심노트

소방설비기사 시험은 방대한 학습량으로 인해 많은 수험생들이 학습을 시작하기 전 막연한 두려움을 가질 수 있습니다. 그러나 방대한 이론을 체계적으로 정리하고, 시험에 필요한 내용만을 중점적으로 학습한다면 학습한 내용을 오래 기억하고 실제 시험 문제에 적용하여 보다 쉬운 합격의 길을 갈 수 있을 것입니다.

수험생 여러분들의 합격의 길에 함께하기 위해 오랫동안 소방분야에서 전문적인 강의를 했던 경험과 체계적인 이론을 바탕으로 「해커스 소방설비기사 필기 전기 한권합격 이론 + 최신기출 + 핵심노트」 교재를 출간하게 되었습니다.

「해커스 소방설비기사 필기 전기 한권합격 이론 + 최신기출 + 핵심노트」 교재는 수험생 여러분이 학습한 내용을 완전한 '나의 것'으로 만들 수 있도록 다음과 같은 특징을 교재에 담았습니다.

01 교재의 흐름을 그대로 따라가는 학습이 가능하도록 구성하였습니다.

교재 이외에 별도의 자료를 찾아 학습할 필요가 없도록 반드시 알아야 할 기본적인 이론부터 학습의 순서에 맞춰 교재를 구성하였습니다. 이를 통해 전체 이론을 더욱 효율적으로 학습할 수 있습니다.

02 다양한 학습 요소를 통해 입체적인 학습을 할 수 있도록 구성하였습니다.

다양한 형태의 도표 및 그림자료를 수록하여 복잡한 이론을 보다 쉽게 이해할 수 있도록 하였습니다. 또한 '참고'를 통해 이론 학습에 도움이 되는 배경 및 심화이론까지 학습할 수 있습니다.

03 교재 전체 영역에 최신의 내용을 반영하였습니다.

한국산업인력공단의 출제기준 및 최신 개정법령과 세부규정을 모두 빠짐없이 반영하였습니다.
이를 통해 가장 최신의 내용을 정확하게 학습할 수 있습니다.

더불어 자격증 시험 전문 사이트 해커스자격증(pass.Hackers.com)에서 교재 학습 중 궁금한 점을 나누고 다양한 무료 학습자료를 함께 이용하여 학습 효과를 극대화할 수 있습니다.

소방설비기사 시험에 도전하시는 모든 분들의 최종 합격을 진심으로 기원합니다.

김진성

책의 구성 및 특징	6
소방설비기사 시험 정보	8
출제기준	10
학습플랜	12

Part 01 소방전기일반

Chapter 01 전기회로이론	16
Chapter 02 정자기와 응용기기	32
Chapter 03 정전기와 콘덴서	58
Chapter 04 정현파 교류	66
Chapter 05 교류전력	93
Chapter 06 3상 교류이론	96
Chapter 07 회로망에 대한 정리	106
Chapter 08 비정현파	110
Chapter 09 4단자망	113
Chapter 10 전기계측	117
Chapter 11 반도체를 이용한 기초전자회로	133
Chapter 12 자동제어 및 시퀀스 제어	145
Chapter 13 간선의 설계 및 옥내배선공사	169
Chapter 14 소방에 관한 전기원리 및 회로	186

Part 02 소방전기시설의 구조 및 원리

Chapter 01 자동화재 탐지설비 및 시각경보장치	194
Chapter 02 자동화재 속보설비	235
Chapter 03 누전경보기	238
Chapter 04 비상경보설비(단독경보형 감지기 포함) 및 비상방송설비	246
Chapter 05 방재전원설비	251
Chapter 06 피난구조설비	265
Chapter 07 비상콘센트 설비	275
Chapter 08 무선통신 보조설비	279
Chapter 09 가스 누설경보기	284

최신기출

2025년 제3회(CBT)	292
2025년 제2회(CBT)	302
2025년 제1회(CBT)	312
2024년 제3회(CBT)	322
2024년 제2회(CBT)	332
2024년 제1회(CBT)	341
2023년 제4회(CBT)	350
2023년 제2회(CBT)	360
2023년 제1회(CBT)	369
2022년 제4회(CBT)	379
2022년 제2회	388
2022년 제1회	398
2021년 제4회	409
2021년 제2회	420
2021년 제1회	430
2020년 제4회	440
2020년 제3회	450
2020년 제1, 2회	460
2019년 제4회	469
2019년 제2회	478
2019년 제1회	488
2018년 제4회	497
2018년 제2회	507
2018년 제1회	517

 시험장에 꼭 가져가야 할 핵심노트

 무료 특강·학습 콘텐츠 제공
pass.Hackers.com

책의 구성 및 특징

01 학습 중 놓치는 내용 없이 완벽한 이해를 가능하게!

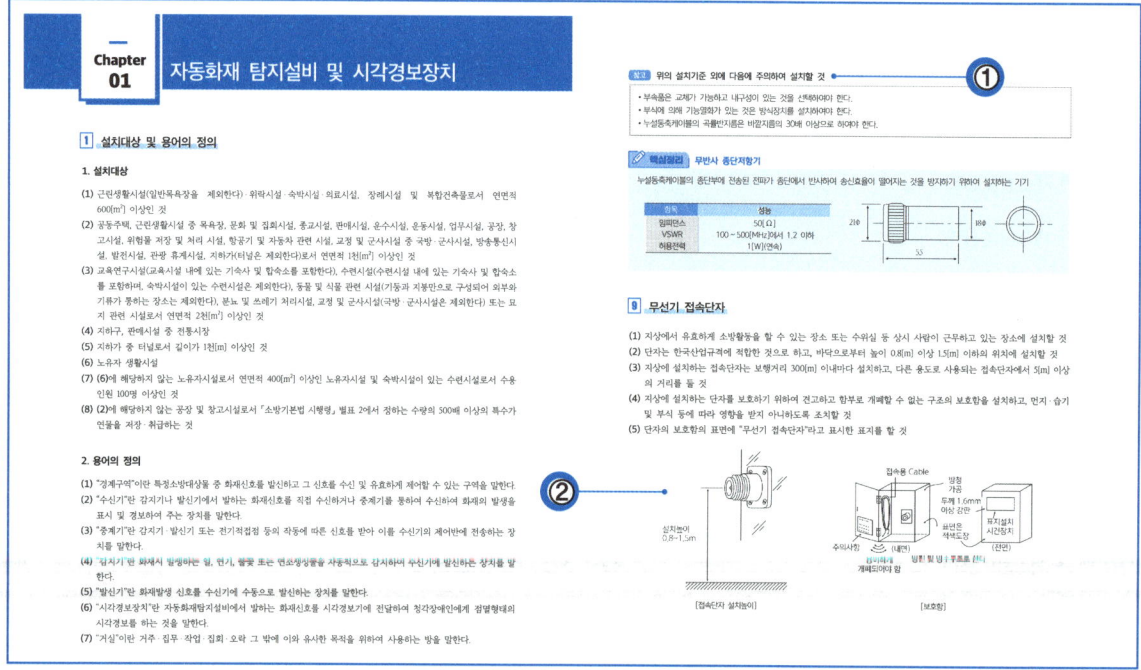

① 참고

더 알아두면 학습에 도움이 되는 배경 및 개념 등의 이론을 '참고'에 담아 수록하였습니다. 이를 통해 이론 학습을 보충하고, 심화 내용까지 학습할 수 있습니다.

② 사진 및 그림자료

내용의 이해를 돕기 위해 다양한 사진과 그림자료를 함께 수록하였습니다. 이를 통해 복잡하고 어려운 이론 내용을 쉽고 빠르게 이해하고 학습할 수 있습니다.

02 확인 예제와 최신기출을 통해 실력 점검과 실전 대비까지 확실하게!

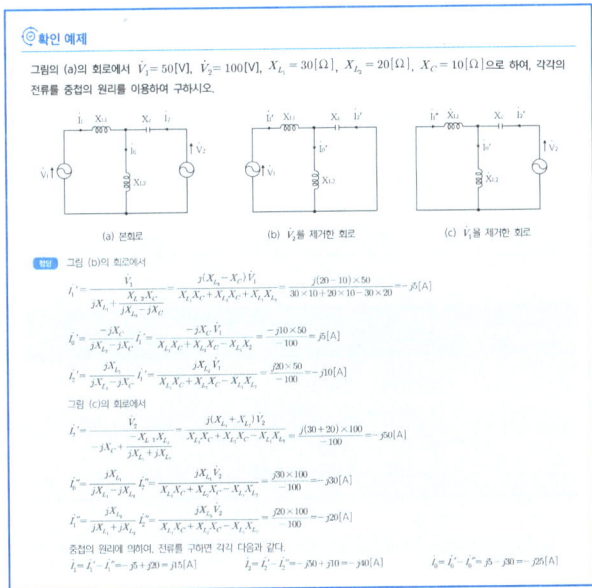

확인 예제

- 주요 이론 또는 시험에 자주 출제되는 이론을 문제로 구성한 확인예제를 수록하였습니다.
- 이를 통해 학습한 내용을 정확히 이해하고 있는지 곧바로 확인할 수 있으며, 실제 시험에서 출제될 수 있는 문제의 경향도 함께 파악할 수 있습니다.

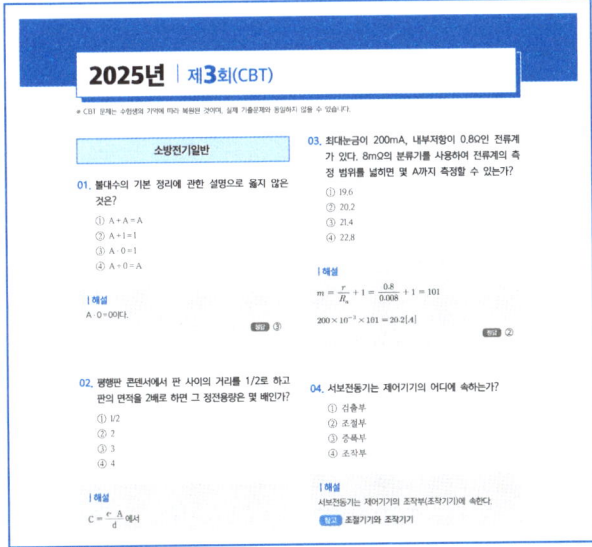

최신기출

- 2025 ~ 2018년의 8개년 기출문제를 수록하였습니다.
- 수록된 '모든' 문제에는 상세한 해설을 수록하여 문제풀이 과정에서 실전감각을 높이고 실력을 한층 향상시킬 수 있습니다.
- 또한 해설을 통해 옳은 지문뿐만 아니라 옳지 않은 지문의 내용까지 확인할 수 있으므로 문제를 풀고 답을 찾아가는 과정에서 자신의 학습 수준을 스스로 점검하고 보완하여 학습 효과를 높일 수 있습니다.

소방설비기사 시험 정보

01 시험 제도 및 과목

• 검정기준 · 방법 및 합격기준

검정기준	소방설비기사에 대한 공학적인 기술이론 지식을 통해 설계 · 시공 · 분석 등의 업무를 수행할 수 있는지를 검정합니다.
검정방법	• 필기: 객관식 4지 택일형으로 과목당 20문제가 출제되며, CBT 방식으로 시행됩니다. • 실기: 필답형으로 출제됩니다.
합격기준	• 필기: 과목당 40점 이상, 전과목 평균 60점 이상을 받으면 합격입니다(100점 만점 기준). • 실기: 60점 이상을 받으면 합격입니다(100점 만점 기준).

• 시험 과목

전기 분야	기계 분야
• 제1과목 - 소방원론 • 제2과목 - 소방전기일반 • 제3과목 - 소방관계법규 • 제4과목 - 소방전기시설의 구조 및 원리	• 제1과목 - 소방원론 • 제2과목 - 소방유체역학 • 제3과목 - 소방관계법규 • 제4과목 - 소방기계시설의 구조 및 원리

02 시험 일정

구분		원서접수(휴일 제외)	시험일	합격자 발표일
필기	정기 1회	1월 중	2 ~ 3월 중	3월 중
	정기 2회	4월 중	5월 중	6월 중
	정기 3회	7월 중	8 ~ 9월 중	9월 중
실기	정기 1회	3월 중	4 ~ 5월 중	6월 중
	정기 2회	6월 중	7 ~ 8월 중	9월 중
	정기 3회	9월 중	11월 중	12월 중

※ 정확한 날짜는 큐넷(Q-net) 홈페이지에서 확인하시길 바랍니다.

　　큐넷(Q-net) > 자격정보 > 국가자격 종목별 상세정보

03 응시자격

다음은 일반적인 응시자격이며, 각자의 이력에 따른 개인별 응시자격은 Q - Net에서 정확히 확인하시기 바랍니다.

자격 소지	• 산업기사 이상 취득 후 실무 1년 이상 • 기능사 이상 취득 후 실무 3년 이상 • 다른 종목의 기사 이상 자격 취득자 • 외국에서 동일 종목 자격 취득자
관련학과 졸업	• 대학의 관련학과의 졸업(예정)자 • 3년제 전문대학 관련학과 졸업 후 실무 1년 이상 • 2년제 전문대학 관련학과 졸업 후 실무 2년 이상
기술훈련과정 이수	• 기사 수준 기술훈련과정 이수(예정)자 • 산업기사 수준 기술훈련과정 이수 후 실무 2년 이상
경력	동일 및 유사 직무분야에서 실무 4년 이상

※ 관련학과: 대학 및 전문대학의 소방학, 건축설비공학, 기계설비학, 가스냉동학, 공조냉동학 관련학과

04 최근 5년간 검정현황

구분		2025	2024	2023	2022	2021
전기분야	응시자	33,756	30,163	29,880	26,517	27,083
	합격자	16,965	14,061	14,628	11,902	12,483
	합격률	50.3%	46.6%	49.0%	44.9%	46.1%
기계분야	응시자	22,919	20,888	23,350	17,523	17,736
	합격자	10,913	9,676	10,689	8,206	9,048
	합격률	47.6%	46.3%	45.8%	46.8%	51.0%

* 2025년 3회 시험 미포함

출제기준

※ 한국산업인력공단에 공시된 출제기준으로 「해커스 소방설비기사 필기 전기 한권합격 이론 + 최신기출 + 핵심노트」 전체 내용은 모두 아래 출제기준에 근거하여 제작되었습니다.

01 전기 분야

필기 과목명	주요항목	세부항목
1과목 소방원론	1. 연소이론	(1) 연소 및 연소현상
	2. 화재현상	(1) 화재 및 화재현상 (2) 건축물의 화재현상
	3. 위험물	(1) 위험물 안전관리
	4. 소방안전	(1) 소방안전관리 (2) 소화론 (3) 소화약제
2과목 소방전기일반	1. 전기회로	(1) 직류회로 (2) 정전용량과 자기회로 (3) 교류회로
	2. 전기기기	(1) 전기기기 (2) 전기계측
	3. 제어회로	(1) 자동제어의 기초 (2) 시퀀스 제어회로 (3) 제어기기 및 응용
	4. 전자회로	(1) 전자회로
3과목 소방관계법규	1. 소방기본법	(1) 소방기본법, 시행령, 시행규칙
	2. 화재의 예방 및 안전관리에 관한 법	(1) 화재의 예방 및 안전관리에 관한 법, 시행령, 시행규칙
	3. 소방시설 설치 및 관리에 관한 법	(1) 소방시설 설치 및 관리에 관한 법, 시행령, 시행규칙
	4. 소방시설공사업법	(1) 소방시설공사업법, 시행령, 시행규칙
	5. 위험물안전관리법	(1) 위험물안전관리법, 시행령, 시행규칙
4과목 소방전기시설의 구조 및 원리	1. 소방전기시설 및 화재안전성능 기준·화재안전기술기준	(1) 비상경보설비 및 단독경보형감지기 (2) 비상방송설비 (3) 자동화재탐지설비 및 시각경보장치 (4) 자동화재속보설비 (5) 누전경보기 (6) 유도등 및 유도표지 (7) 비상조명등 (8) 비상콘센트 (9) 무선통신보조설비 (10) 기타 소방전기시설

02 기계 분야

필기 과목명	주요항목	세부항목
1과목 소방원론	1. 연소이론	(1) 연소 및 연소현상
	2. 화재현상	(1) 화재 및 화재현상 (2) 건축물의 화재현상
	3. 위험물	(1) 위험물 안전관리
	4. 소방안전	(1) 소방안전관리　　　　(2) 소화론 (3) 소화약제
2과목 소방유체역학	1. 소방유체역학	(1) 유체의 기본적 성질　(2) 유체정역학 (3) 유체유동의 해석　　(4) 관내의 유동 (5) 펌프 및 송풍기의 성능 특성
	2. 소방 관련 열역학	(1) 열역학 기초 및 열역학 법칙　(2) 상태변화 (3) 이상기체 및 카르노사이클　　(4) 열전달 기초
3과목 소방관계법규	1. 소방기본법	(1) 소방기본법, 시행령, 시행규칙
	2. 화재의 예방 및 안전관리에 관한 법	(1) 화재의 예방 및 안전관리에 관한 법, 시행령, 시행규칙
	3. 소방시설 설치 및 관리에 관한 법	(1) 소방시설 설치 및 관리에 관한 법, 시행령, 시행규칙
	4. 소방시설공사업법	(1) 소방시설공사업법, 시행령, 시행규칙
	5. 위험물안전관리법	(1) 위험물안전관리법, 시행령, 시행규칙
4과목 소방기계시설의 구조 및 원리	1. 소방기계 시설 및 화재안전성능 기준·화재안전기술기준	(1) 소화기구 (2) 옥내·외 소화전설비 (3) 스프링클러 설비 (4) 포 소화설비 (5) 이산화탄소, 할론, 할로겐화합물 및 불활성기체 소화설비 (6) 분말 소화설비 (7) 물분무 및 미분무 소화설비 (8) 피난구조설비 (9) 소화 용수 설비 (10) 소화 활동 설비 (11) 기타 소방기계설비

학습플랜

📅 5주 합격 학습플랜

- 이론과 기출문제를 모두 차근차근 학습하고 싶은 수험생에게 추천합니다.

	1일차 ☐	2일차 ☐	3일차 ☐	4일차 ☐	5일차 ☐	6일차 ☐	7일차 ☐
1주	Part 01						
	Chapter 01 ~ 02	Chapter 03 ~ 04	Chapter 05 ~ 06	Chapter 07 ~ 08	Chapter 09 ~ 10	Chapter 11 ~ 12	Chapter 13 ~ 14
	8일차 ☐	9일차 ☐	10일차 ☐	11일차 ☐	12일차 ☐	13일차 ☐	14일차 ☐
2주	Part 01	Part 02					최신 기출문제
	복습	Chapter 01 ~ 02	Chapter 03 ~ 04	Chapter 05 ~ 06	Chapter 07 ~ 08	Chapter 09	2025년
	15일차 ☐	16일차 ☐	17일차 ☐	18일차 ☐	19일차 ☐	20일차 ☐	21일차 ☐
3주	최신 기출문제						
	2024년	2023년	2022년	2021년	2020년	2019년	2018년
	22일차 ☐	23일차 ☐	24일차 ☐	25일차 ☐	26일차 ☐	27일차 ☐	28일차 ☐
4주	Part 01				Part 02		
	Chapter 01 ~ 03 복습	Chapter 04 ~ 07 복습	Chapter 08 ~ 11 복습	Chapter 12 ~ 14 복습	Chapter 01 ~ 03 복습	Chapter 04 ~ 07 복습	Chapter 08 ~ 09 복습
	29일차 ☐	30일차 ☐	31일차 ☐	32일차 ☐	33일차 ☐	34일차 ☐	35일차 ☐
5주	최신 기출문제					CBT 모의고사	최종정리
	2025 ~ 2023년	2022 ~ 2021년	2020 ~ 2018년	2025 ~ 2022년	2021 ~ 2018년		

📅 3주 합격 학습플랜

• 이론을 빠르게 학습하고 기출문제를 반복학습하고 싶은 수험생에게 추천합니다.

	1일차 ☐	2일차 ☐	3일차 ☐	4일차 ☐	5일차 ☐	6일차 ☐	7일차 ☐
1주	Part 01				Part 02		
	Chapter 01 ~ 03	Chapter 04 ~ 07	Chapter 08 ~ 11	Chapter 12 ~ 14	Chapter 01 ~ 03	Chapter 04 ~ 07	Chapter 08 ~ 09
	8일차 ☐	9일차 ☐	10일차 ☐	11일차 ☐	12일차 ☐	13일차 ☐	14일차 ☐
2주	Part 01		Part 02	최신 기출문제			
	Chapter 01 ~ 07 복습	Chapter 08 ~ 14 복습	복습	2025~2024년	2023년	2022년	2021년
	15일차 ☐	16일차 ☐	17일차 ☐	18일차 ☐	19일차 ☐	20일차 ☐	21일차 ☐
3주	최신 기출문제						최종정리
	2020년	2019년	2018년	2025 ~ 2023년	2022 ~ 2021년	2020 ~ 2018년	

해커스자격증
pass.Hackers.com

Part 01 소방전기일반

Chapter 01　전기회로이론
Chapter 02　정자기와 응용기기
Chapter 03　정전기와 콘덴서
Chapter 04　정현파 교류
Chapter 05　교류전력
Chapter 06　3상 교류이론
Chapter 07　회로망에 대한 정리
Chapter 08　비정현파
Chapter 09　4단자망
Chapter 10　전기계측
Chapter 11　반도체를 이용한 기초전자회로
Chapter 12　자동제어 및 시퀀스 제어
Chapter 13　간선의 설계 및 옥내배선공사
Chapter 14　소방에 관한 전기원리 및 회로

Chapter 01 전기회로이론

1 연산

1. 10배율

(1) 10배율이 지닌 특성을 활용하여 10의 정수배인 수를 나타낸다.

- $1 = 10^0$
- $10 = 10^1$
- $100 = 10^2$
- $1000 = 10^3$
- $10000 = 10^4$

- $\dfrac{1}{10} = 0.1 = 10^{-1}$
- $\dfrac{1}{100} = 0.01 = 10^{-2}$
- $\dfrac{1}{1000} = 0.001 = 10^{-3}$
- $\dfrac{1}{10000} = 0.0001 = 10^{-4}$
- $\dfrac{1}{100000} = 0.00001 = 10^{-5}$

(2) 즉, 숫자 1을 기준으로 하여 오른쪽으로 이동하는 것은 양(+)의 10배율을, 왼쪽으로 이동하는 것은 음(-)의 10배율을 뜻한다.

확인 예제

1000000 및 0.00001의 값을 10배율로 표시하시오.

해설
- $1000000 = 1\underbrace{000000}_{123456} = 10^{+6} = 10^6$
- $0.0001 = 0.\underbrace{00001}_{54321} = 10^{-5}$

2. 10배율과 수학방정식과의 관계

(1) $\dfrac{1}{10^n} = 10^{-n}$, $\dfrac{1}{10^{-n}} = 10^n$

(2) 10배율의 곱셈

$$(10^m) \cdot (10^n) = 10^{(m+n)}$$

(3) 10배율의 나눗셈

$$\dfrac{10^m}{10^n} = 10^{(m-n)}$$

(4) 10배율의 배율

$$(10^m)^n = 10^{(m \cdot n)}$$

3. 산술연산

(1) 덧셈과 뺄셈

$$A \times 10^m \pm B \times 10^m = (A \pm B) \times 10^m$$

$7500 + 75000 = (7.5 \times 1000) + (7.5 \times 10000)$ $= (7.5 \times 10^3) + (75 \times 10^3)$ $= (7.5 + 75) \times 10^3 = 82.5 \times 10^3$	$0.0005 - 0.0008 = 50 \times 0.00001 - 8 \times 0.00001$ $= 50 \times 10^{-5} - 8 \times 10^{-5}$ $= (50 - 8) \times 10^{-5} = 42 \times 10^{-5}$

(2) 곱셈

$$(A \times 10^m)(B \times 10^n) = (A \times B) \times 10^{m+n}$$

(3) 나눗셈

$$\dfrac{A \times 10^m}{B \times 10^n} = \dfrac{A}{B} \times 10^{m-n}$$

(4) 배율

$$(A \times 10^m)^n = A^n \times 10^{mn}$$

2 양과 단위

기호	읽는법	배수	기호	읽는법	배수
T	테라(Tera)	10^{12}	d	데시(deci)	10^{-1}
G	기가(Giga)	10^{9}	c	센티(centi)	10^{-2}
M	메가(Mega)	10^{6}	m	밀리(milli)	10^{-3}
k	킬로(kilo)	10^{3}	μ	마이크로(micro)	10^{-6}
h	헥토(hecto)	10^{2}	n	나노(nano)	10^{-9}
da	데카(deca)	10	P	피코(pico)	10^{-12}

3 전기회로

전류가 흐르는 통로를 말한다.

(1) **전원**

전기의 공급원이다.

(2) **부하**

전류를 공급받고 있는 것이다.

(3) **회로망**: 전원과 도선(배선) 및 부하로 이루어진 것이다.

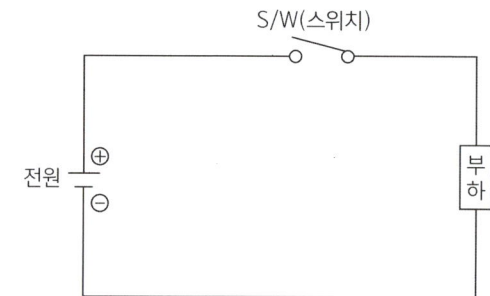

4 기초 전기회로이론

1. 전류(current)

(1) 전하의 흐름(이동)으로 1[A]는 1[s] 동안에 1[C]의 율로 전하가 이동할 때의 전류를 말한다.

(2) 공식

$$I = \frac{Q}{t}[A], \quad Q = It[C]$$

$$i = \frac{dq}{dt}[A], \quad q = \int i\, dt[C]$$

여기서, I, i: 전류, 단위(암페어[A])
Q, q: 전하량, 단위(쿨롬[C])
t: 시간, 단위(초[s])

2. 전압(voltage)

(1) 전류를 흐르게 하는 전기적인 압력으로 1[V]는 1[C]의 전하가 두 점간을 이동할 때 얻거나 잃는 에너지가 1[J]일 때의 전위차를 말한다.

(2) 공식

$$V = \frac{W}{Q}[\text{V}], \quad W = VQ[\text{J}]$$

$$v = \frac{dw}{dq}[\text{V}], \quad w = \int v\,dq[\text{V}]$$

여기서, V, v: 전압, 단위(볼트[V])
W, w: 에너지, 단위(줄[J])
Q, q: 전하량, 단위(쿨롬[C])

3. 옴의 법칙(Ohm's law)

(1) 도체에 흐르는 전류의 크기 I는 V에 비례하고, 도체의 저항 R에 반비례한다.

(2) 공식

$$I = \frac{V}{R}[\text{V}], \quad V = IR[\text{V}], \quad R = \frac{V}{I}[\Omega]$$

여기서, I: 전류, 단위(암페어[A])
V: 전압, 단위(볼트[V])
R: 저항, 단위(옴[Ω])

4. 고유저항(resistance)

(1) 도전물질이 가진 고유의 전기특성으로서 전류의 양을 결정하는데, 재질과 단면적, 길이 등이 결정요소이다. 1[Ω]은 1[A]의 전류를 흘리는 데 1[V]의 전압을 필요로 하는 저항을 말한다.

(2) 공식

$$R = \rho \frac{l}{A} = \rho \frac{l}{\pi r^2} = \rho \frac{4l}{\pi D^2} [\Omega]$$

여기서, A: 도체단면적, 단위[m²]
l: 도체길이, 단위[m]
r: 도체반지름, 단위[m]
D: 도체지름, 단위[m]
ρ: 저항률, 단위[Ωm]
R: 저항, 단위[Ω]

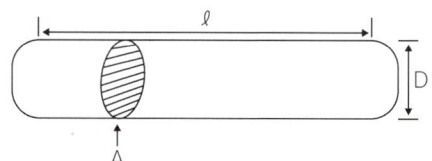

참고 체적 V[m³]가 일정할 때

- 도선의 길이 l[m]을 n배로 늘리면 저항값은 처음 저항값의 n^2배로 증가된다.
  → $R' = n^2 R$
- 도선의 지름 D[m]를 $\frac{1}{n}$로 줄이면 저항값은 처음 저항값의 n^4배로 증가된다.
  → $R' = n^4 R$

5. 저항의 접속

(1) 직렬접속

$$R_0 = R_1 + R_2 [\Omega]$$

여기서, R_0: 직렬합성저항, 단위[Ω]

$$V_1 = \frac{R_1}{R_1 + R_2} V [V]$$

$$V_2 = \frac{R_2}{R_1 + R_2} V [V]$$

여기서, V_1, V_2: 분배된 전압[V]
V: 전 전압[V]

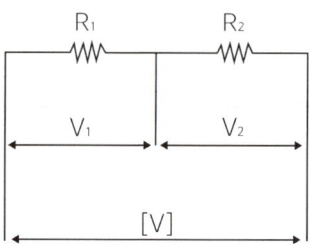

(2) 병렬접속

$$\frac{1}{R_0} = \frac{1}{R_1} + \frac{1}{R_2}[\Omega] \text{ 또는 } R_0 = \frac{R_1 R_2}{R_1 + R_2}[\Omega]$$

여기서, R_0: 병렬합성저항, 단위[Ω]

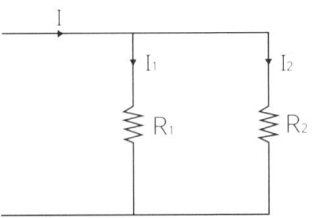

$$I_1 = \frac{R_2}{R_1 + R_2} I[A]$$

$$I_2 = \frac{R_1}{R_1 + R_2} I[A]$$

여기서, I_1, I_2: 분류된 전류[A]
I: 전 전류[A]

6. 컨덕턴스(Conductance)

(1) 한 물질의 저항값의 역을 찾음으로써 그 물질이 얼마나 잘 통하는지를 알 수 있게 된다. 그 양을 컨덕턴스라 하고 G로 표시하며 단위는 지멘스(siemens)[S] 또는 모(mho)[℧]로 나타낸다.

$$G = \frac{1}{R} \left[\frac{1}{\Omega}, \Omega^{-1}, ℧, S \right]$$

(2) 전류의 크기 I는 컨덕턴스 G에 비례하고, 전압의 크기 V는 컨덕턴스 G에 반비례한다.

$$I = GV[A], \quad V = \frac{I}{G}[V], \quad G = \frac{I}{V}[℧]$$

(3) 도체의 단면적과 길이의 관계는 다음과 같다.

$$G = \frac{A}{\rho \ell} = \sigma \frac{A}{\ell}[℧]$$

여기서, ρ: 저항률[Ωm]
A: 도체단면적[m²]
ℓ: 도체길이[m]
σ: 도전율[℧/m]

7. 컨덕턴스의 접속

(1) 직렬접속

$$\frac{1}{G_0} = \frac{1}{G_1} + \frac{1}{G_2} \text{ 또는 } G_0 = \frac{G_1 G_2}{G_1 + G_2} = [\mho]$$

여기서, G_0: 직렬합성 컨덕턴스[$\mho$]

$$V_1 = \frac{G_2}{G_1 + G_2} V [\text{V}] \qquad V_2 = \frac{G_1}{G_1 + G_2} V [\text{V}]$$

여기서, V_1, V_2: 분배된 전압[V]
V: 전 전압[V]

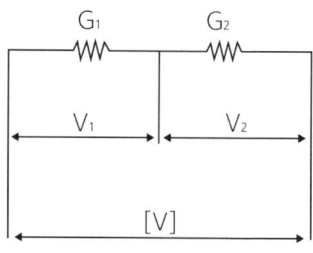

(2) 병렬접속

$$G_0 = G_1 + G_2 [\mho]$$

여기서, G_0: 병렬합성 컨덕턴스[$\mho$]

$$I_1 = \frac{G_1}{G_1 + G_2} I [\text{A}] \qquad I_2 = \frac{G_2}{G_1 + G_2} I [\text{A}]$$

여기서, I_1, I_2: 분류된 전류[A]
I: 전 전류[A]

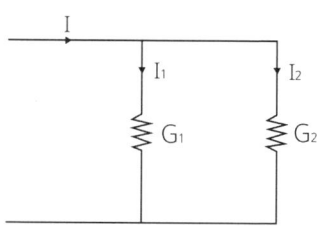

8. 도체의 저항온도계수

(1) 금속도체에 있어서 온도가 0[℃]일 때의 저항을 $R_0[\Omega]$, 0[℃]에서의 저항온도계수를 a_0이라 하면 $t[℃]$에서의 저항 $R_t[\Omega]$은 다음과 같다.

$$R_t = R_0(1 + a_0 t)[\Omega]$$

(2) $T[℃]$에서의 저항 $R_0[\Omega]$, $t[℃]$에서의 저항온도계수 a_t인 도체가 $T[℃]$로 온도가 상승했을 때의 저항 $R_T[\Omega]$은 다음과 같다.

$$R_T = R_t \{1 + a_t(T - t)\}[\Omega]$$

(3) $T[℃]$에서의 저항 $R_T[\Omega]$, $T[℃]$에서의 저항온도계수 a_t인 도체가 $t[℃]$로 온도가 떨어졌을 때의 저항 $R_T[\Omega]$은 다음과 같다.

$$R_t = R_T \{1 + a_t(T - t)\}[\Omega]$$

(4) 0[℃]에서의 저항온도계수 a_0인 도체가 t[℃]에서 T[℃]로 온도가 변했을 때의 저항 R_t가 R_T로 변했다면 다음과 같이 된다.

$$R_T = R_t\left\{1 + \frac{a_0(T-t)}{1+a_0 t}\right\}[\Omega]$$

여기서, $\frac{a_0}{1+a_0 t} = a_t$이며, 표준연동의 저항온도계수 $a_0 = \frac{1}{234.5}$이다.

9. 전력(electric power)

전기의 단위시간당 일량, 즉 전기의 일률로서 기호를 P라 하고 단위는 와트[W]로 나타낸다.

$$전력 = \frac{전기적인\ 일}{시간} = \frac{전기적인\ 힘 \times 움직인\ 거리}{시간} = 전기적인\ 힘 \times 속도$$

$$P = \frac{W}{t} = \frac{VQ}{t} = \frac{VIt}{t} = VI = I^2 R = \frac{V^2}{R}[W]$$

여기서, $W = VQ$[J]
$Q = It$[C]
$V = IR$[V]
$I = \frac{V}{R}$[A]

> **참고** 1W와 1HP
> - 1[W]: 1초[s] 동안에 1줄[J]을 공급하거나 소비한 전력량으로 1[W] = 1[J/s]이다.
> - 1horsepower[HP] = 746[W], 1[Ps] = 735[W]

10. 전력량

어떤 시스템에 의해 손실되거나 얻은 에너지를 말한다.

$$W = Pt = VIt = I^2 Rt = \frac{V^2}{R}t[J]$$

여기서, W는 전력량, 단위[J]

$1[\text{Ws}] = 1[\text{J}]$, $1[\text{Wh}] = 1 \times 3600[\text{Ws}] = 3600[\text{J}]$

$\frac{1[\text{cal}]}{4.186[\text{J}]} \times 3600[\text{J}] = 860[\text{cal}]$

$1[\text{kWh}] = 10^3 \times 3600[\text{J}] = 10^3 \times 860[\text{cal}] = 10^3 \times 860 \times 10^{-3}[\text{kcal}] = 860[\text{kcal}]$

11. 줄(Joule)의 법칙

(1) 저항이 있는 도체에 전류가 흐르면 열이 발생한다. 이 열량은 흐르는 전류의 제곱과 도체의 저항 및 전류가 흐른 시간에 비례한다.

$$H = \frac{1}{4.186} \cdot Pt = 0.24Pt = 0.24I^2Rt \text{[cal]}$$

여기서, P: 전력[W]
H: 에너지[cal]
1[cal] = 4.186[J]
t: 시간[s]

> **참고** J과 cal의 환산
>
> - [J]을 [cal]로 환산시에는 일의 열당량인 $\frac{1}{4.186}$[cal/J]을 계산한다.
> - [cal]을 [J]로 환산시에는 열의 일당량인 4.186[J/cal]을 계산한다.

(2) 물에 의한 일당량

① 전열선에 전류를 흘려서 t[sec] 동안 H[cal]의 열량이 발생하는데 T_1[℃] 때의 m[g]의 물이 T_2[℃]로 상승했다면 다음 식이 성립한다.

$$H = mC(T_2 - T_1) \text{[cal]}$$

여기서, H: 열량[cal]
C: 물의 비열로서 약 1[cal/g℃]
T_1: 처음의 온도[℃]
T_2: 상승된 물의 온도[℃]

② 따라서, 줄의 법칙을 적용하면 다음 식이 성립한다.

$$H = 0.24P \cdot t = 0.24I^2Rt = mC(T_2 - T_1) \text{[cal]}$$

여기서, P: 전력[W]
t: 시간[s]

$$H = 860P \cdot t = mC(T_2 - T_1) \text{[kcal]}$$

여기서, P: 전력[W]
t: 시간[h]

> **참고**
> - L × 비중 = kg (여기서 물의 비중은 약 1이다.)
>   예 물질이 물인 경우 500ℓ는 500[ℓ] × 1 = 500[kg]이다.
> - cc × 비중 = g (여기서 물의 비중은 약 1이다.)
>   예 물질이 물인 경우 500cc는 500[cc] × 1 = 500[g]이다.

5 전류의 열작용과 화학작용

1. 열작용

(1) 제벡 효과(Seebeck effect)

그림과 같이 두 가지 금속선의 양 끝을 접합하여 루프를 만들고 두 접합점에 온도차가 있으면 루프에 전류가 흐른다. 이 현상을 제벡 효과(Seebeck effect) 또는 열전 효과라 한다. 그리고 이 두 금속을 열전쌍이라 한다.

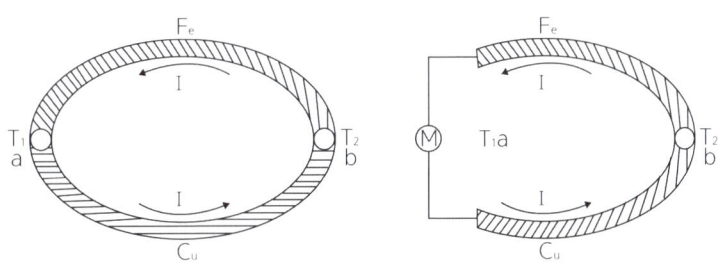

[제벡 효과($T_2 > T_1$)]

$T_2 > T_1$일때 a를 냉접점, b를 열접점이라 하고, 각 열전쌍의 열기전력의 방향은 열접점을 기준으로 하여 구리 → 철, 콘스탄탄 → 구리, 콘스탄탄 → 철, 콘스탄탄 → 니켈, 백금 → 백금-로듐, 콘스탄탄 → 망간의 방향으로 전류가 흐른다.

> **참고** 열전 온도계
> - **백금 – 백금로듐**: 정밀측정용 1600℃
> - **크로멜 – 알루멜**: 상용 1100℃
> - **구리 – 콘스탄탄**: 저온측정용 500℃

(2) 펠티에 효과(Peltier effect)

2종의 다른 금속을 접합하여 전류를 흐르게 하면 접합부에서 줄 열(Joule 熱) 이외의 전류에 비례한 열의 발생 또는 흡수가 생긴다. 이 열효과는 가역적이며 전류의 방향을 역으로 하면 열의 발생, 흡수도 역으로 된다. 이것은 열전능(熱電能)이 큰 재료가 개발되어 전자냉동 등에 실용화되고 있다.

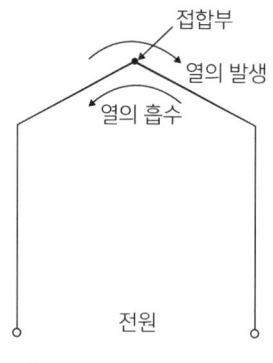

[화살표는 전류방향 표시]

(3) 톰슨 효과(Thomson's effect)

① 같은 종류의 금속 중에서 두 점간에 온도차가 있을 때 그것에 전류가 흐르면 전류 및 온도 구배에 비례한 열의 발생 또는 흡수가 생기는 현상을 말한다.
② 철은 톰슨 효과가 부(負)로 되어 있어서 구리와 반대로 된다.

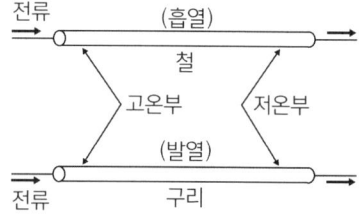

2. 화학작용

(1) 전해액(electrolyte)과 전기분해(electrolysis)

① **전해액**: 전류가 흐르면 화학적 변화가 나타나 양이온과 음이온으로 전리되는 수용액이다.
② **전기분해**: 전해액에 전류를 흘려 화학적으로 변화를 일으키는 현상이다(분해하여 금속을 석출).

(2) 패러데이의 법칙(Faraday's law)

① 전기분해시 전극에 석출되는 물질의 양 $W[g]$은 전기량 $Q[C]$에 비례한다.
② 물질의 양 $W[g]$은 전기량이 일정하면 전기화학당량(electrochemical equivalent) K에 비례한다.
  ㉠ $W = KQ[g]$
  ㉡ $W = KIt[g]$
③ 전기화학당량 $K[g/C]$
  ㉠ $1[C]$의 전기량에 의해 분해되는 물질의 양
  ㉡ 물질에 따라 정해지는 상수

3. 망간건전지

※ **음극**: 아연, **양극**: 탄소막대(봉), **전해액**: 20% 염화암모늄(NH_4Cl) 용액

(1) 분극작용

전지를 방전시키면(전류를 흐르게 하면) 양극에 수소가스가 유리되어 양극의 주위에 부착된다. 이 수소가스가 부착되면 양극과 전해액의 접촉 및 화학작용을 방해하기 때문에 전지의 기전력이 저하되는 원인이 되는데, 이것을 분극작용(polarization)이라 한다.

> **참고** 감극제
>
> 분극작용을 방지하기 위한 것으로 양극 주위에 이산화망간(MnO_2)을 넣는다.

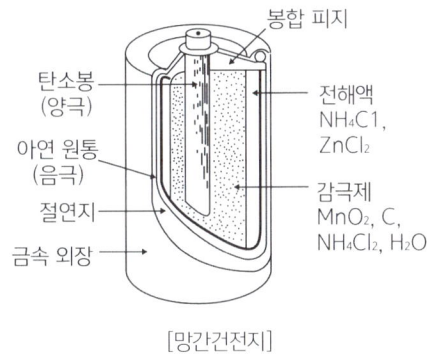

[망간건전지]

(2) 국부작용

전극 내에 불순물이 포함되면 전극재료와 불순물 사이에 전류가 흐르게 되는데, 이 현상을 국부작용이라 한다. 국부작용이 발생하면 전지를 사용하지 않더라도 시간의 흐름에 따라 기전력은 자연히 저하되며 수명이 단축된다. 그러므로 전극재료로는 순도가 높은 탄소봉(또는 구리)이나 아연을 사용해야 한다.

4. 축전지(2차 전지)

(1) 전기적 에너지를 화학적 에너지로 바꾸어 저장하고, 외부에 부하를 걸면 전기적 에너지로 바뀌는 전지를 말한다.

(2) 축전지의 종류

납(연)축전지와 알칼리축전지가 있다.
① **납(연)축전지**
  ㉠ **양극**: 이산화납(연)(PbO_2)
  ㉡ **음극**: 납(연)(Pb)
  ㉢ **전해액**: 묽은 황산(H_2SO_4)

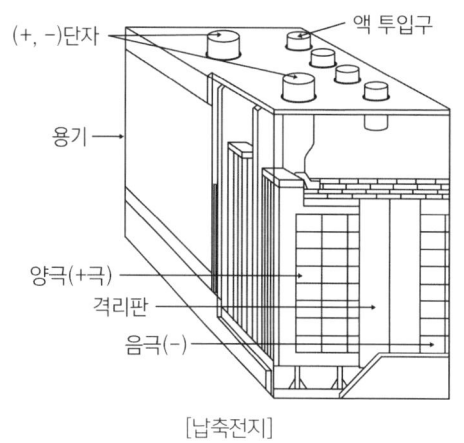

[납축전지]

② 표준방전율
  ㉠ 알칼리축전지: 5시간 방전율로 5[Ah]
  ㉡ 납(연)축전지: 10시간 방전율로 10[Ah]
③ 납(연)축전지의 방전과 충전시 화학반응

$$\underset{(양극)\ (전해액)\ (음극)}{PbO_2 + 2H_2SO_4 + Pb} \underset{충전}{\overset{방전}{\rightleftarrows}} \underset{(양극)\ (전해액)\ (음극)}{PbSO_4 + 2H_2O + PbSO_4}$$

㉠ 축전지가 방전하게 되면
  음극은 $Pb + SO_4^{2-} \rightarrow PbSO_4 + 2e^-$ 가 되고,
  양극은 $PbO_2 + H_2SO_4 + 2H^+ + 2e^- \rightarrow PbSO_4 + 2H_2O$ 가 되어,
  결국 $PbO_2 + 2H_2SO_4 + Pb \rightarrow PbSO_4 + 2H_2O + PbSO_4$ 와 같이 반응이 일어난다.

㉡ 축전지의 충전시 반응
  • 음극은 납(연)이 환원 석출되어 $Pb^{2+} + 2e^- \rightarrow Pb$ 가 되고, 황산이온(SO_4^{2-})은 양극 쪽으로 이동한다.
  • 양극의 황산납(연)이 용해되어 생긴 납(연)(Pb^{2+})은 4가이온(Pb^{4+})이 되어 수중의 산소(O_2)와 결합하여 PbO_2가 되고, 수소이온(H^+)은 황산이온(SO_4^{2-})과 결합하여 H_2SO_4가 된다. 즉, 다음과 같은 반응이 일어난다.

$$PbSO_4 + 2H_2O + PbSO_4 \underset{방전}{\overset{충전}{\rightleftarrows}} PbO_2 + 2H_2SO_4 + Pb$$

(3) 충전전류(2차 전류) 계산식

충전전류(2차 전류)를 I[A]라 하면,

$$I = \frac{정격용량[Ah]}{표준방전율[Ah]} + \frac{상시부하[W]}{표준전압[V]}[A]$$

여기서, 표준방전율은 알칼리축전지의 경우 5[Ah], 연(납)축전지의 경우 10[Ah]

> **참고**
>
> 1. 충전법
>   ① **정전압충전**: 축전지 1개당 2.3~2.5[V]의 전압으로 계속 충전하는 방식이다.
>   ② **부동충전**: 부하 축전지를 충전전원에 병렬로 접속하고 축전지 1개당 2.15~2.2[V]의 전압을 가하여 정전시에는 축전지에서 부하 쪽으로 전압을 공급하는 방식이다.
>   ③ **정전류충전**: 일정한 규정전류로 계속 충전시키는 방식이다.
> 2. 니켈·카드뮴축전지
>   ① 납축전지의 단점을 보완한 것으로 알칼리 축전지이다.
>   ② 특징
>   - 납(연)축전지에 비해 과충전 및 과방전에 강하다.
>   - 납(연)축전지에 비해 수명이 길다.
>   - 납(연)축전지에 비해 기계적 강도가 크다.
>   - 납(연)축전지에 비해 단자전압이 낮고 효율이 낮다.
>   - 납(연)축전지에 비해 가격이 비싸다.
> 3. 태양전지
>   태양에너지를 전기에너지로 변환시키기 위해 만든 광전지로서 반도체 재료로는 실리콘, 갈륨, 비소, 인듐 등이 사용된다.

6 전지

1. 전지의 접속

(1) 직렬접속

기전력 $E[V]$, 내부저항 $r[\Omega]$인 전지 n개를 직렬접속하고 여기에 부하저항 $R[\Omega]$를 연결했을 때, 부하에 흐르는 전류는 다음과 같다.

$$I = \frac{nE}{R+nr}[A]$$

여기서, nE: 합성기전력
nr: 합성내부저항

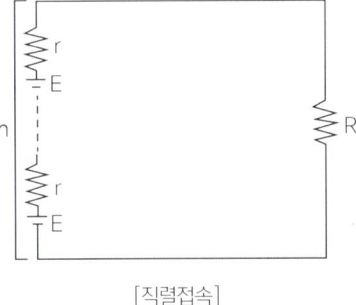

[직렬접속]

(2) 병렬접속

기전력 $E[V]$, 내부저항 $r[\Omega]$인 전지 m개를 병렬접속하고 여기에 부하저항 $R[\Omega]$를 연결했을 때, 부하에 흐르는 전류는 다음과 같다.

$$I = \frac{E}{\frac{r}{m}+R}[A]$$

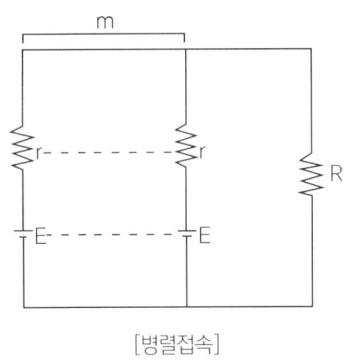

[병렬접속]

(3) 직·병렬접속

기전력 E[V], 내부저항 r[Ω]인 전지 n개를 직렬접속하고 이것을 다시 병렬로 m개 접속했을 때의 전류는 다음과 같다.

$$I = \frac{nE}{\frac{rn}{m}+R} = \frac{E}{\frac{r}{m}+\frac{R}{n}} [A]$$

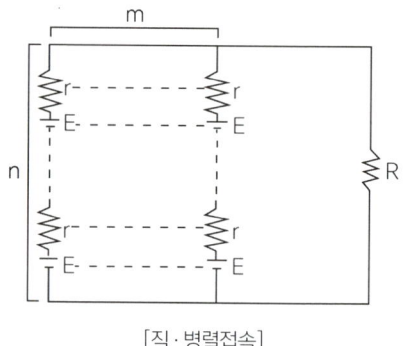

[직·병렬접속]

> **참고** 전지의 접속
>
> 1. 전지의 직렬접속시 특징
>   ① 전압은 n배로 증가한다.
>   ② 용량은 전지 1개일 때와 동등한 용량이다.
> 2. 전지의 병렬접속시 특징
>   ① 전압은 전지 1개일 때와 동일한 전압이다.
>   ② 용량은 m배로 증가한다.
> 3. 최대전류를 얻는 전지의 접속
>   전류가 최대가 되려면 $\frac{r}{m}+\frac{R}{n}$가 최소이어야 하므로 $\frac{r}{m}=\frac{R}{n}$이 되도록 전지를 연결하면 된다(최소의 정리).

2. 전지의 단자전압

(1) 단자전압(terminal voltage) V[V]

(2) 내부저항(internal resistance) r[Ω]

(3) 외부저항 R[Ω]

(4) 기전력 E[V]

$$I = \frac{\text{전지의 기전력}}{\text{회로의 전 저항}} = \frac{E}{R+r}[A]$$
$$E = I(R+r) = IR + Ir$$

(5) 전원의 단자전압 = 기전력 - 내부전압강하

$$V = E - Ir = IR [V]$$

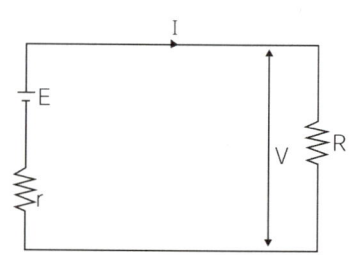

> **참고** 외부저항과 내부저항

- 외부저항 $R[\Omega]$: $R = \dfrac{V}{I} = \dfrac{V}{\dfrac{E-V}{r}} = \dfrac{V}{E-V} \cdot r\,[\Omega]$

- 내부저항 $r[\Omega]$: $r = \dfrac{E-V}{I} = \dfrac{E-V}{\dfrac{V}{R}} = \dfrac{E-V}{V} \cdot R\,[\Omega]$

3. 최대전력

우측 그림에서의 최대전력 전달조건 및 최대전력은 다음과 같다.

(1) 최대전력 전달조건

$$r = R$$

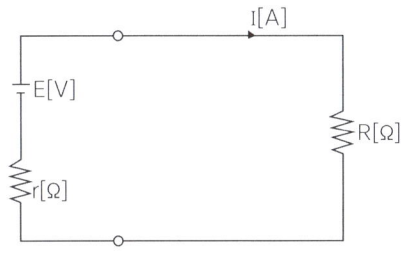

(2) 최대전력

$$P_m = I^2 R = \left(\dfrac{E}{r+R}\right)^2 \cdot R = \left(\dfrac{E}{2R}\right)^2 \cdot R = \dfrac{E^2}{4R^2} \cdot R = \dfrac{E^2}{4R}\,[\text{W}]$$

> **참고**
>
> 위 그림에서 소비전력 $P[\text{W}]$는
>
> $P_m = I^2 R = \left(\dfrac{E}{r+R}\right)^2 \cdot R = \dfrac{E^2}{r^2 + 2rR + R^2} \cdot R$
>
> $= \dfrac{E^2}{\dfrac{r^2}{R} + 2r + R}$ (각 항에 $\dfrac{1}{R}$로 곱한 경우)
>
> $= \dfrac{E^2}{2r + \left(\dfrac{r^2}{R} + R\right)}\,[\text{W}]$
>
> 여기서 전력의 최대전달조건은 전원전압 $E[\text{V}]$, 전원내부저항 $r[\Omega]$이 일정하므로 E^2, $2r$은 일정하게 된다.
>
> 따라서, P가 최대로 되기 위해서는 분모의 $\left(\dfrac{r^2}{R} + R\right)$이 최소가 되어야 한다.
>
> $\dfrac{r^2}{R} = x$, $R = y$이면 $xy = r^2$(일정), $\dfrac{r^2}{R} + R = x + y$가 되고, $x = y$일 때 즉, $\dfrac{r^2}{R} = R$일 때 전력 P는 최대가 된다.
>
> 그러므로 $r^2 = R^2$에서 $r = R$이 된다.

Chapter 02 정자기와 응용기기

1 쿨롱의 법칙

두 자극 사이에 작용하는 힘의 크기 $F[N]$는 두 자하 사이의 곱에 비례하고, 거리의 제곱에 반비례한다.

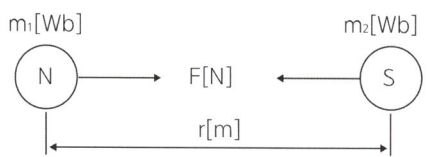

$$\text{정자력 } F[N] = k\frac{m_1 m_2}{r^2} = \frac{1}{4\pi} \cdot \frac{1}{\mu} \cdot \frac{m_1 m_2}{r^2} = \frac{1}{4\pi} \cdot \frac{1}{\mu} \cdot \frac{m_1 m_2}{r_2} = 6.33 \times 10^4 \times \frac{m_1 m_2}{r^2} [N]$$

여기서, k: 비례상수

1. 진공 또는 공기에서의 k

$$k = 6.33 \times 10^4$$

2. 진공 이외의 매질에서의 k

$$k = 6.33 \times 10^4 \times \frac{1}{\mu}, \ \mu = \mu_0 \cdot \mu_s [H/m], \ \mu_0 = 4\pi \times 10^{-7} [H/m]$$

여기서, μ: 투자율

μ_0: 진공투자율

μ_s: 비투자율(진공 중일 때 $\mu_s = 1$, 공기 중일 때 $\mu_s \fallingdotseq 1$)

m_1, m_2: 자속(단위는 웨버[Wb])

2 자기장의 세기

자하 m[Wb]로부터 거리 r[m] 떨어진 점 P에서의 자기장의 세기 H[AT/m]는 $F = mH$[N]에서

$$H = \frac{F}{m} = \frac{6.33 \times 10^4 \times \frac{m^2}{r^2}}{m} = 6.33 \times 10^4 \times \frac{m}{r^2} \text{[AT/m]}$$

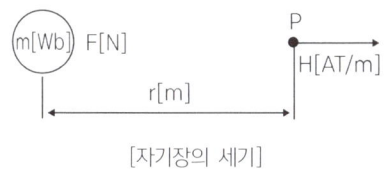

[자기장의 세기]

3 자기유도(magnetic induction)

자성체가 외부자계의 영향에 의해 자화되는 현상을 말한다.

1. 자속

단위 정자극에서 나오는 자력선을 하나의 묶음으로 하여 자속이라 한다.

(1) 공기 중에서의 자속

$$N_0 = \frac{m}{\mu_0} \text{[개]} \quad (\mu_0 = 4\pi \times 10^{-7} \text{[H/m]})$$

(2) 비투자율이 μ_s인 매질 중에서의 자속

$$N_0 = \frac{m}{\mu_0 \mu_s} \text{[개]}$$

2. 자속밀도(기호: B)

자기에 관한 현상을 양적으로 다루기 위해 쓰이는 것으로서 단위면적당의 자속으로 나타낸다.

$$B = \frac{\phi}{A} \text{[Wb/m}^2\text{]}(= \text{[ATH/m}^2\text{]} = \text{[T: 테슬라]})$$

3. 자속밀도와 자기장

자기장(자장)의 크기 H[A/m]와 자속밀도 B[Wb/m^2] 사이에는 다음과 같은 관계가 있다.

(1) 진공 또는 공기 중에서의 자속밀도와 자기장

$$B = \mu_0 H$$

(2) 비투자율이 μ_s인 매질 중에서의 자속밀도와 자기장

$$B = \mu H = \mu_0 \mu_s H$$

4 자기회로

1. 자기회로

(1) 환상 코일의 권수를 N, 철심의 평균길이를 l[m]로 하여 코일에 전류 I[A]를 흘리면 코일 내부의 자기장의 세기 H[AT/m]는 다음과 같다.

$$Hl = NI \text{에서 } H = \frac{NI}{l} \text{[AT/m]}$$

(2) 철심이 자화되어 철심 내부에 발생하는 자속 밀도를 B[Wb/m²], 투자율을 μ라고 할 때,

$$B = \mu H$$

(3) 철심 내부를 통과하는 전자속 ϕ는 철심의 단면적을 A[m²]라고 할 때,

$$\phi = BA = \mu HA = \mu \frac{NI}{l} A = \frac{NI}{\left(\frac{l}{\mu A}\right)} = \frac{NI}{R} \text{[Wb]}$$

여기서, R: 자기저항 $\frac{l}{\mu A} = \frac{NI}{\phi}$[AT/Wb]

NI: 기자력[AT]

(4) 자속 ϕ는 기자력 NI[AT]에 비례하고 자기저항 R에 반비례한다. 이를 자기회로의 옴의 법칙이라 한다.

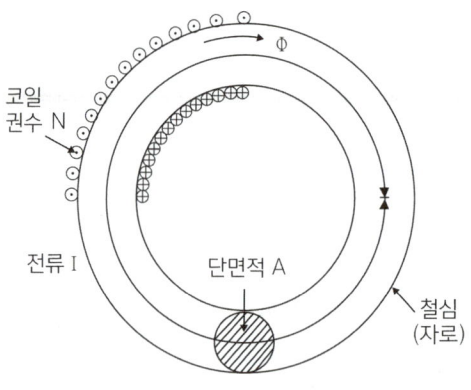

[환상코일에 의한 자기회로]

2. 기자력(기호: F, 단위: [AT])

자속을 발생시키는 원동력으로 전기회로의 기전력에 대응된다.

$$F = NI [\text{AT}]$$

여기서, F: 기자력[AT]
N: 코일권수[T]
I: 전류[A]

3. 자기저항(기호: R, 단위: [AT/Wb] 또는 [H^{-1}])

(1) 자기저항은 전기회로의 전기저항에 대응되는 것으로 자기저항이 작으면 자속을 쉽게 흐르게 한다.
(2) 자기저항은 자로길이 l에 비례하고, 자로단면적 A와 투자율 μ의 곱에 반비례한다.

5 자기 모멘트와 회전력

1. 자기 모멘트(magnetic moment)

자극의 자하 m[Wb]와 자극간의 거리 l[m]의 곱 M을 자기모멘트라 한다.

$$M = ml [\text{Wb} \cdot \text{m}]$$

2. 회전력(토크: torque)

H[A/m]인 평등자장 중에 자극의 세기 m[Wb], 길이 l[m]인 자석을 놓았을 때 토크 τ[N·m]는 다음과 같다.

$$\tau = f \times \overline{ab} = mlH\sin\theta = MH\sin\theta [\text{N} \cdot \text{m}]$$

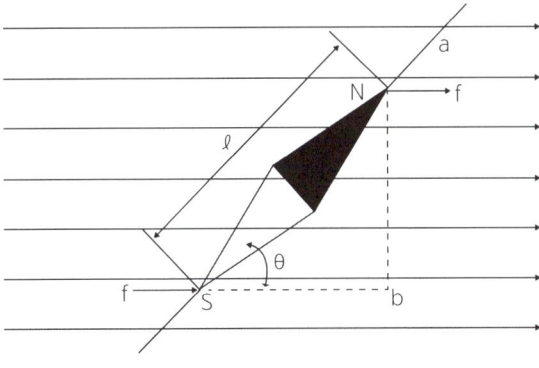

[자기장 내에 작용하는 토크]

6 전류에 의한 자기장

1. 앙페르의 오른나사 법칙

전류에 의해서 생기는 자기장의 방향은 전류방향에 따라 결정된다. 즉, 전류의 방향을 오른나사가 진행하는 방향으로 하면, 이때 발생되는 자기장의 방향은 오른나사의 회전방향이 된다. 이것을 앙페르의 오른나사 법칙(Ampere's right-handed screw rule)이라 한다. 그림은 오른나사 법칙을 나타낸 것이다.

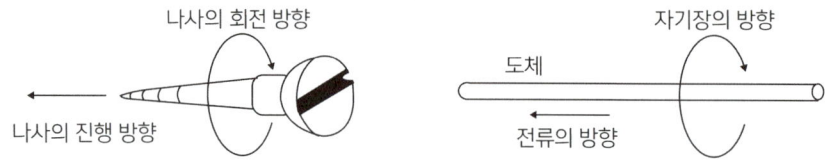

[앙페르의 오른나사 법칙]

2. 비오 - 사바르 법칙

(1) 그림과 같이 I[A]의 전류가 흐르고 있는 도체의 미소부분이 $\triangle l$의 전류에 의해 이 부분에서 r[m] 떨어진 점 P의 자기장의 세기 $\triangle H$[A/m]는, $\triangle l$과 점 P를 연결하는 방향이 $\triangle l$의 방향과 이루어지는 각을 θ[rad]이라고 할 때 $\triangle H$는 다음과 같다.

$$\triangle H = \frac{I \triangle l}{4\pi r^2} \sin\theta \,[\text{A/m}]$$

또는

$$\triangle H = \frac{I \triangle l}{4\pi r^2}\sin\theta = \frac{\frac{q}{t} \cdot \triangle v \cdot t}{4\pi r^2}\sin\theta = \frac{q \triangle v}{4\pi r^2}\sin\theta \,[\text{A/m}]$$

여기서, q: 전하[C]

$\triangle v$: 미소한 속도[m/s]

(2) 이와 같이 전류에 의한 자계의 강도를 나타내는 법칙을 비오 - 사바르 법칙이라 한다.

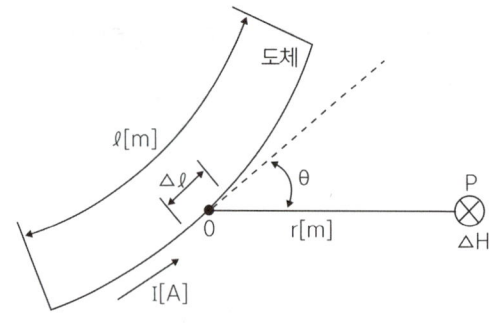

[비오 - 사바르 법칙]

7 자기장의 계산

1. 직선상 전류에 의한 자기장(자장)의 크기

무한히 긴 직선도체에 흐르는 전류 I[A]가 만드는 자기장의 세기 H[AT/m]는 전류로부터의 거리가 r[m]이라고 하면

$\Sigma Hl = NI$[AT]

$\Sigma Hl = H \cdot 2\pi r$에서 (여기서, $2\pi r$: 반지름 r의 원주)

$I = H \cdot 2\pi r$

$\therefore H = \dfrac{I}{2\pi r}$[AT/m]

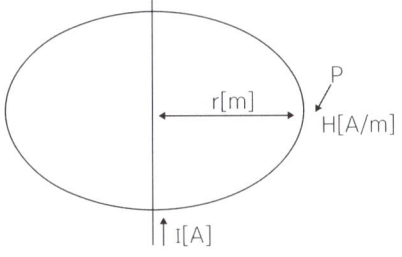

[직선상 도체에 의한 자기장]

2. 원형 코일 중심에서의 자기장의 세기

원형도체가 N회 감겨져 있는 중심에서의 자기장의 세기를 H[AT/m], 반지름이 r[m]라고 하면

$\Sigma Hl = NI$[AT]

$\Sigma Hl = H \cdot 2r$에서

$NI = H \cdot 2r$

$\therefore H = \dfrac{NI}{2r}$[AT/m]

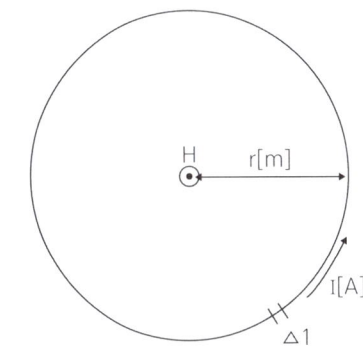

[원형 코일 중심]

3. 환상 솔레노이드 내부의 자기장의 크기

(1) 도선을 나선상으로 감은 것을 솔레노이드(solenoid) 또는 코일이라고 한다.
(2) 평균반지름이 r[m]이고 권수가 N인 환상 솔레노이드 내부의 자기장 H [AT/m]는

$\Sigma Hl = H \cdot 2\pi r$에서

$Hl = H \cdot 2\pi r$

$\therefore H = \dfrac{NI}{2\pi r}$[AT/m]

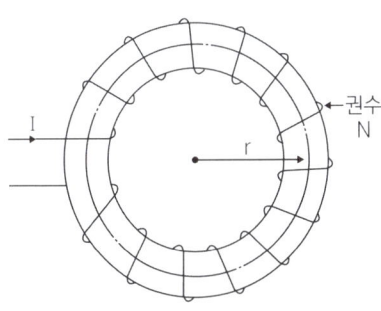

[환상 솔레노이드]

4. 무한장 솔레노이드 내부의 자기장의 세기

단위길이당 N_0의 권수로 된 무한장 솔레노이드에 $I[A]$의 전류가 흐를 때 솔레노이드 내부의 자기장의 세기 $H[AT/m]$는
$\Sigma Hl = Hl_1$
$Hl_1 = l_1 N_0 I$
$\therefore H = \dfrac{l_1 N_0 I}{l_1} = N_0 I \,[AT/m]$

여기서, $N_0 = \dfrac{권수}{[m]당}$

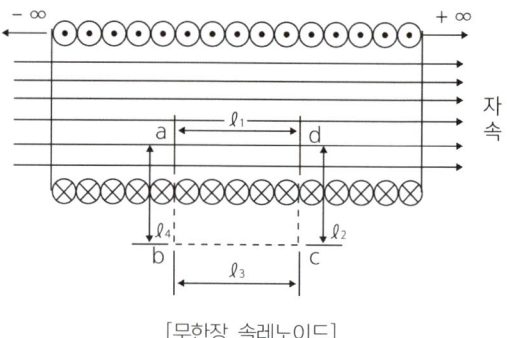

[무한장 솔레노이드]

8 전자력

1. 전자력의 방향

(1) 자기장 내에 있는 도체에 전류를 흘리면 힘이 작용하며 이 힘을 전자력(electromagnetic force)이라 한다. 전자력의 방향은 자기장의 방향, 전류의 방향에 따라 결정된다.

(2) 플레밍의 왼손 법칙

자기장의 방향, 전류의 방향과 전자력의 방향을 왼손으로 간단히 나타내는 법칙으로 직류전동기의 회전방향을 결정한다.
① 왼손의 중지: 전류의 방향(I)
② 왼손의 검지: 자장의 방향(B)
③ 왼손의 엄지: 힘의 방향(F)

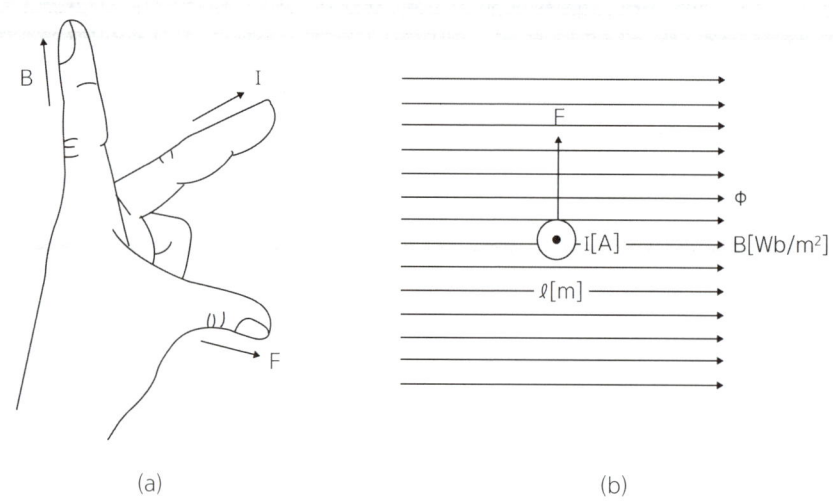

(a)　　　　　　　　　　(b)

[플레밍의 왼손 법칙]

2. 전자력의 크기

$B[\text{Wb/m}^2]$인 평등자기장 중에서 자기장과 $l[\text{m}]$인 도체에 전류 $I[\text{A}]$가 흐를 때 발생되는 전자력을 $F[\text{N}]$이라고 할 때

(1) 도체와 자기장이 직각이 아닌 경우

$$F = BlI\sin\theta [\text{N}]$$

(2) 도체와 자기장이 직각인 경우

$$F = BlI\sin 90° = BlI(\sin 90° = 1)$$
$$\therefore F = BlI [\text{N}]$$

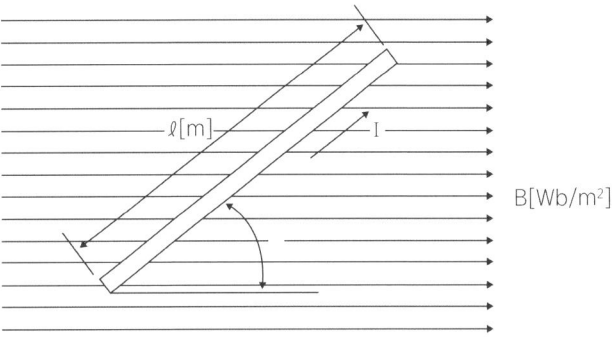

(3) 평행도체 사이에 작용하는 힘

① **힘의 방향(전자력 작용)**: 일정한 간격을 유지하고 평행을 이루는 2개의 도체에 전류가 흐르면, 한쪽 전류에 의한 자기장 내에 다른 전류가 흐르는 도체가 있으므로, 각각의 도체는 왼손 법칙에 따르는 힘이 작용한다.

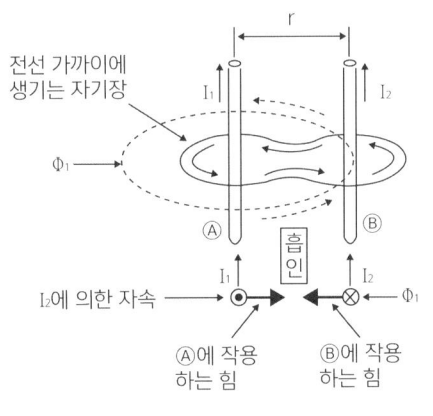
(a) 전류가 같은 방향

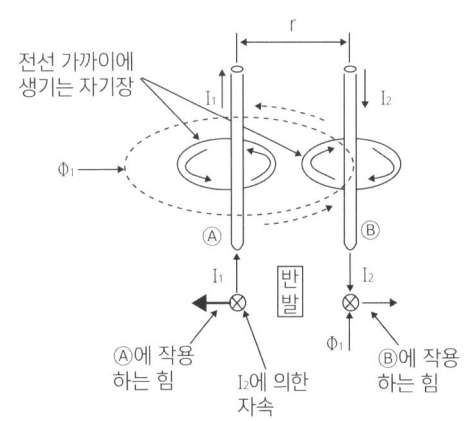
(b) 전류가 반대 방향

㉠ **동일한 방향의 전류가 흐를 때**: 흡인력 작용
  전선 Ⓑ는 왼쪽으로 힘을 받고, Ⓐ는 오른쪽으로 힘을 받는 흡인력이 작용된다.

㉡ **전류방향이 반대로 흐를 때**: 반발력 작용
  전류방향이 서로 반대방향으로 흐를 때 전선 Ⓐ, Ⓑ 간에는 반발력이 작용된다.

② **힘의 크기**

㉠ 그림 (a)에서 전선 Ⓐ의 전류 I_1에 의해 전선 Ⓑ의 위치에 형성되는 자기장의 크기 $H[\text{AT/m}]$는

$$H = \frac{I_1}{2\pi r} [\text{AT/m}]$$

ⓛ 이 자기장의 자속밀도 $B[\text{Wb/m}^2]$는

$$B = \mu_0 H = 4\pi \times 10^{-7} \times H = 4\pi \times 10^{-7} \times \frac{I_1}{2\pi r} = 2 \times 10^{-7} \times \frac{I_1}{r} [\text{Wb/m}]$$

ⓒ 전선 Ⓑ의 1[m]당 작용하는 힘 F는

$$F = BI_2 l = 2 \times 10^{-7} \times \frac{I_1}{r} \times I_2 \times \ell = 2 \times 10^{-7} \times \frac{I_1 I_2}{r} [\text{N}]$$

ⓔ 전선 Ⓑ에 의한 자기장에 의해서 전선 Ⓐ에도 동일한 힘이 작용된다.

③ **전류의 단위**: 1[A]의 전류의 양은 무한히 긴 왕복도선을 진공 중(또는 공기 중)에서 1[m]의 간격을 유지하여 양 도선에 전류를 흐르게 할 때 양도선 사이의 흡인력 또는 반발력의 크기가 전선 1[m]당 $2 \times 10^{6-7}[\text{N}]$이 되게 하는 전류이다.

9 전자유도

1. 도체와 자속이 변화(쇄교)하거나 자장 중에 도체를 움직일 때 도체에 기전력이 발생하는 현상을 전자유도(electromagnetic induction)라고 한다.

(1) 발생된 기전력 → 유도기전력
(2) 흐르는 전류 → 유도전류

2. 유도기전력의 방향

(1) 렌츠의 법칙(Lenz's law)

그림과 같이 코일을 지나는 자속이 증가될 때에는 자속을 감소시키는 방향으로, 감소될 때에는 자속을 증가시키는 방향으로 유도기전력이 발생한다.

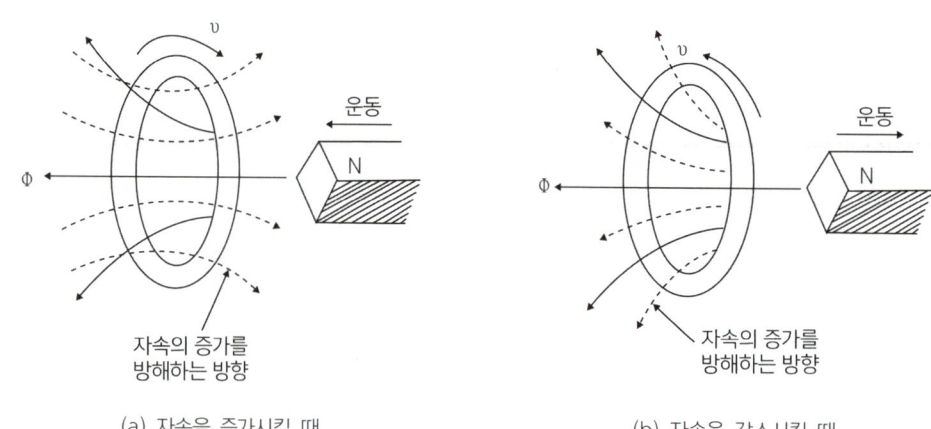

(a) 자속을 증가시킬 때   (b) 자속을 감소시킬 때

[유도기전력의 방향]

(2) 유도기전력의 크기

① 유도기전력의 크기는 코일을 지나는 자속의 매초 변화량과 코일의 권수에 비례한다. 이것을 전자유도에 관한 패러데이의 전자유도법칙(Faraday's law of electromagnetic induction)이라 한다.

② 코일의 권수가 N, 코일이 지나는 자속이 $\triangle t$초 동안에 $\triangle \phi$ [Wb]만큼 증감할 때의 유도기전력 e [V]는 다음과 같다.

$$e = \text{코일의 권수} \times \text{매초 변화하는 자속} = -\frac{N\triangle\phi}{\triangle t}[\text{V}]$$

(3) 플레밍의 오른손 법칙

도체의 운동에 의한 유도기전력의 방향은 그림과 같이 플레밍의 오른손 법칙(Fleming's right-hand rule)에 따라 결정된다. 즉, 오른손의 엄지, 검지, 중지를 각각 직각으로 하여 엄지의 방향을 운동방향과, 검지의 방향을 자기장의 방향과 일치시키면 중지의 방향이 유도기전력의 방향이 된다.

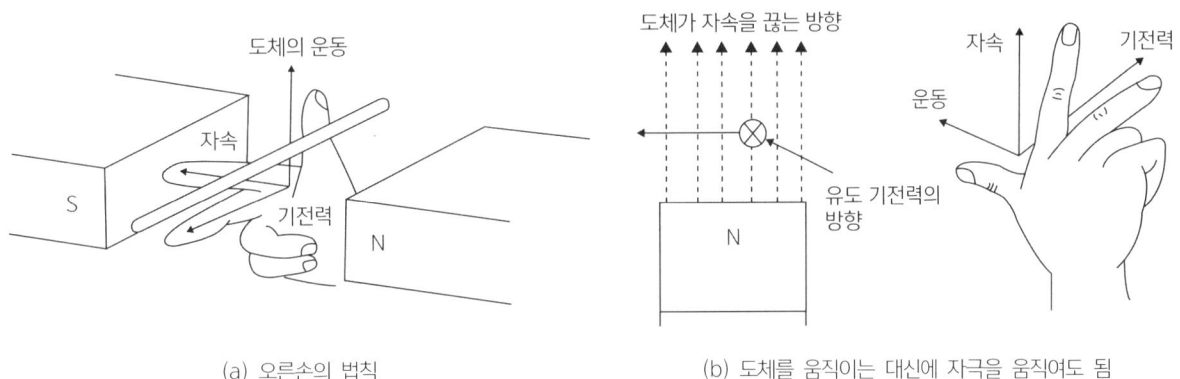

(a) 오른손의 법칙 (b) 도체를 움직이는 대신에 자극을 움직여도 됨

(4) 직선도체에 발생하는 기전력

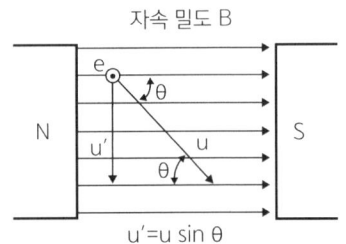

$$e = Blv' = Blv\sin\theta[\text{V}]$$

여기서, e : 유도기전력[V]
B : 자속밀도[Wb/m²]
l : 도체길이[m]
v : 도체 운동속도[m/s]
θ : 도체와 자기장과의 각도[rad]

10 자체 인덕턴스

1. 자체 유도

코일에 흐르는 전류가 변화하면 코일을 지나는 자속도 변화하므로 전자유도에 의해서 코일 자신의 이 자속의 변화를 방해하려는 방향으로 유도기전력이 유도되는 현상을 자체 유도(self induction)라고 한다.

2. 자체 인덕턴스

전류의 변화가 크면 자속의 변화도 크게 되므로 코일에 발생되는 유도기전력은 전류의 변화율에 비례한다.

$$e = -L\frac{\Delta I}{\Delta t}[V]$$

여기서, L: 비례상수로서 코일의 자체유도능력 정도를 나타내는 양으로 단순히 인덕턴스(inductance)라고도 함
(단위: 헨리(henry), 기호 [H])
1[H]: 1초간 1[A]의 전류가 변화하여 1[V]의 기전력이 유도되는 인덕턴스

3. 자체 인덕턴스의 계산

(1) 권수 N회의 코일에 쇄교되는 자속이 Δt초 동안 $\Delta \phi$만큼 변화할 때 유도기전력 v[V]는

$$v = -N\frac{\Delta \phi}{\Delta t}[V]$$

(2) $v = -L\frac{\Delta I}{\Delta t}$ 와 $v = -N\frac{\Delta \phi}{\Delta t}$ 에서

$$L\Delta I = N\Delta \phi$$
$$LI = N\phi$$
$$L = \frac{N\phi}{I}[H]$$

4. 환상 코일의 자체 인덕턴스

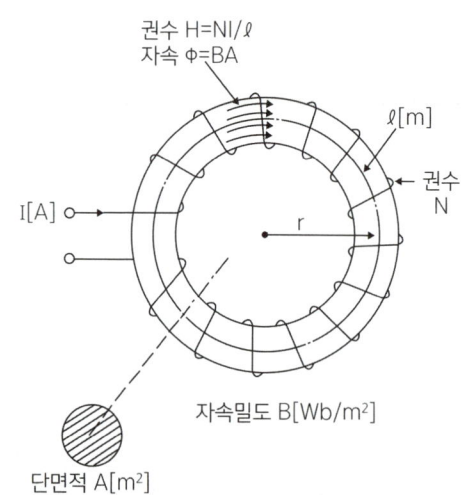

(1) 환상 코일에 전류 I[A]가 흐르면
코일이 지나는 자속 ϕ [Wb]는
$\phi = BA$, $B = 4\pi \times^{-7} \times H$, $H = \frac{NI}{l}$ 에서
$\phi = 4\pi \times 10^{-7} \times HA$
$= 4\pi \times 10^{-7} \times \frac{NI}{l} \times A$ [Wb]

(2) 자체 인덕턴스 L[H]은

$$L = \frac{N\phi}{I} = \frac{N \times 4\pi \times 10^{-7} \times \frac{NI}{l} \times A}{I}$$

$$= \frac{N \times 4\pi \times 10^{-7} \times NI \times A}{Il}$$

$$= \frac{4\pi \times 10^{-7} \times N^2 \times A}{l} [H]$$

환상 코일의 자체 인덕턴스 L[H]은 코일의 권수 N^2에 비례한다.

5. 무한장 코일의 자체 인덕턴스

무한장 솔레노이드(코일) 내부자기장의 크기 H[AT/m]는

$H = N_0 I$

$\phi = BA = 4\pi \times 10^{-7} \times HA$

$\quad = 4\pi \times 10^{-7} \times N_0 IA$ [Wb]

그러므로 코일의 단위길이당 자체 인덕턴스 $L[H]$은

$L = \frac{N_0 \phi}{I} = 4\pi \times 10^{-7} \times N_0^2 A$ [H]

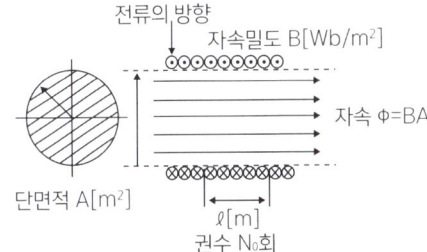

1[m]당의 자체 인덕턴스

공심 $L = (4\pi times 10^{-7}) AN_0^2$, 철심 $L_R = \mu_R L$

[무한장 코일]

11 상호 인덕턴스

1. 상호유도

2개의 코일을 서로 근접시키면 한쪽 코일에 흐르는 전류에 의한 자속이 다른 쪽 코일과도 쇄교한다. 이와 같이 한쪽 코일의 전류가 변화할 때 다른 쪽 코일에 유도기전력이 발생하는 현상을 상호유도(mutual induction)라 하고 2개의 코일은 전자적으로 결합되었다고 한다.

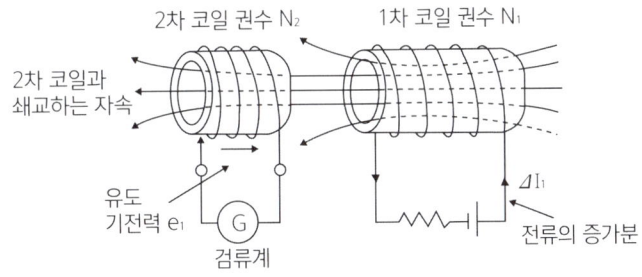

[상호유도]

2. 상호 인덕턴스

(1) 상호 인덕턴스

2차 코일에 쇄교하는 자속의 변화가 $\triangle t$초 동안 $\triangle \phi$[Wb]이면 권수 N_2의 2차 코일에 발생하는 유도기전력 e_2[V]는

$$e_2 = -N_2 \frac{\triangle \phi}{\triangle t} [\text{V}], \ e_2 = -M \frac{\triangle I_1}{\triangle t} [\text{V}]에서$$

$$N_2 \triangle \phi = M \triangle I_1$$

$$\therefore M = \frac{N_2 \phi}{I_1} [\text{H}] \ (여기서, M: 상호 인덕턴스[\text{H}])$$

(2) 환상 코일의 상호 인덕턴스

① 비투자율 μ_s인 환상철심에 동일한 형태로 1차, 2차 코일이 감겨 있을 때 1차 코일에 I_1[A]의 전류가 흐르면 자속 ϕ[Wb]는

$$\phi = \mu_s \times 4\pi \times 10^{-7} \times \frac{N_1 I_1}{l} \times A [\text{Wb}]$$

② 상호 인덕턴스 $M[H]$은

$$M = \frac{N_2 \phi}{I_1} = \frac{N_2 \mu_s \times 4\pi \times 10^{-7} \times \frac{N_1 I_1}{l} \times A}{I_1} = \mu_s \times 4\pi \times 10^{-7} \times \frac{A}{l} \times N_1 N_2 [\text{H}]$$

③ 환상 코일이 공심이고 누설자속이 없을 때 $M[H]$은

$$M = 4\pi \times 10^{-7} \times \frac{A}{l} \times N_1 N_2 [\text{H}]$$

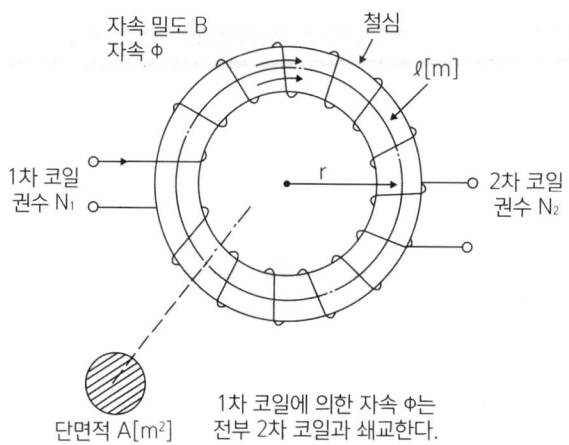

[환상 코일의 상호 인덕턴스]

(3) 자체 인덕턴스와 상호 인덕턴스

① 1차 코일의 자체 인덕턴스 $L_1[H]$ 및 상호 인덕턴스 $M[H]$에서

$$L_1 = \frac{N_1 \phi_1}{I_1}[H], \ M = \frac{N_2 \phi_1}{I_1}[H]$$

② 2차 코일의 전류가 만드는 자속 ϕ_2는 모두 1차 코일을 지나게 되므로 2차 코일의 자체 인덕턴스 L_2와 상호 인덕턴스 $M[H]$은

$$L_2 = \frac{N_2 \phi_2}{I_2}[H], \ M = \frac{N_1 \phi_2}{I_2}$$

③ 위의 식에서

$$M^2 = \frac{N_2 \phi_1}{I_1} \times \frac{N_1 \phi_2}{I_2} = \frac{N_1 \phi_1}{I_1} \times \frac{N_2 \phi_2}{I_2} = L_1 L_2$$

$$\therefore M = \sqrt{L_1 L_2} \ [H]$$

④ 상호 인덕턴스 $M[H]$은 $M = \sqrt{L_1 L_2} \ [H]$

⑤ 누설자속이 있는 경우의 상호 인덕턴스 $M[H]$은 $M = k\sqrt{L_1 L_2} \ [H]$

(여기서, k: 코일간의 결합계수로서 이상적인 결합인 경우에는 '1'이고 그렇지 않은 경우에는 '1'보다 작다.)

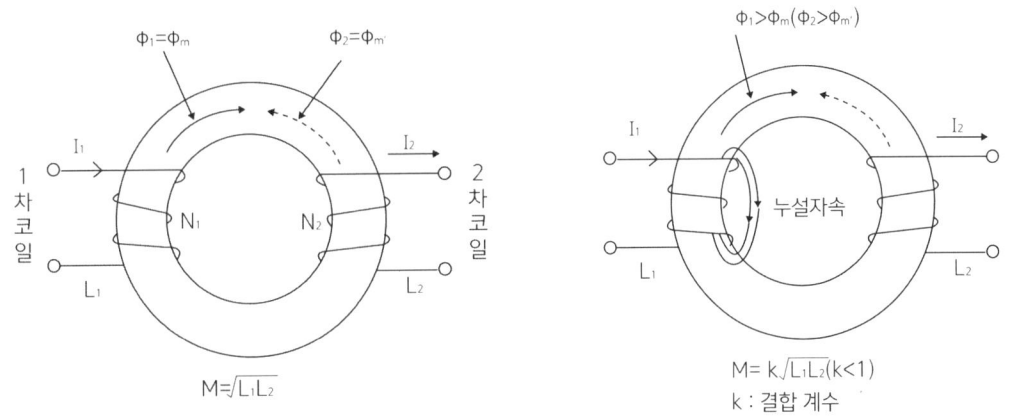

ϕ_m: ϕ_1 중에서 2차 코일을 지나는 자속
$\phi_{m'}$: ϕ_2 중에서 1차 코일을 지나는 자속

(a) 누설자속이 없는 경우의 M   (b) 누설자속이 있는 경우의 M

[자체 인덕턴스와 상호 인덕턴스]

12 인덕턴스의 접속

1. 직렬접속

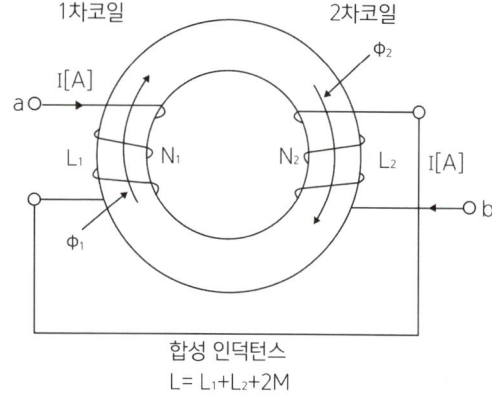

(a) 가동접속

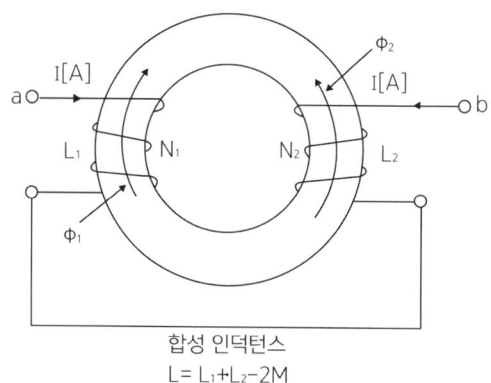

(b) 차동 접속

(1) 가동결합

① 1차 코일, 2차 코일의 자체 인덕턴스를 L_a, L_b라 하면

$$L_a = L_1 + M$$
$$L_b = L_2 + M$$

② a, b 단자에서 본 합성 인덕턴스 L[N]은

$$L = L_a + L_b = L_1 + L_2 + 2M [H]$$

(2) 차동결합

1차, 2차 코일의 자속방향이 역방향이 되도록 접속되어 있는 경우 합성 인덕턴스 L[H]은

$$L = L_1 + L_2 - 2M [H]$$

2. 병렬접속

(1) 가동결합

합성 인덕턴스 L[H]은

$$L = \frac{L_1 L_2 - M^2}{L_1 + L_2 - 2M}[\text{H}]$$

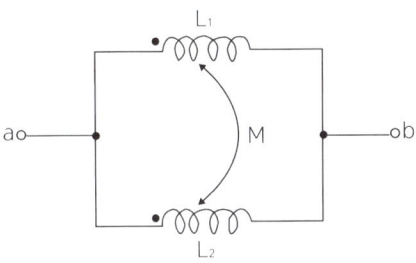

(2) 차동결합

합성 인덕턴스 L[H]은

$$L = \frac{L_1 L_2 - M^2}{L_1 + L_2 + 2M}[\text{H}]$$

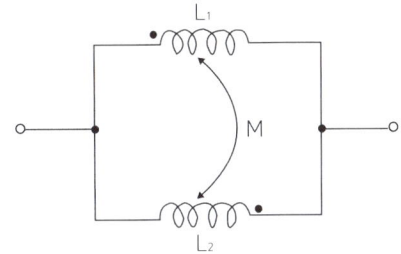

13 전자 에너지

T[s]동안 전류가 0에서 증가하여 I[A]가 되면 전자에너지 W[J]는
평균전력 $P = V \cdot I_a$

$\therefore P = L\dfrac{I}{T} \times \dfrac{I}{2}$[W]

$\quad (V = L \cdot \dfrac{I}{T},\ I_a = \dfrac{I}{2})$

$W = P \cdot T$

$\quad = L\dfrac{I}{T} \times \dfrac{I}{2} \times T = \dfrac{1}{2}LI^2$[J]

$\therefore W = \dfrac{1}{2}LI^2$[J]

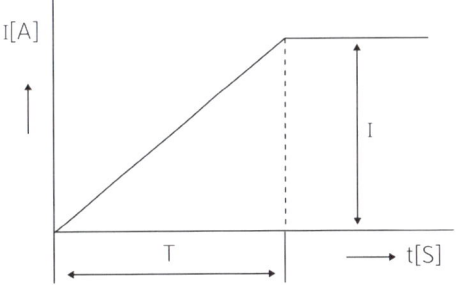

14 응용기기

1. 직류기

(1) 발전기 구조

① 발전기 3요소: 전기자, 계자, 정류자
  ㉠ 계자: 자속을 발생
  ㉡ 전기자: 유기기전력을 발생
   • **규소강판**: 히스테리시스손 감소(**규소함유량**: 2 ~ 4[%])
   • **성층 철심**: 와류손 감소(**철심두께**: 0.35[mm])

© **정류자**: 교류를 직류로 변환
② **브러쉬**: 내부 회로와 외부 회로 연결
  - **탄소브러쉬**: 접촉저항이 큼
  - **금속흑연물질**: 저전압 대전류에 적용

② 발전기 구조도

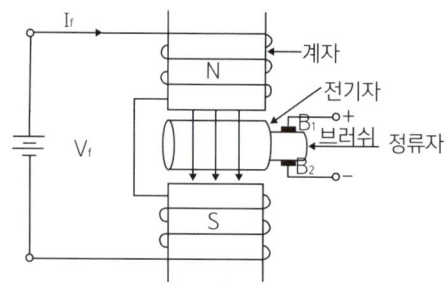

(2) 전기자권선법(고상권, 폐로권, 이층권)

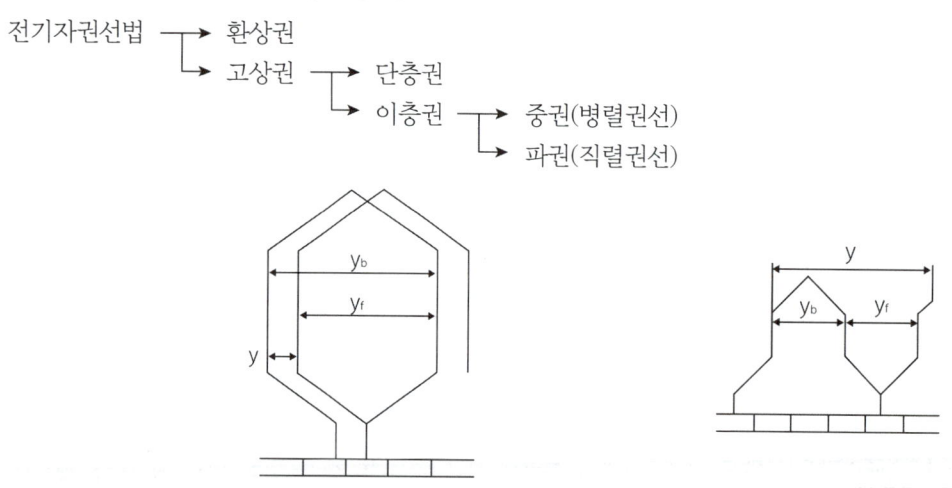

※ y_b: 백피치, y_f: 아피치

[중권]   [파권]

비교항목	단중중권	단중파권
병렬회로수(a)	극수(P)	2
브러시수(B)	극수(P)	2
용도	대전류, 대전압용	소전류, 대전압용
균압결선	접속함	균압선 필요 없음
다중도(m)	a = mp	a = 2m

(3) 유기기전력

$$E = \frac{P\Phi ZN}{60a}[V] = \Phi N$$

여기서, P: 극수
Φ: 자속
Z: 총도체수
N[rpm]: 분당회전수
a: 병렬회로수

(4) 전압 변동률

단자에서 부하시와 무부하시의 전압의 비율은 다음과 같다.

$$\epsilon = \frac{V_O - V_n}{V_n} \times 100[\%]$$

여기서, V_O: 무부하 단자전압
V_n: 정격 전압

(5) 전기제동

① **발전제동**: 전기에너지를 저항에서 소비시켜 제동하는 방법이다.
② **역전제동(플러킹)**
   ㉠ 전동기 전원에 접속한 상태로 전기자 접속을 바꾸어 회전방향과 반대 토크를 발생시켜 제동하는 방법이다.
   ㉡ 급속히 정지시키는 방법이다.
   ㉢ 플러킹이라 한다.
③ **회생제동**: 운전 중의 전동기를 발전기로 하여 전원보다 높은 전압을 발생시켜 전기적 에너지를 전원에 반환시키면서 제동하는 방법이다.

2. 변압기

1개의 회로에서 교류전력을 받고 전자유도작용으로 다른 회로에 전력을 공급하는 정지기기이다.

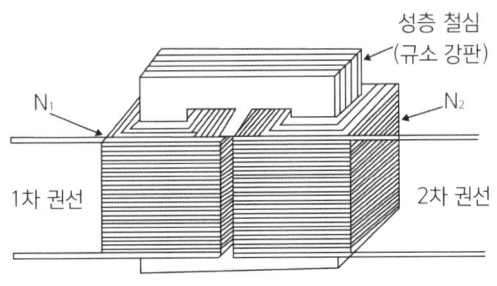
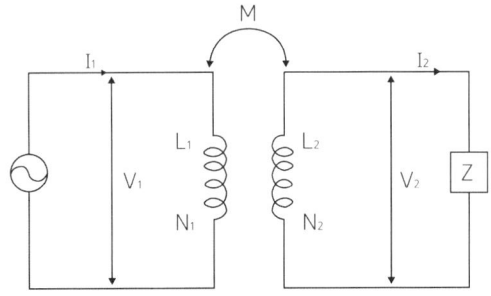

(1) 권수비

$$N = \frac{N_1}{N_2} = \frac{L_1}{M} = \frac{M}{L_2} = \sqrt{\frac{L_1}{L_2}}$$

(2) 전압비

$$a = \frac{V_1}{V_2} = \frac{N_1}{N_2} = N$$

$$\therefore V_2 = \frac{V_1 N_2}{N_1} [V]$$

(3) 전류비

$$\frac{1}{a} = \frac{I_1}{I_2} = \frac{N_2}{N_1} = \frac{1}{N}$$

$$\therefore I_2 = \frac{I_1 N_1}{N_2} [A]$$

(4) 임피던스와 권수비

$$z_1 = \frac{V_1}{I_1}, \quad z_2 = \frac{V_2}{I_2}$$

$$a(권수비) = \frac{N_1}{N_2} = \frac{V_1}{V_2} = \frac{I_2}{I_1} \text{에서}$$

$$N_1 V_2 = N_2 V_1 \quad N_1 I_1 = N_2 I_2$$

$$z_1 = \frac{V_1}{I_1} = \frac{\frac{N_1 V_2}{N_2}}{\frac{N_2 I_2}{N_1}} = \frac{N_1^2}{N_2^2} \cdot \frac{V_2}{I_2} = \left(\frac{N_1}{N_2}\right)^2 \cdot z_2$$

$$\boxed{\begin{array}{l} z_1 = a^2 \cdot z_2 (\Omega) \\ z_2 = \frac{1}{a^2} \cdot z_1 (\Omega) \end{array}}$$

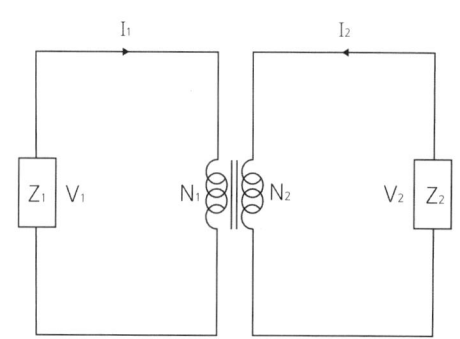

(5) 효율

① 실측효율 $= \dfrac{출력}{입력} \times 100 [\%]$

② 규약효율 $= \dfrac{출력}{출력 + 손실} \times 100$

$\qquad = \dfrac{VI\cos\theta}{VI\cos\theta + P_i + P_C} \times 100 [\%]$

여기서, V: 2차 정격전압[V], I: 2차 전류[A], $\cos\theta$: 역률, P_i: 철손(무부하손), P_C: 동손(부하손)

(6) 병렬운전조건
    ① 단상변압기
        ㉠ 극성이 같을 것
        ㉡ 1차, 2차의 정격전압 및 권수비가 같을 것
        ㉢ % 전압강하 및 리액턴스의 비가 같을 것
    ② 3상 변압기
        ㉠ 단상변압기의 조건을 충족할 것
        ㉡ 상회전 방향과 각 변위가 같을 것
        ㉢ 각 군의 임피던스가 그 용량에 반비례할 것
        ㉣ 전류비가 같을 것

(7) 변압기 보호계전기
    ① **차동계전기**: 정상시에는 계전기를 사용한 2개소 회로의 전압 또는 전류가 같으나 고장시에는 전압 또는 전류에 차이가 생겨 이것에 의해 작동하는 계전기이다.
    ② **비율차동 계전기**: 차동전류계의 결점을 보완한 계전기로, 억제 코일과 동작 코일을 가진 비율차동 계전기를 사용하는 방식을 채용하여 억제 코일은 변압기의 고압 및 저압측의 각 변류기의 차동회로에 접속되어 있으며, 이 양 코일이 전류의 비에 의해 작동하는 계전기이다.
    ③ **브흐홀쯔 계전기**: 변압기 내부고장에 대한 보호용으로 사용되는 계전기로, 변압기의 주탱크와 콘서베이터 사이에 부착하여 변압기 내부고장이 발생한 때에 생기는 오일의 분해 가스나 오일의 분류를 이용하여 전자벨을 울리게 하거나 차단기를 작동시킨다.

(8) 전압변동률

$$\epsilon = \frac{V_{20} - V_2}{V_2} \times 100 = \%R\cos\theta \pm X\sin\theta$$

(+): 늦은 역률(지상)　　　　(−): 앞선 역률(진상)

① 역률이 100[%] → $\cos\theta = 1 \Rightarrow \epsilon = \%R$
② 최대 전압변동률 $\Rightarrow \epsilon_m = \%Z = \sqrt{\%R_2 + \%X^2}$
③ 최대 전압변동률을 나타내는 역률 $\Rightarrow \cos\theta = \frac{\%R}{\%Z} = \frac{\%R}{\sqrt{\%R^2 + \%X^2}}$

(9) 상수변환
    ① 3상 → 2상
        ㉠ 메이어 결선
        ㉡ 우드브릿지결선
        ㉢ 스콧트결선(T결선)

② 3상 → 6상
　　㉠ 환상결선
　　㉡ 2중 삼각결선
　　㉢ 2중 성형결선
　　㉣ 대각결선
　　㉤ 포오크 결선
③ 스코트결선(T결선)
　　㉠ 주좌변압기 권수비

$$a = \frac{V_1}{V_2}$$

　　㉡ T좌변압기 권수비

$$a_T = a_M \times \frac{3}{2}$$

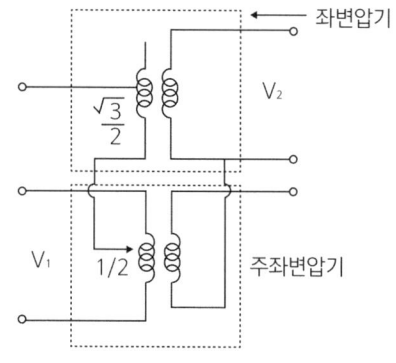

(10) 변압기 병렬운전
① 극성이 같을 것
② 1, 2차 정격전압이 같을 것(권수비가 같을 것)
③ 백분율 임피던스강하가 같을 것
④ 상회전방향과 각 변위가 같을 것
⑤ 각 군의 임피던스가 그 정격용량에 반비례할 것

$$\frac{I_a}{I_b} = \frac{\%Z_B \cdot P_A}{\%Z_A \cdot P_B} \quad I_a, I_b : 분담전류$$

$$\frac{P_a}{P_b} = \frac{\%Z_B \cdot P_A}{\%Z_A \cdot P_B} \quad P_a, P_b : 분담용량$$

※ 임피던스가 작은 쪽이 자기용량을 부담한다.

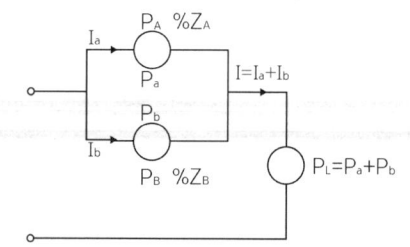

(11) 단권변압기
① 장점
　　㉠ 누설리액턴스가 적다.
　　㉡ 효율이 좋다.
　　㉢ 전압변동률이 적다.
　　㉣ 경량이다.
② 단점
　　㉠ 절연이 어렵다.
　　㉡ 단락사고시 단락전류가 크다.

③ 용도
　㉠ 대전력용 변압기
　㉡ 배전선로 승압용
④ 용량계산

Y결선: $\dfrac{\text{자기용량}}{\text{부하용량}} = \dfrac{V_h - V_l}{V_h} = 1 - \dfrac{V_l}{V_h}$

V결선: $\dfrac{\text{자기용량}}{\text{부하용량}} = \dfrac{2(V_h - V_l)}{\sqrt{3}\,V_h}$

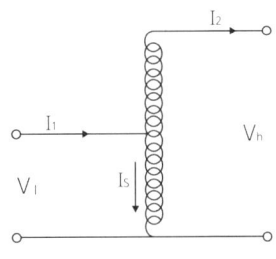

(12) 변압기 손실

① 무부하손 = 철손$(P_i) = \begin{cases} P_h = \sigma_h f v B_m^2 \propto \dfrac{V^2}{f} \\ P_e \equiv \sigma_e (k_f f t B_m)^2 \propto V^2 (f \text{와 무관}) \end{cases}$

② 부하손 = 동손$(P_c) = I^2 R$

③ 변압기에서 주파수와 관계

　㉠ 여자전류: $I_o \propto \dfrac{1}{f}$

　㉡ 자속: $\phi \propto \dfrac{1}{f}$

　㉢ 자속밀도: $B \propto \dfrac{1}{f}$

　㉣ 백분율 리액턴스강하: $\%X \propto f$

　㉤ 백분율 임피던스강하: $\%Z \propto f$

　㉥ 전압변동률: $\epsilon \propto f$

　㉦ 철손: $P_i \propto \dfrac{1}{f}$

　㉧ 와류손: $P_e \propto V^2$ (주파수와 무관)

　㉨ 동손: $P_c \propto I^2$ (주파수와 무관)

(13) 변압기 효율

$$\text{규약효율} = \dfrac{\text{출력}}{\text{출력} + \text{손실}} \times 100[\%]$$

① 전부하 시 효율

$$\eta = \dfrac{P_o \cos\theta}{P_o \cos\theta + P_i + P_c} \times 100[\%] \qquad \text{최대효율조건: } P_i = P_c$$

② $\dfrac{1}{m}$부하 시 효율

$$\eta = \dfrac{\dfrac{1}{m}P_o\cos\theta}{\dfrac{1}{m}(\cos\theta+P_i+\dfrac{1}{m})P_c}\times 100[\%] \qquad 최대효율조건: P_i = \left(\dfrac{1}{m}\right)^2 P_c \qquad \dfrac{1}{m} = \dfrac{P_i}{P_c}$$

③ 최대효율

$$\eta_m = \dfrac{P_o\dfrac{1}{m}}{\dfrac{1}{m}P_o+2P_i}\times 100[\%]$$

④ 전일효율(T: 사용시간)

$$\eta = \dfrac{P_o\cos\theta\, T}{P_o\cos\theta\, T+24P_i+TP_c}\times 100[\%] \qquad 최대효율조건: 24P_i = TP_c$$

3. 유도전동기

고정자 및 회전자에 각각 권선을 가지며, 1차 권선(고정자권선)에 교류전류를 흐르게 하여 회전자계를 발생시켜, 전자유도작용에 의해 2차 권선(회전자 권선)에 에너지를 공급하여 회전시키는 교류전동기이다.

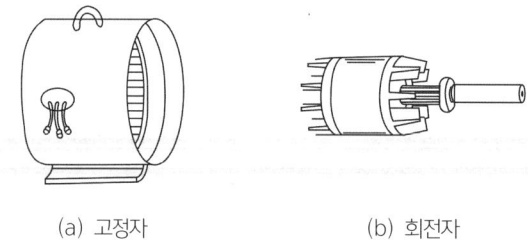

(a) 고정자   (b) 회전자

(1) 유도전동기의 분류

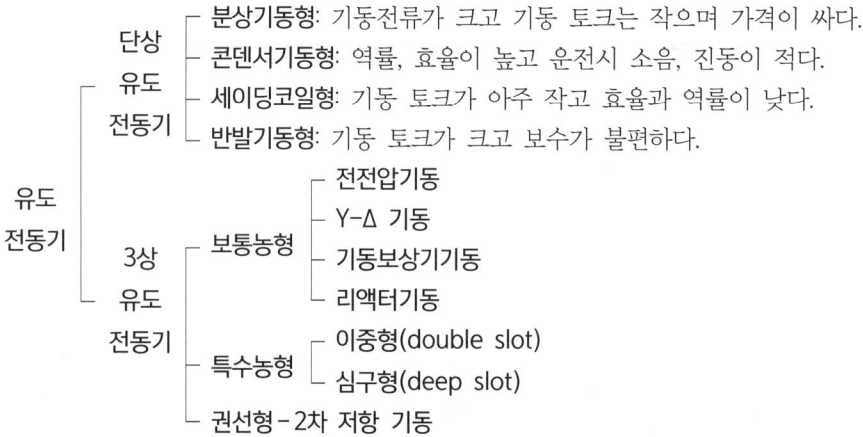

- 단상 유도 전동기
  - **분상기동형**: 기동전류가 크고 기동 토크는 작으며 가격이 싸다.
  - **콘덴서기동형**: 역률, 효율이 높고 운전시 소음, 진동이 적다.
  - **세이딩코일형**: 기동 토크가 아주 작고 효율과 역률이 낮다.
  - **반발기동형**: 기동 토크가 크고 보수가 불편하다.
- 3상 유도 전동기
  - 보통농형
    - 전전압기동
    - Y-Δ 기동
    - 기동보상기기동
    - 리액터기동
  - 특수농형
    - 이중형(double slot)
    - 심구형(deep slot)
  - 권선형 - 2차 저항 기동

(2) 유도전동기 회전원리

① 그림에서 영구자석을 화살표 방향으로 움직이면 원판은 이것과 같은 방향으로 회전한다. 이것은 자석의 이동에 의해 원판 상에 발생하는 맴돌이 전류와 자속 사이에 생기는 전자력에 의해 토크(회전력)가 발생하게 된다(이것을 아라고 원판이라고 한다).

② 유도전동기는 이 원리를 이용하여 자석을 움직이는 대신에 회전자계를 주어서 회전 토크를 얻는다.

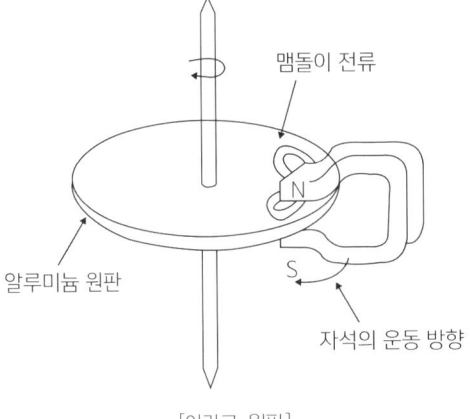

[아라고 원판]

(3) 유도전동기 속도

① 동기속도(N_s)

$$N_s = \frac{주파수}{\frac{극수}{2}} \times 60 = \frac{f \times 60}{\frac{P}{2}} = \frac{120f}{P} [\text{rpm}]$$

$$\therefore N_s = \frac{120f}{P} [\text{rpm}]$$

② 회전자속도(N)

$$N = (1-s) \times N_s = \frac{120f}{P} \times (1-s)$$

여기서, f: 주파수(Hz), P: 극수, S: 슬립($S = \frac{N_s - N}{N_s}$)

$$\therefore N = \frac{120f}{P}(1-s)[\text{rpm}]$$

(4) 전동기의 발생 토크

전동기가 토크 $T[\text{N}\cdot\text{m}]$를 발생하면서 회전각속도 $\omega = 2\pi N[\text{rad}]$로 회전할 때

① 기계적 출력(2차 출력) $P_0[\text{W}]$

$$P_0 = \omega T$$

$$= 2\pi \cdot \frac{N}{60} \cdot T[\text{W}](\omega = \frac{2\pi N}{60}[\text{rad/min}])$$

$$= 1.026 N \cdot T'[\text{W}](1.026 \fallingdotseq \frac{2\pi \times 9.8}{60})$$

여기서, T: 회전력[N·m], T': 회전력[kg·m]($T' = \frac{1}{9.8} \cdot T[\text{kg·m}]$)

② 토크(회전력)

$$T = \frac{60 P_0}{2\pi N}[\text{N}\cdot\text{m}], \quad T' = \frac{P_0}{1.026 N}[\text{kg}\cdot\text{m}]$$

③ 동기 와트로 표시한 토크(T_s)

$$T = \frac{60P_0}{2\pi N} = \frac{60(1-s)P_2}{2\pi(1-s)N_s} = \frac{60P_2}{2\pi N_s} = \frac{P_2}{\frac{4\pi f}{P}}[\text{N} \cdot \text{m}]\left(\frac{P_2}{\frac{4\pi f}{P}} = \frac{60P_2}{\frac{2\pi \times 120f}{P}}\right)$$

또한 $T' = \frac{60}{9.8 \times 2\pi} \times \frac{P_2}{N_s} = 0.975\frac{P_2}{N_s}[\text{kg} \cdot \text{m}]$

여기서, N: 회전자속도[rpm], T: 토크[N·m], s: 슬립, T': 토크[kg·m]
N_s: 동기속도[rpm], P_2: 2차 입력[W], P: 극수

(5) 유도전동기 효율(η)

$$\eta = \frac{\text{출력}}{\text{입력}} \times 100 = \frac{\text{입력} - \text{손실}}{\text{입력}} \times 100[\%]$$

(6) 3상 유도전동기 기동법
① 농형 유도전동기
  ㉠ 전 전압 기동법: 5[kw] 이하의 소형
  ㉡ $Y-\triangle$ 기동법 ─ 5~15[kW] 정도의 전동기에 사용
       ├ 기동전류와 기동 토크가 전 부하의 $\frac{1}{3}$로 감소
       └ 전압은 $\frac{1}{\sqrt{3}}$로 감소
  ㉢ 기동보상기법: ┬ 15[kw] 정도 이상의 전동기에 사용
       ├ 기동용 3상 단권변압기 사용
       ├ 탭 전압비율의 표준값은 50, 65, 80[%]
       └ $\frac{1}{m}$의 탭 전압일 때 기동전류와 기동 토크는 $(\frac{1}{m})^2$으로 감소
  ㉣ 리액터 기동법: 펌프나 송풍기와 같이 부하 토크가 속도의 증가에 따라 불어나는 경우에 사용
② 권선형 유도전동기
  → 2차 저항법: 비례추이원리를 이용한 것으로 2차에 외부저항을 접속하여 기동전류를 줄이고 기동 토크를 증가시킨다.

(7) 3상 유도전동기의 회전방향 변경

3상 유도전동기의 3선 중 2선을 그림과 같이 바꾸면 회전자계의 방향이 반대가 되어 회전방향이 반대가 된다. 이 원리를 이용하여 전동기의 정·역 운전에 사용한다.

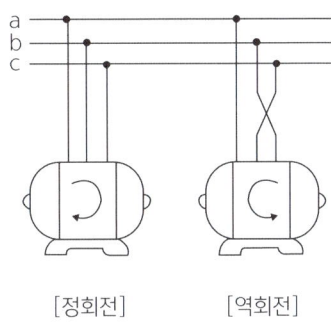

[정회전]   [역회전]

(8) 속도제어

① **극수변환법**: 농형에 사용, 2 ~ 4단 정도의 속도제어가 되며 장치가 복잡하다.
② **주파수변환법**: 농형에 사용, 연속적으로 속도제어가 가능하다.
③ **전압제어법**: 농형에 사용, 단자전압을 변화시킨다.
④ **2차 저항 제어법**: 권선형에 사용, 부하변동에 의한 속도변화가 크고 효율이 나쁘다.
⑤ **2차 여자법**: 권선형에 사용, 역률과 효율이 좋고 광범위한 속도제어 가능하다.
⑥ **종속법**: 2단, 불연속으로 속도를 바꿀 수 있다. 역률과 효율이 나쁘다.

(9) 유도전동기의 특징

① 교류전원을 쉽게 얻을 수 있다.
② 전동기 구조가 간단하고 튼튼하다.
③ 취급이 간단하다.
④ 운전이 쉽고 편리하게 사용할 수 있다.
⑤ 가격이 싸다.
⑥ 보수가 간단하다.
⑦ 제어가 간단하고 원격제어가 쉽다.

(10) 단상 유도전동기의 토크 특성

종류	기동토크(%)	정동 토크(%)
분상기동형	125 이상	175 ~ 300
콘덴서기동형	250 이상	175 ~ 300
반발기동형	300 ~ 500	175 ~ 300

Chapter 03 정전기와 콘덴서

1 전기장

[쿨롱의 법칙(Coulomb's law)]

2개의 전하 $Q_1[C]$, $Q_2[C]$ 사이에 작용하는 정전력 $F[N]$의 방향은 Q_1, Q_2를 연결하는 직선상에 있으며, 그 크기는 Q_1과 Q_2의 곱에 비례하고 Q_1과 Q_2의 거리 $r[m]$의 제곱에 반비례한다.

(1) 정전력을 $F[N]$이라고 하면

$$F = \frac{1}{4\pi\epsilon} \cdot \frac{Q_1 Q_2}{r^2} [N]$$

여기서, Q_1, Q_2: 전하[C], r: 거리[m], ϵ: 유전율[F/m]

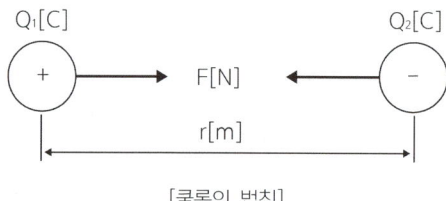

[쿨롱의 법칙]

참고 유전율: ϵ (epsilon: 엡실론)

$$\epsilon = \epsilon_0 \cdot \epsilon_s [F/m][C^2/N \cdot m^2]$$

여기서, ϵ_0: 진공유전율로서 $8.855 \times 10^{-12} [F/m]$
ϵ_s: 비유전율로서 매질에 따라 값이 다르고 공기 중일 때 '1'이 된다.
또한, 진공 중에서는 $\epsilon_s = 1$이다.

(2) 진공 중 또는 공기 중일 때 정전력 $F[N]$는

$$F = \frac{1}{4\pi\epsilon} \cdot \frac{Q_1 Q_2}{r^2} = \frac{1}{4\pi\epsilon_0 \cdot \epsilon_s} \cdot \frac{Q_1 Q_2}{r^2}$$

$$= \frac{1}{4\pi \times 8.855 \times 10^{-12} \times 1} \cdot \frac{Q_1 Q_2}{r^2} = 9 \times 10^9 \cdot \frac{Q_1 Q_2}{r^2} [N]$$

$$\therefore F = 9 \times 10^9 \cdot \frac{Q_1 Q_2}{r^2} [N]$$

2 전장(전계)과 전기력선

1. 전기장

전기력이 작용하는 공간을 전기장(electric field), 즉 전장이라 한다.

2. 전기력선

전기장 중에 +1[C]의 전하를 놓았다고 가정하고 여기에 가해지는 힘의 방향을 차례로 연결한 선을 전기력선(line of electric force)이라 했을 때, 전기력선의 수는 다음과 같다.

$$\text{전기력선의 수} = \frac{Q}{\epsilon_0} = \frac{Q}{8.855 \times 10^{-12}} [\text{개}]$$

3 전장(전계)의 세기

전장의 세기를 E[V/m]라 하면
$F = Q \cdot E$[N]에서

$$E = \frac{F}{Q} = \frac{9 \times 10^9 \times \frac{Q^2}{r^2}}{Q} = 9 \times 10^9 \times \frac{Q}{r^2} [\text{N/C}][\text{V/m}]$$

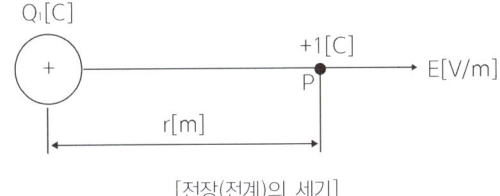

[전장(전계)의 세기]

> **참고**
>
> $$\frac{N}{C} = \frac{N \cdot m}{C \cdot m} = \frac{J}{C \cdot m} = \frac{V}{m} \;(\because J/C = V)$$
>
> $$\frac{N}{C} = \frac{N \cdot m}{C \cdot m} = \frac{J}{C \cdot m} = \frac{V}{m} \;(\because \frac{J}{C} = V)$$
>
> $1N$(뉴턴) $= 1[\text{kg} \cdot \text{m/s}^2]$
> $1dyne$(다인) $= 1[\text{g} \cdot \text{cm/s}^2]$
>
> 여기서, $1N = 10^3[\text{g}] \cdot 10^2[\text{cm/s}^2] = 10^5[\text{g} \cdot \text{cm/s}^2] = 10^5 dyne$
>
> $\therefore 1N = 10^5 dyne$

4 전위의 크기

그림과 같이 유전율 ϵ의 매질에서 $Q[C]$의 단일 점전하로부터 $r[m]$ 거리에 있는 점 P에서의 전위의 크기를 $V[V]$라 하면

$$V = 9 \times 10^9 \cdot \frac{1}{\epsilon_s} \cdot \frac{Q}{r} [V]$$

여기서, ϵ_s: 비유전율(공기 = 1)

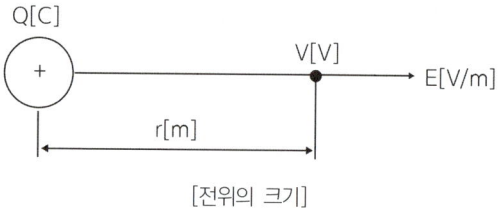

[전위의 크기]

그러므로 전위 $V[V]$는 전하 $Q[C]$에 비례하고 거리 $r[m]$에 반비례한다.

> **참고**
>
> $$V = \frac{W}{Q} = \frac{FL}{Q} = \frac{QEL}{Q} = E \cdot L [V] = [J/C] = [N \cdot m/C]$$

5 전속과 전속밀도

1. 전속(dielectric flux)

(1) 전계의 상태를 나타내기 위한 가상선으로서 유전속이라고도 한다.
(2) 아래 그림과 같이 1[C]에서 나오는 무수한 선을 한데 모아서 1[C]의 전속이라고 하면, +Q[C]의 전하에서는 Q[C]의 전속이 나온다.
(3) 여기에서 전속의 수를 ϕ라 하면 $\phi = Q[C]$개이다.

2. 전속밀도(dielectric flux density)

단위면적당의 전속을 전속밀도라 하며 전속밀도를 $D[C/m^2]$라 하면

$$D = \frac{\phi}{A} = \frac{Q}{A} [C/m^2]$$

[전속과 전속밀도]

6 전장의 세기와 전속밀도와의 관계

- 전장의 세기 E[V/m]는 $E = \dfrac{1}{4\pi\epsilon} \cdot \dfrac{Q}{r^2}$ [V/m]

- 전속밀도 D[C/m²]는 $D = \dfrac{Q}{A} = \dfrac{Q}{4\pi r^2}$ [C/m²] (반지름 r인 구의 표면적 A[m²] $= 4\pi r^2$)

- 그러므로 위의 식에서 전속밀도 D[C/m²]는

$$D = \dfrac{Q}{A} = \dfrac{4\pi r^2 E \epsilon}{4\pi r^2} = \epsilon E = \epsilon_0 \epsilon_s E \,[\text{C/m}^2]$$

$$\therefore\ D = \epsilon E = \epsilon_0 \epsilon_s E \,[\text{C/m}^2]$$

7 정전기의 발생

1. 대전과 전하

(1) 재료가 다른 2개의 물체를 마찰시키면 물체는 서로 양, 음의 전기를 띠게 되고 가벼운 물체를 끌어당기는 대전현상을 일으킨다. 이때 물체가 전기를 띠는 것을 대전(electrification)이라 하고 이 전기량을 전하라고 한다.

(2) 이와 같은 전하는 물체 위에 정지하고 있으므로 정전기(static electricity)라고 한다.

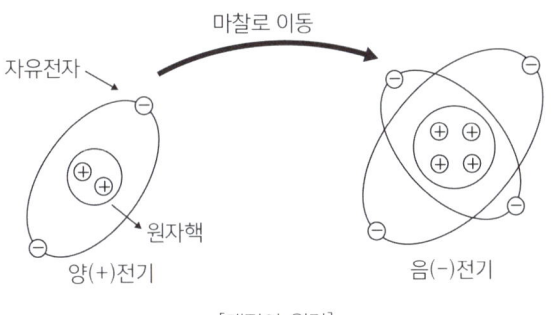

[대전의 원리]

2. 정전력의 작용

(1) 정전기는 같은 종류의 전기 사이에는 반발력이, 다른 종류의 전기 사이에는 흡인력이 생긴다.
(2) 그 크기는 쿨롱의 법칙에 의한다.

8 정전용량과 콘덴서의 접속

1. 정전용량(Capacity)

- 절연된 도체 사이에 전위를 가하였을 때 전하를 저장하는 것을 말한다.
- 축적된 전하 $Q[C]$는 $Q = C \cdot V[C]$는 $Q = C \cdot V[C]$
- 그러므로

$$C = \frac{Q}{V}[F], \quad V = \frac{Q}{C}[V]$$

$$Q = CV[C]$$

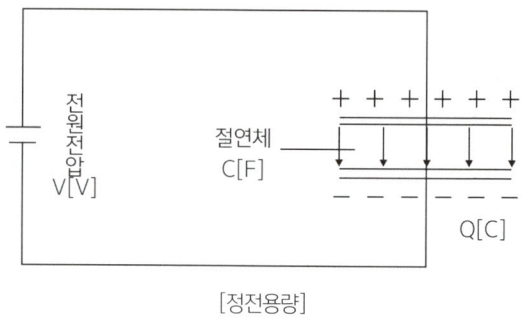

[정전용량]

2. 정전용량의 단위

단위로는 패럿(Farad, 기호: F)을 사용한다.

(1) 마이크로 패럿

$\mu F \, (1[\mu F] = 10^{-6}[F])$

(2) 나노 패럿

$nF \, (1[nF] = 10^{-9}[F])$

(3) 피코 패럿

$pF \, (1[pF] = 10^{-12}[F])$

3. 정전용량을 크게 하기 위한 조건

(1) 정전용량의 계산

$$C = \frac{Q}{V}[F] = \frac{DA}{El} \, (Q = DA, \, V = E \cdot l)$$

$$= \frac{\epsilon E \cdot A}{El} \, (D = \epsilon E) = \epsilon \frac{A}{l} = \epsilon_0 \epsilon_s \frac{A}{l}[F]$$

$$\therefore C = \epsilon_0 \epsilon_s \frac{A}{l}[F]$$

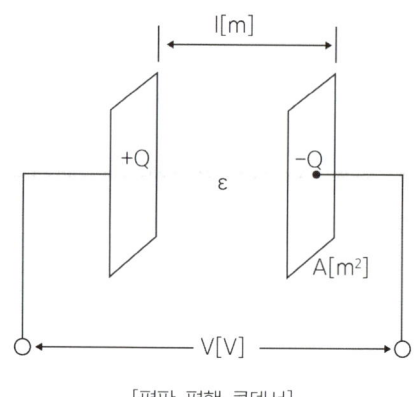

[평판 평행 콘덴서]

(2) 정전용량을 크게 하기 위한 조건

① 극판의 면적(A)을 넓게 한다.
② 극판의 간격(l)을 작게 한다.
③ 극판간에 넣는 유전체로 비유전율(ϵ_s)이 큰 것을 사용한다.

4. 콘덴서의 접속

(1) 병렬접속

① 그림의 병렬접속에서 각 콘덴서에 $V[V]$의 전압을 가하여 축적된 전하를 각각 Q_1, Q_2, Q_3이라고 하면

　㉠ $Q_1 = C_1 V [C]$

　㉡ $Q_2 = C_2 V [C]$

　㉢ $Q_3 = C_3 V [C]$

② 이때 전 전하를 $Q[C]$이라고 하면

$Q = Q_1 + Q_2 + Q_3 = C_1 V + C_2 V + C_3 V = V(C_1 + C_2 + C_3)[V]$

③ 전체 합성 커패시턴스(정전용량)를 $C[F]$라고 하면 위의 식에서

$C = C_1 + C_2 + C_3 [F]$ 이다.

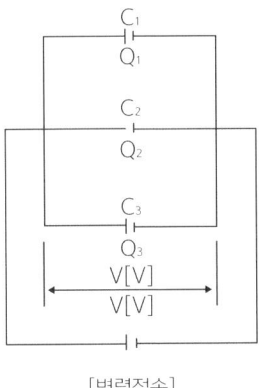

[병렬접속]

④ 그러므로 콘덴서를 병렬로 접속시 합성정전용량(커패시턴스)은 각 콘덴서가 가지는 정전용량들의 합으로 나타낸다.

⑤ 전압을 $V[V]$, 전 전하를 $Q[C]$, 합성정전용량을 $C[F]$라고 하면

$Q = CV[C]$, $C = \dfrac{Q}{V}[F]$, $V = \dfrac{Q}{C}[V]$

(2) 직렬접속

① 그림과 같이 콘덴서를 직렬로 접속하여 양단에 $V[V]$를 가하면, V_1, V_2, $V_3 [V]$는

$V_1 = \dfrac{Q}{C_1}[V]$, $V_2 = \dfrac{Q}{C_2}[V]$, $V_3 = \dfrac{Q}{C_3}[V]$

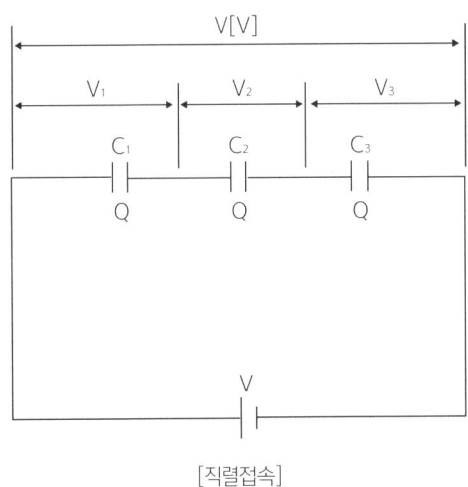

[직렬접속]

② 이때 전 전압 $V[V]$는

$V = V_1 + V_2 + V_3 [V]$

$= \dfrac{Q}{C_1} + \dfrac{Q}{C_2} + \dfrac{Q}{C_3} = Q\left(\dfrac{1}{C_1} + \dfrac{1}{C_2} + \dfrac{1}{C_3}\right)[V]$

③ 전체 합성 커패시턴스를 $C[F]$라고 하면

$\dfrac{1}{C} = \left(\dfrac{1}{C_1} + \dfrac{1}{C_2} + \dfrac{1}{C_3}\right)[F]$

여기서, $C = \dfrac{1}{\dfrac{1}{C_1} + \dfrac{1}{C_2} + \dfrac{1}{C_3}}$

$C = \dfrac{C_1 C_2 C_3}{C_1 C_2 + C_2 C_3 + C_3 C_1}[F]$

④ 그러므로 2개 이상의 콘덴서를 직렬로 접속할 때 합성정전용량의 역수 ($\dfrac{1}{C}$)는 각 콘덴서의 정격용량의 역수 ($\dfrac{1}{C_1}$, $\dfrac{1}{C_2}$, $\cdots \dfrac{1}{C_n}$)의 합과 같다.

9 정전에너지

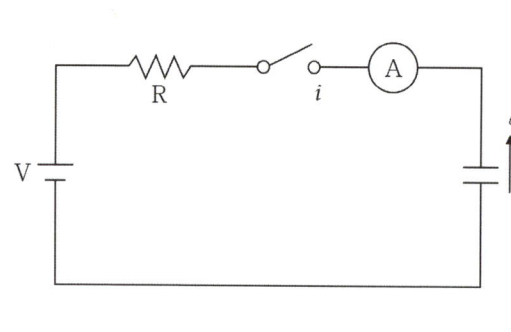

[회로]　　　　　　　　　　　　　[정전에너지]

그림에서 정전에너지를 W[J]이라고 하면

$$W = \frac{1}{2}VQ = \frac{1}{2}CV^2 = \frac{1}{2} \cdot \frac{Q^2}{C} \text{[J]}$$

여기서, Q: 전하[C]
V: 전압[V]
C: 정전용량[F]

참고

$W = \frac{1}{2}VQ$[J]

$\quad = \frac{1}{2}V \cdot CV = \frac{1}{2}CV^2$[J] $(\because Q = CV)$

$\quad = \frac{1}{2} \cdot \frac{Q}{C} \cdot Q = \frac{1}{2} \cdot \frac{Q^2}{C}$[J] $(\because V = \frac{Q}{C})$

$V = \sqrt{\frac{2W}{C}}$[V]

유전체 내의 단위체적의 에너지 W_0[J/m³]는

$W_0 = \frac{1}{2}DE = \frac{1}{2}\epsilon E^2 = \frac{1}{2} \cdot \frac{D^2}{\epsilon}$[J/m³] $(D = \epsilon E, \ E = \frac{D}{\epsilon})$

10 정전흡인력

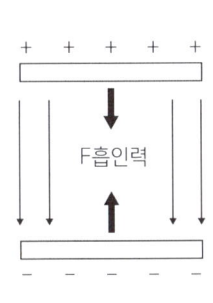

[충전된 콘덴서]

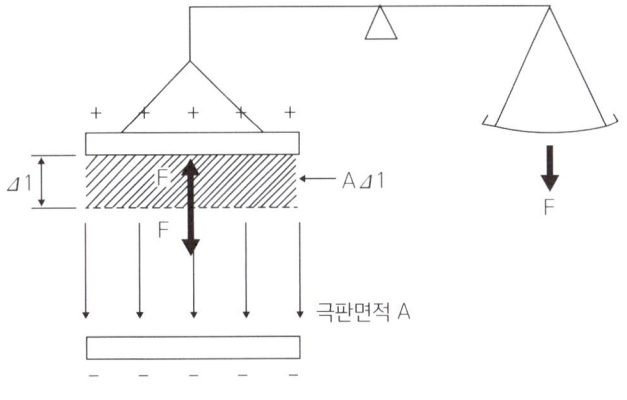

[흡인력 유도]

1. 정전흡인력(F)

$$F \cdot \triangle l = \frac{1}{2}\epsilon E^2 \times A \triangle l$$

$$\therefore F = \frac{1}{2}\epsilon E^2 \times A \text{[N]}$$

2. 각 단위면적의 정전흡인력(F_0)

$$F_0 = F \cdot \frac{1}{A} = \frac{1}{2}\epsilon E^2 A \cdot \frac{1}{A}$$

$$= \frac{1}{2}\epsilon E^2 = \frac{1}{2}\epsilon_0 \epsilon_s \cdot \frac{V^2}{l^2} \text{[N/m}^2\text{]} \ \left(E = \frac{V}{l}\right)$$

(1) 각 단위면적의 정전흡인력은 전압의 제곱에 비례한다.
(2) 정전흡인력으로 정전형 전압계 및 정전집진장치에 이용한다.

Chapter 04 정현파 교류

1 교류

시간과 더불어 크기와 방향이 주기적으로 변화되는 전류와 전압을 교류전류, 교류전압이라 한다.

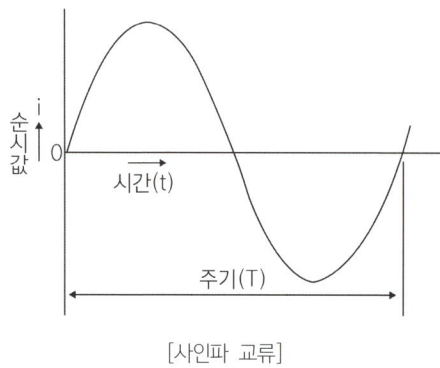

[사인파 교류]

2 도수법과 호도법

1. 도수법으로 표시된 $\theta[°]$를 호도법으로 표시할 경우

$2\pi[\text{rad}] : 360[°] = \alpha[\text{rad}] : \theta[°]$에서

$$\alpha[\text{rad}] = \frac{2\pi[\text{rad}]}{360[°]} \cdot \theta[°]$$

2. 호도법으로 표시된 $\alpha[\text{rad}]$를 도수법으로 표시할 경우

$2\pi[\text{rad}] : 360[°] = \alpha[\text{rad}] : \theta[°]$에서

$$\theta[°] = \frac{360[°]}{2\pi[\text{rad}]} \cdot \alpha[\text{rad}]$$

> **참고** 호도
>
> 원호의 각도로서 단위는 라디안[rad]이다.
> - $\pi[\text{rad}] = 180[°]$
> - $2\pi[\text{rad}] = 360[°]$

3 제2, 3상한의 삼각함수

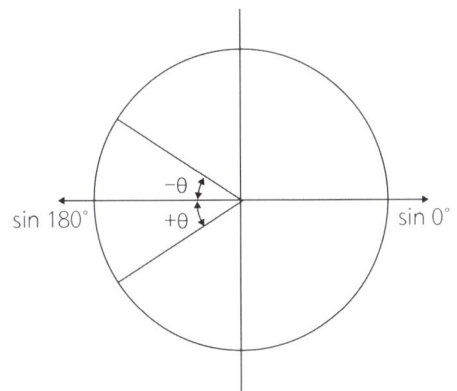
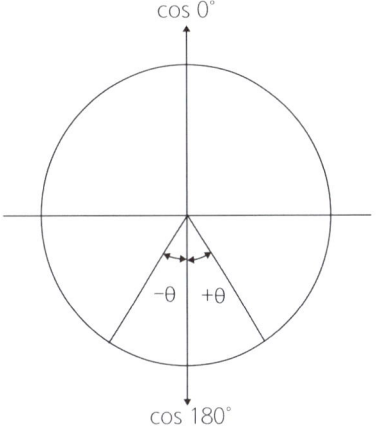

$\sin(180°+\theta) = -\sin\theta$
$\sin(180°-\theta) = +\sin\theta$

$\cos(180°+\theta) = -\cos\theta$
$\cos(180°-\theta) = -\cos\theta$

4 각속도(angular velocity) 또는 각주파수

(1) 원운동을 하고 있는 물체가 단위시간에 회전하는 중심각의 크기를 말한다.

(2) 각속도를 ω라 하고 회전한 각도를 α라 하면

$$\omega = \frac{\alpha}{t}\,[\text{rad/s}]$$

회전각 $\alpha[\text{rad}]$

(3) 사이클의 회전각이 $2\pi[\text{rad}]$이면 이때 각속도는

$$\omega = \frac{2\pi}{T} = 2\pi f\,[\text{rad/s}]$$

여기서, T: 주기, 단위[s]
f: 주파수, 단위[Hz]

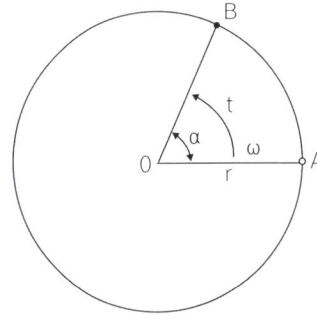

[라디안과 각속도]

5 주기와 주파수

1. 주기(period)

1 사이클의 변화에 요하는 시간이며 기호는 T라 하고 단위는 초[s]이다.

$$T = \frac{2\pi}{\omega} = \frac{1}{f} [s]$$

2. 주파수(frequency)

1[s] 동안에 반복하는 사이클의 수로 나타낸다. 기호는 f, 단위는 헤르츠(hertz, [Hz])이다.

$$f = \frac{1}{T} = \frac{1}{\frac{2\pi}{\omega}} = \frac{\omega}{2\pi} [Hz]$$

$$\omega = 2\pi f [rad/s]$$

6 위상차(phase difference)

2개의 교류 사이에 시간적인 차를 말하며 보통 각도로 표시한다.

1. 위상차가 있는 경우

$v_1 = V_m \sin \omega t [V]$

$v_2 = V_m \sin (\omega t - \theta) [V]$

여기에서 위상차를 $\theta [°]$라 하면

$\theta = v_1 - v_2 = 0 - (-\theta) = +\theta [°]$

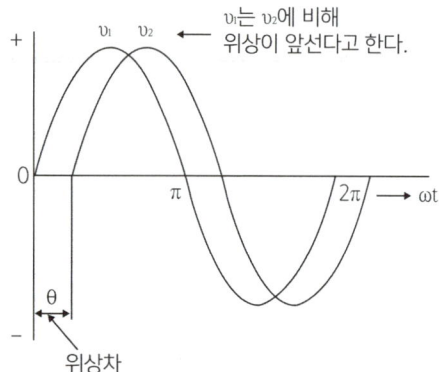

v_1는 v_2에 비해 위상이 앞선다고 한다.

2. 위상차가 없는 경우

$v = V_m \sin \omega t [V]$

$i = I_m \sin \omega t [A]$

여기에서 위상차를 $0 [°]$라 하면

$\theta = v - i = 0 - 0 = 0 [°]$

특히, 위상차가 $0 [°]$인 것을 동위상 또는 위상이 같다고 한다.

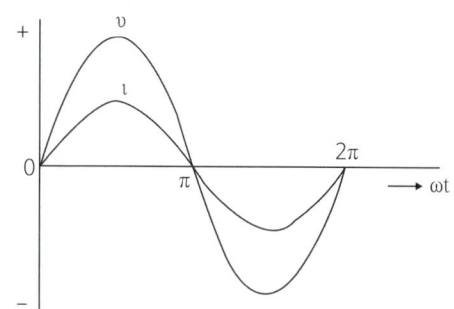

7 최대값(maximum value)

교류의 순시값 중에서 최대의 값을 말하며 그림 $i = I_m \sin\omega t$의 교류에서 I_m이 최대값이다.

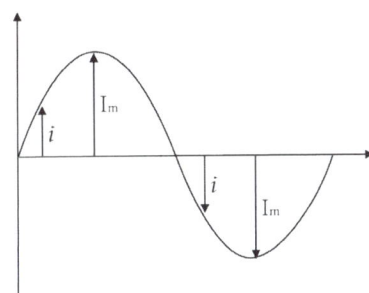

$$최대값 = \sqrt{2} \cdot 실효값 = \frac{\pi}{2} \cdot 평균값$$

8 실효값(Effective value)

(1) 저항 $R[\Omega]$에 교류전류 $i[A]$를 흘렸을 때 소비된 전력 i^2R가 동일한 저항에 직류전류 $I[A]$를 흘렸을 때 소비된 전력 I^2R과 같을 때 $i[A]$와 $I[a]$가 한 일의 양이 같다.

따라서 교류전류 i의 기준 크기는 직류전류 I의 크기로 나타내며, 이 $I[A]$를 교류 $i[A]$의 실효값이라 한다.

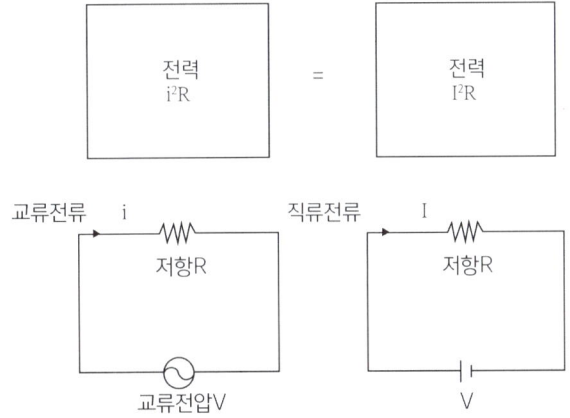

[실효값의 의미]

(2) $I^2R = i^2R = \dfrac{I_m^2}{2}R$가 되며, $I^2 = \dfrac{1}{R} \cdot \dfrac{I_m^2}{2} \cdot R = \dfrac{I_m^2}{2}$

그러므로 $I = \sqrt{\dfrac{I_m^2}{2}} = \dfrac{I_m}{\sqrt{2}} ≒ 0.707 I_m$

∴ 실효값 $= \dfrac{최대값}{\sqrt{2}} ≒ 0.707 \cdot 최대값$

> **참고** 실효값

$$실효값 \ I = \sqrt{\frac{1}{2\pi} \int_0^{2\pi} (I_m \sin)^2 \theta \cdot d\theta}$$

$$= \sqrt{\frac{I_m^2}{2\pi} \int_0^{2\pi} \frac{1-\cos 2\theta}{2} d\theta} = \sqrt{\frac{I_m^2}{2\pi} [\frac{\theta}{2} - \frac{\sin 2\theta}{4}]_0^{2\pi}}$$

$$= \frac{I_m}{\sqrt{2}} \fallingdotseq 0.707 I_m$$

교류전압계와 전류계의 눈금은 보통 실효값으로 표시한다.

9 평균값(average value)

교류순시값의 1주기 동안의 평균을 취하여 교류의 크기로 나타내는 것을 평균값이라 한다. 그러나 사인파의 경우는 (+)방향과 (-)방향의 크기가 대칭이므로 1주기간의 평균은 0이 된다.

따라서 사인파는 $\frac{1}{2}$ 주기간의 평균을 취하여 평균값으로 정한다.

$$V_a = \frac{2}{\pi} V_m \fallingdotseq 0.637 V_m [\text{V}]$$

여기서, V_a: 평균값[V]

V_m: 최대값[V]

> **참고**

$$I_a = \frac{2}{T} \int_0^{\frac{T}{2}} i dt = \frac{1}{\pi} \int_0^{\pi} I_m \sin\theta d\theta$$

$$= \frac{I_m}{\pi} [-\cos\theta]_0^{\pi} = \frac{I_m}{\pi} [-\cos\pi - (-\cos 0°)]$$

$$= \frac{I_m}{\pi} [-(-1) - (-1)] \ (\because \cos 0° = 1, \ \cos 180° = -1)$$

$$= \frac{2}{\pi} \cdot I_m \fallingdotseq 0.637 I_m$$

10 전기적 각속도

$$\text{전기적 각속도} = \text{기하학적 각속도} \times \frac{P}{2}$$

여기서, P: 극수

▶ 기하학적 각속도 = 전기적 각속도 $\times \frac{2}{P}$

11 발전기의 전기적 각속도

$$\omega = 2\pi \cdot \frac{P}{2} \cdot \frac{N}{60} \text{[rad/s]}$$

여기서, P: 극수
N: 분당 회전수[rpm]

12 평균값과 실효값의 예

1. 정현파

(1) 전파

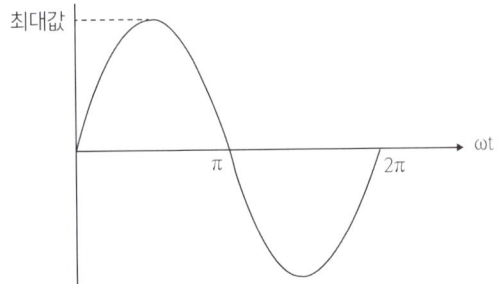

평균값 $= \frac{2}{\pi} \cdot$ 최대값

실효값 $= \frac{\text{최대값}}{\sqrt{2}}$

(2) 반파

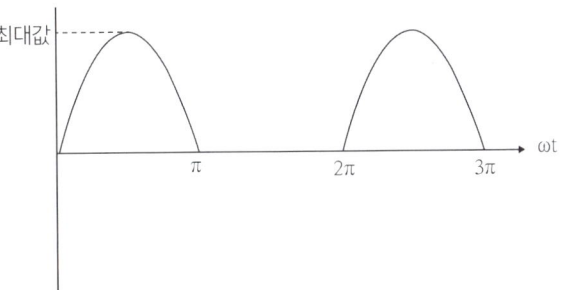

평균값 $= \frac{1}{\pi} \cdot$ 최대값

실효값 $= \frac{1}{2} \cdot$ 최대값

2. 구형파

(1) 전파

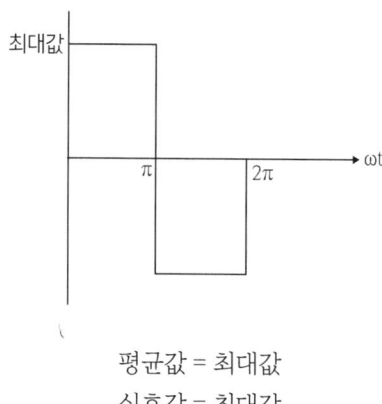

평균값 = 최대값
실효값 = 최대값

(2) 반파

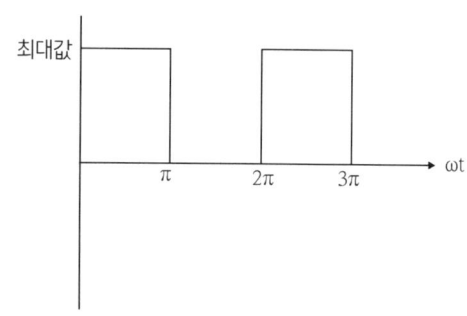

평균값 = $\frac{1}{2}$ · 최대값

실효값 = $\frac{1}{\sqrt{2}}$ · 최대값

3. 삼각파, 톱니파

(1) 삼각파

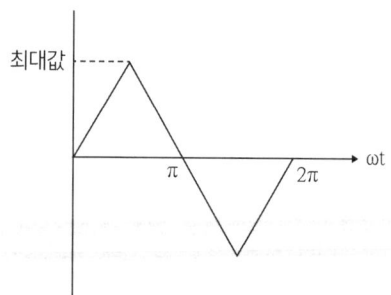

평균값 = $\frac{1}{2}$ · 최대값

(2) 톱니파

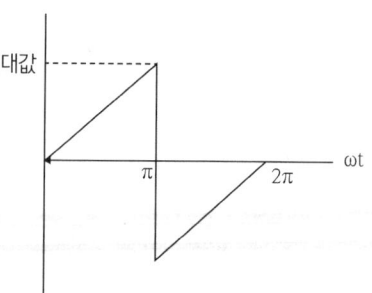

실효값 = $\frac{1}{\sqrt{3}}$ · 최대값

13 파고율과 파형률

1. 파고율(peak factor)

(1) 일그러진 파 전류에서 최대값을 실효값으로 나눈 값 (파고율 = $\dfrac{\text{최대값}}{\text{실효값}}$)

(2) 정현파, 삼각파, 구형파의 파고율

구분	파고율
정현파	1.414
삼각파	1.732
구형파	1

2. 파형률(form factor)

(1) 일그러진 파 전류에서 실효값을 평균값으로 나눈 값 (파형률 = $\dfrac{\text{실효값}}{\text{평균값}}$)

(2) 정현파, 삼각파, 구형파의 파형률

구분	파형률
정현파	1.11
삼각파	1.155
구형파	1

14 복소수

1. 복소수

(1) 복소수는 실수(real number)와 허수(imaginary number)로 이루어진 수이다.

(2) 허수는 제곱하면 음수가 되는 수이다.

$$(\text{허수})^2 = \text{음수}$$

허수의 단위로는 $\sqrt{-1}$ 로 표시되는 허수를 취하고, 이를 허수단위(imaginary unit)라 한다.
① 허수단위는 j 또는 i로 표시한다. → $j = \sqrt{-1}$, $j^2 = -1$
② 따라서, 허수는 허수단위와 실수의 곱으로 표시된다. → 허수 = jb (b는 실수)
▶ **허수부호**: 전기공학에 i는 전류의 기호로서 혼돈될 수 있으므로 j가 사용된다.

(3) 복소수 $\dot{Z}$는 일반적으로 다음과 같은 형태로 표시된다.

$$\dot{Z} = a + jb$$

위의 식에서 a와 b는 실수이고, a는 실수부, b는 허수부라 한다. 또, 복소수는 $\dot{Z}$처럼 문자 위에 도트(˙)를 붙여서 표시한다.

(4) 복소수에서 다음 식으로 표시되는 값을 절대값(absolute value)이라 하며, 복소수의 크기를 나타내는 값이다. 복소수 $\dot{Z}$의 절대값은 도트(˙) 없이 Z로 표시한다.

$$절대값 = \sqrt{(실수부)^2 + (허수부)^2}$$

(5) $\dot{Z_1} = a + jb$, $\dot{Z_2} = a - jb$와 같이 허수부의 부호만이 다른 2개의 복소수는 서로 공액(conjugate)이라 하고, 다음 관계가 성립한다.

$$(a+jb)(a-jb) = a^2 + b^2$$

2. 복소수에 의한 벡터 표시

(1) 직각좌표 형식

$$\dot{A} = a + jb$$

① 절대값: $|\dot{A}| = A = \sqrt{a^2 + b^2}$

② 편각: $\theta = \tan^{-1}\dfrac{b}{a}$

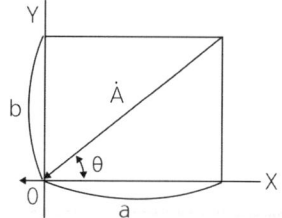

(2) 삼각함수 형식

$$\dot{A} = a + jb = A\cos\theta + jA\sin\theta$$
$$= A(\cos\theta + j\sin\theta)$$

여기서, $a = A\cos\theta$, $b = A\sin\theta$

(3) 극좌표 형식

$$\dot{A} = A \angle \theta$$

(4) 지수함수 형식

$$\dot{A} = A(\cos\theta + j\sin\theta) = A\epsilon^{j\theta}$$

여기서, ϵ: 자연대수의 밑

▶ 오일러 공식: $\epsilon^{j\theta} = \cos\theta + j\sin\theta$

3. 복소수의 가감승제와 벡터의 관계

두 개의 복소수를 $\dot{A}_1 = a_1 + jb_1$, $\dot{A}_2 = a_2 + jb_2$로 할 경우

(1) 복소수의 합

$$\dot{A} = \dot{A}_1 + \dot{A}_2$$
$$= (a_1 + jb_1) + (a_2 + jb_2) = (a_1 + a_2) + j(b_1 + b_2)$$
$$= a + jb$$

① 절대값: $A = |\dot{A}| = \sqrt{(a_1 + a_2)^2 + (b_1 + b_2)^2} = \sqrt{a^2 + b^2}$

② 편각: $\theta = \tan^{-1} \dfrac{b_1 + b_2}{a_1 + a_2} = \tan^{-1} \dfrac{b}{a}$

(2) 복소수의 차

$$\dot{A} = \dot{A}_1 - \dot{A}_2$$
$$= (a_1 + jb_1) - (a_2 + jb_2) = (a_1 - a_2) + j(b_1 + b_2)$$
$$= a + jb$$

① 절대값: $A = |\dot{A}| = \sqrt{(a_1 - a_2)^2 + (b_1 - b_2)^2} = \sqrt{a^2 + b^2}$

② 편각: $\theta = \tan^{-1} \dfrac{b_1 - b_2}{a_1 - a_2} = \tan^{-1} \dfrac{b}{a}$

(3) 복소수의 곱

$$\dot{A} = \dot{A}_1 \dot{A}_2$$
$$= (a_1 + jb_1) \cdot (a_2 + jb_2) = (a_1 a_2 + b_1 b_2) + j(a_1 b_2 + a_2 b_1)$$

$$\dot{A} = \dot{A}_1 \dot{A}$$

① 절대값: $A = |\dot{A}| = \sqrt{(a_1 a_2 - b_1 b_2)^2 + (a_1 b_2 - a_2 b_1)^2}$
$$= \sqrt{a_1^2 + b_1^2} \times \sqrt{a_1^2 + b_1^2}$$
$$= |\dot{A}_1| \times |\dot{A}_2| = A_1 A_2$$

Chapter 04 정현파 교류

② 편각: $\theta = \tan^{-1}\dfrac{a_1 b_2 - a_2 b_1}{a_1 a_2 - b_1 b_2} = \tan^{-1}\dfrac{\dfrac{b_1}{a_1} + \dfrac{b_2}{a_2}}{1 - \dfrac{b_1 b_2}{a_1 a_2}}$

$= \tan^{-1}\dfrac{b_1}{a_1} + \tan^{-1}\dfrac{b_2}{a_2} = \theta_1 + \theta_2$

(4) 복소수의 나눗셈

$\dot{A} = \dfrac{\dot{A_1}}{\dot{A_2}}$

$= \dfrac{a_1 + jb_1}{a_2 + jb_2} = \dfrac{(a_1 + jb_1)(a_2 - jb_2)}{(a_2 + jb_2)(a_2 - jb_2)}$

$= \dfrac{a_1 a_2 + b_1 b_2}{a_2^2 + b_2^2} + j\dfrac{a_2 b_1 - a_1 b_2}{a_2^2 + b_2^2}$

① 절대값: $A = \dfrac{A_1}{A_2}$

② 편각: $\theta = \theta_1 - \theta_2$

15 기본교류회로

1. 저항만의 회로(R)

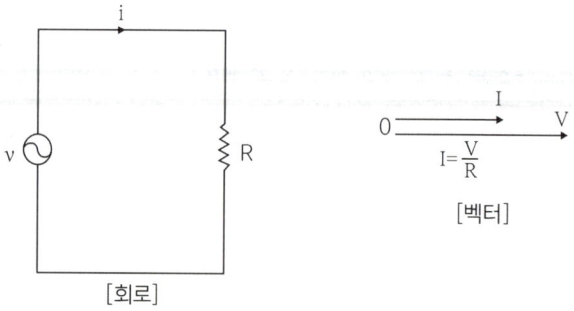

[회로] [벡터]

순저항만의 회로에 전압 $v = V_m \sin\omega t$[A]를 가할 때 흐르는 순시전류 i[A]는

$$i = \dfrac{v}{R} = \dfrac{V_m}{R}\sin\omega t = I_m \sin\omega t \,[\text{A}]$$

(1) 전압과 교류와의 관계

$$I_m = \frac{V_m}{R}[A]$$

$$\sqrt{2}\,I = \frac{\sqrt{2}\,V}{R} 에서$$

$$I = \frac{V}{R}[A]$$

(2) 위상차

$$\theta = v - i = 0 - 0 = 0[°]$$

그러므로 전압과 전류의 위상은 같다(동위상).

2. 인덕턴스만의 회로(L)

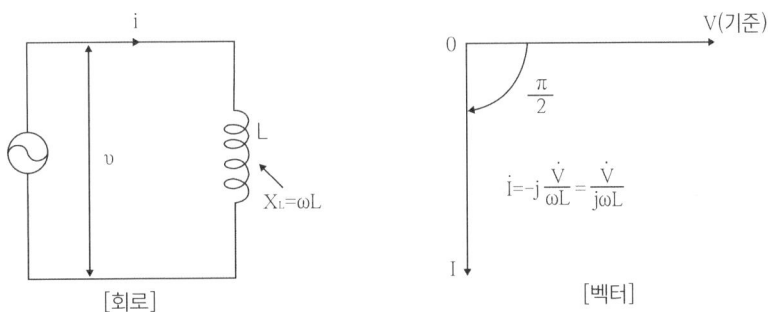

[회로] [벡터]

인덕턴스 L[H]만의 회로에 교류전압을 $v = V_m \sin \omega t$[V]라 하면

$i = I_m \sin(\omega t - \frac{\pi}{2})$[A]이다.

(1) 전압과 전류의 관계

$$I_m = \frac{V_m}{\omega L} = \frac{V_m}{X_L}[A]$$

(2) 실효값으로 표시

$$\sqrt{2}\,I = \frac{\sqrt{2}\,V}{\omega L} = \frac{\sqrt{2}\,V}{X_L} 에서$$

$$I = \frac{V}{\omega L} = \frac{V}{X_L}[A]$$

각속도 $\omega = 2\pi f$ 이므로

$$I = \frac{V}{X_L} = \frac{V}{\omega L} = \frac{V}{2\pi f L}[A] 이다.$$

(3) 기호법으로 표기

$$\dot{I} = -j\frac{\dot{V}}{\omega L} = \frac{\dot{V}}{j\omega L}[A]$$

$$\dot{V} = j\omega L \dot{I}[V]$$

(4) 유도리액턴스

$$X_L = \omega L = 2\pi f L \,[\Omega]$$

(5) 위상차

$$\theta = v - i = 0 - (-90°) = +90°$$

그러므로 전압이 전류보다 90° 앞선다(진상). 즉, 전류는 전압보다 90° 뒤진다(지상).

3. 정전용량만의 회로(C)

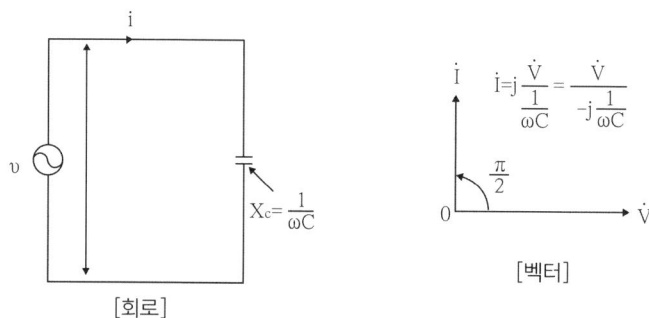

[회로]   [벡터]

정전용량 C[F]만의 회로에 교류전압을 $v = V_m \sin \omega t$[V]라 하면

$i = I_m \sin(\omega t + \frac{\pi}{2})$[A]이다.

(1) 전압과 전류 관계

$$I_m = \frac{V_m}{\frac{1}{\omega C}} = \omega C V_m = \frac{V_m}{X_C}[A]$$

(2) 실효값으로 표시

$$\sqrt{2}\,I = \frac{\sqrt{2}\,V}{\frac{1}{\omega C}} = \omega C \sqrt{2}\,V = \frac{\sqrt{2}\,V}{X_C} \text{에서 } I = \frac{V}{\frac{1}{\omega C}} = \omega C V = \frac{V}{X_C}[A]$$

각속도 $\omega = 2\pi f$이므로

$$I = \frac{V}{X_C} = \omega C V = 2\pi f C V[A]\text{이다.}$$

(3) 기호법으로 표기

$$\dot{I} = j\frac{\dot{V}}{\frac{1}{\omega C}} = \frac{\dot{V}}{-j\frac{1}{\omega C}} = j\omega C V [A]$$

$$\dot{V} = \frac{1}{j\omega C} \cdot \dot{I} = -j\frac{1}{\omega C}\dot{I} [V]$$

(4) 용량리액턴스

$$X_C = \frac{1}{\omega C} = \frac{1}{2\pi f C}[\Omega]$$

(5) 위상차

$\theta = v - i = 0 - (+90°) = -90°$

그러므로 전압은 전류보다 90° 뒤진다(지상). 즉, 전류는 전압보다 90° 앞선다(진상).

4. 임피던스(impedance)

전기회로에 교류가 흐를 때의 교류저항으로서 Z로 표시되며 단위는 옴[Ω]이다.

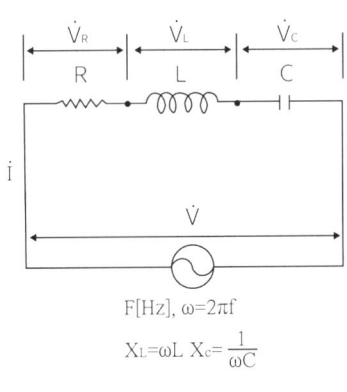

[회로]

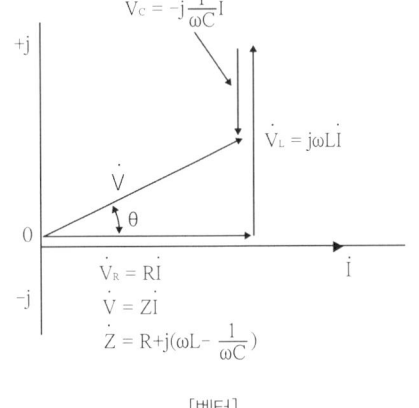

[벡터]

(1) R, L, C에 걸리는 각 전압

$V_R = IR[V]$

$V_L = IX_L = I\omega L = I2\pi f L$

$V_C = IX_C = I\frac{1}{\omega C} = I\frac{1}{2\pi f C}[V]$

(2) 기호법으로 표기

$$\dot{V}_R = \dot{I}R, \quad \dot{V}_L = j\omega L \dot{I}, \quad \dot{V}_C = -j\frac{1}{\omega}\dot{I}$$

여기서, 인가전압 $\dot{V}$는 벡터 합이므로

$$\dot{V} = \dot{V}_R + \dot{V}_L + \dot{V}_C = R\dot{I} + j\omega L\dot{I} - j\frac{1}{\omega}\dot{I}$$

$$= \dot{I}\left\{R + j\left(\omega L - \frac{1}{\omega C}\right)\right\} = \dot{I}\dot{Z}[V]$$

$$\therefore \dot{I} = \frac{\dot{V}}{\dot{Z}}[A]$$

단, $\dot{Z} = R + j\left(\omega L - \frac{1}{\omega C}\right)[\Omega]$

(3) 임피던스의 크기와 편각

- 크기(절댓값): $Z = |\dot{Z}| = \sqrt{R^2 + (X_L - X_C)^2} = \sqrt{R^2 + \left(\omega L - \frac{1}{\omega C}\right)^2}[\Omega]$

- 편각: $\theta = \tan^{-1}\dfrac{X_L - X_C}{R} = \tan^{-1}\dfrac{\omega L - \dfrac{1}{\omega C}}{R}$ [rad]

(4) 위상차

① $Z = R$이면 전류와 전압의 위상이 같다(동위상).

② $\omega L > \dfrac{1}{\omega C}$이면 전압이 전류보다 θ만큼 앞선다(유도성).

③ $\omega L < \dfrac{1}{\omega C}$이면 전류가 전압보다 θ만큼 앞선다(용량성).

5. RL 직렬회로

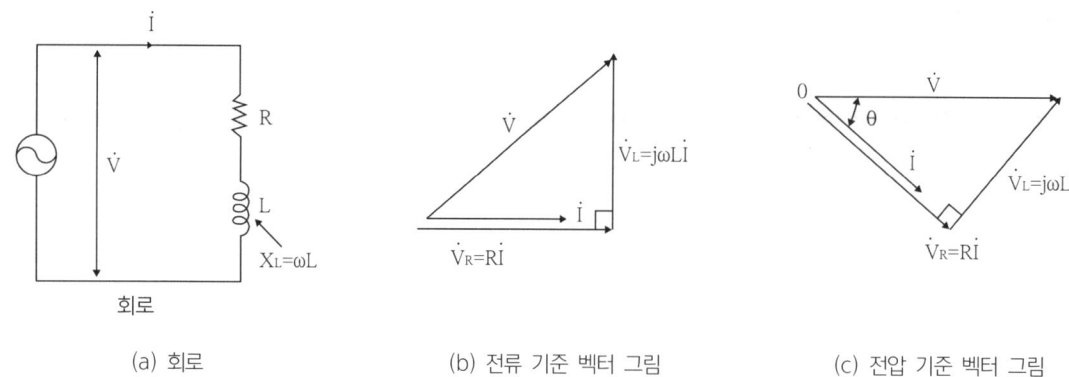

(a) 회로 (b) 전류 기준 벡터 그림 (c) 전압 기준 벡터 그림

RL 직렬회로에 순시전류 $i = I_m \sin\omega t$[A]라 하면

$v = V_m \sin(\omega t + \theta)$[V]이다.

(1) Z(임피던스)

$$Z = R + jX_L = R + j\omega L [\Omega]$$
$$Z = \sqrt{R^2 + X_L^2} = \sqrt{R^2 + (\omega L)^2} = \sqrt{R^2 + (2\pi fL)^2} [\Omega]$$

(2) 실효값으로 표기

$$I = \frac{V}{Z}[A], \quad V = IZ[V], \quad Z = \frac{V}{I}[\Omega]$$

여기서, $Z = \sqrt{R^2 + X_L^2}$

(3) 편각

$$\theta = \tan^{-1}\frac{X_L}{R} = \tan^{-1}\frac{\omega L}{R}[\text{rad}]$$

(4) 위상

전압은 전류보다 θ만큼 앞선다. 즉, 전류는 전압보다 θ만큼 뒤진다(유도성).

(5) 역률($\cos\theta$)

$$\cos\theta = \frac{R}{Z} = \frac{R}{\sqrt{R^2 + X_L^2}}$$

(6) 무효율($\sin\theta$)

$$\sin\theta = \frac{X_L}{Z} = \frac{X_L}{\sqrt{R^2 + X_L^2}}$$

6. RC 직렬회로

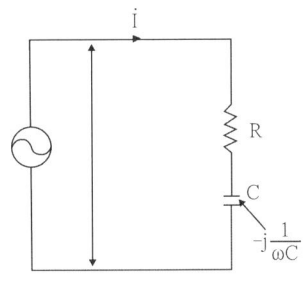

(a) 회로

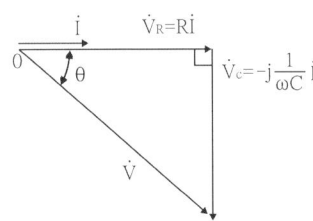

(b) 전류 기준 벡터 그림

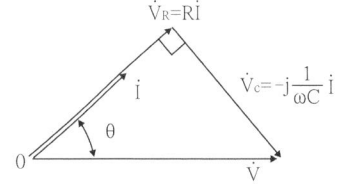

(c) 전압 기준 벡터 그림

RC 직렬회로에 순시전류 $i = I_m \sin\omega t [A]$라 하면
$v = V_m \sin(\omega t - \theta)[V]$이다.

(1) Z(임피던스)

$$\dot{Z} = R - jX_C = R + \frac{1}{j\omega L}[\Omega]$$

$$Z = \sqrt{R^2 + X_C^2} = \sqrt{R^2 + (\frac{1}{\omega C})^2} = \sqrt{R^2 + (\frac{1}{2\pi f C})^2}[\Omega]$$

(2) 실효값으로 표기

$$I = \frac{V}{Z}[A], \quad V = IZ[V], \quad Z = \frac{V}{I}[\Omega]$$

여기서, $Z = \sqrt{R^2 + X_C^2}$

(3) 편각

$$\theta = \tan^{-1}\frac{X_C}{R} = \tan^{-1}\frac{\frac{1}{\omega C}}{R} = \tan^{-1}\frac{1}{\omega CR}[rad]$$

(4) 위상

전압은 전류보다 θ만큼 뒤진다. 즉, 전류는 전압보다 θ만큼 앞선다(용량성).

(5) 역률($\cos\theta$)

$$\cos\theta = \frac{R}{Z} = \frac{R}{\sqrt{R^2 + X_C^2}} = \frac{R}{\sqrt{R^2 + (\frac{1}{\omega})^2}}$$

(6) 무효율($\sin\theta$)

$$\sin\theta = \frac{X_C}{Z} = \frac{X_C}{\sqrt{R^2 + X_C^2}} = \frac{\frac{1}{\omega C}}{\sqrt{R^2 + (\frac{1}{\omega C})^2}}$$

7. LC 직렬회로

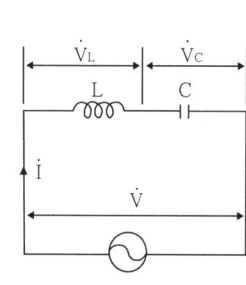

(a) 회로

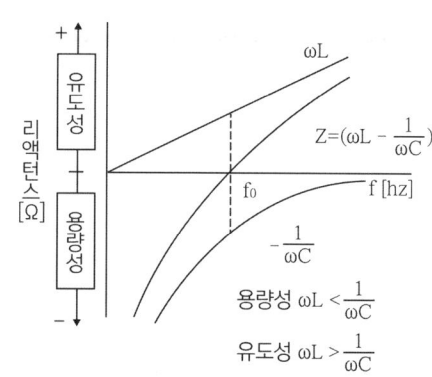

(b) 리액턴스 성분의 주파수 특성

(1) Z(임피던스)

$$Z = \sqrt{(X_L - X_C)^2} = \sqrt{(\omega L - \frac{1}{\omega C})^2}\,[\Omega]$$

(2) 실효값으로 표기

$$I = \frac{V}{Z}[A],\ \ V = IZ[V],\ \ Z = \frac{V}{I}[\Omega]$$

(3) 편각

$$\theta = \tan^{-1}\frac{X_L - X_C}{0} = \pm\frac{\pi}{2}\,[\text{rad}]$$

(4) 위상

① $X_L > X_C$인 경우: 전류는 전압보다 $\frac{\pi}{2}$ 만큼 뒤진다. 즉, 전압은 전류보다 $\frac{\pi}{2}$ 만큼 앞선다(유도성 회로).

② $X_L < X_C$인 경우: 전류는 전압보다 $\frac{\pi}{2}$ 만큼 앞선다. 즉, 전압은 전류보다 $\frac{\pi}{2}$ 만큼 뒤진다(용량성 회로).

③ $X_L = X_C$인 경우: $Z = 0$(* f_0: 공진주파수)

8. RLC 직렬회로

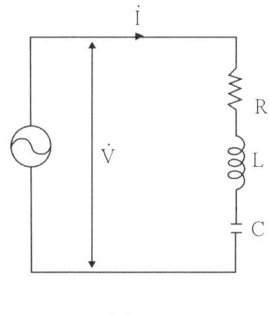
(a) 회로

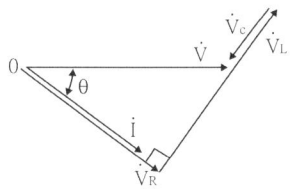
(b) $\omega L > \frac{1}{\omega L}$의 경우의 벡터 그림

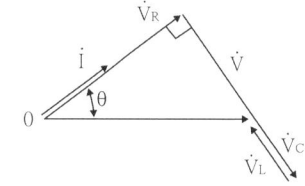
(c) $\omega L < \frac{1}{\omega L}$의 경우의 벡터 그림

RLC 직렬회로에 $i = I_m \sin\omega t[A]$라 하면

$v_R = RI_m \sin\omega t[V]$

$v_L = X_L I_m \sin(\omega t + \frac{\pi}{2}) = X_L I_m \cos\omega t[V]$

$v_C = X_C I_m \sin(\omega t - \frac{\pi}{2}) = -X_C I_m \cos\omega t$

$v = v_R + v_L + v_C = I_m R\sin\omega t + (X_L - X_C)\cos\omega t[V]$

$\therefore V = \sqrt{V_R^2 + (V_L - V_C)^2} = \sqrt{(IR)^2 + I(X_L + X_C)^2} = I\sqrt{R^2 + (X_L - X_C)^2}\,[V]$

(1) Z(임피던스)

$$\dot{Z} = R + j(X_L - X_C) = R + j(\omega L - \frac{1}{\omega C})[\Omega]$$

$$Z = \sqrt{R^2 + (X_L - X_C)^2} = \sqrt{R^2 + (\omega L - \frac{1}{\omega C})^2}[\Omega]$$

(2) 실효값으로 표기

$$I = \frac{V}{Z}[A], \quad V = IZ[V], \quad Z = \frac{V}{I}[\Omega]$$

(3) 편각

$$\theta = \tan^{-1}\frac{X_L - X_C}{R} = \tan^{-1}\frac{\omega L - \frac{1}{\omega C}}{R}[\text{rad}]$$

(4) 위상

① $X_L > X_C$인 경우: 전류는 전압보다 θ만큼 뒤진다. 즉, 전압은 전류보다 θ만큼 앞선다(유도성).
② $X_L < X_C$인 경우: 전압은 전류보다 θ만큼 뒤진다. 즉, 전류는 전압보다 θ만큼 앞선다(용량성).
③ $X_L = X_C$인 경우: 위상차 $\theta = 0$이므로 전압과 전류위상이 같다[저항(R)회로].

이 경우
$Z = \sqrt{R^2 + (X_L - X_C)^2}$ 에서 $X_L - X_C = 0$이므로
$Z = R$
이와 같은 상태를 직렬공진(series resonance)이라고 한다.
전류는 최대이고, 임피던스는 최소이다.

참고 직렬공진(series resonance)시 주파수 특성

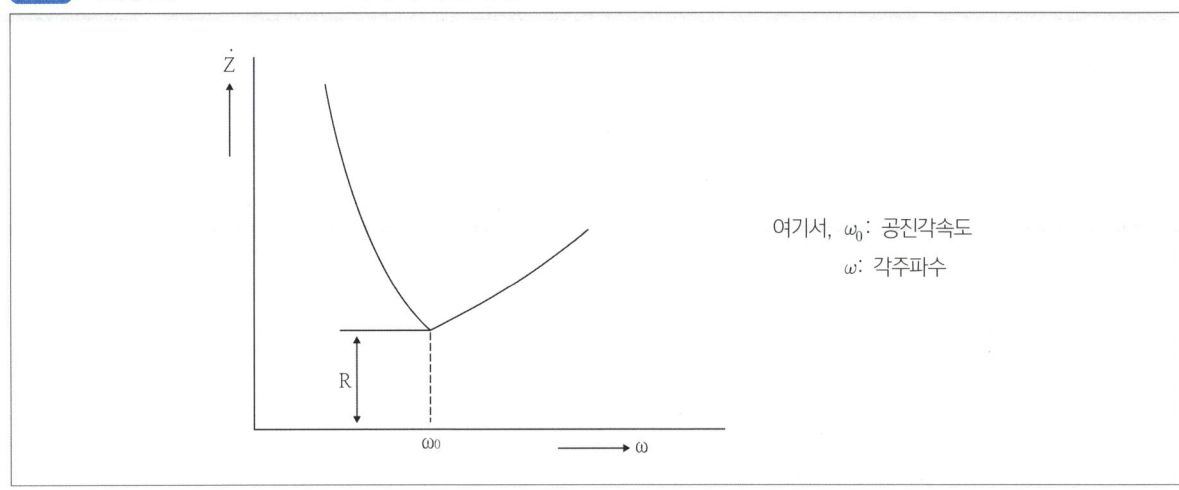

여기서, ω_0: 공진각속도
ω: 각주파수

(5) 역률($\cos\theta$)

$$\cos\theta = \frac{R}{Z} = \frac{R}{\sqrt{R^2+(X_L-X_C)^2}}$$

(6) 무효율($\sin\theta$)

$$\sin\theta = \frac{X}{Z} = \frac{X_L-X_C}{\sqrt{R^2+(X_L-X_C)^2}}$$

9. RL 병렬회로

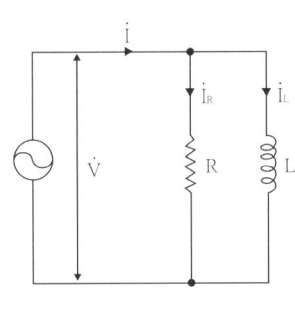

(a) 회로

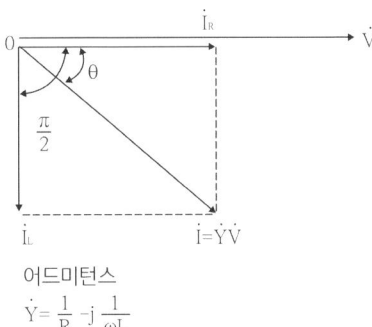

어드미턴스
$\dot{Y} = \frac{1}{R} - j\frac{1}{\omega L}$

(b) 벡터 그림

RL 병렬회로에 $v = V_m \sin\omega t[V]$라 하면

R에 흐르는 전류 $i_R[A]$는

$$i_R = \frac{V_m}{R}\sin\omega t[A]$$

L에 흐르는 전류 $i_L[A]$는

$$i_L = \frac{V_m}{X_L}\sin(\omega t - \frac{\pi}{2}) = -\frac{V_m}{\omega L}\cos\omega t[A]$$

(1) 전 전류

$$I = \sqrt{I_R^2+I_L^2} = \sqrt{(\frac{V}{R})^2+(\frac{V}{X_L})^2} = VY[A]$$

(2) 어드미턴스(Y)

$$\dot{Y} = G-jB_L = \frac{1}{R}-j\frac{1}{X_L} = \frac{1}{R}-j\frac{1}{\omega L} = \frac{1}{R}+\frac{1}{j\omega L}[\mho]$$

$$Y = \sqrt{(\frac{1}{R})^2+(\frac{1}{X_L})^2} = \sqrt{(\frac{1}{R})^2+(\frac{1}{\omega L})^2}[\mho]$$

(3) 임피던스(Z)

$$Z = \frac{1}{Y} = \frac{1}{\sqrt{(\frac{1}{R})^2 + (\frac{1}{X_L})^2}} = \frac{RX_L}{\sqrt{R^2 + X_L^2}}[\Omega]$$

(4) 실효값으로 표기

$$I = VY[\text{A}], \quad V = \frac{I}{Y}[\text{V}], \quad Y = \frac{I}{V}[\mho]$$

(5) 편각

$$\theta = \tan^{-1}\frac{B_L}{G} = \tan^{-1}\frac{\frac{1}{X_L}}{\frac{1}{R}} = \tan^{-1}\frac{R}{X_L} = \tan^{-1}\frac{R}{\omega L}[\text{rad}]$$

(6) 위상

전류는 전압보다 θ만큼 뒤진다. 즉, 전압은 전류보다 θ만큼 앞선다(유도성).

(7) 역률($\cos\theta$)

$$\cos\theta = \frac{G}{Y} = \frac{\frac{1}{R}}{\frac{1}{Z}} = \frac{Z}{R} = \frac{\frac{RX_L}{\sqrt{R^2+X_L^2}}}{R} = \frac{X_L}{\sqrt{R^2+X_L^2}}$$

여기서, $X_L = \omega L = 2\pi f L$

10. RC 병렬회로

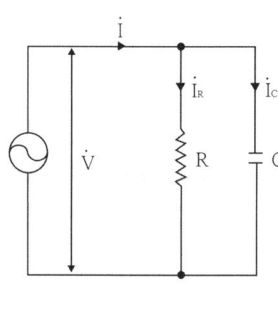
(a) 회로

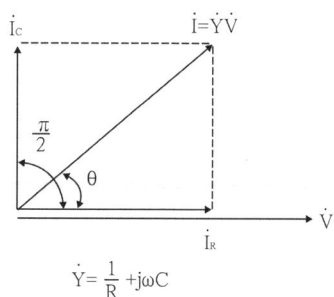
(b) 벡터 그림

RC 병렬회로에 $v = V_m \sin\omega t[\text{V}]$라 하면

R에 흐르는 전류 $i_R[\text{A}]$는 $i_R = \dfrac{V_m}{R} \sin\omega t[\text{A}]$

C에 흐르는 전류 $i_C[\text{A}]$는 $i_C = \dfrac{V_m}{X_C} \sin(\omega t + \dfrac{\pi}{2}) = \dfrac{V_m}{X_C} \cos\omega t[\text{A}]$

(1) 전 전류

$$I = \sqrt{I_R^2 + I_C^2} = \sqrt{(\frac{V}{R})^2 + (\frac{V}{X_C})^2} = \sqrt{(\frac{V}{R})^2 + (\omega CV)^2}$$

여기서, $X_C = \dfrac{1}{\omega C}[\Omega]$

(2) 어드미턴스(Y)

$$\dot{Y} = G + jB_C = \frac{1}{R} + j\frac{1}{X_C} = \frac{1}{R} + j\omega C [\mho]$$

$$Y = \sqrt{(\frac{1}{R})^2 + (\frac{1}{X_C})^2} = \sqrt{(\frac{1}{R})^2 + (\omega C)^2} \ [\mho]$$

(3) 임피던스(Z)

$$Z = \frac{1}{Y} = \frac{1}{\sqrt{(\frac{1}{R})^2 + (\frac{1}{X_C})^2}} = \frac{RX_C}{\sqrt{R^2 + X_C^2}} [\Omega]$$

(4) 실효값으로 표기

$$I = VY[A], \quad V = \frac{I}{Y}[V], \quad Y = \frac{I}{V}[\mho]$$

(5) 편각

$$\theta = \tan^{-1}\frac{B_C}{G} = \tan^{-1}\frac{\frac{1}{X_C}}{\frac{1}{R}} = \tan^{-1}\frac{R}{X_C} = \tan^{-1}\frac{R}{\frac{1}{\omega C}} = \tan^{-1}\omega CR \, [\text{rad}]$$

(6) 위상

전류는 전압보다 θ만큼 앞선다. 즉, 전압은 전류보다 θ만큼 뒤진다(용량성).

(7) 역률($\cos\theta$)

$$\cos\theta = \frac{G}{Y} = \frac{\frac{1}{R}}{\frac{1}{Z}} = \frac{Z}{R} = \frac{\frac{RX_C}{\sqrt{R^2 + X_C^2}}}{R} = \frac{X_L}{\sqrt{R^2 + X_C^2}}$$

여기서, $X_C = \dfrac{1}{\omega C} = \dfrac{1}{2\pi f C}$

11. RCL 병렬회로

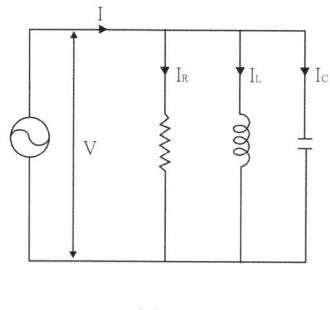
(a) 회로

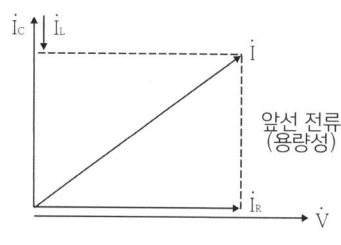
(b) $\frac{1}{X_C} > \frac{1}{X_L}$

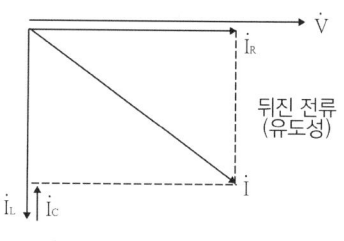
(c) $\frac{1}{X_C} < \frac{1}{X_L}$

즉, $X_C < X_L$인 경우의 벡터, 즉 $X_L > X_C$인 경우의 벡터

RLC 병렬회로에서 $v = V_m \sin\omega t [V]$

$i_R = \dfrac{V_m}{R} \sin\omega t [A]$

$i_C = \dfrac{V_m}{X_C} \sin(\omega t + \dfrac{\pi}{2}) = \dfrac{V_m}{X_C} \cos\omega t [A]$

$i_L = \dfrac{V_m}{X_L} \sin(\omega t - \dfrac{\pi}{2}) = -\dfrac{V_m}{X_L} \cos\omega t [A]$

(1) 전 전류

$$I = \sqrt{I_R^2 + (I_C - I_L)^2} = \sqrt{(\dfrac{V}{R})^2 + (\dfrac{V}{X_C} - \dfrac{V}{X_L})^2} \,[A]$$

(2) 어드미턴스(Y)

$$\dot{Y} = G + j(B_C - B_L) = \dfrac{1}{R} + j(\dfrac{1}{X_C} - \dfrac{1}{X_L}) = \dfrac{1}{R} + j(\omega C - \dfrac{1}{\omega L}) [\mho]$$

$$Y = \sqrt{G^2 + (B_C - B_L)^2} = \sqrt{(\dfrac{1}{R})^2 + (\dfrac{1}{X_C} - \dfrac{1}{X_L})^2} = \sqrt{(\dfrac{1}{R})^2 + (\omega C - \dfrac{1}{\omega L})^2} [\mho]$$

(3) 임피던스(Z)

$$Z = \dfrac{1}{Y} = \dfrac{1}{\sqrt{(\dfrac{1}{R})^2 + (\dfrac{1}{X_C} - \dfrac{1}{X_L})^2}} = \dfrac{R X_C X_L}{\sqrt{X_C^2 X_L^2 + R^2(X_C - X_L)^2}} [\Omega]$$

(4) 실효값으로 표기

$I = VY [A], \quad V = \dfrac{I}{Y} [V], \quad Y = \dfrac{I}{V} [\mho]$

(5) 편각

$$\theta = \tan^{-1}\frac{B_C - B_L}{G} = \tan^{-1}\frac{\left(\dfrac{1}{X_C} - \dfrac{1}{X_L}\right)}{\dfrac{1}{R}} = \tan^{-1}R\left(\frac{1}{X_C} - \frac{1}{X_L}\right)$$

$$= \tan^{-1}R\left(\omega C - \frac{1}{\omega L}\right)[rad]$$

(6) 위상

① $\dfrac{1}{X_C} > \dfrac{1}{X_L}$인 경우: 전류는 전압보다 θ만큼 앞선다. 즉, 전압은 전류보다 θ만큼 뒤진다(용량성).

② $\dfrac{1}{X_L} > \dfrac{1}{X_C}$인 경우: 전류는 전압보다 θ만큼 뒤진다. 즉, 전압은 전류보다 θ만큼 앞선다(유도성).

③ $\dfrac{1}{X_C} = \dfrac{1}{X_L}$인 경우(즉, $X_C = X_L$인 경우): 전압과 전류위상이 같다(동위상).

이 경우 $Y = \sqrt{(\dfrac{1}{R})^2 + (\dfrac{1}{X_C} - \dfrac{1}{X_L})^2}$에서 $\dfrac{1}{X_C} - \dfrac{1}{X_L} = 0$이므로

$Y = \dfrac{1}{R} = G$

이와 같은 상태를 병렬공진(Parallel resonance)이라고 한다.
전류는 최소이고, 임피던스는 최대이다.

(7) 역률 ($\cos\theta$)

$$\cos\theta = \frac{G}{Y} = \frac{X}{\sqrt{R^2 + X^2}}$$

(8) 무효율 ($\sin\theta$)

$$\sin\theta = \frac{B}{Y} = \frac{R}{\sqrt{R^2 + X^2}}$$

12. 공진회로(resonance circuit)

코일(L)과 콘덴서(C)를 포함하고 있으며 어떠한 주파수에서 공진현상이 생기게 되어 있는 회로이다.

(1) 직렬공진(series resonance)

$$Z = \sqrt{R^2 + (X_L - X_C)^2}\,[\Omega]$$

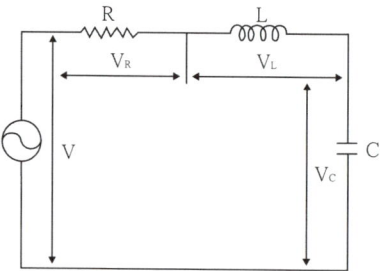

① 공진조건: $X_L = X_C$, $\omega L = \dfrac{1}{\omega C}$

② 공진주파수 f_r[Hz]은 $f_r = \dfrac{1}{2\pi\sqrt{LC}}$[Hz]

③ 공진각속도 또는 공진각주파수 ω_r[rad/s]은 $\omega_r = \dfrac{1}{\sqrt{LC}}$[rad/s](여기서, $\omega_r = 2\pi f_r$)

④ 공진시 임피던스를 $Z_r[\Omega]$이라고 하면 $Z_r = R[\Omega]$

⑤ 공진시 전류를 I_r[A]라고 하면 $I_r = \dfrac{V}{R}$[A]

⑥ 선택도(selectivity): $S = \dfrac{\omega_r L}{R} = \dfrac{1}{\omega_r CR} = \dfrac{1}{R}\sqrt{\dfrac{L}{C}}$

> **참고**
>
> $$S = \dfrac{V_X}{V} = \dfrac{V_X}{V_R} = \dfrac{V_L}{V_R} = \dfrac{IX_L}{I \cdot R} = \dfrac{X_L}{R} = \dfrac{\omega_r L}{R} = \dfrac{\dfrac{1}{\sqrt{LC}}L}{R} = \dfrac{\dfrac{1}{L^{\frac{1}{2}}C^{\frac{1}{2}}}L}{R} = \dfrac{1}{R}\sqrt{\dfrac{L}{C}}$$
>
> 또는 $S = \dfrac{V_C}{V_R} = \dfrac{IX_C}{IR} = \dfrac{X_C}{R} = \dfrac{\dfrac{1}{\omega_r C}}{R} = \dfrac{1}{\omega_r CR}$
>
> $= \dfrac{1}{\dfrac{1}{\sqrt{LC}}CR} = \dfrac{1}{\dfrac{1}{L^{\frac{1}{2}}C^{\frac{1}{2}}}CR} = \dfrac{1}{R}\sqrt{\dfrac{L}{C}}$

(2) 병렬공진(parallel resonance)

① 그림과 같은 회로에서 $Y = \sqrt{(\frac{1}{R})^2 + (\frac{1}{X_C} - \frac{1}{X_L})^2}\,[\Omega]$

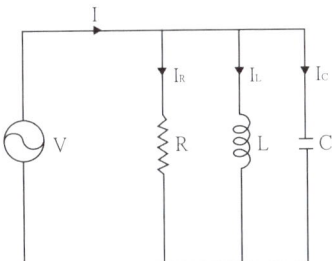

㉠ 공진조건: $\dfrac{1}{X_C} = \dfrac{1}{X_L}$, $\omega C = \dfrac{1}{\omega L}$

㉡ 공진각속도 또는 공진각주파수 ω_r[rad/s]은 $\omega_r^2 = \dfrac{1}{LC}$

$\therefore \omega_r = \dfrac{1}{\sqrt{LC}}$ [rad/s]

㉢ 공진주파수 f_r[Hz]은 $f_r = \dfrac{1}{2\pi\sqrt{LC}}$ [Hz]

㉣ 공진시 전류 I_r[A]는 $I_r = \dfrac{V}{R} = I_R$ [A]

㉤ 위상: 전압과 전류는 위상이 같다(동위상).

㉥ 선택도(selectivity): $S = \omega_r RC = \dfrac{R}{\omega_r L} = R\sqrt{\dfrac{C}{L}}$

> **참고**
>
> $S = \dfrac{I_X}{I} = \dfrac{I_X}{I_R} = \dfrac{I_C}{I_R} = \dfrac{\frac{V}{X_C}}{\frac{V}{R}} = \dfrac{R}{X_C} = \dfrac{R}{\frac{1}{\omega_r C}} = \omega_r CR$
>
> $= \dfrac{1}{\sqrt{LC}}CR = \dfrac{1}{L^{\frac{1}{2}}C^{\frac{1}{2}}}CR = R\sqrt{\dfrac{C}{L}}$
>
> 또는 $S = \dfrac{I_L}{I_R} = \dfrac{\frac{V}{X_L}}{\frac{V}{R}} = \dfrac{R}{X_L} = \dfrac{R}{\omega_r L} = \dfrac{R}{\frac{1}{\sqrt{LC}}L} = R\sqrt{\dfrac{C}{L}}$

② 그림과 같은 회로에서

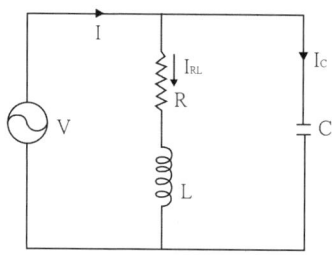

$\dot{Y} = \dfrac{R}{R^2 + \omega^2 L^2} + j(\omega C - \dfrac{\omega L}{R^2 + \omega^2 L^2})[℧]$ 에서 공진이 발생하면

㉠ 공진조건: $\omega_r C = \dfrac{\omega_r L}{R^2 + \omega^2 L^2}$

㉡ 공진주파수 $f_r[Hz]$은 $f_r = \dfrac{1}{2\pi} \sqrt{\dfrac{1}{LC} - (\dfrac{R}{L})^2}$ [Hz]

㉢ 공진시 어드미턴스 $Y_r[℧]$은 $Y_r = \dfrac{CR}{L}[℧]$ - 최소

㉣ 공진시 임피던스 $Z_r[\Omega]$은 $Z_r = \dfrac{1}{Y_r} = \dfrac{L}{CR}[\Omega]$ - 최대

㉤ 공진시 전류 $I_r[A]$은 $I_r = Y_r V = \dfrac{CR}{L} V[A]$

Chapter 05 교류전력

1 단상교류전력

$v = V_m \sin(\omega t + \theta)$[V]

$i = I_m \sin(\omega t + \theta - \phi)$[A]라고 하면

1. 순시전력

$P = v \cdot i = V_m \sin(\omega t + \theta) \cdot I_m \sin(\omega t + \theta - \phi)$
$= \dfrac{V_m I_m}{2}\{\cos\theta - \cos(2\omega t + 2\theta - \phi)\}$

2. 유효전력(평균전력)

$P = VI\cos\theta = IZ \cdot I \cdot \dfrac{R}{Z} = I^2 R$[W]

여기서, $V = IZ$[V], $\cos\theta = \dfrac{R}{Z}$

3. 무효전력

$P_r = VI\sin\theta = IZ \cdot I \cdot \dfrac{X}{Z} = I^2 X$[var]

여기서, $V = IZ$[V], $\sin\theta = \dfrac{X}{Z}$

4. 피상전력

$P_a = VI = IZ \cdot I = I^2 Z = \dfrac{V^2}{Z} = \sqrt{P^2 + P_r^2}$[VA]

참고

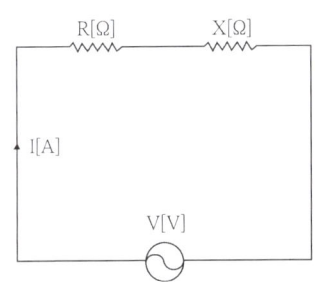
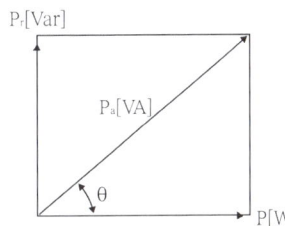
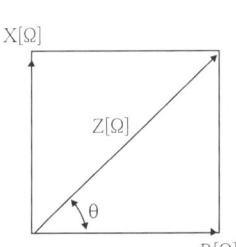

- $P = P_a \cos\theta = \sqrt{P_a^2 - P_r^2}$[W], $P_r = P_a \sin\theta = \sqrt{P_a^2 - P^2}$[Var]

  $P_a = \dfrac{P}{\cos\theta} = \dfrac{P_r}{\sin\theta} = \sqrt{P^2 + P_r^2}$[VA]

- $Z = \sqrt{R^2 + X^2}$[Ω], $R = \sqrt{Z^2 - X^2}$[Ω]
- $V = IZ$[V], $I = \dfrac{V}{Z}$[A], $Z = \dfrac{V}{I}$[Ω]
- $\cos\theta = \sqrt{1 - \sin^2\theta}$, $\sin\theta = \sqrt{1 - \cos^2\theta}$, $1 = \cos^2\theta + \sin^2\theta$

5. 역률

$\cos\theta = \dfrac{P}{P_a} = \dfrac{R}{Z} = \dfrac{G}{Y}$

6. 무효율

$\sin\theta = \dfrac{P_r}{P_a} = \dfrac{X}{Z} = \dfrac{B}{Y}$

2 복소수전력

전압 $v = V_m \sin(\omega t + \theta)$[V], 전류 $i = I_m \sin(\omega t + \theta - \phi)$[A]를 기호법으로 표시하면

$\dot{V} = V(\cos\theta + j\sin\theta) = V_1 + jV_2 = V\angle\theta$

여기서, $V = \dfrac{V_m}{\sqrt{2}} = \sqrt{V_1^2 + V_2^2}$[V]라고 하면

$\dot{I} = I\{\cos(\theta - \phi) + j\sin(\theta - \phi)\} = I_1 + jI_2 = I\angle\theta - \phi$

여기서, $I = \dfrac{I_m}{\sqrt{2}} = \sqrt{I_1^2 + I_2^2}$[A]

전력의 표시 $\overline{V}$, $\overline{I}$를 $\dot{V}$, $\dot{I}$의 공액복소수라 하면

(1) $\dot{V}\overline{I} = VI\cos\phi + jVI\sin\phi = P + jP_r$ [VA]

　① 유효전력 $P = VI\cos\phi$[W]
　② 무효전력 $P_r = VI\sin\phi$[Var]
　③ 피상전력 $P_a = \sqrt{P^2 + P_r^2}$[VA]
　그러므로 실수부는 유효전력, 허수부는 무효전력이다.
　전압이 기준이므로 허수부가 + 값이면 유도성이고 허수부가 - 값이면 용량성이다.

(2) $\overline{V}\dot{I} = VI\cos\phi - jVI\sin\phi = P - jP_r$ [A]

　전류가 기준이므로 허수부가 + 값이면 용량성이고, 허수부가 - 값이면 유도성이다.

3 최대전력전달

1. $Z_g = R_g$, $Z_L = R_L$의 경우

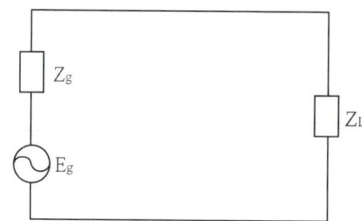

(1) 최대전력 전달조건: $R_L = R_g$

(2) 최대전력: $P_{\max} = I^2 R_L = (\dfrac{E_g}{R_g + R_L})^2 \cdot R_L = (\dfrac{E_g}{2R_g})^2 \cdot R_g = \dfrac{E_g^2}{4R_g^2} \cdot R_g = \dfrac{E_g^2}{4R_g}$[W]

2. $\dot{Z}_g = R_g + jX_g$의 경우

(1) 최대전력 전달조건: $R_L = \sqrt{R_g^2 + X_g^2} = Z_g$

(2) 최대전력: $P_{\max} = \dfrac{E_g^2}{1(R_g + Z_g)}$[W]

3. $\dot{Z}_g = R_g + jX_g$, $Z_L = R_L + jX_L$의 경우

(1) 최대전력 전달조건: $R_L = R_g$, $X_L = -X_g$

(2) 최대전력: $P_{\max} = \dfrac{E_g^2}{4R_g}$[W]

4 역률개선

유도성 부하는 그림과 같은 무효전력이 존재하므로 콘덴서를 병렬로 접속하여 역률을 개선한다.

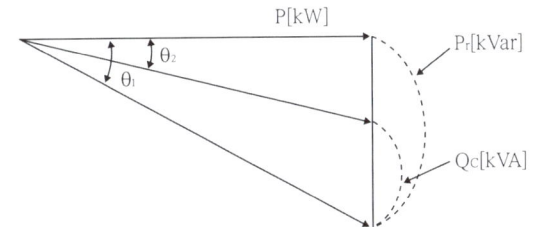

그림에서 역률개선용 콘덴서 용량을 Q_C[kVA]라고 하면

$$Q_C = P(\tan\theta_1 - \tan\theta_2) = P\left(\dfrac{\sin\theta_1}{\cos\theta_1} - \dfrac{\sin\theta_2}{\cos\theta_2}\right) = P\left(\dfrac{\sqrt{1-\cos^2\theta_1}}{\cos\theta_1} - \dfrac{\sqrt{1-\cos^2\theta_2}}{\cos\theta_2}\right)[\text{kVA}]$$

여기서, P: 유효전력[kW], $\cos\theta_1$: 개선 전 역률, $\cos\theta_2$: 개선 후 역률

단, 유효전력이 [HP]로 된 경우의 Q_C[kVA]는

$$Q_C = P \cdot 0.746\left(\dfrac{\sqrt{1-\cos^2\theta_1}}{\cos\theta_1} - \dfrac{\sqrt{1-\cos^2\theta_2}}{\cos\theta_2}\right)[\text{kVA}]$$

여기서, P: 유효전력 [HP] (1[HP] = 746[W] = 0.746[kW])

Chapter 06 3상 교류이론

1 3상 교류(three-phase alternating current)

3상 교류는 그림과 같이 $\frac{2}{3}\pi$[rad](120°)의 위상차를 가진 크기가 같은 3개의 사인파전압이 발생한다. 이와 같은 3개의 파형을 한데 묶어서 3상 교류라 하고, 특히 각 상의 전압의 벡터 합이 0일 때 대칭3상 교류라고 한다.

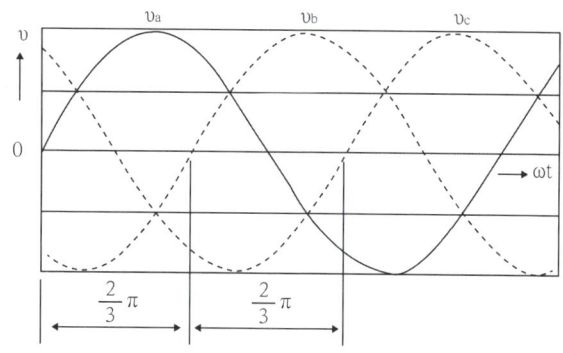 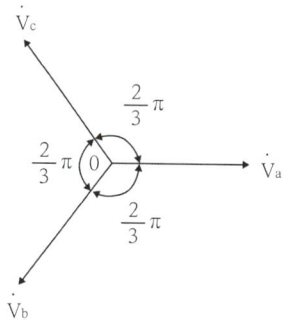

1. 순시값 표기

$$v_a = V_m \sin\omega t = \sqrt{2}\, V\sin\omega t[V]$$
$$v_b = V_m \sin(\omega t - \frac{2}{3}\pi) = \sqrt{2}\, V\sin(\omega t - \frac{2}{3}\pi)[V]$$
$$v_c = V_m \sin(\omega t - \frac{4}{3}\pi) = \sqrt{2}\, V\sin(\omega t - \frac{4}{3}\pi) = \sqrt{2}\, V\sin(\omega t + \frac{2}{3}\pi)[V]$$

2. 순시기전력의 합

$$v_a + v_b + v_c = V_m \sin\omega t + V_m \sin(\omega t - \frac{2}{3}\pi) + V_m \sin(\omega t - \frac{4}{3}\pi) = 0$$

대칭3상 전압의 합은 0이며 대칭3상 교류 전류에서도 똑같이 성립된다.

3. 기호법에 의한 표시

상순이 a, b, c인 대칭3상 전압 $\dot{V}_a, \dot{V}_b, \dot{V}_c$를 기호법으로 표시하는 경우, $\dot{V}_a$를 기준 벡터 V로 하면

$$\dot{V}_a = V\angle 0 = V[V]$$
$$\dot{V}_b = V\angle -\frac{2}{3}\pi = \dot{V}(\cos -\frac{2}{3}\pi - j\sin\frac{2}{3}\pi) = V(-\frac{1}{2} - j\frac{\sqrt{3}}{2})[V]$$
$$\dot{V}_c = V\angle -\frac{4}{3}\pi = \dot{V}\angle +\frac{2}{3}\pi = V(\cos\frac{2}{3}\pi + j\sin\frac{2}{3}\pi) = (-\frac{1}{2} + j\frac{\sqrt{3}}{2})[V]$$

여기서 합성전압 $\dot{V}$[V]를 구하면

$$\begin{aligned}\dot{V} &= \dot{V}_a + \dot{V}_b + \dot{V}_c \\ &= V + V(-\frac{1}{2} - j\frac{\sqrt{3}}{2}) + V(-\frac{1}{2} + j\frac{\sqrt{3}}{2}) \\ &= V + (-\frac{1}{2}V - j\frac{\sqrt{3}}{2}V) + (-\frac{1}{2}V + j\frac{\sqrt{3}}{2}V) \\ &= V - V - j\frac{\sqrt{3}}{2}V + j\frac{\sqrt{3}}{2}V = 0\end{aligned}$$

$\therefore \dot{V} = \dot{V}_a + \dot{V}_b + \dot{V}_c = 0$

2 Y결선(Y-connection)[또는 성형결선(star connection)]과 전압

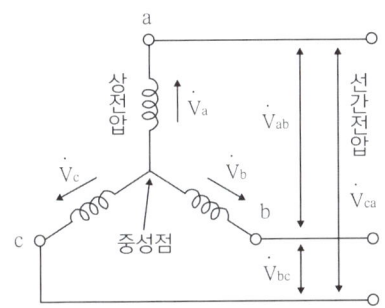 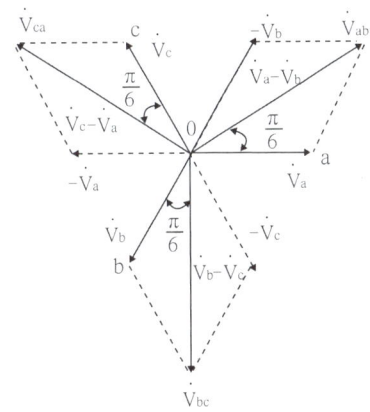

선간 전압 = $\sqrt{3} \times$ 상전압

선간 전압은 각 상전압보다 위상이 $\frac{\pi}{6}$ 앞선다.

[상전압과 선간전압의 관계]

그림의 Y결선에서 $\dot{V}_a$, $\dot{V}_b$, $\dot{V}_c$를 상전압(phase voltage)이라 하고, 외부로 인출한 단자간의 전압 $\dot{V}_{ab}$, $\dot{V}_{bc}$, $\dot{V}_{ca}$를 선간전압(line voltage)이라고 하면 각 선간전압은 상전압의 차가 되므로

$\dot{V}_{ab} = \dot{V}_a - \dot{V}_b = \dot{V}_a + (-\dot{V}_b)$[V]

$\dot{V}_{bc} = \dot{V}_b - \dot{V}_c = \dot{V}_b + (-\dot{V}_c)$[V]

$\dot{V}_{ca} = \dot{V}_c - \dot{V}_a = \dot{V}_c + (-\dot{V}_a)$[V]

선간전압은 상전압보다 $\frac{\pi}{6}$[rad](30°) 앞선다.

여기서, $\dot{V}_{ab}$와 $\dot{V}_a$의 크기와 관계는

$V_{ab} = V_a(\cos\frac{\pi}{6}) \times 2 = \frac{\sqrt{3}}{2}V_a \times 2 = \sqrt{3}\,V_a$[V]

이며 극형식으로 표시하면

$\dot{V}_{ab} = \sqrt{3}\,V_a \angle \frac{\pi}{6}$[V]

선간전압(V_l) = $\sqrt{3}$ · 상전압(V_p)[V]

3 Δ결선(delta connection)(또는 삼각결선)과 전압

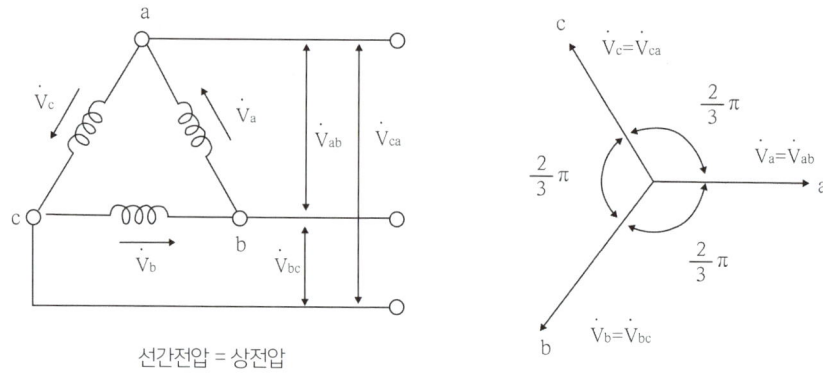

[상전압과 선간전압의 관계]

그림의 회로에서 상전압과 선간전압은 동일하다.
선간전압(V_l) = 상전압(V_p)

4 Y전류와 Δ전류와의 관계

1. 상전류비

$$\frac{I_P \triangle}{I_P Y} = \frac{\dfrac{V}{R}}{\dfrac{V}{\sqrt{3}R}} = \sqrt{3}, \quad \frac{I_P Y}{I_P \triangle} = \frac{1}{\sqrt{3}}$$

2. 선전류비

$$\frac{I_l \triangle}{I_l Y} = \frac{\dfrac{\sqrt{3}V}{R}}{\dfrac{V}{\dfrac{\sqrt{3}}{R}}} = \frac{\dfrac{\sqrt{3}V}{R}}{\dfrac{V}{\sqrt{3}R}} = 3, \quad \frac{I_l Y}{I_l \triangle} = \frac{1}{3}$$

5 3상 Y-Y 회로의 전압과 전류

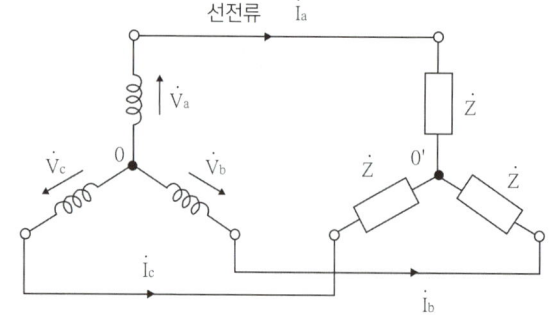
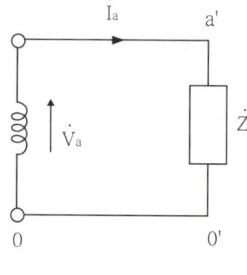

선전류 = 상전류
선간전압 = $\sqrt{3}$ × 상전압

[Y-Y 회로]

그림의 회로에서 각 선전류는

$\dot{I}_a = \dfrac{\dot{V}_a}{\dot{Z}}$, $\dot{I}_b = \dfrac{\dot{V}_b}{\dot{Z}}$, $\dot{I}_c = \dfrac{\dot{V}_c}{\dot{Z}}$ [A]

여기서, 임피던스 $\dot{Z}$를 $R + jX$라 하면

$Z = R + jX = \sqrt{R^2 + X^2} \angle \tan^{-1}\dfrac{X}{R} = Z \angle \theta [\Omega]$이므로

$I_a = \dfrac{V}{Z \angle \theta} = \dfrac{V}{Z} \angle -\theta$이다.

그러므로 선전류 I_a, I_b, I_c는 각 상의 전압 $\dot{V}_a$, $\dot{V}_b$, $\dot{V}_c$보다 θ만큼 뒤진다.

1. 선간전압(V_l)과 상전압(V_p)의 관계

$$V_l = \sqrt{3}\, V_p \angle \dfrac{\pi}{6} [\mathrm{V}]$$

선간전압(V_l)은 상전압(V_p)보다 $\dfrac{\pi}{6}$[rad](30°) 앞선다.

즉, 상전압(V_p)은 선간전압(V_l)보다 $\dfrac{\pi}{6}$[rad](30°) 뒤진다.

2. 선간전압(V_l)과 선전류(I_l)의 관계

선전류는 선간전압보다 $\left(\dfrac{\pi}{6} + \theta\right)$[rad] 뒤진다.

즉, 선간전압은 선전류보다 $\left(\dfrac{\pi}{6} + \theta\right)$[rad] 앞선다.

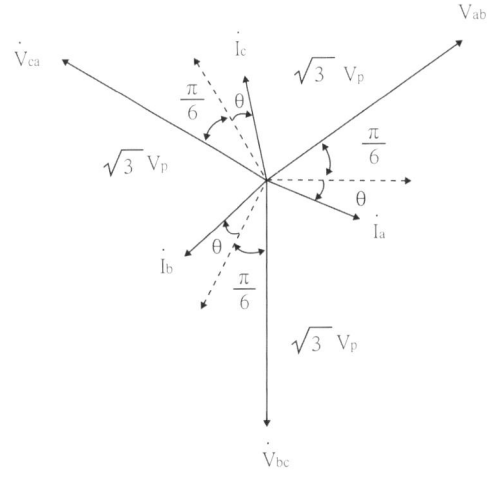

[상전압과 선전류의 벡터도]

3. 상전류(I_p)와 선전류(I_l)의 관계

선전류(I_l) = 상전류(I_p)

$I_l = I_p = \dfrac{V_p}{Z} = \dfrac{\frac{V_l}{\sqrt{3}}}{Z} = \dfrac{V_l}{\sqrt{3}\, Z}$ [A]

여기서, $V_l = \sqrt{3}\, V_p$

$V_p = \dfrac{V_l}{\sqrt{3}}$

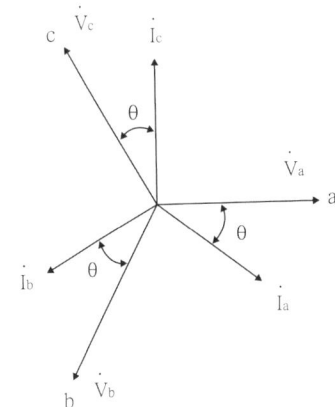

[상전압과 선전류의 벡터도]

6 Y결선 불평형부하인 경우 전압과 전류

1. 각 상전류

$$\dot{I}_a = (\dot{V}_a - \dot{V}_n)\dot{Y}_a [A]$$
$$\dot{I}_b = (\dot{V}_b - \dot{V}_n)\dot{Y}_b [A]$$
$$\dot{I}_c = (\dot{V}_c - \dot{V}_n)\dot{Y}_c [A]$$

여기서, $\dot{V}_n$: 부하의 중성점 n의 전원중성점 0에 대한 전압[V]
$\dot{Y}_a, \dot{Y}_b, \dot{Y}_c$: a, b, c 각 선에 접속된 어드미턴스[℧]
$\dot{Y}_n$: 중성선의 어드미턴스[℧]

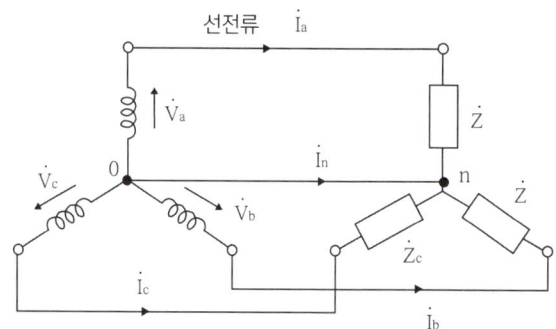

2. 중성선의 전압과 전류

$$\dot{V}_n = \frac{\dot{V}_a\dot{Y}_a + \dot{V}_b\dot{Y}_b + \dot{V}_c\dot{Y}_c}{\dot{Y}_a + \dot{Y}_b + \dot{Y}_c + \dot{Y}_n} [V]$$
$$\dot{I}_n = -(\dot{I}_a + \dot{I}_b + \dot{I}_c) [A]$$

7 3상 Δ-Δ회로의 전압과 전류

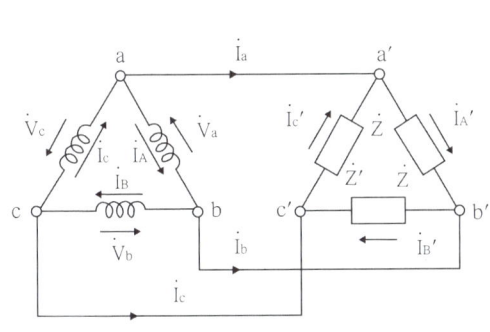

선전류 = $\sqrt{3}$ × 상전류
선간전압 = 상전압

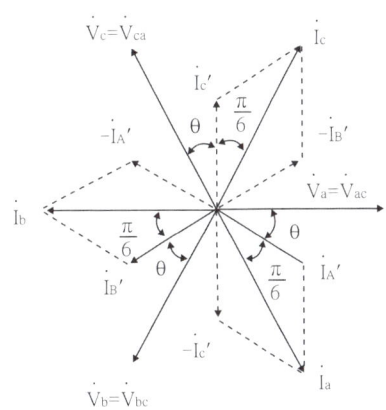

선전류는 선간전압보다
$(\frac{\pi}{6}+\theta)$[rad] 위상이 뒤짐

전원과 부하가 모두 Δ결선인 경우

$\dot{V}_a = \dot{I}_A' \dot{Z}$ [V], $\dot{I}_A' = \dfrac{\dot{V}_a}{\dot{Z}}$ [A]

$\dot{V}_b = \dot{I}_B' \dot{Z}$ [V], $\dot{I}_B' = \dfrac{\dot{V}_b}{\dot{Z}}$ [A]

$\dot{V}_c = \dot{I}_C' \dot{Z}$ [V], $\dot{I}_C' = \dfrac{\dot{V}_c}{\dot{Z}}$ [A]로 된다.

또한, 키르히호프 제1법칙을 적용하면

$\dot{I}_a = \dot{I}_A' - \dot{I}_C'$ [A]

$\dot{I}_b = \dot{I}_B' - \dot{I}_A'$ [A]

$\dot{I}_c = \dot{I}_C' - \dot{I}_B'$ [A]

1. 선전류(I_l)와 상전류(I_p)의 관계

$$I_l = \sqrt{3}\, I_p \angle \dfrac{\pi}{6} \text{[A]}$$

선전류(I_l)는 상전류(I_p)보다 $\dfrac{\pi}{6}$[rad](30°) 뒤진다.

즉, 상전류(I_p)는 선전류(I_l)보다 $\dfrac{\pi}{6}$[rad](30°) 앞선다.

2. 상전압(V_p)과 선간전압(V_l)의 관계

$$선간전압(V_l) = 상전압(V_p)$$
$$I_l = \sqrt{3}\,I_p = \sqrt{3} \cdot \frac{V_p}{Z} = \frac{\sqrt{3}\,V_l}{Z}\,[A]$$

8 Y회로와 Δ회로의 등가변환

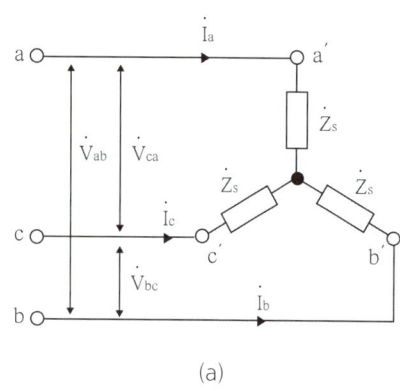

(a)

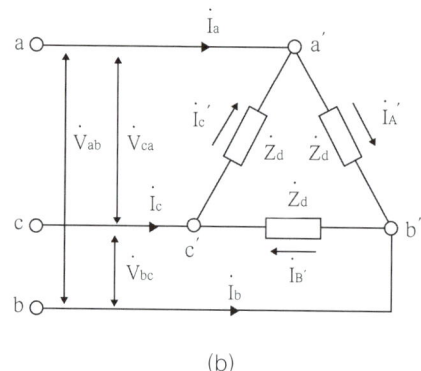

(b)

Y회로에서 $\dot{Z}_{ab}[\Omega]$는 $\dot{Z}_{ab} = \dot{Z}_s + \dot{Z}_s = 2\dot{Z}_s\,[\Omega]$

Δ회로에서 $\dot{Z}_{ab}[\Omega]$는 $\dot{Z}_{ab} = \dfrac{\dot{Z}_d \cdot 2\dot{Z}_d}{\dot{Z}_d + 2\dot{Z}_d} = \dfrac{\dot{Z}_d^2}{3\dot{Z}_d} = \dfrac{2\dot{Z}_d}{3}\,[\Omega]$

여기에서 $2\dot{Z}_s = \dfrac{2\dot{Z}_d}{3}$, $\dot{Z}_s = \dfrac{2\dot{Z}_d}{3} \times \dfrac{1}{2} = \dfrac{\dot{Z}_d}{3}\,[\Omega]$, $\dot{Z}_d = 3\dot{Z}_s\,[\Omega]$이다.

또한, $\dot{Z}_{bc}$, $\dot{Z}_{ca}$도 같은 방법으로 풀이한다.

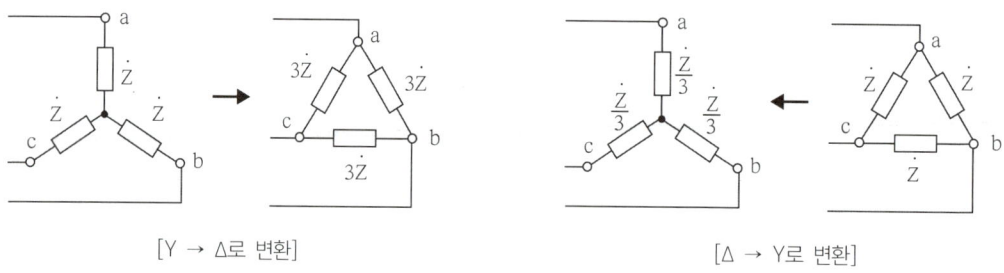

[Y → Δ로 변환]　　　　　　　　[Δ → Y로 변환]

(1) Y회로로부터 Δ회로로 변환하기 위해서는 각 상의 임피던스를 3배로 할 것

(2) Δ회로로부터 Y회로로 변환하기 위해서는 각 상의 임피던스를 $\dfrac{1}{3}$배로 할 것

9 3상 전력

1. 유효전력(기호: P, 단위[W])

$$P = 3V_p I_p \cos\theta = \sqrt{3}\, V_l I_l \cos\theta = 3I_p^2 R$$

여기서, V_p, I_p: 상전압, 상전류
V_l, I_l: 선간전압, 선전류
$\cos\theta$: 역률

참고

- Y회로에서

$$I_l = I_p [A], \quad V_l = \sqrt{3}\, V_p [V], \quad V_p = \frac{V_l}{\sqrt{3}} [A]$$

$$P = 3V_p I_p \cos\theta = 3 \cdot \frac{V_l}{\sqrt{3}} \cdot I_l \cos\theta = \sqrt{3}\, V_l I_l \cos\theta [W]$$

$$V_p = I_p \cdot Z [V], \quad I_p = \frac{V_p}{Z} [A]$$

$$P = 3V_p I_p \cos\theta = 3 \cdot I_p Z \cdot I_p \cdot \frac{R}{Z} = 3I_p^2 R [W]$$

- △회로에서

$$V_l = V_p [V], \quad I_l = \sqrt{3}\, I_p [A], \quad I_p = \frac{I_l}{\sqrt{3}} [A]$$

$$P = 3V_p I_p \cos\theta = 3V_l \frac{I_l}{\sqrt{3}} \cos\theta = \sqrt{3}\, V_l I_l \cos\theta [W]$$

2. 무효전력(기호: P_r, 단위[Var])

$$P_r = 3V_p I_p \sin\theta = \sqrt{3}\, V_l I_l \sin\theta = 3I_p^2 X [\text{Var}]$$

여기서, V_p, I_p: 상전압, 상전류
V_l, I_l: 선간전압, 선전류
$\sin\theta$: 무효율

참고

$$P = 3V_p I_p \sin\theta = 3 \cdot V_l \cdot \frac{I_l}{\sqrt{3}} \sin\theta = \sqrt{3}\, V_l I_l \sin\theta [\text{Var}]$$

또는

$$P = 3V_p I_p \sin\theta = 3 \cdot I_p Z \cdot \frac{X}{Z} = 3I_p^2 X [\text{Var}]$$

3. 피상전력 또는 겉보기전력(기호: P_a, 단위[Var])

$$P_a = 3V_pI_p = \sqrt{3}\,V_lI_l = 3I_p^2Z\,[\text{VA}]$$

> **참고**
>
> $P_a = 3V_pI_p = 3 \cdot \dfrac{V_l}{\sqrt{3}} \cdot I_l = \sqrt{3\,V_lI_l}\,[\text{VA}]$
>
> $P_a = 3V_pI_p = 3 \cdot I_pZ \cdot I_p = 3I_p^2 \cdot Z\,[\text{VA}]$

10 3상 V결선

3상 Δ결선의 1상을 제거하여 3상평형전압을 얻도록 한 전원의 결선방식을 말한다.

1. V결선 전원의 출력(전력)

$$P_v = \sqrt{3}\,VI_l\cos\theta = \sqrt{3}\,V_pI_p\cos\theta\,[\text{W}]$$

Δ결선인 경우 부하에 전달되는 전력은

$$P_v = \sqrt{3}\,V_\ell I_\ell \cos\theta = \sqrt{3}\,V_pI_p\cos\theta$$

2. V결선 변압기 이용률(기호: u)

$$u = \dfrac{\sqrt{3}\,V_pI_p\cos\theta}{2V_pI_p\cos\theta} = \dfrac{\sqrt{3}}{2} = 0.867 = 86.7\,[\%]$$

3. V결선 변압기 출력비

$$\dfrac{V\text{결선 출력}}{\Delta\text{결선 출력}} = \dfrac{\sqrt{3}\,V_pI_p\cos\theta}{3V_pI_p\cos\theta} = \dfrac{\sqrt{3}}{3} = \dfrac{1}{\sqrt{3}} = 0.577 = 57.7\,[\%]$$

11 3상의 전압, 전류 대칭분

비대칭전류를 $\dot{I}_a$, $\dot{I}_b$, $\dot{I}_c$라 하고 전류의 대칭분을 $\dot{I}_0$, $\dot{I}_1$, $\dot{I}_2$라 하면

$$영상전류\ \dot{I}_0 = \frac{1}{3}(\dot{I}_a + \dot{I}_b + \dot{I}_c)$$

$$정상전류\ \dot{I}_1 = \frac{1}{3}(\dot{I}_a + a\dot{I}_b + a^2\dot{I}_c)$$

$$역상전류\ \dot{I}_2 = \frac{1}{3}(\dot{I}_a + a^2\dot{I}_b + a\dot{I}_c)$$

그리고 비대칭전류 $\dot{I}_a$, $\dot{I}_b$, $\dot{I}_c$를 $a = \epsilon^{j\frac{2}{3}\pi}$, $a^2 = \epsilon^{j\frac{4}{3}\pi}$, $a^3 = 1$의 관계를 이용하여 대칭분으로 표시하면

$$\dot{I}_a = \dot{I}_0 + \dot{I}_1 + \dot{I}_2$$

$$\dot{I}_b = \dot{I}_0 + a^2\dot{I}_1 + a\dot{I}_2$$

$$\dot{I}_c = \dot{I}_0 + a\dot{I}_1 + a^2\dot{I}_2$$

전압에 관해서는 $\dot{I}$를 $\dot{V}$로 바꾸어 놓으면 된다.

$$영상전압\ \dot{V}_0 = \frac{1}{3}(\dot{V}_a + \dot{V}_b + \dot{V}_c)$$

$$정상전압\ \dot{V}_1 = \frac{1}{3}(\dot{V}_a + a\dot{V}_b + a^2\dot{V}_c)$$

$$역상전압\ \dot{V}_2 = \frac{1}{3}(\dot{V}_a + a^2\dot{V}_b + a\dot{V}_c)$$

> **참고**
>
> $a = \epsilon^{j\frac{2}{3}\pi} = \cos\frac{2\pi}{3} + j\sin\frac{2\pi}{3} = -\frac{1}{2} + j\frac{\sqrt{3}}{2}$
>
> $a^2 = \epsilon^{j\frac{4}{3}\pi} = \cos\frac{4\pi}{3} + j\sin\frac{4\pi}{3} = -\frac{1}{2} - j\frac{\sqrt{3}}{2}$
>
> $a = a^4 = a^7 = a^{-2}$
>
> $a^2 = a^5 = a^8 = a^{-1}$
>
> $1 = a^3 = a^6 = a^{-3}$

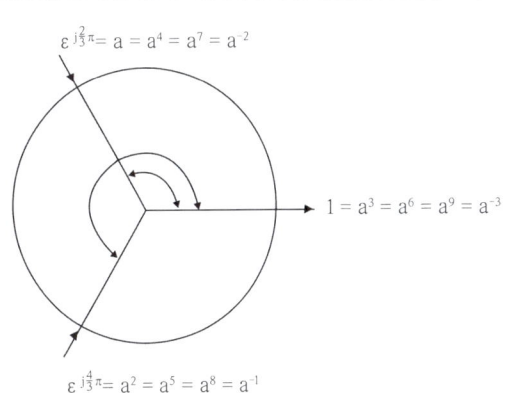

Chapter 07 회로망에 대한 정리

1 중첩의 원리(principle of superposition)

(1) 몇 개의 전압원과 전류원이 동시에 존재하는 회로망 내의 전압, 전류 분포는 이들 전압원이나 전류원이 단독으로 그 위치에 존재하는 경우의 분포를 겹친 것과 같다.
(2) 각각의 경우에 제거하는 전압원은 단락하고 전류원은 개방된다.

확인 예제

그림의 (a)의 회로에서 $\dot{V}_1 = 50[V]$, $\dot{V}_2 = 100[V]$, $X_{L_1} = 30[\Omega]$, $X_{L_2} = 20[\Omega]$, $X_C = 10[\Omega]$ 으로 하여, 각각의 전류를 중첩의 원리를 이용하여 구하시오.

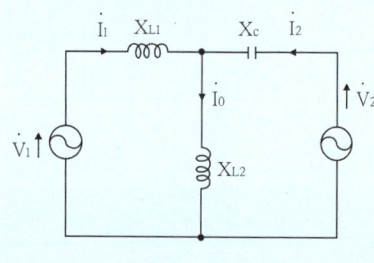
(a) 본회로

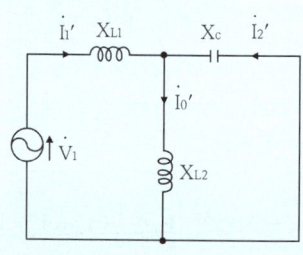
(b) $\dot{V}_2$를 제거한 회로

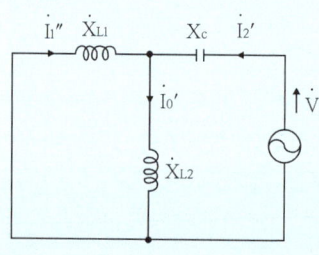
(c) $\dot{V}_1$을 제거한 회로

정답 그림 (b)의 회로에서

$$\dot{I}_1' = \frac{\dot{V}_1}{jX_{L_1} + \frac{X_{L_2}X_C}{jX_{L_2} - jX_C}} = \frac{j(X_{L_2} - X_C)\dot{V}_1}{X_{L_1}X_C + X_{L_2}X_C + X_{L_1}X_{L_2}} = \frac{j(20-10) \times 50}{30 \times 10 + 20 \times 10 - 30 \times 20} = -j5[A]$$

$$\dot{I}_0' = \frac{-jX_C}{jX_{L_2} - jX_C}\dot{I}_1' = \frac{-jX_C\dot{V}_1}{X_{L_1}X_C + X_{L_2}X_C - X_{L_1}X_2} = \frac{-j10 \times 50}{-100} = j5[A]$$

$$\dot{I}_2' = \frac{jX_{L_2}}{jX_{L_2} - jX_C}\dot{I}_1' = \frac{jX_{L_2}\dot{V}_1}{X_{L_1}X_C + X_{L_2}X_C - X_{L_1}X_{L_2}} = \frac{j20 \times 50}{-100} = -j10[A]$$

그림 (c)의 회로에서

$$\dot{I}_2'' = \frac{\dot{V}_2}{-jX_C + \frac{-X_{L_1}X_{L_2}}{jX_{L_1} + jX_{L_2}}} = \frac{j(X_{L_1} + X_{L_2})\dot{V}_2}{X_{L_1}X_C + X_{L_2}X_C - X_{L_1}X_{L_2}} = \frac{j(30+20) \times 100}{-100} = -j50[A]$$

$$\dot{I}_0'' = \frac{jX_{L_1}}{jX_{L_1} - jX_{L_2}}\dot{I}_2'' = \frac{jX_{L_1}\dot{V}_2}{X_{L_1}X_C + X_{L_2}X_C - X_{L_1}X_{L_2}} = \frac{j30 \times 100}{-100} = -j30[A]$$

$$\dot{I}_1'' = \frac{jX_{L_2}}{jX_{L_1} + jX_{L_2}}\dot{I}_2'' = \frac{jX_{L_2}\dot{V}_2}{X_{L_1}X_C + X_{L_2}X_C - X_{L_1}X_{L_2}} = \frac{j20 \times 100}{-100} = -j20[A]$$

중첩의 원리에 의하여, 전류를 구하면 각각 다음과 같다.
$\dot{I}_1 = \dot{I}_1' - \dot{I}_1'' = -j5 + j20 = j15[A]$ $\dot{I}_2 = \dot{I}_2' - \dot{I}_2'' = -j50 + j10 = -j40[A]$ $\dot{I}_0 = \dot{I}_0' - \dot{I}_0'' = j5 - j30 = -j25[A]$

2 테브냉의 정리(Thevenin's theorem)

그림과 같이 내부에 기전력을 가진 회로망의 임의의 단자 a, b 사이의 폐로전압을 V_0라 하고, a, b에서 회로망을 본 임피던스(이 경우 전압전원을 단락시킨다.)를 Z_0라 하면, a, b 사이에 Z_L을 접속하는 경우 Z_L에 흐르는 전류 I[A]는 다음과 같다.

$$\dot{I} = \frac{\dot{V}_0}{\dot{Z}_0 + \dot{Z}_L}[A]$$

이때 a, b 단자의 전압을 V_{ab}[V]라 하면

$$\dot{V}_{ab} = \frac{\dot{Z}_L}{\dot{Z}_0 + \dot{Z}_L}\dot{V}_0[V]$$

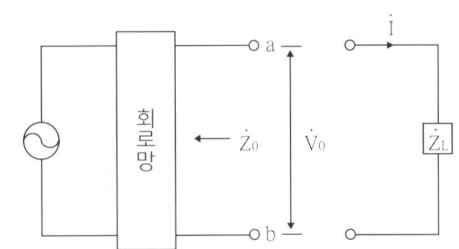

확인 예제

그림과 같은 회로에서 a, b 사이의 단자전압이 50[V], a, b에서 본 회로망의 임피던스가 $6+j8[\Omega]$일 때, a, b 단자에 새로운 임피던스가 $Z_L = 2-j2[\Omega]$을 연결할 경우 a, b에 흐르는 전류의 크기(A)는?

정답 테브냉의 정리에서

$$\dot{I} = \frac{\dot{V}_0}{\dot{Z}_0 + \dot{Z}_L} = \frac{50}{(6+j8)+(2-j2)} = \frac{50}{8+j6} = \frac{50(8-j6)}{(8+j6)(8-j6)}$$

$$= \frac{400-j300}{8^2+6^2} = \frac{400}{100} - j\frac{300}{100} = 4-j3[A]$$

$$\therefore |\dot{I}| = I = \sqrt{4^2+3^2} = 5[A]$$

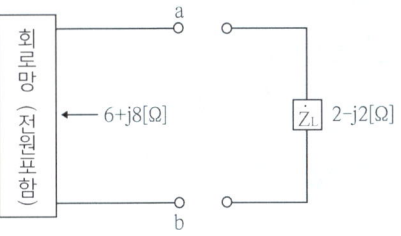

3 노튼의 정리(Norton's theorem)

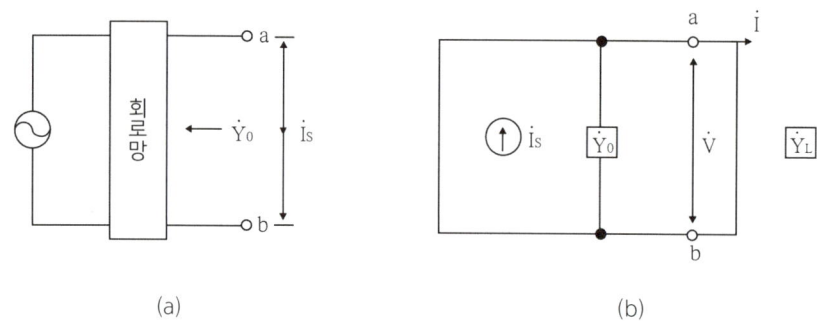

(a) (b)

그림 (a)와 같이 단락전류를 $\dot{I}_s$, 단자 a, b에서 본 어드미턴스(이때 전류원을 개방시킴)를 $\dot{Y}_0$라 한다. 이때 그림 (b)와 같이 a, b 간에 어드미턴스 $\dot{Y}_L$를 접속하는 경우, $\dot{Y}_L$에 흐르는 전류 $\dot{I}$[A]는 다음과 같다.

$$\dot{I} = \frac{\dot{Y}_L}{\dot{Y}_0 + \dot{Y}_L} \dot{I}_s$$

확인 예제

그림 (a)와 (b)의 회로가 등가회로가 되기 위한 I[A]와 Y[℧]의 값은?

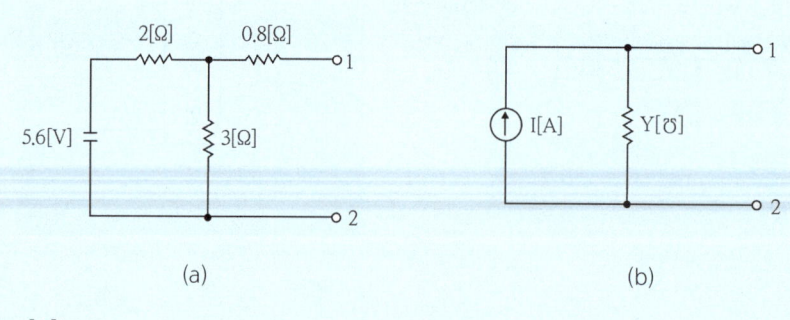

(a) (b)

정답 단락회로전류 I[A]는

$$I = \frac{5.6}{2 + \frac{0.8 \times 3}{0.8 + 3}} \times \frac{3}{0.8 + 3} = 1.68[A]$$

개방단 어드미턴스 Y[℧]는

$$Y = \frac{1}{\frac{2 \times 3}{2 + 3} + 0.8} = \frac{1}{2}[℧]$$

4 밀만의 정리(Millman's theorem)

그림과 같이 임피던스를 가진 전압원 n개가 병렬로 접속되어 있을 때 단자 a, b 간에 나타나는 전압 V_{ab}[V]는 다음과 같다.

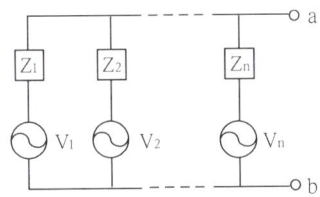

$$V_{ab} = \frac{\dfrac{V_1}{Z_1} + \dfrac{V_2}{Z_2} + \cdots\cdots + \dfrac{V_n}{Z_n}}{\dfrac{1}{Z_1} + \dfrac{1}{Z_2} + \cdots\cdots + \dfrac{1}{Z_n}} = \frac{\displaystyle\sum_{k=1}^{n} \dfrac{V_K}{Z_K}}{\displaystyle\sum_{k=1}^{n} \dfrac{1}{Z_K}} \, [V]$$

확인 예제

그림과 같은 회로에서 단자 a, b에 나타나는 전압 V_{ab}[V]는?

정답 밀만의 정리에서

$$V_{ab} = \frac{\dfrac{V_1}{R_1} + \dfrac{V_2}{R_2}}{\dfrac{1}{R_1} + \dfrac{1}{R_2}} \, [V]$$

$$V_{ab} = \frac{\dfrac{2}{2} + \dfrac{12}{3}}{\dfrac{1}{2} + \dfrac{1}{3}} = \frac{1+4}{\dfrac{3+2}{6}} = \frac{5}{\dfrac{5}{6}} = 6 \, [V]$$

Chapter 08 비정현파

1 실효값

1. 비정현파의 전압

$v(t) = V_0 + \sum_{n=1}^{\infty} V_{mn} \sin(n\omega t + \theta_n)$ 으로부터 실효값 V는

$$V = \sqrt{\frac{1}{T}\int_0^T v^2(t)dt} = \sqrt{V_0^2 + (\frac{V_{m1}}{\sqrt{2}})^2 + (\frac{V_{m2}}{\sqrt{2}})^2 + \cdots + (\frac{V_{mn}}{\sqrt{2}})^2} = \sqrt{V_0^2 + V_1^2 + \cdots + V_n^2} \ [V]$$

2. 비정현파의 전류

$i(t) = I_0 + \sum_{n=1}^{\infty} I_{mn} \sin(n\omega t + \phi_n)$ 으로부터 실효전류 I는

$$I = \sqrt{\frac{1}{T}\int_0^T i^2(t)dt} = \sqrt{I_0^2 + (\frac{I_{m1}}{\sqrt{2}})^2 + (\frac{I_{m2}}{\sqrt{2}})^2 + \cdots + (\frac{I_{mn}}{\sqrt{2}})^2} = \sqrt{I_0^2 + I_1^2 + \cdots + I_n^2} \ [A]$$

각 고조파의 실효값에는 직류값도 포함시킨다. 이것은 교류의 실효값에 관한 정의의 순시값의 제곱의 합의 평균의 제곱근과 유사하다.

> **참고**
>
> $$V = \sqrt{V_0^2 + (\frac{V_{m1}}{\sqrt{2}})^2 + (\frac{V_{m2}}{\sqrt{2}})^2 + \cdots + (\frac{V_{mn}}{\sqrt{2}})^2}$$
> $$= \sqrt{V_0^2 + (\frac{\sqrt{2}V_1}{\sqrt{2}})^2 + (\frac{\sqrt{2}V_2}{\sqrt{2}})^2 + \cdots + (\frac{\sqrt{2}V_n}{\sqrt{2}})^2}$$
> $$= \sqrt{V_0^2 + V_1^2 + \cdots + V_n^2} \ [V]$$
>
> 전류도 같은 방법으로 풀이한다.

2 왜형률

$$왜형률 = \frac{\text{전 고조파의 실효값}}{\text{기본파의 실효값}}$$

$$x = \frac{\sqrt{V_2^2 + V_3^2 + \cdots + V_n^2}}{V_1}$$

> **참고** 고조파와 제3고조파

- 고조파(higher harmonic wave): 기본파보다 높은 주파수의 파
- 제3고조파(3rd harmonic wave): 기본파의 3배의 주파수를 가지는 파

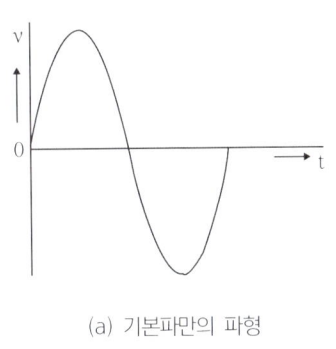

(a) 기본파만의 파형

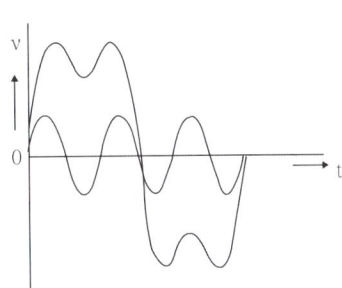

(b) 기본파와 제3고조파

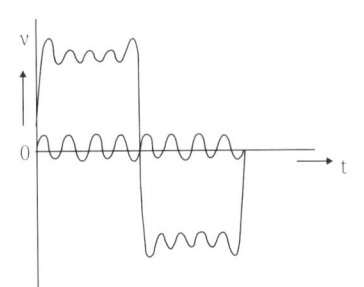

(c) 제9고조파까지

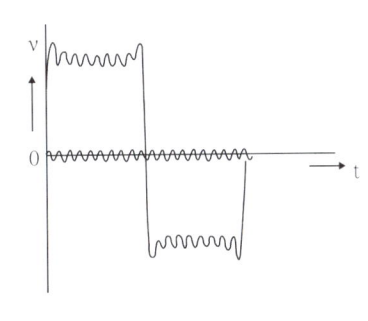

(d) 제19고조파까지

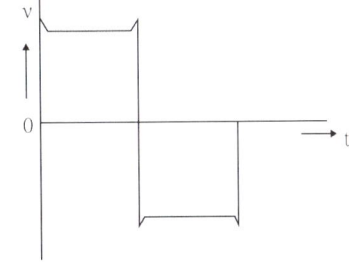

(e) 제99고조파까지

[기본파와 고조파]

3 파형률과 파고율

1. 파형률(form factor)

파의 기울기 정도를 나타내는 율이다.

$$\text{파형률} = \frac{\text{실효값}}{\text{평균값}}$$

2. 파고율(crest factor)

파두(wave front)의 날카로운 정도를 나타내는 율이다.

$$\text{파고율} = \frac{\text{최대값}}{\text{실효값}}$$

3. 여러 가지 파형의 파형률과 파고율

파형	최대값	실효값	평균값	파형률	파고율
직사각형파	V_m	V_m	V_m	1	1
사인파	V_m	$\dfrac{V_m}{\sqrt{2}}$	$\dfrac{2V_m}{\pi}$	1.11	1.414
전파정류파	V_m	$\dfrac{V_m}{\sqrt{2}}$	$\dfrac{2V_m}{\pi}$	1.11	1.414
삼각파	V_m	$\dfrac{V_m}{\sqrt{3}}$	$\dfrac{V_m}{2}$	1.155	1.732

4 비정현파 전압과 전류에 의한 전력

1. 유효전력

$$P = V_0 I_0 + \sum_{n=1}^{n} V_n I_n \cos \phi_n [\mathrm{W}]$$

2. 무효전력

$$P_r = \sum_{n=1}^{n} V_n I_n \sin \phi_n [\mathrm{Var}]$$

3. 피상전력(겉보기 전력)

$$P_a = VI = \sqrt{V_0^2 + V_1^2 + V_2^2 + \cdots\cdots + V_n^2} \cdot \sqrt{I_0^2 + I_1^2 + I_2^2 + \cdots\cdots + I_n^2} [\mathrm{VA}]$$

4. 역률

$$\cos\theta = \frac{P}{P_a} = \frac{P}{VI} = \frac{V_0 I_0 + V_1 I_1 \cos\phi_1 + \cdots\cdots + V_n I_n \cos\phi_n}{\sqrt{V_0^2 + V_1^2 + \cdots\cdots + V_n^2} \cdot \sqrt{I_0^2 + I_1^2 + \cdots\cdots + I_n^2}}$$

Chapter 09 4단자망

1 4단자회로의 기초방정식

$$V_1 = AV_2 + BI_2$$
$$I_1 = CV_2 + DI_2$$

여기서, V_1, I_1: 입단자 전압, 전류
V_2, I_2: 출단자 전압, 전류
A, B, C, D: 4단자 정수

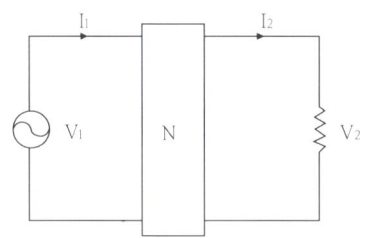

2 4단자 상수의 의미

$$A = \left(\frac{V_1}{V_2}\right)_{I_2=0}$$
$$B = \left(\frac{V_1}{I_2}\right)_{V_2=0}$$
$$C = \left(\frac{I_1}{V_2}\right)_{I_2=0}$$
$$D = \left(\frac{I_1}{I_2}\right)_{V_2=0}$$
$$AD - BC = 1$$

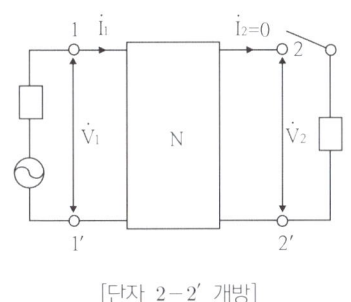

[단자 2-2′ 개방]

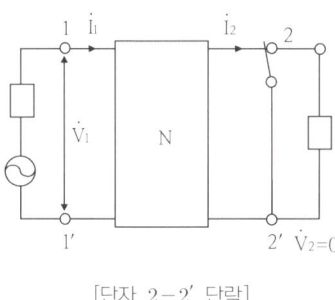

[단자 2-2′ 단락]

> **참고**
>
> - $I_2 = 0$: 출단자 개방
> - $V_2 = 0$: 출단자 단락
>
> 여기서, A: 전압전달함수
> B: 전달 임피던스[Ω]
> C: 전달 어드미턴스[℧]
> D: 전류전달함수
>
> 또한 출력단자를 개방했을 때 입력 임피던스 $\dot{Z}_{1f}$(단자 1-1′의 임피던스)와 출력단자를 단락했을 때의 입력 임피던스 Z_{1s}를 식으로 나타내면 다음과 같다.
>
> $$\dot{Z}_{1f} = \left(\frac{V_1}{I_1}\right)_{I_2=0} = \left(\frac{AV_2}{CV_2}\right) = \frac{A}{C}, \quad \dot{Z}_{1s} = \left(\frac{V_1}{I_1}\right)_{V_2=0} = \left(\frac{BI_2}{DI_2}\right) = \frac{B}{D}$$

3 입력단자와 출력단자의 교환

(1) 4단자상수 A, B, C, D를 가지는 4단자망을 그림 (a)와 같은 블록도를 나타내면 V_2, I_2의 식은 다음과 같다.

$$V_2 = DV_1 - BI_1$$
$$-I_2 = CV_1 - AI_1$$

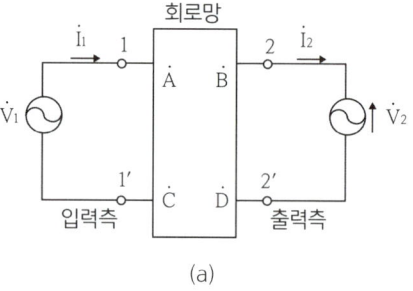

(a)

(2) 그림 (a)의 입력과 출력의 관계를 반대로 하여 그림 (b)와 같은 블록도에서 V_2, I_2의 식은 다음과 같다.

$$V_2 = DV_1 + BI_1$$
$$I_2 = CV_1 + AI_1$$

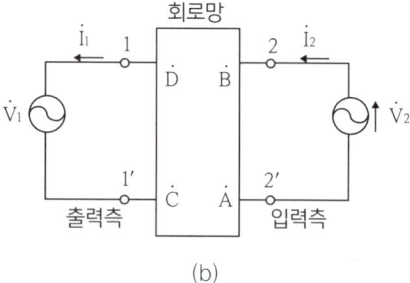

(b)

(3) 위의 식에서 개방임피던스 Z_{2f}와 단락임피던스 Z_{2s}는 다음 식과 같다.

$$Z_{2f} = \left(\frac{V_2}{I_2}\right)_{I_0=0} = \left(\frac{DV_1}{CV_1}\right) = \frac{D}{C}$$

$$Z_{2s} = \left(\frac{V_2}{I_2}\right)_{V_1=0} = \left(\frac{BV_1}{AV_1}\right) = \frac{B}{A}$$

4 영상 임피던스

(1) $Z_{1f} = \dfrac{A}{C}$, $Z_{1s} = \dfrac{B}{D}$에서 영상 임피던스 Z_{01}는

$$Z_{01} = \sqrt{Z_{1f} \cdot Z_{1s}}$$
$$= \sqrt{\frac{A}{C} \cdot \frac{B}{D}} = \sqrt{\frac{AB}{CD}}$$

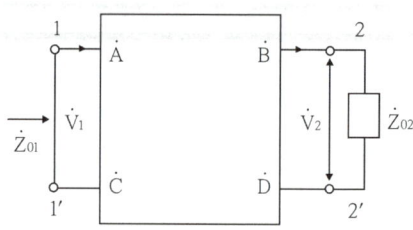

[단자 1-1'가 입력일 경우]

(2) $Z_{2f} = \dfrac{D}{C}$, $Z_{2s} = \dfrac{B}{A}$에서 영상 임피던스 Z_{02}는

$$Z_{02} = \sqrt{Z_{2f} \cdot Z_{2s}}$$
$$= \sqrt{\frac{D}{C} \cdot \frac{B}{A}} = \sqrt{\frac{BD}{AC}}$$

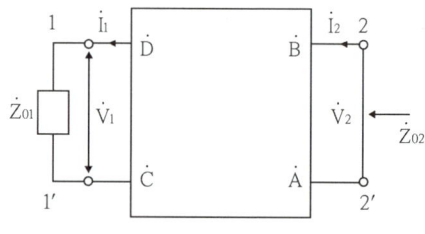

[단자 2-2'가 입력일 경우]

> **참고** 영상 임피던스
>
> 4단자망의 접속점에 Z_{01}, Z_{02}와 같은 임피던스를 접속하면 임피던스 정합이 되며, 이와 같은 임피던스 Z_{01}, Z_{02}를 영상 임피던스 (image impedance)라 한다.

5 4단자망의 접속

1. 종속접속

$$A = A_1 A_2 + B_1 C_2$$
$$B = A_1 B_2 + B_1 D_2$$
$$C = C_1 A_2 + D_1 C_2$$
$$D = C_1 B_2 + D_1 D_2$$

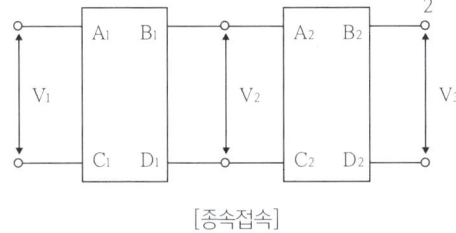

[종속접속]

> **참고**
>
> 매트릭스(행렬)로 표시하면
> $$\begin{bmatrix} V_1 \\ I_1 \end{bmatrix} = \begin{bmatrix} A_1 & B_1 \\ C_1 & D_1 \end{bmatrix} \begin{bmatrix} V_2 \\ I_2 \end{bmatrix}$$
> $$\begin{bmatrix} V_2 \\ I_2 \end{bmatrix} = \begin{bmatrix} A_2 & B_2 \\ C_2 & D_2 \end{bmatrix} \begin{bmatrix} V_3 \\ I_3 \end{bmatrix}$$
> $$\begin{bmatrix} V_1 \\ I_1 \end{bmatrix} = \begin{bmatrix} A_1 & B_1 \\ C_1 & D_1 \end{bmatrix} \begin{bmatrix} A_2 & B_2 \\ C_2 & D_2 \end{bmatrix} \begin{bmatrix} V_3 \\ I_3 \end{bmatrix}$$
> $$= \begin{bmatrix} A_1 A_2 + B_1 C_2 & A_1 B_2 + B_1 D_2 \\ C_1 A_2 + D_1 C_2 & C_1 B_2 + D_1 D_2 \end{bmatrix} \begin{bmatrix} V_3 \\ I_3 \end{bmatrix}$$

2. 직렬접속

$$A = \frac{A_1 B_2 + A_2 B_1}{B_1 + B_2}$$
$$B = \frac{B_1 B_2}{B_1 + B_2}$$
$$C = C_1 + C_2 + \frac{(A_1 - A_2)(D_2 - D_1)}{B_1 + B_2}$$
$$D = \frac{D_1 B_2 + D_2 B_1}{B_1 + B_2}$$

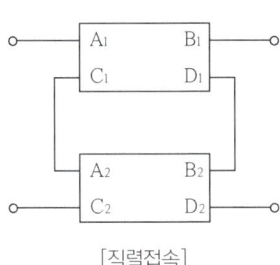

[직렬접속]

3. 병렬접속

$$A = \frac{A_1 C_2 + A_2 C_1}{C_1 + C_2}$$

$$B = B_1 + B_2 + \frac{(D_1 - D_2)(A_2 - A_1)}{C_1 + C_2}$$

$$C = \frac{C_1 C_2}{C_1 + C_2}$$

$$D = \frac{D_1 C_2 + D_2 C_1}{C_1 + C_2}$$

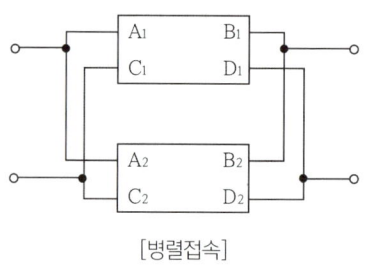

[병렬접속]

6 대표적인 4단자정수의 예

4단자망	A	B	C	D
Z_1 — Z_2 (L형)	$1 + \dfrac{Z_1}{Z_2}$	Z_1	$\dfrac{1}{Z_2}$	1
Z_2 — Z_1 (역L형)	1	Z_1	$\dfrac{1}{Z_2}$	$1 + \dfrac{Z_1}{Z_2}$
Z_2 — Z_1 — Z_3	$1 + \dfrac{Z_1}{Z_2}$	Z_1	$\dfrac{Z_1 + Z_2 + Z_3}{Z_2 Z_3}$	$1 + \dfrac{Z_1}{Z_2}$
Z (직렬)	1	Z	0	1
Z (병렬)	1	0	$\dfrac{1}{Z}$	1
Z_1 — Z_3, Z_2 (T형)	$1 + \dfrac{Z_1}{Z_2}$	$\dfrac{Z_1 Z_2 + Z_2 Z_3 + Z_3 Z_1}{Z_2}$	$\dfrac{1}{Z_2}$	$1 + \dfrac{Z_3}{Z_2}$

Chapter 10 전기계측

1 오차(error)

1. 오차

(1) 측정값과 참값의 차이

(2) $e = M - T$ (여기서, M: 측정값, T: 참값)

2. 상대오차

$$상대오차 = \frac{M-T}{T}$$

3. 백분율오차

$$백분율오차 = \frac{M-T}{T} \times 100[\%]$$

2 보정

1. 보정

(1) 참값과 측정값의 차이

(2) $\alpha = \dfrac{T-M}{M}$

2. 보정률

$$보정률 = \frac{T-M}{M}$$

3. 보정백분율

$$보정백분율 = \frac{T-M}{M} \times 100[\%]$$

3 지시계기의 구비조건 및 토크

1. 계기의 구비조건

(1) 오차가 작고 정확도가 있을 것
(2) 균등눈금이거나 대수눈금일 것
(3) 응답도가 좋을 것
(4) 절연 및 내구력이 클 것
(5) 취급이 간단하고 기계적 강도가 클 것

2. 계기의 3대 토크

(1) 구동 토크

측정하고자 하는 전기적 양에 비례하는 회전력을 일으키는 장치이다.

(2) 제어 토크

구동력에 반대되는 토크로 바늘의 회전력을 정지시킨다(스프링제어, 중력제어, 와전류제어, 비율제어).

(3) 제동 토크

바늘이 진동하는 것을 억제시킨다(공기제동, 액체제동, 와류제동).

3. 계기의 기호 및 명칭

기호	명칭	용도	기호	명칭	용도
—	직류용	직류측정용		열선형	직류, 교류용
∼	교류용	교류측정용		정전형	직류, 교류용
	고주파용	고주파측정용		진동편형	직류, 교류용
	가동코일(선륜)형	직류측정용		열전대형	교류용
	가동철편형	직류, 교류측정용		정류기형	교류용
	전류력계형	직류, 교류측정용		유도형	교류용
	전류력계 비율계기형	직류, 교류측정용			

4 지시계기의 종류

1. 가동 코일형 계기

(1) 가동코일의 전류와 영구자석의 자장 사이에 작용하는 힘을 구동력으로 하는 원리의 계기이다.

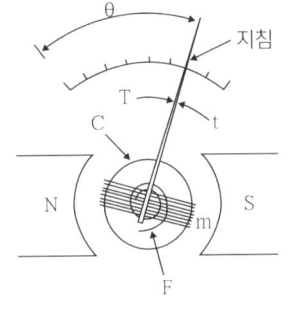

여기서, N, S: 영구자석
m: 가동코일
C: 연철심
F: 제어 스프링
T: 전자력에 의한 토크
t: 제어 스프링의 반발력

[가동 코일형]

(2) 특징

① 직류전용으로 평균값을 지시한다.
② 균등오차가 작다.
③ 만능계기라고도 한다.
④ 전류계, 전압계, 검류계 등에 사용한다.

2. 가동철편형 계기

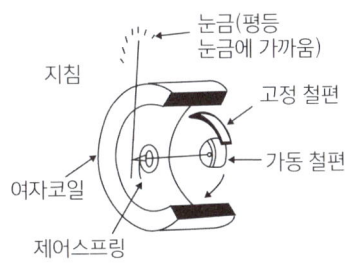

[가동철편형(반발형)]

(1) 여자코일의 전류에 의해 가동철편에 생기는 힘으로 동작하는 계기이다.

(2) 특징

① 직류, 교류 양용이나 주로 교류계기에 사용한다.
② 불균등눈금(자승눈금)이다.
③ 구조가 간단하고 값이 싸다.
④ 외부자장의 영향을 받는다.

(3) 종류

흡인형, 반발형, 반발흡인형이 있다.

3. 열전형 계기

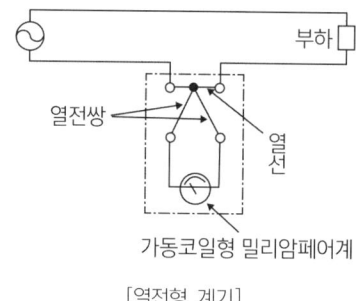

[열전형 계기]

(1) 측정전류를 열선에 흐르게 하여, 그 온도상승을 열전쌍으로 측정하여 회로전류를 알 수 있게 한 계기이다.

(2) 특징

① 직류, 교류 양용 계기이다.
② 주파수 영향이 없다.
③ 감도가 나쁘다.
④ 과부하에 약하다.
⑤ 교류에 대해서는 실효값을 지시한다.

4. 전류력계형 계기

(1) 고정 코일 속에 가동 코일이 있으며 고정 코일에 전류를 흘릴 때 생기는 자장과 가동코일에 흐르는 전류 사이의 전자력을 이용하는 계기이다.

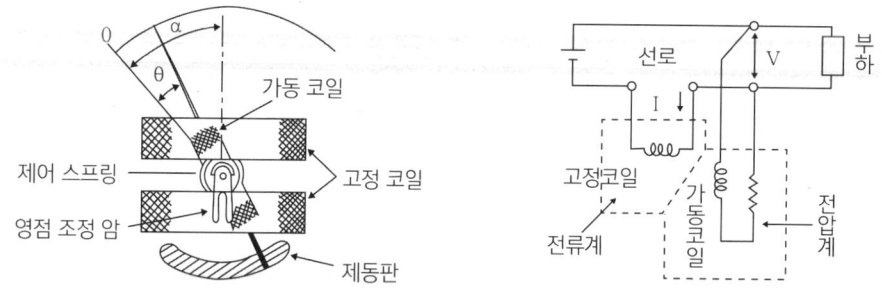

[전류력계형(전류계)]

(2) 특징

① 직류, 교류가 같은 눈금으로 되어 있어 편리하다.
② 정밀급으로 사용하는 직류, 교류에 사용한다.
③ 실효값에 비례하여 파형오차가 적다.
④ 소전류용 전류계에서는 주파수 영향이 거의 없다.
⑤ 교류의 경우는 실효값을 지시한다.

5. 유도형 계기

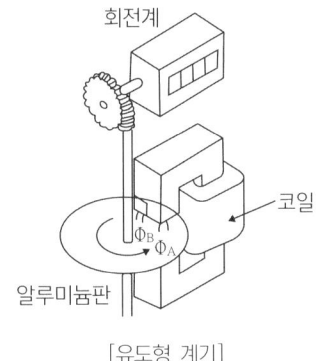

[유도형 계기]

(1) 교류자계 내에 있는 알루미늄판 또는 원통이, 유도 전류와 자계의 상호작용에 의해 힘이 생기는 것을 이용한 계기이다.

(2) 특징
① 교류전용 계기이다.
② 회전력이 크다.
③ 외부자계의 영향이 작다.
④ 주파수의 영향이 크다.
⑤ 적산전력계(전력량계)에 사용한다.

6. 정류형 계기

(1) 교류를 반도체 정류기로 정류하여 가동코일형 계기로 지시되는 계기이다.

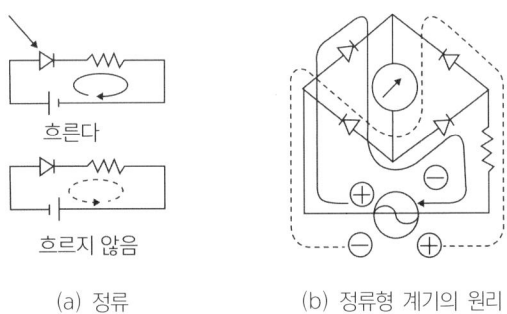

(a) 정류   (b) 정류형 계기의 원리

(2) 특징
① 파형 및 주파수의 영향이 크다.
② 교류전용으로 감도 및 정확도가 높다.
③ 전류계, 전압계로 사용한다.
④ 눈금은 교류의 실효값으로 지시된다.

7. 정전형 계기

(1) 충전된 두 전극간에 가해진 전압의 제곱에 비례한 정전인력이 생기는 것을 이용한 계기이다.

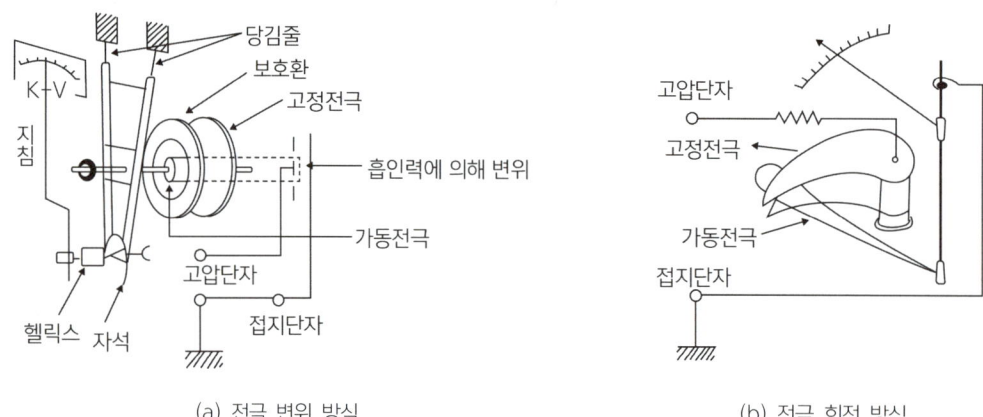

(a) 전극 변위 방식 (b) 전극 회전 방식

(2) 특징
   ① 직류, 교류 양용 계기이다.
   ② 고전압회로를 측정한다.
   ③ 주파수 특성이 좋다.
   ④ 외부자계의 영향은 없으나 정전계 영향이 크다.
   ⑤ 직류·교류의 전압계로 사용된다.

5 보조측정기

1. 분류기를 사용한 전류측정

▶ **분류기**: 전류계에 병렬로 접속하여 전류의 측정범위를 넓히기 위한 일종의 저항기이다.

(1) 그림과 같이 회로를 접속하고 전류를 흘릴 때 전류계 지시를 I_A[A]라 하면 회로에 흐르는 전류 I_0[A]는

$$I_0 = (1 + \frac{R_A}{R_B})I_A [A]$$

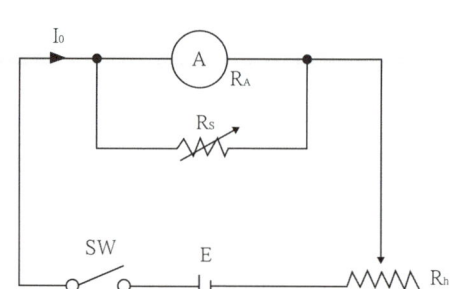

(2) 위의 식에서 분류기 배율 m은

$$m = 1 + \frac{R_A}{R_B} = \frac{R_S + R_A}{R_S}$$

(3) 분류기 저항 $R_S[\Omega]$는

$$\frac{R_A}{R_S} = m-1 \text{에서 } R_S = \frac{R_A}{m-1}[\Omega]$$

여기서, R_A: 전류계의 내부저항[Ω]

2. 배율기를 사용한 전압측정

▶ **배율기**: 전압계의 측정범위를 넓히기 위한 목적으로 전압계에 직렬로 접속하는 저항기이다.

(1) 그림과 같은 회로에서 전지의 단자전압 V_0[V]는

$$V_0 = \left(1 + \frac{R_m}{R_v}\right) \cdot V \text{[V]}$$

여기서, R_m: 배율기 저항[Ω]
R_v: 전압계 내부저항[Ω]
V: 전압계 지시값[V]

(2) 위의 식에서 배율기의 배율 m은

$$m = 1 + \frac{R_m}{R_v} = \frac{R_v + R_m}{R_v}$$

(3) 배율기 저항 $R_m[\Omega]$은

$$\frac{R_m}{R_v} = m-1 \text{에서 } R_m = (m-1) \cdot R_v [\Omega]$$

3. 정전용량을 사용한 전압측정(정전형 전압계)

(1) 그림과 같은 회로에서

$$E_v = \frac{C}{C_v + C} \cdot E\text{[V]}$$

$$E = \frac{C_v + C}{C} \cdot E_v = \left(1 + \frac{C_v}{C}\right) \cdot E_v$$

여기서, E: 측정하고자 하는 전압[V]
E_v: 정전형 전압계 지시값[V]
C_v: 정전형 전압계 정전용량[F]
C: 배율 정전용량[F]

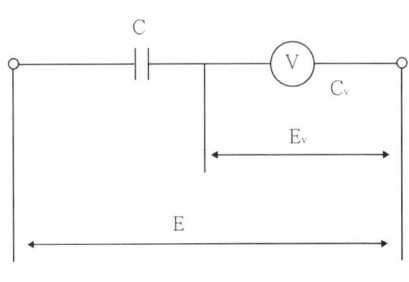

(2) 위의 식에서 배율을 m이라 하면

$$m = \frac{E}{E_v} = \left(1 + \frac{C_V}{C}\right) = \frac{C + C_v}{C}$$

(3) 배율 정전용량 C[F]는

$$\frac{C_v}{C} = m - 1 \text{에서} \quad C = \frac{C_v}{m - 1} [\text{F}]$$

4. 계기용 변성기

전압 또는 전류측정범위 확장에 쓰는 계기용 변압기, 변류기 등의 총칭을 계기용 변성기라 한다.

(1) 계기용 변압기(PT)

전압계 및 전력계의 전압 코일을 2차측의 부하로 하는 변성기이다.

① 변압비(권수비)를 a라 하면

$$a = \frac{V_1}{V_2} = \frac{N_1}{N_2}$$

여기서, V_1, N_1: 1차 전압, 권수
V_2, N_2: 2차 전압, 권수

② 2차 전압은 110[V]이다.

(2) 계기용 변류기(CT)

교류전류계의 측정범위를 확대하기 위해 사용되는 트랜스로서 변류비는 권수비의 역수와 같다.

① 변류비

$$\text{변류비} = \frac{I_1}{I_2} = \frac{N_2}{N_1} \left(\text{권수비} = \frac{N_1}{N_2}\right)$$

$$I_1 = \frac{I_2 N_2}{N_1} [\text{A}]$$

여기서, I_1, N_1: 1차 전류, 권수
I_2, N_2: 2차 전류, 권수

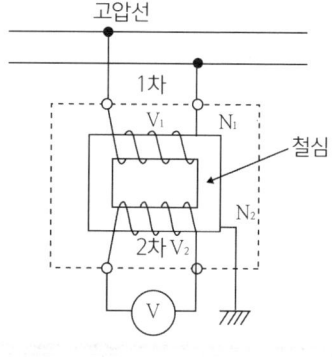

② 변류기 2차 정격전류표준은 5[A]이다.
③ 사용시 2차측 회로를 개방시키면 이상 고전압이 발생되어 계기를 소손시키므로 먼저 2차측을 단락시킨 후 개방시켜야 한다.

▶ 백턴(back turn): 임피던스나 여자전류의 영향 때문에 오차가 발생하므로 이를 보상하기 위해 2차권수를 1[%] 정도 적게 하는 것을 백턴이라 한다.

6 전력측정

1. 직류전력 측정

(1) 직접측정(전력계법)

전류력계형 전력계를 사용하여 측정하는 방법으로 직독할 수 있다.

① 고전압 저전류: 큰 부하에 적합한 측정방법이다.

$$P = V - I^2 R_C$$
$$= EI - I^2 R_c \, [\text{W}]$$

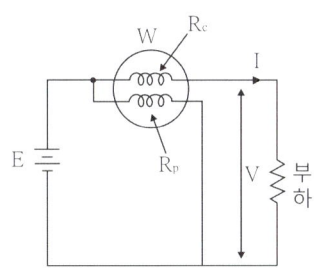

② 저전압 대전류: 작은 부하에 적합한 측정방법이다.

$$P = W - \frac{V^2}{R_P}$$
$$= EI - \frac{V^2}{R_P} \, [\text{W}]$$

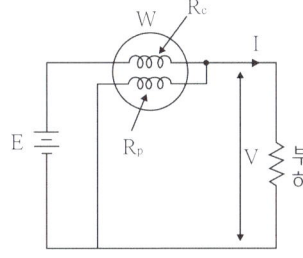

(2) 간접측정(전압, 전류계법)

전압계, 전류계를 조합하여 측정하는 방법으로 전압계 내부저항은 큰 것을 사용하고 전류계 내부저항은 작은 것을 사용해야 한다.

① 부하의 저항값을 아는 경우

　㉠ 전압계법: $P = \dfrac{V^2}{R} \, [\text{W}]$

　㉡ 전류계법: $P = I^2 R \, [\text{W}]$

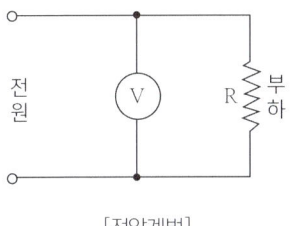 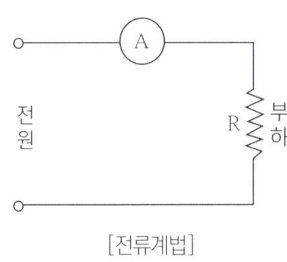

[전압계법] 　　　　　[전류계법]

② 부하의 저항값을 모르는 경우

　㉠ 저전압 대전류 측정(부하저항값이 작은 경우)

$$P_0 = V\left(I = \frac{V}{R_v}\right) = VI + \frac{V^2}{R_v} = P + \frac{V^2}{R_v}$$
$$\therefore P = P_0 - \frac{V^2}{R_v} = VI - \frac{V^2}{R_v} \, [\text{W}]$$

　㉡ 고전압 저전류 측정(부하저항이 클 경우)

$$P_0 = (V + IR_a)I = VI + R_a I^2 = P + I^2 R_a$$
$$\therefore P = P_0 - I^2 R_a = VI - I^2 R_a \, [\text{W}]$$

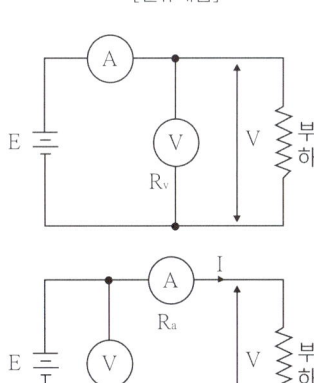

2. 단상교류전력 측정

(1) 3전압계법

3개의 전압계를 사용하여 단상교류를 측정한다.

$$V_3 = \sqrt{V_1^2 + V_2^2 + 2V_1V_2\cos\theta}$$

$$\cos\theta = \frac{V_3^2 - V_1^2 - V_2^2}{2V_1V_2}$$

$$\therefore P = V_1 I \cos\theta$$

$$= V_1 \cdot \frac{V_2}{R} \cdot \frac{V_3^2 - V_1^2 - V_2^2}{2V_1V_2}$$

$$= \frac{1}{2R}(V_3^2 - V_1^2 - V_2^2)[W]$$

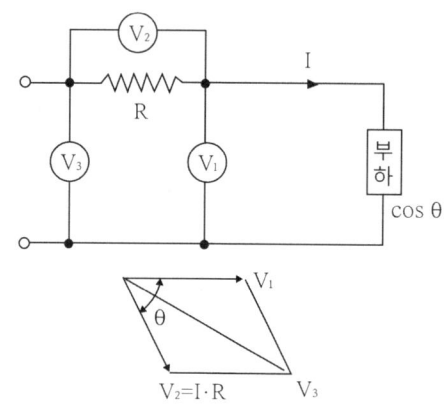

(2) 3전류계법

3개의 전류계를 사용하여 단상교류전력을 측정한다.

$$I_1 = \sqrt{I_3^2 + I_2^2 + 2I_3I_2\cos\theta}$$

$$\cos\theta = \frac{I_3^2 - I_1^2 - I_2^2}{2I_3V_2}$$

$$\therefore P = VI_3 \cos\theta$$

$$= I_2 R \cdot I_3 \cdot \frac{I_1^2 - I_3^2 - I_2^2}{2I_3I_2}$$

$$= \frac{R}{2}(I_1^2 - I_3^2 - I_2^2)[W]$$

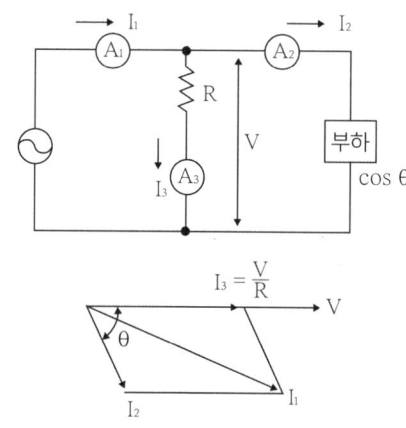

(3) 전력계법

전력계로 직접 측정하여 직독할 수 있다.

① 고전압 저전류(대부하용)

$$W = VI\cos\theta + I^2 R_C$$

$$\therefore P = W - I^2 R_C [W]$$

② 저전압 대전류(소부하용)

$$W = VI\cos\theta + \frac{V^2}{R_P}$$

$$\therefore P = W - \frac{V^2}{R_P}[W]$$

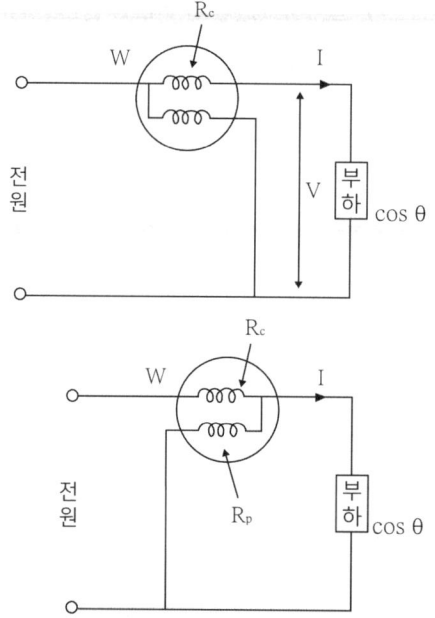

3. 3상교류전력 측정

(1) 1전력계법

1개의 전력계로 3상교류전력을 측정하는 방법이며 이 경우 회로부하는 평형부하일 것

이때 $P = 3P_\ell$[W]

여기서, P_ℓ: W의 지시전력
　　　　P: 3상전력

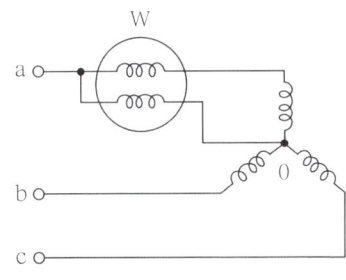

[3상 평형부하]

(2) 2전력계법

$P_1 = VI\cos(\frac{\pi}{6}+\theta)$

$P_2 = VI\cos(\frac{\pi}{6}-\theta)$에서

$P = P_1 + P_2 = \sqrt{3}\,VI\cos\theta$[W]

여기서, P_1: W_1의 지시전력
　　　　P_2: W_2의 지시전력

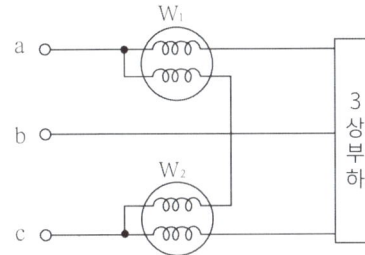

(3) 3전력계법

$P = P_1 + P_2 + P_3$[W]

여기서, P_1: W_1의 지시전력
　　　　P_2: W_2의 지시전력
　　　　P_3: W_3의 지시전력

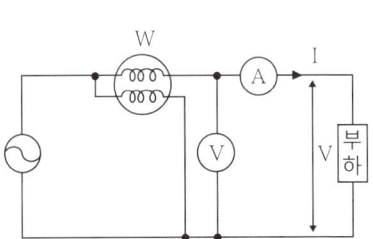

4. 역률 및 무효율 측정

(1) 역률

$P = VI\cos\theta$에서

역률 $\cos\theta = \dfrac{P}{VI}$

(2) 무효율

$\sin\theta = \sqrt{1-\cos^2\theta}$

> **참고**
>
> $$1 = \cos^2\theta + \sin^2\theta$$
> $$\sin^2\theta = 1 - \cos^2\theta$$
> $$\therefore \sin\theta = \sqrt{1-\cos^2\theta}$$

7 저항의 측정

1. 저저항의 측정(1[Ω] 이하)

(1) 전압강하법

$$X = \frac{V}{I}[\Omega]$$

여기서, V: 전압계 지시값[V]
I: 전류계 지시값[A]
X: 저항[Ω]

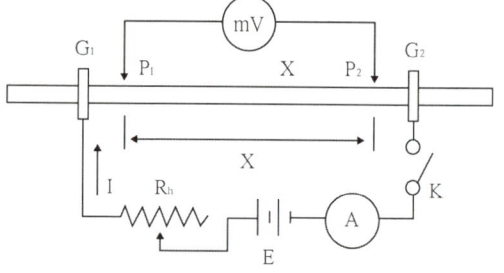

(2) 전위차계법

$$X = \frac{V_x}{V_s} \cdot R_s$$

여기서, R_s: 표준저항[Ω]
X: 피측정저항[Ω]
V_s: R_s의 전압강하[V]
V_x: R_x의 전압강하[V]

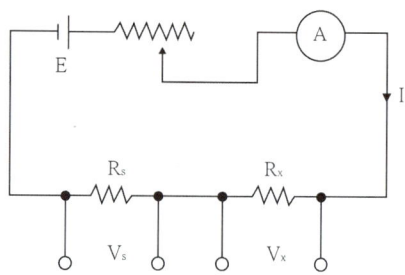

(3) 켈빈 더블 브리지법

$$\frac{M}{N} = \frac{m}{n} = \frac{R}{X}$$

$$\therefore X = \frac{N}{M}R = \frac{n}{m}R[\Omega]$$

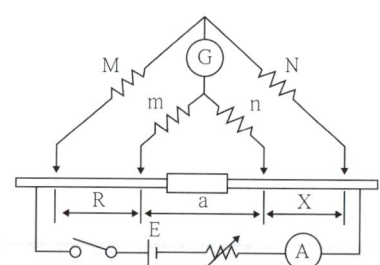

2. 중저항의 측정($1 \sim 10^6[\Omega]$)

(1) 전압강하법

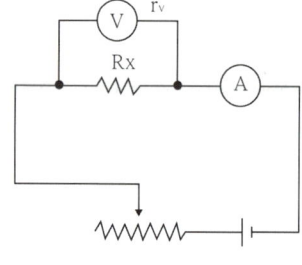 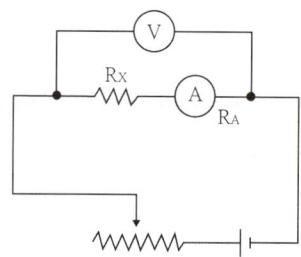 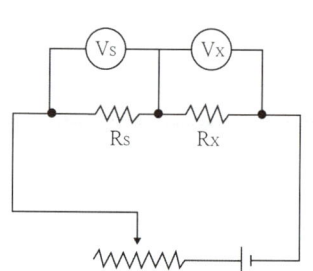

(a) $R_X = \dfrac{V}{1 - \dfrac{V}{r_v}}[\Omega]$ (b) $R_X = \dfrac{V}{I} - R_A[\Omega]$ (c) $R_X = R_S \dfrac{V_X}{V_S}[\Omega]$

(2) 휘트스톤 브리지법

$$X = \frac{Q}{P} R [\Omega]$$

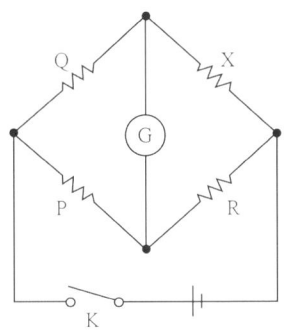

3. 고저항의 측정($10^6 [\Omega]$ 이상)

① 전압계법, ② 검류계법, ③ 절연저항계법 등이 있다.

4. 전지내부저항의 측정

(1) 전압계법

$$r = \frac{V_1 - V_2}{I} [\Omega] 과 \quad I = \frac{V_2}{R} [A] 에서$$

$$r = \frac{V_1 - V_2}{\frac{V_2}{R}} = \frac{V_1 - V_2}{V_2} R [\Omega]$$

여기서, V_1: 스위치를 열었을 때 전압계 지시(전원전압 E를 지시)

V_2: 스위치를 닫았을 때 전압계 지시($V_2 = V_1 - I \cdot r$)

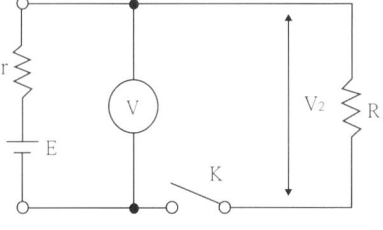

(2) 콜라우시 브리지법

$$2 r_e l_2 = R l_1$$

$$r_e = \frac{l_2 R}{2 l_2} [\Omega]$$

여기서, r_e: 전지 1개의 내부저항[Ω]

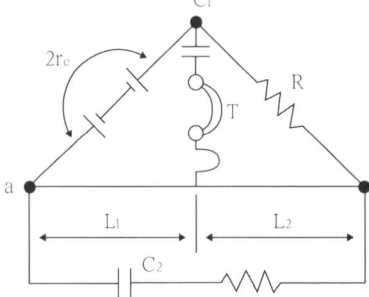

5. 전해액의 측정

콜라우시 브리지법으로 측정한다.

6. 접지저항의 측정

콜라우시 브리지법, 비헤르트 브리지법, 접지저항계로 직접 측정하는 방법이 있다.

8 인덕턴스 및 정전용량 측정

1. 자체 인덕턴스 측정

(1) 맥스웰 브리지법

$$\frac{L_x}{L_s} = \frac{R_x}{R_s} = \frac{R_2}{R_1} \text{에서}$$

$$L_x = \frac{R_2}{R_1} \cdot L_s [\text{H}]$$

$$R_x = \frac{R_2}{R_1} \cdot R_s [\Omega]$$

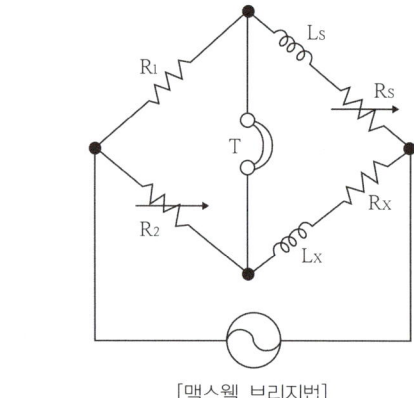

[맥스웰 브리지법]

(2) 헤비 사이드 브리지법

$$L_x = \frac{R_2}{R_1}(L_2 - M) - M [\text{H}]$$

$$R_x = \frac{R_2 R_3}{R_1} [\Omega]$$

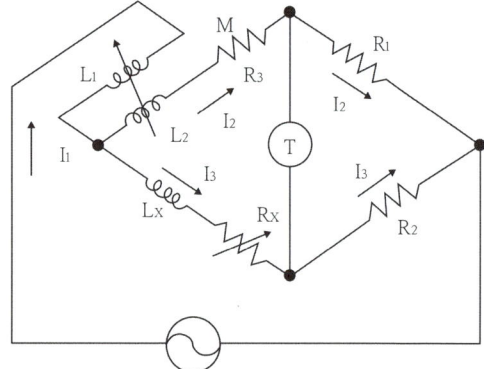

[헤비 사이드 브리지법]

(3) 앤더슨 브리지법

자기 인덕턴스와 정전용량을 측정한다.

(4) 헤이 브리지법

자기 인덕턴스와 저항을 측정한다.

2. 상호 인덕턴스 측정

(1) 캠벨 브리지법

$$\frac{1}{\omega C} = \omega M \text{에서}$$

$$M = \frac{1}{\omega^2 C} = \frac{1}{(2\pi f)^2 C} [\text{H}]$$

$$f = \frac{1}{2\pi \sqrt{LC}} [\text{Hz}]$$

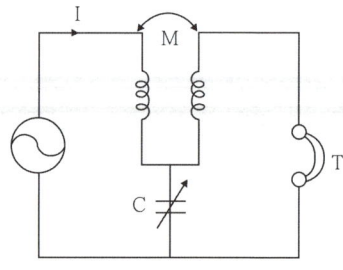

[캠벨 브리지법]

(2) 캐리·포스터 브리지법

$$M = CR_1 R_2 [\text{H}]$$

$$L_x = M(1 + \frac{R_3}{R_2}) [\text{H}]$$

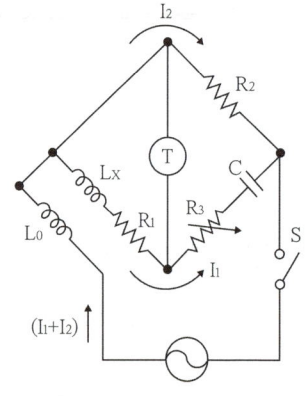

[캐리·포스터 브리지법]

(3) 하트런 브리지법

상호인덕턴스를 다른 양의 상호인덕턴스와 비교 측정하는 브리지

3. 정전용량 측정

(1) 용량 브리지법

$$r_x = \frac{R_2}{R_1} \cdot r_s [\Omega]$$

$$C_x = \frac{R_1}{R_2} \cdot C_s [F]$$

(2) 비인 브리지법

$$R_x = \frac{QR}{P}(1 + \frac{1}{\omega^2 C^2 R^2})[\Omega]$$

$$C_x = \frac{1}{\omega^2 CRR_x} = \frac{PC}{Q}(\frac{1}{1+\omega^2 C^2 R^2})[F]$$

(3) 세링 브리지법

$$R_x = \frac{C}{C_s}R_1[\Omega]$$

$$C_x = \frac{R_2}{R_1}C_s[F]$$

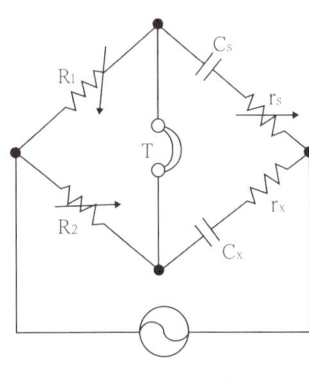

[용량 브리지법]

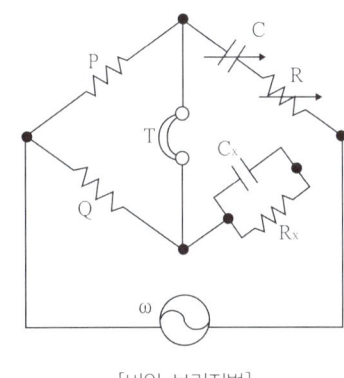

[비인 브리지법]

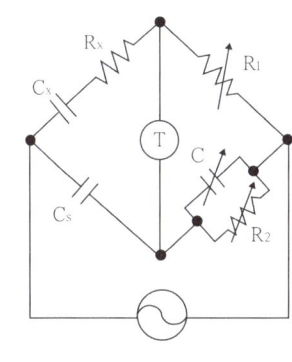

[세링 브리지법]

9 회로시험기

(1) 회로시험기는 일명 테스터(tester)라고도 하는데 각종 전기회로의 보수 및 점검에 사용된다.

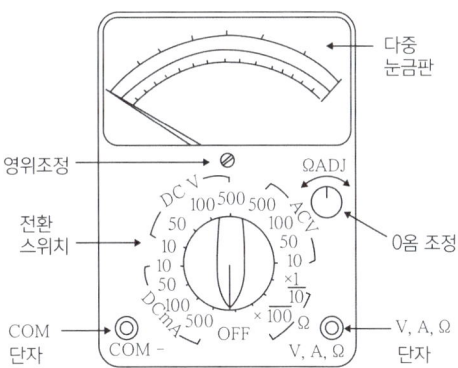

(2) 계측

직류전류 측정, 직류전압 측정, 교류전압 측정, 저항 측정 등이 있다.

10 훅 온형 전류계(hook-on ammeter)

도선에 직접 접속하지 않고 선로의 전류를 측정하는 전류계로서 도선에 철심을 물린 다음 자로를 닫고 이것에 감긴 코일에 유기되는 전압을 정류형 계기로 측정하여 도선의 전류를 직독하는 교류전류계이다.

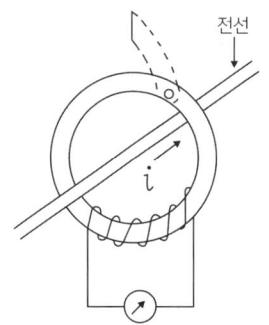

Chapter 11 반도체를 이용한 기초전자회로

1 반도체의 특징

(1) 고유저항은 $10^{-5} \sim 10^{8}[\Omega \cdot m]$이다.
(2) 부(-)의 온도계수를 갖는다.
(3) 단일원소일 때는 저항값이 크며 불순물이 많을수록 저항값이 작아진다.
(4) 자유전자와 정공의 이동이 반도체 중의 전류가 된다.

2 반도체의 종류

1. 진성반도체

순도가 극히 높은 반도체로서 전기전도를 일으키는 자유전자와 정공의 수가 같고 저항률이 비교적 높으며, 진성반도체에 3가 또는 5가의 불순물을 첨가하여 P형 또는 N형의 반도체를 만든다.

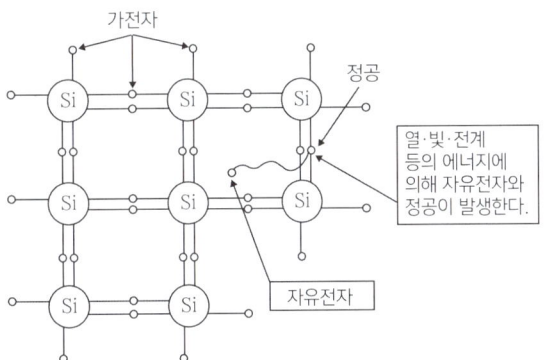

2. 불순물반도체

실리콘이나 게르마늄의 진성반도체에 극소량 인(P), 비소(As), 갈륨(Ga)을 가하면 상온에서 전도도가 비약적으로 상승한다.

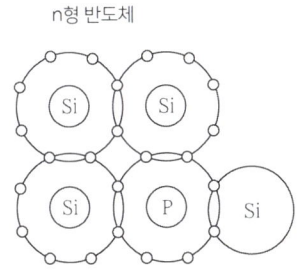

3 반도체의 홀 효과

그림과 같이 x축 방향으로 일정한 전류 I_x가 흐르고 있는 가늘고 긴 도체판에 수직으로 자장 H_z를 가하면 H_z, I_x에 수직방향 y로 기전력 E_x가 생겨 외부에 접속된 도체 ABC에 전류가 흐른다. 이 현상을 홀 효과라 한다.

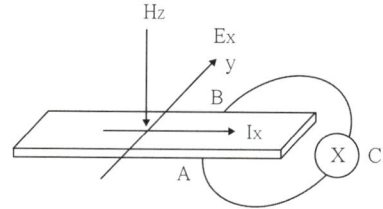

4 다이오드

2개의 단자를 갖는 전자소자로 전류가 한 방향으로만 흐르기 쉽게 되어 있으며 PN접합 다이오드가 일반적으로 사용되고 있고 정류작용을 한다.

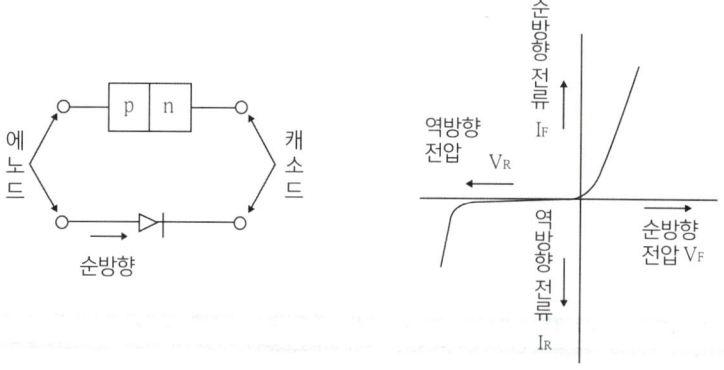

참고 특수 다이오드

1. **제너 다이오드**
   실리콘 다이오드에 역전압을 가하여 항복현상을 일으키게 하면 전류가 급격히 증가하는데, 어떤 전류범위에 걸쳐 전압이 일정하게 유지되는 것을 이용한 다이오드로서 정전압회로에 이용된다.

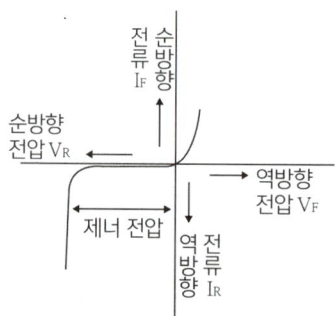

2. 터널 다이오드

P형 및 N형 반도체의 불순물농도를 크게 하면 공간저하 영역 폭이 대단히 좁아지므로 접합면에서 전자의 터널현상이 일어나며, 그림과 같이 부성저항 특성구간이 있는 전압-전류특성을 가지는 현상의 터널 다이오드가 되며 마이크로파의 증폭, 발진, 혼합, 스위칭 등에 이용된다.

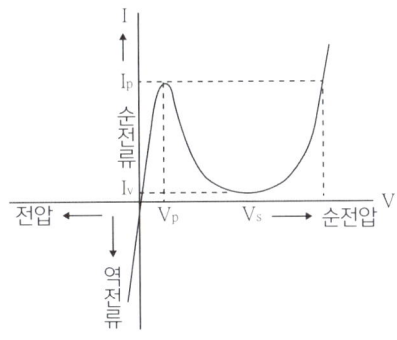

3. 발광 다이오드(LED)

① pn 접합형 다이오드에 전압을 가하면 n형 부분의 전자가 전계에 의해 가속되어 접합부분을 넘어 p형 부분에 흘러 들어서 p형 부분의 억셉터 준위 또는 가전자대에 있는 정공과 재결합하여 이 에너지차에 상당하는 에너지를 빛으로 방출한다. 이러한 것을 전계발광이라고 하며, 이것을 이용한 발광소자를 발광 다이오드라 한다.

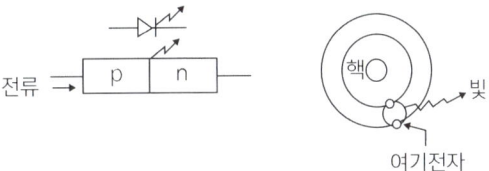

② 특징
- 수명이 길다.
- 신뢰도가 높다.
- 진동에 강하고 소비전력이 적다.

5 트랜지스터

실리콘 또는 게르마늄 반도체로 PNP 접합 또는 NPN 접합 등을 만들어 증폭 등을 시키는 반도체 소자이다.

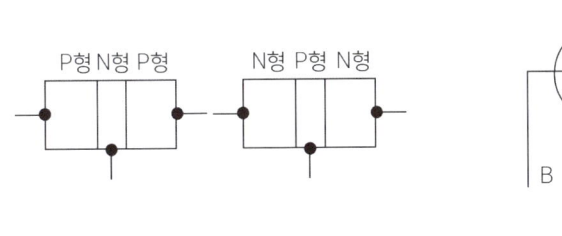
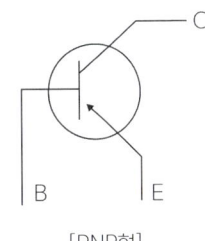
[PNP형]
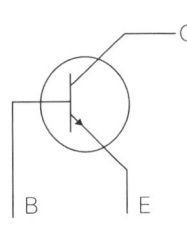
[NPN형]

1. 이미터 접지시의 전류증폭률(β)

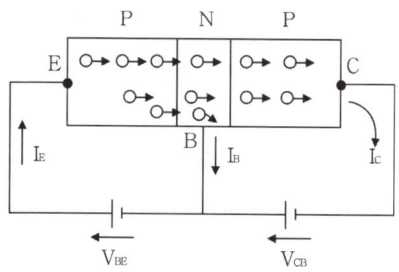

이미터 접지회로에서 I_B 변화분과 I_C 변화분의 비

$$\beta = \left| \frac{\triangle I_C}{\triangle I_B} \right| (V_{CE} \text{ 일정})$$

β는 보통 20~100 정도가 된다.

2. 베이스 접지시의 전류증폭률(α)

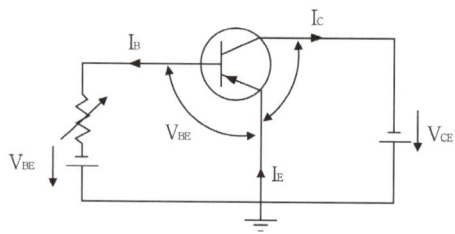

$$\alpha = \left| \frac{\triangle I_C}{\triangle I_E} \right| (V_{CB} \text{ 일정})$$

α는 보통 0.95~0.99 정도가 된다.

3. α와 β의 관계

$$\alpha = \frac{\beta}{1+\beta}$$

$$\beta = \frac{\alpha}{1-\alpha}$$

6 전장효과 트랜지스터(FET)

전류통로(채널)가 전계에 의한 공간전하층에서 제어되는 트랜지스터로 전압제어 소자이다.

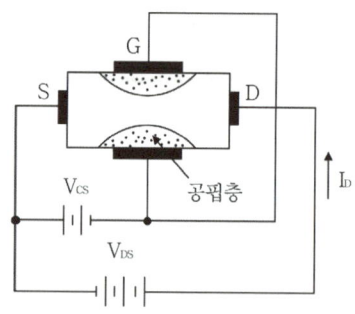

7 반도체 스위칭 소자

1. 실리콘 제어정류 소자(SCR)

(1) 사이리스터란 PNPN 접합의 4층 구조 반도체 소자의 총칭으로 전압전류 특성이 한 상한 이상에서 두 가지의 안정 상태를 갖는 스위칭 소자로서, 일반적으로 SCR라고 하는 역저지 3단자 사이리스터(GTO, TRIAC, SSS 등)를 말한다.

(2) 용도

조명, 조광장치, 인버터, 펄스 회로, 릴레이 등 작은 입력으로 대전력을 제어한다.

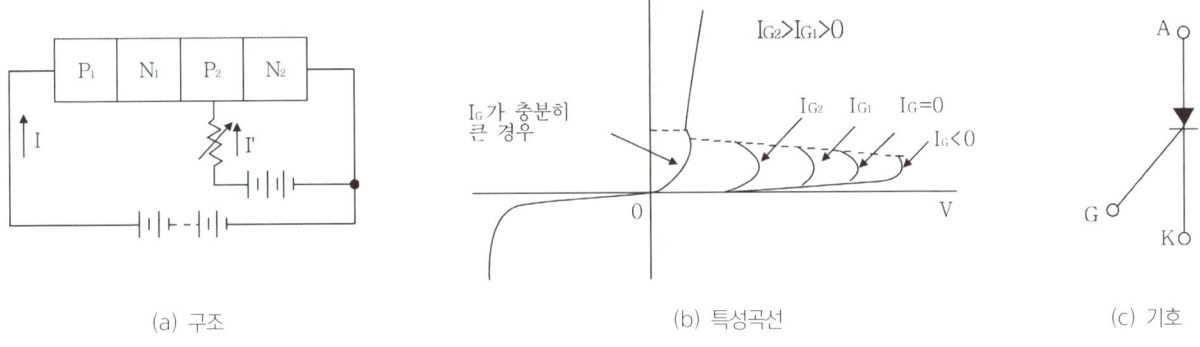

(a) 구조   (b) 특성곡선   (c) 기호

2. 다이액 소자(DIAC)

(1) NPN(PNP) 구조의 3층 2단자 쌍방향성 부성저항소자로, 트라이액(TRIAC)이나 SCR의 게이트 트리거용으로 적합하며 트리거 다이오드라고도 한다.

(2) 용도

교류회로의 전류제어회로, 조명조정장치, 온도조정장치 등에 쓰인다.

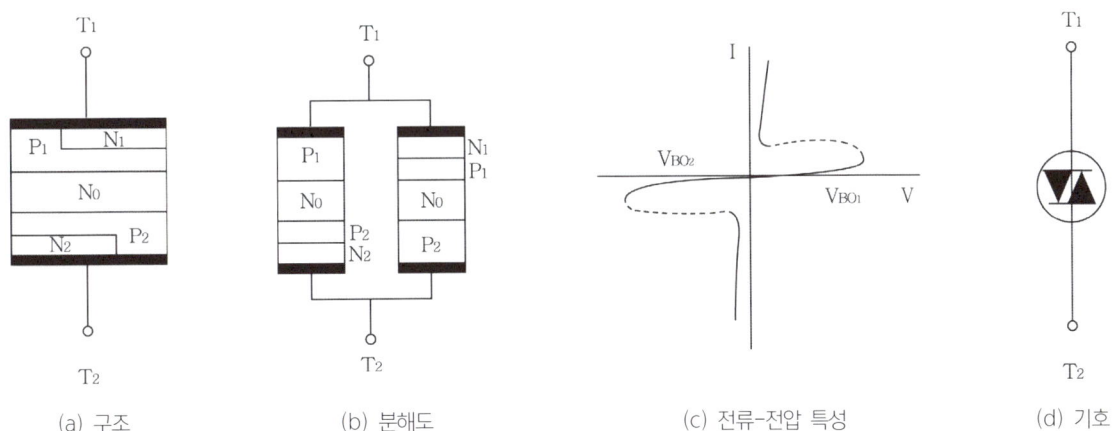

(a) 구조   (b) 분해도   (c) 전류-전압 특성   (d) 기호

3. 트라이액

(1) 5층의 PN 접합으로 구성된 쌍방향성 전력용 소자로서, 게이트에 (+) 또는 (-)의 어느 값 이상의 전류를 흘리면 트리거시킬 수 있다.

(2) 용도

교류의 전류제어용 조광기, 직권전동기 속도제어 등에 쓰인다.

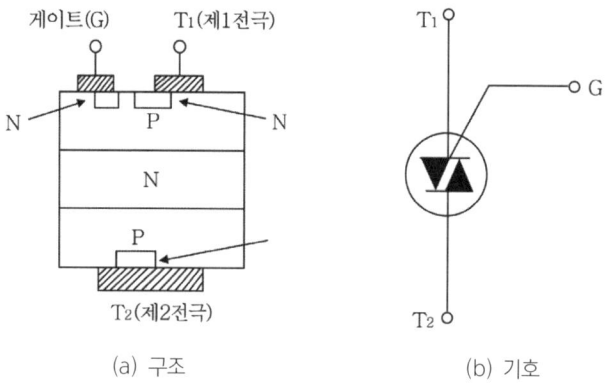

(a) 구조   (b) 기호

4. 단접합 트랜지스터(UJT)

(1) 가느다란 N형 반도체의 베이스 양단에 각각 단자를 꺼내고 중앙에 P형 이미터 단자를 만든 것으로서 부성저항 특성이 있으므로 펄스 발생에 쓰인다.

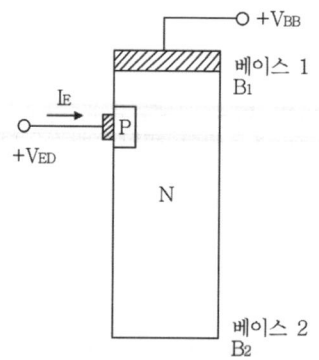

(2) 용도

① 펄스 발생 소자에 쓰인다.
② 전원제어 회로에 쓰인다.
③ 부성저항특성이 있으므로 발진 등에 사용된다.

8 기타 반도체 소자

1. 서미스터(thermistor)

(1) 망간, 니켈, 코발트, 동, 크롬, 철 등의 산화물을 혼합소결한 반도체 소자로서 부성저항특성이 있다.

(2) 용도

온도계, 온도의 자동제어 전력계 시한장치, 온도보상용 등에 쓰인다.

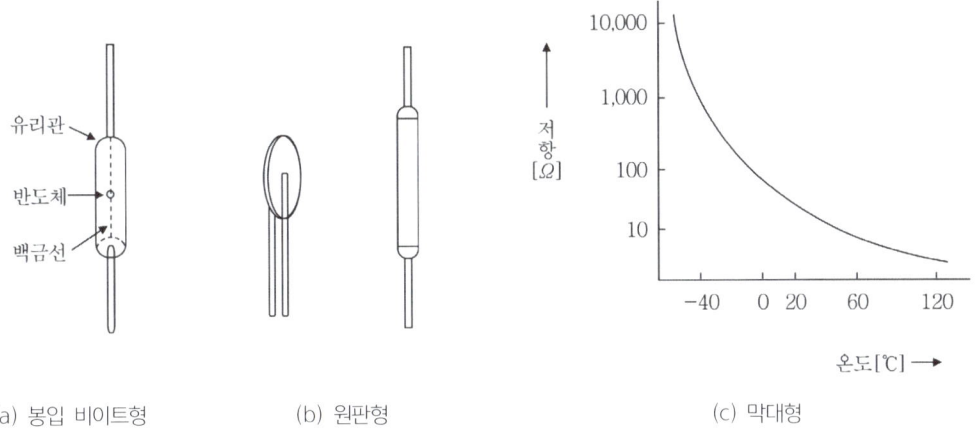

(a) 봉입 비이트형 (b) 원판형 (c) 막대형

2. 배리스터(Varistor)

(1) 가변저항체를 말하며 전압-전류 특성이 비직선적인 저항소자의 총칭으로, 전압에 의해 현저하게 저항값이 변하는 소자이다.

(2) 용도

① 피뢰기, 변압기, 코일 등의 과전압 보호를 위해 사용된다.
② 스위치나 계전기의 접점, 불꽃소거용 등에 쓰인다.

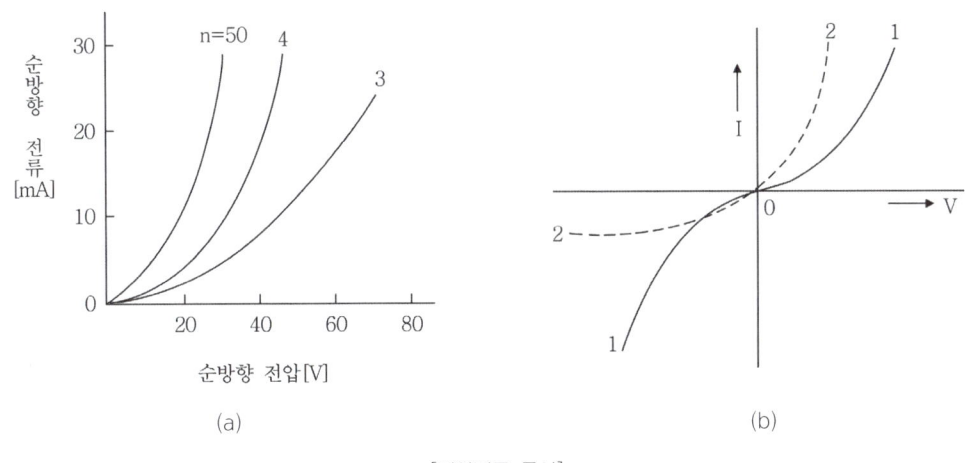

(a) (b)

[전압전류 특성]

9 집적회로(IC: Integrated Circuit)

(1) 실리콘 기판에 트랜지스터, 다이오드, 저항 등을 집적시켜 증폭이나 기억 등의 기능을 가지게 한 초소형 전자회로를 말한다.

(2) 특징
   ① 초소형이며 비용이 적게 든다.
   ② 대량생산이 가능하므로 경제적이다.
   ③ 신뢰성이 높다.
   ④ 세트 조립이 간단하고 고장률이 적다.

10 기초전자회로

[정류회로]

정류란 교류전류를 맥류 또는 직류로 변환하는 것을 말하며, 교류전압의 반만을 꺼내는 반파 정류와 양쪽을 모두 꺼내는 전파 정류가 있다.

1. 단상반파 정류회로

그림 (a)와 같이 $V_i(+)$ 반주기 동안에 D가 통전되어 부하에 i의 전류가 흐르고, $(-)$ 반주기 동안에는 D가 차단되므로 i의 전류는 흐르지 않아 그림 (b)와 같은 출력파형을 얻는다.

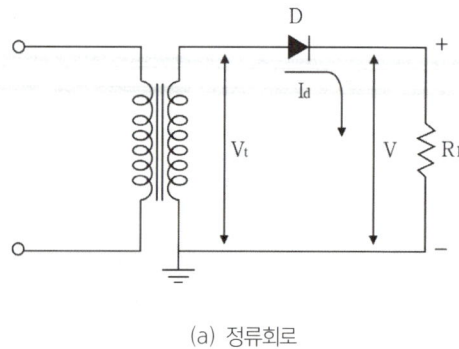

(a) 정류회로

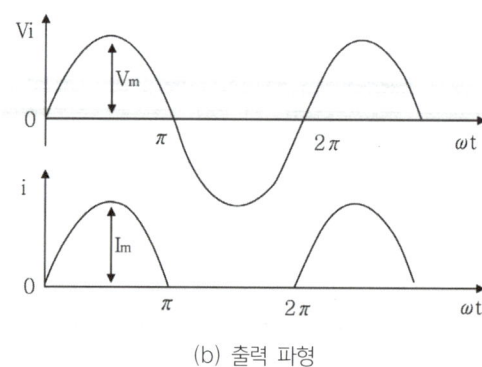

(b) 출력 파형

[동작원리]

(1) 전류파형의 평균값 $I_a = \dfrac{I_m}{\pi}$ [A]

(2) 전류파형의 실효값 $I = \dfrac{I_m}{2}$ [A]

(3) 직류출력전력 $P = (\dfrac{I_m}{\pi})^2 \cdot R_L$ [W]

(4) 맥동률 $r = \sqrt{F^2 - 1} = \sqrt{(\frac{\pi}{2})^2 - 1} ≒ 1.21$

여기서, $F = \dfrac{실효값}{평균값} = \dfrac{\frac{I_m}{2}}{\frac{I_m}{\pi}} = \dfrac{\pi}{2}$

참고 맥동률(ripple factor)

> 교류분을 포함한 직류분에 있어서 평균값에 대한 교류분의 실효값의 비

2. 단상전파 정류회로

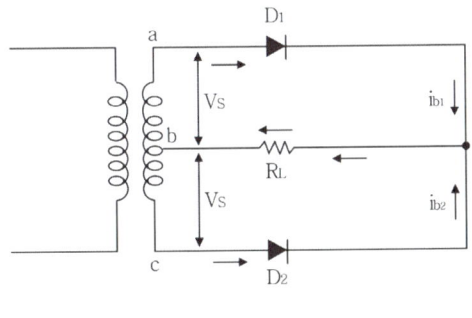

(a) 정류회로

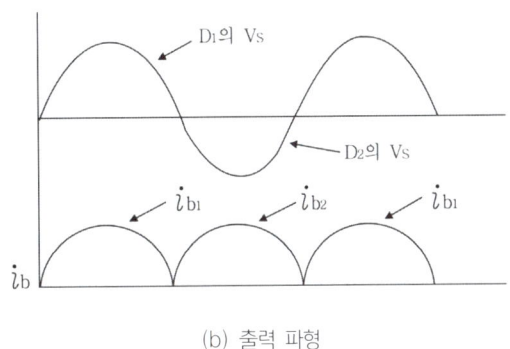

(b) 출력 파형

[동작원리]

그림 (a)와 같이 (+) 반주기의 교류입력시 D_1이 통전되어 정류전류 i_{b1}이 부하에 흐르고 (-) 반주기 때에는 D_2가 통전되어 i_{b2}의 정류전류가 흐른다.

즉, 다이오드 D_1, D_2가 교대로 작동함으로써 부하에는 항상 같은 방향의 정류전류가 흐른다.

(1) 전파정류의 평균전류값 $I_a = \dfrac{2}{\pi} \cdot I_m [\text{A}]$

(2) 전파정류의 실효전류값 $I = \dfrac{I_m}{\sqrt{2}} [\text{A}]$

(3) 맥동률 $r = \sqrt{F^2 - 1} = \sqrt{(\dfrac{\pi}{2\sqrt{2}})^2 - 1} = 0.483$

여기서, $F = \dfrac{\frac{I_m}{\sqrt{2}}}{\frac{2I_m}{\pi}} = \dfrac{\pi}{2\sqrt{2}}$

3. 3상반파 정류회로

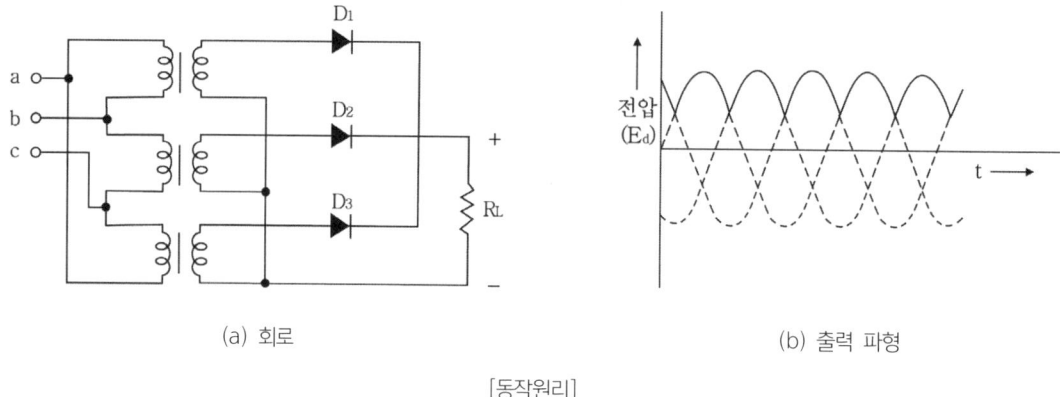

(a) 회로 (b) 출력 파형

[동작원리]

(1) 그림 (a)와 같이 3개의 다이오드를 병렬로 접속한 것으로 정류기에 각각 $\frac{2\pi}{3}$[rad](120°)의 위상이 가해져 부하에서 각 상의 전압이 형성되며 부하에는 (b)의 실선과 같은 파형을 나타낸다.

(2) 특징
　① 대용량전원에 이용된다.
　② 단상정류방식에 비해 맥동률이 우수하다.
　③ 트랜스의 이용률이 좋다.

4. 3상전파 정류회로

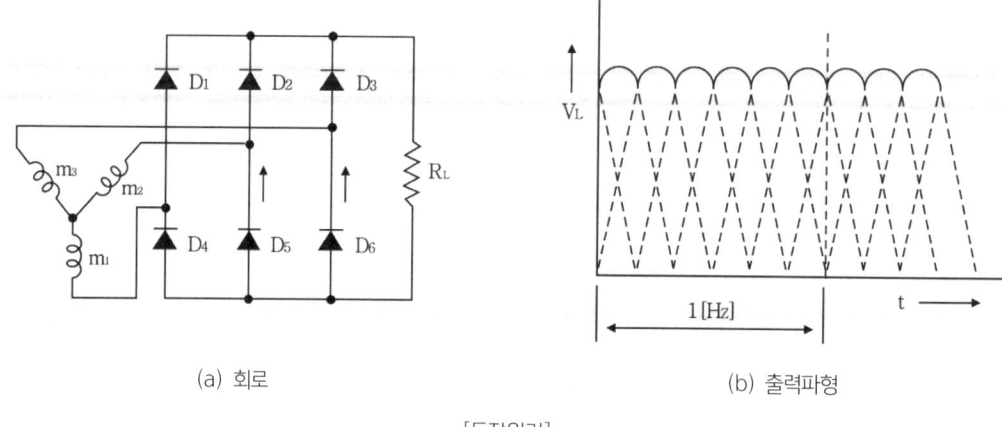

(a) 회로 (b) 출력파형

[동작원리]

(1) 정류소자 6개를 단상의 브리지 모양으로 한 것으로 정류소자 2개가 동시에 동작하여 부하와 직렬로 동작한다.

(2) 특징
　① 대전력 전원정류에 이용된다.
　② 전압변동률이 작다.
　③ 맥동률이 가장 작다.

11 평활회로

정류기의 출력전압 속에 포함되어 있는 리플을 적게하는 일종의 저역 필터로서 주로 콘덴서와 초크 코일 또는 저항의 조합으로 구성된다.

1. 콘덴서 입력형(π형)

소전력용에 적합하고 맥동률 및 전압변동률이 크며, 큰 직류출력을 얻을 수 있다.

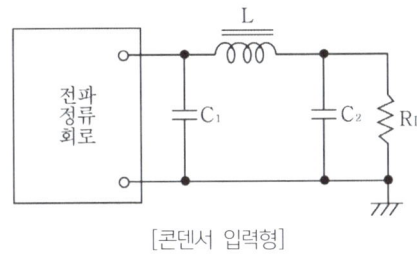

[콘덴서 입력형]

2. 초크 입력형

대전력용에 적합하고 전압변동률이 작으나 직류출력은 콘덴서 입력형에 비해 작다.

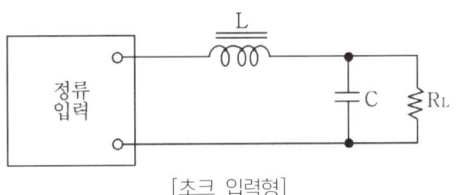

[초크 입력형]

12 증폭회로

입력신호를 증대하여 출력신호를 얻는 회로이다.

1. 필요조건

(1) 증폭도가 높아야 한다.
(2) 일그러짐, 잡음이 적어야 한다.
(3) 효율이 좋아야 한다.
(4) 주파수 특성이 좋아야 한다.

2. 트랜지스터 접지방식에 따른 종류와 특성

(1) 증폭회로 및 h 등가회로

구분	베이스 접지	이미터 접지	컬렉터 접지
회로			
h 파라미터 등가회로			

여기서, v_i: 입력전압, v_0: 출력전압
i_i: 입력전류, i_0: 출력전류
h_i, h_r, h_f, h_0: h 정수
예를 들어, h_{rh}: 베이스 h 정수
h_{re}: 이미터 h 정수
h_{rc}: 컬렉터 h 정수

(2) 접지방식에 따른 특성 비교

구분	베이스 접지	이미터 접지	컬렉터 접지
입력저항	작다 (수[Ω] ~ 수십[Ω])	중간 (수백[Ω] ~ 수십[kΩ])	크다 (수십[kΩ] 이상)
출력저항	크다 (수십[kΩ] 이상)	중간 (수[kΩ] ~ 수십[kΩ])	작다 (수[Ω] ~ 수십[Ω])
입·출력 위상	동상	위상반전	동상
전압 증폭도	높다	높다	낮다(<1)
전류 증폭도	≒1	높다	높다
전력 증폭도	낮다	높다	낮다
용도	전압 증폭용	전압 증폭용	임피던스 변환용

Chapter 12 자동제어 및 시퀀스 제어

1 되먹임 제어계

1. 되먹임 제어계의 기본구성

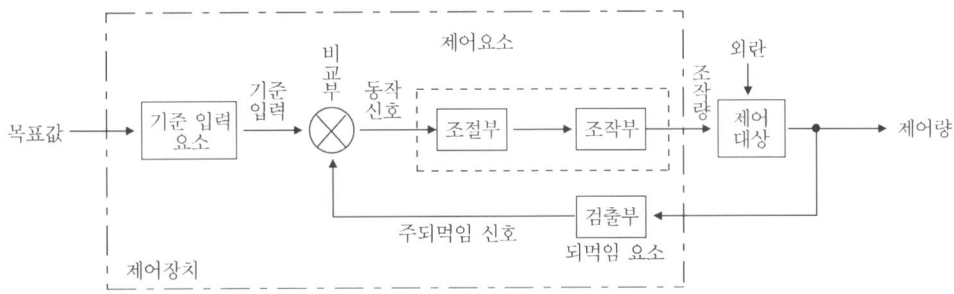

2. 직능별 구성의 용어 정의

(1) 목표값

외부에서 제어계에 주어지는 값이다.

(2) 기준 입력

기준 입력 요소의 출력으로서, 실제 되먹임 제어계의 입력을 말한다.

(3) 비교부

기준 입력과 주되먹임 신호의 차이를 구해 주는 장치이다.

(4) 주되먹임량

제어량(즉, 출력)을 기준 입력과 비교할 수 있게 되먹임 요소를 이용해 변환한 신호이다.

(5) 동작신호

기준 입력과 주되먹임 신호의 차에 해당하는 값으로, 제어 오차라고도 한다.

(6) 제어요소

동작신호를 조작량으로 변환하는 요소로서, 조절부와 조작부로 나누어진다.
① **조절부**: 제어기라고도 하며, 제어장치에서 가장 중요한 부분이다. 동작 신호를 받아 제어계가 정해진 작용을 하는데 필요한 신호를 만들어 조작부로 보내는 부분이다.
② **조작부**: 구동기(actuator)라 하며, 조절부에서 받은 신호는 일반적으로 제어 대상을 직접 구동하기에는 약한 경우가 많으므로, 이를 받아 전압이나 전류를 증폭해서 제어 대상을 직접 구동시키는 장치이다.

(7) 조작량

제어 대상을 직접 구동할 수 있는 양이다.

(8) 제어대상

제어량을 발생시키는 장치이다.

(9) 외란

목표값과 다르게 제어량을 변화시키는 요소로서 외부로부터 주어지는 바람직하지 않은 신호이다.

(10) 제어량

제어 대상의 출력을 말한다.

(11) 되먹임 요소

제어 대상으로부터 나오는 출력을 기준 입력과 비교될 수 있게 하여 주는 장치이다.

3. 되먹임 제어계의 분류

(1) 제어 대상 또는 제어량의 성질에 의한 분류
   ① 서보 기구(servomechanism)
      ㉠ 물체의 위치, 방향, 각도, 자세 등을 목표값의 변화에 따라 추종제어하도록 구성된 제어계이다.
      ㉡ 용도: 미사일 유도기구, 인공위성의 추적 레이더 등
   ② 프로세스 제어(process control)
      ㉠ 프로세스 공업의 상태량인 온도, 유량, 압력, 액위, 농도 등의 제어를 말한다.
      ㉡ 용도: 온도제어장치, 압력제어장치 등
   ③ 자동조정(automatic regulation)
      ㉠ 주로 전압, 전류, 회전속도, 회전력 등의 양을 자동제어하는 것이다.
      ㉡ 용도: AVR(자동전압 조정기) 등

(2) 목표값의 성질에 의한 분류
   ① **정치제어**(constant-value control): 목표값이 시간적으로 변화하지 않고 일정값일 때의 제어이며, 프로세스 제어, 자동조정의 전부가 이에 해당된다.
   ② **추종제어**(follow-up control): 목표값이 시간적으로 임의로 변하는 경우의 제어로, 서보기구가 모두 여기에 속한다.
   ③ **프로그램제어**(program control): 목표값의 변화가 미리 정해져 있어 그 정해진 대로 변화하는 것을 말한다.

(3) 제어장치의 전력원(에너지원)에 의한 분류
   ① **자력제어**: 조작부를 움직이는 데 필요한 에너지를 제어대상에서 직접 얻어서 행하는 제어이다.
   ② **타력제어**: 조작부를 움직이는 데 필요한 에너지를 보조 에너지에서 얻어 행하는 제어이다.

2 시퀀스 제어(sequential control)

필요한 명령처리를 자동적으로 제어하는 것으로서 순차제어라 한다.

1. 시퀀스 종류

(1) 릴레이 시퀀스

기계적 접점을 가진 유접점 릴레이(전자 릴레이)로 구성되는 시퀀스 제어회로이다.

(2) 무접점 시퀀스

반도체를 사용한 무접점 릴레이에 의해 구성되는 시퀀스 제어회로이다.

(3) PLC

마이컴(microcomputer)을 이용한 시퀀스 제어이다.

2. 용어의 정의

(1) 개로(open, off)

전기회로의 일부 또는 전부를 스위치, 계전기 등으로 여는 것이다.

(2) 폐로(close, on)

전기회로의 일부 또는 전부를 스위치, 계전기 등으로 닫는 것이다.

(3) 여자(exciting)

전자계전기, 전자개폐기 등의 전자 코일에 전류가 흘러서 전자석이 되는 것이다.

(4) 소자(demagnetizing)

전자 코일에 흐르고 있는 전류를 차단하여 자기력을 잃게 하는 것이다.

(5) 기동(starting)

기기 또는 장치를 정지상태에서 운전상태로 하는 것이다.

(6) 운전(running)

기기 또는 장치가 소정의 작용을 하고 있는 상태이다.

(7) 제동(braking)

기기의 운전상태를 억제하는 것으로 전기적 제동과 기계적 제동이 있다.

(8) 트리핑(tripping)

유지기구를 분리하여 개폐기 등을 개로하는 것이다.

(9) 차단(break)
개폐기류를 조작하여 전기회로를 열어 전류가 통하지 않는 상태로 유지하는 것이다.

(10) 투입(closing)
개폐기류를 조작하여 전기회로를 닫아, 전류가 통하는 상태가 되도록 하는 것이다.

(11) 연동(interlock)
복수의 동작을 관련시키는 것으로, 어떤 조건이 갖추어졌을 때 동작을 진행 또는 유지시키는 것이다.

3 유접점 시퀀스

1. 제어용 기기

(1) 수동 스위치
수동 스위치는 사람이 손으로 조작하여 제어장치에 신호를 넣어 주는 기구로서, 복귀형 수동 스위치와 유지형 수동 스위치가 있다.

① **복귀형 수동 스위치(PBS)**: 복귀형 수동 스위치는 누르고 있는 동안만 회로가 닫히고, 놓으면 즉시 본래대로 돌아오는 스위치로서 누름 단추 스위치가 대표적인 예이다.

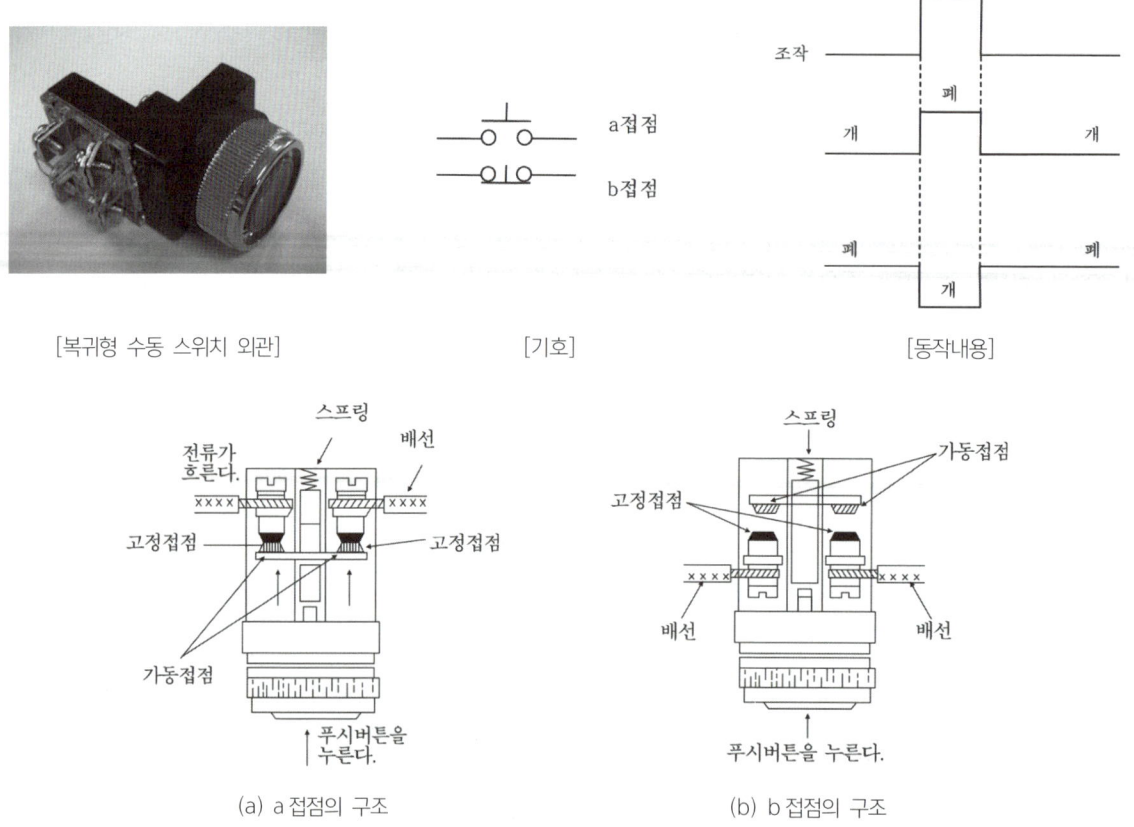

[복귀형 수동 스위치 외관]   [기호]   [동작내용]

(a) a 접점의 구조   (b) b 접점의 구조

② **유지형 수동 스위치(PBS)**: 유지형 수동 스위치는 사람이 수동으로 조작을 하면, 반대로 조작할 때까지 접점의 개폐 상태가 그대로 유지되는 스위치로 셀렉터 스위치(selector switch), 나이프 스위치(knife switch) 등이 있다.

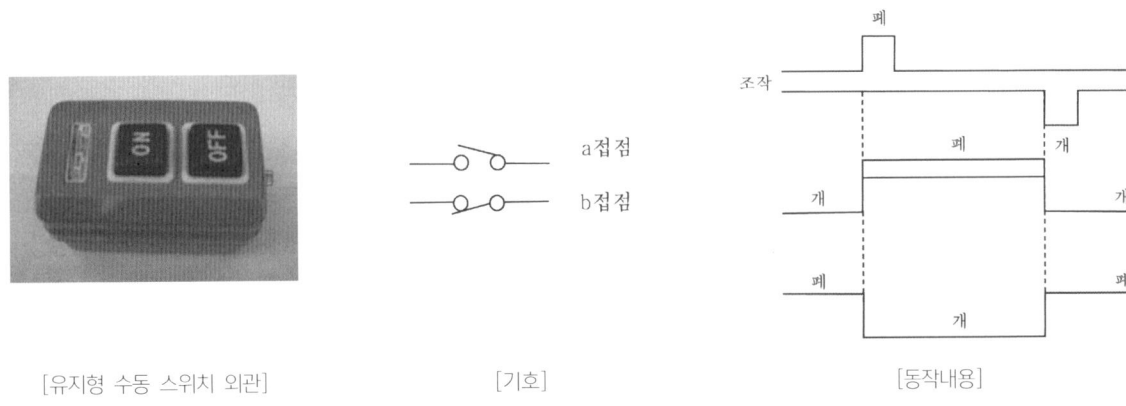

[유지형 수동 스위치 외관]　　　[기호]　　　[동작내용]

(2) 검출스위치

검출스위치는 제어대상의 상태 또는 변화를 검출하기 위한 것으로서 위치, 액면, 압력, 온도, 전압 그밖의 여러 가지 제어량을 검출하여 전기적 신호로 바꾸어 주는 스위치이다.

① **리밋 스위치(limit switch: LS)**: 리밋 스위치는 기계적 운동을 전기적 신호로 바꾸어 주는 것으로 기계량의 검출에 사용된다(방화셔터, 탬퍼 스위치 등).

[리밋 스위치 외관]　　　[기호]

② **액면 스위치**: 액면을 검출하기 위한 액면 스위치는 검출방식에 따라 플로트(float)식, 전극식(floatless)으로 나뉜다.

 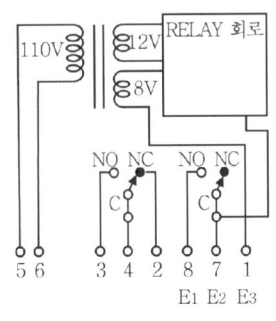

[전극식(floatless) 액면 스위치 S/W 외관]　　　[내부결선도]

(3) 제어용 계전기

① **전자계전기(electro magnetic relay)**: 전자계전기는 전자력에 의하여 접점을 개폐하는 스위치의 기능을 가지는 장치를 말하는 것으로서 기본 구조에 따라 힌지형(hinge type), 플런저형(plunger type)으로 나뉜다.

㉠ **힌지형 전자계전기**: 힌지형은 전자석과 접점기구로 구성되어 있으며 코일이 여자되면 a접점은 폐로되고 b접점은 개로, 코일이 소자되면 a접점은 개로되고 b접점은 폐로되는 계전기로 일반적으로 제어계전기라 한다.

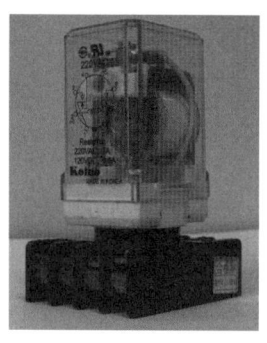
[힌지형 전자계전기 외관]

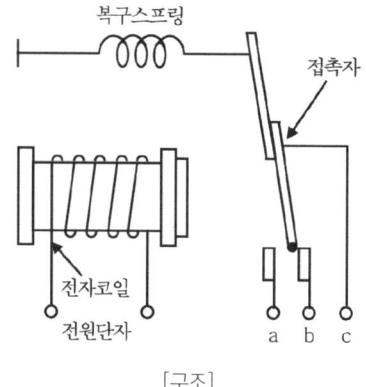
[구조]

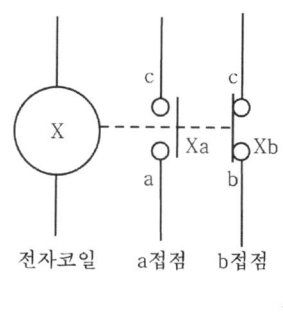
[기호]

그림은 전자계전기 a접점과 b접점을 사용하여 전등점멸회로를 구성한 예를 시퀀스도로 보여 주고 있다. 전자계전기의 a접점 회로에는 적색등을 접속하고, b접점 회로에는 녹색등을 접속한 다음 전자코일의 회로에는 a접점 푸시 버튼스위치를 연결하여 회로를 개폐한다.

이 회로에서 a접점 푸시 버튼 스위치를 누르면 전자코일이 여자되고, 접점들이 동작하여 적색등은 켜지고 녹색등은 꺼지게 된다. 또한, 누르고 있던 푸시 버튼 스위치에서 손을 떼면 전자코일은 여자 상태를 잃고 접점들은 원래 상태로 복귀되어 적색등은 꺼지고 녹색등은 다시 켜진다.

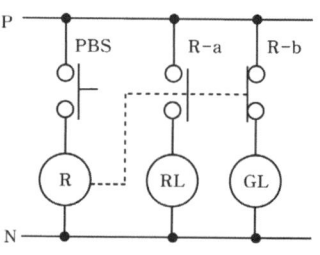

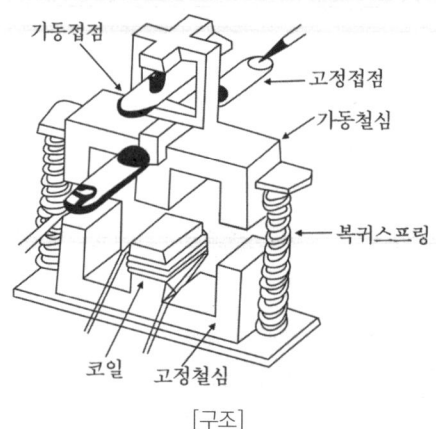
[구조]

㉡ **플런저형 전자계전기**: 플런저형은 구조와 같이 플런저라 하는 가동철심, 고정철심과 접점기구로 구성되어 있으며 코일이 여자되면 가동철심이 고정철심에 흡인되며(a접점: 폐로, b접점: 개로), 코일이 소자되면 가동철심은 복귀스프링의 힘에 의하여 복귀하는(a접점: 개로, b접점: 폐로) 직선운동을 하여 접점이 개폐되는 계전기이다(기호는 힌지형과 동일하다).

② **전자 접촉기(MC)**: 전자 접촉기(electromagnetic contactor)는 전자계전기와 같이 전자석에 의한 철편의 흡인력을 이용해서 접점을 개폐하는 기능을 가진 기기로서 전자 계전기에 비해 개폐하는 회로의 전력이 매우 큰 회로에 사용되며, 빈번한 개폐 조작에도 충분히 견딜 수 있는 구조로 되어 있다. 전자 접촉기는 전자 코일과 여러 개의 접점으로 구성되어 있으며, 주접점은 주회로의 큰 전류를 개폐하고, 보조 접점은 제어 회로 전류를 개폐하게 된다.

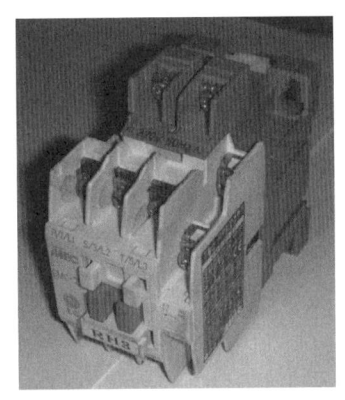
[전자 접촉기 외관]

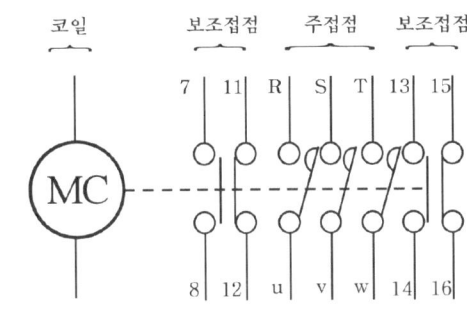
[기호]

그림은 전자 접촉기의 전자 코일과 접점의 그림 기호로서 전자 코일에 전류가 흐르면 고정 철심과 가동 철심 사이에 자속이 통하여 자기 회로를 형성하고, 고정 철심은 전자석이 되어 가동 철심은 고정 철심에 붙게 된다. 이때 주접점이 닫히며(폐로), 보조접점 중 a접점은 폐로되고 b접점은 개로된다.

③ **열동형 과전류 계전기(THR)**: 열동형 과전류 계전기는 히터와 바이메탈을 결합하여 만든 것으로, 히터 부분에 과전류가 흐르면 바이메탈이 일정량 이상 구부러져서, 이것에 연동하는 접점이 동작하여 회로를 끊어주는 역할을 하는 계전기로서 전동기 소손을 방지할 목적으로 많이 사용된다.

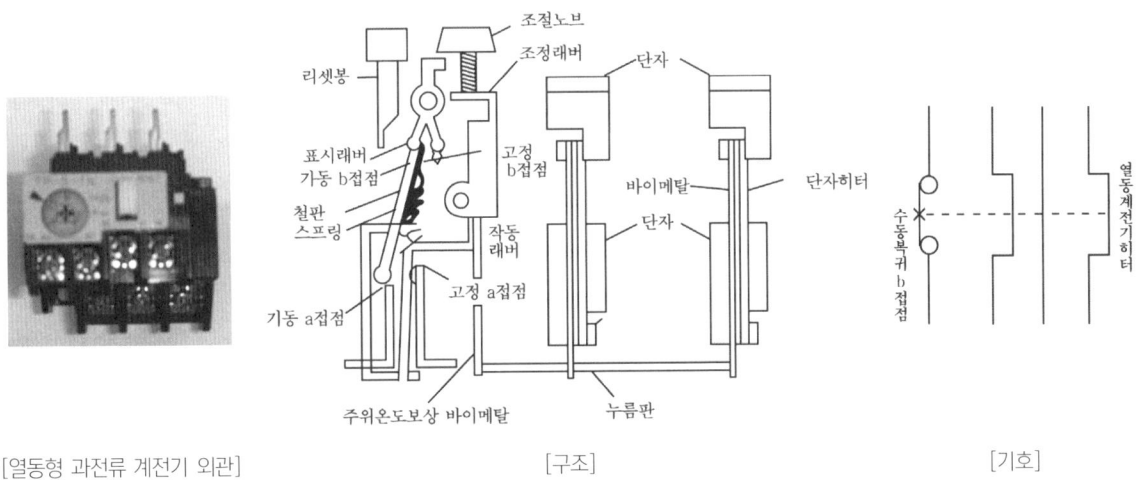

[열동형 과전류 계전기 외관]   [구조]   [기호]

④ **전자 개폐기(electromagnetic switch: MS)**: 전자 개폐기는 전자 접촉기(MC)에 열동형 과전류 계전기(THR)를 조합한 것을 말하며 전동기 등의 과부하 보호장치를 가진 주회로용 스위치를 말한다.

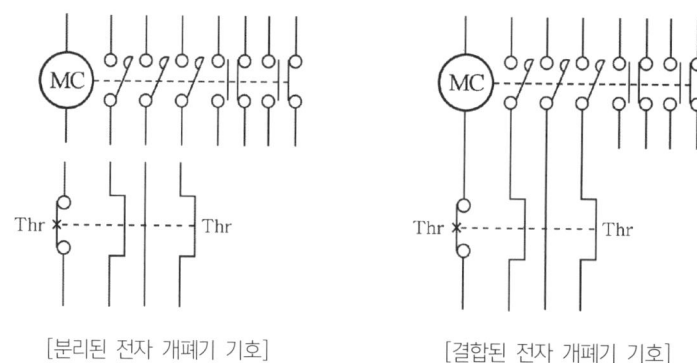

[분리된 전자 개폐기 기호]　　　　　[결합된 전자 개폐기 기호]

⑤ **시한 계전기(TLR)**: 전원을 넣은 후 미리 정해진 시간이 경과한 후에 회로를 전기적으로 개폐하는 접점을 가진 릴레이를 말하며 전동기식 타이머, 공기식 타이머, 오일식 타이머 등의 기계식 타이머와 전자회로에 콘덴서와 저항의 시상수(time constant)를 이용한 전자식 IC타이머가 사용되고 있다. 이러한 타이머는 시간지연회로라 하며 접점이 일정한 시간만큼 늦게(지연) 개폐된다.

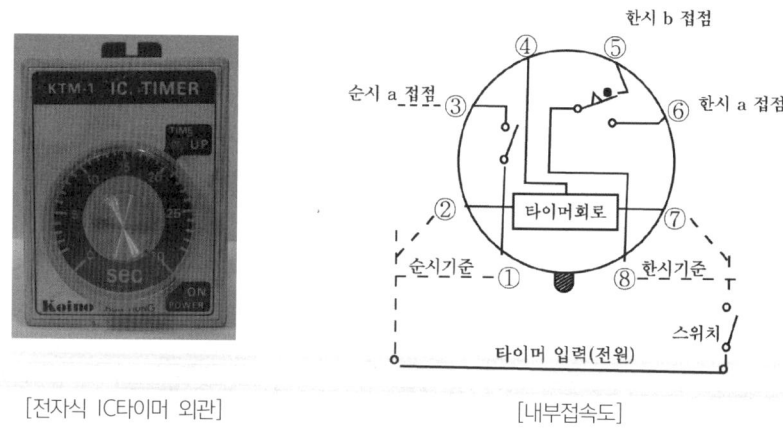

[전자식 IC타이머 외관]　　　　　[내부접속도]

한시접점은 아래 그림에서 시간 t_1에서 계전기의 여자전압이 인가되면, 시간 t_2에서 계전기의 접점이 닫힌다고(폐로) 할 때 $t_2 - t_1$이 지연시간이다.

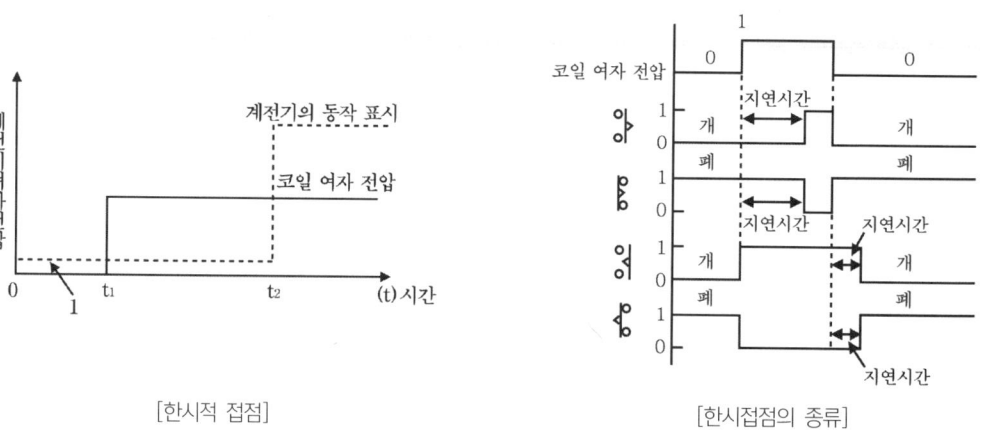

[한시적 접점]　　　　　[한시접점의 종류]

구분	접점명	그림 기호	시간적 동작 내용
계전기 코일	-	○	소자 — 여자 — 소자 — 여자
순시 동작 – 순시 복귀의 접점	a		개 폐 개 폐
	b		폐 개 폐 개
한시 동작 – 순시 복귀의 접점	a		개 폐 개 폐
	b		
순시 동작 – 한시 복귀의 접점	a		개 폐 개 폐
	b		

(4) 배선용 차단기(molded-case circuit breaker: MCCB)

배선용 차단기란 개폐기구, 트립장치 등을 절연물 용기 속에 일체로 조립한 기중차단기로 부하전류의 개폐를 하는 전원 스위치로 사용하는 외에 단락전류에 대해서는 즉시, 과전류에 대해서는 전기회로 또는 모터의 열특성에 맞추어 반한시 특성을 갖고 작동하여 확실하고 안전하게 회로를 보호하는 것으로서 일명 NFB라고도 한다.

[배선용 차단기의 외관]

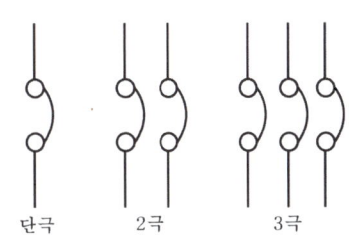

단극　　2극　　3극

[기호]

① 특징
　㉠ 과전류, 단락전류에 대한 차단성능이 우수하다.
　㉡ 동작시 수동으로 복귀가 간단하다.
　㉢ 퓨즈가 필요치 않다.
　㉣ 기기의 신뢰도가 크다.
　㉤ 기기의 수명이 길다.
② 구조

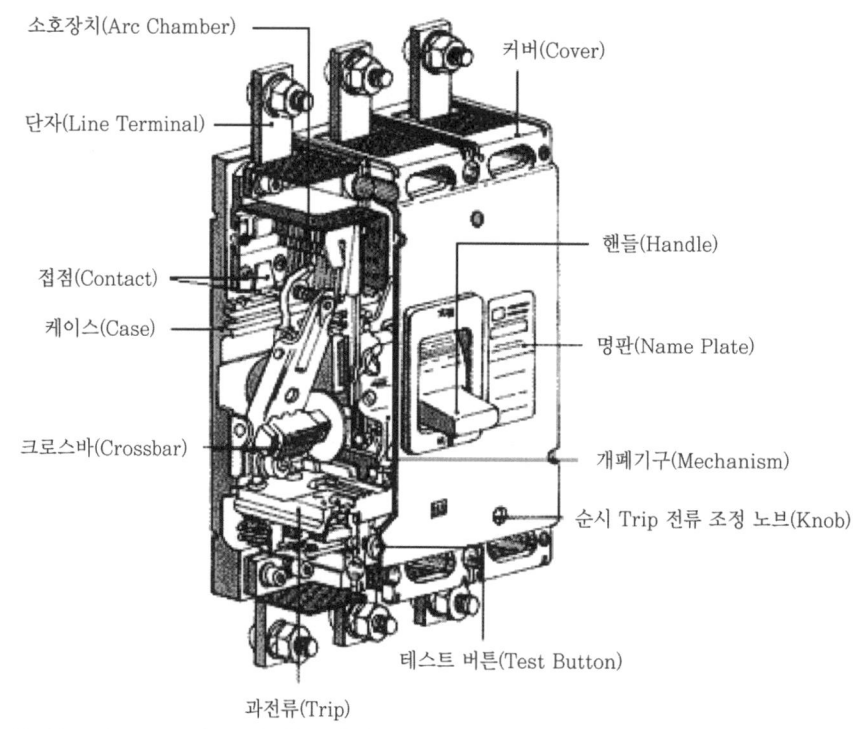

　㉠ **소호장치**: 병렬로 배치된 소호 Grid에 의하여 대전류를 차단할 때 접점간의 아크(Arc)를 가장 효과적으로 소호할 수 있는 구조로 설계되었다.

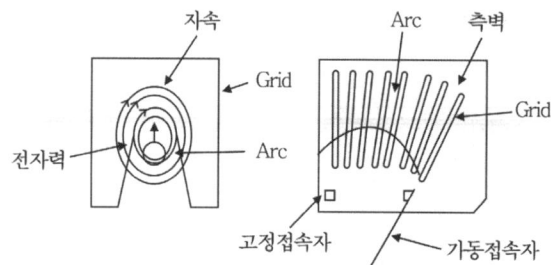

　㉡ **동시 트립 구조**: 어느 한 상에 전류가 흘러도 3상이 동시에 차단된다. 3상 모터의 단상운전의 염려가 없다.
　㉢ **신한류 구조**: 신규로 개발하여 채용한 개극방식이 차단전류의 1상을 확실히 차단하여 Arc Energy를 대폭 저감시킨다.

(5) 단자대(terminal block)

전류가 출입하는 출입구를 터미널 블록 또는 단자대라 한다. 접속하는 방법에는 압착단자에 의한 방법, 링고리에 의한 방법, 누름판 압착방법 등 여러가지가 있다.

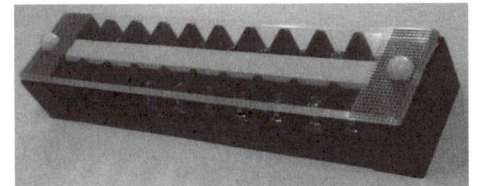

[단자대 외관]

2. 유접점 계전기 제어회로

(1) 자동제어기구의 번호와 기능

기구 번호	기구 이름	기능
2	시동 또는 닫아 주는 시한 계전기	시동 또는 닫아 주어 개시 전에 시간의 여유를 주는 것
3	조작개폐기	기기를 조작하는 것
4	주제어회로용 접촉기 또는 계전기	주제어 회로를 개폐하는 것
27	교류 부족 전압 계전기	교류 전압이 부족할 때 동작하는 것
33	위치 스위치 또는 위치 검출기	위치와 관련하여 개폐하는 것
43	제어회로 전환 접촉기, 개폐기 또는 계전기	자동에서 수동으로 바꾸는 것과 같이 제어회로를 전환하는 것
49	회전기의 온도 계전기	회전기의 온도가 예정 온도보다 높거나 낮을 때 동작하는 것
52	교류 차단기 또는 접촉기	교류 회로를 차단하는 것
62	정지 또는 열어 주는 시한 계전기	정지 또는 열어 주어 개시 전에 시간의 여유를 주는 것
88	보조 기계용 접촉기 또는 개폐기	보조 기계의 운전용 접촉기 또는 개폐기
89	단로기	직류 또는 교류 회로용 단로기

(2) 자기유지회로

이 회로는 기동용 푸시 버튼 스위치 PB_1을 누르면, 전자 계전기의 코일 MC가 여자된다. 이때, 코일이 여자됨에 따라 a접점이 닫혀 자기 유지회로가 형성되고, PB_1에서 손을 떼더라도 코일 MC는 계속 여자된다.

반면에 정지용 푸시 버튼 스위치 PB_2를 누르면 코일 MC를 여자시키던 전류는 끊어지고 자기 유지가 해제되며, PB_1을 다시 누르는 경우에만 자기유지회로가 다시 형성된다.

이와 같은 자기유지회로는 전동기의 기동, 정지 운전회로에 매우 많이 사용되는 회로이다.

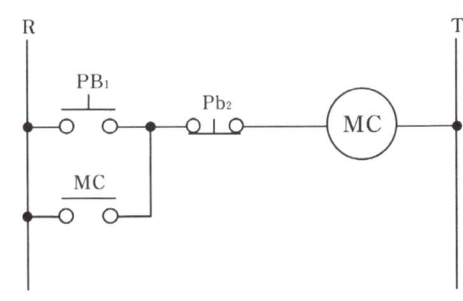

[자기유지회로]

(3) 인터록(Interlock) 회로

인터록(Interlock) 회로란, 2개의 계전기 중에서 먼저 여자된 쪽에 우선 순위가 주어지고, 다른 쪽의 동작을 금지하는 회로로서 그림과 같이 코일 R_1을 여자시키면 코일 R_2를 여자시킬 수 없고, 이와는 반대로 코일 R_2를 여자시키면 코일 R_1을 여자시킬 수 없다. 단, 정지용 푸시 버튼 스위치 PB_3을 눌러서 우선적으로 여자된 코일을 해제한 다음에는 다른 코일을 여자시킬 수 있다. 이와 같은 인터록 회로는 전동기의 정역운전회로에 많이 사용된다.

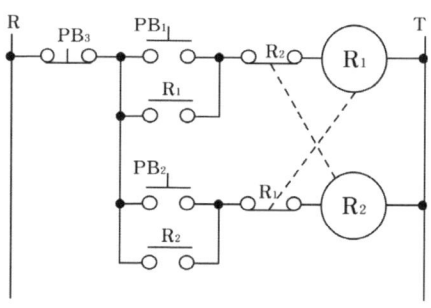

[인터록 회로]

(4) 지연동작회로

지연동작회로는 스위치를 조작하면 타이머의 설정시간이 경과한 후에 동작하는 회로이다. 그림은 지연동작회로를 나타낸 것으로 푸시 버튼 스위치 PB를 누르면 계전기 코일 R과 타이머 코일 T가 여자되며, 타이머의 설정시간이 경과한 후에 타이머의 a접점이 닫혀서 부하에 전압이 인가된다.

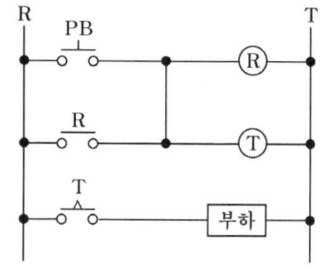

[지연동작회로]

(5) 일정시간 동작회로

일정시간 동작회로는 스위치를 조작하면 타이머의 설정시간 동안 동작하고, 그 후에는 정지하는 회로이다.

그림은 일정시간 동작회로를 나타낸 것으로, 푸시 버튼 스위치 PB를 누르면 계전기 코일 R과 타이머 코일 T가 여자되고 전자계전기 a접점의 동작으로 자기유지회로가 형성된다. 부하에 전압이 인가되고 타이머의 설정시간이 경과한 후에 타이머의 b접점이 열려 코일 R을 여자시키던 전류는 끊어지고 자기유지가 해제됨으로써 부하에 인가된 전압은 끊어진다.

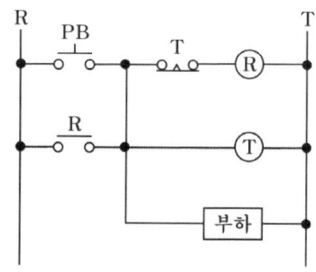

[일정시간 동작회로]

(6) 반복동작회로

반복동작회로는 2개의 타이머를 사용하는데 타이머의 설정시간에 따라 접점의 개폐를 반복동작하는 회로이다.

그림은 반복동작회로를 나타낸 것으로 수동 조작 스위치 S를 닫으면, 타이머 코일 T_1이 여자되어, 타이머 T_1의 설정시간 t_1이 경과한 후 타이머 T_1의 a접점이 닫힌다. 이때 전자 계전기 코일 R과 타이머 코일 T_2의 코일이 여자되고, 계전기 R의 a접점은 닫히고 b접점은 열리게 되어 부하에 인가된 전압은 끊어진다. 타이머 T_2의 설정시간 t_2가 경과된 후에는 타이머 T_2의 b접점이 열려서 계전기 R의 a접점은 열리고, b접점은 다시 닫혀서 부하에 전압이 인가된다. 수동 조작 스위치 S가 닫혀 있는 동안에는 위와 같은 ON-OFF 동작을 각 타이머의 설정시간에 따라 반복하게 된다.

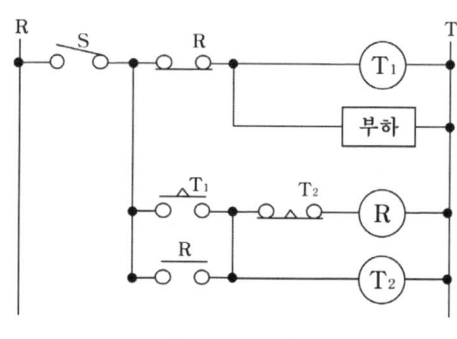

[반복동작회로]

4 전동기 운전 시퀀스 제어회로

1. 전전압기동회로

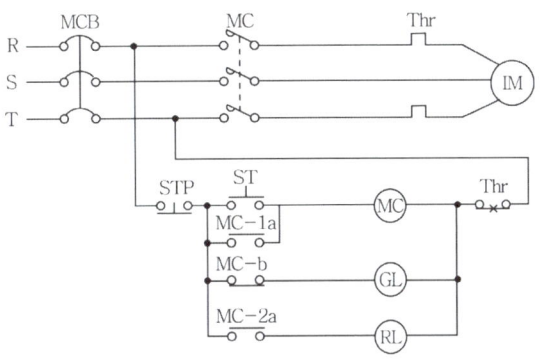

[전전압기동회로]

그림은 전전압기동회로로서 배선용 차단기 MCB를 투입하면 전원이 회로에 걸리게 되고, 녹색등 GL이 켜진다. 기동용 푸시 버튼 스위치 ST를 누르면 전자접촉기 코일 MC가 작동되며, 주접점 MC와 보조접점 MC-1a, MC-2a가 닫히고, 보조접점 MC-b는 열리게 된다.

주접점 MC가 닫히면 유도전동기 IM은 닫힌 보조접점 MC-1a에 의해서 작동되고, 자기유지회로가 형성되며, 정지표시를 알리는 녹색등 GL은 꺼지고 동작표시를 나타내는 적색등 RL이 켜진다. 정지용 스위치 STP를 누르면 모든 작동이 정지되고 원래의 상태로 되돌아온다.

2. 정역운전회로

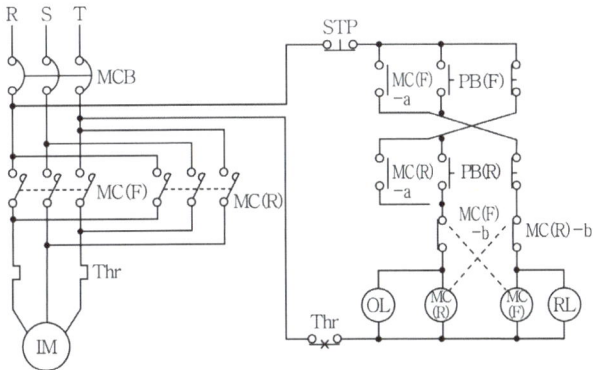

[정역운전회로]

그림은 정역운전회로로서 배선용 차단기 MCB를 투입하고 정전용 푸시버튼스위치 PB(F)를 누르면 전자접촉기 코일 MC(F)가 여자되어 주접점 MC(F)와 보조접점 MC(F)-a가 닫히고, 보조접점 MC(F)-b는 열리게 된다.

주접점 MC(F)가 닫히면 유도전동기 IM은 정방향으로 운전되고, 정전표시등 RL이 켜진다. 전동기의 회전방향을 바꾸기 위해서는 정지용 푸시버튼스위치 STP를 눌러 전동기의 작동을 정지시킨 후, 역전용 푸시버튼스위치 PB(R)를 누르면 전자접촉기 코일 MC(R)가 여자되어 주접점 MC(R)와 보조접점 MC(R)-a는 닫히고, 보조접점 MC(F)-b는 열리게 된다. 주접점 MC(R)가 닫히면 유도전동기 IM은 역방향으로 운전되고, 역전표시등 OL이 켜진다.

3. Y-Δ 기동회로

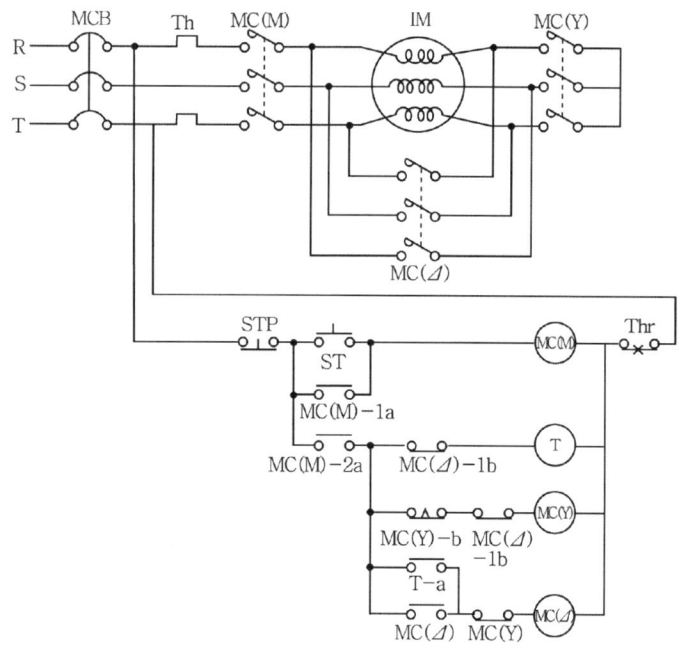

[Y-Δ 기동회로]

Y-Δ 기동회로는 그림과 같이 배선용 차단기 MCB를 투입하고 기동용 푸시버튼스위치 ST를 누르면 주전자 접촉기 코일 MC(M)가 여자되어 주접점 MC(M)와 보조접점 MC(M)-1a와 MC(M)-2a가 닫혀서 Y전자 접촉기 코일 MC(Y)와 타이머 코일 T가 여자된다. MC(Y)가 여자됨에 따라 주접점 MC(Y)가 닫히고 유도전동기 IM은 Y결선으로 기동된다. 타이머의 설정시간이 되면 타이머의 한시접점 T-b가 열리고, Y전자 접촉기 코일 MC(Y)의 작동을 정지시켜서 주접점 MC(Y)는 열리게 된다. 이 순간 타이머의 한시접점 T-a가 닫히고 Δ전자 접촉기 코일 MC(Δ)가 작동되어 주접점 MC(Δ)가 닫힘으로써 유도전동기 IM은 Δ결선으로 운전된다.

5 무접점 시퀀스

[논리회로도의 종류]

1. AND 회로

2개 이상의 입력단자가 있고, 모든 입력단자에 '1'의 상태가 가해졌을 때에만 출력이 '1'이 되고, 입력 중 어느 하나라도 '0'이 가해지면 출력이 '0'이 되는 논리소자이다.

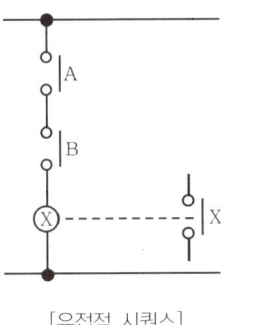

[유접점 시퀀스]

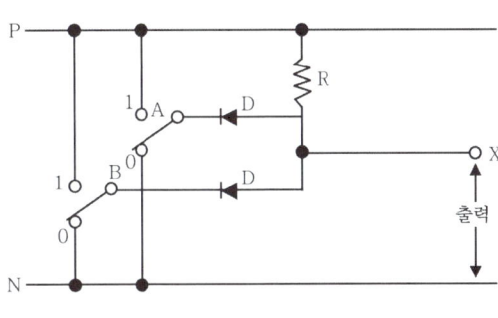

[무접점 시퀀스]

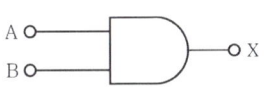

[논리기호] $X = A \cdot B$ [논리식]

입력		출력
A	B	X
0	0	0
1	0	0
0	1	0
1	1	1

[진리표]

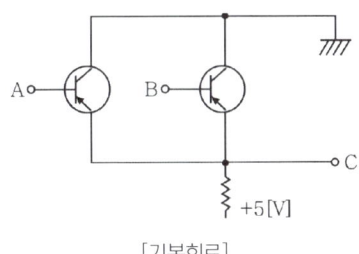

[기본회로]

2. OR 회로

OR 게이트는 2개 이상의 입력단자가 있고, 그 중에서 어느 하나라도 '1'의 상태가 가해지면 출력이 '1'이 되고, 모든 입력이 '0'일 때만 출력이 '0'이 되는 논리소자이다.

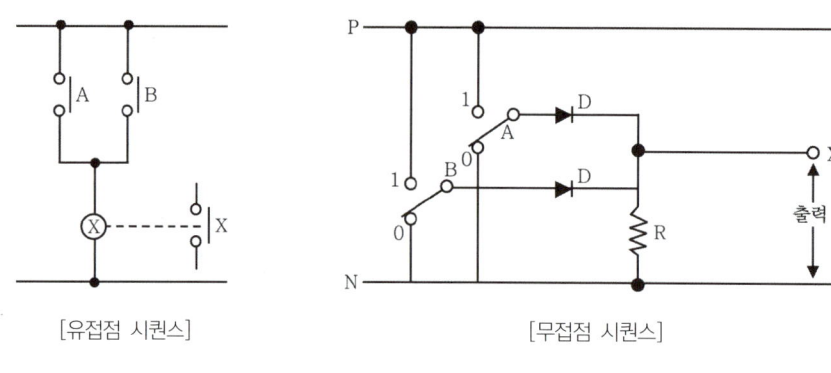

[유접점 시퀀스]　　　　　　　[무접점 시퀀스]

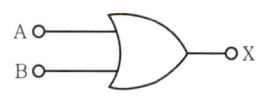

$$X = A + B$$

입력		출력
A	B	X
0	0	0
1	0	1
0	1	1
1	1	1

[논리기호]　　　　[논리식]　　　　[진리표]

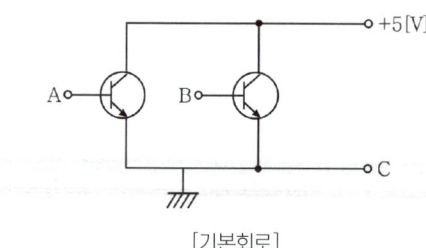

[기본회로]

3. NOT 회로

NOT 게이트는 입력에 '1'의 신호가 들어가면 '0'이, '0'의 신호가 들어가면 '1'의 신호가 출력단자에 나타난다. 반전된 신호가 출력에 나타나는 논리 소자로 인버터(inverter)라고도 한다.

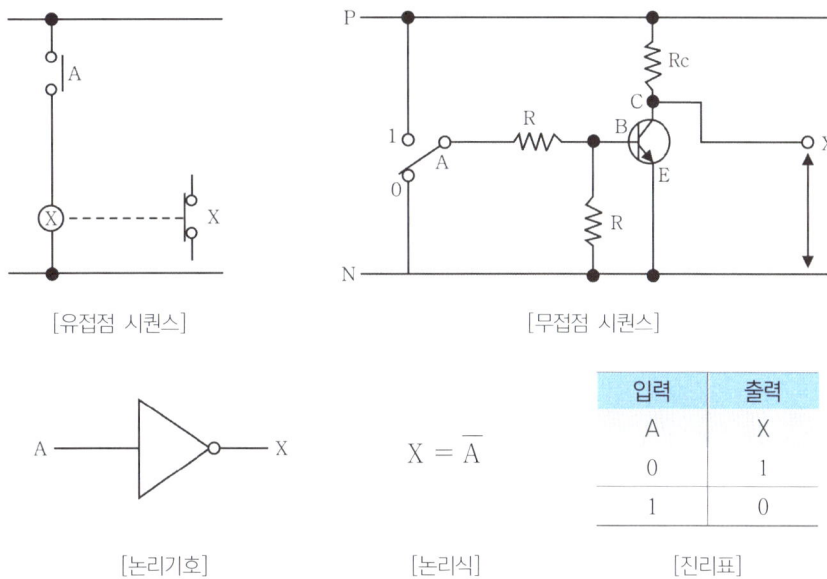

[유접점 시퀀스]　　　　　[무접점 시퀀스]

[논리기호]　　　[논리식] $X = \overline{A}$　　　[진리표]

입력	출력
A	X
0	1
1	0

4. NAND 회로

NAND는 NOT-AND의 약어로, NAND 게이트는 AND의 출력단자에 NOT 게이트를 연결한 것과 같은 동작을 하는 소자로서 AND 게이트의 동작과 반대이다. 즉, 입력단자가 모두 '1'일 경우에만 출력단자에 '0'이 나온다.

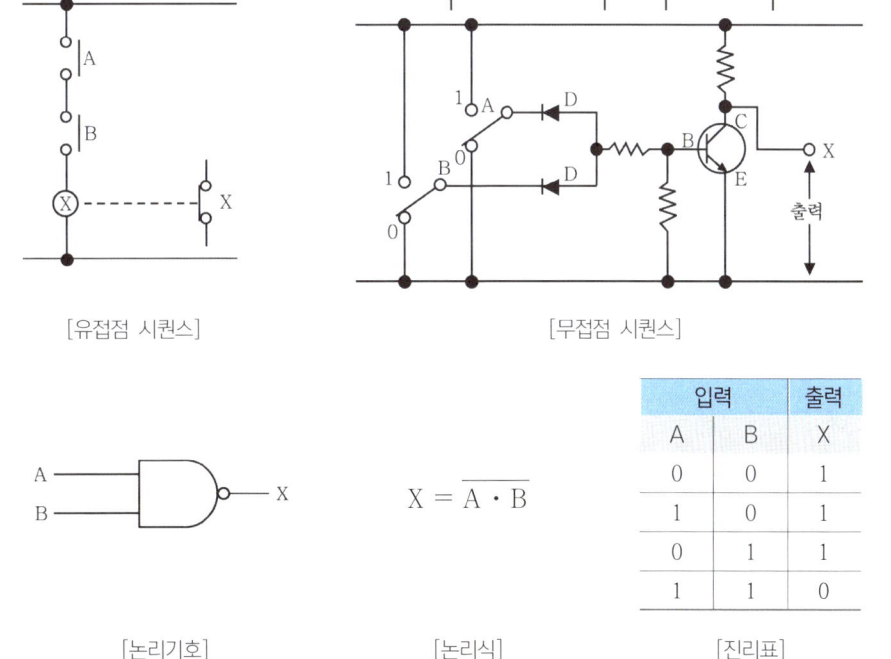

[유접점 시퀀스]　　　　　[무접점 시퀀스]

[논리기호]　　　[논리식] $X = \overline{A \cdot B}$　　　[진리표]

입력		출력
A	B	X
0	0	1
1	0	1
0	1	1
1	1	0

5. NOR 회로

NOR는 NOT-OR의 약어로 NOR 게이트는 OR 게이트의 출력단자에 NOT 게이트를 연결한 것과 같이 동작하는 논리회로로, OR 게이트와 반대로 동작하여 입력이 모두 '0'일 경우에만 출력이 '1'이 되는 논리회로이다.

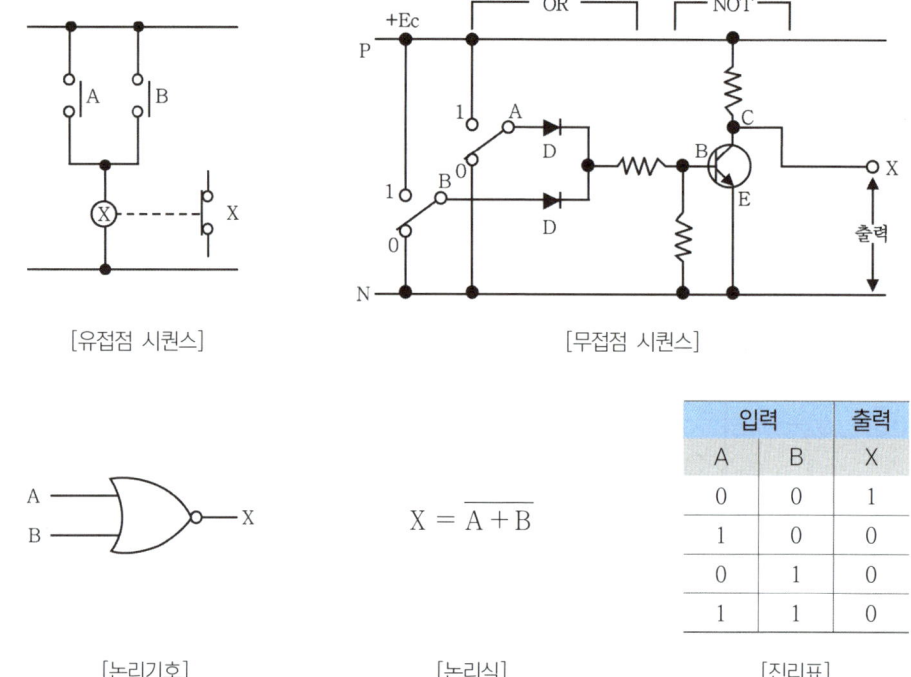

6. 배타적 OR 회로

배타적 OR 게이트(XOR 또는 Exclusive - OR: EOR)는 입력단자들 중에서 '1'의 개수가 홀수인 경우에만 '1'이 출력되고, 그렇지 않은 경우에는 '0'이 출력되는 논리소자이다.

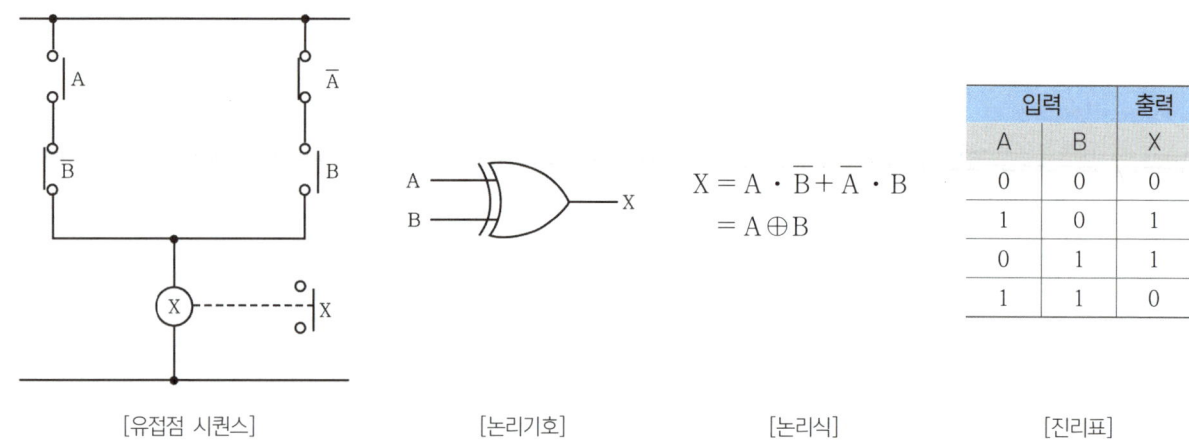

6 불대수의 공리 및 법칙

1. 공리

불대수(부울대수)의 기본 연산 정의에서는 다음 네 가지 공리가 나온다.

<공리 1> A=1이 아니면 A=0 (회로 접점이 폐로 아니면 개로 상태)
　　　　　A=0이 아니면 A=1 (회로 접점이 개로 아니면 폐로 상태)
<공리 2> 1+1=1 (두 개의 입력신호를 동시에 주므로 출력은 나온다)
　　　　　0·0=0 (입력신호를 두 개 동시에 주지 않으므로 출력은 안 나온다)
<공리 3> 0+0=0 (입력신호를 하나도 주지 않으므로 출력은 안 나온다)
　　　　　1·1=1 (두 개의 입력신호를 동시에 주므로 출력은 나온다)
<공리 4> 0+1=1 (입력신호를 하나만 주어도 출력은 나온다)
　　　　　1·0=0 (입력신호를 두 개 동시에 주지 않으므로 출력은 안 나온다)

위의 공리들을 접점회로와 논리회로로 나타내면 다음 표와 같다.

구분	공리	대응 접점 회로		대응논리기호
1	$\overline{1}=0$	─o¹o─ 의 부정은	─o⁰o─	
2	$\overline{0}=1$	─o⁰o─ 의 부정은	─o¹o─	
3	$1+1=1$	(병렬 1,1)	─o¹o─	
4	$0 \cdot 0 = 0$	─o⁰o─o⁰o─	─o⁰o─	
5	$0+0=0$	(병렬 0,0)	─o⁰o─	
6	$1 \cdot 1 = 1$	─o¹o─o¹o─	─o¹o─	
7	$0+1=1$	(병렬 1,0)	─o¹o─	
8	$1 \cdot 0 = 0$	─o¹o─o⁰o─	─o⁰o─	

2. 법칙

(1) 법칙명과 논리식

법칙명	논리식	법칙명	논리식
"1"과 "0"의 법칙	$A+0=A$ ··1a $A \cdot 1=A$ ··1b $A+1=1$ ··2a $A \cdot 0=0$ ··2b	결합의 법칙	$A+(B+C)=(A+B)+C$ ··6a $A \cdot (B \cdot C)=(A \cdot B) \cdot C$ ··6b
동일의 법칙	$A+A=A$ ··3a $A \cdot A=A$ ··3b	분배의 법칙	$A \cdot (B+C)=A \cdot B+A \cdot C$ ··7a $A+B \cdot C=(A+B) \cdot (A+C)$ ··7b
부정의 법칙	$A+\overline{A}=1$ ··4a $A \cdot \overline{A}=0$ ··4b $\overline{\overline{A}}=A$ ··4c	흡수의 법칙	$(A+\overline{B}) \cdot B=A \cdot B$ ··8a $A \cdot \overline{B}+B=A+B$ ··8b $A+A \cdot B=A$ ··8c $A \cdot (A+B)=A$ ··8d
교환의 법칙	$A+B=B+A$ ··5c $A \cdot B=B \cdot A$ ··5b	드모르간의 정리	$\overline{A+B}=\overline{A} \cdot \overline{B}$ ··9a $\overline{A \cdot B}=\overline{A}+\overline{B}$ ··9b

(2) 불대수 논리연산공식과 접점의 등가회로

정리	논리식	등가접점회로
1	$A+0=A$	
2	$A \cdot 1=A$	
3	$A+1=1$	
4	$A \cdot 0=0$	
5	$A+A=A$	
6	$A \cdot A=A$	

7	$A + \overline{A} = 1$		
8	$A \cdot \overline{A} = 0$		
9	$\overline{\overline{A}} = A$		
10	$A + A \cdot B = A$		
11	$A \cdot (A + B) = A$		
12	$(A+B) \cdot (A+C) = A + B \cdot C$		
13	$(A + \overline{B}) \cdot B = A \cdot B$		
14	$A \cdot \overline{B} + B = A + B$		
15	$A \cdot B + A \cdot \overline{B} = A$		
16	$(A+B) \cdot (A+\overline{B}) = A$		

17	$A \cdot C + \overline{A} \cdot B \cdot C$ $= A \cdot C + B \cdot C$		
18	$(A+C) \cdot (\overline{A}+B+C)$ $= (A+C) \cdot (B+C)$		
19	$A \cdot B + \overline{A} \cdot C$ $= (A+C) \cdot (\overline{A}+B)$		
20	$(A+B) \cdot (\overline{A}+C)$ $= A \cdot C + A \cdot B$		
드모르간의 정리	$\overline{A+B} = \overline{A} \cdot \overline{B}$		
	$\overline{A \cdot B} = \overline{A} + \overline{B}$		
쌍대 회로	$(A+B) \cdot (B+C) \cdot (A+C)$ $= A \cdot B + B \cdot C + A \cdot C$		

7 제어용 기기

1. 증폭기기

구분	전기계	기계계
정지기	진공관, 트랜지스터, 사이리스터(SCR), 다이라트론, 자기증폭기	공기식(노즐, 플래퍼, 벨로즈), 유압식(안내 밸브), 지렛대
회전기	앰플리다인, 로토트롤	-

2. 조절기기

전기식	기계식
2위치(ON-OFF) 조절기, 전자식 조절기	공기식, P·PI 및 PID 조절기, 힘 평형식 P 조절기, 유압식 P 및 I 조절기

3. 조작기기

전기식	기계식
전자밸브, 전동밸브, 2상 서보전동기, 직류 서보전동기, 펄스전동기	클러치, 다이어프램밸브, 밸브 포지셔너, 유압식 조작기(안내 밸브, 조작 실린더, 조작 피스톤, 분사관)

4. 검출기기

(1) 검출기기의 종류

제어	검출기	비고
자동 조정용	전압검출기, 속도검출기	• 전자관 및 트랜지스터 증폭기, 자기증폭기 • 회전계 발전기, 주파수 검출법, 스피더
서보 기구용	전위차계, 차동 변압기, 싱크로, 마이크로신	• 권선형 저항을 이용하여 변위, 변각을 측정 • 변위를 자기저항의 불균형으로 변환 • 변각을 검출 • 변각을 검출
공정 제어용	압력계	• 기계식 압력계(벨로즈, 다이어프램, 부르동관) • 전기식 압력계(전기저항 압력계, 피라니 진공계, 전리 진공계)

	유량계	• 조리개 유량계 • 넓이식 유량계 • 전자유량계
	액면계	• 차압식 액면계(노즐, 오리피스, 벤츄리관) • 플로트식 액면계
	온도계	• 저항온도계(백금, 니켈, 구리, 서미스터) • 열전온도계(백금-백금 로듐, 크로멜-알루멜, 철-콘스탄탄) • 압력형 온도계(부르동관) • 바이메탈 온도계 • 방사온도계 • 온도계
	가스성분계	• 열전도식 가스 성분계 • 연소식 가스 성분계 • 자기산소계 • 적외선 가스 성분계
	습도계	• 전기식 건습구 습도계 • 광전관식 노점 습도계
	액체성분계	• pH계 • 액체농도계

(2) 변환요소의 종류

변환량	변환요소
압력 → 변위	벨로즈, 다이어프램, 스프링
변위 → 압력	노즐 플래퍼, 유압분사관, 스프링
변위 → 임피던스	가변저항기, 용량형 변환기, 가변저항 스프링
변위 → 전압	퍼텐션미터, 차동변압기, 전위차계
전압 → 변위	전자석, 전자코일
광 → 임피던스	광전관, 광전도 셀, 광전 트랜지스터
광 → 전압	광전지, 광전 다이오드
방사선 → 임피던스	GM관, 전리함
온도 → 임피던스	측온저항(열선, 서미스터, 백금, 니켈)
온도 → 전압	열전대(백금-백금 로듐, 철-콘스탄탄, 구리-콘스탄탄, 크로멜-알루멜)

Chapter 13 간선의 설계 및 옥내배선공사

1 간선의 종류

간선이란 일반적으로 인입점, 수·변전설비 등의 전원 측에서 전등분전반, 동력제어반까지의 전로를 말한다.

1. 사용목적에 의한 분류

간선 ┬ 전등간선: 조명기구, 콘센트, 사무용 기기 등
　　 ├ 동력간선: 보일러, 냉동기, 공기조화기, 급·배기 팬, 급·배수 펌프, 엘리베이터, 에스컬레이터 등
　　 └ 특수용 간선: 특수기기 및 장비, 전산기용, 의료기용 등

2. 사용전압(전기방식)에 의한 분류

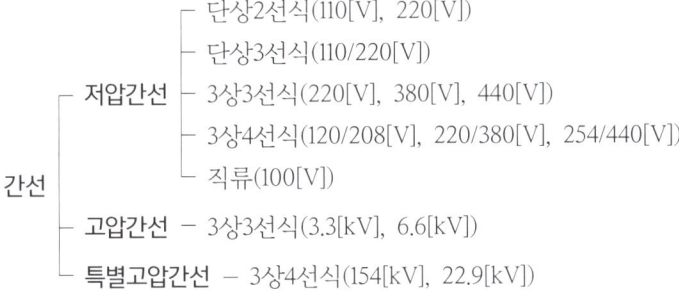

간선 ┬ 저압간선 ┬ 단상2선식(110[V], 220[V])
　　 │　　　　 ├ 단상3선식(110/220[V])
　　 │　　　　 ├ 3상3선식(220[V], 380[V], 440[V])
　　 │　　　　 ├ 3상4선식(120/208[V], 220/380[V], 254/440[V])
　　 │　　　　 └ 직류(100[V])
　　 ├ 고압간선 ─ 3상3선식(3.3[kV], 6.6[kV])
　　 └ 특별고압간선 ─ 3상4선식(154[kV], 22.9[kV])

3. 배전방식에 의한 분류

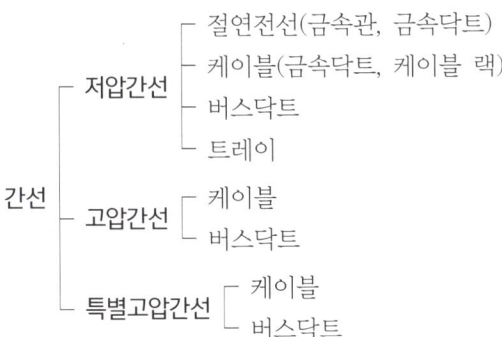

간선 ┬ 저압간선 ┬ 절연전선(금속관, 금속닥트)
　　 │　　　　 ├ 케이블(금속닥트, 케이블 랙)
　　 │　　　　 ├ 버스닥트
　　 │　　　　 └ 트레이
　　 ├ 고압간선 ┬ 케이블
　　 │　　　　 └ 버스닥트
　　 └ 특별고압간선 ┬ 케이블
　　　　　　　　　　└ 버스닥트

2 간선설비의 설계

1. 부하의 파악과 계통의 분류

부하의 장소와 용량, 부하의 종류(직류, 교류, 단상, 3상), 정격전압, 주파수, 운전상황, 계량구분, 중요도, 수용률 등을 파악하는 동시에 비상전원의 필요성을 검토하고, 다음 요령에 의하여 계통을 분할한다.
① 조명·콘센트 간선, 동력간선으로 분류한다.
② 일반부하, 보안부하 및 소방법이나 건축법에 규정되어 있는 방재부하로 분류한다.
③ 동력간선은 필요에 따라 공기조화 동력부하, 급·배수 동력부하, 건축부대 동력부하 등 용도별로 분류한다. 또 엘리베이터, 에스컬레이터의 간선은 전용으로 한다.
④ 전산기기, 의료용기기 등의 특수기기는 중요도에 맞추어 분류한다.
⑤ 임대용 빌딩에서는 계량구분에 맞추어 분류한다.

2. 간선계통도의 결정

(1) 전등간선

① 하나의 간선전류가 400[A] 이상인 대용량 저압간선을 필요로 할 때에는 버스덕트와 절연전선과의 경제성을 비교한다.
② 간선전류는 300[A] 정도(전선의 굵기 200[mm^2]) 이하로 분할한다.
③ 네온 전원 또는 비교적 대용량의 옥외광고용 전원은 옥내용 조명전원과 구별한다.
④ 발전기설비가 있을 때에는 상용과 비상용으로 구분한다.

(2) 동력간선

① 동력의 용도(건물에 부대하는 동력, 위생용 동력, 공기조화 및 환기용 동력, 공장 기계용 동력)에 따라 나눈다.
② 간선전류는 300[A] 정도(전선의 굵기 200[mm^2]) 이하로 분할한다.
③ 승강기용 동력(엘리베이터, 에스컬레이터 등)에는 다른 용도의 부하를 접속시키지 않는다.
④ 발전기설비가 있을 때에는 상용동력과 비상용동력(엘리베이터의 일부, 소화 펌프, 환기용 송풍기의 일부 등)으로 나눈다.

(3) 공동주택간선

① 룸 쿨러 등 전기사용기기를 사용할 수 있도록 단상 3선식으로 한다.
② 전선관 등은 장래 증설을 대비하여 여유를 둔다.

3 간선방식의 선정

1. 일반빌딩

간선을 건물에 분산시켜 분전반 등에 배전하는 방식은 그림과 같이 여러 방식이 있지만, 어느 경우이든 변전실로부터 거리를 되도록 짧게 하고, 각 간선의 용량을 균등하게 하여 배선비가 적게 들도록 계획하여야 한다.

(1) 간선굵기를 200[mm²] 이상으로 하지 말 것
  ① 단상3선식 220/110[V]이면 60[kVA] 정도(300[A])
  ② 3상3선식 220[V]이면 75[kW] 정도(300[A])

(2) 전압강하만을 생각하면 그림 (c)의 방식이 유리하다.

(3) 공장 등에서 종합부하의 수용률을 생각할 수 있는 경우에는 그림 (c)보다 (d)가 유리하다.

(4) 일반적으로, 그림 (b)의 방식이 경제적이다.

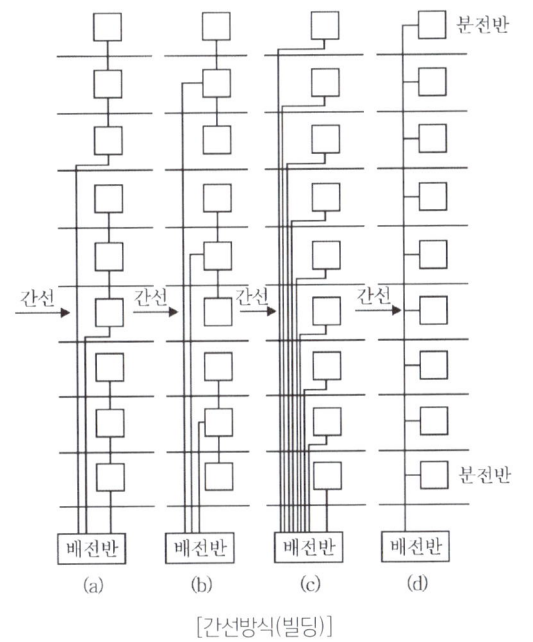

[간선방식(빌딩)]

2. 공동주택

공동주택의 전기방식은 그림과 같은 방식을 채택하며 간선용 샤프트의 위치, 건물의 구조, 각 기구의 용량 등에 따라 방식이 결정된다(수직방식의 간선계통도로 하는 경우도 있다).

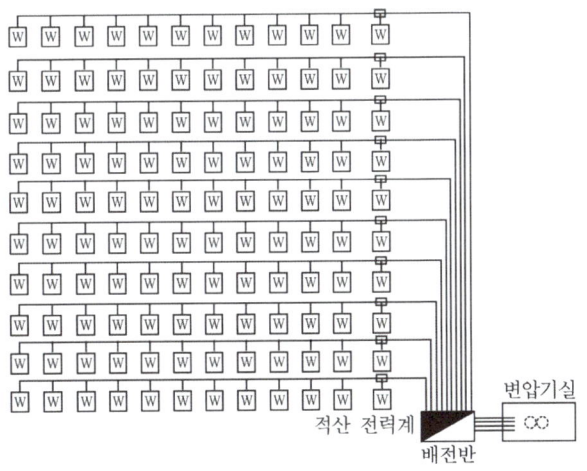

[수평방식의 간선계통]

4 간선의 과전류 보호

1. 과전류에 대한 보호

(1) 각 전선의 전원측에는 그 간선을 과전류로부터 보호하기 위한 과전류차단기를 설치하여야 한다.

(2) 저압옥내간선에 이것보다 가는 전선을 사용하여 저압옥내간선을 접속할 경우에는 그림과 같이 가는 전선에도 과전류차단기를 설치하여야 한다.

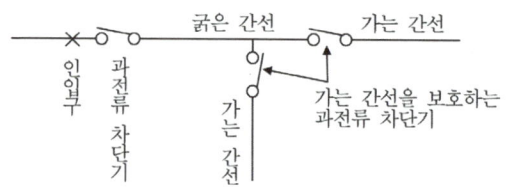

2. 지락전류보호

간선에 지락이 생겼을 때 자동적으로 전로를 차단하기 위하여 지락차단장치를 설치하여야 한다. 지락차단장치는 보통 지락계전기를 사용하여 수전용 차단기 또는 변압기용 차단기를 동작시켜 차단하도록 하고 있다.

그러나 규모가 큰 건물에는 간선이 400[V]급의 대용량인 경우, 건물 전체를 한 계통으로 하면 지락사고시에 건물 전체가 정전되므로 어느 정도 적은 범위로 나누어 지락차단장치를 설치하는 경우도 있다. 또한 비상조명, 비상엘리베이터, 유도등 등이 접속되어 있는 간선에는 지락차단장치 대신 경보장치를 설치하는 경우도 있다.

3. 단락보호

간선으로 사용하고 있는 절연전선, 케이블 또는 버스닥트 자체가 어떤 이유로 단락된 경우에 전류를 차단하기 위한 과전류차단기를 설치할 필요가 있다. 일반적으로, 변압기의 1차측이나 2차측에 통합하여 설치한다.

5 간선의 굵기와 기구 등의 용량

1. 간선의 굵기

간선의 굵기는 전압강하 및 허용전류를 참고로 하고, 저압옥내간선의 각 부분마다 그 부분을 통하여 공급되는 전기사용 기계기구의 정격전류의 합계 이상의 허용전류를 가지는 것이어야 한다.

이때, 전기사용 기계기구의 정격전류의 합계는 부하의 상정규정에 의해 구할 수 있으며, 수용률, 역률 등이 명확한 경우에는 적당히 수정한 부하전류값 이상의 허용전류를 가지는 전선을 사용할 수 있다.

전등 및 소형 전기기계기구의 용량 합계가 10[kVA]를 넘는 것은 그 넘는 용량에 대하여 다음 표의 수용률을 적용할 수 있다.

[간선의 수용률]

건물의 종류	수용률[%]
주택, 기숙사, 여관, 호텔, 병원, 창고	50
학교, 사무실, 은행	70

표에 의하여 계산하는 보기를 들면, 설비용량이 전등 및 소형 전기기구 30[kVA], 대형 전기기구 5[kVA]를 설비한 여관인 경우에 적용 수용률은 50[%]이므로

최대사용부하 = (30kVA - 10kVA) × 0.5 + 10kVA + 5kVA = 25[kVA]

즉, 설비용량은 35[kVA]이지만, 최대사용부하는 25[kVA]로 할 수 있다.

2. 간선의 굵기, 개폐기 및 과전류차단기의 용량

구분		전선의 굵기	과전류 차단기 용량
전동기가 없는 경우	(과차단류기 — 간선 — I_1, I_2, I_3, I_4)	$I_n \geq I_1 + I_2 + I_3 + I_4$ 간선은 전기사용기기의 정격전류 합계 이상의 허용전류를 가지는 전선 사용	$I_t \leq I_a$ 간선의 허용전류 이하의 정격을 가지는 과전류차단기 사용
전동기가 있는 경우	(I_f, I_a — M I_0, I_1, I_2, I_3) $I_0 < I_1 + I_2 + I_3$인 경우	$I_a \geq I_0 + I_1 + I_2 + \ldots + I_n$	$I_t \leq 3I_0 + I_1 + I_2 + \ldots$ $I_n \leq 2.5I_a$
	(I_f, I_a — M I_0, I_1, I_2, I_3) $I_0 < I_1 + I_2 + I_3 \cdots$이고 $I_0 \leq 50[A]$인 경우	$I_a \geq 1.25I_0 + I_1 + I_2 + \ldots + I_n$ (전동기 정격전류의 25[%] 증가)	$I_t \leq 3I_0 + I_1 + I_2 + \ldots$ $I_n \leq 2.5I_a$
	(I_f, I_a — M I_0, I_1, I_2, I_3) $I_0 < I_1 + I_2 + I_3 \cdots$이고 $I_0 > 50[A]$인 경우	$I_a \geq 1.1I_0 + I_1 + I_2 + \ldots + I_n$ (전동기 정격전류의 10[%] 증가)	$I_t \leq 3I_0 + I_1 + I_2 + \ldots$ $I_n \leq 2.5I_a$

여기서, I_t: 간선보호용 과전류차단기의 정격전류
 I_a: 간선의 허용전류
 I_1, I_2, I_3, I_4: 전기기계기구의 정격전류
 I_0: 전동기 등의 정격전류 합계

6 분기회로설계

1. 분기회로의 종류

분기회로의 과전류차단기는 퓨즈(fuse) 또는 배선용 차단기(MCCB 또는 NFB라고도 함)를 사용해야 한다.

분기회로의 종류	분기 과전류차단기의 정격전류
15[A] 분기회로	15[A]
20[A] 배선용차단기 분기회로	20[A](배선용 차단기에 한함)
20[A] 분기회로	20[A](퓨즈에 한함)
30[A] 분기회로	30[A]
50[A] 분기회로	50[A]
50[A] 초과하는 분기회로	배선의 허용전류 이하

2. 분기회로수 산정

사용전압 220[V]의 15[A], 20[A] 배선용 차단기에 한한다. 분기회로수는 상정한 설비 부하용량(전등 및 소형 전기 기계·기구에 한함)을 3,300[VA]로 나눈 값(사용전압이 110[V]인 경우에는 1,650[VA]로 나눈 값)을 원칙으로 한다. 이 경우 계산결과에 소수가 발생했을 때에는 절상한다.

$$분기회로수 = \frac{설비부하용량[VA]}{사용전압[V] \times 15[A]}$$

7 배선설계

1. 전선의 종류와 용도

(1) 절연전선의 종류와 주요 용도

명칭	약칭	주요 용도
옥외용 비닐 절연전선 (단심의 경동선 또는 경동연선 위에 내후성이 좋은 비닐 절연 피복을 한 것)	OW 전선 (out-door weather proof polyvinyl chloride insulated wire)	저압가공 배전선로에서 사용
인입용 비닐 절연전선 (경동선 또는 경동연선에 비닐 절연피복을 한 다심의 전선)	DV 전선 (polyvinyl chloride insulated drop wire)	저압의 가공인입선에 사용
600[V] 비닐 절연전선 (경동선 또는 연동선의 단선 또는 연선에 비닐을 피복한 것)	IV 전선 (indoor weather proof polyvinyl chloride insulated wire)	600[V] 이하의 옥내배선에 널리 사용
600[V] 2종 비닐 절연전선 (경동선 또는 연동선의 단선 또는 연선에 내열성이 있는 비닐을 피복한 것)	HIV 전선 (heat resistance in door polyvinyl chloride in sulated wire)	600[V] 이하의 옥내배선 중 내열성을 요구하는 경우에 사용
옥외용 가교 폴리에틸렌 절연전선	OC 전선 (outdoor crosslinked polyethylene insulated wire)	고압가공 전선로에 사용
고압인하용 가교 폴리에틸렌 절연전선	PDC 전선 (pole transformer drop wire crosslinked polyethylene)	고압가공선에서 주상변압기의 1차측에 이르는 고압가공 인하선으로 사용

(2) 전력 케이블의 종류와 주요 용도

명칭	약칭	주요 용도	사용전압
비닐 절연 비닐 외장 케이블 (절연과 피복에 비닐을 사용한 것)	VV 케이블 (PVC insulated PVC sheathed power cable)	600[V] 이하인 전압 회로에 사용	600[V] 이하
고무 절연 클로로프렌 외장 케이블 (절연체로는 천연고무, 외장재로는 클로로프렌을 피복함)	RN 케이블 (rubber insulated chloroprene sheathed cable)	• 3[kV] 이하의 회로에 사용 • 클로로프렌은 내후성, 기계적 특성이 우수한 관계로 사용조 건이 가혹한 곳에 견딜 수 있음	600[V] 이하 3.3[kV]
부틸 고무 절연 클로로프렌 외장 케이블 (부틸 고무계 합성 고무를 절연체로 사용하며, 외장재는 RN 케이블에 준함)	BN 케이블 (butylrubber insulated power cable)	절연체는 내열성이 우수한 것 외에 안정된 성능을 구비하고 있어 광 범위한 용도를 가짐	600[V] 이하 3.3[kV] 6.6[kV] 22[kV] 33[kV]

종류	기호	용도	전압
폴리에틸렌 절연비닐 외장 케이블 (절연체로서 폴리에틸렌을 사용하고, 외장으로는 비닐 또는 폴리에틸렌을 피복함)	EV 케이블 (polyethylene insulated PVC sheathed power cable)	• 전기적 특성이 우수하므로 저압에서 특별 고압에 이르기까지 널리 사용 • 내약품성이 우수	600[V] 이하 3.3[kV] 6.6[kV] 22[kV] 33[kV]
가교 폴리에틸렌 절연비닐 외장 케이블 (폴리에틸렌의 결점인 열적 특성을 가교 반응에 의해서 개선한 것)	CV 케이블 (crosslinked polyethylene insulated cable)	플라스틱 전력 케이블의 대표격으로, 저압에서 특별 고압에 이르기까지 널리 사용되고 있음	600[V] 이하 3.3[kV] 6.6[kV] 22[kV] 33[kV]
콘크리트 직매용 케이블	CB-VV	600[V] 이하의 저압분기회로에 사용	600[V] 이하
내화전선 (방재설비용 내화 케이블)	FP	방재설비의 전원·조명 비상용 콘센트 등에 사용	600[V] 이하 3,300[V] 6,600[V]
내열전선 (방재설비용 내열 케이블)	HP	방재설비의 표시, 경보 등의 제어용에 사용	약전류용

2. 전선의 접속

(1) 전선의 강도를 20% 이상 감소시키지 않을 것(단, 점퍼선을 접속하는 경우와 기타 전선에 가해지는 장력이 전선의 세기에 비하여 현저하게 작을 때는 그렇게 하지 않아도 된다)
(2) 접속부분은 접속관 외의 기구를 사용하거나 납땜을 할 것
(3) 절연전선 상호, 절연전선과 코드, 캡타이어 케이블 또는 케이블을 접속하는 경우에는 (1), (2)의 규정에 준하고, 이 외에 접속부분의 절연전선의 절연물과 동등 이상의 절연효력이 있는 접속기를 사용하는 경우 이외에는 접속부분을 그 부분의 절연전선의 절연물과 동등 이상의 절연효력이 있는 것으로 충분히 피복할 것

> **참고**
> • 전선의 강도는 인장하중으로 나타낸다.
> • 동등 이상의 절연효력이란 면절연 테이프, 고무테이프, 비닐 테이프 등으로 감아서 피복하는 것을 의미한다(접속기 사용 외의 경우).

3. 전선과 기구단자와의 접속

(1) 구리전선과 전기기계기구 단자를 접속하는 경우에 진동 등으로 인하여 헐거워질 염려가 있는 곳에서는 2중 너트, 스프링 와셔 등을 사용하여 헐거워지지 않도록 한다.
(2) 소선수를 줄여서 감선할 필요가 있는 경우에는 나머지 전선의 허용전류가 기구의 정격전류 이하가 되지 않도록 한다.
(3) 전선을 1가닥밖에 접속할 수 없는 구조의 단자에는 2가닥 이상을 접속하지 않도록 한다.
(4) 접속점에 장력이 가해지지 않도록 한다.

4. 옥내배선용 기호

명칭	그림 기호	적요
천장은폐 배선	————	① 천장은폐 배선 중 천장 속의 배선을 구별하는 경우는 천장 속의 배선에 ———— 를 사용하여도 좋다.
바닥은폐 배선	— — — —	② 노출배선 중 바닥면 노출배선을 구별하는 경우는 바닥면 노출배선에 —‥—‥— 를 사용하여도 좋다.
노출배선	....	③ 전선의 종류를 표시할 필요가 있는 경우는 기호를 기입한다. <보기> 600V 비닐 절연전선 IV 　　　　600V 2종 비닐 절연전선 HIV 　　　　가교 폴리에틸렌 절연비닐 시스 케이블 CV 　　　　600V 비닐 절연비닐 시스 케이블(평형) VVF 　　　　내화케이블 FP 　　　　내열전선 HP 　　　　통신용 PVC 옥내선 TIV ④ 절연전선의 굵기 및 전선수는 다음과 같이 기입한다. 단위가 명백한 경우는 단위를 생략하여도 좋다. <보기> —//—1.6　　—//—2　　—//—2mm²　　—//—8 <숫자 방기의 보기>: 1.6×5, 5.5×1 다만, 시방서 등에 전선의 굵기 및 전선수가 명백한 경우는 기입하지 않아도 좋다. ⑤ 케이블의 굵기 및 선심수(또는 쌍수)는 다음과 같이 기입하고 필요에 따라 전압을 기입한다. 다만, 시방서 등에 케이블의 굵기 및 선심수가 명백한 경우는 기입하지 않아도 좋다. <보기> 1.6[mm] 3심인 경우　　1.6-3C 　　　　0.5[mm] 100쌍인 경우　0.5-100P ⑥ 전선의 접속점은 다음에 따른다.

⑦ 배관은 다음과 같이 표시한다.

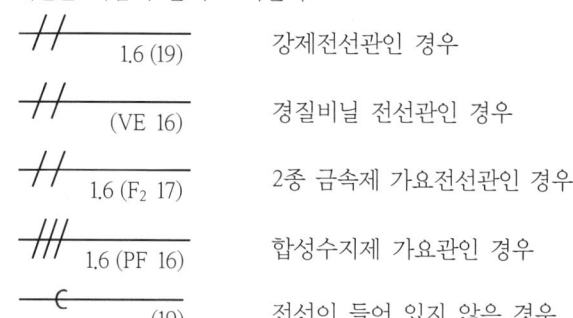

다만, 시방서 등에 명백한 경우는 기입하지 않아도 좋다.

⑧ 플로어 닥트의 표시는 다음과 같다.

<보기> ----- (F7)   ----- (FC6)

정크션 박스를 표시하는 경우는 다음과 같다. --◎--

⑨ 금속닥트의 표시는 다음과 같다. | MD |

⑩ 금속선 홈통의 표시는 다음과 같다.

1종 ----- MM_1 2종 ----- MM_2

⑪ 라이팅 닥트의 표시는 다음과 같다.

□----- LD   --□-- LD

■ 는 피드인 박스를 표시한다.

필요에 따라 전압, 극수, 용량을 기입한다.

<보기> □-------
         LD 125V 2P 15A

⑫ 접지선의 표시는 다음과 같다.

<보기> ——/——
         E 2.0

⑬ 접지선과 배선을 동일관 내에 넣는 경우는 다음과 같다.

<보기> ——//——/——
         2.0(25) E 2.0

다만, 접지선의 표시가 E가 명백한 경우는 기입하지 않아도 좋다.

⑭ 케이블의 방화구획 관통부는 다음과 같이 표시한다.

⑮ 정원등 등에 사용하는 지중매설 배선은 다음과 같다.

—··—··—··—

⑯ 옥외배선은 옥내배선의 그림기호를 준용한다.
⑰ 구별을 필요로 하지 않는 경우는 실선만으로 표시하여도 좋다.
⑱ 건축도면의 선과 명확히 구별한다.

상승	↗	① 동일층의 상승, 인하는 특별히 표시하지 않는다. ② 관, 선 등의 굵기를 명기한다. 다만, 명백한 경우는 기입하지 않아도 좋다. ③ 필요에 따라 공사 종별을 방기한다. ④ 케이블의 방화구획 관통부는 다음과 같이 표시한다. ◎↗ 상승 ◎↙ 인하 ◎↕ 소통
인하	↙	
소통	↕	
풀박스 및 접속상자	⊠	① 재료의 종류, 치수를 표시한다. ② 박스의 대소 및 모양에 따라 표시한다.
VVF용 조인트박스	⊘	단자붙이임을 표시하는 경우는 t를 방기한다. ⊘ t
접지단자	⏚	의료용인 것은 H를 방기한다.
접지센터	EC	의료용인 것은 H를 방기한다.
접지극	⏚	① 접지 종별을 다음과 같이 방기한다. 　제1종 E1, 제2종 E2, 제3종 E3, 특별 제3종 Es3 　<보기> ⏚ 　　　　　E_1 ② 필요에 따라 재료의 종류, 크기, 필요한 접지 저항치 등을 방기한다.
수전점	↯	인입구에 이것을 적용하여도 좋다.
점검구	○	-

(1) 전선수의 기입

① 전선 가닥수가 2가닥인 경우에는 ─//─ 로 표시하며, 가닥수가 5가닥 이상인 때는 가닥수가 많아 읽기가 어렵다. 예를 들어, 6가닥인 경우 ─////─ 로 표시하면 읽기가 매우 어렵고 혼동하기 쉬우므로 다음과 같이 표시한다.

② IV 전선 1.6[mm]가 5가닥, IV 전선 2.0[mm]가 1가닥이면 $\frac{1.6 \times 5}{2.0 \times 1}$ 와 같이 숫자를 넣어 표시한다.

(2) 전선의 굵기 기입

① 분기회로의 부하전류가 15[A]이면, 허용전류 19[A]인 1.6[mm] 전선이면 이론적으로 충분하나 여유를 주어서 2.0[mm](허용전류 27[A])로 한다. 그리고 스위치의 점멸방식은 세로로 구성한다.

② 전선의 굵기는 ─── 에 써 넣는다. 그러나 2.0[mm], 5.5[mm^2], 8.0[mm^2] 등과 같이 단위가 명확한 것은 단위를 생략하고, 1.6, 2.0, 또는 5.5□, 8.0□ 등으로 표시한다. 그러나 2.0[mm^2]은 2.0[mm^2]와 혼동하기 쉬우므로 2.0□식으로 반드시 [mm^2]의 표시를 □로 표시한다.

③ 사용하는 전선의 종류는 약호로서 기입한다.
　IV, HIV 등을 배선 ─── 또는 ------- 위에 기입한다.

(3) 배관의 굵기 기입
   ① 전선을 넣어야 할 전선관의 굵기를 선정한 후 기입한다.
   ② 전선관 공사의 전선관 굵기의 표시는 (　　) 안에 전선관 굵기의 치수를 기입한다.
   예를 들면 2.0[mm] IV 전선 2가닥을 16[mm] 전선관에 넣는 경우에는 $\underline{2.0 \times 2(16)}$ 으로 표시한다. 16[mm] 전선관에 전선을 넣지 않을 경우에는 ───⊃─── 로 표시한다.
   ③ 전선관에 전선을 넣는 전선은 전선의 절연피복을 포함한 단면적의 합이 관의 내면적 48[%]를 넘지 않도록 하여야 한다.

8 옥내배선공사

1. 금속관 공사

(1) 전선
   ① 금속관 배선에는 절연전선을 사용하여야 한다.
   ② ①의 전선은 지름 3.2[mm](알루미늄 전선은 4.0[mm])를 초과할 경우에는 연선이어야 한다. 다만 길이 1[m] 정도 이하의 금속관에 넣는 것은 제외된다.
   ③ 금속관 내에서는 전선에 접속점을 만들어서는 안 된다.

(2) 금속관 및 부속품의 선정
   금속관 배선에 사용하는 금속관 및 박스 기타 부속품(관상호를 접속하는 것과 관단에 접속하는 것에 한한다)은 다음에 적합한 것이어야 한다.
   ① 전기용품안전관리법의 적용을 받는 금속관 및 합성수지제인 것 또는 황동 또는 동으로 견고하게 제작한 것일 것
   ② 관의 두께는 콘크리트에 매입할 경우는 1.2[mm] 이상, 기타의 경우는 1[mm] 이상일 것. 다만, 이음매(Joint)가 없는 길이 4[m] 이하의 것을 건조한 노출장소에 시설하는 경우는 0.5[mm] 이상일 것
   ③ 단구 및 내면은 전선의 피복이 손상되지 않도록 매끈한 것일 것

(3) 관 및 부속품의 녹방지
   금속관 배선에 사용하는 금속관 및 그 부속품은 녹이나 부식이 발생할 우려가 있는 부분(나사내기 및 기타 원인으로 금속관이나 그 부속품에 시행한 도금, 도료가 벗겨진 경우 등)에는 방청 도료를 칠하거나 하여 보호하여야 한다.

(4) 관 및 부속품의 연결과 지지
   ① 금속관은 서로 커플링으로 접속할 것. 이 경우 조임 등은 확실하게 할 것. 단, 금속관이 고정되어 있어 이것을 회전시켜 접속할 수 없는 경우에는 유니온 커플링을 사용하여 접속할 것
   ② 금속관과 박스, 기타 이와 유사한 것과 접속하는 경우지만 틀어 끼우는 방법이 아닌 경우에는 로크너트 (Locknut) 2개를 사용하여 박스 또는 캐비닛 접속 부분의 양측을 조일 것. 다만, 부싱(절연 부싱은 금속을 주체로 한 것) 등으로 견고하게 부착할 경우에는 로크너트를 생략할 수 있다.
   ③ 금속관을 조영재에 맞게 시설하는 경우는 새들 또는 행거(hanger) 등으로 견고하게 지지하고, 그 간격을 2[m] 이하로 하는 것이 바람직하다.

(5) 관의 굴곡

① 금속관을 구부릴 때 금속관의 단면이 심하게 변형되지 않도록 구부려야 하며, 그 안측의 반지름은 관 안지름의 6배 이상이 되어야 한다.
② 아웃트렛 박스 사이나 전선 인입구를 가지는 기구 사이의 금속관에는 3개소를 초과하는 직각 또는 직각에 가까운 굴곡개소를 만들어서는 안 된다(굴곡개소가 많은 경우 또는 관의 길이가 30[m]를 초과하는 경우에는 풀 박스를 설치하는 것이 바람직하다).
③ 유니버설 엘보(Universal Elbow), 티, 크로스 등은 조영재에 은폐시켜서는 안 된다. 다만, 그 부분을 점검할 수 있는 경우는 제외한다.
④ ③의 티, 크로스 등은 덮개가 있는 것이어야 한다.

(6) 관단에서의 전선보호

① 관단에는 부싱을 사용할 것, 다만, 금속관에서 애자사용 배선으로 바뀌는 개소에는 절연 부싱, 터미널 캡, 엔드 등을 사용할 것
② 우선 외에서 수직배관의 상단에는 엔트런스 캡을 사용할 것
③ 우선 외에서 수평배관의 말단에는 터미널 캡 또는 엔트런스 캡을 사용할 것

(7) 접지

① 사용전압이 400[V] 미만인 경우의 금속관 및 그 부속품 등은 제3종접지공사로 접지하여야 한다. 다만, 다음에 해당하는 경우에는 제3종접지공사를 생략할 수 있다.
   ㉠ 금속관 배선의 대지전압이 150[V] 이하인 경우로서 다음 장소에 길이(2본 이상의 금속관을 접속하여 사용하는 경우에는 전체 길이를 말한다. 이하 동일하다) 8[m] 이하의 금속관을 시설하는 경우
      • 건조한 장소
      • 사람이 쉽게 접촉할 우려가 없는 장소
   ㉡ 금속관 배선의 대지전압이 150[V]를 초과하는 경우로서 길이 4[m] 이하의 금속관을 건조한 장소에 시설하는 경우
② 사용전압이 400[V] 이상인 경우의 금속관 및 부속품 등은 특별제3종접지공사로 접지하여야 한다. 다만, 사람이 접촉할 우려가 없는 경우에는 제3종접지공사로 접지할 수 있다.
③ 금속관과 접지선의 접속은 접지 클램프를 사용해야 한다.
④ 금속관 또는 기타 부속품과 접지선의 접속은 은폐장소에 하여서는 안 된다.

2. 합성수지관 공사

합성수지관 공사에 의한 저압옥내배선은 다음과 같이 시설하고 중량물의 압력 또는 현저한 기계적 충격을 받을 우려가 없도록 시설하여야 한다.
① 전선은 절연전선(옥외용 비닐 절연전선을 제외한다)일 것
② 합성수지관 안에는 전선에 접속점이 없도록 할 것
③ 관 상호간 및 박스는 관을 삽입하는 깊이를 관의 바깥지름의 1.2배(접착제를 사용하는 경우에는 0.8배) 이상으로 하고, 꽂음접속에 의하여 견고하게 접속할 것
④ 관의 지지점 간의 거리는 1.5[m] 이하로 하고, 지지점은 관의 끝, 관과 박스의 접속점 및 관 상호간의 접속점 등에 가까운 곳에 시설할 것

⑤ 저압옥내배선의 사용전압이 400[V] 미만인 경우에 합성수지관을 금속제의 박스에 접속하여 사용할 때나 분진방폭형 플렉시블 피팅에는 제3종접지공사를 한다. 다만, 다음과 같은 경우에는 제외한다.
    ㉠ 건조한 장소에 시설하는 경우
    ㉡ 옥내배선의 사용전압이 직류 300[V] 또는 교류 대지전압 150[V] 이하인 경우에 사람이 쉽게 접촉할 우려가 없도록 시설할 경우

3. 가요전선관 공사

(1) 가요전선관 공사는 굴곡장소가 많아서 금속관 공사를 하기 어렵거나 전동기와 옥내배선을 연결하는 경우 또는 엘리베이터, 전차, 기차 내의 배선에 적합하다.

(2) 가요전선관 공사에 의한 저압옥내배선은 다음과 같이 시설한다.
    ① 전선은 절연전선(옥외용 비닐 절연전선은 제외한다)일 것
    ② 전선은 연선이어야 하지만 지름 3.2[mm](알루미늄은 4[mm])이하인 것은 제외한다.
    ③ 가요전선관 안에는 전선에 접속점이 없도록 할 것
    ④ 1종 금속제 가요전선관은 두께 0.8[mm] 이상일 것
    ⑤ 내면은 전선의 피복을 손상하지 않도록 매끈한 것일 것
    ⑥ 관 상호간 및 관과 박스, 기타 부속품과는 견고하고, 전기적으로 완전하게 접속할 것
    ⑦ 가요전선관의 단구는 피복을 손상하지 않는 구조로 되어 있을 것
    ⑧ 2종 금속제 가요전선관을 사용하는 경우에 습기가 많은 장소나 물기가 있는 장소에 시설할 때에는 방습장치를 할 것
    ⑨ 1종 금속제 가요전선관에는 지름 1.6[mm] 이상의 나연동선을 전체 길이에 걸쳐 삽입 또는 첨가하여 나연동선과 1종 금속제 가요전선관을 양쪽 끝에서 전기적으로 완전하게 접속한다. 다만, 관의 길이가 4[m] 이하인 것을 시설하는 경우에는 그렇지 않다.
    ⑩ 저압옥내배선의 사용전압이 400[V] 이상인 경우에는 가요전선관에 특별제3종접지공사를 하며, 다만 사람이 접촉할 우려가 없도록 시설하는 경우에는 제3종접지공사에 의할 수 있다.

4. 금속닥트 공사

(1) 규격은 폭 5[cm] 이상, 두께 1.2[mm] 이상의 철판으로 한다.
(2) 절연전선을 동일 금속닥트 내에 넣을 경우 금속닥트의 크기는 전선의 피복절연물을 포함한 단면적의 총합계가 금속닥트의 내단면적의 20[%] 이하가 되도록 선정할 것(단, 전광사인장치 출퇴표시등 제어회로 등의 배선에 사용하는 전선만을 넣는 경우에는 50[%])
(3) 동일 금속닥트 내에 넣는 전선은 30본 이하로 하는 것이 바람직하다.
(4) 금속닥트의 지지점 거리는 3[m] 이하이다(단, 수직으로 배관시는 6[m] 이하).
(5) 금속닥트의 뚜껑은 벗겨지지 않도록 시설할 것
(6) 금속닥트 상호는 견고하고 전기적으로 완전하게 접속할 것
(7) 금속닥트 내부에는 먼지가 침입하지 않을 것
(8) 금속닥트의 종단부는 폐쇄할 것

(9) 금속닥트를 콘크리트 바닥에 매설하는 경우에는 물이 고일 수 있는 낮은 부분이 없도록 시설할 것
(10) 금속닥트는 닥트의 내부에 물이 고이지 않도록 시설할 것
(11) 금속닥트 내에는 접속단자를 설치하고 조명기구를 직접 부착하거나 방전등용 안정기를 넣는 등 전선의 피복을 손상할 우려가 있는 것을 시설하여서는 안 된다.
(12) 금속닥트 배선을 수직 또는 경사지게 시설하는 경우에는 전선의 이동을 막기 위하여 전선을 적당하게 지지하여야 한다.
(13) 금속닥트 배선이 마루 또는 벽을 관통하는 경우에는 금속닥트를 관통부분에서 접속해서는 안 된다.
(14) 금속닥트 내의 전선을 외부로 인출하는 부분은 금속닥트의 관통부분에서 전선이 손상될 우려가 없도록 시설할 것
(15) 금속닥트의 분기점에서 장력이 가하여지지 않도록 시설할 것
(16) 전선의 분기점에는 장력이 가하여지지 않도록 시설할 것
(17) 금속닥트와 금속관 또는 금속제 가요전선관, 플로어닥트, 셀룰러닥트 상호는 견고하고 전기적으로 완전하게 접속할 것
(18) 금속닥트와 합성수지관은 견고하게 접속할 것

5. 케이블 공사

케이블 공사는 금속관 공사와 같이 옥내배선의 모든 장소에 시설할 수 있는 공사방법이다. 케이블 공사에 의한 저압옥내배선은 다음과 같이 시설하여야 한다.

① 전선은 케이블, 3종 캡타이어 케이블, 3종 클로로프렌 캡타이어 케이블, 3종 클로로술폰화 폴리에틸렌 캡타이어 케이블, 4종 캡타이어 케이블, 4종 클로로프렌 캡타이어케이블 또는 4종 클로로술폰화 폴리에틸렌 캡타이어 케이블일 것이다. 다만 사용전압이 400[V] 미만인 저압옥내배선은 전개된 장소 또는 점검할 수 있는 은폐된 장소에 시설할 경우에는 2종 클로로프렌 캡타이어 케이블, 2종 클로로술폰화 폴리에틸렌 캡타이어 케이블, 또는 비닐 캡타이어 케이블을 사용할 수 있다.
② 중량물의 압력 또는 현저한 기계적 충격을 받을 우려가 있는 곳에 시설하는 케이블에는 적당한 방호장치를 할 것
③ 전선을 조영재의 아랫면 또는 옆면에 따라 붙이는 경우에는 전선의 지지점 간의 거리를 케이블 2[m](사람이 접촉할 우려가 없는 곳으로 수직으로 붙이는 경우에는 6[m] 이하), 캡타이어 케이블은 1[m] 이하로 하고, 피복을 손상하지 않도록 붙일 것
④ 저압옥내배선은 사용전압이 400[V] 미만인 경우에는 관 기타의 전선을 넣는 방호장치의 금속제 부분·금속제의 전선접속함 및 전선의 피복에 사용하는 금속체에는 제3종접지공사를 할 것
⑤ 저압옥내배선은 사용전압이 400[V] 이상인 경우에는 관과 기타 전선을 넣은 방호장치의 금속제 부분·금속제의 전선접속함 및 전선의 피복에 사용하는 금속체에는 특별 제3종접지공사를 할 것이며, 다만 사람이 접촉할 우려가 없도록 시설하는 경우에는 제3종접지공사에 의할 수 있다.

9 접지

1. 접지의 목적

(1) 감전의 방지

전기기기 내에서 절연파괴가 생기면, 기기의 금속제 외함은 충전되어 대지 전압을 가진다. 여기에 사람이 접촉하면 인체를 통하여 대지로 전류가 흘러 감전되므로, 금속제 외함을 접지하여 대지전압을 갖지 않도록 한다.

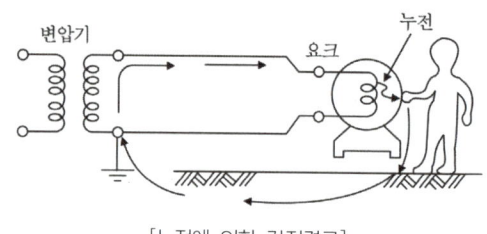

[누전에 의한 감전경로]

(2) 전로의 대지전압의 저하

3상4선식 전로의 중성점을 접지하면 각 상의 대지전압은 선간전압의 $\frac{1}{\sqrt{3}}$로 낮아진다. 예를 들면, 선간 전압이 380[V]인 경우, 대지전압은 약 220[V]로 되어 안전상 좋으며, 특별고압기기에서는 절연의 강도를 낮게 할 수 있어서 경제적으로 유리하다.

(3) 보호계전기의 동작확보

전로의 중성점(또는 1선)을 접지하여 놓으면 전로의 어느 한 점(그림의 F점)에서 지락사고가 생긴 경우, 대지를 귀로로 하는 폐회로가 생겨서 지락보호계전기를 동작시키는 데 필요한 전류 I_g가 흘러서, 사고 구간의 전원을 차단하여 전로의 보호가 가능하다.

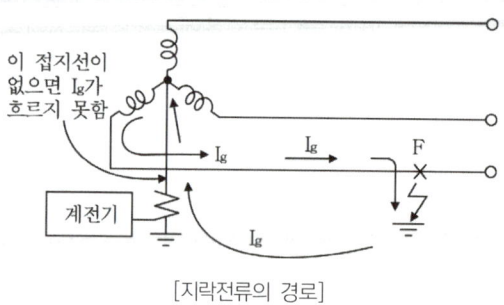

[지락전류의 경로]

(4) 이상전압의 억제

피뢰기의 접지나 가공지선의 접지는 낙뢰로 인한 뇌전류를 낮은 저항의 접지를 통하여 대지로 방류하여, 전압이 이상 상승하는 것을 억제한다.

2. 저압전로의 절연저항

옥내에 시설하는 저압의 접촉전선과 대지 사이의 절연저항은 다음 표와 같다.
단, 신설시에는 1[MΩ] 이상이 바람직하다.

구분	전로의 사용전압의 구분	절연저항값
400[V] 미만	대지전압(접지식 전로에 있어서는 전선과 대지간의 전압, 비접지식 전로에 있어서는 전선간의 전압을 말한다. 이하 같다)이 150[V] 이하인 경우	0.1[MΩ]
	150[V]를 넘고 300[V] 미만	0.2[MΩ]
	300[V]를 넘고 400[V] 미만	0.3[MΩ]
400[V] 이상	–	0.4[MΩ]

3. 저압전로의 절연성능

전기사용 장소의 사용전압이 저압인 전로의 전선 상호간 및 전로와 대지 사이의 절연저항은 개폐기 또는 과전류차단기로 구분할 수 있는 전로마다 다음 표에서 정한 값 이상이어야 한다. 다만, 전선 상호간의 절연저항은 기계기구를 쉽게 분리가 곤란한 분기회로의 경우 기기 접속 전에 측정할 수 있다.

또한, 측정 시 영향을 주거나 손상을 받을 수 있는 SPD 또는 기타 기기 등은 측정 전에 분리시켜야 하고, 부득이하게 분리가 어려운 경우에는 시험전압을 250[V] DC로 낮추어 측정할 수 있지만 절연저항 값은 1[MΩ] 이상이어야 한다.

[절연저항]

전로의 사용전압	DC 시험전압	절연저항
SELV, PELV	250[V]	0.5[MΩ]
FELV, 500[V] 이하	500[V]	1.0[MΩ]
500[V] 초과	1,000[V]	1.0[MΩ]

> 참고
> - ELV(특별저압, extra low voltage): 인체에 위험을 초래하지 않을 정도의 저압으로 2차측전압이 AC 50[V], DC 120[V] 이하인 것을 말한다.
> - SELV(안전특별저압, safety - ELV): 비접지회로방식의 특별저압으로 1차와 2차가 전기적으로 절연된 회로이다.
> - PELV(보호특별저압, protected - ELV): 접지회로방식의 특별저압으로 1차와 2차가 전기적으로 절연된 회로이다.
> - FELV(기능특별저압, functional - ELV): 단권변압기 등 1차와 2차가 전기적으로 절연되지 않은 회로이다.

Chapter 14 소방에 관한 전기원리 및 회로

1 자동화재 탐지설비 전기회로방식

(1) 작동이 확실하고 취급·점검이 쉬울 것
(2) 현저한 잡음이나 장해전파를 발하지 않을 것
(3) 보수 및 부속품 교체가 쉬울 것
(4) 부식의 우려가 있는 부분은 방청가공을 하거나 내식가공을 할 것
(5) 배선의 접속이 정확하고 확실하며 배선은 충분한 전류용량을 갖는 것일 것
(6) 예비전원회로에는 단락사고 등으로부터 보호하기 위한 퓨즈를 설치할 것
(7) 수신기 외부배선 연결용 단자에 있어 공통신호선용 단자는 7개 회로마다 1개 이상 설치할 것
(8) 접지전극에 직류전류를 통하는 회로방식으로 하지 않을 것
(9) 수신기에 접속되는 외부배선과 다른 설비의 외부배선을 공용으로 하는 회로방식으로 하지 않을 것

2 공기관식 감지기 감도시험 이론식

(1) C_0: 다이어프램의 등가용량 $[10^{-6} \text{cc}/\mu\text{bar}]$
(2) C_1: 가열되는 공기관 20[m]의 용량 $[10^{-6} \text{cc}/\mu\text{bar}]$
(3) C_2: 20[m]를 가열할 때 그 압력을 전달하는 공기관 길이[m]의 용량 1/2의 용량 $[10^{-6} \text{cc}/\mu\text{bar}]$
(4) r_1: 압력을 전달하는 공기관의 저항 $[\text{M}\Omega]$
(5) r_2: 감지기의 리크저항 $[\text{M}\Omega]$

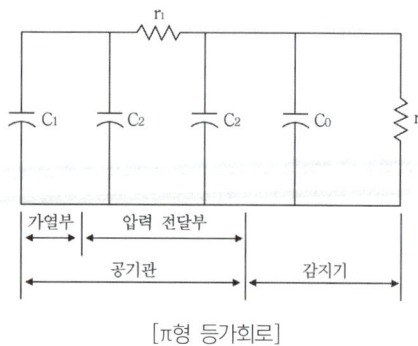

[π형 등가회로]

3 P형 1급 발신기 전선용도 및 수량

(1) **지구선**: 1선
(2) **발신기 공통선**: 1선
(3) **전화선**: 1선
(4) **응답선**: 1선

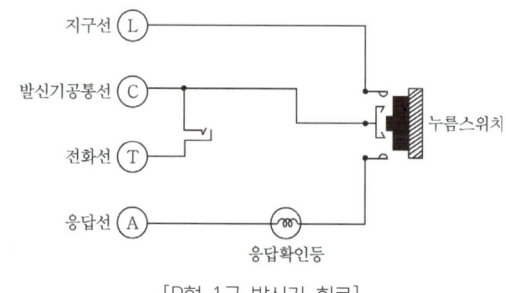

[P형 1급 발신기 회로]

4 발신기 세트(종합반)와 수신기 사이 전선용도 및 수량

5 송배전방식

회로도통시험시, 감지기간의 접속상황을 확인하기 위해 배선 도중에서 분기하지 않고 배선하는 것을 그 목적으로 하는 방식이다.

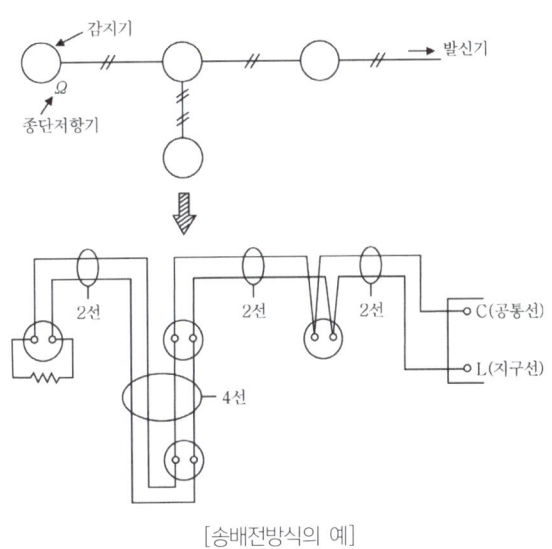

[송배전방식의 예]

6 감지기 감시전류 및 동작전류 계산

1. 감시전류

감지기가 동작하지 않을 때 흐르는 전류로서 보통 2~3[mA] 정도의 전류가 흐른다.

$$감시전류 = \frac{E}{r_1+r_2+r_3} \times 10^3 [mA]$$

여기서, E: 기전력[V]
통상직류 24[V]
r_1: 릴레이저항[Ω]
r_2: 종단저항[Ω]
r_3: 전로저항[Ω](50[Ω] 이하일 것)

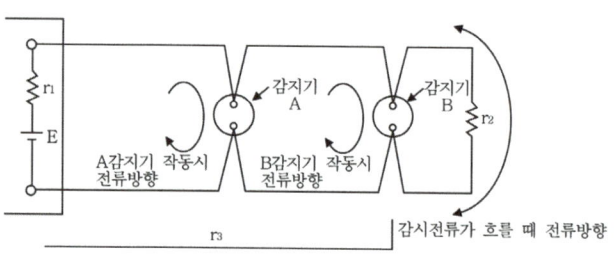

2. 동작전류

감지기 작동시 흐르는 전류이다.

$$동작전류 = \frac{E}{r_1+r_2} \times 10^3 [mA]$$

7 누전경보기의 변류기 설치

누전경보기의 변류기는 영상변류기(ZCT)의 성격을 띠는데 모든 배선(접지선 포함)을 변류기 안에 관통시켜야 한다. 다만, 제2종접지선에 변류기를 설치하는 경우에는 2종 접지선 1선만 관통시켜도 무방하다.

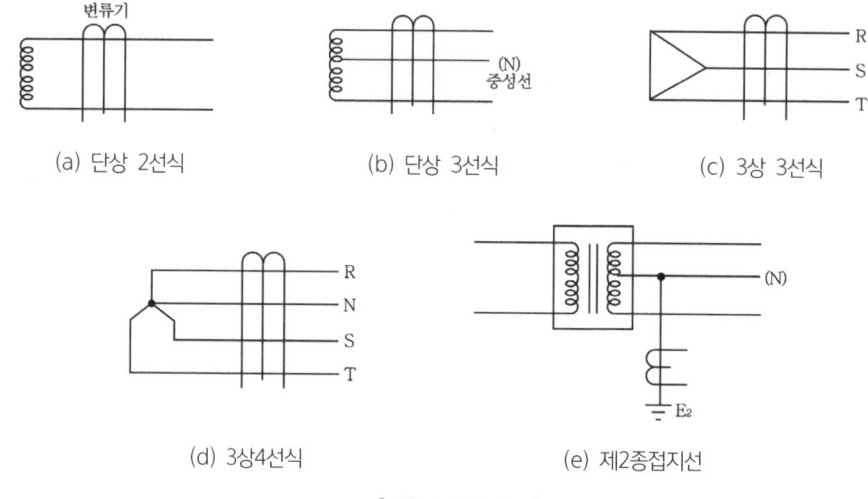

[변류기의 설치 예]

8 누전경보기의 동작

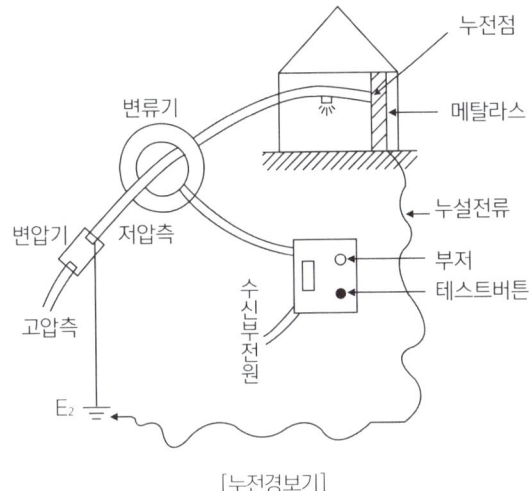

[누전경보기]

옥내배선(경계전로)의 피복이 손상되어 금속과 접촉시 동작은 아래의 순서로 폐회로가 되어 작동한다.

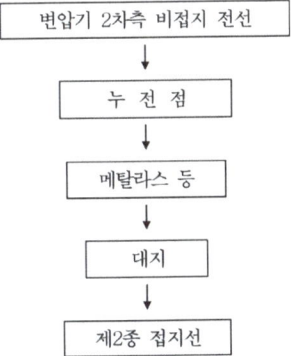

이때 변류기 2차측 유기전압 E[V]

$$E = 4.44 f N_2 \phi_g \times 10^{-8} [\text{V}]$$

여기서, f: 주파수[Hz]
N_2: 변류기 2차권수
ϕ_g: 누설자속[Wb]
4.44: 상수($\frac{2\pi}{\sqrt{2}} ≒ 4.44$)

9 누전경보기의 시험

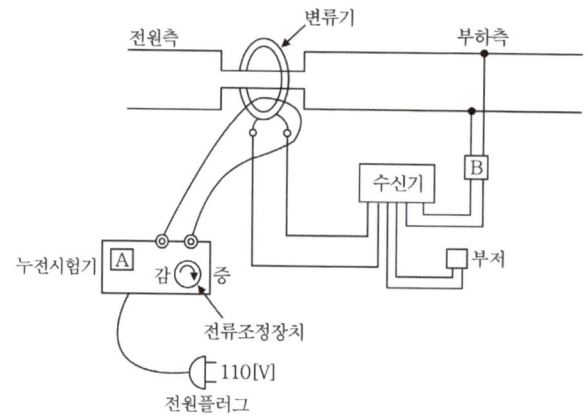

1. 누설전류 검출시험

(1) 누전시험기의 전원 플러그를 콘센트에 삽입한다.
(2) 누전시험기의 전류조정장치를 이용하여 변류기에 누설전류가 흐르게 한다.
(3) 작동상황을 점검한다.

2. 판정

공칭작동 전류값에서 작동하는 경우 버저가 명동되고 부하측 전로를 차단한다.

10 누설동축 케이블의 결합손실(무선통신 보조설비)

$$LC = -20\log\frac{V_R}{V_T}[\text{dB}] \text{ 또는 } LC = -10\log\frac{P_R}{P_T}[\text{dB}]$$

여기서, LC: 결합손실[dB]
V_T: 송신전압[V]
V_R: 수신전압[V]
P_T: 송신전력[W]
P_R: 수신전력[W]

11 축전지 내장형 등기구의 표준광속비(유도등)

$$\text{광속비} = \frac{\text{광속표준전압으로 점등시 조도}}{\text{사용점등시 조도}} \times 100 = \frac{E_{37}}{E_0} \times 100 [\%]$$

12 초기조도(E_0)

$$E_0 = \frac{E}{M} K_1$$

여기서, E_0: 설계 초기조도[lx]
　　　　E: 필요조도(백열등 1[lx], 형광등 2[lx])
　　　　M: 보수율(보통 0.65~0.7)
　　　　K_1: 광속환산계수

기구 단자 전압[V]	K_1	
	백열전구	형광등
100	1.00	1.00
95	0.85	0.90
90	0.65	0.80
85	0.55	0.70
80	0.45	–

해커스자격증
pass.Hackers.com

Part 02
소방전기시설의 구조 및 원리

Chapter 01   자동화재 탐지설비 및 시각경보장치
Chapter 02   자동화재 속보설비
Chapter 03   누전경보기
Chapter 04   비상경보설비(단독경보형 감지기 포함) 및 비상방송설비
Chapter 05   방재전원설비
Chapter 06   피난구조설비
Chapter 07   비상콘센트 설비
Chapter 08   무선통신 보조설비
Chapter 09   가스 누설경보기

Chapter 01 자동화재 탐지설비 및 시각경보장치

1 설치대상 및 용어의 정의

1. 설치대상

(1) 근린생활시설(일반목욕장을 제외한다)·위락시설·숙박시설·의료시설, 장례시설 및 복합건축물로서 연면적 600[m^2] 이상인 것
(2) 공동주택, 근린생활시설 중 목욕장, 문화 및 집회시설, 종교시설, 판매시설, 운수시설, 운동시설, 업무시설, 공장, 창고시설, 위험물 저장 및 처리 시설, 항공기 및 자동차 관련 시설, 교정 및 군사시설 중 국방·군사시설, 방송통신시설, 발전시설, 관광 휴게시설, 지하가(터널은 제외한다)로서 연면적 1천[m^2] 이상인 것
(3) 교육연구시설(교육시설 내에 있는 기숙사 및 합숙소를 포함한다), 수련시설(수련시설 내에 있는 기숙사 및 합숙소를 포함하며, 숙박시설이 있는 수련시설은 제외한다), 동물 및 식물 관련 시설(기둥과 지붕만으로 구성되어 외부와 기류가 통하는 장소는 제외한다), 분뇨 및 쓰레기 처리시설, 교정 및 군사시설(국방·군사시설은 제외한다) 또는 묘지 관련 시설로서 연면적 2천[m^2] 이상인 것
(4) 지하구, 판매시설 중 전통시장
(5) 지하가 중 터널로서 길이가 1천[m] 이상인 것
(6) 노유자 생활시설
(7) (6)에 해당하지 않는 노유자시설로서 연면적 400[m^2] 이상인 노유자시설 및 숙박시설이 있는 수련시설로서 수용인원 100명 이상인 것
(8) (2)에 해당하지 않는 공장 및 창고시설로서 「소방기본법 시행령」 별표 2에서 정하는 수량의 500배 이상의 특수가연물을 저장·취급하는 것

2. 용어의 정의

(1) "경계구역"이란 특정소방대상물 중 화재신호를 발신하고 그 신호를 수신 및 유효하게 제어할 수 있는 구역을 말한다.
(2) "수신기"란 감지기나 발신기에서 발하는 화재신호를 직접 수신하거나 중계기를 통하여 수신하여 화재의 발생을 표시 및 경보하여 주는 장치를 말한다.
(3) "중계기"란 감지기·발신기 또는 전기적접점 등의 작동에 따른 신호를 받아 이를 수신기의 제어반에 전송하는 장치를 말한다.
(4) "감지기"란 화재시 발생하는 열, 연기, 불꽃 또는 연소생성물을 자동적으로 감지하여 수신기에 발신하는 장치를 말한다.
(5) "발신기"란 화재발생 신호를 수신기에 수동으로 발신하는 장치를 말한다.
(6) "시각경보장치"란 자동화재탐지설비에서 발하는 화재신호를 시각경보기에 전달하여 청각장애인에게 점멸형태의 시각경보를 하는 것을 말한다.
(7) "거실"이란 거주·집무·작업·집회·오락 그 밖에 이와 유사한 목적을 위하여 사용하는 방을 말한다.

1-1 신호처리방식

화재신호 및 상태신호 등(이하 "화재신호 등"이라 한다)을 송수신하는 방식은 다음과 같다.
(1) "유선식"은 화재신호 등을 배선으로 송·수신하는 방식
(2) "무선식"은 화재신호 등을 전파에 의해 송·수신하는 방식
(3) "유·무선식"은 유선식과 무선식을 겸용으로 사용하는 방식

2 경계구역

(1) 하나의 경계구역이 2개 이상의 건축물에 미치지 아니하도록 할 것
(2) 하나의 경계구역이 2개 이상의 층에 미치지 아니하도록 할 것. 다만, 500[m^2] 이하의 범위 안에서는 2개의 층을 하나의 경계구역으로 할 수 있다.
(3) 하나의 경계구역의 면적은 600[m^2] 이하로 하고 한 변의 길이는 50[m] 이하로 할 것. 다만, 당해 소방대상물의 주된 출입구에서 그 내부 전체가 보이는 것에 있어서는 한 변의 길이가 50m 범위에서 1,000[m^2] 이하로 할 수 있다.
(4) 지하구의 경우 하나의 경계구역의 길이는 700[m] 이하로 한다.

3 계단, 경사로의 경계구역

계단(직통계단 외의 것에 있어서는 떨어져 있는 상하계단의 상호간의 수평거리가 5[m] 이하로서 서로간에 구획되지 아니한 것에 한한다.)·경사로(에스컬레이터 경사로 포함)·엘리베이터 승강로(권상기실이 있는 경우에는 권상기실)·린넨슈트·파이프피트 및 닥트 기타 이와 유사한 부분에 대하여는 별도로 경계구역을 설정하되, 하나의 경계구역 높이는 45[m] 이하(계단 및 경사로에 한한다)로 하고, 지하층의 계단 및 경사로(지하층의 층수가 1일 경우는 제외한다)는 별도로 하나의 경계구역으로 하여야 한다.

4 소화설비등의 경계구역

스프링클러설비·물분무등소화설비 또는 제연설비의 화재감지장치로서 화재감지기를 설치한 경우의 경계구역은 해당 소화설비의 방사구역 또는 제연구역과 동일하게 설정할 수 있다.

5 경계구역 면적산입 제외

외기에 면하여 상시 개방된 부분이 있는 차고·주차장·창고 등에 있어서는 외기에 면하는 각 부분으로부터 5[m] 미만의 범위 안에 있는 부분은 경계구역의 면적에 산입하지 아니한다.

6 수신기

자동화재탐지설비 중 감지기나 발신기에서 발하는 화재신호 또는 탐지부에서 발하는 가스누설신호를 직접 수신하거나 중계기를 통하여 수신하는 것으로서 소방대상물의 관계자에게 경보를 발하는 기기이다.

7 수신기 기능시험

1. 회로도통시험

(1) 시험의 방법

감지기회로의 단선의 유무와 기기 등의 접속상황을 확인하기 위해서 다음과 같이 시험을 실행할 것
① 회로도통시험 스위치를 도통시험측에 넣는다.
② 회로선택 스위치를 차례로 회전시킨다.
③ 각 회선의 시험용 계기의 지시상황등을 조사한다.
④ 종단저항 등의 접속상황을 조사한다.

(2) 가부판정의 기준

각 회선의 시험용 계기의 지시(문자판의 적정값이 색으로 구별되어 있다) 상황이 지정한 대로 있을 것

2. 공통선시험(7회선 이하의 것 제외)

(1) 시험의 방법

공통선이 부담하고 있는 경계구역이 적정한지 여부를 확인할 것
① 수신기 안의 연결단자의 공통선을 1선 제거한다.
② 회로도통시험의 예에 따라 회로선택 스위치를 차례로 회전시킨다.
③ 시험용 계기의 지시상황이 '단'을 지시한 경계구역의 회선수를 조사한다.

(2) 가부판정의 기준

공통선이 부담하고 있는 경계구역수가 7 이하일 것

3. 예비전원시험

(1) 시험의 방법

일반 상용전원 및 비상전원이 사고 등으로 정전이 된 경우, 자동적으로 예비전원으로 절환되고, 정전복구시에 자동적으로 일반 상용전원으로 절환되는지의 여부를 확인할 것
① 예비전원시험 스위치를 넣는다.
② 전압계의 지시수치가 지정 값의 범위 내에 있을 것
③ 교류전원을 열어서 자동절환 릴레이의 작동상황을 조사한다.

(2) 가부판정의 기준

예비전원의 전압이나 용량 그리고 절환상황 및 복구 작동이 정상일 것

4. 동시작동시험(1회로의 것 제외)

(1) 시험의 방법

감지기가 동시에 수회선 작동하더라도 수신기의 기능에 이상이 생기는지의 여부를 확인할 것
① 주전원에 의해 행한다.
② 각 회선의 화재작동을 복구시킴이 없이 5회선(5회선 미만인 수신기는 전회선)을 동시에 작동시킨다. 그러나 수신기의 전원용량에 의해 5회선을 동시에 작동(지구음향장치 및 부속기기의 작동을 포함한다)시킬 때 부하전류가 최대부하전류를 넘을 때에는 최대부하전류를 넘지 않는 범위의 회선수로 할 수 있다.
③ ②의 경우 주음향장치 및 지구음향장치를 작동시킨다.
④ 부수신기와 표시기를 함께 할 때는 이러한 모든 것을 작동상태로 한다.

(2) 가부판정의 기준

각 회선을 동시에 작동시켰을 때 수신기·부수신기·표시기·음향장치 등의 기능에 이상이 없고, 유효하게 화재시 작동을 원만히 계속하는 것

5. 화재표시작동시험(시험의 방법)

(1) 회로선택 스위치로서 실행하는 시험

동작시험 스위치를 화재시험측에 조작하여 스위치주의등의 점등을 확인한 후 회로선택 스위치를 차례로 회전시켜 1회로씩 화재시의 작동시험을 행할 것

(2) 감지기 또는 발신기의 작동시험과 아울러서 행하는 방법

감지기 또는 발신기를 차례로 작동시켜 경계구역과 지구표시등의 접속 상태를 확인할 것

(3) 가부판정의 기준

각 릴레이의 작동, 화재등, 지구표시등 그 밖의 표시장치의 점등(램프의 단선을 아울러 확인할 것), 음향장치의 작동확인, 감지기회로 또는 부속기기 회로의 연결접속이 정상일 것

8 P형과 R형수신기 비교

비교 항목	P형	R형	비고
신호전달방식	개별신호방식	다중통신방식	-
회로방식	반도체 및 릴레이방식	컴퓨터 처리	-
중계기	불요	필요	-
표시방식	지구창방식 (지도식 표시도 가능)	디지털 표시와 액정 메시지 표시	R형을 P형과 같이 지구창 표시 또는 지도식 표시를 할 경우 R → P 변환기 필요
도통시험	감지기 말단까지 시험	중계기까지 감시	감지기 말단까지 가능한 R형수신기도 있음
신호의 종류	전회선 공통신호	회선마다 고유신호	공통신호의 것도 있음

9 수신기의 선정

(1) 자동화재탐지설비의 수신기는 다음의 기준에 적합한 것으로 설치하여야 한다.
   ① 당해 소방대상물의 경계구역을 각각 표시할 수 있는 회선수 이상의 수신기를 설치할 것
   ② 4층 이상의 소방대상물에는 발신기와 전화통화가 가능한 수신기를 설치할 것
   ③ 당해 소방대상물에 가스누설탐지설비가 설치된 경우에는 가스누설탐지설비로부터 가스누설신호를 수신하여 가스누설경보를 할 수 있는 수신기를 설치할 것(가스누설탐지설비의 수신부를 별도로 설치한 경우에는 제외한다)

(2) 자동화재탐지설비의 수신기는 소방대상물 또는 그 부분이 지하층·무창층 등으로서 환기가 잘되지 아니하거나 실내면적이 40[m²] 미만인 장소, 감지기의 부착면과 실내바닥과의 거리가 2.3[m] 이하인 장소로서 일시적으로 발생한 열·연기 또는 먼지 등으로 인하여 감지기가 화재신호를 발신할 우려가 있는 때에는 축적기능 등이 있는 것(축적형감지기가 설치된 장소에는 감지기회로의 감시전류를 단속적으로 차단시켜 화재를 판단하는 방식외의 것을 말한다)으로 설치하여야 한다.

10 수신기의 설치

(1) 수위실 등 상시 사람이 근무하는 장소에 설치할 것. 다만, 사람이 상시 근무하는 장소가 없는 경우에는 관계인이 쉽게 접근할 수 있고 관리가 용이한 장소에 설치할 수 있다.
(2) 수신기가 설치된 장소에는 경계구역 일람도를 비치할 것. 다만, 모든 수신기와 연결되어 각 수신기의 상황을 감시하고 제어할 수 있는 수신기(이하 "주수신기"라 한다)를 설치하는 경우에는 주수신기를 제외한 기타 수신기는 그러하지 아니하다.
(3) 수신기의 음향기구는 그 음량 및 음색이 다른 기기의 소음 등과 명확히 구별될 수 있는 것으로 할 것
(4) 수신기는 감지기·중계기 또는 발신기가 작동하는 경계구역을 표시할 수 있는 것으로 할 것
(5) 화재·가스·전기 등에 대한 종합방재반을 설치한 경우에는 당해 조작반에 수신기의 작동과 연동하여 감지기·중계기 또는 발신기가 작동하는 경계구역을 표시할 수 있는 것으로 할 것
(6) 하나의 경계구역은 하나의 표시등 또는 하나의 문자로 표시되도록 할 것
(7) 수신기의 조작 스위치는 바닥으로부터의 높이가 0.8[m] 이상 1.5[m] 이하인 장소에 설치할 것
(8) 하나의 소방대상물에 2 이상의 수신기를 설치하는 경우에는 수신기를 상호간 연동하여 화재발생 상황을 각 수신기마다 확인할 수 있도록 할 것
(9) 화재로 인하여 하나의 층의 지구음향장치 또는 배선이 단락되어도 다른 층의 화재통보에 지장이 없도록 각층 배선상에 유효한 조치를 할 것

11 중계기

감지기 또는 발신기의 작동에 의한 신호 또는 가스누설 경보기의 탐지부에서 발하여진 신호를 받아 이를 수신기 등에 제어신호를 발신하는 기기이다.

12 중계기의 설치

(1) 수신기에서 직접 감지기회로의 도통시험을 행하지 아니하는 것에 있어서는 수신기와 감지기 사이에 설치할 것
(2) 조작 및 점검에 편리하고 화재 및 침수 등의 재해로 인한 피해를 받을 우려가 없는 장소에 설치할 것
(3) 수신기에 따라 감시되지 아니하는 배선을 통하여 전력을 공급받는 것에 있어서는 전원입력측의 배선에 과전류 차단기를 설치하고 당해 전원의 정전이 즉시 수신기에 표시되는 것으로 하며, 상용전원 및 예비전원의 시험을 할 수 있도록 할 것

13 감지기

화재시 발생하는 열·불꽃 또는 연소생성물(연기)로 인하여 화재발생을 자동적으로 감지하여 수신기에 발신하는 기기이다.

14 감지기 형식

(1) **방수형 유무에 따라**: 방수형, 비방수형
(2) **내식성 유무에 따라**: 내산형, 내알칼리형 및 보통형
(3) **재용형 유무에 따라**: 재용형, 비재용형
(4) **연기 축적에 따라**: 축적형, 비축적형
(5) **방폭구조 여부에 따라**: 방폭형, 비방폭형
(6) **화재신호 발신에 따라**: 단신호식, 다신호식, 아날로그식
(7) **불꽃감지기 설치장소에 따라**: 옥내형, 옥외형, 도로형

> **참고** 형식별 특성
>
> - **다신호식**: 1개의 감지기 내에 서로 다른 종별 또는 감도 등의 기능을 갖춘 것으로서 일정시간 간격을 두고 각각 다른 2개 이상의 화재신호를 발하는 감지기를 말한다.
> - **방폭형**: 폭발성 가스가 용기 내부에서 폭발하였을 때 용기가 그 압력을 견디거나 외부의 폭발성 가스에 인화될 우려가 없도록 만들어진 형태의 감지기를 말한다.
> - **방수형**: 방수구조로 되어 있는 감지기를 말한다.
> - **재용형**: 작동 후 다시 사용할 수 있는 성능을 가진 감지기를 말한다.
> - **축적형**: 일정농도 이상의 연기가 일정시간(공칭 축적시간) 연속하는 것을 전기적으로 검출함으로써 작동하는 감지기(다만, 단순히 작동시간만을 지연시키는 것은 제외한다)를 말한다.
> - **아날로그식**: 주위의 온도 또는 연기의 양의 변화에 따라 각각 다른 전류값 또는 전압값 등의 출력을 발하는 방식의 감지기를 말한다.

15 감지기 부착 높이

부착높이	감지기의 종류
4[m] 이상 8[m] 미만	• 차동식(스포트형, 분포형) • 보상식 스포트형 • 정온식(스포트형, 감지선형) • 이온화식 1종 또는 2종 • 광전식(스포트형, 분리형, 공기흡입형) 1종 또는 2종 • 열복합형 연기복합형 • 열연기복합형 • 불꽃감지기
8[m] 이상 15[m] 미만	• 차동식 분포형 • 이온화식 1종 또는 2종 • 광전식(스포트형, 분리형, 공기흡입형) 1종 또는 2종 • 연기복합형 • 불꽃감지기
15[m] 이상 20[m] 미만	• 이온화식 1종 • 광전식(스포트형, 분리형, 공기흡입형) 1종 • 연기복합형 • 불꽃감지기
20[m] 이상	• 불꽃감지기 • 광전식(분리형, 공기흡입형) 중 아날로그방식

▶ 비고 1) 감지기별 부착높이 등에 대하여 별도로 형식승인 받은 경우에는 그 성능 인정범위 내에서 사용할 수 있다.
　　　2) 부착높이 20[m] 이상에 설치되는 광전식 중 아날로그방식의 감지기는 공칭감지농도 하한값이 감광률 5[%/m] 미만인 것으로 한다.

16 연기감지기

1. 이온화식 감지기

주위의 공기가 일정 농도의 연기를 포함하는 경우에 작동하는 것으로서 일국소의 연기에 의하여 이온전류가 변화하여 작동하는 감지기이다.

[이온화식 연기감지기]

2. 광전식 감지기

공기가 일정 농도의 연기를 포함하게 되는 경우에 작동하는 것으로서 일국소의 연기에 의하여 광전소자에 접하는 광량의 변화로 작동하는 감지기이다.

[광전식 연기감지기]

17 이온화식 감지기의 구조

1. 이온화식 감지기

(1) 내부이온실

감시상태에서 (+)극이다.

(2) 외부이온실

연기가 유입되는 실이며 감시상태에서는 (−)극이다.

(3) 방사선원

아메리슘 241(Am241), 라듐

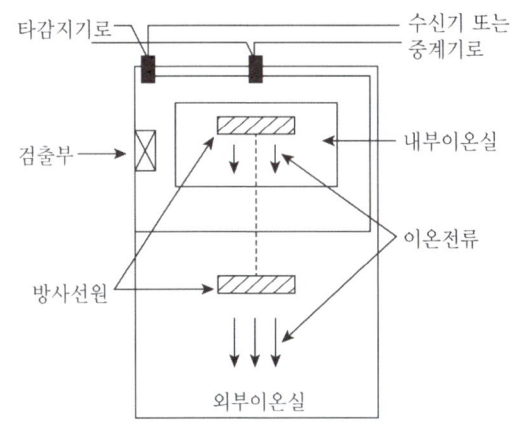

2. 이온전류와 인가전압의 관계

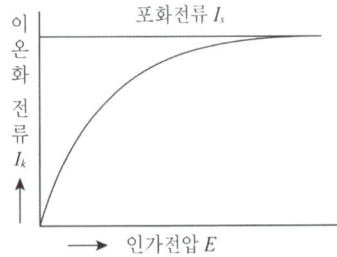

3. 이온화식 감지기 회로

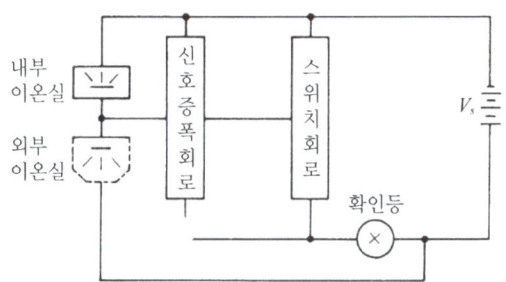

18 광전식 감지기의 구조

(1) **암상**: 외부 광선을 차단하여 내부 광선을 추출하기 위한 함이다.
(2) **광원**: 직류 또는 교류로서 전압 4[V]~6[V] 등 각 종류가 있다.
(3) **광속**: 특수 백열전구(가시광선)를 이용한 것이다.
(4) **난반사**: 광속을 산란시킨다.
(5) **광전소자**: 황화카드뮴 등

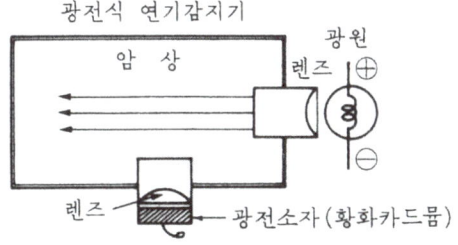

19 부품의 구조

(1) 발광소자는 광속변화가 적고 장기간 사용에 충분히 견딜 수 있는 것이어야 한다.
(2) 수광소자는 감도의 저하 및 피로현상이 적고 장기간 사용에 충분히 견딜 수 있는 것이어야 한다.
(3) 방사성물질을 사용하는 감지기는 그 방사성물질을 밀봉선원으로 하여 외부에서 직접 접촉할 수 없도록 하여야 하며, 화재시 쉽게 파괴되지 아니하는 것이어야 한다.
(4) 전식 및 이온화식 감지기는 정전기 또는 그 밖의 장해로 인하여 잘못 작동하거나 기능에 이상이 생기지 아니하는 구조이어야 한다.

20 연기감지기의 설치장소

(1) 계단 및 경사로(15[m] 미만의 것을 제외한다)

(2) 복도(30[m] 미만의 것을 제외한다)

(3) 엘리베이터권상기실·린넨슈트·파이프덕트 기타 이와 유사한 장소

(4) 천장 또는 반자의 높이가 15[m] 이상 20[m] 미만의 장소

(5) 다음의 어느 하나에 해당하는 특정소방대상물의 취침·숙박·입원 등 이와 유사한 용도로 사용되는 거실
    ① 공동주택·오피스텔·숙박시설·노유자시설·수련시설
    ② 교육연구시설 중 합숙소
    ③ 의료시설, 근린생활시설 중 입원실이 있는 의원·조산원
    ④ 교정 및 군사시설
    ⑤ 근린생활시설 중 고시원

21 연기감지기의 설치

(1) 감지기의 부착높이에 따라 다음 표에 따른 바닥면적마다 1개 이상으로 할 것

부착높이	감지기의 종류	
	1종 및 2종	3종
4[m] 미만	150[m²]	50[m²]
4[m] 이상 20[m] 미만	75[m²]	-

(2) 감지기는 복도 및 통로에 있어서는 보행거리 30[m](3종에 있어서는 20[m])마다, 계단 및 경사로에 있어서는 수직거리 15[m](3종에 있어서는 10[m])마다 1개 이상으로 할 것

(3) 천장 또는 반자가 낮은 실내 또는 좁은 실내에 있어서는 출입구의 가까운 부분에 설치할 것

(4) 천장 또는 반자부근에 배기구가 있는 경우에는 그 부근에 설치할 것

(5) 감지기는 벽 또는 보로부터 0.6[m] 이상 떨어진 곳에 설치할 것

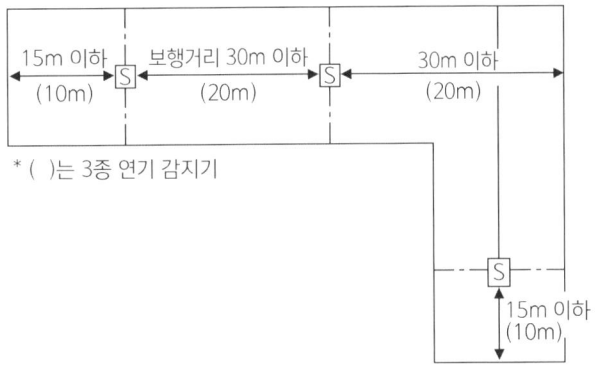

[복도·통로에 설치하는 경우의 예]

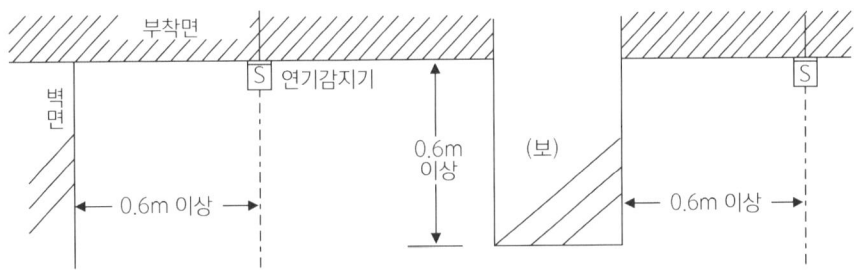

[벽 또는 보에 설치하는 경우의 예]

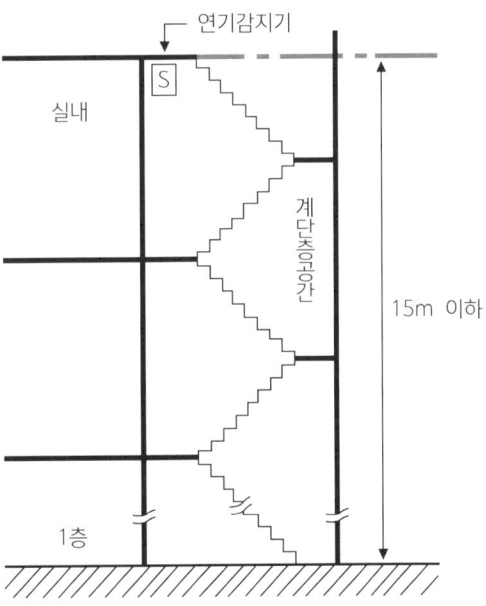

[계단에 설치하는 경우의 예]

22 스포트형 감지기의 종류

1. 차동식 스포트형 감지기와 정온식 스포트형 감지기

차동식 스포트형 감지기	정온식 스포트형 감지기
주위온도가 일정한 온도 상승률 이상이 되는 경우에 작동하는 것으로서 일국소에서의 열 효과에 의하여 작동되는 것을 말한다.  [차동식 스포트형 감지기]	일국소의 주위온도가 일정한 온도 이상이 되는 경우에 작동하는 것으로서 외관이 전선으로 되어 있지 아니한 것을 말한다.  [정온식 스포트형 감지기]

2. 보상식 스포트형 감지기

차동식 스포트형과 정온식 스포트형의 성능을 겸한 것으로서 두 가지 성능 중 어느 한 기능이 작동되면 작동신호를 발하는 것을 말한다.

23 차동식 스포트형 감지기의 구조

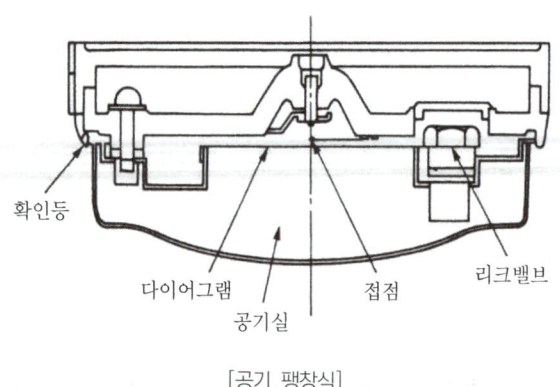

[공기 팽창식]

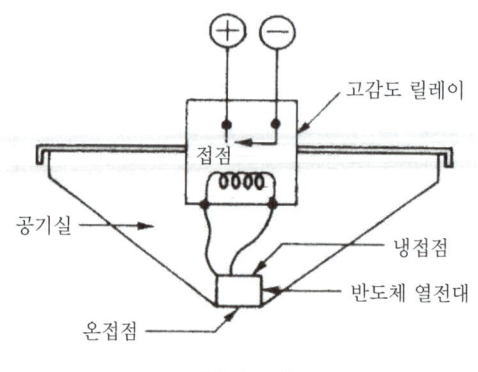

[열전기식]

공기팽창식	열전기식
• 공기실: 열을 유효하게 받는 부분 • 리크 밸브: 완만한 상승시 열의 조절 • 다이어프램: 신축성이 있는 금속판 • 접점: 전기접점	• 고감도 릴레이: 가동선륜형 계전기 • 접점: PGS 합금 • 반도체 열전대: 열기전력 발생

24 정온식 스포트형 감지기의 구조

1. 바이메탈의 완곡을 이용한 것

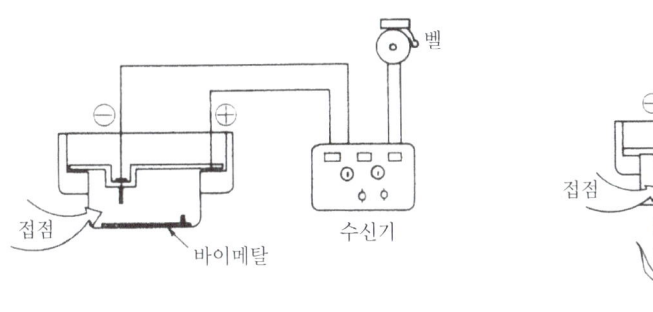
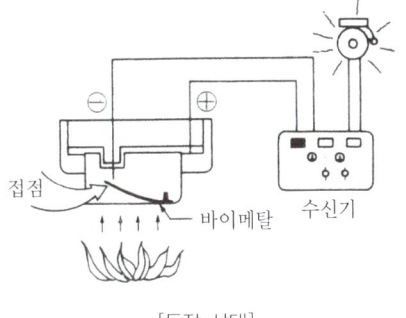

[동작하지 않은 상태]　　　　　　[동작 상태]

2. 바이메탈의 반전을 이용한 것

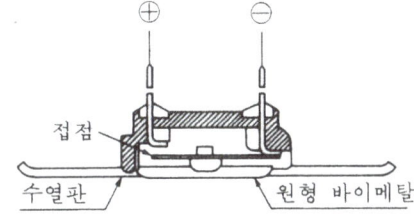

3. 금속팽창계수의 차를 이용한 것

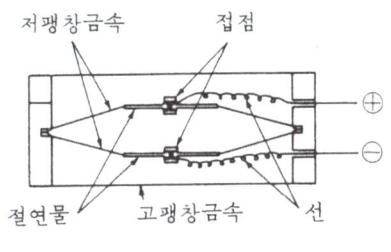
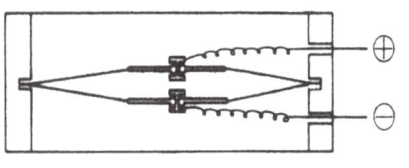

[동작하지 않은 상태]　　　　　　[동작상태]

4. 가용절연물을 이용한 것

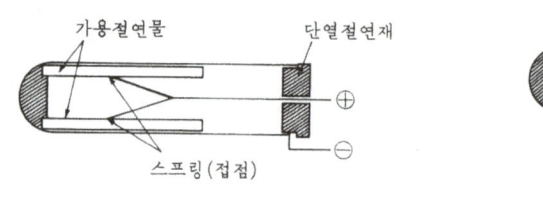
[동작하지 않은 상태]

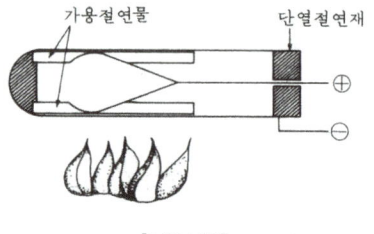
[동작상태]

5. 액체(기체)의 팽창을 이용한 것

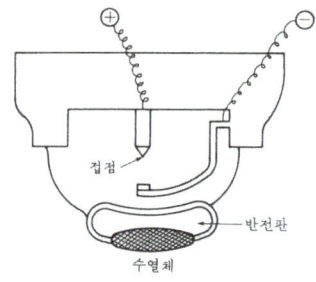

6. 감열 반도체소자를 이용한 것

반도체는 열을 받으면 전기저항이 서서히 저하하고 일정 온도로 상승하면 급격히 전기저항이 저하하여 부(−)의 온도특성을 가지게 된다. 이 성질을 이용한 것으로서 일정 온도 이상이 되면 폐회로의 접점을 닫게 한 상태와 동일하게 되어 신호를 발한다.

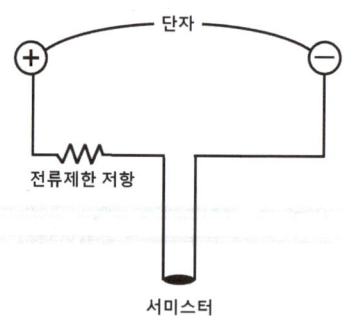

25 보상식 스포트형 감지기의 구조

(1) **공기실**: 열을 유효하게 받는 부분이다.
(2) **다이어프램**: 신축성이 있는 금속판이다.
(3) **리크 밸브**: 완만한 온도 상승시 열을 조절한다.
(4) **바이메탈**: 이종금속이다.

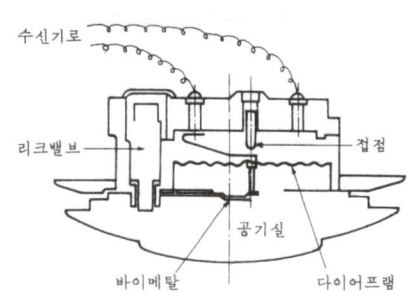

26 스포트형 감지기의 설치

(1) 감지기(차동식 분포형의 것은 제외한다)는 실내로의 공기유입구로부터 1.5[m] 이상 떨어진 위치에 설치할 것
(2) 감지기는 천장 또는 반자의 옥내에 면하는 부분에 설치할 것
(3) 보상식 스포트형감지기는 정온점이 감지기 주위의 평상시 최고온도보다 20[℃] 이상 높은 것으로 설치할 것
(4) 정온식 감지기는 주방·보일러실 등으로서 다량의 화기를 취급하는 장소에 설치하되, 공칭작동온도가 최고주위온도보다 20[℃] 이상 높은 것으로 설치할 것
(5) 스포트형 감지기는 45° 이상 경사되지 않도록 부착할 것
(6) 차동식 스포트형·보상식 스포트형 및 정온식 스포트형 감지기는 그 부착 높이 및 소방대상물에 따라 다음 표에 따른 바닥면적마다 1개 이상을 설치할 것

(단위: m²)

부착높이 및 소방대상물의 구분		감지기의 종류						
		차동식 스포트형		보상식 스포트형		정온식 스포트형		
		1종	2종	1종	2종	특종	1종	2종
4[m] 미만	주요구조부가 내화구조로 된 소방대상물 또는 그 부분	90	70	90	70	70	60	20
	기타 구조의 소방대상물 또는 그 부분	50	40	50	40	40	30	15
4[m] 이상 8[m] 미만	주요구조부가 내화구조로 된 소방대상물 또는 그 부분	45	35	45	35	35	30	-
	기타 구조의 소방대상물 또는 그 부분	30	25	30	25	25	15	-

27 차동식 분포형(공기관식) 감지기

화재에 의해 급격하게 온도가 상승하면 공기관 내의 공기가 팽창되어 검출부 내의 다이어프램을 눌러 접점을 폐로하여 작동한다.

> **참고**
> 난방 등과 완만한 온도 상승에는 리크 밸브가 내부압력을 조절하여 동작되지 않는다.

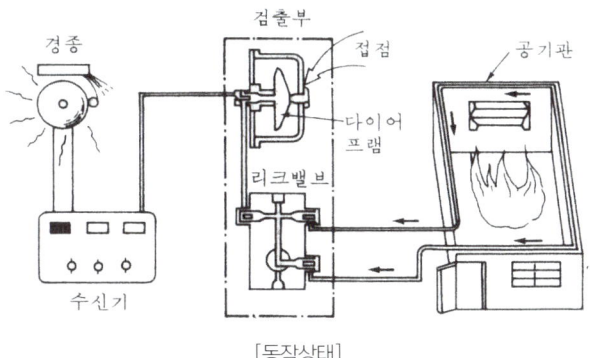

[동작상태]

28 차동식 분포형(공기관식)의 구조

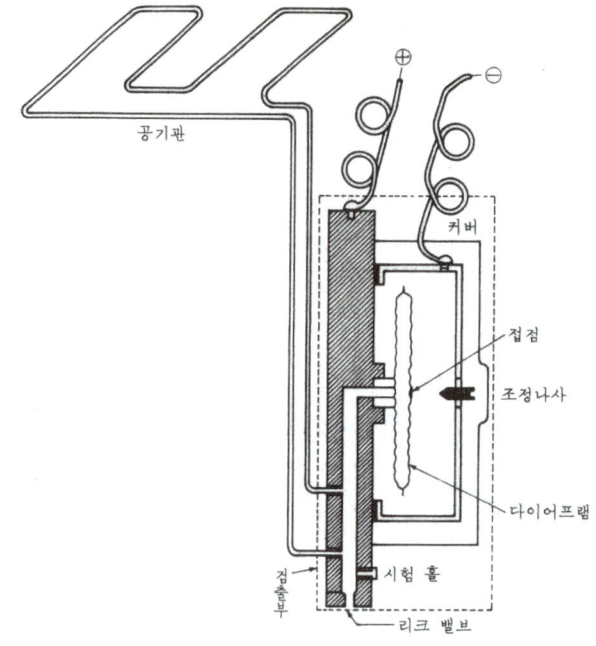

1. 구조

(1) **공기관**: 중공동관 수열부이다.
(2) **다이어프램**: 신축성 있는 금속판이다.
(3) **리크 밸브(공)**: 압력조절을 담당한다.
(4) **시험 홀**: 시험기구가 접속하는 부분이다.

2. 기능

(1) 리크 저항 및 접점수고를 쉽게 시험할 수 있어야 한다.
(2) 공기관의 누출 및 폐쇄 여부를 쉽게 시험할 수 있고, 시험 후 시험장치를 정위치에 쉽게 복귀할 수 있는 적당한 방법이 강구되어야 한다.
(3) 공기관은 하나의 길이(이음매가 없는 것)가 20[m] 이상의 것으로 안지름 및 관의 두께가 일정하고 흠, 갈라짐 및 변형이 없어야 하고 부식되지 아니하여야 한다.
(4) 공기관의 두께는 0.3[mm] 이상, 바깥지름은 1.9[mm] 이상이어야 한다.

29 차동식 분포형(공기관식) 감지기의 설치기준

(1) 공기관의 노출부분은 감지구역마다 20[m] 이상이 되도록 할 것
(2) 공기관과 감지구역의 각변과의 수평거리는 1.5[m] 이하가 되도록 하고, 공기관 상호간의 거리는 6[m](주요 구조부를 내화구조로 한 소방대상물 또는 그 부분에 있어서는 9[m]) 이하가 되도록 할 것
(3) 공기관은 도중에서 분기하지 아니하도록 할 것
(4) 하나의 검출부분에 접속하는 공기관의 길이는 100[m] 이하로 할 것
(5) 검출부는 5° 이상 경사되지 아니하도록 부착할 것
(6) 검출부는 바닥으로부터 0.8[m] 이상 1.5[m] 이하의 위치에 설치할 것

[검출부 외관]

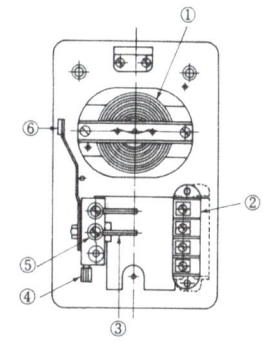

[검출부 내부]

① 다이어프램   ④ 시험기구
② 전선 접속단자   ⑤ 공기관 접속단자
③ 공기관과 단자의 접속   ⑥ 콕핸들

[동작 상태]

30 공기관의 상호 간격 및 각 변과 수평거리

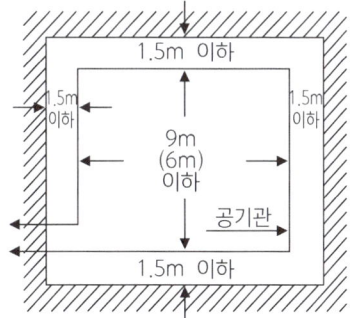

(　) 안의 수치는 주요구조부를 내화구조로 한 건축물 이외의 경우를 표시한다.
ℓ: 각 변과 공기관의 수평거리로서 1.5[m] 이하일 것

31 검출부의 부착

검출부는 앞뒤로 5° 이상 기울어지지 않게 하고 견고하게 달도록 한다.

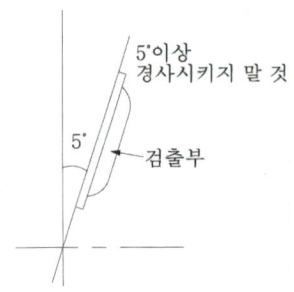

32 건물의 평균 높이

그림과 같이 건물의 높이(최정상부) H와 처마 높이(최정상부) H'의 중간이 되며 산출방법은 다음과 같다.

$$\frac{H+H'}{2} = h(\text{평균 높이})$$

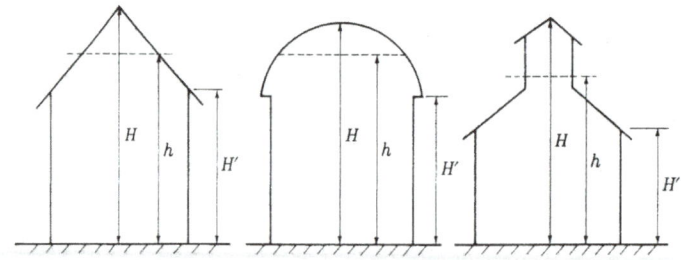

33 공기관의 접속

[슬리브 조인트]

(1) 공기관의 연결은 그림과 같이 슬리브를 사용하여 납땜으로 할 것
(2) 접속은 공기관의 끝을 잘 닦고 납을 올린 다음 이 부분을 슬리브에 집어 넣고 슬리브의 표면을 닦은 다음 납땜을 할 것
(3) 접속하는 부분은 부식 등을 고려하여 공기관과 같은 도장색에 맞추어서 도장할 것

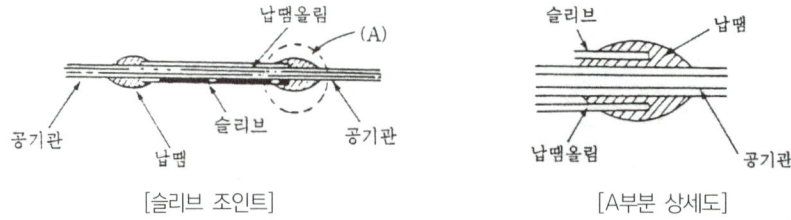

[슬리브 조인트]   [A부분 상세도]

> **참고** 접속관 슬리브
>
> 그림은 공기관을 접속시키는 슬리브를 표시하는 것인데, 중앙에 공기관을 고정시키기 위한 오목한 부분이 있는 것과 없는 것이 있다. 잘록한 부분이 없는 것은 공기관이 중앙부에 접하도록 미리 치수를 재어 맞추어 넣을 것
>
>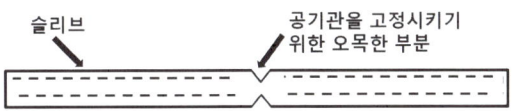

34 시험

1. 화재작동시험

(1) 시험의 목적

각종 감지기의 작동 공기압(공기팽창압력)에 상당하는 공기량을 펌프로 주입하여 작동하기까지의 시간이 정상인지를 시험한다.

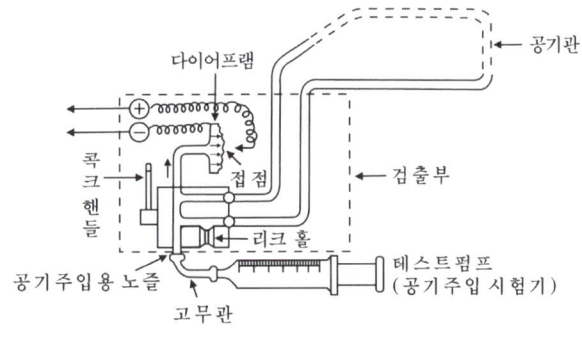

[화재작동시험의 예]

(2) 시험의 방법

① 검출부의 시험구멍에 그림과 같이 공기주입 시험기를 접속시키고, 콕 핸들을 작동시험 위치에 맞춘다.
② 각 검출부에 명시되어 있는 공기량을 공기관으로 주입한다.
③ 콕 핸들을 작동시험 위치에 조정함으로써 주입한 공기가 리크 저항을 통과하지 않는 구조 장치에 대해서는 규정량의 공기를 주입한 직후 신속하게 콕 핸들을 설비 위치로 회복시켜 놓아야 한다.

(3) 판정기준

공기주입 후 감지기의 접점이 작동하기까지의 시간은 각 검출부에 명시되어 있는 시간의 범위 내 수치여야 한다.

> **참고**
>
> 1. 주의
>   주입하는 공기량은 감지기 또는 검출부의 종별 또는 공기관의 길이에 따라 다르므로 검출부에 표시되어 있는 규정량 이상의 공기주입을 금하고 다이어프램의 손상방지, 기능저하에 주의하여야 한다.
> 2. 작동개시시간이 허용범위 이상인 경우
>   ① 리크저항값이 규정값보다 적다.
>   ② 접점수고값(다이어프램의 접점간격을 수압(수고)으로 나타낸 절반값[mm]을 가리킨다)이 규정값보다 높다.
>   ③ 공기관이 막힘, 압착이 있다.
>   ④ 공기관이 너무 길다.
>   ⑤ 공기관에 새는 부분이 있다.
>   ⑥ 검출부 접점의 접촉불량
> 3. 작동개시시간이 허용범위 이하인 경우
>   ① 리크 저항값이 규정값보다 크다.
>   ② 접점수고값이 규정값보다 낮다.
>   ③ 공기관의 길이가 공기주입량에 비해 짧다.

2. 작동지속시험

(1) 시험의 목적

화재작동시험에서 감지기가 작동한 때로부터 리크 밸브에 의해 공기를 누설시켜 접점이 분리될 때까지의 시간을 측정하여 감지기의 작동이 계속 정상인지를 시험한다.

(2) 시험방법

화재작동시험에서 감지기가 작동한 후에 리크 밸브에 의해 공기량을 누설시켜 접점이 분리될 때까지의 시간을 측정한다. 다만, 공기 주입 후 콕 또는 열쇠의 위치를 조정하는 데 있어서는 전환시간에 따라 약간 차이가 난다.

(3) 판정기준

감지기의 작동지속시간은 각 검출부에 명시되어 있는 시간의 범위 내 수치이어야 한다.

> **참고**
>
> 1. 지속시간이 허용범위 이상인 경우의 원인
>   ① 리크 저항값이 규정값보다 크다.
>   ② 접점수고값이 규정값보다 낮다.
>   ③ 공기관이 막힘, 압착이 있다.
> 2. 지속시간이 허용범위 이하인 경우의 원인
>   ① 리크 저항값이 규정값보다 작다.
>   ② 접점수고값이 규정값보다 높다.
>   ③ 공기관에 새는 부분이 있다.

3. 그림과 같이 P_1의 압력에서 접점이 폐로되었다면 이때 지속시간은 $t_3 - t_1$이다.

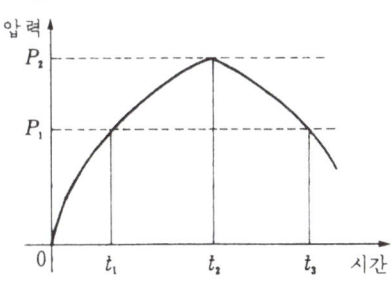

3. 유통시험

(1) 시험의 목적
공기관에 공기를 유입시켜 공기관의 유출, 압착, 막힘 등의 유무 및 공기관의 길이를 시험에 의하여 확인한다.

(2) 시험방법
① 검출부 시험구멍 또는 공기관의 한쪽 끝에 마노미터를 접속시키고, 다른 쪽 끝에 공기주입 시험기를 접속시킨다.
② 공기주입 시험기로 공기를 주입하고, 마노미터 수위를 약 100[mm](반값) 상승시켜 수위를 정지시킨다. 정지하지 않을 경우에는 유출의 위험이 있으므로 시험을 중지하고 점검하여야 한다.
③ 시험 콕 또는 열쇠를 이동시켜 송기구를 열 때부터 수위가 약 50[mm](반값) 내려가는 시간을 측정하여 이것을 유통시간으로 한다.

(3) 판정기준
유통시간에 의해 공기관의 길이를 산출해 내고, 산출된 공기관의 길이는 하나의 검출부의 최대 공기관 이내이어야 한다.

> **참고** 유통시간 측정
>
> 그림은 공기관의 유통시간 측정의 상태를 나타낸 것이므로 공기관의 한쪽 끝에 마노미터를 연결하고 다른 한쪽 끝에서 공기를 보낸다. 마노미터의 수위를 H/2인 100[mm] 전후까지 올려서 송기구를 닫고 수위를 안정시킨다. 수위가 안정되지 않고 미세하더라도 수위가 내려가게 되면 공기관에 유출이 있다는 뜻이다. 수위가 안정되었을 때 닫힌 송기구를 열어 100[mm]의 절반, 50[mm]까지 내려가는 시간을 측정하여 유통시간으로 한다. 이것을 반감시간 측정법이라고 한다.
>
>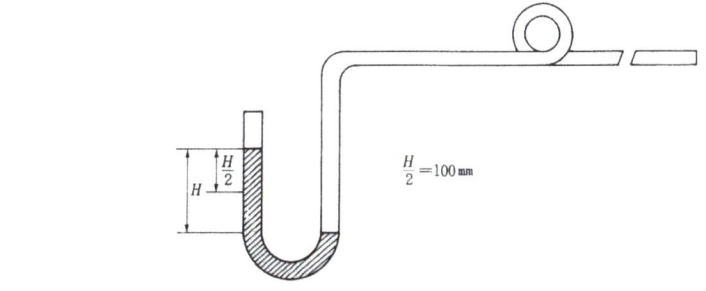

4. 접점수고시험

(1) 시험의 목적
접점수고값이 너무 낮으면 감도가 과민해져서 비화재보의 원인이 되고, 접점수고값이 너무 높으면 감도가 저하되어 경보음이 늦게 울리는 원인이 되므로 적정한 수치를 유지하고 있는지를 시험한다.

(2) 시험방법
① 검출부 시험구멍 또는 공기관 단자에 마노미터 및 공기주입 시험기를 접속시킨다.
② 시험 콕 또는 열쇠를 접점수고시험 위치에 맞추고, 공기주입 시험기로 미량의 공기를 서서히 주입한다.
③ 감지기의 접점이 닫혔을 때(벨의 울림, 램프의 점등, 테스터의 지침 등으로 확인한다)에 공기주입을 멈추고, 마노미터의 수위(절반값)를 읽어, 접점수고값을 측정한다.

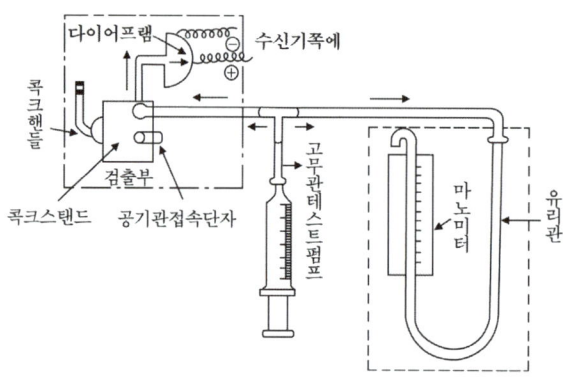

(3) 판정기준
접점수고값이 각 검출부에 명시되어 있는 수치의 범위 내에 있어야 한다.

> **참고** 접점수고
>
> 접점수고는 다이어프램의 접점간격을 수고로 나타낸 것이다.

35 차동식 분포형(열전대식) 감지기

화재시 급격하게 열전대부가 가열되면 열기전력이 발생하여(제어백 효과) 미터릴레이에 전류가 흐르게 되어 접점을 폐로하여 작동한다.

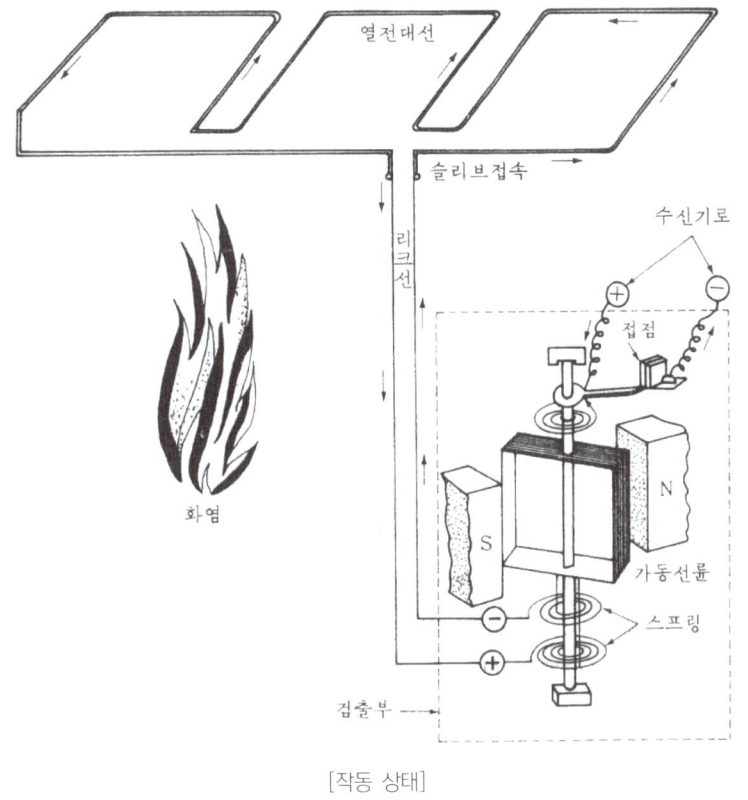

[작동 상태]

> **참고**
>
> 난방 등에 따른 완만한 온도 상승에 있어서는 열기전력이 작기 때문에 작동하지 않는다.

36 차동식 분포형(열전대식) 감지기의 구조

(1) **열전대부**: 바깥지름 2[mm] 비닐을 피복한다.
(2) **배선**: 보통 전선이다.
(3) **검출부**: 미터 릴레이

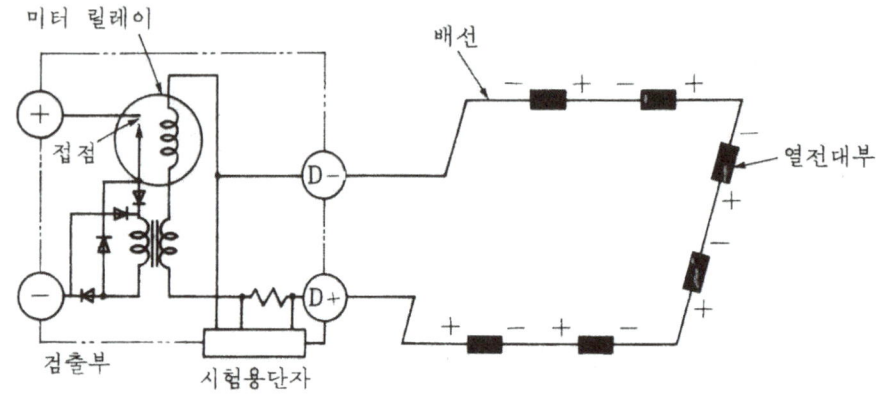

[열전대식 감지기 구조]

> **참고**
> - 검출기의 작동전압을 쉽게 시험할 수 있어야 한다.
> - 열전대부의 단선 여부 및 도체저항을 쉽게 시험할 수 있고, 시험 후 시험장치를 정위치로 쉽게 복귀할 수 있는 적당한 방법이 강구되어야 한다.

37 차동식 분포형(열전대식) 감지기의 설치기준

(1) 열전대부는 감지구역의 바닥면적 18[m^2](주요구조부가 내화구조로 된 소방대상물에 있어서는 22[m^2])마다 1개 이상으로 할 것. 다만, 바닥면적이 72[m^2](주요구조부가 내화구조로 된 소방대상물에 있어서는 88[m^2]) 이하인 소방대상물에 있어서는 4개 이상으로 하여야 한다.
(2) 하나의 검출부에 접속하는 열전대부는 20개 이하로 하여야 한다.

38 차동식 분포형(열전대식) 감지기 설치시 주의사항

(1) 열전대부의 극성은 반드시 (+-, +-)가 되도록 접속할 것

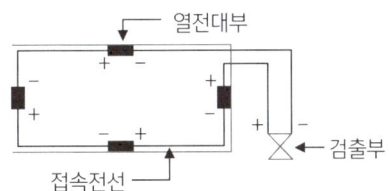

(2) 고정금구는 연결하는 전선부에서 고정시키고, 열전대부에서는 고정시키지 말 것

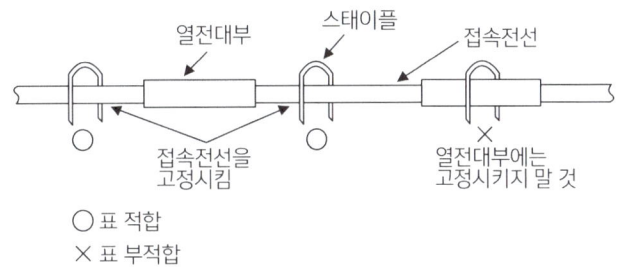

39 차동식 분포형(열반도체식) 감지기

화재로 인해 온도가 급격하게 상승하면 수열판의 온도가 상승하여 이것에 밀착한 반도체 소자에 제어백 효과에 따라 열기전력이 발생하며 미터 릴레이를 작동시켜 접점을 폐로하여 작동한다.

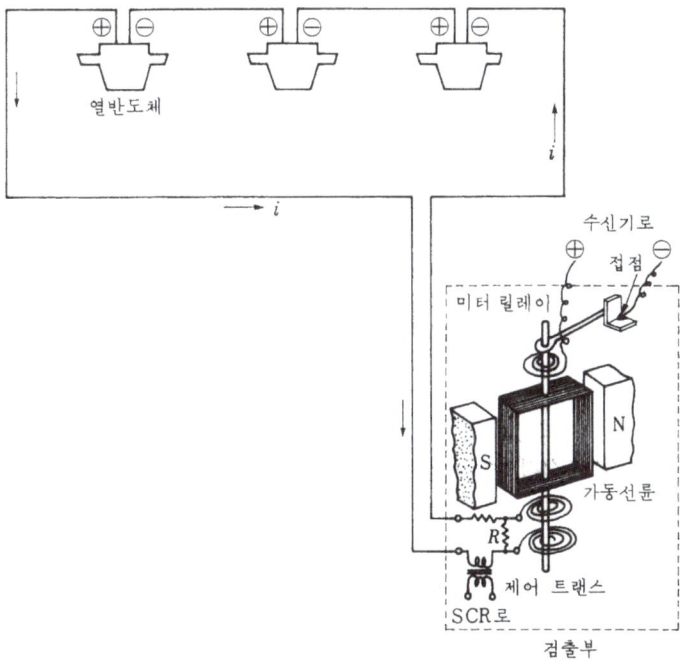

[작동 상태]

> **참고**
> 난방 등과 같은 완만한 온도 상승에서는 동·니켈선의 역기전력에 의해 상쇄되므로 출력전압이 작게 되어 동작하지 않는다.

40 차동식 분포형(열반도체식) 감지기의 구조

(1) **동·니켈선**: 열반도체 소자와 역방향의 열기전력을 발생시킨다.
(2) **열반도체 소자**: 열기전력을 발생시킨다.
(3) **수열판**: 열을 유효하게 받는 부분이다.

> **참고**
> - 검출기의 작동전압을 쉽게 시험할 수 있어야 한다.
> - 열전대부의 단선 여부 및 도체저항을 쉽게 시험할 수 있고, 시험 후 시험장치를 정위치로 쉽게 복귀할 수 있는 적당한 방법이 강구되어야 한다.

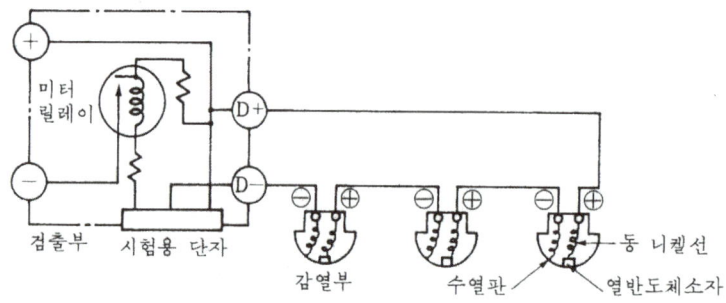

41 차동식 분포형(열반도체식) 감지기의 설치기준

(1) 감지부는 그 부착높이 및 소방대상물에 따라 다음 표에 따른 바닥면적마다 1개 이상으로 할 것. 다만, 바닥면적이 다음 표에 따른 면적의 2배 이하인 경우에는 2개(부착높이가 8[m] 미만이고, 바닥면적이 다음 표에 따른 면적 이하인 경우에는 1개) 이상으로 하여야 한다.

(단위: m^2)

부착면의 높이		감지기의 종류	
		1종	2종
8[m] 미만	주요 구조부를 내화구조로된 소방대상물 또는 그 부분	65	36
	그 밖의 구조의 소방대상물 또는 그 부분	40	23
8[m] 이상 15[m] 미만	주요 구조부를 내화구조로된 소방대상물 또는 그 부분	50	36
	그 밖의 구조의 소방대상물 또는 그 부분	30	23

(2) 하나의 검출기에 접속하는 감지부는 2개 이상 15개 이하가 되도록 해야 한다.

42 정온식 감지선형 감지기

일국소의 주위 온도가 일정한 온도 이상이 되는 경우에 작동하는 것으로서, 외관이 전선으로 되어 있는 것이다.

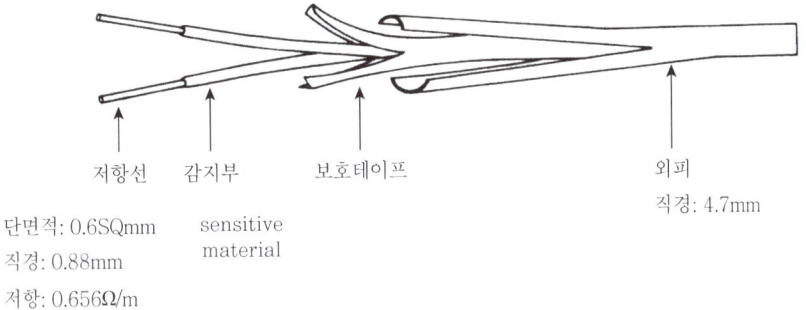

43 정온식 감지선형 감지기의 설치기준

(1) 보조선이나 고정금구를 사용하여 감지선이 늘어지지 않도록 설치할 것
(2) 단자부와 마감 고정금구와의 설치간격은 10[cm] 이내로 설치할 것
(3) 감지선형 감지기의 굴곡반경은 5[cm] 이상으로 할 것
(4) 감지기와 감지구역의 각부분과의 수평거리가 내화구조의 경우 1종 4.5[m] 이하, 2종 3[m] 이하로 할 것. 기타 구조의 경우 1종 3[m] 이하, 2종 1[m] 이하로 할 것
(5) 케이블트레이에 감지기를 설치하는 경우에는 케이블트레이 받침대에 마감금구를 사용하여 설치할 것
(6) 창고의 천장 등에 지지물이 적당하지 않은 장소에서는 보조선을 설치하고 그 보조선에 설치할 것
(7) 분전반 내부에 설치하는 경우 접착제를 이용하여 돌기를 바닥에 고정시키고 그곳에 감지기를 설치할 것
(8) 그 밖의 설치방법은 형식승인 내용에 따르며 형식승인 사항이 아닌 것은 제조사의 시방(示方)에 따라 설치할 것

44 불꽃감지기

(1) 공칭감시거리 및 공칭시야각은 형식승인 내용에 따를 것
(2) 감지기는 공칭감시거리와 공칭시야각을 기준으로 감시구역이 모두 포용될 수 있도록 설치할 것
(3) 감지기는 화재감지를 유효하게 감지할 수 있는 모서리 또는 벽 등에 설치할 것
(4) 감지기를 천장에 설치하는 경우에는 감지기는 바닥을 향하여 설치할 것
(5) 수분이 많이 발생할 우려가 있는 장소에는 방수형으로 설치할 것

45 광전식 분리형 감지기

(1) 감지기의 수광면은 햇빛을 직접 받지 않도록 설치할 것
(2) 광축(송광면과 수광면의 중심을 연결한 선)은 나란한 벽으로부터 0.6m 이상 이격하여 설치할 것
(3) 감지기의 송광부와 수광부는 설치된 뒷벽으로부터 1m 이내 위치에 설치할 것
(4) 광축의 높이는 천장 등(천장의 실내에 면한 부분 또는 상층의 바닥하부면을 말한다) 높이의 80% 이상일 것
(5) 감지기의 광축의 길이는 공칭감시거리 범위 이내일 것
(6) 그 밖의 설치기준은 형식승인 내용에 따르며 형식승인 사항이 아닌 것은 제조사의 시방에 따라 설치할 것

46 아날로그방식 및 다신호식 감지기

(1) 아날로그방식의 감지기는 공칭감지온도범위 및 공칭감지농도범위에 적합한 장소에, 다신호방식의 감지기는 화재신호를 발신하는 감도에 적합한 장소에 설치할 것. 다만, 이 기준에서 정하지 않는 설치방법에 대하여는 형식승인 사항이나 제조사의 시방에 따라 설치할 수 있다.
(2) 층수가 30층 이상의 특정소방대상물에 설치하는 감지기는 아날로그방식의 감지기로서 감지기의 작동 및 설치위치를 수신기에서 확인할 수 있는 것으로 설치하여야 한다.

47 장소별 적응 감지기

1. 화학공장·격납고·제련소 등

광전식분리형감지기 또는 불꽃감지기. 이 경우 각 감지기의 공칭감시거리 및 공칭시야각등 감지기의 성능을 고려하여야 한다.

2. 전산실 또는 반도체 공장 등

광전식공기흡입형감지기. 이 경우 설치장소·감지면적 및 공기흡입관의 이격거리 등은 형식승인 내용에 따르며 형식승인 사항이 아닌 것은 제조사의 시방에 따라 설치하여야 한다.

48 표시등(형식승인 기술기준)

(1) 전구는 사용전압의 130[%]인 교류전압을 20시간 연속하여 가하는 경우 단선, 현저한 광속변화, 흑화, 전류의 저하 등이 발생하지 아니하여야 한다.
(2) 소켓은 접촉이 확실하여야 하며 쉽게 전구를 교체할 수 있도록 부착하여야 한다.
(3) 전구는 2개 이상을 병렬로 접속하여야 한다. 다만, 방전등 또는 발광다이오드의 경우에는 그러하지 아니하다.
(4) 전구에는 적당한 보호카바를 설치하여야 한다. 다만, 발광다이오드의 경우에는 그러하지 아니하다.
(5) 주위의 밝기가 300[lx]인 장소에서 측정하여 앞면으로부터 3[m] 떨어진 곳에서 켜진 등이 확실히 식별되어야 한다.

49 변압기

(1) 변압기는 KS C 6308(전자기기용 소형전원변압기) 또는 이와 동등 이상의 성능이 있는 것이어야 한다.
(2) 정격 1차 전압은 300[V] 이하로 한다.
(3) 변압기의 외함에는 접지단자를 설치하여야 한다. 다만, 단독경보형감지기의 경우에는 접지단자를 설치하지 아니할 수 있다.
(4) 용량은 최대사용전류에 연속하여 견딜 수 있는 크기 이상이어야 한다.

50 반도체

반도체는 방습 및 내식가공된 것이어야 하며, 그 용량은 최대사용전압 및 최대사용전류에 충분히 견딜 수 있는 것이어야 한다.

51 감지기 설치 제외 장소

(1) 천장 또는 반자의 높이가 20[m] 이상인 장소
(2) 헛간 등 외부와 기류가 통하는 장소로서 감지기에 따라 화재발생을 유효하게 감지할 수 없는 장소
(3) 부식성가스가 체류하고 있는 장소
(4) 고온도 및 저온도로서 감지기의 기능이 정지되기 쉽거나 감지기의 유지관리가 어려운 장소
(5) 목욕실·욕조나 샤워시설이 있는 화장실 기타 이와 유사한 장소
(6) 파이프닥트 등 그 밖의 이와 비슷한 것으로서 2개층마다 방화구획된 것이나 수평단면적이 5[m^2] 이하인 것
(7) 먼지·가루 또는 수증기가 다량으로 체류하는 장소 또는 주방 등 평시에 연기가 발생하는 장소(연기감지기에 한한다)
(8) 프레스공장·주조공장 등 화재발생의 위험이 적은 장소

52 지하구에 설치하는 감지기의 종류 및 방법

불꽃감지기, 정온식 감지선형감지기, 분포형감지기, 복합형감지기, 광전식 분리형감지기, 아날로그방식의 감지기, 다신호방식의 감지기, 축적방식의 감지기 등으로서 먼지·습기 등의 영향을 받지 아니하고 발화지점을 확인할 수 있는 감지기를 설치하여야 한다.

53 음향장치

화재의 발생을 경보하는 기기로 보통 경종 또는 사이렌 등이 사용된다.
(1) **종별**: 모터 구동형
(2) **사용전압**: DC 24[V] ± 20[%]
(3) **소비전류**: 50[mA] 이하
(4) **음향**: 90(dB)

54 음향장치 설치기준

(1) 주음향장치는 수신기의 내부 또는 그 직근에 설치할 것

(2) 층수가 11층(공동주택의 경우에는 16층) 이상의 특정소방대상물은 다음에 따라 경보를 발할 수 있도록 하여야 한다.
　① 2층 이상의 층에서 발화한 때에는 발화층 및 그 직상 4개층에 경보를 발할 것
　② 1층에서 발화한 때에는 발화층·그 직상 4개층 및 지하층에 경보를 발할 것
　③ 지하층에서 발화한 때에는 발화층·그 직상층 및 그 밖의 지하층에 경보를 발할 것

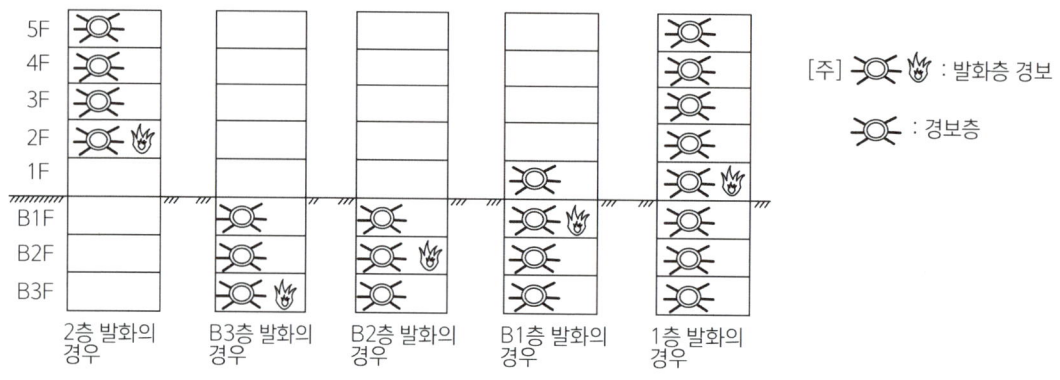

[우선경보(구분명동) 방식의 예]

(3) 지구음향장치는 소방대상물의 층마다 설치하되, 해당 특정소방대상물의 각 부분으로부터 하나의 음향장치까지의 수평거리가 25[m] 이하가 되도록 하고, 해당 층의 각 부분에 유효하게 경보를 발할 수 있도록 설치할 것. 다만, 비상방송설비의 화재안전기준에 적합한 방송설비를 자동화재탐지설비의 감지기와 연동하여 작동하도록 설치한 경우에는 지구음향장치를 설치하지 아니할 수 있다.

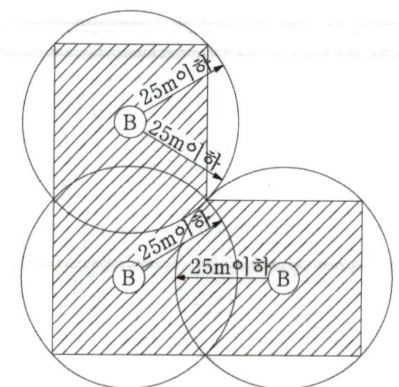

(4) 하나의 소방대상물에 2개 이상의 수신기가 설치된 경우, 어느 수신기에서도 지구음향장치 및 시각경보장치를 작동할 수 있도록 할 것

(5) 청각장애인용 시각경보장치
① 복도·통로·청각장애인용 객실 및 공용으로 사용하는 거실(로비, 회의실, 강의실, 식당, 휴게실 등을 말한다)에 설치하며, 각 부분으로부터 유효하게 경보를 발할 수 있는 위치에 설치할 것
② 공연장·집회장·관람장 또는 이와 유사한 장소에 설치하는 경우에는 시선이 집중되는 무대부 부분 등에 설치할 것
③ 설치높이는 바닥으로부터 2m 이상 2.5m 이하의 장소에 설치할 것. 다만, 천장의 높이가 2m 이하인 경우에는 천장으로부터 0.15m 이내의 장소에 설치하여야 한다.
④ 시각경보장치의 광원은 전용의 축전지설비에 의하여 점등되도록 할 것. 다만, 시각경보기에 작동전원을 공급할 수 있도록 형식승인을 얻은 수신기를 설치한 경우에는 그러하지 아니하다.

55 음향장치구조 및 성능기준

(1) 정격전압의 80[%] 전압에서 음향을 발할 수 있는 것으로 할 것
(2) 음량은 부착된 음향장치의 중심으로부터 1[m] 떨어진 위치에서 90(dB) 이상이 되는 것으로 할 것
(3) 감지기 및 발신기의 작동과 연동하여 작동할 수 있는 것으로 할 것

56 발신기

화재발생신호를 수신기 또는 중계기에 수동으로 발신하는 기기이다.
(1) **종별**: P형 1급
(2) **형별**: 옥내형
(3) **주요구성품**: 전화 잭, 누름 스위치, 응답확인등

57 발신기 구분

(1) 기능에 따른 분류
　　① P형 1급, 2급
　　② T형, M형

(2) 설치장소에 따른 분류: 옥외형, 옥내형

(3) 방폭구조에 따른 분류: 방폭형, 비방폭형

(4) 방수성 유무에 따른 분류: 방수형, 비방수형

58 P형 1급 발신기의 내부회로

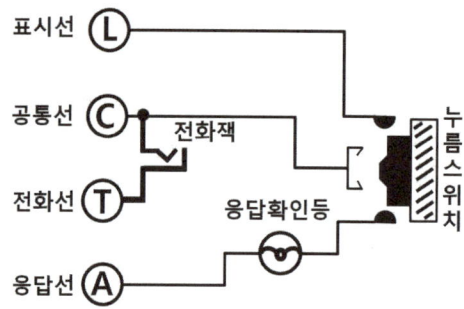

59 발신기 설치기준

(1) 조작이 쉬운 장소에 설치하고, 스위치는 바닥으로부터 0.8[m] 이상 1.5[m] 이하의 높이에 설치할 것
(2) 소방대상물의 층마다 설치하되, 당해 소방대상물의 각 부분으로부터 하나의 발신기까지의 수평거리가 25[m] 이하가 되도록 할 것. 다만, 복도 또는 별도로 구획된 실로서 보행거리가 40[m] 이상일 경우에는 추가로 설치하여야 한다.
(3) (2)에도 불구하고 (2)의 기준을 초과하는 경우로서 기둥 또는 벽이 설치되지 아니한 대형공간의 경우 발신기는 설치 대상 장소의 가장 가까운 장소의 벽 또는 기둥 등에 설치할 것

60 표시등 설치기준

(1) 발신기의 위치를 표시하는 표시등은 함의 상부에 설치하되, 그 불빛은 부착면으로부터 15° 이상의 범위 안에서 부착지점으로부터 10[m] 이내의 어느 곳에서도 쉽게 식별할 수 있는 적색등으로 하여야 한다.
(2) 전구는 사용전압의 130[%]인 교류전압을 24시간 연속하여 가하는 경우 단선, 현저한 광속변화, 전류의 저하 등이 발생하지 아니하여야 한다.

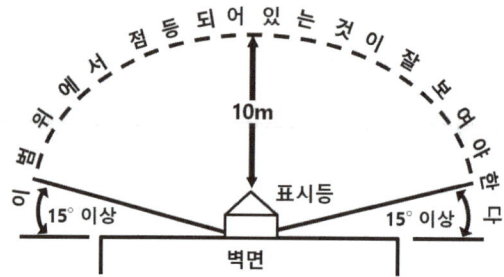

61 전원

(1) 상용전원

① 전원은 전기가 정상적으로 공급되는 축전지, 전기저장장치 또는 교류전압의 옥내 간선으로 하고, 전원까지의 배선은 전용으로 할 것
② 개폐기에는 "자동화재탐지설비용"이라고 표시한 표지를 할 것

> **참고** 교류전원
>
> 전원은 교류전압 옥내 간선으로서 전원까지의 배선 도중에서 다른 배선을 분기시키지 않는 것에서 취하며 개폐기에는 자동화재탐지설비용이라는 뜻을 표시하여야 한다.

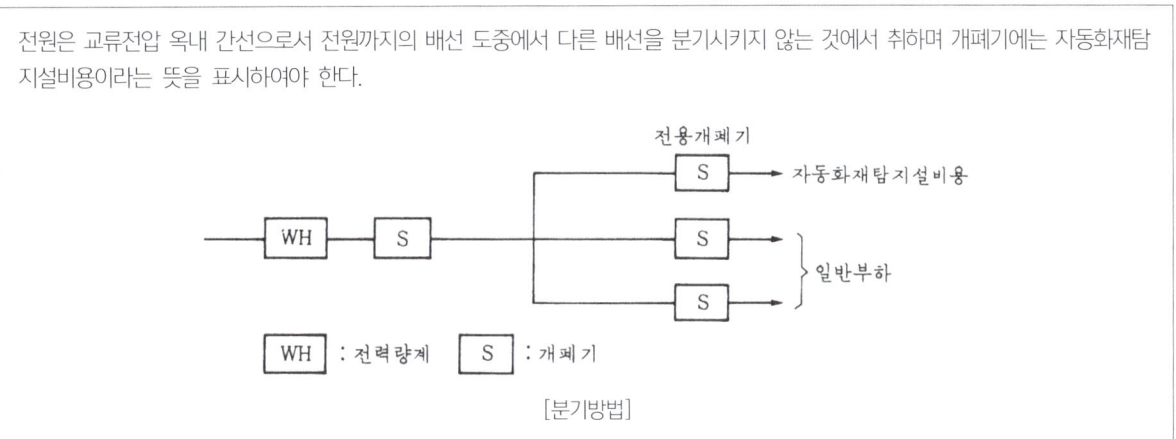

[분기방법]

(2) 자동화재탐지설비에는 그 설비에 대한 감시상태를 60분간 지속한 후 유효하게 10분 이상 경보할 수 있는 축전지설비(수신기에 내장하는 경우를 포함한다) 또는 전기저장장치(외부 전기에너지를 저장해 두었다가 필요한 때 전기를 공급하는 장치)를 설치하여야 한다. 다만, 상용전원이 축전지설비인 경우 또는 건전지를 주전원으로 사용하는 무선식 설비인 경우에는 그렇지 않다.

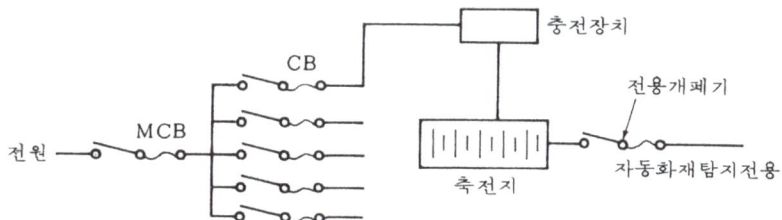

62 배선

(1) 전원회로의 배선은 옥내소화전설비의 화재안전기준(NFSC102) 별표 1에 따른 내화배선에 따르고, 그 밖의 배선(감지기 상호간 또는 감지기로부터 수신기에 이르는 감지기회로의 배선을 제외한다)은 옥내소화전설비의 화재안전기준(NFSC102) 별표 1에 따른 내화배선 또는 내열배선에 따라 설치할 것

(2) 감지기 상호간 또는 감지기로부터 수신기에 이르는 감지기회로의 배선은 다음 각목의 기준에 따라 설치할 것

① 아날로그식, 다신호식 감지기나 R형수신기용으로 사용되는 것은 전자파 방해를 받지 아니하는 쉴드선 등을 사용하여야 하며, 광케이블의 경우에는 전자파 방해를 받지 아니하고 내열성능이 있는 경우 사용할 수 있다. 다만, 전자파 방해를 받지 아니하는 방식의 경우에는 그러하지 아니하다.

② ① 외의 일반배선을 사용할 때는「옥내소화전설비의 화재안전기준(NFSC 102)」별표 1에 따른 내화배선 또는 내열배선으로 사용할 것

63 배선에 사용되는 전선의 종류 및 공사방법(제10조 제2항 관련)

(1) 내화배선

사용전선의 종류	공사방법
1. 450/750V 저독성 난연 가교 폴리올레핀 절연 전선 2. 0.6/1kV 가교 폴리에틸렌 절연 저독성 난연 폴리올레핀 시스 전력 케이블 3. 6/10kV 가교 폴리에틸렌 절연 저독성 난연 폴리올레핀 시스 전력용 케이블 4. 가교 폴리에틸렌 절연 비닐시스 트레이용 난연 전력 케이블 5. 0.6/1kV EP 고무절연 클로로프렌 시스 케이블 6. 300/500V 내열성 실리콘 고무 절연전선(180℃) 7. 내열성 에틸렌-비닐 아세테이트 고무 절연 케이블 8. 버스덕트(Bus Duct) 9. 기타 전기용품안전관리법 및 전기설비기술기준에 따라 동등 이상의 내화성능이 있다고 산업통상자원부장관이 인정하는 것	금속관·2종 금속제 가요전선관 또는 합성 수지관에 수납하여 내화구조로 된 벽 또는 바닥 등에 벽 또는 바닥의 표면으로부터 25mm 이상의 깊이로 매설하여야 한다. 다만 다음 각목의 기준에 적합하게 설치하는 경우에는 그러하지 아니하다. 가. 배선을 내화성능을 갖는 배선전용실 또는 배선용 샤프트·피트·닥트 등에 설치하는 경우 나. 배선전용실 또는 배선용 샤프트·피트·닥트 등에 다른 설비의 배선이 있는 경우에는 이로 부터 15cm 이상 떨어지게 하거나 소화설비의 배선과 이웃하는 다른 설비의 배선사이에 배선지름(배선의 지름이 다른 경우에는 가장 큰 것을 기준으로 한다)의 1.5배 이상의 높이의 불연성 격벽을 설치하는 경우
내화전선	케이블공사의 방법에 따라 설치하여야 한다.

▶ **비고:** 내화전선의 내화성능은 KS C IEC 60331-1과 2(온도 830℃ / 가열시간 120분) 표준이상을 충족하고, 난연성능 확보를 위해 KS C IEC 60332-3-24 성능 이상을 충족할 것

(2) 내열배선

사용전선의 종류	공사방법
1. 450/750V 저독성 난연 가교 폴리올레핀 절연 전선 2. 0.6/1kV 가교 폴리에틸렌 절연 저독성 난연 폴리올레핀 시스 전력 케이블 3. 6/10kV 가교 폴리에틸렌 절연 저독성 난연 폴리올레핀 시스 전력용 케이블 4. 가교 폴리에틸렌 절연 비닐시스 트레이용 난연 전력 케이블 5. 0.6/1kV EP 고무절연 클로로프렌 시스 케이블 6. 300/500V 내열성 실리콘 고무 절연전선(180℃) 7. 내열성 에틸렌-비닐 아세테이트 고무 절연 케이블 8. 버스닥트(Bus Duct) 9. 기타 전기용품안전관리법 및 전기설비기술기준에 따라 동등 이상의 내열성능이 있다고 산업통상자원부장관이 인정하는 것	금속관·금속제 가요전선관·금속닥트 또는 케이블(불연성닥트에 설치하는 경우에 한한다.) 공사방법에 따라야 한다. 다만, 다음 각목의 기준에 적합하게 설치하는 경우에는 그러하지 아니하다. 가. 배선을 내화성능을 갖는 배선전용실 또는 배선용 샤프트·피트·닥트 등에 설치하는 경우 나. 배선전용실 또는 배선용 샤프트·피트·닥트 등에 다른 설비의 배선이 있는 경우에는 이로부터 15cm 이상 떨어지게 하거나 소화설비의 배선과 이웃하는 다른 설비의 배선사이에 배선지름(배선의 지름이 다른 경우에는 지름이 가장 큰 것을 기준으로 한다)의 1.5배 이상의 높이의 불연성 격벽을 설치하는 경우
내화전선·내열전선	케이블공사의 방법에 따라 설치하여야 한다.

(3) 감지기회로의 도통시험을 위한 종단저항은 다음의 기준에 따를 것

① 점검 및 관리가 쉬운 장소에 설치할 것
② 전용함을 설치하는 경우 그 설치 높이는 바닥으로부터 1.5[m] 이내로 할 것
③ 감지기 회로의 끝부분에 설치하며, 종단감지기에 설치할 경우에는 구별이 쉽도록 해당감지기의 기판 등에 별도의 표시를 할 것

(4) 감지기 사이의 회로의 배선은 송배전식으로 할 것

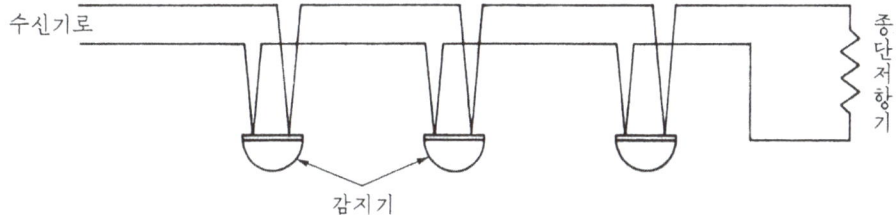

(5) 전원회로의 전로와 대지 사이 및 배선 상호간의 절연저항은 「전기사업법」 규정에 따른 기술기준이 정하는 바에 의하고, 감지기회로 및 부속회로의 전로와 대지 사이 및 배선 상호간의 절연저항은 1경계구역마다 직류 250[V]의 절연저항측정기를 사용하여 측정한 절연저항이 0.1[MΩ] 이상이 되도록 할 것

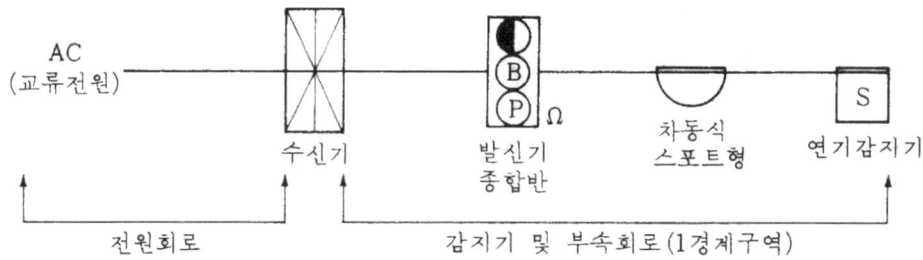

(6) 자동화재탐지설비의 배선은 다른 전선과 별도의 관·닥트(절연효력이 있는 것으로 구획한 때에는 그 구획된 부분은 별개의 닥트로 본다)·몰드 또는 풀박스 등에 설치할 것. 다만, 60[V] 미만의 약 전류회로에 사용하는 전선으로서 각각의 전압이 같을 때에는 그러하지 아니하다.

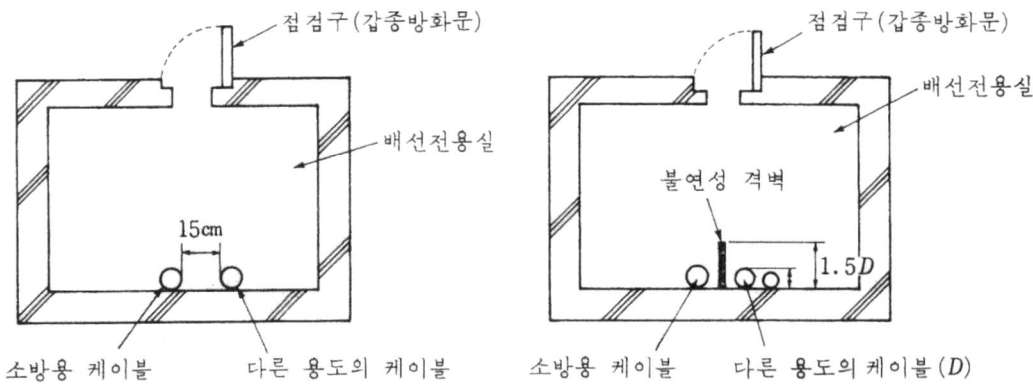

(7) 자동화재탐지설비의 감지기회로의 전로저항은 50[Ω] 이하가 되도록 하여야 하며, 수신기의 각 회로별 종단에 설치되는 감지기에 접속되는 배선의 전압은 감지기 정격전압의 80[%] 이상이어야 할 것

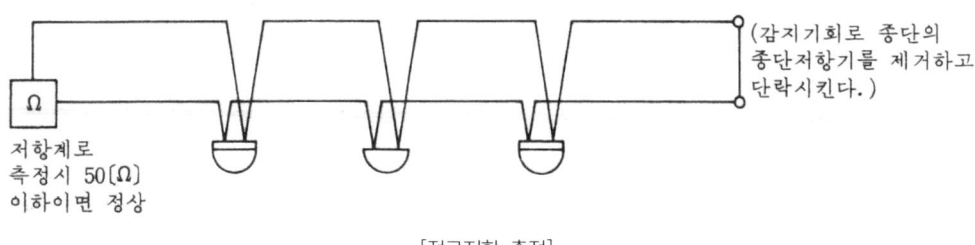

[전로저항 측정]

(8) 피(P)형수신기 및 지피(G.P)형수신기의 감지기 회로의 배선에 있어서 하나의 공통선에 접속할 수 있는 경계구역은 7개 이하로 할 것

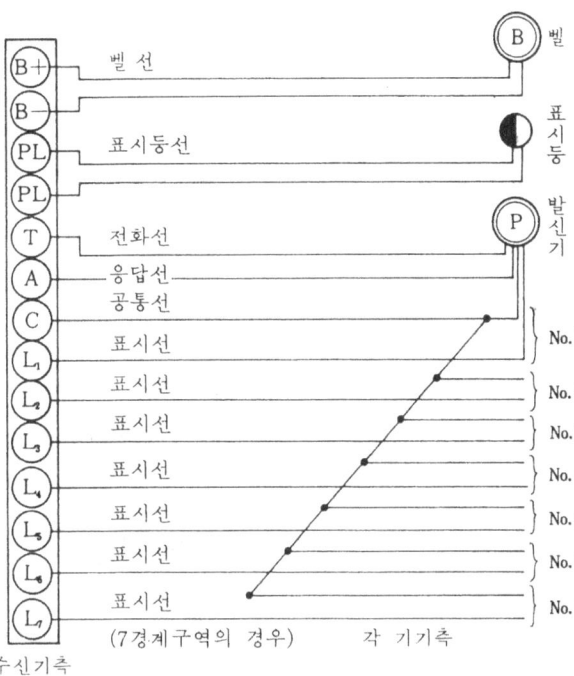

별표1 설치장소별 감지기 적응성(연기감지기를 설치할 수 없는 경우 적용) (제7조 제7항 관련)

설치장소		적응열감지기								불꽃감지기	비고
환경상태	적응장소	차동식 스포트형		차동식 분포형		보상식 스포트형		정온식		열아날로그식	
		1종	2종	1종	2종	1종	2종	특종	1종			
먼지 또는 미분 등이 다량으로 체류하는 장소	쓰레기장, 하역장, 도장실, 섬유·목재·석재 등 가공 공장	○	○	○	○	○	○	○	○	○	○	1. 불꽃감지기에 따라 감시가 곤란한 장소는 적응성이 있는 열감지기를 설치할 것 2. 차동식분포형감지기를 설치하는 경우에는 검출부에 먼지, 미분 등이 침입하지 않도록 조치할 것 3. 차동식스포트형감지기 또는 보상식스포트형감지기를 설치하는 경우에는 검출부에 먼지, 미분 등이 침입하지 않도록 조치할 것 4. 정온식감지기를 설치하는 경우에는 특종으로 설치할 것 5. 섬유, 목재가공 공장 등 화재확대가 급속하게 진행될 우려가 있는 장소에 설치하는 경우 정온식감지기는 특종으로 설치할 것. 공칭작동 온도75℃ 이하, 열아날로그식스포트형 감지기는 화재표시 설정은 80℃ 이하가 되도록 할 것
수증기가 다량으로 머무는 장소	증기세정실, 탕비실, 소독실 등	×	×	×	○	×	○	○	○	○	○	1. 차동식분포형감지기 또는 보상식스포트형감지기는 급격한 온도변화가 없는 장소에 한하여 사용할 것 2. 차동식분포형감지기를 설치하는 경우에는 검출부에 수증기가 침입하지 않도록 조치할 것 3. 보상식스포트형감지기, 정온식감지기 또는 열아날로그식감지기를 설치하는 경우에는 방수형으로 설치할 것 4. 불꽃감지기를 설치할 경우 방수형으로 할 것

설치장소		적응열감지기								불꽃 감지기	비고
환경상태	적응장소	차동식 스포트형		차동식 분포형		보상식 스포트형		정온식		열아날 로그식	
		1종	2종	1종	2종	1종	2종	특종	1종		
부식성 가스가 발생할 우려가 있는 장소	도금공장, 축전지실, 오수처리장 등	×	×	○	○	○	○	○	○	○	1. 차동식분포형감지기를 설치하는 경우에는 감지부가 피복되어 있고 검출부가 부식성가스에 영향을 받지 않는 것 또는 검출부에 부식성가스가 침입하지 않도록 조치할 것 2. 보상식스포트형감지기, 정온식감지기 또는 열아날로그식스포트형감지기를 설치하는 경우에는 부식성가스의 성상에 반응하지 않는 내산형 또는 내알칼리형으로 설치할 것 3. 정온식감지기를 설치하는 경우에는 특종으로 설치할 것
주방, 기타 평상시에 연기가 체류하는 장소	주방, 조리실, 용접작업장 등	×	×	×	×	×	×	○	○	○	1. 주방, 조리실 등 습도가 많은 장소에는 방수형 감지기를 설치할 것 2. 불꽃감지기는 UV/IR형을 설치할 것
현저하게 고온으로 되는 장소	건조실, 살균실, 보일러실, 주조실, 영사실, 스튜디오	×	×	×	×	×	×	○	○	×	—
배기가스가 다량으로 체류하는 장소	주차장, 차고, 화물취급소 차로, 자가발전실, 트럭터미널, 엔진시험실	○	○	○	○	○	○	×	×	○	1. 불꽃감지기에 따라 감시가 곤란한 장소는 적응성이 있는 열감지기를 설치할 것 2. 열아날로그식스포트형감지기는 화재표시 설정이 60℃ 이하가 바람직함

설치장소		적응열감지기								불꽃 감지기	비고
환경상태	적응장소	차동식 스포트형		차동식 분포형		보상식 스포트형		정온식		열아날 로그식		
		1종	2종	1종	2종	1종	2종	특종	1종			
연기가 다량으로 유입할 우려가 있는 장소	음식물 배급실, 주방전실, 주방 내 식품저장실, 음식물 운반용 엘리베이터, 주방주변의 복도 및 통로, 식당 등	○	○	○	○	○	○	○	○	○	×	1. 고체연료 등 가연물이 수납되어 있는 음식물배급실, 주방전실에 설치하는 정온식감지기는 특종으로 설치할 것 2. 주방주변의 복도 및 통로, 식당 등에는 정온식감지기를 설치하지 말 것 3. 제1호 및 제2호의 장소에 열아날로그식스포트형감지기를 설치하는 경우에는 화재표시 설정을 60℃ 이하로 할 것
물방울이 발생하는 장소	스레트 또는 철판으로 설치한 지붕 창고·공장, 패키지형 냉각기전용 수납실, 밀폐된 지하창고, 냉동실 주변 등	×	×	○	○	○	○	○	○	○	○	1. 보상식스포트형감지기, 정온식감지기 또는 열아날로그식 스포트형감지기를 설치하는 경우에는 방수형으로 설치할 것 2. 보상식스포트형감지기는 급격한 온도변화가 없는 장소에 한하여 설치할 것 3. 불꽃감지기를 설치하는 경우에는 방수형으로 설치할 것
불을 사용하는 설비로서 불꽃이 노출되는 장소	유리공장, 용선로가 있는 장소, 용접실, 주방, 작업장, 주조실 등	×	×	×	×	×	×	○	○	○	×	-

주) 1. "○"는 당해 설치장소에 적응하는 것을 표시, "×"는 당해 설치장소에 적응하지 않는 것을 표시
    2. 차동식스포트형, 차동식분포형 및 보상식스포트형 1종은 감도가 예민하기 때문에 비화재보 발생은 2종에 비해 불리한 조건이라는 것을 유의할 것
    3. 차동식분포형 3종 및 정온식 2종은 소화설비와 연동하는 경우에 한해서 사용할 것
    4. 다신호식감지기는 그 감지기가 가지고 있는 종별, 공칭작동온도별로 따르지 말고 상기 표에 따른 적응성이 있는 감지기로 할 것

별표 2 | 설치장소별 감지기 적응성 (제7조 제7항 관련)

설치장소		적응열감지기					적응연기감지기					불꽃감지기	비고
환경상태	적응장소	차동식스포트형	차동식분포형	보상식스포트형	정온식	열아날로그식	이온화식스포트형	광전식스포트형	이온아날로그식스포트형	광전아날로그식스포트형	광전식분리형	광전아날로그식분리형		
흡연에 의해 연기가 체류하며 환기가 되지 않는 장소	회의실, 응접실, 휴게실, 노래연습실, 오락실, 다방, 음식점, 대합실, 카바레 등의 객실, 집회장, 연회장 등	○	○	○				◎		◎	○	○		-
취침시설로 사용하는 장소	호텔 객실, 여관, 수면실 등						◎	◎	◎	◎	○	○		-
연기 이외의 미분이 떠다니는 장소	복도, 통로 등						◎	◎	◎	◎	○	○	○	-
바람에 영향을 받기 쉬운 장소	로비, 교회, 관람장, 옥탑에 있는 기계실		○					◎		◎	○	○		-
연기가 멀리 이동해서 감지기에 도달하는 장소	계단, 경사로							○		○	○	○		광전식스포트형감지기 또는 광전아날로그식스포트형감지기를 설치하는 경우에는 당해 감지기회로에 축적기능을 갖지 않는 것으로 할 것
훈소화재의 우려가 있는 장소	전화기기실, 통신기기실, 전산실, 기계제어실							○		○	○			-
넓은 공간으로 천장이 높아 열 및 연기가 확산하는 장소	체육관, 항공기 격납고, 높은 천장의 창고·공장, 관람석 상부 등 감지기 부착 높이가 8[m] 이상의 장소		○								○	○	○	-

주) 1. "○"는 당해 설치장소에 적응하는 것을 표시
2. "◎" 당해 설치장소에 연감지기를 설치하는 경우에는 당해 감지회로에 축적기능을 갖는 것을 표시
3. 차동식스포트형, 차동식분포형, 보상식스포트형 및 연기식(당해 감지기회로에 축적 기능을 갖지 않는 것) 1종은 감도가 예민하기 때문에 비화재보 발생은 2종에 비해 불리한 조건이라는 것을 유의하여 따를 것
4. 차동식분포형 3종 및 정온식 2종은 소화설비와 연동하는 경우에 한해서 사용할 것
5. 광전식분리형감지기는 평상시 연기가 발생하는 장소 또는 공간이 협소한 경우에는 적응성이 없음

6. 넓은 공간으로 천장이 높아 열 및 연기가 확산하는 장소로서 차동식분포형 또는 광전식분리형 2종을 설치하는 경우에는 제조사의 사양에 따를 것
7. 다신호식감지기는 그 감지기가 가지고 있는 종별, 공칭작동온도별로 따르고 표에 따른 적응성이 있는 감지기로 할 것
8. 축적형감지기 또는 축적형중계기 혹은 축적형수신기를 설치하는 경우에는 제7조에 따를 것

Chapter 02 자동화재 속보설비

1 개요

소방대상물의 화재발생시 신속히 소방관서에 통보하기 위한 설비로 사람의 힘을 빌리지 않아도 화재가 발생하면 자동적으로 119 화재신고를 소방관서에 통보하는 설비를 말한다.

2 설치대상

(1) 업무시설, 공장, 창고시설, 교정 및 군사시설 중 국방·군사시설, 발전시설(사람이 근무하지 않는 시간에는 무인경비시스템으로 관리하는 시설만 해당한다)로서 바닥면적이 1천5백[m^2] 이상인 층이 있는 것

(2) 노유자 생활시설

(3) (2)에 해당하지 않는 노유자시설로서 바닥면적이 500[m^2] 이상인 층이 있는 것

(4) 수련시설(숙박시설이 있는 건축물만 해당한다)로서 바닥면적이 500[m^2] 이상인 층이 있는 것

(5) 「문화재보호법」에 따라 보물 또는 국보로 지정된 목조건축물

(6) 근린생활시설 중 ① 의원, 치과의원 및 한의원으로서 입원실이 있는 시설, ② 조산원 및 산후조리원

(7) 의료시설 중 종합병원, 병원, 치과병원, 한방병원 및 요양병원(정신병원과 의료재활시설 제외)

(8) 판매시설 중 전통시장

(9) 발전시설 중 전기저장시설

(10) (1)부터 (9)까지에 해당하지 않는 특정소방대상물 중 층수가 30층 이상인 것

> **참고**
>
> 수신반이 설치된 장소에 상시 통화 가능한 전화가 설치되어 있고, 감시인이 상주하는 경우에는 자동화재 속보설비를 설치하지 아니할 수 있다.

3 자동화재 속보기

화재발생시 자동화재 탐지설비의 수신기에서 발하여진 신호를 해당 소방관서에 통보하여 조기 소화를 할 수 있다.
(1) 동작시간 표시기능
(2) 동작횟수 표시기능
(3) 전화번호 표시기능
(4) 화재경보 표시기능
(5) 비상 스위치 동작 표시기능

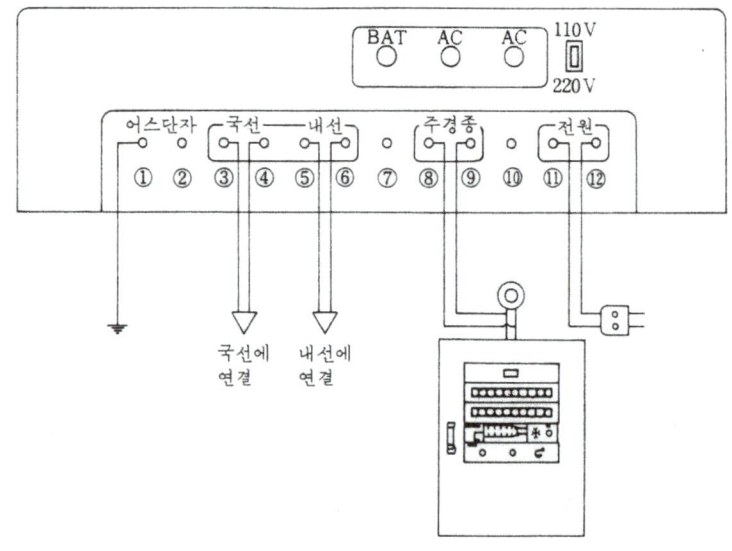

[접속 및 기능]

4 용어의 정의

(1) '속보기'란 화재신호를 통신망을 통하여 음성 등의 방법으로 소방관서에 통보하는 장치를 말한다.
(2) '통신망'이란 유선이나 무선 또는 유무선 겸용 방식을 구성하여 음성 또는 데이터 등을 전송할 수 있는 집합체를 말한다.

5 설치기준

자동화재속보설비는 다음의 기준에 따라 설치하여야 한다.
(1) 자동화재탐지설비와 연동으로 작동하여 자동적으로 화재발생 상황을 소방관서에 전달되는 것으로 할 것
(2) 스위치는 바닥으로부터 0.8m 이상 1.5m 이하의 높이에 설치하고, 보기 쉬운 곳에 스위치임을 표시한 표지를 할 것
(3) 속보기는 소방관서에 통신망으로 통보하도록 하며, 데이터 또는 코드전송방식을 부가적으로 설치할 수 있다. 단, 데이터 및 코드전송방식의 기준은 소방청장이 정한다.
(4) 문화재에 설치하는 자동화재속보설비는 제1호의 기준에도 불구하고 속보기에 감지기를 직접 연결하는 방식(자동화재탐지설비 1개의 경계구역에 한한다)으로 할 수 있다.
(5) 속보기는 「소방용품의 형식승인 등에 관한 규칙」에 적합한 것으로 설치하여야 한다.

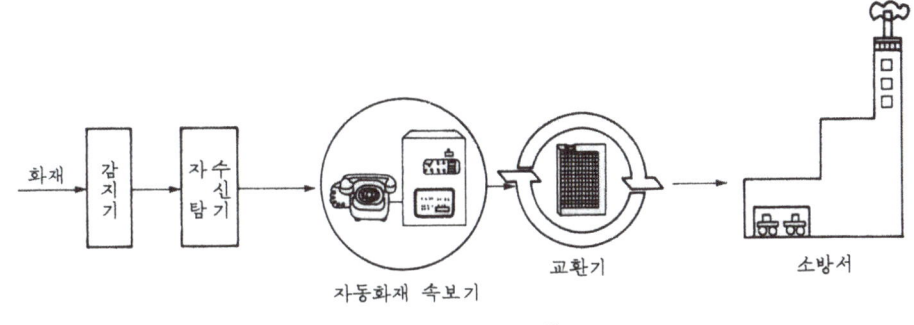

[연동하는 경우의 예]

6 예비전원

(1) 주전원으로 사용해서는 안 된다.
(2) 인출선은 적당한 색깔에 의해 쉽게 구분할 수 있을 것
(3) 예비전원은 원통 밀폐형 니켈 카드뮴 전지로, 용량은 감시상태를 60분간 계속한 후 10분 이상 계속 통보할 수 있을 것
(4) 자동충전장치 및 전기적 기구에 의한 자동과충전 방지장치를 설치할 것
(5) 전기적 기구에 의한 자동과충전 방지장치를 설치할 것
(6) 병렬로 접속하는 경우에는 역충전방지 등의 조치를 강구할 것

Chapter 03 누전경보기

1 개요

누전경보기는 600[V] 이하인 전기배선이나 전기기기의 부하측이 사고로 인하여 누전이 발생할 경우 자동적으로 경보를 발할 수 있도록 한 설비로서 누설전류를 검출하는 변류기(CT), 누설전류를 받아 증폭하는 수신기, 경보를 발하는 음향장치 및 차단기 등으로 구성되어 있다.

2 설치대상

누전경보기는 계약전류용량(같은 건축물에 계약 종류가 다른 전기가 공급되는 경우에는 그중 최대계약전류용량을 말한다)이 100암페어를 초과하는 특정소방대상물(내화구조가 아닌 건축물로서 벽·바닥 또는 반자의 전부나 일부를 불연재료 또는 준불연재료가 아닌 재료에 철망을 넣어 만든 것만 해당한다)에 설치하여야 한다. 다만, 위험물 저장 및 처리 시설 중 가스시설, 지하가 중 터널 또는 지하구의 경우에는 그러하지 아니하다.

> **참고**
>
> $$\text{계약전류용량} = \frac{\text{계약용량[kVA] 또는 계약전력[kW]} \times 10^3}{\text{표준전압[V]} \times \text{역률}(\cos\theta)}$$
>
> ※ 전기방식이 3상 3선식은 표준전압 [V] × $\sqrt{3}$ 을 할 것
>   전기방식이 단상 3선식은 중성선을 제외한 표준전압[V]으로 할 것

3 용어의 정의

(1) "누전경보기"란 내화구조가 아닌 건축물로서 벽, 바닥 또는 천장의 전부나 일부를 불연재료 또는 준불연재료가 아닌 재료에 철망을 넣어 만든 건물의 전기설비로부터 누설전류를 탐지하여 경보를 발하며 변류기와 수신부로 구성된 것을 말한다.
(2) "수신부"란 변류기로부터 검출된 신호를 수신하여 누전의 발생을 해당 특정소방대상물의 관계인에게 경보하여 주는 것(차단기구를 갖는 것을 포함한다)을 말한다.
(3) "변류기"란 경계전로의 누설전류를 자동적으로 검출하여 이를 누전경보기의 수신부에 송신하는 것을 말한다.

4 수신기의 내부구조

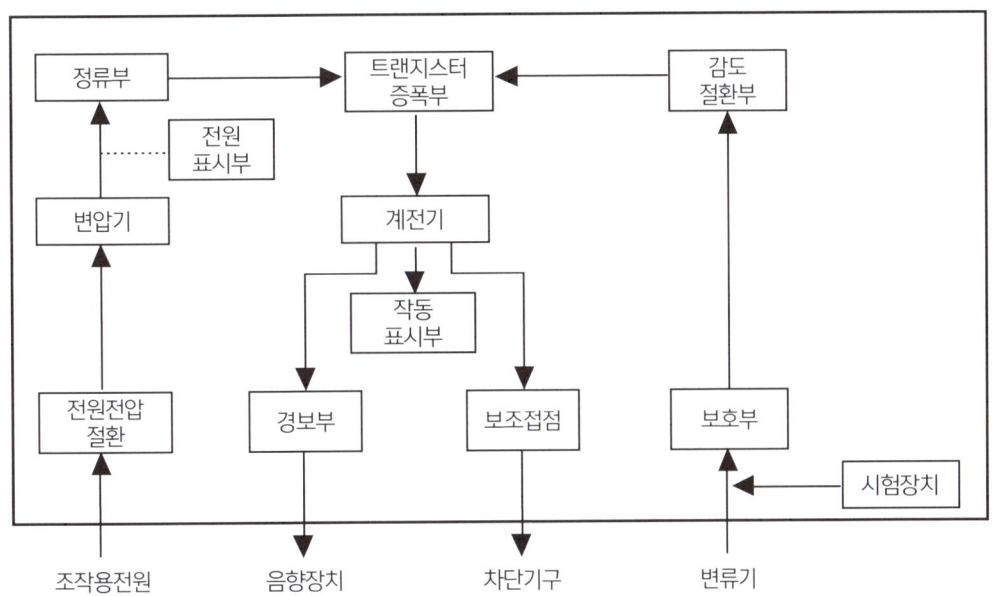

5 충격파 대책

번개 발생시 충격파에 의하여 부품의 파괴나 오작동을 방지하기 위하여 서지(Surge)를 억제할 필요가 있다. 그 방법으로 서지 옵서버(Surge Absorber) 등이 주로 사용되고 있다.

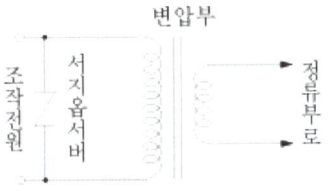

6 과전압 보호장치

[배리스터(Varistor)]

전압-전류 특성이 비직선적인 저항소자의 총칭으로 전압에 의해 현저하게 저항값이 변화하는 성질이 있으며 피뢰기, 변압기나 코일 등의 과전압 보호용으로 사용되는데 특성은 그림과 같다.

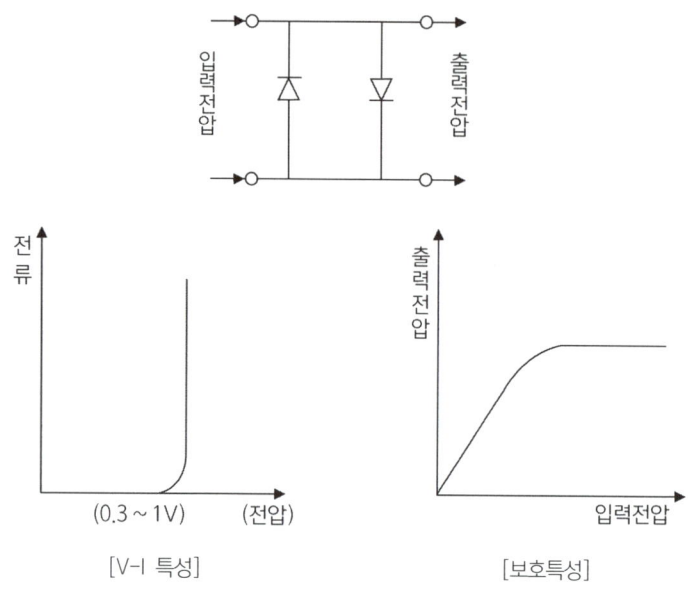

7 수신기의 작동원리

옥외·옥측·옥내 배선의 피복이 손상된 부분이 접지되어 금속 접촉 부분으로 누전된 경우에 다음과 같이 작동한다.

> 변압기 → 2차측의 비접지측 전로 → 누전점 → 메탈라스등 → 대지 → 제2종 접지선

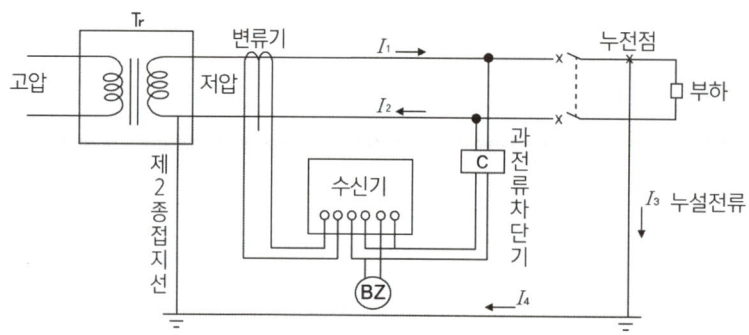

8 수신부의 구조

(1) 전원을 표시하는 장치를 설치하여야 한다. 다만, 2급은 그러하지 아니한다.

(2) 수신부는 다음 회로에 단락이 생기는 경우에는 유효하게 보호되는 조치를 강구하여야 한다.
① 선원 입력측의 회로(다만, 2급수신부에는 적용하지 아니한다)
② 수신부에서 외부의 음향장치와 표시등에 대하여 직접 전력을 공급하도록 구성된 외부회로

(3) 감도조정장치를 제외하고 감도조정부는 외함의 바깥쪽에 노출되지 아니하여야 한다.

(4) 주전원의 양극을 동시에 개폐할 수 있는 전원스위치를 설치하여야 한다. 다만, 보수시에 전원공급이 자동적으로 중단되는 방식은 그러하지 아니하다.

(5) 전원입력측의 양선(1회선용은 1선 이상) 및 외부부하에 직접 전원을 송출하도록 구성된 회로에는 퓨즈 또는 브레이커 등을 설치하여야 한다.

9 누전표시

수신부는 변류기로부터 송신된 신호를 수신하는 경우 적색표시 및 음향신호에 의하여 누전을 자동적으로 표시할 수 있어야 하며, 이 경우 차단기구가 있는 것은 차단후에도 누전되고 있음을 적색표시로 계속 표시되는 것이어야 한다.

10 수신기 설치장소

(1) 누전경보기의 수신부는 옥내의 점검에 편리한 장소에 설치하되, 가연성의 증기·먼지 등이 체류할 우려가 있는 장소의 전기회로에는 당해 부분의 전기회로를 차단할 수 있는 차단기구를 가진 수신부를 설치하여야 한다. 이경우 차단기구의 부분은 해당 장소 외의 안전한 장소에 설치하여야 한다.

(2) 누전경보기의 수신부는 다음의 장소 외의 장소에 설치하여야 한다. 다만, 해당 누전경보기에 대하여 방폭·방식·방습·방온·방진 및 정전기 차폐 등의 방호조치를 한 것에 있어서는 그러하지 아니하다.
① 가연성의 증기·먼지·가스 등이나 부식성의 증기·가스 등이 다량으로 체류하는 장소
② 화약류를 제조하거나 저장 또는 취급하는 장소
③ 습도가 높은 장소
④ 온도의 변화가 급격한 장소
⑤ 대전류회로·고주파 발생회로 등에 따른 영향을 받을 우려가 있는 장소

> **참고**
>
> 수신기, 변류기 또는 그 2차측 배선을 고주파 발생 및 대전류가 통과하는 부근에 시설하는 경우, 대전류에 대한 방호조치를 할 것

11 변류기

변류기는 누설전류를 검출하는 장치로, 환상형 철심에 검출용 2차 권선을 내장시킨 것과, 수지로 몰딩 처리하여 가운데 홀로 선로를 통과시키는 것, 철심을 2개로 분할하여 전선을 끼워서 설치하는 것이 있다.

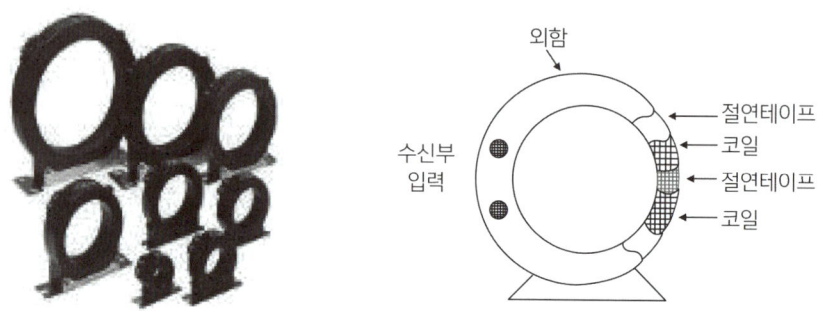

12 변류기의 작동원리

1. 단상식

누설전류가 없는 경우에는 그림과 같이 회로에 흐르는 왕복전류 i_1과 귀로전류 i_2는 같고 왕로전류 i_1에 의한 자속 $\phi1$과 귀로전류 i_2에 의한 자속 $\phi2$는 $\phi1 = \phi2$가 되고, 서로 상쇄하고 있다. 누전이 발생하여 누설전류 i_g가 흐르면 왕로전류 i_1이 되고 귀로전류는 왕로전류 i_1보다 작은 $i_1 - i_g$가 되어 누설전류 i_g에 의한 자속이 생기게 되어 변류기에 유기전압을 유도시킨다. 수신기는 이 전압을 증폭해서 입력신호로 하여 릴레이를 동작시켜 경보를 발한다.

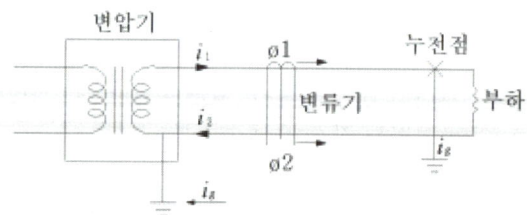

2. 3상식

그림은 3상 3선식으로 부하가 일정치 않게 접속한 경우로 누설전류가 없을 때에는

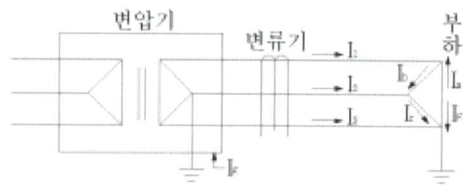

$I_1 = i_b - i_a, \ I_2 = i_c - i_b, \ I_3 = i_a - i_c$

∴ $I_1 + I_2 + I_3 = 0$이 된다.

만일 누전사고가 생기면,

$I_1 = i_b - i_a$, $I_2 = i_c - i_b$ $I_3 = i_a - i_c + i_g$, $i_g = I_1 + I_2 + I_3$

라는 누설전류가 발생되고, 누설전류 i_g는 ϕ_g라는 자속을 발생시켜 ϕ_g로 말미암아 앞에서 설명한 단상의 경우와 마찬가지로 영상변류기에 유기전압을 유기시켜 이 유기전압을 증폭하여 경보를 발하여 주는 것이다.

13 누전경보기 설치기준

(1) 경계전로의 정격전류가 60[A]를 초과하는 전로에 있어서는 1급 누전경보기를, 60[A] 이하의 전로에 있어서는 1급 또는 2급 누전경보기를 설치할 것. 다만, 정격전류가 60[A]를 초과하는 경계전로가 분기되어 각 분기회로의 정격 전류가 60[A] 이하로 되는 경우 당해 분기회로마다 2급 누전경보기를 설치한 때에는 당해 경계전로에 1급 누전경 보기를 설치한 것으로 본다.

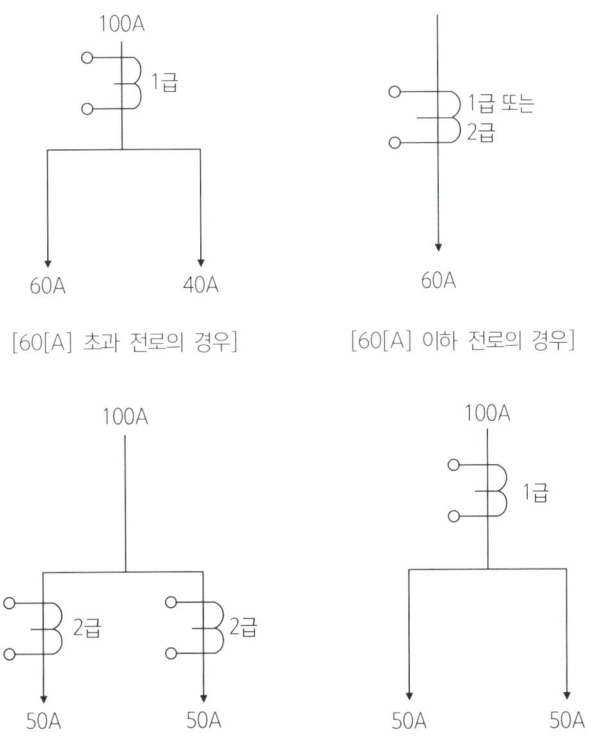

(2) 변류기는 소방대상물의 형태, 인입선의 시설방법 등에 따라 옥외 인입선의 제1지점의 부하측 또는 제2종 접지선측의 점검이 쉬운 위치에 설치할 것. 다만, 인입선의 형태 또는 소방대상물의 구조상 부득이한 경우에 있어서는 인입구에 근접한 옥내에 설치할 수 있다.

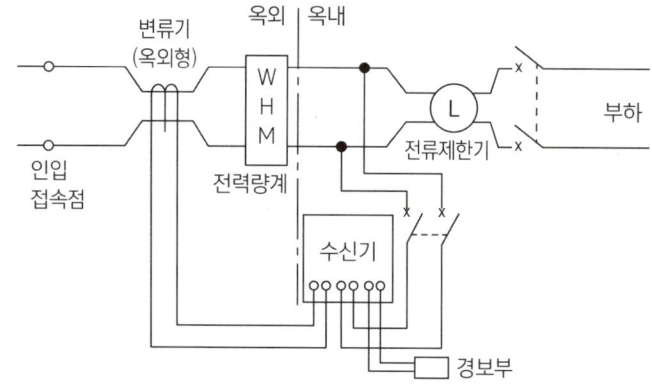

[옥외 인입선의 제1지점의 부하측에 설치하는 예]

(3) 변류기를 옥외의 전로에 설치하는 경우에는 옥외형의 것을 설치할 것

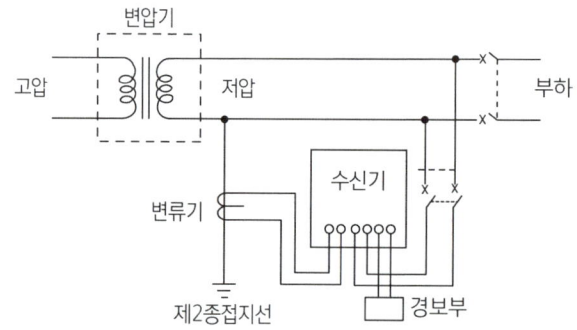

14 변류기 설치방법

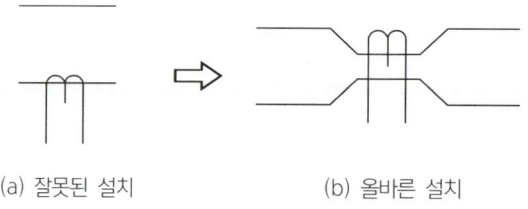

(a) 잘못된 설치   (b) 올바른 설치

> **참고**
>
> - **잘못된 설치의 원인**: 변류기에 1선만 관통시킨 경우 전선에 흐르는 전류의 검출시 누전경보기 오동작의 원인이 된다.
> - **올바른 설치**: 변류기에는 모든 전선(중성선 포함)을 모두 관통시키도록 한다. 단, 제2종 접지선에 설치하는 경우에는 접지선 1선만 관통시킨다.

15 공칭작동 전류값

(1) 누전경보기의 공칭작동 전류값(누전경보기를 작동시키기 위하여 필요한 누설전류의 값으로서 제조자에 의하여 표시된 값을 말한다)은 200[mA] 이하이어야 한다.
(2) 앞의 규정은 감도조정장치를 가지고 있는 누전경보기에 있어서도 그 조정범위의 최소값에 대하여 이를 적용한다.

16 감도조정장치

감도조정장치를 갖는 누전경보기에 있어서 감도조정장치의 조정범위는 최대값이 1[A]이어야 한다.

17 음향장치

음향장치는 수위실 등 상시 사람이 근무하는 장소에 설치하여야 하며, 음량 및 음색은 다른 기기의 소음 등과 명확히 구별할 수 있는 것으로 하여야 한다.

> **참고**
> - 사용전압의 80[%]인 전압에서 소리를 내어야 한다.
> - 사용전압에서의 음압은 무향실내에서 정위치에 부착된 음향장치의 중심으로부터 1[m] 떨어진 지점에서 누전경보기는 70[dB] 이상이어야 한다. 다만, 고장표시장치용 등의 음압은 60[dB] 이상이어야 한다.
> - 사용전압으로 8시간 연속하여 울리게 하는 시험 또는 정격전압에서 3분 20초 동안 울리고 6분 40초 동안 정지하는 작동을 반복하여 통산한 울림시간이 20시간이 되도록 시험하는 경우 그 구조 또는 기능에 이상이 생기지 아니하여야 한다.

18 전원

(1) 전원은 분전반으로부터 전용회로로 하고, 각 극에 개폐기 및 15[A] 이하의 과전류차단기(배선용 차단기에 있어서는 20[A] 이하의 것으로 각 극을 개폐할 수 있는 것)를 설치할 것
(2) 전원을 분기할 때에는 다른 차단기에 따라 전원이 차단되지 아니하도록 할 것
(3) 전원의 개폐기에는 누전경보기용임을 표시한 표지를 할 것

> **참고** 분기회로 설치기준
> - 저압옥내간선과의 분기점에서 전선의 길이가 3[m] 이하인 곳에 개폐기 및 과전류 차단기를 설치할 것
> - 개폐기는 각 극에 시설할 것
>   - 분전반: 분기회로용 배전반으로 과전류 차단기, 주개폐기, 분기개폐기를 수납한 것

Chapter 04 비상경보설비(단독경보형 감지기 포함) 및 비상방송설비

1 비상경보설비

1. 개요

비상경보설비는 자동화재탐지설비와 그 밖의 다른 방법에 의하여 감지한 화재를 빠른 시간 내에 당해 소방대상물에 있는 사람에게 경보를 발하여 피난의 개시 및 초기 소화활동을 신속히 전개하도록 하기 위한 설비이다.

2. 설치대상

(1) 연면적 400[m^2](지하가 중 터널을 제외한다)이거나 지하층 또는 무창층의 바닥면적이 150[m^2](공연장인 경우 100[m^2]) 이상인 것
(2) 지하가 중 터널로서 길이가 500[m] 이상인 것
(3) 50인 이상의 근로자가 작업하는 옥내작업장

3. 종류

비상벨설비, 자동식사이렌설비

2 비상경보설비(단독경보형 감지기 포함) 용어의 정의

(1) "비상벨설비"란 화재발생 상황을 경종으로 경보하는 설비를 말한다.
(2) "자동식사이렌설비"란 화재발생 상황을 사이렌으로 경보하는 설비를 말한다.
(3) "단독경보형감지기"란 화재발생 상황을 단독으로 감지하여 자체에 내장된 음향장치로 경보하는 감지기를 말한다.
(4) "발신기"란 화재발생 신호를 수신기에 수동으로 발신하는 장치를 말한다.
(5) "수신기"란 발신기에서 발하는 화재신호를 직접 수신하여 화재의 발생을 표시 및 경보하여 주는 장치를 말한다.

3 비상벨설비 · 자동식사이렌설비

(1) 비상벨설비 또는 자동식사이렌설비는 부식성가스 또는 습기 등으로 인하여 부식의 우려가 없는 장소에 설치하여야 한다.
(2) 지구음향장치는 특정소방대상물의 층마다 설치하되, 해당 특정소방대상물의 각 부분으로부터 하나의 음향장치까지의 수평거리가 25[m] 이하가 되도록 하고, 해당층의 각 부분에 유효하게 경보를 발할 수 있도록 설치하여야 한다. 다만, 「비상방송설비의 화재안전기준(NFSC 202)」에 적합한 방송설비를 비상벨설비 또는 자동식사이렌설비와 연동하여 작동하도록 설치한 경우에는 지구음향장치를 설치하지 아니할 수 있다.
(3) 음향장치는 정격전압의 80[%] 전압에서 음향을 발할 수 있도록 하여야 한다. 다만 건전지를 주전원으로 사용하는 음향장치는 그러하지 아니하다.

(4) 음향장치의 음량은 부착된 음향장치의 중심으로부터 1[m] 떨어진 위치에서 90[dB] 이상이 되는 것으로 하여야 한다.

(5) 발신기는 다음의 기준에 따라 설치하여야 한다.
① 조작이 쉬운 장소에 설치하고, 조작스위치는 바닥으로부터 0.8[m] 이상 1.5[m] 이하의 높이에 설치할 것
② 특정소방대상물의 층마다 설치하되, 해당 특정소방대상물의 각 부분으로부터 하나의 발신기까지의 수평거리가 25[m] 이하가 되도록 할 것. 다만, 복도 또는 별도로 구획된 실로서 보행거리가 40[m] 이상일 경우에는 추가로 설치하여야 한다.
③ 발신기의 위치표시등은 함의 상부에 설치하되, 그 불빛은 부착 면으로부터 15° 이상의 범위 안에서 부착지점으로부터 10[m] 이내의 어느 곳에서도 쉽게 식별할 수 있는 적색등으로 할 것

(6) 비상벨설비 또는 자동식사이렌설비의 상용전원은 다음의 기준에 따라 설치하여야 한다.
① 전원은 전기가 정상적으로 공급되는 축전지, 전기저장장치 또는 교류전압의 옥내 간선으로 하고, 전원까지의 배선은 전용으로 할 것
② 개폐기에는 "비상벨설비 또는 자동식사이렌설비용"이라고 표시한 표지를 할 것

(7) 비상벨설비 또는 자동식사이렌설비에는 그 설비에 대한 감시상태를 60분간 지속한 후 유효하게 10분 이상 경보할 수 있는 축전지설비(수신기에 내장하는 경우를 포함한다) 또는 전기저장장치(외부 전기에너지를 저장해 두었다가 필요한 때 전기를 공급하는 장치)를 설치하여야 한다. 다만, 상용전원이 축전지설비인 경우 또는 건전지를 주전원으로 사용하는 무선식 설비인 경우에는 그러하지 아니하다.

(8) 비상벨설비 또는 자동식사이렌설비의 배선은 「전기사업법」에 따른 기술기준에서 정한 것 외에 다음 각 호의 기준에 따라 설치하여야 한다.
① 전원회로의 배선은 「옥내소화전설비의 화재안전기준(NFSC 102)」 별표 1에 따른 내화배선에 의하고 그 밖의 배선은 「옥내소화전설비의 화재안전기준(NFSC 102)」 별표 1에 따른 내화배선 또는 내열배선에 따를 것
② 전원회로의 전로와 대지 사이 및 배선상호간의 절연저항은 「전기사업법」에 따른 기술기준이 정하는 바에 의하고, 부속회로의 전로와 대지 사이 및 배선 상호간의 절연저항은 1경계구역마다 직류 250[V]의 절연저항측정기를 사용하여 측정한 절연저항이 0.1[MΩ] 이상이 되도록 할 것
③ 배선은 다른 전선과 별도의 관·덕트(절연효력이 있는 것으로 구획한 때에는 그 구획된 부분은 별개의 덕트로 본다)·몰드 또는 풀박스 등에 설치할 것. 다만, 60[V] 미만의 약전류회로에 사용하는 전선으로서 각각의 전압이 같을 때에는 그러하지 아니하다.

4 단독경보형감지기

(1) 각 실(이웃하는 실내의 바닥면적이 각각 30[m²] 미만이고 벽체의 상부의 전부 또는 일부가 개방되어 이웃하는 실내와 공기가 상호유통되는 경우에는 이를 1개의 실로 본다)마다 설치하되, 바닥면적이 150[m²]를 초과하는 경우에는 150[m²]마다 1개 이상 설치할 것
(2) 최상층의 계단실의 천장(외기가 상통하는 계단실의 경우를 제외한다)에 설치할 것
(3) 건전지를 주전원으로 사용하는 단독경보형감지기는 정상적인 작동상태를 유지할 수 있도록 건전지를 교환할 것
(4) 상용전원을 주전원으로 사용하는 단독경보형감지기의 2차전지는 법 제39조에 따라 제품검사에 합격한 것을 사용할 것

5 비상 방송설비

1. 개요

화재를 발견한 사람이 기동장치를 조작하여 증폭기의 전원이 자동적으로 투입되게 하거나 자동화재 탐지설비의 감지기가 작동하여 수신기에 화재신호를 보냈을 경우에, 자동 또는 수동으로 증폭기의 전원이 투입되게 하여 조작장치의 마이크로폰 또는 화재시 행하는 비상경보의 방송을 미리 녹음한 테이프 레코더를 조작하여 스피커를 통하여 음성이나 비상경보의 방송을 행하게 한다.

2. 설치대상

(1) 연면적 3,500[m^2] 이상인 것
(2) 지하층을 제외한 층수가 11층 이상인 것
(3) 지하층의 층수가 3층 이상인 것

6 용어의 정의

(1) "확성기"란 소리를 크게 하여 멀리까지 전달될 수 있도록 하는 장치로써 일명 스피커를 말한다.
(2) "음량조절기"란 가변저항을 이용하여 전류를 변화시켜 음량을 크게 하거나 작게 조절할 수 있는 장치를 말한다.
(3) "증폭기"란 전압전류의 진폭을 늘려 감도를 좋게 하고 미약한 음성전류를 커다란 음성전류로 변화시켜 소리를 크게 하는 장치를 말한다.

7 음향장치

비상방송설비는 다음의 기준에 따라 설치하여야 한다. 이 경우 엘리베이터 내부에는 별도의 음향장치를 설치할 수 있다.
(1) 확성기의 음성입력은 3[W](실내에 설치하는 것에 있어서는 1[W]) 이상일 것
(2) 확성기는 각층마다 설치하되, 그 층의 각 부분으로부터 하나의 확성기까지의 수평거리가 25[m] 이하가 되도록 하고, 해당층의 각 부분에 유효하게 경보를 발할 수 있도록 설치할 것
(3) 음량조정기를 설치하는 경우 음량조정기의 배선은 3선식으로 할 것
(4) 조작부의 조작스위치는 바닥으로부터 0.8[m] 이상 1.5[m] 이하의 높이에 설치할 것
(5) 조작부는 기동장치의 작동과 연동하여 해당 기동장치가 작동한 층 또는 구역을 표시할 수 있는 것으로 할 것
(6) 증폭기 및 조작부는 수위실 등 상시 사람이 근무하는 장소로서 점검이 편리하고 방화상 유효한 곳에 설치할 것

(7) 층수가 5층 이상으로서 연면적이 3,000m²를 초과하는 특정소방대상물은 다음에 따라 경보를 발할 수 있도록 하여야 한다.
   ① 2층 이상의 층에서 발화한 때에는 발화층 및 그 직상층에 경보를 발할 것
   ② 1층에서 발화한 때에는 발화층·그 직상층 및 지하층에 경보를 발할 것
   ③ 지하층에서 발화한 때에는 발화층·그 직상층 및 기타의 지하층에 경보를 발할 것

(8) 다른 방송설비와 공용하는 것에 있어서는 화재 시 비상경보외의 방송을 차단할 수 있는 구조로 할 것

(9) 다른 전기회로에 따라 유도장애가 생기지 아니하도록 할 것

(10) 하나의 특정소방대상물에 2 이상의 조작부가 설치되어 있는 때에는 각각의 조작부가 있는 장소 상호간에 동시통화가 가능한 설비를 설치하고, 어느 조작부에서도 해당 특정소방대상물의 전 구역에 방송을 할 수 있도록 할 것

(11) 기동장치에 따른 화재신고를 수신한 후 필요한 음량으로 화재발생 상황 및 피난에 유효한 방송이 자동으로 개시될 때까지의 소요시간은 10초 이하로 할 것

(12) 음향장치는 다음의 기준에 따른 구조 및 성능의 것으로 하여야 한다.
   ① 정격전압의 80% 전압에서 음향을 발할 수 있는 것을 할 것
   ② 자동화재탐지설비의 작동과 연동하여 작동할 수 있는 것으로 할 것

> **참고**
>
> • **음량조절기(ATT: attenuator)**: 입력신호의 진폭을 감쇠시키기 위하여 사용하는 것으로 일명 감쇠기라고 한다.
>
>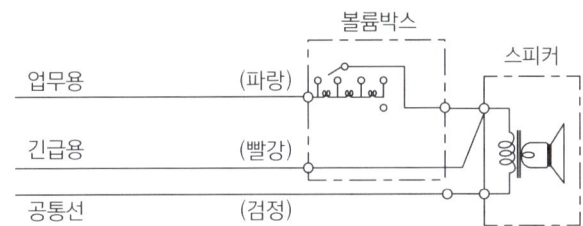
>
> • **3선식 배선의 예**
>
>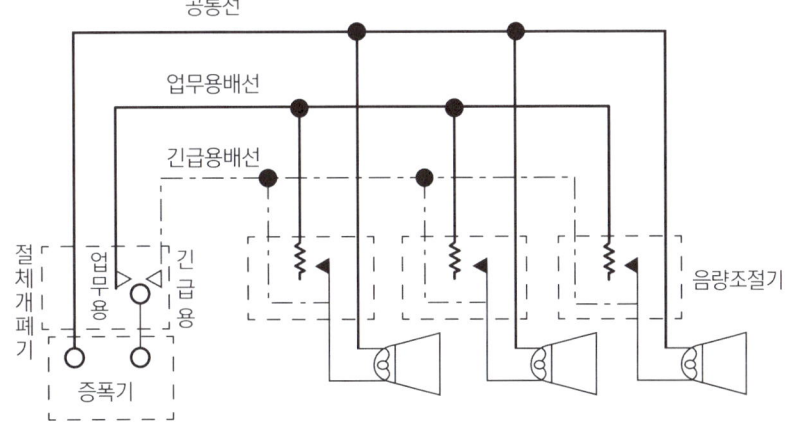

- **2선식 배선의 예**: 음량조정기를 스피커 내부에 설치하여 사람이 용이하게 조작할 수 없도록 하여 비상경보방송을 필요한 음량으로 방송할 수 있는 경우에는 2선식 배선으로 할 수 있다.

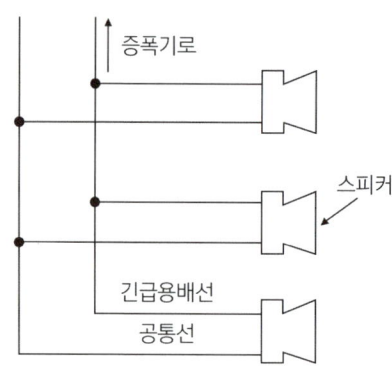

8 전원

(1) 비상방송설비의 상용전원은 다음 각 호의 기준에 따라 설치하여야 한다.
  ① 전원은 전기가 정상적으로 공급되는 축전지, 전기저장장치(외부 전기에너지를 저장해 두었다가 필요한 때 전기를 공급하는 장치) 또는 교류전압의 옥내 간선으로 하고, 전원까지의 배선은 전용으로 할 것
  ② 개폐기에는 "비상방송설비용"이라고 표시한 표지를 할 것

(2) 비상방송설비에는 그 설비에 대한 감시상태를 60분간 지속한 후 유효하게 10분 이상 경보할 수 있는 축전지설비(수신기에 내장하는 경우를 포함한다)를 설치하여야 한다.

9 배선

(1) 화재로 인하여 하나의 층의 확성기 또는 배선이 단락 또는 단선되어도 다른 층의 화재통보에 지장이 없도록 할 것
(2) 전원회로의 배선은 옥내소화전설비의화재안전기준(NFSC 102) 별표 1에 따른 내화배선에 따르고, 그 밖의 배선은 옥내소화전설비의화재안전기준(NFSC 102) 별표 1에 따른 내화배선 또는 내열배선에 따라 설치할 것
(3) 전원회로의 전로와 대지 사이 및 배선상호간의 절연저항은 전기사업법 규정에 따른 기술기준이 정하는 바에 따르고, 부속회로의 전로와 대지 사이 및 배선 상호간의 절연저항은 1경계구역마다 직류 250[V]의 절연저항측정기를 사용하여 측정한 절연저항이 0.1[MΩ] 이상이 되도록 할 것
(4) 비상방송설비의 배선은 다른 전선과 별도의 관·닥트(절연효력이 있는 것으로 구획한 때에는 그 구획된 부분은 별개의 닥트로 본다) 몰드 또는 풀박스 등에 설치할 것. 다만, 60[V] 미만의 약전류회로에 사용하는 전선으로서 각각의 전압이 같을 때에는 그러하지 아니하다.

Chapter 05 방재전원설비

1 축전지설비

1. 축전지설비의 위치

(1) 온도 변화가 급격한 장소에 설치하지 말 것
(2) 직사일광을 받지 않는 장소에 설치할 것
(3) 내산성 바닥 또는 받침대 위에 설치할 것
(4) 피난상 지장을 주지 않는 곳에 설치할 것
(5) 가연성 또는 부식성의 증기·분진 등이 발생 또는 체류할 우려가 없는 곳에 설치할 것
(6) 물이 침입하거나 침투할 우려가 없는 곳에 설치할 것

2. 직류전원장치

직류전원장치는 축전지와 충전장치로 구성되며 직류부하에 사용한다. 주된 용도는 통신, 계장, 자가용 발전기 시동용 전원, 전화용 전원, 방재용 전원, 전력설비의 조작용 전원 등이다.

3. 교류 무정전 전원장치

무정전 전원장치(UPS: uninterruptible power supply)는 축전지, 충전장치 및 역변환장치(inverter)로 구성된다. 일반적으로 UPS의 출력은 상용 주파수의 단상 또는 3상의 상용전원과 같으므로, 컴퓨터 전원 등 방재용·보안용으로서 상용전원과 교체하여 사용한다.

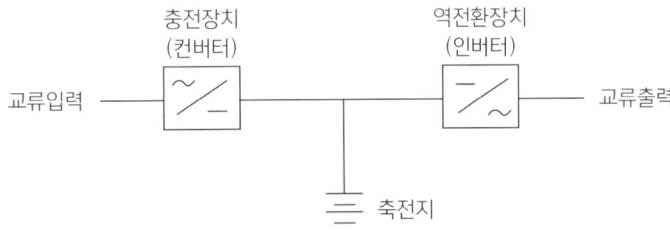

4. 축전지의 종류

납축전지, 알칼리 축전지의 극판형식과 구조는 아래와 같다.

종별		납축전지		알칼리 축전지	
형식		클래드식	페이스트식	포켓식	소결식
극판 구조	양극판	납 합금으로 만든 심금 속에 유리섬유 등의 미세한 구멍이 많은 튜브를 삽입하여 그 속에 양극 작용 물질을 채운 것	납 합금 격자에 양극 작용 물질을 채운 것	구멍을 뚫은 니켈도금 강판의 포켓 속에 양극 작용 물질을 채운 것	니켈을 주성분으로한 금속분말을 소결해서 만든 다공성기판의 가는 구멍 속에 양극 작용 물질을 채운 것
	음극판	납 합금으로 된 격자에 음극 작용 물질을 채운 것		위에서 설명한 포켓 속에 음극 작용 물질을 채운 것	위에서 설명한 기판 속에 음극 작용 물질을 채운 것
전지구조		양·음극판을 각각 적당한 방 수만큼 조합하고, 두 종의 극판 사이에 세퍼레이터를 넣어 극판군으로 한다. 그리고 전해액과 함께 전해조 속에 넣는다.		왼쪽 내용과 같음	
형식기호		CS	HS(급방전형)	AL(완전한 방전형) AM(표준형) AMH(급방전형) AH(초급방전형)	AH(표준형) AHH(급방전형)

※ 1. 알칼리 포켓식 AH와 소결식 AH는 방전 특성상 동일하다.
   2. 형식 기호에서 (   )는 특성상 보통 쓰이고 있는 호칭이다.

5. 축전지 구조에 따른 분류

(1) 실드형(sealed type)

축전지로부터 산이나 알칼리 가스가 나오지 못하고 사용과정에서 물의 보충을 필요로 하지 않는 구조로 된 것을 말한다.

(2) 벤디드형(bended type)

납축전지에서는 배기 밸브에 필터를 시설하여 산무가 나오지 않도록 되어 있는 것을 말한다. 또한, 알칼리 축전지의 경우 적당한 방발구조의 배기 밸브를 설치하여 다량의 가스가 방출되지 못하도록 만든 것을 말한다.

(3) 오픈드형(opened type)

산이나 가스의 제거 장치가 없는 것을 말한다.

6. 충전방식

(1) 초기 충전
초기 충전이란 축전지에 아직 전해액을 넣지 아니한 미충전상태의 전지에 전해액을 주입하여 처음으로 행하는 충전을 말한다.

(2) 사용 중의 충전
① **보통충전**: 필요할 때마다 표준시간율로 소정의 충전을 하는 방식이다.
② **급속충전**: 비교적 단시간에 보통 전류의 2~3배의 전류로 충전하는 방식이다.

(3) 부동충전
전지의 자기방전을 보충함과 동시에 상용 부하에 대한 전력공급은 충전지가 부담하도록 하되, 충전기가 부담하기 어려운 일시적인 대전류 부하는 축전지가 부담하게 하는 방식이다.

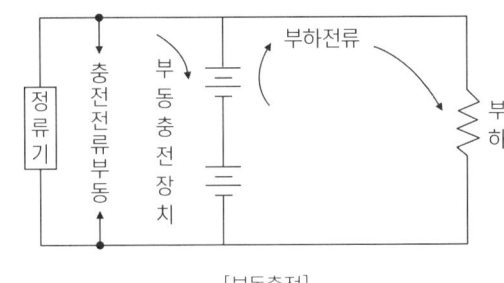

[부동충전]

(4) 균등충전
부동충전 방식으로 사용할 때 각 전해조에서 일어나는 전위차를 보정하기 위하여 1~3개월마다 1회 정전압으로 10~12시간 충전하여 각 전해조의 용량을 균일화하려고 하는 방식이다.

(5) 세류충전(트리클 충전)
자기방전량을 항시 충전하는 부동충전 방식의 일종이다.

7. 축전지 용량 계산

축전지의 용량은 부하의 크기와 성질, 예상 정전시간, 순시 최대방전 전류의 세기, 제어 케이블에 의한 전압강하, 경년에 의한 용량의 감소, 온도 변화에 의한 용량보정 등을 감안하여 종합적으로 결정한다. 용량산출의 일반적인 식은 다음과 같다.

$$C = \frac{1}{L} K_1 I_1 + K_2(I_2 - I_1) + K_3(I_3 - I_2) + \ldots + K_n(I_n - I_{n-1})$$

여기서, C: 25[℃]에 있어서의 정격방전율 환산 용량[Ah]
L: 보수율(사용 연수의 경과, 사용조건의 변동 등에 의한 용량변화 보정값: 0.8)
K: 방전시간 T(예상되는 최대부하시간, 방전전류가 증감하는 경우에 일어날 것으로 예상되는 범위에서 방전의 끝부분에 큰 방전전류가 오도록 한다.)와 축전지의 최대온도 및 허용되는 최저전압으로 정해지는 용량 환산시간(축전지의 표준특성곡선에서 구해진다.)
I: 방전전류[A]

2 비상전원 수전설비

1. 인입구 배선

(1) 인입선은 특수장소에 화재가 발생할 경우에도 화재로 인한 손상을 받지 않도록 설치하여야 한다.
(2) 인입구 배선은 소방기술기준에 관한 규정에 의한 내화배선으로 하여야 한다.

2. 전압에 의한 종류

(1) 비상전원설비는 전력회사가 공급하는 상용전원을 이용하는 것으로서, 소방대상물의 옥내화재에 의한 전기회로의 단락, 과부하에 견딜 수 있는 구조를 갖춘 수전설비를 말한다.
　① 특별고압 또는 고압으로 수전하는 경우
　② 저압으로 수전하는 경우

(2) 어느 것이나 전력회사의 배전선로로부터 당해 소방대상물의 수전설비까지의 전력인입선은 화재로부터 보호되어야 한다. 따라서 인입선은 가급적 지중전선로로 인입하고 부득이하여 가공으로 인입할 경우에는 소방대상물의 개구부에 직접 면하지 않는 옥측 부분으로 인입하여야 한다.

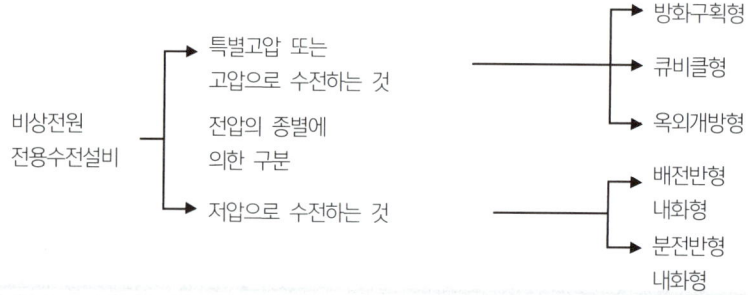

3. 특별고압 또는 고압으로 수전하는 방식

(1) 방화구획형
　① 전용의 방화구획 내에 설치할 것
　② 소방회로배선은 일반회로배선과 불연성 벽으로 구획할 것. 다만, 소방회로배선과 일반회로배선을 15[cm] 이상 떨어져 설치한 경우는 그러하지 아니한다.
　③ 일반회로에서 과부하, 지락사고 또는 단락사고가 발생한 경우에도 이에 영향을 받지 아니하고 계속하여 소방회로에 전원을 공급시켜 줄 수 있어야 할 것
　④ 소방회로용 개폐기 및 과전류차단기에는 "소방시설용"이라 표시할 것

(2) 옥외개방형
① 건축물의 옥상에 설치하는 경우에는 그 건축물에 화재가 발생할 경우에도 화재로 인한 손상을 받지 않도록 설치할 것
② 공지에 설치하는 경우에는 인접 건축물에 화재가 발생한 경우에도 화재로 인한 손상을 받지 않도록 설치할 것

(3) 큐비클형
① 전용큐비클 또는 공용큐비클식으로 설치할 것
② 외함은 두께 2.3[mm] 이상의 강판과 이와 동등 이상의 강도와 내화성능이 있는 것으로 제작하여야 하며, 개구부에는 60+ 방화문, 60분 방화문 또는 30분 방화문으로 설치할 것
③ 다음 기준(옥외에 설치하는 것에 있어서는 ㉠ 내지 ㉢)에 해당하는 것은 외함에 노출하여 설치할 수 있다.
　㉠ 표시등(불연성 또는 난연성재료로 덮개를 설치한 것에 한한다)
　㉡ 전선의 인입구 및 인출구
　㉢ 환기장치
　㉣ 전압계(퓨즈 등으로 보호한 것에 한한다)
　㉤ 전류계(변류기의 2차측에 접속된 것에 한한다)
　㉥ 계기용 전환스위치(불연성 또는 난연성재료로 제작된 것에 한한다)
④ 외함은 건축물의 바닥 등에 견고하게 고정할 것
⑤ 외함에 수납하는 수전설비, 변전설비 그 밖의 기기 및 배선은 다음에 적합하게 설치할 것
　㉠ 외함 또는 프레임(Frame) 등에 견고하게 고정할 것
　㉡ 외함의 바닥에서 10[cm](시험단자, 단자대 등의 충전부는 15[cm]) 이상의 높이에 설치할 것
⑥ 전선 인입구 및 인출구에는 금속관 또는 금속제 가요전선관을 쉽게 접속할 수 있도록 할 것
⑦ 환기장치는 다음 각목에 적합하게 설치할 것
　㉠ 내부의 온도가 상승하지 않도록 환기장치를 할 것
　㉡ 자연환기구의 개구부 면적의 합계는 외함의 한면에 대하여 당해 면적의 3분의 1 이하로 할 것. 이 경우 하나의 통기구의 크기는 직경 10[mm] 이상의 둥근막대가 들어가서는 아니 된다.
　㉢ 자연환기구에 따라 충분히 환기할 수 없는 경우에는 환기설비를 설치할 것
　㉣ 환기구에는 금속망, 방화댐퍼 등으로 방화조치를 하고, 옥외에 설치하는 것은 빗물 등이 들어가지 않도록 할 것
⑧ 공용큐비클식의 소방회로와 일반회로에 사용되는 배선 및 배선용기기는 불연재료로 구획할 것

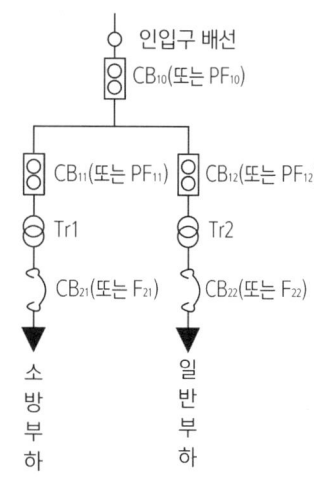
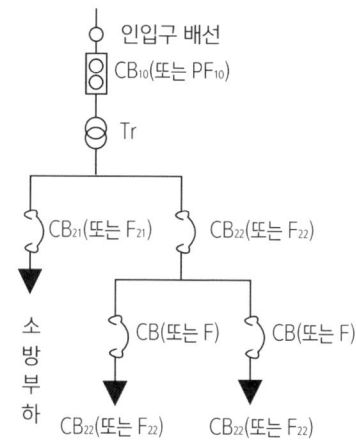

주) 1. 일반회로의 과부하 또는 단락사고시에 CB_{10} (또는 PF_{10})이 CB_{22}(또는 F_{22}) 및 CB_{22}(또는 F_{22})보다 먼저 차단되어서는 아니된다.
2. CB_{11}(또는 F_{11})은 CB_{12}(또는 F_{12})와 동등 이상의 차단용량일 것
　(가) 전용의 전력용변압기에서 소방부하에 전원을 공급하는 경우

주) 1. 일반회로의 과부하 또는 단락사고시에 CB_{10} (또는 PF_{10})이 CB_{22}(또는 F_{22}) 및 CB_{22}(또는 F_{22})보다 먼저 차단되어서는 아니된다.
2. CB_{11}(또는 F_{11})은 CB_{12}(또는 F_{12})와 동등 이상의 차단용량일 것
　(가) 공용의 전력용변압기에서 소방부하에 전원을 공급하는 경우

[고압 또는 특별고압 수전의 경우]

4. 저압으로 수전하는 방식

전기사업자로부터 저압으로 수전하는 비상전원설비는 전용배전반(1·2종)·공용배전반(1·2종)·전용분전반(1·2종) 또는 공용분전반(1·2종)으로 하여야 한다.

(1) 배전반, 분전반 방식(1종)

① 외함은 두께 1.6[mm](전면판 및 문은 2.3[mm]) 이상의 강판과 이와 동등 이상의 강도와 내화성능이 있는 것으로 제작할 것
② 외함의 내부는 외부의 열에 의해 영향을 받지 않도록 내열성 및 단열성이 있는 재료를 사용하여 단열할 것. 이 경우 단열부분은 열 또는 진동에 따라 쉽게 변형되지 아니하여야 한다.
③ 다음에 해당하는 것은 외함에 노출하여 설치할 수 있다.
　㉠ 표시등(불연성 또는 난연성재료로 덮개를 설치한 것에 한한다)
　㉡ 전선의 인입구 및 입출구
④ 외함은 금속관 또는 금속제 가요전선관을 쉽게 접속할 수 있도록 하고, 당해 접속부분에는 단열조치를 할 것
⑤ 공용배전판 및 공용분전판의 경우 소방회로와 일반회로에 사용하는 배선 및 배선용 기기는 불연재료로 구획되어야 할 것

(2) 배전반, 분전반 방식(2종)
   ① 외함은 두께 1[mm](함전면의 면적이 1,000[cm^2]를 초과하고 2,000[cm^2] 이하인 경우에는 1.2[mm], 2,000[cm^2]를 초과하는 경우에는 1.6[mm]) 이상의 강판과 이와 동등 이상의 강도와 내화성능이 있는 것으로 제작할 것
   ② **(1)**의 ③에 정한 것과 120[℃]의 온도를 가했을 때 이상이 없는 전압계 및 전류계는 외함에 노출하여 설치할 것
   ③ 단열을 위해 배선용 불연전용실내에 설치할 것
   ④ 그 밖의 제2종 배전반 및 제2종 분전반의 설치에 관하여는 **(1)**의 ④ 및 ⑤의 규정에 적합할 것

(3) 그 밖의 배전반 및 분전반의 설치에 관하여는 다음에 적합하여야 한다.
   ① 일반회로에서 과부하·지락사고 또는 단락사고가 발생한 경우에도 이에 영향을 받지 아니하고 계속하여 소방회로에 전원을 공급시켜 줄 수 있어야 할 것
   ② 소방회로용 개폐기 및 과전류차단기에는 "소방시설용"이라는 표시를 할 것
   ③ 전기회로는 다음과 같이 결선할 것

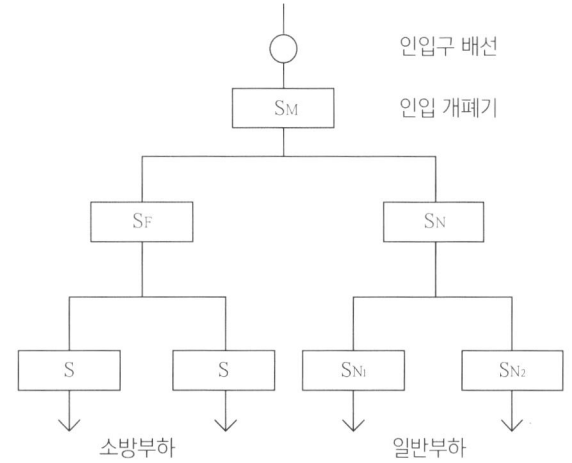

주) 1. 일반회로의 과부하 또는 단락사고시 S_M이 S_N, S_{N1} 및 S_{N2}보다 먼저 차단되어서는 아니 된다.
   2. S_F는 S_N과 동등 이상의 차단용량일 것.

[저압수전의 경우의 보기]

3 자가용 발전설비

1. 내연기관의 장점

(1) 시동성이 좋다.
(2) 동작이 확실하여 신뢰성이 높다.
(3) 자동화가 용이하다.
(4) 취급과 보수가 용이하다.
(5) 효율이 좋다.

> **참고** 내연기관
>
> - 연료를 직접 실린더 내부에서 연소시켜, 그 압력을 출력측에 전달하여 동력을 얻는 장치
> - 내연기관 예: 디젤 기관, 경유 기관, 가솔린 기관

2. 자가용 발전설비의 구성

(1) 원동기
   기관 본체, 조속기, 계측장치(회전계, 유압계, 수온계, 유온계 등), 시동장치 및 정지장치, 공통 받침대

(2) 교류발전기
   교류발전기, 여자장치

(3) 배전반
   발전기반, 자동제어반, 여자장치반, 자동검정반, 보조기기반 등

(4) 기관시동 관계
   ① 공기식: 공기압축기, 공기압축 제어반, 공기조
   ② 전기식: 시동용 축전지, 축전지용 충전기

(5) 부속장치
   ① 연료 관계: 연료 소출조, 연료저유 탱크, 연료이송 펌프, 이송 펌프 제어반
   ② 윤활유 관계: 윤활유 탱크
   ③ 냉각수 관계: 감압수조, 냉각탑, 지하수조
   ④ 배기 관계: 소음기, 배기관
   ⑤ 전기 관계: 배관, 배선
   ⑥ 기타
      ⊙ 배관 피트(pit)-급수, 배수, 연료유, 윤활유, 공기배관용 및 배선용
      ⓒ 점검용 체인 블록 및 아이 빔(I beam)
      ⓒ 환기시설
      ② 조명시설

3. 자가용 발전기 계통도

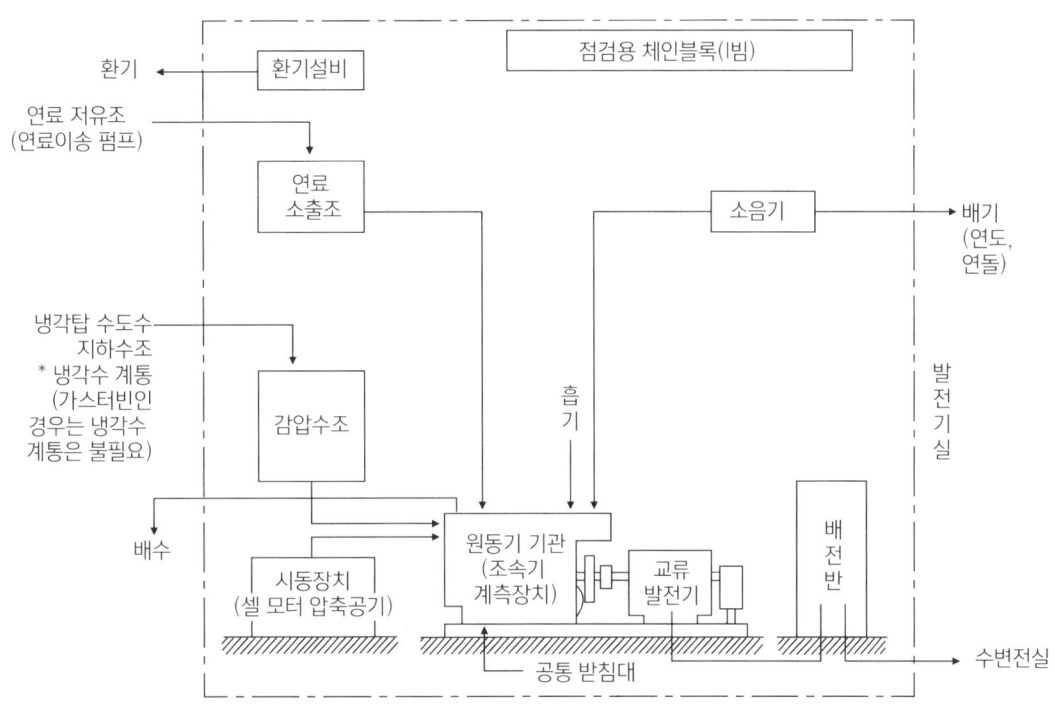

4. 디젤 기관의 출력

디젤 기관의 출력은 보통 PS(미터법 마력)로 표시하고, 기관출력의 식은 다음과 같다.

$$기관출력[PS] = \frac{발전기출력[kVA] \times 역률}{발전기효율} \times \frac{1}{0.735}$$

여기서, 역률: 일반적으로 0.8
1[PS] = 0.735[kW]

5. 자가발전기 출력

(1) 단순부하인 경우

$$발전기용량[kVA] = 발전기에 걸리는 부하의 총합계 \times 수용률$$

(2) 기동용량이 큰 부하인 경우

직입 기동 농형 유도 전동기와 여기에 걸리는 관성 모멘트가 큰 부하가 있을 때에는 그 중 큰 기동 용량을 가지는 전동기의 출력에 의하여 발전기 출력을 좌우한다.

$$발전기정격출력[kVA] = \left(\frac{1}{허용전압강하} - 1\right) \times 과도\ 리액터스 \times 기동용량[kVA]$$

$$단, 기동용량[kVA] = \sqrt{3} \times 정격전압[V] \times 기동전류[A] \times \frac{1}{1000}$$

위의 식에서, 발전기의 과도 리액턴스는 극 수, 절연 종별에 따라 약간의 차이는 있지만 일반적으로 25[%], 또 부하 투입시의 전압강하는 일반적으로 20[%]로 계산한다.

6. 불평형부하를 분담하는 한도

(1) 단상 부하만 있을 때에는 정격전류의 약 20[%] 이하가 되도록 한다.
(2) 3상의 각 상전류가 다를 때에는 그 최대와 그 최소와의 비는 10 : 7~8 이내로 한다.

7. 교류발전기의 정격

항목	비고
정격전압	110, 220, 380, 440, 3300, 6600[V]
정격주파수	60[Hz]
정격용량	보통 [kVA]로 표시
정격역률	보통 늦은 역률 80[%]로 함
정격부하	연속부하
상, 선수	$3\phi3$[W], $1\phi2$[W], $1\phi3$[W], $3\phi4$[W]
회전속도	[rpm] = 120 × 주파수 / 극수

4 교류-직류 변환기(정류)

1. 교류-직류 변환기(정류)

교류전류를 직류전류로 변환하는 장치이다(순변환장치).

(1) 수은 정류기

그림과 같이 진공용기(진공도: $10^{-3} \sim 10^{-4}$[mmHg]) 속에 흑연 또는 철제의 전극 A와 수은의 전극 C를 봉입하고 점고극 T와 C 사이에서 아크가 생기게 놓으면 A의 전위가 C에 대하여 (+)인 동안만 A, C사이에 아크가 생겨 전류가 A에서 C를 향해 흐른다. 이와 같이 수은 증기 중에서의 아크 밸브 작용을 이용하여 교류를 직류로 변환하는 장치를 수은 정류기라 한다.

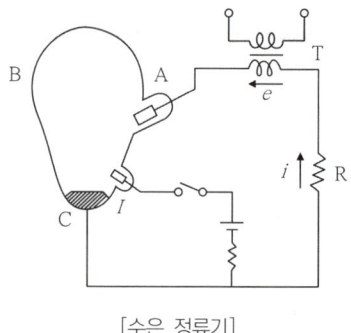

[수은 정류기]

(2) 반도체 정류기

① **아산화동 정류기**: 아산화동 정류기는 동과 아산화동 사이의 박막층에 정류작용을 하는데 있어 아산화동에서 동의 방향이 순방향이다. 이 정류기는 전류 밀도 0.04[A/cm^2], 역내 전압 6~8[V], 접합부의 허용온도는 60[℃] 이하로서 다른 정류기에 비하여 좋지 않으나 낮은 전압일 때 의 전류전압특성이 비교적 좋으므로 정류형 계기용 정류기 등으로 쓰이고 있다.

② **셀렌 정류기**: 셀렌 정류기도 박막층의 정류작용을 이용한 것으로서, 니켈 도금한 철 또는 경질 알루미늄의 기판 위에 할로겐(halogen) 원소를 가한 셀렌 박막판을 붙인 것인데, 순방향은 기판에서 합금의 방향이다. 이 정류기의 접합부 온도는 75[℃] 이하, 전류밀도는 [A/cm^2]로서 과부하 내량이 비교적 큰 특징이 있다.

③ **pn접합형 정류기**: 실린콘이나 게르마늄에 극소량의 3가 또는 5가의 원소를 넣어서 pn접합의 단결정으로 한 것은 정류작용이 있으므로 이것을 정류기의 소자로서 이용한 것이다. 부피도 작으며 역내압도 높은 것을 만들 수 있고, 수명도 길며 보수하기도 간단하나 일반적으로 과전압·과부하에 약하다. 용량은 수십[mA]의 것부터 수만[A]의 것까지도 만들어져 있어, 다른 정류기를 대체하여 점점 많이 쓰이고 있다.

④ **사이리스터(thyristor)**: pn접합의 4층 구조 반도체소자의 총칭으로, 일반적으로 SCR(실리콘 제어 정류소자)라고 하는 역저지 3단자 사이리스터를 말한다. 동작은 애노드가 캐소드에 대하여 +인 경우, 게이트에 적당한 전류를 흐르게 하면 도통하고, 일단 도통하면 애노드 전압을 0으로 하지 않으면 Off로 되지 않는다. 용도는 소전력용에서 대전력용까지 각종의 제어정류소자로 널리 사용되고 있다.

2. 직류-직류 변환기(chopper)

(1) 일정한 전압을 공급해 주는 직류전원으로부터 부하에 공급하는 전압값을 원하는 대로 변환시킬 수 있도록 만들어진 장치를 말한다. 이 장치를 초퍼라 한다.

① **강압형 초퍼(step down chopper)**: 전압을 낮추는 경우에 사용한다.
② **승압형 초퍼(step up chopper)**: 전압을 높이는 경우에 사용한다.

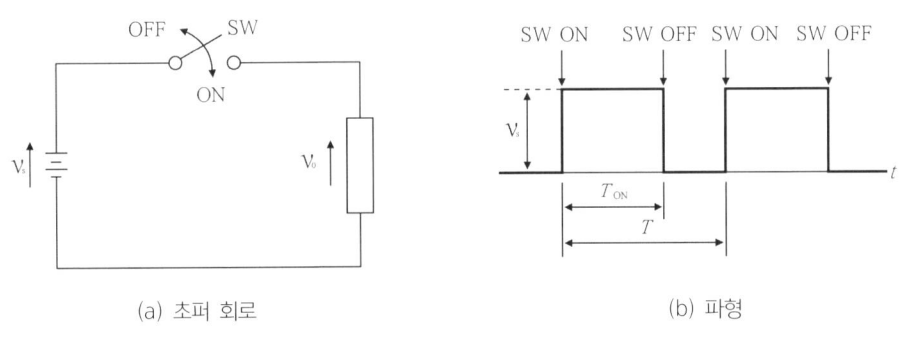

(a) 초퍼 회로 (b) 파형

[초퍼의 동작]

(2) **초퍼의 원리**

강압형 초퍼의 기본개념은 그림에서 보는 것과 같다. 그림에서 스위치를 닫으면 전원전압 V_S가 부하에 그대로 나타나고, 스위치를 열면 부하의 전압은 0이 된다. 이와 같은 동작을 주기적으로 반복하면 부하에는 그림 (b)의 파형처럼 직사각형 모양의 전압이 인가된다.

3. 인버터

(1) 직류전력을 교류전력으로 변환하는 기기로, 회전변류기를 이용한 것이 많다.

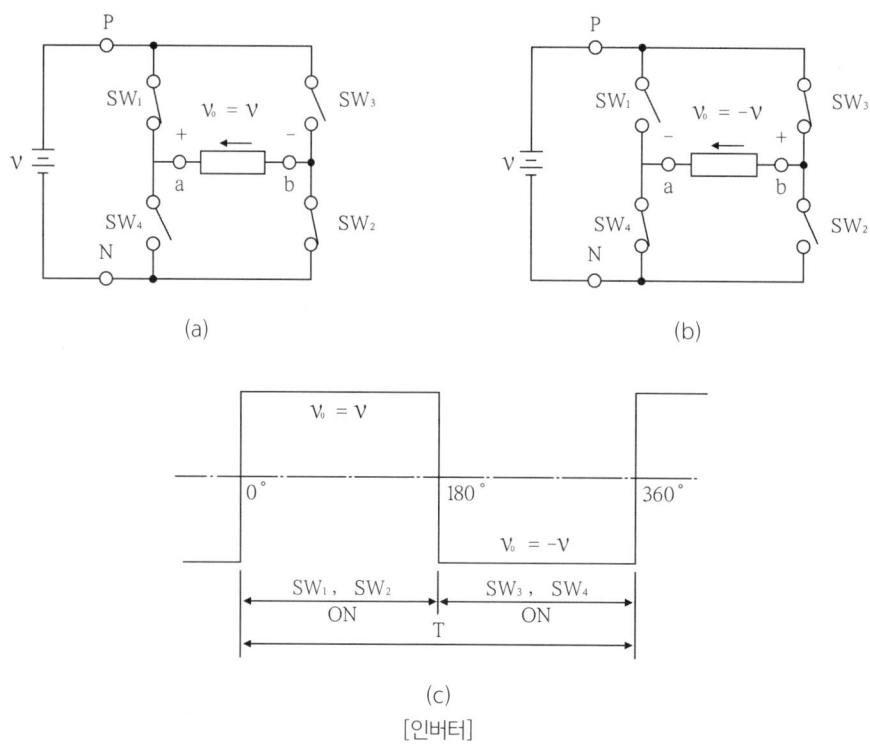

[인버터]

(2) 인버터의 원리

인버터의 기본동작을 그림 (a)의 회로를 통하여 알아보자면, 그림 왼편의 직류전원은 부하와 4개의 스위치 $SW_1 \sim SW_4$를 통하여 접속되어 있다. 부하 양단자를 a와 b로 나타내면 부하에 걸리는 전압은 곧 점 a와 b 간의 전위차에 해당한다. 스위치 SW_1을 닫았을 때 a단자는 직류전원의 위쪽으로 접속되어 전원 양극의 전위와 같아진다. 물론 이때 SW_4는 열려 있어야 한다. 반대로 SW_4를 닫고 SW_1을 열면 a단자가 직류전원의 아래쪽으로 접속, 전원 음극의 전위와 같아진다. 이러한 작용은 b 단자에 대해서도 마찬가지로 이루어지는데, SW_3를 닫고 SW_2를 열면 양극의 전위가, SW_2를 닫고 SW_3를 열면 음극의 전위가 나타난다.

따라서, 4개의 스위치를 적절히 여닫아 부하 양단에 양의 전압과 음의 전압이 교대로 나타나게 할 수 있다. 즉, SW_1과 SW_2를 동시에 닫으면 a에는 양극이 접속되고 b에는 음극이 접속되어, 부하에 직류전원전압이 a에서 b 방향으로 걸리게 된다($V_{ab} = V_{dc}$), 반대로 SW_2와 SW_3를 동시에 닫으면 a에는 음극이, b에는 양극이 접속되어 부하에 직류전원전압이 b에서 a 방향으로 걸리게 된다($V_{ab} = - V_{dc}$). 이러한 동작을 주기적으로 반복하면 그림 (c)의 파형과 같이 부하 양단에는 직사각형파의 교류전압이 나타난다.

스위치의 동작주기를 빈번히 하면 직사각형파의 주파수는 높아지고, 스위치 동작주기를 천천히 하면 교류파형의 주파수는 낮아진다. 따라서 이들 스위치를 조작하여 원하는 주파수의 교류를 얻을 수 있다.

5 교류 무정전 전원장치(UPS)

교류 무정전 전원장치(UPS: Uninterruptible Power Supply)는 최근의 정보화 사회의 발전에 수반해 컴퓨터 또는 계측·제어장치나 FA, OA 시스템 등 교류전원의 정전대책으로 도입되어 이용 분야의 확대와 함께 이전보다 더욱 소형화, 경량화, 경제성의 향상, 고효율화, 저소음화 등 성능 향상에 힘쓰고 있다.

1. 기능

(1) 무정전일 것(축전지와 같은 에너지 축적장치를 가지고 입력전원의 정전시 부하전력이 연속성을 확보하여야 한다)
(2) 안정되고 질이 좋은 전력을 공급할 수 있을 것(출력이 전압주파수 등의 안정도를 향상시킴으로써 전력의 질을 더욱 개선하는 역할을 담당한다)

2. UPS 구성

(1) 정류기
   사용교류를 직류로 변환하는 기기이다.

(2) 축전지
   상용전원 정전시 에너지원이 되는 기기이다.

(3) 인버터
   직류를 정전압, 정주파수 교류로 변환하는 장치이다.

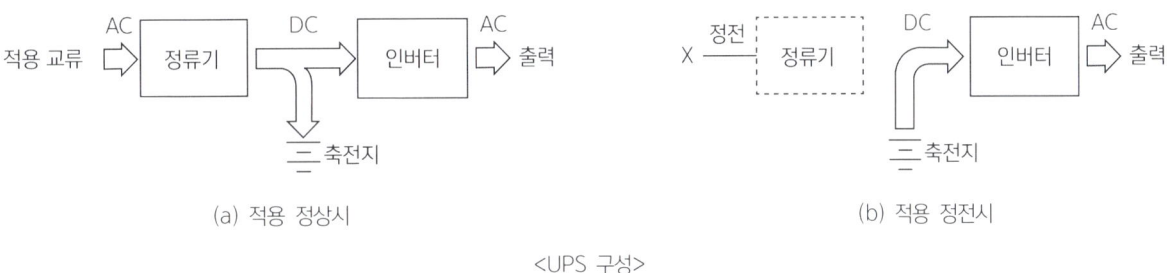

<UPS 구성>

3. UPS의 원리

(1) 상시에는 사용교류입력을 정류기에서 직류전력으로 순변환하여 인버터에 공급한다. 인버터는 이 직류전력을 다시 교류전력으로 역변환한다. 인버터는 기준 발진기에 의해 교류출력 주파수를 일정한 정밀도로 유지(UPS의 CF특성)하고, 교류출력 전압을 기준 전압과 비교하여 피드백 제어로 일정 전압으로 유지한다(UPS의 CV특성).
(2) 정류기는 동시에 정전시의 백업 에너지를 축적하는 축전지를 충전한다. 따라서 정류기는 축전지를 충전하기 위한 정전압 제어기능을 가지고 있다.
(3) 상용교류입력이 정전되면 축전지에 비축되어 있던 직류전력이 자동적으로 인버터에 공급되어 인버터는 순간적으로 끊임없는 CV, CF 출력을 발생한다.

(4) 바이패스 전환회로는 UPS 및 축전지의 점검 또는 만일의 고장에 대해서도 중요 부하에 응급적으로 상용교류전력을 공급하기 위한 회로로서, 시스템의 공급 신뢰도를 높이기 위한 중요한 회로이다. 이 전환회로는 UPS에서 바이패스 및 바이패스에서 UPS로의 전환시 어느 경우에도 부하에 영향을 주지 않으므로 상시 동기 무정전 전환 방식이 채용되고 있다. 다음 그림은 바이패스를 가진 단일 UPS 시스템의 운전 모드를 나타낸 것이다.

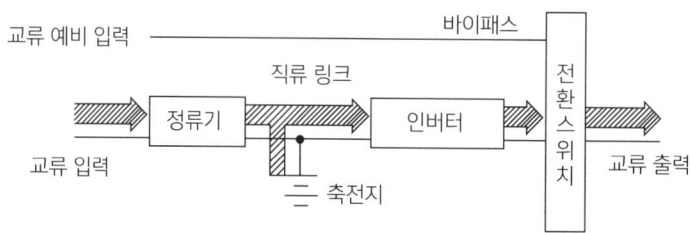

(a) 상용 입력 확립시의 운전모드

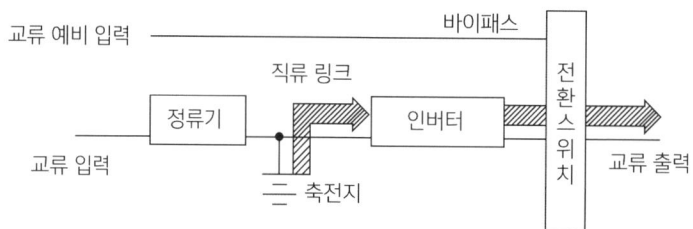

(b) 상용 입력 정전시의 운전모드

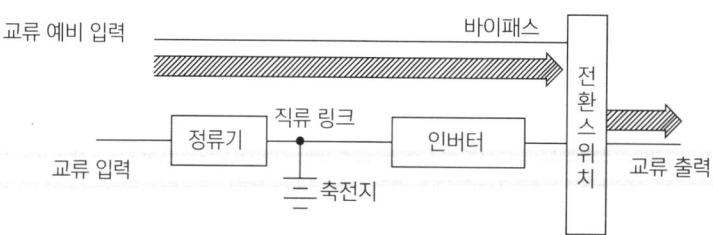

(c) UPS 정전시 바이패스 회로에 의한 운전모드
[바이패스를 갖는 단일 UPS 시스템]

4. UPS 시스템 구성

(1) 입출력주파수가 동일한 경우에는 바이패스 전환회로를 설치하고, 전환회로를 점검할 때 부하에 전력공급이 가능하도록 보수용 바이패스 회로를 설치한다.
(2) 보수점검기간 중에도 UPS의 무정전화 전력을 공급하기 위해서는 UPS를 병렬 운전하고 있는 개개의 UPS에 무정전화용 축전지를 각각 준비하여 축전지의 보수점검 그리고 교환시에도 나머지 축전지로 무정전 기능을 확보해야 한다.

Chapter 06 피난구조설비

1 유도등 설치대상

피난구유도등, 통로유도등 및 유도표지는 특정소방대상물(지하가 중 터널 및 지하구는 제외한다)에, 객석유도등은 유흥주점영업시설(「식품위생법 시행령」 제21조 제8호 라목의 유흥주점영업 중 손님이 춤을 출 수 있는 무대가 설치된 카바레, 나이트클럽 또는 그 밖에 이와 비슷한 영업시설만 해당한다)과 문화 및 집회시설, 종교시설, 운동시설에 설치하여야 한다.

2 소방대상물별 유도등 및 유도표지의 종류

소방대상물 구분	유도등 및 유도표지의 종류
㉮ 공연장·집회장·관람장·운동시설	• 대형 피난구유도등 • 통로유도등 • 객석유도등
㉯ 위락시설·판매시설·운수시설·관광숙박시설·의료시설·장례식장·방송통신시설·전시장·지하상가·지하철역사	• 대형 피난구유도등 • 통로유도등
㉰ 일반숙박시설·오피스텔 또는 ㉮ 및 ㉯ 외의 지하층·무창층 및 11층 이상의 부분	• 중형 피난구유도등 • 통로유도등
㉱ 근린생활시설(주택용도제외)·노유자시설·업무시설·발전시설·종교시설·교육연구시설·수련시설·공장·창고시설·교정 및 군사시설(국방·군사시설 제외)·기숙사·자동차정비공장·운전학 및 정비학원·㉮부터 ㉰ 외의 다중이용업소	• 소형 피난구유도등 • 통로유도등
㉲ 그 밖의 것	• 피난구유도표지 • 통로유도표지

▶ 비고
1. 소방서장은 소방대상물의 위치·구조 및 설비의 상황을 판단하여 대형 피난구유도등을 설치하여야 할 장소에 중형 피난구유도등 또는 소형 피난구유도등을, 중형 피난구유도등을 설치하여야 할 소방대상물에 소형 피난구유도등을 설치하게 할 수 있다.
2. 복합건축물과 아파트의 경우, 주택의 세대 내에는 유도등을 설치하지 아니할 수 있다.

3 용어의 정의

(1) "유도등"이란 화재 시에 피난을 유도하기 위한 등으로서 정상상태에서는 상용전원에 따라 켜지고 상용전원이 정전되는 경우에는 비상전원으로 자동전환되어 켜지는 등을 말한다.
(2) "피난구유도등"이란 피난구 또는 피난경로로 사용되는 출입구를 표시하여 피난을 유도하는 등을 말한다.
(3) "통로유도등"이란 피난통로를 안내하기 위한 유도등으로 복도통로유도등, 거실통로유도등, 계단통로유도등을 말한다.
(4) "복도통로유도등"이란 피난통로가 되는 복도에 설치하는 통로유도등으로서 피난구의 방향을 명시하는 것을 말한다.
(5) "거실통로유도등"이란 거주, 집무, 작업, 집회, 오락 그 밖에 이와 유사한 목적을 위하여 계속적으로 사용하는 거실, 주차장 등 개방된 통로에 설치하는 유도등으로 피난의 방향을 명시하는 것을 말한다.
(6) "계단통로유도등"이란 피난통로가 되는 계단이나 경사로에 설치하는 통로유도등으로 바닥면 및 디딤 바닥면을 비추는 것을 말한다.
(7) "객석유도등"이란 객석의 통로, 바닥 또는 벽에 설치하는 유도등을 말한다.
(8) "피난구유도표지"란 피난구 또는 피난경로로 사용되는 출입구를 표시하여 피난을 유도하는 표지를 말한다.
(9) "통로유도표지"란 피난통로가 되는 복도, 계단 등에 설치하는 것으로서 피난구의 방향을 표시하는 유도표지를 말한다.
(10) "피난유도선"이란 햇빛이나 전등불에 따라 축광(이하 "축광방식"이라 한다)하거나 전류에 따라 빛을 발하는(이하 "광원점등방식"이라 한다) 유도체로서 어두운 상태에서 피난을 유도할 수 있도록 띠 형태로 설치되는 피난유도시설을 말한다.
(11) "입체형"이란 유도등표시면을 2면 이상으로 하고 각 면마다 피난유도표시가 있는 것을 말한다.

4 피난구유도등

피난구 또는 피난경로로 사용되는 출입구가 있다는 것을 표시하는 녹색등화의 유도등을 말한다.
(1) **정격전원**: AC 220[V]
(2) **정격전류**: 0.24[A]
(3) **광원**: FL-40
(4) **비상전원**: 14.4[V], 1.2[Ah](Ni-Cd)
(5) **표시면**: 바탕색은 녹색, 문자는 백색

[피난구유도등]

5 피난구유도등의 설치장소

(1) 옥내로부터 직접 지상으로 통하는 출입구 및 그 부속실의 출입구
(2) 직통계단과 직통계단의 계단실 및 그 부속실의 출입구
(3) (1) 및 (2)의 규정에 의한 출입구에 이르는 복도 또는 통로로 통하는 출입구
(4) 안전구획된 거실로 통하는 출입구

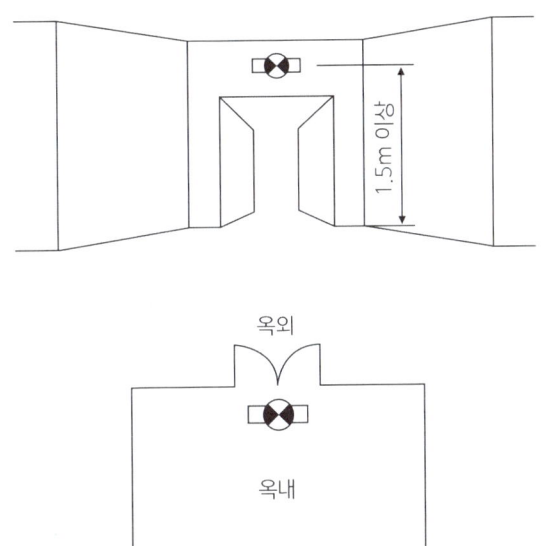

[피난층에 있는 복도, 로비 등에서 직접 옥외로 통하는 출입구의 경우]

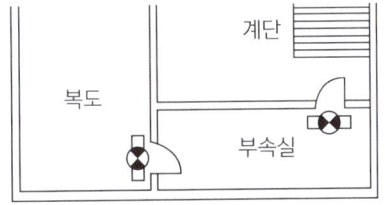

[피난층 외의 층으로 직통계단, 부속실의 출입구에 설치하는 경우]

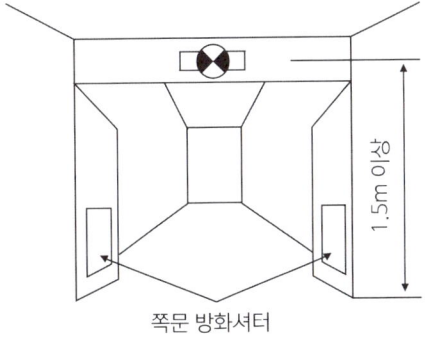

[피난층 또는 직통계단의 출입구에 이르는 복도 통로로 통하는 출입구의 경우]

6 피난구유도등의 설치 높이

피난구유도등은 피난구의 바닥으로부터 높이 1.5[m] 이상인 곳에 설치

7 피난구유도등 표시면의 표시

피난구유도등의 표시면은 녹색 바탕에 백색 글씨로 '비상문', '비상계단' 또는 '계단' 등으로 표시하여야 한다. 이 경우 'EXIT'의 영자 또는 화살표를 함께 표시할 수 있다.

> **참고** 표시면
>
> 유도등에 있어서 피난구나 피난의 방향을 안내하기 위한 문자 또는 부호 등이 표시된 면을 말한다.

8 피난구유도등 설치 제외

(1) 바닥면적이 1,000[m²] 미만인 층으로서 옥내로부터 직접 지상으로 통하는 출입구(외부의 식별이 용이한 경우에 한한다)
(2) 대각선 길이가 15[m] 이내인 구획된 실의 출입구
(3) 거실 각 부분으로부터 하나의 출입구에 이르는 보행거리가 20[m] 이하이고 비상조명등과 유도표지가 설치된 거실의 출입구
(4) 출입구가 3 이상 있는 거실로서 그 거실 각 부분으로부터 하나의 출입구에 이르는 보행거리가 30[m] 이하인 경우에는 주된 출입구 2개소 외의 출입구(유도표지가 부착된 출입구를 말한다). 다만, 공연장·집회장·관람장·전시장·판매시설·운수시설·숙박시설·노유자시설·의료시설·장례식장의 경우에는 그러하지 아니하다.

9 통로유도등

(1) **정격전원**: AC 200[V]
(2) **광원**: FL-10
(3) **비상전원**: 3.6[V], 1.2[Ah](Ni-Cd)
(4) **표시면**: 바탕색은 백색, 문자 및 피난방향 표시는 녹색

[통로유도등]

10 통로유도등 설치기준

(1) 복도통로유도등은 다음의 기준에 따라 설치할 것

① 복도에 설치할 것
② 구부러진 모퉁이 및 보행거리 20[m]마다 설치할 것
③ 바닥으로부터 높이 1[m] 이하의 위치에 설치할 것. 다만, 지하층 또는 무창층의 용도가 도매시장·소매시장·여객자동차터미널·지하역사 또는 지하상가인 경우에는 복도·통로 중앙부분의 바닥에 설치하여야 한다.
④ 바닥에 설치하는 통로유도등은 하중에 따라 파괴되지 아니하는 강도의 것으로 할 것

(2) 거실통로유도등은 다음의 기준에 따라 설치할 것

① 거실의 통로에 설치할 것. 다만, 거실의 통로가 벽체 등으로 구획된 경우에는 복도통로유도등을 설치하여야 한다.
② 구부러진 모퉁이 및 보행거리 20[m]마다 설치할 것
③ 바닥으로부터 높이 1.5[m] 이상의 위치에 설치할 것 다만, 거실통로에 기둥이 설치된 경우에는 기둥부분의 바닥으로부터 높이 1.5[m] 이하의 위치에 설치할 수 있다.

(3) 계단통로유도등은 다음의 기준에 따라 설치할 것

① 각층의 경사로참 또는 계단참마다(1개층에 경사로참 또는 계단참이 2 이상 있는 경우에는 2개의 계단참마다) 설치할 것
② 바닥으로부터 높이 1[m] 이하의 위치에 설치할 것

(4) 통행에 지장이 없도록 설치할 것

(5) 주위에 이와 유사한 등화광고물·게시물 등을 설치하지 아니할 것

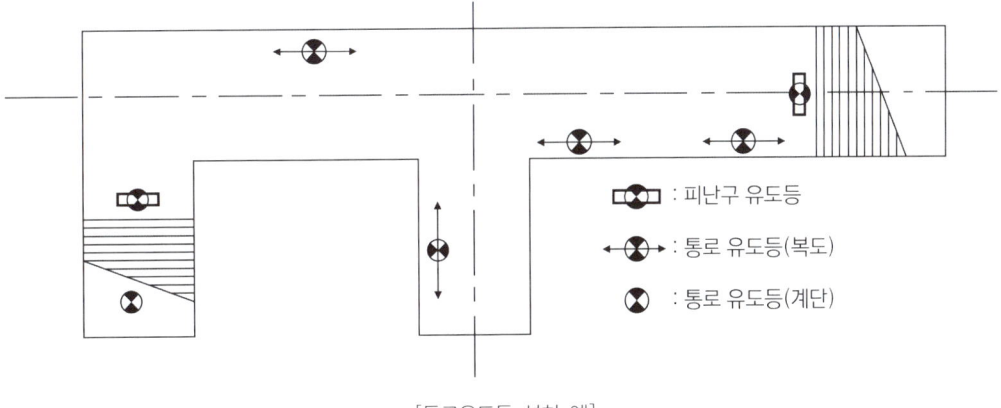

[통로유도등 설치 예]

11 통로유도등의 표시면 표시

통로유도등은 백색 바탕에 녹색으로 피난방향을 표시한 등으로 하여야 한다. 다만, 계단에 설치하는 것은 피난의 방향을 표시하지 아니할 수 있다.

12 통로유도등 설치 제외

(1) 구부러지지 아니한 복도 또는 통로로서 길이가 30[m] 미만인 복도 또는 통로
(2) (1)에 해당하지 아니하는 복도 또는 통로로서 보행거리가 20[m] 미만이고 그 복도 또는 통로와 연결된 출입구 또는 그 부속실의 출입구에 피난구유도등이 설치된 복도 또는 통로

13 객석유도등

(1) 객석의 통로·바닥 또는 벽에 설치하는 유도등
(2) **사용전압**: DC 24[V]
(3) **광원**: IL3[W]

[객석유도등]

14 객석유도등의 설치기준

(1) 객석유도등은 객석의 통로, 바닥 또는 벽에 설치하여야 한다.
(2) 객석 내의 통로가 경사로 또는 수평로로 되어 있는 부분에 있어서는 다음의 식에 의하여 산출한 수(소수점 이하의 수는 1로 본다)의 유도등을 설치하여야 한다.

$$\text{설치 개수} = \frac{\text{객석 통로의 직선 부분의 길이[m]}}{4} - 1$$

(3) 객석 내의 통로가 옥외 또는 이와 유사한 부분에 있는 경우에는 해당 통로 전체에 미칠 수 있는 수의 유도등을 설치하여야 한다.

15 객석유도등 설치 제외

(1) 주간에만 사용하는 장소로서 채광이 충분한 객석
(2) 거실 등의 각 부분으로부터 하나의 거실출입구에 이르는 보행거리가 20[m] 이하인 객석의 통로로서 그 통로에 통로유도등이 설치된 객석

16 유도표지의 설치기준

(1) 계단에 설치하는 것을 제외하고는 각층마다 복도 및 통로의 각 부분으로부터 하나의 유도표지까지의 보행거리가 15[m] 이하가 되는 곳과 구부러진 모퉁이의 벽에 설치할 것
(2) 피난구유도표지는 출입구 상단에 설치하고, 통로유도표지는 바닥으로부터 높이 1[m] 이하의 위치에 설치할 것
(3) 주위에는 이와 유사한 등화·광고물·게시물 등을 설치하지 아니할 것
(4) 유도표지는 부착판 등을 사용하여 쉽게 떨어지지 아니하도록 설치할 것
(5) 축광방식의 유도표지는 외광 또는 조명장치에 의하여 상시 조명이 제공되거나 비상조명등에 의한 조명이 제공되도록 설치 할 것
(6) 유도표지는 소방청장이 고시한 「축광표지의 성능인증 및 제품검사의 기술기준」에 적합한 것이어야 한다. 다만, 방사성물질을 사용하는 위치표지는 쉽게 파괴되지 아니하는 재질로 처리하여야 한다.

17 유도표지 설치 제외

(1) 유도등이 규정에 적합하게 설치된 출입구·복도·계단 및 통로
(2) 바닥 면적이 1000[m²] 미만인 층으로서 옥내로부터 직접 지상으로 통하는 출입구, 거실 각 부분으로부터 쉽게 도달할 수 있는 출입구, 통로유도등 설치 제외 장소에 해당하는 출입구·복도·계단 및 통로

18 피난유도선

(1) 축광방식의 피난유도선은 다음의 기준에 따라 설치하여야 한다.
  ① 구획된 각 실로부터 주출입구 또는 비상구까지 설치할 것
  ② 바닥으로부터 높이 50[cm] 이하의 위치 또는 바닥면에 설치할 것
  ③ 피난유도 표시부는 50[cm] 이내의 간격으로 연속되도록 설치
  ④ 부착대에 의하여 견고하게 설치할 것
  ⑤ 외광 또는 조명장치에 의하여 상시 조명이 제공되거나 비상조명등에 의한 조명이 제공되도록 설치할 것

(2) 광원점등방식의 피난유도선은 다음의 기준에 따라 설치하여야 한다.
  ① 구획된 각 실로부터 주출입구 또는 비상구까지 설치할 것
  ② 피난유도 표시부는 바닥으로부터 높이 1[m] 이하의 위치 또는 바닥면에 설치할 것
  ③ 피난유도 표시부는 50[cm] 이내의 간격으로 연속되도록 설치하되 실내장식물 등으로 설치가 곤란할 경우 1m 이내로 설치할 것
  ④ 수신기로부터의 화재신호 및 수동조작에 의하여 광원이 점등되도록 설치할 것
  ⑤ 비상전원이 상시 충전상태를 유지하도록 설치할 것
  ⑥ 바닥에 설치되는 피난유도 표시부는 매립하는 방식을 사용할 것
  ⑦ 피난유도 제어부는 조작 및 관리가 용이하도록 바닥으로부터 0.8[m] 이상 1.5[m] 이하의 높이에 설치할 것

(3) 피난유도선은 소방청장이 고시한 「피난유도선의 성능인증 및 제품검사의 기술기준」에 적합한 것으로 설치하여야 한다.

19 전원

(1) 유도등의 전원은 축전지 또는 교류전압의 옥내간선으로 하고, 전원까지의 배선은 전용으로 하여야 한다.

(2) 비상전원은 다음의 기준에 적합하게 설치하여야 한다.
  ① 축전지로 할 것
  ② 유도등을 20분 이상 유효하게 작동시킬 수 있는 용량으로 할 것. 다만, 다음 각목의 소방대상물의 경우에는 그 부분에서 피난층에 이르는 부분의 유도등을 60분 이상 유효하게 작동시킬 수 있는 용량으로 하여야 한다.
    ㉠ 지하층을 제외한 층수가 11층 이상의 층
    ㉡ 지하층 또는 무창층으로서 용도가 도매시장·소매시장·여객자동차터미널·지하역사 또는 지하상가

20 배선

(1) 유도등의 인입선과 옥내배선은 직접 연결할 것

(2) 유도등은 전기회로에 점멸기를 설치하지 아니하고 항상 점등상태를 유지할 것. 다만, 소방대상물 또는 그 부분에 사람이 없거나 다음에 해당하는 장소로서 3선식 배선에 따라 상시 충전되는 구조인 경우에는 그러하지 아니하다.
  ① 외부광(光)에 따라 피난구 또는 피난방향을 쉽게 식별할 수 있는 장소
  ② 공연장, 암실(暗室) 등으로서 어두어야 할 필요가 있는 장소
  ③ 특정소방대상물의 관계인 또는 종사원이 주로 사용하는 장소

(3) 3선식 배선으로 상시 충전되는 유도등의 전기회로에 점멸기를 설치하는 경우에는 다음에 해당되는 때에 점등되도록 하여야 한다.
  ① 자동화재탐지설비의 감지기 또는 발신기가 작동되는 때
  ② 비상경보설비의 발신기가 작동되는 때
  ③ 상용전원이 정전되거나 전원선이 단선되는 때
  ④ 방재업무를 통제하는 곳 또는 전기실의 배전반에서 수동으로 점등하는 때
  ⑤ 자동소화설비가 작동되는 때

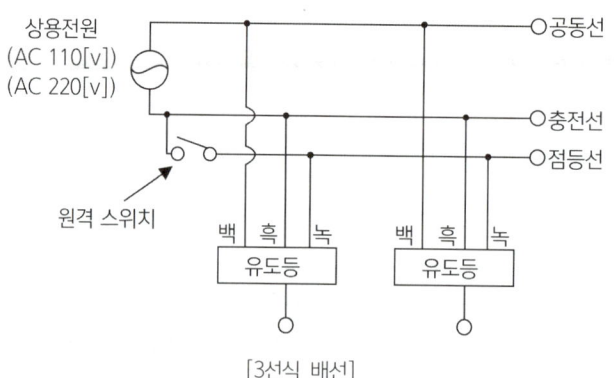

[3선식 배선]

21 비상조명등(용어의 정의)

(1) "비상조명등"이란 화재발생 등에 따른 정전 시에 안전하고 원활한 피난활동을 할 수 있도록 거실 및 피난통로 등에 설치되어 자동 점등되는 조명등을 말한다.

(2) "휴대용비상조명등"이란 화재발생 등으로 정전시 안전하고 원활한 피난을 위하여 피난자가 휴대할 수 있는 조명등을 말한다.

22 비상조명등의 설치기준

(1) 특정소방대상물의 각 거실과 그로부터 지상에 이르는 복도·계단 및 그 밖의 통로에 설치할 것

(2) 조도는 비상조명등이 설치된 장소의 각 부분의 바닥에서 1[lx] 이상이 되도록 할 것

(3) 예비전원을 내장하는 비상조명등에는 평상시 점등여부를 확인할 수 있는 점검스위치를 설치하고 해당 조명등을 유효하게 작동시킬 수 있는 용량의 축전지와 예비전원 충전장치를 내장할 것

(4) 예비전원을 내장하지 아니하는 비상조명등의 비상전원은 자가발전설비 또는 축전지설비를 다음의 기준에 따라 설치하여야 한다.
  ① 점검에 편리하고 화재 및 침수 등의 재해로 인한 피해를 받을 우려가 없는 곳에 설치할 것
  ② 상용전원으로부터 전력의 공급이 중단된 때에는 자동으로 비상전원으로부터 전력을 공급받을 수 있도록 할 것
  ③ 비상전원의 설치장소는 다른 장소와 방화구획 할 것. 이 경우 그 장소에는 비상전원의 공급에 필요한 기구나 설비 외의 것(열병합발전설비에 필요한 기구나 설비는 제외한다)을 두어서는 아니 된다.
  ④ 비상전원을 실내에 설치하는 때에는 그 실내에 비상조명등을 설치할 것

(5) (3)과 (4)에 따른 비상전원은 비상조명등을 20분 이상 유효하게 작동시킬 수 있는 용량으로 할 것. 다만, 다음의 특정소방대상물의 경우에는 그 부분에서 피난층에 이르는 부분의 비상조명등을 60분 이상 유효하게 작동시킬 수 있는 용량으로 하여야 한다.
  ① 지하층을 제외한 층수가 11층 이상의 층
  ② 지하층 또는 무창층으로서 용도가 도매시장·소매시장·여객자동차터미널·지하역사 또는 지하상가

(6) 비상조명등의 설치면제 요건에서 "그 유도등의 유효범위 안의 부분"이란 유도등의 조도가 바닥에서 1[lx] 이상이 되는 부분을 말한다.

23 휴대용비상조명등의 설치기준

(1) 다음 각목의 장소에 설치할 것
　　① 숙박시설 또는 다중이용업소에는 객실 또는 영업장 안의 구획된 실마다 잘 보이는 곳(외부에 설치시 출입문 손잡이로부터 1[m] 이내 부분)에 1개 이상 설치
　　② 「유통산업발전법」에 따른 대규모점포(지하상가 및 지하역사를 제외한다)와 영화상영관에는 보행거리 50m 이내마다 3개 이상 설치
　　③ 지하상가 및 지하역사에는 보행거리 25[m] 이내마다 3개 이상 설치

(2) 설치 높이는 바닥으로부터 0.8[m] 이상 1.5[m] 이하의 높이에 설치할 것

(3) 어둠 속에서 위치를 확인할 수 있도록 할 것

(4) 사용시 자동으로 점등되는 구조일 것

(5) 외함은 난연성능이 있을 것

(6) 건전지를 사용하는 경우에는 방전방지조치를 하여야 하고, 충전식 밧데리의 경우에는 상시 충전되도록 할 것

(7) 건전지 및 충전식 밧데리의 용량은 20분 이상 유효하게 사용할 수 있는 것으로 할 것

24 비상조명등의 설치 제외

다음에 해당하는 경우에는 비상조명등을 설치하지 아니한다.
(1) 거실의 각 부분으로부터 하나의 출입구에 이르는 보행거리가 15m 이내인 부분
(2) 의원·경기장·공동주택·의료시설·학교의 거실

25 휴대용비상조명등의 설치 제외

지상 1층 또는 피난층으로서 복도·통로 또는 창문 등의 개구부를 통하여 피난이 용이한 경우에는 휴대용비상조명등을 설치하지 아니한다.

Chapter 07 비상콘센트 설비

1 비상콘센트 설비

1. 개요
비상 콘센트 설비는 고층건물이나 지하층의 화재시 소방서에서 보유하고 있는 진화장치 중 전기를 동력으로 하는 소화기구의 전원을 확보하는 설비이다.

2. 설치대상
비상 콘센트 설비를 설치하여야 할 소방대상물은 다음과 같다. 다만, 가스시설 또는 지하구의 경우에는 그러하지 아니하다.
① 층수가 11층 이상인 특정소방대상물의 경우에는 11층 이상의 층
② 지하층의 층수가 3층 이상이고 지하층의 바닥면적의 합계가 1000[m^2] 이상인 것은 지하층의 모든 층
③ 지하가 중 터널로서 길이가 500[m] 이상인 것

2 용어의 정의

(1) "인입개폐기"란 「전기설비기술기준의 판단기준」에 따른 것을 말한다.
(2) "저압"이란 직류는 1.5kV 이하, 교류는 1kV 이하인 것을 말한다.
(3) "고압"이란 직류는 1.5kV를, 교류는 1kV를 넘고 7kV 이하인 것을 말한다.
(4) "특고압"이란 7kV를 초과하는 것을 말한다.
(5) "변전소"란 「전기설비기술기준」에 따른 것을 말한다.

3 상용전원

상용 전원회로의 배선이 저압수전인 경우에는 인입개폐기의 직후에서, 특고압수전 또는 고압수전인 경우에는 전력용 변압기 2차측의 주차단기 1차측에서 분기하여 전용배선으로 하여야 한다.

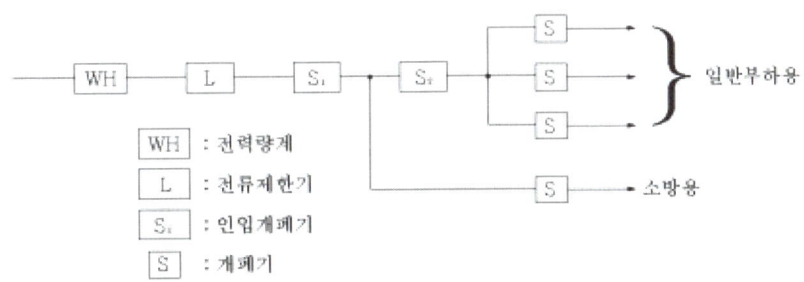

[저압수전방식]

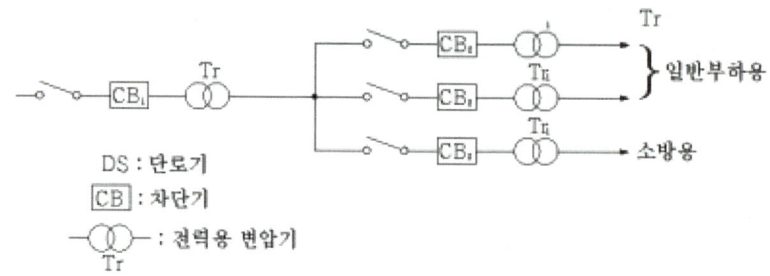

[고압 또는 특고압수전방식]

4 비상전원

지하층을 제외한 층수가 7층 이상으로서 연면적이 2,000[m²] 이상이거나 지하층의 바닥면적의 합계가 3,000[m²] 이상인 소방대상물의 비상콘센트설비에는 자가발전기설비 또는 비상전원수전설비를 비상전원으로 설치할 것. 다만, 2 이상의 변전소에서 전력을 동시에 공급받을 수 있거나 하나의 변전소로부터 전력의 공급이 중단되는 때에는 자동으로 다른 변전소로부터 전력을 공급받을 수 있도록 상용전원을 설치한 경우에는 비상전원을 설치하지 아니할 수 있다.

> **참고** 자가발전설비
>
> - 점검이 편리하고 화재 및 침수 등의 재해를 받을 우려가 없는 곳에 설치
> - 비상 콘덴서 설비를 유효하게 20분 이상 작동시킬 수 있는 용량
> - 상용전원 공급중지시 자동적으로 전력을 공급할 수 있을 것
> - 설치장소는 방화구획하고 실내에 설치시 비상조명등을 설치할 것

5 비상전원의 생략

2 이상의 변전소에서 전력을 동시에 공급받을 수 있거나 하나의 변전소로부터 전력의 공급이 중단되는 때에는 자동으로 다른 변전소로부터 전력을 공급받을 수 있는 상용전원을 설치한 경우에는 비상전원을 설치하지 아니할 수 있다.

6 전원회로

(1) 비상콘센트설비의 전원회로는 단상교류 220[V]인 것으로서, 그 공급용량은 1.5[kVA] 이상인 것으로 할 것
(2) 전원회로는 각층에 있어서 2 이상이 되도록 설치할 것. 다만, 설치하여야 할 층의 비상콘센트가 1개인 때에는 하나의 회로로 할 수 있다.
(3) 전원회로는 주배전반에서 전용회로로 할 것. 다만, 다른 설비의 회로의 사고에 따른 영향을 받지 아니하도록 되어 있는 것에 있어서는 그러하지 아니하다.
(4) 전원으로부터 각층의 비상콘센트에 분기되는 경우에는 분기배선용 차단기를 보호함안에 설치할 것
(5) 콘센트마다 배선용 차단기(KS C 8321)를 설치하여야 하며, 충전부가 노출되지 아니하도록 할 것
(6) 개폐기에는 "비상콘센트"라고 표시한 표지를 할 것
(7) 비상콘센트용의 풀박스 등은 방청도장을 한 것으로서, 두께 1.6[mm] 이상의 철판으로 할 것

(8) 하나의 전용회로에 설치하는 비상콘센트는 10개 이하로 할 것. 이 경우 전선의 용량은 각 비상콘센트(비상콘센트가 3개 이상인 경우에는 3개)의 공급용량을 합한 용량 이상의 것으로 하여야 한다.

7 전선의 용량

(1) 각 콘센트의 공급용량의 합으로 하여야 한다.
(2) 비상콘센트가 3개 이상인 경우에는 3개의 공급용량으로 하여야 한다.

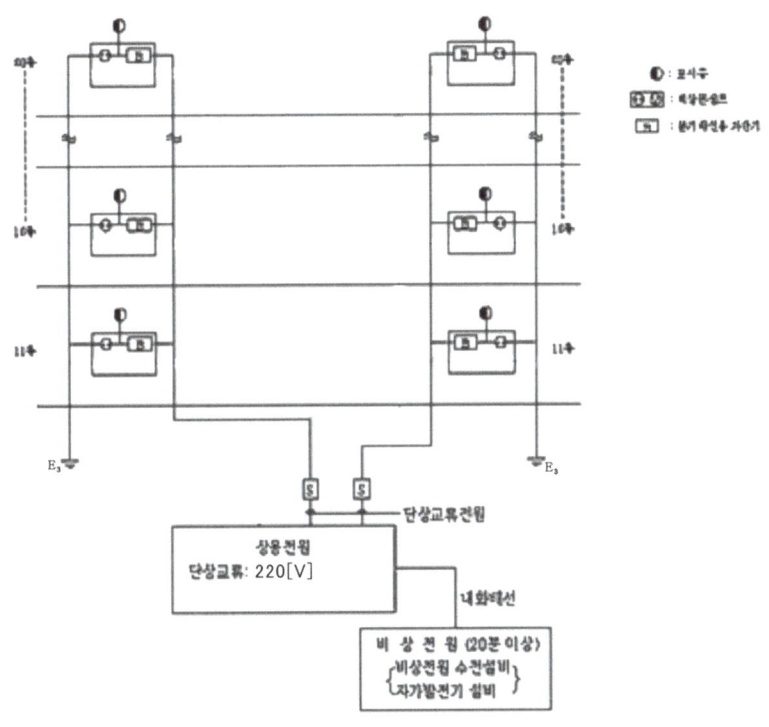

[비상콘센트 계통도]

8 비상콘센트의 플러그 접속기

(1) 비상콘센트의 플러그접속기는 접지형 2극 플러그접속기(KS C 8305)를 사용하여야 한다.
(2) 비상콘센트의 플러그접속기의 칼받이의 접지극에는 접지공사를 하여야 한다.

9 비상콘센트 설치

(1) 바닥으로부터 높이 0.8[m] 이상 1.5[m] 이하의 위치에 설치할 것

(2) 비상콘센트의 배치는 아파트 또는 바닥면적이 1,000[m²] 미만인 층에 있어서는 계단의 출입구(계단의 부속실을 포함하며 계단이 2 이상 있는 경우에는 그중 1개의 계단을 말한다)로부터 5[m] 이내에, 바닥면적 1,000[m²] 이상인 층(아파트를 제외한다)에 있어서는 각 계단의 출입구 또는 계단부속실의 출입구(계단의 부속실을 포함하며 계단이 3 이상 있는 층의 경우에는 그중 2개의 계단을 말한다)로부터 5[m] 이내에 설치하되, 그 비상콘센트로부터 그 층의 각 부분까지의 거리가 다음 각목의 기준을 초과하는 경우에는 그 기준 이하가 되도록 비상콘센트를 추가하여 설치할 것
  ① 지하상가 또는 지하층의 바닥면적의 합계가 3,000[m²] 이상인 것은 수평거리 25[m]
  ② ①에 해당하지 아니하는 것은 수평거리 50[m]

10 비상콘센트 보호함

(1) 보호함에는 쉽게 개폐할 수 있는 문을 설치할 것
(2) 보호함 표면에 "비상콘센트"라고 표시한 표지를 할 것
(3) 보호함 상부에 적색의 표시등을 설치할 것. 다만, 비상콘센트의 보호함을 옥내소화전함 등과 접속하여 설치하는 경우에는 옥내소화전함 등의 표시등과 겸용할 수 있다.

11 비상콘센트의 배선

전원회로의 배선은 내화배선으로, 그 밖의 배선은 내화배선 또는 내열배선으로 하여야 한다.

12 절연저항시험

절연저항은 전원부와 외함 사이를 500[V] 절연저항계로 측정할 때 20[MΩ] 이상일 것

13 절연내력시험

절연내력은 전원부와 외함 사이에 정격전압이 150[V] 이하인 경우에는 1000[V]의 실효전압을, 정격전압이 150[V] 이상인 경우에는 그 정격전압에 2를 곱하여 1000을 더한 실효전압을 가하는 시험에서 1분 이상 견디는 것으로 할 것

Chapter 08 무선통신 보조설비

1 개요

화재시나 긴급시 소방용 무전기의 접속에 의해 지하에 포설된 누설 동축 케이블을 통해 신호를 방사하여 지하에서 진화활동을 하는 소방대원과 연락하여 효율적인 업무를 수행하도록 하는 설비이다.

2 설치 대상

무선통신 보조설비를 설치하여야 하는 특정소방대상물은(위험물 저장 및 처리시설 중 가스시설은 제외한다) 다음과 같다.
(1) 지하가(터널은 제외한다)로서 연면적 1000[m²] 이상인 것
(2) 지하층의 바닥면적의 합계가 3000[m²] 이상인 것 또는 지하층의 층수가 3층 이상이고 지하층의 바닥면적의 합계가 1000[m²] 이상인 것은 지하층의 전층
(3) 지하가 중 터널로서 길이가 500[m] 이상인 것
(4) 「국토의 계획 및 이용에 관한 법률」에 따른 공동구
(5) 층수가 30층 이상인 것으로서 16층 이상 부분의 모든 층

> **참고** 무선통신 보조설비 설치 제외
>
> 지하층으로서 소방대상물의 2면 이상의 바닥부분이 지표면과 동일하거나 지표면으로부터의 깊이가 1[m] 이하인 경우에는 해당 층에 한하여 무선통신 보조설비를 설치하지 아니할 수 있다.

3 용어의 정의

(1) "누설동축케이블"이란 동축케이블의 외부도체에 가느다란 홈을 만들어서 전파가 외부로 새어나갈 수 있도록 한 케이블을 말한다.
(2) "분배기"란 신호의 전송로가 분기되는 장소에 설치하는 것으로 임피던스 매칭(Matching)과 신호 균등분배를 위해 사용하는 장치를 말한다.
(3) "분파기"란 서로 다른 주파수의 합성된 신호를 분리하기 위해서 사용하는 장치를 말한다.
(4) "혼합기"란 두 개 이상의 입력신호를 원하는 비율로 조합한 출력이 발생하도록 하는 장치를 말한다.
(5) "증폭기"란 신호 전송시 신호가 약해져 수신이 불가능해지는 것을 방지하기 위해서 증폭하는 장치를 말한다.
(6) "무선중계기"란 안테나를 통하여 수신된 무전기 신호를 증폭한 후 음영지역에 재방사하여 무전기 상호 간 송수신이 가능하도록 하는 장치를 말한다.
(7) "옥외안테나"란 감시제어반 등에 설치된 무선중계기의 입력과 출력포트에 연결되어 송수신 신호를 원활하게 방사·수신하기 위해 옥외에 설치하는 장치를 말한다.

4 구성

누설 동축 케이블방식, 안테나 방식, 누설 동축 케이블과 안테나 혼용방식

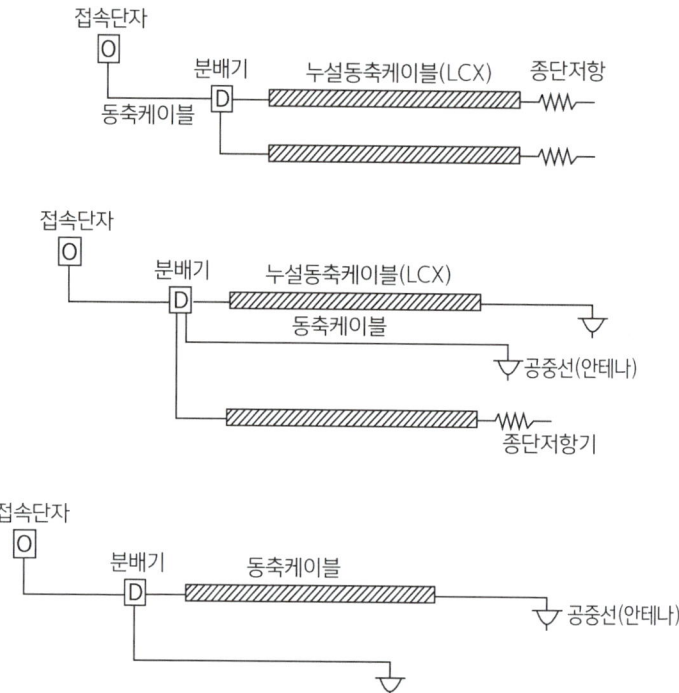

5 계통도

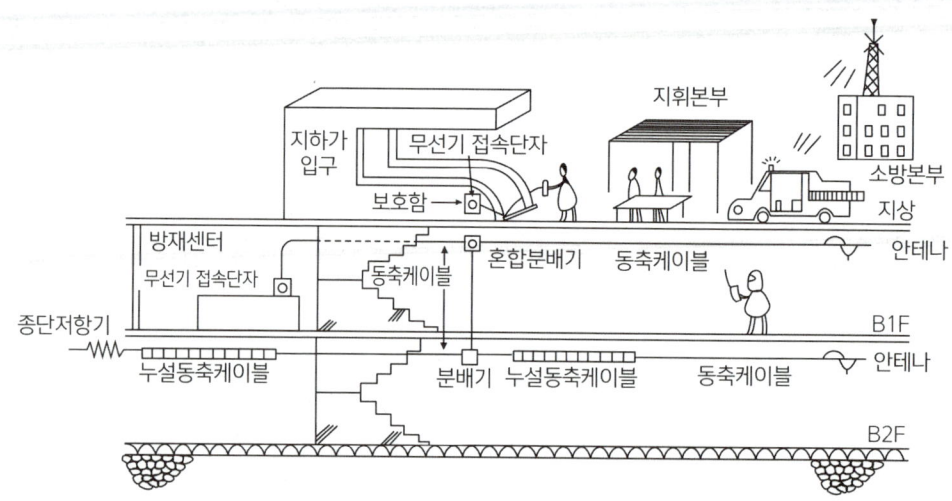

6 누설동축케이블

내부도체, 외부도체로 된 동축 케이블로서 케이블 외의 공간에 전파를 방사시키기 위해 외부도체에 사용 주파수대(대한민국 449[Hz])에 따른 일정 주기의 가늘고 긴 구멍(Slot)을 가진 구조를 말한다.

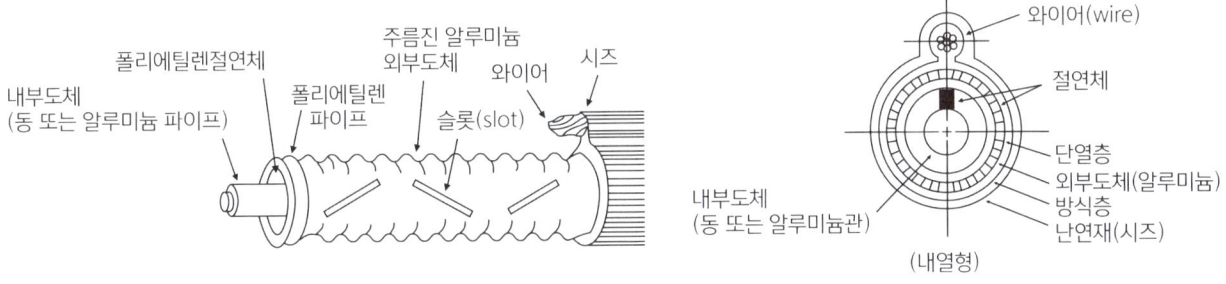

[누설 동축 케이블의 구조]

7 누설동축케이블 특징

(1) 전계의 방사량은 제조단계에서 슬롯의 기울기, 길이 간격 등에 따라서 조정할 수 있다.
(2) 보통의 전계를 케이블에 따라 넓은 범위로 방사시킬 수 있다.
(3) 방사하는 전계의 편파면을 원주방향 편파만으로 할 수 있다.
(4) 케이블의 표면오염 또는 경년변화에 따른 특성의 저하가 작다.

8 누설동축케이블 설치기준

(1) 소방전용주파수대에서 전파의 전송 또는 복사에 적합한 것으로서 소방전용의 것으로 할 것. 다만, 소방대 상호간의 무선연락에 지장이 없는 경우에는 다른 용도와 겸용할 수 있다.
(2) 누설동축케이블과 이에 접속하는 안테나 또는 동축케이블과 이에 접속하는 안테나에 따른 것으로 할 것
(3) 누설동축케이블 및 동축케이블은 불연 또는 난연성의 것으로서 습기에 따라 전기의 특성이 변질되지 아니하는 것으로 하고, 노출하여 설치한 경우에는 피난 및 통행에 장애가 없도록 할 것
(4) 누설동축케이블 및 동축케이블은 화재에 따라 당해 케이블의 피복이 소실된 경우에 케이블 본체가 떨어지지 아니하도록 4[m] 이내마다 금속제 또는 자기제등의 지지금구로 벽·천장·기둥 등에 견고하게 고정시킬 것. 다만, 불연재료로 구획된 반자 안에 설치하는 경우에는 그러하지 아니하다.
(5) 누설동축케이블 및 안테나는 금속판 등에 따라 전파의 복사 또는 특성이 현저하게 저하되지 아니하는 위치에 설치할 것
(6) 누설동축케이블 및 안테나는 고압의 전로로부터 1.5[m] 이상 떨어진 위치에 설치할 것. 다만, 당해 전로에 정전기 차폐장치를 유효하게 설치한 경우에는 그러하지 아니하다.
(7) 누설동축케이블의 끝부분에는 무반사 종단저항을 견고하게 설치할 것

> **참고** 위의 설치기준 외에 다음에 주의하여 설치할 것
>
> - 부속품은 교체가 가능하고 내구성이 있는 것을 선택하여야 한다.
> - 부식에 의해 기능열화가 있는 것은 방식장치를 설치하여야 한다.
> - 누설동축케이블의 곡률반지름은 바깥지름의 30배 이상으로 하여야 한다.

핵심정리) 무반사 종단저항기

누설동축케이블의 종단부에 전송된 전파가 종단에서 반사하여 송신효율이 떨어지는 것을 방지하기 위하여 설치하는 기기

항목	성능
임피던스	50[Ω]
VSWR	100 ~ 500[MHz]에서 1.2 이하
허용전력	1[W](연속)

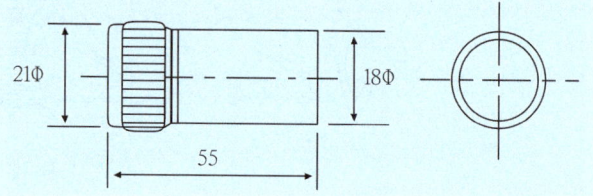

9 무선기 접속단자

(1) 지상에서 유효하게 소방활동을 할 수 있는 장소 또는 수위실 등 상시 사람이 근무하고 있는 장소에 설치할 것
(2) 단자는 한국산업규격에 적합한 것으로 하고, 바닥으로부터 높이 0.8[m] 이상 1.5[m] 이하의 위치에 설치할 것
(3) 지상에 설치하는 접속단자는 보행거리 300[m] 이내마다 설치하고, 다른 용도로 사용되는 접속단자에서 5[m] 이상의 거리를 둘 것
(4) 지상에 설치하는 단자를 보호하기 위하여 견고하고 함부로 개폐할 수 없는 구조의 보호함을 설치하고, 먼지·습기 및 부식 등에 따라 영향을 받지 아니하도록 조치할 것
(5) 단자의 보호함의 표면에 "무선기 접속단자"라고 표시한 표지를 할 것

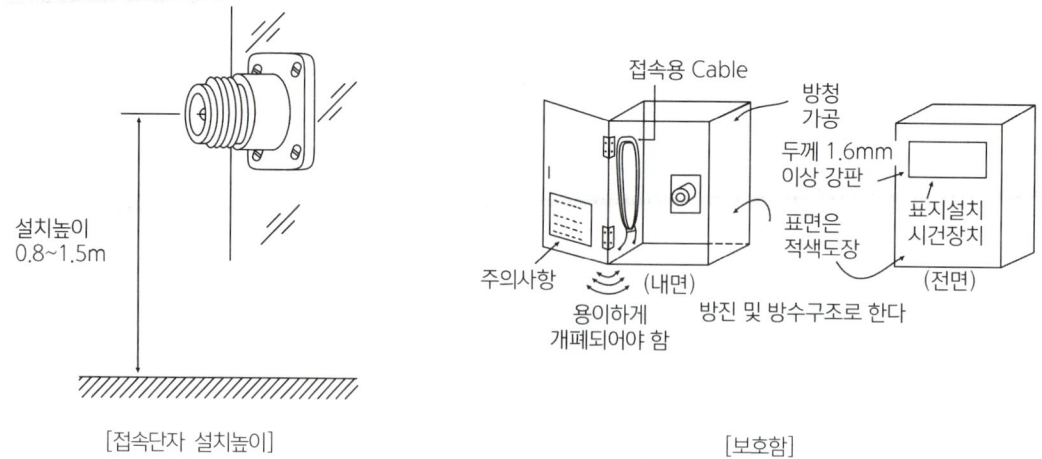

[접속단자 설치높이]   [보호함]

10 분배기 등의 설치기준

분배기 등이란 분배기·분파기·혼합기를 말한다.
(1) 먼지·습기 및 부식 등에 의하여 기능에 이상을 가져오지 아니하도록 할 것
(2) 임피던스는 50[Ω]의 것으로 할 것
(3) 점검에 편리하고 화재 등의 재해로 인한 피해의 우려가 없는 장소에 설치할 것

11 증폭기 등

(1) 전원은 전기가 정상적으로 공급되는 축전지, 전기저장장치(외부 전기에너지를 저장해 두었다가 필요한 때 전기를 공급하는 장치) 또는 교류전압 옥내간선으로 하고, 전원까지의 배선은 전용으로 할 것
(2) 증폭기의 전면에는 주 회로의 전원이 정상인지의 여부를 표시할 수 있는 표시등 및 전압계를 설치할 것
(3) 증폭기에는 비상전원이 부착된 것으로 하고 해당 비상전원 용량은 무선통신보조설비를 유효하게 30분 이상 작동시킬 수 있는 것으로 할 것
(4) 증폭기 및 무선중계기를 설치하는 경우에는 「전파법」 제58조의2에 따른 적합성평가를 받은 제품으로 설치하고 임의로 변경하지 않도록 할 것
(5) 디지털 방식의 무전기를 사용하는데 지장이 없도록 설치할 것

> **참고** 증폭기
>
> 수신점의 전계강도가 약한 장소 또는 전송선이나 분배기기 등의 손실 때문에 수신전파가 감쇠될 때 증폭시키는 기기

12 옥외안테나 설치기준

(1) 건축물, 지하가, 터널 또는 공동구의 출입구(「건축법 시행령」 제39조에 따른 출구 또는 이와 유사한 출입구를 말한다) 및 출입구 인근에서 통신이 가능한 장소에 설치할 것
(2) 다른 용도로 사용되는 안테나로 인한 통신장애가 발생하지 않도록 설치할 것
(3) 옥외안테나는 견고하게 설치하며 파손의 우려가 없는 곳에 설치하고 그 가까운 곳의 보기 쉬운 곳에 "무선통신보조설비 안테나"라는 표시와 함께 통신 가능거리를 표시한 표지를 설치할 것
(4) 수신기가 설치된 장소 등 사람이 상시 근무하는 장소에는 옥외안테나의 위치가 모두 표시된 옥외안테나 위치표시도를 비치할 것

Chapter 09 가스 누설경보기

1 개요

가스 누설경보기는 연료용 가스 또는 자연발생 하는 가연성 가스의 누설을 탐지하여 방화대상물의 관계자 또는 이용자에게 경보하는 설비이다.

2 용어의 정의

(1) "가연성가스 경보기"란 보일러 등 가스연소기에서 액화석유가스(LPG), 액화천연가스(LNG) 등의 가연성가스가 새는 것을 탐지하여 관계자나 이용자에게 경보하여 주는 것을 말한다. 다만, 탐지소자 외의 방법에 의하여 가스가 새는 것을 탐지하는 것, 점검용으로 만들어진 휴대용탐지기 또는 연동기기에 의하여 경보를 발하는 것은 제외한다.
(2) "일산화탄소 경보기"란 일산화탄소가 새는 것을 탐지하여 관계자나 이용자에게 경보하여 주는 것을 말한다. 다만, 탐지소자 외의 방법에 의하여 가스가 새는 것을 탐지하는 것, 점검용으로 만들어진 휴대용탐지기 또는 연동기기에 의하여 경보를 발하는 것은 제외한다.
(3) "탐지부"란 가스누설경보기(이하 "경보기"라 한다) 중 가스누설을 탐지하여 중계기 또는 수신부에 가스누설의 신호를 발신하는 부분 또는 가스누설을 탐지하여 수신부 등에 가스누설의 신호를 발신하는 부분을 말한다.
(4) "수신부"란 경보기 중 탐지부에서 발하여진 가스누설신호를 직접 또는 중계기를 통하여 수신하고 이를 관계자에게 음향으로서 경보하여 주는 것을 말한다.
(5) "분리형"이란 탐지부와 수신부가 분리되어 있는 형태의 경보기를 말한다.
(6) "단독형"이란 탐지부와 수신부가 일체로 되어있는 형태의 경보기를 말한다.
(7) "가스연소기"란 가스레인지 또는 가스보일러 등 가연성가스를 이용하여 불꽃을 발생하는 장치를 말한다.

3 경보기의 분류

(1) 구조에 따라 ─ 단독형
　　　　　　　　└ 분리형

(2) 용도에 따라 ─ 가정용(단독용)
　　　　　　　　├ 영업용(1회용) ─┐
　　　　　　　　└ 공업용(1회로 이상) ┴ 분리형

4 검지기

1. 검지방식

반도체식, 접촉연소식, 기체열전도식으로 구분된다.

2. 구조 및 동작원리

항목 \ 방식	검지방식		
	반도체식	접촉연소식	기체열전도식
구조	히터, 전극, 반도체		반도체, 보상소자
재질	히터, 전극-이리듐, 파라듐 합금	검출소자, 보상소자, 백금선(白金線)	검출소자, 보상소자-백금선, 반도체 SnO_2 등
검지원리	반도체 자체의 저항값이 가스에 대해 변화함	코일 형태로 감긴 백금선의 표면에서 가스가 산화반응(연소)할 때의 발열에 의해 백금선의 저항값이 변화함	코일 형태로 감긴 백금선에 묻어 있는 반도체의 가스에 대한 열전도 차이를 응용한 것으로, 접촉연소와는 반대로 변화함
작동원리	반도체 소자의 출력은 가스농도에도 영향을 받는데 40~80[V]의 고출력을 얻기 위해, 증폭(AMP)하지 않더라도 버저 등을 시동할 수 있음	검출회로의 출력은 50[mV](max)정도이고, 버저 램프 등을 작동시키기 위해 증폭(AMP)회로가 필요함	
특징	• 가스에 대한 변화가 비교적 안정되어 있음 • 큰 출력을 얻을 수 있음 • 장기간의 안정성이 뛰어남	보상소자와 병용함으로써 모든 특성이 뛰어남	접촉연소식과 유사함

5 분리형 경보기의 탐지부 및 단독형 경보기 설치 제외 장소

(1) 출입구 부근 등으로서 외부의 기류가 통하는 곳
(2) 환기구 등 공기가 들어오는 곳으로부터 1.5[m] 이내인 곳
(3) 연소기의 폐가스에 접촉하기 쉬운 곳
(4) 가구·보·설비 등에 가려져 누설가스의 유통이 원활하지 못한 곳
(5) 수증기, 기름 섞인 연기 등이 직접 접촉될 우려가 있는 곳

6 검지기 설치 위치

1. 공기보다 가벼운 가스 누설검지기의 설치 예

공기보다 가벼운 가연성 가스가 누설되는 경우에는 상부에 체류하게 되므로 검지부를 천장 또는 반자로부터 0.3[m] 이내에 설치한다.

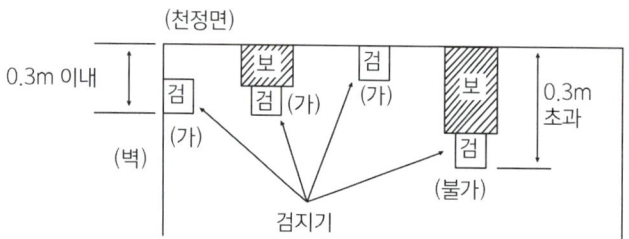

2. 공기보다 무거운 가스 누설검지기의 설치 예

공기보다 무거운 가연성 가스가 누설되는 경우에는 하부에 체류하게 되므로 검지부를 바닥으로부터 0.3[m] 이내에 설치한다.

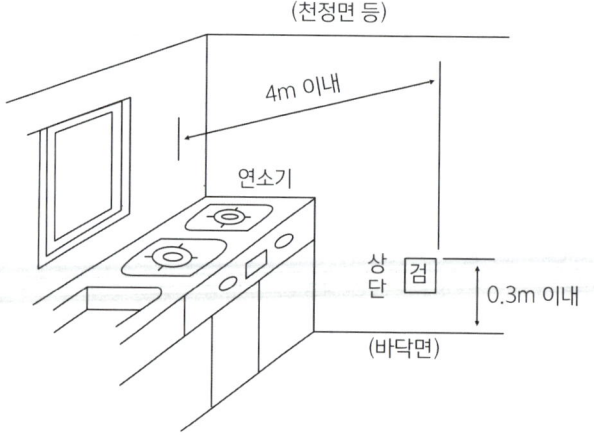

7 가연성가스경보기

(1) 가연성가스를 사용하는 가스연소기가 있는 경우에는 가연성가스(액화석유가스(LPG), 액화천연가스(LNG) 등)의 종류에 적합한 경보기를 가스연소기 주변에 설치하여야 한다.

(2) 분리형 경보기의 수신부 설치기준
① 가스연소기 주위의 경보기의 상태 확인 및 유지 관리에 용이한 위치에 설치할 것
② 가스누설 음향의 음량과 음색이 다른 기기의 소음 등과 명확히 구별될 것
③ 가스누설 음향은 수신부로부터 1[m] 떨어진 위치에서 음압이 70[dB] 이상일 것
④ 수신부의 조작 스위치는 바닥으로부터의 높이가 0.8[m] 이상 1.5[m] 이하인 장소에 설치할 것
⑤ 수신부가 설치된 장소에는 관계자 등에게 신속히 연락할 수 있도록 비상연락 번호를 기재한 표를 비치할 것

(3) 분리형 경보기의 탐지부 설치기준
① 탐지부는 가스연소기의 중심으로부터 직선거리 8[m](공기보다 무거운 가스를 사용하는 경우에는 4[m]) 이내에 1개 이상 설치하여야 한다.
② 탐지부는 천정으로부터 탐지부 하단까지의 거리가 0.3[m] 이하가 되도록 설치한다. 다만, 공기보다 무거운 가스를 사용하는 경우에는 바닥면으로부터 탐지부 상단까지의 거리는 0.3[m] 이하로 한다.

(4) 단독형 경보기 설치기준
① 가스연소기 주위의 경보기의 상태 확인 및 유지 관리에 용이한 위치에 설치할 것
② 가스누설 음향의 음량과 음색이 다른 기기의 소음 등과 명확히 구별될 것
③ 가스누설 음향장치는 수신부로부터 1[m] 떨어진 위치에서 음압이 70[dB] 이상일 것
④ 단독형 경보기는 가스연소기의 중심으로부터 직선거리 8[m](공기보다 무거운 가스를 사용하는 경우에는 4[m]) 이내에 1개 이상 설치하여야 한다.
⑤ 단독형 경보기는 천장으로부터 경보기 하단까지의 거리가 0.3[m] 이하가 되도록 설치한다. 다만, 공기보다 무거운 가스를 사용하는 경우에는 바닥면으로부터 단독형 경보기 상단까지의 거리는 0.3[m] 이하로 한다.
⑥ 경보기가 설치된 장소에는 관계자 등에게 신속히 연락할 수 있도록 비상연락 번호를 기재한 표를 비치할 것

8 일산화탄소경보기

(1) 일산화탄소 경보기를 설치하는 경우에는 가스연소기 주변에 설치할 수 있다.

(2) **분리형 경보기의 수신부 설치기준**
　① 가스누설 음향의 음량과 음색이 다른 기기의 소음 등과 명확히 구별될 것
　② 가스누설 음향은 수신부로부터 1m 떨어진 위치에서 음압이 70dB 이상일 것
　③ 수신부의 조작 스위치는 바닥으로부터의 높이가 0.8m 이상 1.5m 이하인 장소에 설치할 것
　④ 수신부가 설치된 장소에는 관계자 등에게 신속히 연락할 수 있도록 비상연락 번호를 기재한 표를 비치할 것

(3) 분리형 경보기의 탐지부는 천정으로부터 탐지부 하단까지의 거리가 0.3m 이하가 되도록 설치한다.

(4) **단독형 경보기의 설치기준**
　① 가스누설 음향의 음량과 음색이 다른 기기의 소음 등과 명확히 구별될 것
　② 가스누설 음향장치는 수신부로부터 1m 떨어진 위치에서 음압이 70dB 이상일 것
　③ 단독형 경보기는 천장으로부터 경보기 하단까지의 거리가 0.3m 이하가 되도록 설치한다.
　④ 경보기가 설치된 장소에는 관계자 등에게 신속히 연락할 수 있도록 비상연락 번호를 기재한 표를 비치할 것

(5) 중앙소방기술심의위원회의 심의를 거쳐 일산화탄소경보기의 성능을 확보할 수 있는 별도의 설치방법을 인정받은 경우에는 해당 설치방법을 반영한 제조사의 시방에 따라 설치할 수 있다.

9 전원

경보기는 건전지 또는 교류전압의 옥내간선을 사용하여 상시 전원이 공급되도록 하여야 한다.

pass.Hackers.com

해커스자격증
pass.Hackers.com

해커스 소방설비기사 필기 **전기** 한권합격 이론+최신기출+핵심노트

최신기출

2025년	기출문제(CBT)	**2021년**	기출문제
2024년	기출문제(CBT)	**2020년**	기출문제
2023년	기출문제(CBT)	**2019년**	기출문제
2022년	기출문제(CBT)	**2018년**	기출문제

2025년 | 제3회(CBT)

※ CBT 문제는 수험생의 기억에 따라 복원된 것이며, 실제 기출문제와 동일하지 않을 수 있습니다.

소방전기일반

01. 불대수의 기본 정리에 관한 설명으로 옳지 않은 것은?

① $A + A = A$
② $A + 1 = 1$
③ $A \cdot 0 = 1$
④ $A + 0 = A$

| 해설
$A \cdot 0 = 0$이다.

정답 ③

02. 평행판 콘덴서에서 판 사이의 거리를 1/2로 하고 판의 면적을 2배로 하면 그 정전용량은 몇 배인가?

① 1/2
② 2
③ 3
④ 4

| 해설
$C = \dfrac{\epsilon \cdot A}{d}$ 에서

$C' = \epsilon \dfrac{2A}{\frac{1}{2}d} = \epsilon \cdot \dfrac{4A}{d} = 4C$

정답 ④

03. 최대눈금이 200mA, 내부저항이 0.8Ω인 전류계가 있다. 8mΩ의 분류기를 사용하여 전류계의 측정 범위를 넓히면 몇 A까지 측정할 수 있는가?

① 19.6
② 20.2
③ 21.4
④ 22.8

| 해설
$m = \dfrac{r}{R_a} + 1 = \dfrac{0.8}{0.008} + 1 = 101$

$200 \times 10^{-3} \times 101 = 20.2[A]$

정답 ②

04. 서보전동기는 제어기기의 어디에 속하는가?

① 검출부
② 조절부
③ 증폭부
④ 조작부

| 해설
서보전동기는 제어기기의 조작부(조작기기)에 속한다.

참고 조절기기와 조작기기
㉠ 조절기기: 2위치 조절기, 전자식 조절기
㉡ 조작기기: 전자밸브, 전동밸브, 서보전동기, 펄스전동기

정답 ④

05. 전자유도현상에서 코일에 생기는 유도기전력의 방향을 정의한 법칙은?

① 쿨롱의 법칙
② 플레밍의 왼손 법칙
③ 렌츠의 법칙
④ 패러데이의 법칙

| 해설
- 전자유도현상에서 코일에 생기는 유도기전력의 방향을 정의한 법칙은 렌츠의 법칙이다.
- 전자유도현상에서 코일에 생기는 유도기전력의 크기를 정의한 법칙은 패러데이의 법칙이다.

정답 ③

06. 전원 전압을 일정하게 유지하기 위하여 사용하는 다이오드는?

① 쇼트키다이오드
② 터널다이오드
③ 제너다이오드
④ 버렉터다이오드

| 해설
전원 전압을 일정하게 유지하기 위하여 사용하는 다이오드는 제너다이오드이며, 일명 정전압다이오드라 한다.

정답 ③

07. 그림과 같은 정전압 회로에서 Q_1의 역할은?

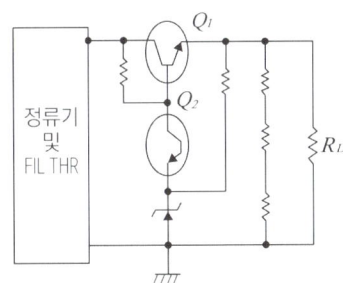

① 증폭용
② 비교부용
③ 제어용
④ 기준부용

| 해설
트랜지스터 제어형 정전압회로
Q_1: 부하와 직렬로 연결된 제어요소(=제어용)
Q_2: 검출전압과 기준전압을 비교하는 오차증폭기(=비교부용)

정답 ③

08. 200V의 교류전압에서 30A의 전류가 흐르는 부하가 4.8kW의 유효전력을 소비하고 있을 때 이 부하의 리액턴스(Ω)는?

① 6.6
② 5.3
③ 4.0
④ 3.3

| 해설
$P_r = I^2 X_L$, $X_L = \dfrac{P_r}{I^2}$,
$P_r = \sqrt{P_a^2 - P^2} = \sqrt{(200 \times 30)^2 - (4.8 \times 10^3)^2}$
$= 3600(\text{Var})$
$X_L = \dfrac{3600}{30^2} = 4(\Omega)$

정답 ③

09. 평등전계중에 5[C]의 전하를 전계의 반대방향으로 20[cm] 이동시키는데 300[J]의 일이 필요하였다. 이 두 점간의 전위차는 몇 [V]인가?

① 20
② 40
③ 60
④ 80

| 해설

$$V = \frac{W[J]}{Q[C]} = \frac{300}{5} = 60[V]$$

정답 ③

10. 유도전동기를 기동하기 위하여 △를 Y로 하였을 때 토크는 몇 배가 되는가?

① $\frac{1}{3}$
② $\frac{1}{\sqrt{3}}$
③ 3
④ $\sqrt{3}$

| 해설

$\Delta = 3Y, Y = \frac{1}{3}\Delta$ 성립

- 전류
- 저항
- 전력
- 토크

정답 ①

11. 대칭 3상 Y부하에서 각 상의 임피던스 Z=30[Ω]이고 부하전류가 8[A]일 때 부하의 선간전압은 몇 [V] 인가?

① 380
② 415
③ 480
④ 515

| 해설

$V_L = \sqrt{3}\,V_P = \sqrt{3}\,I_P Z$ 에서
$V_L = \sqrt{3} \times 8 \times 30 = 240\sqrt{3} = 415[V]$

정답 ②

12. 60[Hz] 교류의 위상차가 $\frac{\pi}{6}$[rad]일 때 이 위상차를 시간으로 표시하면 몇 [sec] 인가?

① $\frac{1}{60}$
② $\frac{1}{180}$
③ $\frac{1}{360}$
④ $\frac{1}{720}$

| 해설

$\omega t = \theta[°] = \alpha[rad]$ 에서

$$t[s] = \frac{\alpha}{\omega} = \frac{\alpha}{2\pi f} = \frac{\frac{\pi}{6}}{2\pi \times 60} = \frac{1}{720}[s]$$

정답 ④

13. 3상 유도전압조정기의 1차 권선은 보통 어디에 감는가?

① 정류자
② 고정자
③ 회전자
④ 전기자

| 해설

- 3상 유도전압조정기: 유도전동기 원리를 이용하여 전압을 연속적으로 조정할 수 있는 전압조정기
- 고정자: 3상 입력전압을 공급받는 1차 권선
- 회전자: 출력전압을 조정하는 2차 권선

정답 ②

14. 어떤 측정계기의 지시값을 M, 참값을 T라 할때 보정률은?

① $\dfrac{T-M}{M}$
② $\dfrac{M}{M-T}$
③ $\dfrac{T-M}{T}$
④ $\dfrac{T}{M-T}$

| 해설

- 오차율 $\epsilon = \dfrac{M-T}{T}$
- 보정률 $\alpha = \dfrac{T-M}{M}$

정답 ①

15. 임피던스 $Z(S) = \dfrac{5S+6}{S}$ 으로 표시되는 2단자 회로는?

① ─/\/\/\─⦿⦿⦿─| |─
    5Ω   1H   1/6 F

② ─/\/\/\─⦿⦿⦿─
    5/6   6/5H

③ ─⦿⦿⦿─| |─
    5H   5/6H

④ ─/\/\/\─| |─
    5Ω   1/6 F

| 해설

$$Z(S) = \dfrac{5s+6}{s} = \dfrac{5s}{s} + \dfrac{6}{s}$$

$$= 5 + \dfrac{6}{s} = 5 + \dfrac{1}{\dfrac{1}{6}s} = 5 + \dfrac{1}{j\omega\dfrac{1}{6}}$$

$$R = 5[\Omega],\ C = \dfrac{1}{6}[F]$$

정답 ④

16. 저항 R과 유도 리액턴스 X_L이 병렬로 접속된 회로의 역률은?

① $\dfrac{\sqrt{R^2+X_L^2}R}{}$
② $\sqrt{\dfrac{R^2+X_L^2}{LX_L}}$
③ $\dfrac{R}{\sqrt{R^2+X_L^2}}$
④ $\dfrac{X_L}{\sqrt{R^2+X_L^2}}$

| 해설

역률: $\cos\theta = \dfrac{G}{Y} = \dfrac{\dfrac{1}{R}}{\dfrac{1}{Z}} = \dfrac{Z}{R}$

$$= \dfrac{\dfrac{R\times X_L}{\sqrt{R^2+X_L^2}}}{R} = \dfrac{X_L}{\sqrt{R^2+X_L^2}}$$

정답 ④

17. 같은 규격의 축전지 2개를 병렬로 연결하면?

① 전압은 2배가 되고 용량은 1개인 때와 같다.
② 전압은 1개일 때와 같고 용량은 2배가 된다.
③ 전압과 용량 모두가 2배로 된다.
④ 전압과 용량 모두가 1/2배로 된다.

| 해설
㉠ 동일규격의 축전지 n개를 병렬접속 시
  • 전압은 일정하므로 1개일 때와 같다.
  • 용량은 n배로 증가된다.
㉡ 동일규격의 축전지 m개를 직렬접속 시
  • 용량이 일정하므로 1개일 때와 같다.
  • 전압은 m배로 증가된다.

정답 ②

18. 정전용량 C[F]의 콘덴서에 W[J]의 에너지를 축적하려면 인가전압은 몇 [V]인가?

① $\sqrt{\dfrac{W}{C}}$ ② $\sqrt{\dfrac{W}{2C}}$
③ $\sqrt{\dfrac{2W}{C}}$ ④ $\sqrt{\dfrac{2C}{W}}$

| 해설
$W = \dfrac{1}{2}VQ = \dfrac{1}{2}CV^2 = \dfrac{1}{2} \cdot \dfrac{Q^2}{C}$ [J]에서
$V^2 = \dfrac{2W}{C}$, $V = \sqrt{\dfrac{2W}{C}}$ [V]

정답 ③

19. 자기 인덕턴스 L_1, L_2가 각각 4[mH], 9[mH]인 두 코일이 이상 결합 되었다면 상호 인덕턴스는 몇 [mH]인가?

① 6 ② 605
③ 9 ④ 36

| 해설
이상결합시 결합계수 k=1이다.
$M = k\sqrt{L_1 L_2}$ [H]에서
$= 1 \times \sqrt{4 \times 9} = 6$ [mH]

정답 ①

20. $v = V_m \sin(\omega t + 60°)$ 와 $i = I_m \cos(\omega t - 70°)$ 와의 위상차는?

① 20° ② 40°
③ 60° ④ 130°

| 해설
$i = I_m \cos(\omega t - 70°)$
$= I_m \sin(\omega t - 70° + 90°)$
$= I_m \sin(\omega t + 20°)$
위상차를 θ라고 하면
$\theta = v - i = 60 - (+20) = 40[°]$

정답 ②

소방전기시설의 구조 및 원리

21. 비상벨설비 음향장치의 음량은 부착된 음향장치의 중심으로부터 1m 떨어진 위치에서 몇 dB 이상이 되는 것으로 하여야 하는가?

① 90
② 80
③ 70
④ 60

| 해설

비상벨설비 음향장치의 음량은 부착된 음향장치의 중심으로부터 1m 떨어진 위치에서 90dB 이상이 되는 것으로 하여야 한다.

정답 ①

22. 비상방송설비 음향장치의 설치기준으로 옳은 것은?

① 확성기는 각 층마다 설치하되, 그 층의 각 부분으로부터 하나의 확성기까지의 수평거리가 15m 이하가 되도록 하고, 해당 층의 각 부분에 유효하게 경보를 발할 수 있도록 설치할 것
② 층수가 11층 이상인 특정소방대상물의 지하층에서 발화한 때에는 발화층 및 그 직상층을 경보할 것
③ 음향장치는 자동화재탐지설비의 작동과 연동하여 작동할 수 있는 것으로 할 것
④ 음향장치는 정격전압의 60% 전압에서 음향을 발할 수 있는 것으로 할 것

| 해설

비상방송설비 음향장치의 설치기준

㉠ 확성기는 각 층마다 설치하되, 그 층의 각 부분으로부터 하나의 확성기까지의 수평거리가 25m 이하가 되도록 하고, 해당 층의 각 부분에 유효하게 경보를 발할 수 있도록 설치할 것
㉡ 층수가 11층 이상인 특정소방대상물의 지하층에서 발화한 때에는 발화층, 그 직상층 및 기타 지하층에 경보를 발할 것
㉢ 음향장치는 자동화재탐지설비의 작동과 연동하여 작동할 수 있는 것으로 할 것
㉣ 음향장치는 정격전압의 80% 전압에서 음향을 발할 수 있는 것으로 할 것

정답 ③

23. 이산화탄소 소화설비 제어반의 기능이 아닌 것은?

① 감지기 신호를 수신하여 음향경보장치를 작동시킨다.
② 수동기동장치의 신호를 수신하여 소화약제를 방출시킨다.
③ 감지기 신호를 수신하여 소화약제를 방출시킨다.
④ 소화약제의 방출을 소방관서에 통보한다.

| 해설

이산화탄소 소화설비 제어반에는 소화약제의 방출을 소방관서에 통보하는 기능은 없다.

정답 ④

24. 비상조명등의 비상전원은 지하층 또는 무창층으로서 용도가 도매시장·소매시장·여객자동차터미널·지하역사 또는 지하상가인 경우 그 부분에서 피난층에 이르는 부분의 비상조명등을 몇 분 이상 유효하게 작동시킬 수 있는 용량으로 하여야 하는가?

① 10
② 20
③ 30
④ 60

| 해설
비상조명등의 비상전원은 지하층 또는 무창층으로서 용도가 도매시장·소매시장·여객자동차터미널·지하역사 또는 지하상가인 경우 그 부분에서 피난층에 이르는 부분의 비상조명등을 60분 이상 유효하게 작동시킬 수 있는 용량으로 하여야 한다.

정답 ④

25. 비상조명등의 화재안전기준(NFSC 304)에 따른 휴대용비상조명등의 설치기준이다. ( ) 안에 들어갈 내용으로 옳은 것은?

> 지하상가 및 지하역사에는 보행거리 (㉠)m 이내마다 (㉡)개 이상 설치할 것

	㉠	㉡
①	25	1
②	25	3
③	50	1
④	50	3

| 해설
- 「유통산업발전법」 제2조 제3호에 따른 대규모점포(지하상가 및 지하역사는 제외한다)와 영화상영관에는 보행거리 50m 이내마다 3개 이상 설치
- 지하상가 및 지하역사에는 보행거리 25m 이내마다 3개 이상 설치

정답 ②

26. 무선통신보조설비의 증폭기에는 비상전원이 부착된 것으로 하고 비상전원의 용량은 무선통신보조설비를 유효하게 몇 분 이상 작동 시킬 수 있는 것이어야 하는가?

① 10분
② 20분
③ 30분
④ 40분

| 해설
증폭기 설치기준
㉠ 전원은 전기가 정상적으로 공급되는 축전지, 전기저장장치(외부 전기에너지를 저장해 두었다가 필요한 때 전기를 공급하는 장치) 또는 교류전압 옥내간선으로 하고, 전원까지의 배선은 전용으로 할 것
㉡ 증폭기의 전면에는 주 회로의 전원이 정상인지의 여부를 표시할 수 있는 표시등 및 전압계를 설치할 것
㉢ 증폭기에는 비상전원이 부착된 것으로 하고 해당 비상전원용량은 무선통신보조설비를 유효하게 30분 이상 작동시킬 수 있는 것으로 할 것

정답 ③

27. 수신기가 화재신호를 수신하였을 때 복구에 대한 설명 중 가장 맞다고 생각되는 것은?

① 수동으로 복구할 때까지 계속하여 음향장치가 작동한다.
② 감지기가 복구되면 자동적으로 복구된다.
③ 발신기에 의하여 복구된다.
④ 전원의 주 스위치를 사용하여 복구시킨다.

| 해설
수신기가 화재신호를 수신하면 주경종과 지구경종이 작동하며, 이는 수동으로 복구할 때까지 지속된다.

정답 ①

28. 수신기에서 직접 감지기회로의 도통시험을 행하지 아니하는 자동화재탐지설비의 중계기의 설치위치로 맞는 것은?

① 수신기와 감지기 사이에 설치
② 감지기와 발신기 사이에 설치
③ 전원입력측의 배선에 설치
④ 종단저항과 병렬로 설치

| 해설
수신기에서 직접 감지기 회로의 도통시험을 행하지 아니하는 경우, 중계기는 수신기와 감지기 사이에 설치할 것

정답 ①

29. 자계 내에 있는 가동코일에 전류가 흘러 진동판(Cone)을 움직이게 하여 음이 발생 되도록 한 구조로 진폭이 넓은 범위에 걸쳐 찌그러짐이 없고 저역 재생이 양호하여 보급되고 있는 확성기(Speaker)는?

① 다이나믹(Dynamic)확성기
② 마그네틱(Magnetic)확성기
③ 크리스탈(Crystal)확성기
④ 콘덴서(Condenser)확성기

| 해설
① 다이나믹 확성기: 자계 내에 있는 가동코일에 전류가 흐르면 진동판을 움직여 음을 발생시키는 구조
② 마그네틱 확성기: 자석과 코일을 이용하여 음을 발생시키는 구조
③ 크리스탈 확성기: 크리스탈의 변형으로 음을 발생시키는 구조
④ 콘덴서 확성기: 전기적인 신호를 변화시켜 음을 발생시키는 구조

정답 ①

30. 스포트형 감지기의 배선으로 옳은 것은?

①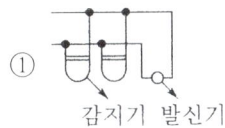
②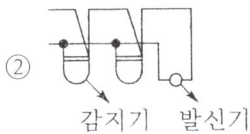
③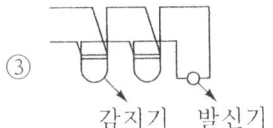
④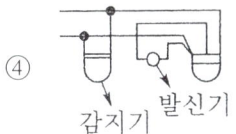

| 해설
스포트형 감지기의 배선은 송배선 방식으로 할 것

정답 ③

31. 차동식 분포형 열전대식 감지기를 설치 하는데 있어서 하나의 검출부에 접속하는 열전대의 수는 몇 개 이하가 적당한가?

① 10개 이하
② 20개 이하
③ 30개 이하
④ 40개 이하

| 해설
차동식 분포형 열전대식 감지기의 하나의 검출부에 접속하는 열전대는 20개 이하로 할 것

정답 ②

32. 누전경보기의 전원에 대한 설명으로 옳은 것은?

① 전원은 분전반으로부터 전용회로로 하고, 각극에 개폐기 및 15A 이하의 과전류 차단기를 설치한다.
② 전원은 분전반으로부터 전용회로로 하고, 각극에 개폐기 및 20A 이상의 과전류 차단기를 설치한다.
③ 전원은 동력펌프설비와 공용하여 사용하고, 과전류 차단기의 용량은 20A 이하로 설치한다.
④ 전원은 동력펌프설비와 공용하여 사용하고, 과전류 차단기의 용량은 30A 이상으로 설치한다.

| 해설
전원은 분전반으로부터 전용회로로 하고, 각극에 개폐기 및 15A 이하의 과전류 차단기(배선용차단기는 20A이하의 것)를 설치한다.

정답 ①

33. 자동화재속보설비의 속보기는 자동화재탐지설비로부터 수신한 신호를 몇 초 이내에 소방관서에 자동적으로 신호를 통보하여야 하는가?

① 10
② 20
③ 30
④ 60

| 해설
자동화재속보설비의 속보기는 자동화재탐지설비로부터 수신한 신호를 20초 이내에 소방관서에 자동적으로 신호를 통보할 것

정답 ②

34. 객석통로의 직선부분 거리가 65m이다. 몇 개의 객석유도등을 설치해야 하는가?

① 12
② 14
③ 16
④ 20

| 해설
$\frac{65}{4} - 1 = 15.25 = 16$개(소수는 1이다.)

정답 ③

35. 정온식 감지선형 감지기의 설치기준이 아닌 것은?

① 감지선이 늘어지지 않도록 설치할 것
② 굴곡반경은 5[mm]이상으로 할 것
③ 단자부와 마감 고정금구와의 설치간격은 10[cm] 이내로 설치할 것
④ 케이블 트레이에 감지기를 설치하는 경우 케이블 트레이 받침대에 마감금구를 사용하여 설치할 것

| 해설
굴곡반경은 5[cm]이상으로 할 것

정답 ②

36. 무선통신보조설비의 무선기기 접속단자 설치기준으로서 틀린 것은?

① 지상에 설치하는 접속단자는 보행거리 100m 이내마다 설치할 것
② 다른 용도로 사용되는 접속단자에서 5m 이상의 거리를 둘 것
③ 바닥으로부터 높이 0.8m 이상 1.5m 이하의 위치에 설치 할 것
④ 수위실 등 상시 사람이 근무하고 있는 장소에 설치 할 것

| 해설
지상에 설치하는 접속단자는 보행거리 300m 이내마다 설치할 것

정답 ①

37. 청각장애인용 시각경보장치의 설치 높이로 옳은 것은?

① 바닥으로부터 0.8m 이상 1.5m 이하의 장소
② 바닥으로부터 1.0m 이상 1.5m 이하의 장소
③ 바닥으로부터 1.5m 이상 2.0m 이하의 장소
④ 바닥으로부터 2.0m 이상 2.5m 이하의 장소

| 해설
청각장애인용 시각경보장치는 바닥으로부터 2.0m 이상 2.5m 이하의 높이에 설치할 것

정답 ④

38. 차동식 분포형 감지기(공기관식)의 기능시험을 한 결과 리크저항이 지정치를 초과하였다. 이 경우에 생기는 현상으로 맞는 것은?

① 감지기에 대한 충격, 진동이 있었다.
② 접점수고치가 높아진다.
③ 작동개시 시간이 늦어진다.
④ 작동개시 시간이 빨라진다.

| 해설
차동식 분포형 감지기(공기관식)의 기능시험을 한 결과 리크저항이 지정치를 초과하는 경우 작동개시 시간이 빨라진다.

정답 ④

39. 누전경보기에 오보가 발생하는 원인 중 검출누설전류 설정치가 부적당한 경우의 적당한 조치로서 맞는 것은?

① 변류기에 대한 충격완화 조치를 한다.
② 누전경보기의 공칭작동 전류값을 낮게 한다.
③ 누전경보기를 정격전류가 큰 것으로 바꾸어 준다.
④ 감도조정장치의 감도탭을 올려준다.

| 해설
누전경보기에 오보가 발생하는 원인 중 검출 누설전류 설정치가 부적당한 경우에는 감도조정장치의 감도 탭을 올려줄 것

정답 ④

40. 비상전원 수전설비를 큐비클형으로 설치할 때 틀린 것은?

① 외함은 건축물의 바닥에 견고하게 고정할 것
② 외함에 수납하는 배선은 10cm 이상의 높이에 설치할 것
③ 환기장치는 노출하여 설치할 것
④ 외함에 수납하는 시험단자, 단자대등은 바닥으로부터 10cm 이상의 높이에 설치할 것

| 해설
외함에 수납하는 시험단자, 단자대등은 바닥으로부터 15cm 이상의 높이에 설치할 것

정답 ④

2025년 제2회(CBT)

※ CBT 문제는 수험생의 기억에 따라 복원된 것이며, 실제 기출문제와 동일하지 않을 수 있습니다.

소방전기일반

01. 저항이 4Ω, 인덕턴스가 8mH인 코일을 직렬로 연결하고 100V, 60Hz인 전압을 공급할 때 유효전력(kW)은?

① 0.6
② 1.0
③ 1.6
④ 2.4

| 해설

유효전력$(P) = I^2 R = (\frac{V}{\sqrt{R^2 + X_L^2}})^2 \times R(W)$,

$X_L = \omega L = 2\pi f L (\Omega)$

$P = (\frac{100}{4^2 + (2\pi \times 60 \times 8 \times 10^{-3})^2})^2 \times 4$

$= 1593.8(W) = 1.6(kW)$

정답 ③

02. 다음 중 1W·s와 같은 것은?

① 1J
② 1kg·m
③ 1kWh
④ 860kcal

| 해설

1W·s = 1J이다.

정답 ①

03. 직류회로에서 도체를 균일한 체적으로 길이를 10배 늘이면 도체의 저항은 몇 배가 되는가?

① 10
② 20
③ 100
④ 120

| 해설

- 도선의 길이를 n배로 늘리면 저항값은 처음 저항의 n^2배로 증가한다.
- $R' = n^2 R$에서 $R' = 10^2 R = 100$배

정답 ③

04. 삼각파의 파형률 및 파고율은?

① 1.0, 1.0
② 1.04, 1.226
③ 1.11, 1.414
④ 1.155, 1.732

| 해설

삼각파

㉠ 파형률: $\frac{실효값}{평균값} = \frac{\frac{1}{\sqrt{3}} \times V_m}{\frac{V_m}{2}}$

$= \frac{2}{\sqrt{3}} = 1.1547 ≒ 1.155$

㉡ 파고율: $\frac{최대값}{실효값} = \frac{V_m}{\frac{1}{\sqrt{3}} \times V_m} = \sqrt{3} = 1.732$

정답 ④

05. 분류기를 사용하여 전류를 측정하는 경우에 전류계의 내부저항이 0.28Ω이고 분류기의 저항이 0.07Ω이라면, 이 분류기의 배율은?

① 4 ② 5
③ 6 ④ 7

| 해설

배율$(m) = \dfrac{r}{R_a} + 1 = \dfrac{0.28}{0.07} + 1 = 5$

정답 ②

06. 역률 0.8인 전동기에 200V의 교류전압을 가하였더니 10A의 전류가 흘렀다. 피상전력은 몇 VA인가?

① 1,000 ② 1,200
③ 1,600 ④ 2,000

| 해설

피상전력$(P_a) = VI(VA)$에서
$P_a = 200 \times 10 = 2000(VA)$

정답 ④

07. 정전용량이 각각 $1\mu F$, $2\mu F$, $3\mu F$ 이고, 내압이 모두 동일한 3개의 커패시터가 있다. 이 커패시터들을 직렬로 연결하여 양단에 전압을 인가한 후 전압을 상승시키면 가장 먼저 절연이 파괴되는 커패시터는? (단, 커패시터의 재질이나 형태는 동일하다)

① $1\mu F$ ② $2\mu F$
③ $3\mu F$ ④ 3개 모두

| 해설

내압이 일정하므로 정전용량이 가장 작은 $1\mu F$ 의 것이 가장 먼저 파괴된다.

정답 ①

08. 60Hz의 3상 전압을 전파 정류하였을 때 맥동주파수(Hz)는?

① 120 ② 180
③ 360 ④ 720

| 해설

3상 전파 정류 맥동주파수 = 6f = 6 × 60 = 360(Hz)

정답 ③

09. 전자유도현상에서 코일에 생기는 유도기전력의 방향을 정의한 법칙은?

① 쿨롱의 법칙
② 플레밍의 왼손 법칙
③ 렌츠의 법칙
④ 패러데이의 법칙

| 해설

전자유도현상에서 코일에 생기는 유도기전력의 방향을 정의한 법칙은 렌츠의 법칙이다.

참고

전자유도현상에서 코일에 생기는 유도기전력의 크기를 정의한 법칙은 패러데이의 법칙이다.

정답 ③

10. 회로에서 전류 I는 약 몇 A 인가?

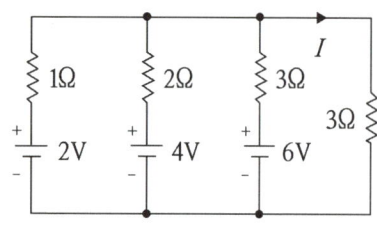

① 0.92
② 1.125
③ 1.29
④ 1.38

| 해설

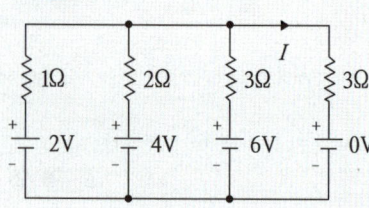

$$V = \frac{I}{Y} = \frac{\frac{2}{1}+\frac{4}{2}+\frac{6}{3}+\frac{0}{3}}{\frac{1}{1}+\frac{1}{2}+\frac{1}{3}+\frac{1}{3}} = \frac{36}{13}(V)$$

$$I = \frac{V}{3} = \frac{\frac{36}{13}}{3} = \frac{12}{13} = 0.916 ≒ 0.92(A)$$

정답 ①

11. 그림과 같은 논리회로의 출력 Y는?

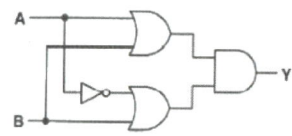

① AB
② A+B
③ A
④ B

| 해설

$(A+B)(\overline{A}+B) = A\overline{A} + AB + B\overline{A} + BB$
$= B(A+\overline{A}+1) = B \cdot 1 = B$

정답 ④

12. 논리식 $F = \overline{A \cdot B}$ 와 같은 것은?

① $F = \overline{A} + \overline{B}$
② $F = A + B$
③ $F = \overline{A} \cdot \overline{B}$
④ $F = A \cdot B$

| 해설

드모르간의 정리
$F = \overline{A \cdot B} = \overline{A} + \overline{B}$

정답 ①

13. 다음 중 제어량을 시간적으로 변하지 않고 일정한 목표값으로 유지 하는 것을 목적으로 하는 제어는?

① 정치제어
② 비율제어
③ 프로그래밍제어
④ 추종제어

| 해설

① 정치제어: 목표값이 시간적으로 변하지 않고 일정한 제어
② 비율제어: 시간에 따라 비례하여 변화되는 제어
③ 프로그래밍제어: 목표값의 변화가 미리 정해진 신호에 따라 동작하는 제어
④ 추종제어: 미지의 임의 시간적 변화를 목표값에 제어량을 추종시키는 것을 목적으로 하는 제어

정답 ①

14. 전기회로 및 자기회로의 대응 관계에서 자속에 해당하는 것은?

① 전압   ② 전류
③ 저항   ④ 전력

| 해설
전기회로와 자기회로의 대응 관계

전기회로	자기회로	대응 비고
전압	자화력	전압이 전류 구동, 자화력이 자화 구동
전류	자속	전류가 회로를 따라 흐름, 자속이 자기회로를 따라 흐름
저항	자기 저항	저항이 전류 흐름 방해, 자기 저항이 자속의 흐름 방해
전기 전도도	자기 전도도	전기 전도도가 전류흐름을 쉽게함, 자기 전도도는 자속의 흐름을 쉽게함
전력	자기 에너지	전력은 전압과 전류의 곱, 자기 에너지는 자화력과 자속의 곱

정답 ②

15. 입력신호와 출력신호가 모두 직류(DC)로서 출력이 최대 5kW까지로 견고성이 좋고 토크가 에너지원이 되는 전기식 증폭기기는?

① 계전기   ② SCR
③ 자기증폭기   ④ 앰플리다인

| 해설
입력신호와 출력신호가 모두 직류(DC)로서 출력이 최대 5kW까지로 견고성이 좋고 토크가 에너지원이 되는 전기식 증폭기기는 앰플리다인이다.

정답 ④

16. 가동철편형 계기의 구조 형태가 아닌 것은?

① 흡인형   ② 회전자장형
③ 반발형   ④ 반발흡인형

| 해설
가동철편형 계기의 구조 형태에는 흡인형, 반발흡인형, 반발형이 있으며, 회전자장형은 해당하지 않는다.

정답 ②

17. 다음 중 반도체에 빛을 쬐이면 전자가 방출되는 현상은?

① 압전기효과   ② 펠티어효과
③ 광전효과   ④ 홀효과

| 해설
반도체에 빛을 쬐이면 전자가 방출되는 현상은 광전효과이다.

정답 ③

18. 전기기기에서 생기는 손실 중 권선의 저항에 의하여 생기는 손실은?

① 철손
② 동손
③ 표류부하손
④ 히스테리시스손

| 해설
• 권선의 저항에 의하여 생기는 손실은 동손이다.
• 철손은 시간적으로 변화하는 자화력에 의해서 발생하는 철심의 전력 손실이다.

정답 ②

19. 제어량이 압력, 온도 및 유량 등과 같은 공업량일 경우의 제어는?

① 시퀀스제어
② 프로세스제어
③ 추종제어
④ 프로그램제어

| 해설
제어량이 압력, 온도 및 유량 등과 같은 공업량일 경우의 제어는 프로세스제어이다.

정답 ②

20. 아날로그와 디지털 통신에서 데시벨의 단위로 나타내는 SN비를 올바르게 풀어 쓴 것은?

① SIGN TO NUMBER RATING
② SIGNAL TO NOISE RATIO
③ SOURCE NULL RESISTANCE
④ SOURCE NETWORK RANGE

| 해설
S/N or SNR(signal-to-noise ratio): 신호 대 잡음비
아날로그와 디지털통신에서 신호 대 잡음비. 즉 S/N은 신호 대 잡음의 상대적인 크기를 재는 것으로서, 대개 데시벨이라는 단위가 사용된다.

정답 ②

소방전기시설의 구조 및 원리

21. 비상방송설비 음향장치에 대한 설치기준으로 옳은 것은?

① 다른 전기회로에 따라 유도장애가 생기지 않도록 한다.
② 음량조정기를 설치하는 경우 음량조정기의 배선은 2선식으로 한다.
③ 다른 방송설비와 공용하는 것에 있어서는 화재 시 비상경보 외의 방송이 차단되는 구조가 아니어야 한다.
④ 기동장치에 따른 화재신고를 수신한 후 필요한 음량으로 화재발생 상황 및 피난에 유효한 방송이 자동으로 개시될 때까지의 소요 시간은 60초 이하로 한다.

| 해설
비상방송설비 음향장치의 설치기준
㉠ 다른 전기회로에 따라 유도장애가 생기지 않도록 한다.
㉡ 음량조정기를 설치하는 경우 음량조정기의 배선은 3선식으로 한다.
㉢ 다른 방송설비와 공용하는 것에 있어서는 화재 시 비상경보 외의 방송이 차단되는 구조이어야 한다.
㉣ 기동장치에 따른 화재신고를 수신한 후 필요한 음량으로 화재발생 상황 및 피난에 유효한 방송이 자동으로 개시될 때까지의 소요 시간은 10초 이하로 한다.

정답 ①

22. 비상콘센트설비의 화재안전기준(NFSC 504)에 따른 비상콘센트설비의 전원회로(비상콘센트에 전력을 공급하는 회로를 말한다)의 설치기준으로 틀린 것은?

① 전원회로는 주배전반에서 전용회로로 할 것
② 전원회로는 각층에 1 이상이 되도록 설치할 것
③ 콘센트마다 배선용 차단기(KS C 8321)를 설치하여야 하며, 충전부가 노출되지 아니하도록 할 것
④ 비상콘센트설비의 전원회로는 단상교류 220V인 것으로서, 그 공급용량은 1.5kVA 이상인 것으로 할 것

| 해설

비상콘센트설비의 전원회로

㉠ 비상콘센트설비의 전원회로는 단상교류 220V인 것으로서, 그 공급용량은 1.5kVA 이상인 것으로 할 것
㉡ 전원회로는 각층에 2 이상이 되도록 설치할 것. 다만, 설치 해야 할 층의 비상콘센트가 1개인 때에는 하나의 회로로 할 수 있다.
㉢ 전원회로는 주배전반에서 전용회로로 할 것
㉣ 콘센트마다 배선용 차단기(KS C 8321)를 설치하여야 하며, 충전부가 노출되지 아니하도록 할 것

정답 ②

23. 정온식감지선형 감지기에 관한 설명으로 옳은 것은?

① 일국소의 주위온도 변화에 따라서 차동 및 정온식의 성능을 갖는 것을 말한다.
② 일국소의 주위온도가 일정한 온도 이상이 되었을 때 작동하는 것으로서 외관이 전선으로 되어 있는 것을 말한다.
③ 그 주위온도가 일정한 온도상승률 이상이 되었을 때 작동하는 것을 말한다.
④ 그 주위온도가 일정한 온도상승률 이상이 되었을 때 작동하는 것으로서 광범위한 열효과의 누적에 의하여 동작하는 것을 말한다.

| 해설

정온식감지선형 감지기는 일국소의 주위온도가 일정한 온도 이상이 되었을 때 작동하는 것으로서 외관이 전선으로 되어 있는 것을 말한다.

정답 ②

24. 자동화재탐지설비 및 시각경보장치의 화재안전기준(NFSC 203)에 따른 공기관식 차동식분포형감지기의 설치기준으로 옳지 않은 것은?

① 검출부는 3° 이상 경사되지 아니하도록 부착할 것
② 공기관의 노출부분은 감지구역마다 20m 이상이 되도록 할 것
③ 하나의 검출부분에 접속하는 공기관의 길이는 100m 이하로 할 것
④ 공기관과 감지구역의 각 변과의 수평거리는 1.5m 이하가 되도록 할 것

| 해설

검출부는 5° 이상 경사되지 아니하도록 부착하여야 한다.

정답 ①

25. 자동화재탐지설비 및 시각경보장치의 화재안전기준(NFSC 203)에 따라 전화기기실, 통신기기실 등과 같은 훈소화재의 우려가 있는 장소에 적응성이 없는 감지기는?

① 광전식 스포트형
② 광전아날로그식 분리형
③ 광전아날로그식 스포트형
④ 이온아날로그식 스포트형

| 해설
훈소화재의 우려가 있는 장소에 적응성이 있는 설치 감지기
㉠ 광전식 스포트형
㉡ 광전아날로그식 분리형
㉢ 광전아날로그식 스포트형
㉣ 광전식 분리형

정답 ④

26. 무선통신보조설비의 화재안전기준(NFSC 505)에 따라 분배기·분파기 및 혼합기 등의 임피던스는 몇 Ω의 것으로 하여야 하는가?

① 10   ② 20
③ 50   ④ 75

| 해설
임피던스
분배기·분파기 및 혼합기 등의 임피던스는 50Ω의 것으로 할 것

정답 ③

27. 자동화재속보설비의 속보기의 성능인증 및 제품검사의 기술기준에 따라 교류입력측과 외함 간의 절연저항은 직류 500V의 절연저항계로 측정한 값이 몇 MΩ 이상이어야 하는가?

① 5   ② 10
③ 20   ④ 50

| 해설
절연저항시험
㉠ 절연된 충전부와 외함간의 절연저항은 직류 500V의 절연저항계로 측정한 값이 5MΩ(교류입력측과 외함간에는 20MΩ) 이상이어야 한다.
㉡ 절연된 선로간의 절연저항은 직류 500V의 절연저항계로 측정한 값이 20MΩ 이상이어야 한다.

정답 ③

28. 누전경보기의 형식승인 및 제품검사의 기술기준에 따라 누전경보기에 사용되는 표시등의 구조 및 기능에 대한 설명으로 옳지 않은 것은?

① 누전등이 설치된 수신부의 지구등은 적색 외의 색으로도 표시할 수 있다.
② 방전등 또는 발광다이오드의 경우 전구는 2개 이상을 병렬로 접속하여야 한다.
③ 소켓은 접촉이 확실하여야 하며 쉽게 전구를 교체할 수 있도록 부착하여야 한다.
④ 누전등 및 지구등과 쉽게 구별할 수 있도록 부착된 기타의 표시등은 적색으로도 표시할 수 있다.

| 해설
누전경보기에 사용되는 표시등의 구조 및 기능
㉠ 누전등이 설치된 수신부의 지구등은 적색 외의 색으로도 표시할 수 있다.
㉡ 전구는 2개 이상을 병렬로 접속하여야 한다. 다만, 방전등 또는 발광다이오드의 경우에는 그러하지 아니한다.
㉢ 소켓은 접촉이 확실하여야 하며 쉽게 전구를 교체할 수 있도록 부착하여야 한다.
㉣ 누전등 및 지구등과 쉽게 구별할 수 있도록 부착된 기타의 표시등은 적색으로도 표시할 수 있다.
㉤ 주위의 밝기가 300lx인 장소에서 측정하여 앞면으로부터 3m 떨어진 곳에서 켜진 등이 확실히 식별되어야 한다.

정답 ②

29. 누전경보기를 설치하여야 하는 특정소방대상물의 기준 중 ( ) 안에 알맞은 것은? (단, 위험물 저장 및 처리 시설 중 가스시설, 지하가 중 터널 또는 지하구의 경우는 제외한다)

> 누전경보기는 계약전류용량이 ( )A를 초과하는 특정소방대상물(내화구조가 아닌 건축물로서 벽·바닥 또는 반자의 전부나 일부를 불연재료 또는 준불연재료가 아닌 재료에 철망을 넣어 만든 것만 해당)에 설치하여야 한다.

① 60
② 100
③ 200
④ 300

|해설
누전경보기는 계약전류용량이 100A를 초과하는 특정소방대상물(내화구조가 아닌 건축물로서 벽·바닥 또는 반자의 전부나 일부를 불연재료 또는 준불연재료가 아닌 재료에 철망을 넣어 만든 것만 해당)에 설치하여야 한다.

정답 ②

30. 경종의 우수품질인증 기술기준에 따른 기능시험에 대한 내용이다. 다음 ( ) 안에 들어갈 내용으로 옳은 것은?

> 경종은 정격전압을 인가하여 경종의 중심으로부터 1m 떨어진 위치에서 (㉠)dB 이상이어야 하며, 최소청취거리에서 (㉡)dB을 초과하지 아니하여야 한다.

① ㉠: 90, ㉡: 110
② ㉠: 90, ㉡: 130
③ ㉠: 110, ㉡: 90
④ ㉠: 110, ㉡: 130

|해설
기능시험
경종은 정격전압을 인가하여 다음의 기능에 적합하여야 한다.
• 경종의 중심으로부터 1m 떨어진 위치에서 ㉠ 90dB 이상이어야 하며, 최소청취거리에서 ㉡ 110dB을 초과하지 아니하여야 한다.
• 경종의 소비전류는 50mA 이하 이어야 한다.

정답 ①

31. 유도등 및 유도표지의 화재안전기준(NFSC 303)에 따른 피난구유도등의 설치 장소로 옳지 않은 것은?

① 직통계단
② 직통계단의 계단실
③ 안전구획된 거실로 통하는 출입구
④ 옥외로부터 직접 지하로 통하는 출입구

|해설
피난구유도등의 설치장소
㉠ 직통계단
㉡ 직통계단의 계단실
㉢ 안전구획된 거실로 통하는 출입구
㉣ 옥내로부터 직접 지상으로 통하는 출입구

정답 ④

32. 정온식감지기의 설치 시 공칭작동온도가 최고주위온도보다 최소 몇 ℃ 이상 높은 것으로 설치하여야 하는가?

① 10
② 20
③ 30
④ 40

|해설
정온식감지기의 설치 시 공칭작동온도가 최고주위온도보다 20℃ 이상 높은 것으로 설치하여야 한다.

정답 ②

33. 비상경보설비의 구성요소로 옳지 않은 것은?

① 기동장치, 경종, 화재표시등, 전원
② 전원, 경종, 기동장치, 위치표시등
③ 위치표시등, 경종, 화재표시등, 전원
④ 경종, 기동장치, 화재표시등, 감지기

| 해설
감지기는 비상경보설비의 구성요소에 포함되지 않고, 자동화재탐지설비의 구성요소에 해당된다.

정답 ④

34. 자동화재탐지설비의 음향장치 설치기준 중 맞는 것은?

① 지구음향장치는 당해 소방대상물의 각 부분으로부터 하나의 음향장치까지의 수평거리가 25m 이하가 되도록 한다.
② 정격전압의 70% 전압에서 음향을 발할 수 있어야 한다.
③ 음량은 부착된 음향장치의 중심으로부터 1m 떨어진 위치에서 80dB 이상이 되도록 하여야 한다.
④ 11층(아파트 제외) 이상의 특정소방대상물에 있어서는 2층 이상의 층에서 발화시 발화층 및 그 직상층에 경보를 발하여야 한다.

| 해설
② 정격전압의 80% 전압에서 음향을 발할 수 있어야 한다.
③ 음량은 부착된 음향장치의 중심으로부터 1m 떨어진 위치에서 90dB 이상이 되도록 하여야 한다.
④ 11층(아파트 제외) 이상의 특정소방대상물에 있어서는 2층 이상의 층에서 발화시 발화층 및 그 직상 4개층에 경보를 발하여야 한다.

정답 ①

35. 소방시설용 비상전원수전설비에서 전력수급용 계기용변성기·주차단장치 및 그 부속기기로 정의되는 것은?

① 수전설비
② 변전설비
③ 큐비클설비
④ 배전반설비

| 해설
수전설비란 전력수급용 계기용변성기·주차단장치 및 그 부속기기를 말한다.

정답 ①

36. 다음 중 대형피난구유도등을 설치하지 않아도 되는 장소는?

① 위락시설
② 판매시설
③ 지하철역사
④ 창고시설

| 해설
창고시설은 대형피난구유도등 설치 대상이 아니다

정답 ④

37. 자동화재탐지설비의 감지기 설치기준에 적합하지 않은 것은?

① 감지기(차동식분포형의 것 및 특수한 것은 제외한다)는 실내로의 공기유입구로부터 3m 이상 떨어진 위치에 설치한다.
② 감지기는 천장 또는 반자의 옥내에 면하는 부분에 설치한다.
③ 차동식스포트형 감지기는 45°이상 경사되지 않도록 부착한다.
④ 공기관식 차동식분포형감지기 설치 시 공기관은 도중에서 분기하지 아니하도록 부착한다.

| 해설

감지기(차동식분포형의 것 및 특수한 것은 제외한다)는 실내로의 공기유입구로부터 1.5m 이상 떨어진 위치에 설치한다.

정답 ①

38. 청각장애인용 시각경보장치는 천장의 높이가 2m 이하인 경우 천장으로부터 몇 [m]이내의 장소에 설치하여야 하는가?

① 0.1[m]   ② 0.15[m]
③ 0.3[m]   ④ 0.5[m]

| 해설

시각경보장치의 설치 높이는 바닥으로부터 2m 이상 2.5m 이하의 장소에 설치할 것. 다만, 천장의 높이가 2m 이하인 경우에는 천장으로부터 0.15m 이내의 장소에 설치해야 한다.

정답 ②

39. 비상콘센트설비에 있어서 하나의 전용회로에 설치하는 비상콘센트는 몇 개 이하로 하여야 하는가?

① 2개   ② 10개
③ 20개   ④ 50개

| 해설

하나의 전용회로에 설치하는 비상콘센트는 10개 이하로 할 것. 이 경우 전선의 용량은 각 비상콘센트(비상콘센트가 3개 이상인 경우에는 3개)의 공급용량을 합한 용량 이상의 것으로 해야 한다.

정답 ②

40. 자동화재탐지설비의 배선기준에서 실드선을 사용하지 않아도 되는 것은?

① 아날로그식 감지기의 배선
② 다신호식 감지기의 배선
③ R형수신기의 배선
④ 광전식스포트형 감지기의 배선

| 해설

아날로그식, 다신호식 감지기나 R형수신기용으로 사용되는 것은 전자파 방해를 받지 않는 실드선 등을 사용해야 하며, 광케이블의 경우에는 전자파 방해를 받지 아니하고 내열성능이 있는 경우 사용할 것. 다만, 전자파 방해를 받지 않는 방식의 경우에는 그렇지 않다.

정답 ④

2025년 제1회(CBT)

※ CBT 문제는 수험생의 기억에 따라 복원된 것이며, 실제 기출문제와 동일하지 않을 수 있습니다.

소방전기일반

01. 전자유도현상에서 코일에 생기는 유도기전력의 방향을 정의한 법칙은?

① 쿨롱의 법칙
② 플레밍의 왼손 법칙
③ 렌츠의 법칙
④ 패러데이의 법칙

| 해설
- 전자유도현상에서 코일에 생기는 유도기전력의 방향을 정의한 법칙은 렌츠의 법칙이다.
- 전자유도현상에서 코일에 생기는 유도기전력의 크기를 정의한 법칙은 패러데이의 법칙이다.

정답 ③

02. 정전용량이 각각 $1\mu F$, $2\mu F$, $3\mu F$이고, 내압이 모두 동일한 3개의 커패시터가 있다. 이 커패시터들을 직렬로 연결하여 양단에 전압을 인가한 후 전압을 상승시키면 가장 먼저 절연이 파괴되는 커패시터는? (단, 커패시터의 재질이나 형태는 동일하다)

① $1\mu F$
② $2\mu F$
③ $3\mu F$
④ 3개 모두

| 해설
정전용량이 가장 작은 $1\mu F$가 가장 먼저 절연이 파괴된다.

정답 ①

03. 저항이 4Ω, 인덕턴스가 8mH인 코일을 직렬로 연결하고 100V, 60Hz인 전압을 공급할 때 유효전력은(kW)은?

① 1200
② 1594
③ 2400
④ 2500

| 해설
$$P = I^2 R$$
$$= \left[\frac{V}{\sqrt{R^2+(2\pi fL)^2}}\right]^2 R$$
$$= \left[\frac{100}{\sqrt{4^2+(2\pi \times 60 \times 8 \times 10^{-3})^2}}\right]^2 \times 4$$
$$= 1593.89 \fallingdotseq 1594(W)$$

정답 ②

04. 어떤 회로에 $v(t) = 150\sin\omega t$(V)의 전압을 가하니 $i(t) = 12\sin(\omega t - 30°)$(A)의 전류가 흘렀다. 이 회로의 소비전력(유효전력)은 약 몇 W인가?

① 390
② 450
③ 780
④ 869

| 해설
$v(t) = 150\sin\omega t = 150\cos(\omega t - 90°)[V]$,
$i(t) = 12\sin(\omega t - 30°) = 12\cos(\omega t - 120°)[A]$
$$P = \frac{V_m I_m}{2}\cos(\theta_1 - \theta_2)[W]$$

정답 ③

05. $R = 4\Omega$, $\dfrac{1}{\omega C} = 9\Omega$인 RC 직렬회로에 전압 $e(t)$를 인가할 때, 제3고조파 전류의 실효값 크기(A)는? (단, $e(t) = 50 + 10\sqrt{2}\sin\omega t + 120\sqrt{2}\sin 3\omega t$(V)이다)

① 4.4　　② 142.2
③ 24　　④ 34

| 해설

$$I_3 = \dfrac{V_3}{Z} = \dfrac{V_3}{\sqrt{R^2 + (\dfrac{1}{3\omega C})^2}} = \dfrac{\dfrac{120\sqrt{2}}{\sqrt{2}}}{\sqrt{4^2 + (\dfrac{9}{3})^2}}$$
$$= 24(A)$$

정답 ③

06. 50Hz의 주파수에서 유도성리액턴스가 4Ω인 인덕터와 용량성리액턴스가 1Ω인 커패시터와 4Ω의 저항이 모두 직렬로 연결되어 있다. 이 회로에 100V, 50Hz의 교류전압을 인가했을 때 무효전력(Var)은?

① 1000　　② 1200
③ 1600　　④ 2000

| 해설

$$P = I^2 X = [\dfrac{V}{\sqrt{R^2 + (X_L - X_C)^2}}]^2 X$$
$$= [\dfrac{100}{\sqrt{4^2 + (4-1)^2}}]^2 \times (4-1)$$
$$= 1200 = 1200(Var)$$

정답 ②

07. 분류기를 사용하여 내부저항이 R_A인 전류계의 배율을 9로 하기 위한 분류기의 저항 $R_S(\Omega)$은?

① $R_S = \dfrac{1}{8}R_A$　　② $R_S = \dfrac{1}{9}R_A$
③ $R_S = 8R_A$　　④ $R_S = 9R_A$

| 해설

$$R_S = \dfrac{R_A}{m-1} = \dfrac{R_A}{9-1} = \dfrac{1}{8}R_A$$

정답 ①

08. 다음과 같은 블록선도의 전체 전달함수는?

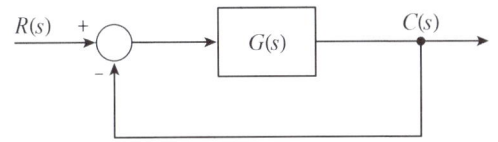

① $1 + \dfrac{1}{G(s)}$　　② $1 + \dfrac{G(s)}{G(s)}$
③ $1 - \dfrac{G(s)}{G(s)}$　　④ $G(s)$

| 해설

$$\dfrac{C(s)}{R(s)} = \dfrac{\Sigma 전향경로이득}{1 - \Sigma 루프이득} = \dfrac{G(s)}{1 - [-G(s)]} = \dfrac{G(s)}{1 + G(s)}$$

정답 ②

09. 다음 중 1W · s와 같은 것은?

① 1J　　② 1kg · m
③ 1KWh　　④ 860kcal

| 해설

1(W·s) = 1(J)이다.

정답 ①

10. 삼각파의 파형률 및 파고율은?

① 1, 1
② 1.109, 1.414
③ 1.57, 2
④ 1.155, 1.732

| 해설
삼각파 및 톱니파의 파형률은 1.155, 파고율은 1.732이다.

정답 ④

11. 다음 중 자동제어의 추치제어에 해당하는 것이 아닌 것은?

① 추종제어
② 프로그램제어
③ 프로세스제어
④ 비율제어

| 해설
추치제어: 목표치가 변화할 때, 그것에 제어량을 추종시키기 위한 제어

참고 추치제어의 종류
㉠ 추종제어
㉡ 프로그램제어
㉢ 비율제어

정답 ③

12. 다음의 논리식 중 틀린 것은?

① $X + \overline{X} = 0$
② $X + 1 = 1$
③ $X \cdot \overline{Y} + Y = X + Y$
④ $(X + \overline{Y}) \cdot Y = X \cdot Y$

| 해설
$X + \overline{X} = 1$

정답 ①

13. 논리식을 간단하게 정리한 것 중 옳은 것은?

$$Y = \overline{A}\overline{B}C + \overline{A}\,\overline{B}\,\overline{C} + \overline{A}BC$$

① $\overline{A} \cdot (B + C)$
② $\overline{B} \cdot (A + C)$
③ $\overline{C} \cdot (A + B)$
④ $\overline{C} \cdot (A + \overline{B})$

| 해설
$$Y = \overline{A}\overline{B}C + \overline{A}\,\overline{B}\,\overline{C} + \overline{A}BC$$
$$= \overline{A}\,C(\overline{B}+B) + \overline{A}\overline{B}\,\overline{C} = \overline{A}C + \overline{A}\overline{B}\overline{C}$$
$$= \overline{A}(C + B\overline{C}) = \overline{A}(B + C)$$

정답 ①

14. 제어요소는 동작신호를 무엇으로 변환하는가?

① 비교량
② 검출량
③ 제어량
④ 조작량

| 해설
제어요소: 동작신호를 조작량으로 변환하는 요소

참고 제어요소의 구성
㉠ 조절부
㉡ 조작부

정답 ④

15. 바리스터(varistor)의 용도는?

① 정전류 제어용
② 정전압 제어용
③ 과도한 전류로부터 회로보호
④ 과도한 전압으로부터 회로보호

| 해설

바리스터(varistor)는 과도한 전압으로부터 회로를 보호한다.

정답 ④

16. 변류기에 결선된 전류계가 고장이 나서 교체하는 경우 옳은 방법은?

① 변류기의 2차를 개방시키고 전류계를 교체한다.
② 변류기의 2차를 단락시키고 전류계를 교체한다.
③ 변류기의 2차를 접지시키고 전류계를 교체한다.
④ 변류기에 피뢰기를 연결하고 전류계를 교체한다.

| 해설

변류기에 결선된 전류계가 고장이 나서 교체하는 경우에는 변류기의 2차를 단락시키고 전류계를 교체한다.

정답 ②

17. 간선의 굵기를 결정하는 데 고려하지 않아도 되는 것은?

① 허용전류
② 전선관의 굵기
③ 전압강하
④ 기계적 강도

| 해설

참고 간선의 굵기를 결정하는 3요소
㉠ 허용전류
㉡ 전압강하
㉢ 기계적 강도
전선관의 굵기는 고려 대상이 아니다.

정답 ②

18. 1차 권선수 10회, 2차 권선수 300회인 변압기에서 2차 단자전압 1,500V가 유도되기 위한 1차 단자전압은 몇 V 인가?

① 30   ② 50
③ 120   ④ 150

| 해설

$a = \dfrac{V_1}{V_2} = \dfrac{N_1}{N_2}$ 에서

$V_1 = \dfrac{V_2 N_1}{N_2} = \dfrac{1500 \times 10}{300} = 50(V)$

정답 ②

19. 회로의 전압과 전류를 측정하기 위한 계측기의 연결방법으로 옳은 것은?

① 전압계: 부하와 직렬, 전류계: 부하와 직렬
② 전압계: 부하와 직렬, 전류계: 부하와 병렬
③ 전압계: 부하와 병렬, 전류계: 부하와 직렬
④ 전압계: 부하와 병렬, 전류계: 부하와 병렬

| 해설

회로의 전압과 전류를 측정하기 위한 계측기의 연결방법
㉠ 전압계: 부하와 병렬
㉡ 전류계: 부하와 직렬

정답 ③

20. $i_1(t) = I_m \sin \omega t (A)$와 $i_2(t) = I_m \cos \omega t (A)$가 있다. 두 전류의 위상차는 몇 도인가?

① 0   ② 30
③ 60   ④ 90

| 해설

$i_1 = I_m \sin \omega t$는 $\sin 0° \therefore \theta_1 = 0°$,
$i_2 = I_m \cos \omega t = I_m \sin(\omega t + 90°) \therefore \theta_2 = 90°$
- 위상차
$\theta_1 - \theta_2 = 0° - (+90°) = -90°$ (즉, i_1이 느리다)
$\theta_2 - \theta_1 = 90° - 0° = +90°$ (즉, i_2가 빠르다)

정답 ④

소방전기시설의 구조 및 원리

21. 자동화재속보설비의 속보기의 성능인증 및 제품검사의 기술기준에 따라 교류입력측과 외함 간의 절연저항은 직류 500V의 절연저항계로 측정한 값이 몇 MΩ 이상이어야 하는가?

① 5   ② 10
③ 20   ④ 50

| 해설

절연저항시험
㉠ 절연된 충전부와 외함간의 절연저항은 직류 500V의 절연저항계로 측정한 값이 5MΩ(교류입력측과 외함간에는 20MΩ) 이상이어야 한다.
㉡ 절연된 선로간의 절연저항은 직류 500V의 절연저항계로 측정한 값이 20MΩ 이상이어야 한다.

정답 ③

22. 비상조명등의 비상전원은 지하층 또는 무창층으로서 용도가 도매시장, 소매시장, 여객자동차터미널, 지하역사 또는 지하상가인 경우 그 부분에서 피난층에 이르는 부분의 비상조명등을 몇 분 이상 유효하게 작동시킬 수 있는 용량으로 하여야 하는가?

① 10   ② 20
③ 30   ④ 60

| 해설

비상조명등의 비상전원은 지하층 또는 무창층으로서 용도가 도매시장·소매시장·여객자동차터미널·지하역사 또는 지하상가인 경우 그 부분에서 피난층에 이르는 부분의 비상조명등을 60분 이상 유효하게 작동시킬 수 있는 용량으로 하여야 한다.

정답 ④

23. 예비전원의 성능인증 및 제품검사의 기술기준에 따른 예비전원의 구조 및 성능에 대한 설명으로 옳지 않은 것은?

① 예비전원을 병렬로 접속하는 경우에는 역충전방지 등의 조치를 강구하여야 한다.
② 배선은 충분한 전류 용량을 갖는 것으로서 배선의 접속이 적합하여야 한다.
③ 예비전원에 연결되는 배선의 경우 양극은 청색, 음극은 적색으로 오접속방지 조치를 하여야 한다.
④ 축전지를 직렬 또는 병렬로 사용하는 경우에는 용량(전압, 전류)이 균일한 축전지를 사용하여야 한다.

| 해설

예비전원에 연결되는 배선의 경우 양극은 적색, 음극은 청색 또는 흑색으로 오접속방지 조치를 하여야 한다.

정답 ③

24. 무선통신보조설비의 증폭기에는 비상전원이 부착된 것으로 하고 비상전원의 용량은 무선통신보조설비를 유효하게 몇 분 이상 작동시킬 수 있는 것이어야 하는가?

① 10분
② 20분
③ 30분
④ 40분

| 해설

증폭기 설치기준

㉠ 전원은 전기가 정상적으로 공급되는 축전지, 전기저장장치(외부 전기에너지를 저장해 두었다가 필요한 때 전기를 공급하는 장치) 또는 교류전압 옥내간선으로 하고, 전원까지의 배선은 전용으로 할 것
㉡ 증폭기의 전면에는 주 회로의 전원이 정상인지의 여부를 표시할 수 있는 표시등 및 전압계를 설치할 것
㉢ 증폭기에는 비상전원이 부착된 것으로 하고 해당 비상전원 용량은 무선통신보조설비를 유효하게 30분 이상 작동시킬 수 있는 것으로 할 것

정답 ③

25. 비상방송설비의 화재안전기준(NFSC 202)에 따른 정의에서 가변저항을 이용하여 전류를 변화시켜 음량을 크게 하거나 작게 조절할 수 있는 장치를 말하는 것은?

① 증폭기
② 변류기
③ 중계기
④ 음량조절기

| 해설

가변저항을 이용하여 전류를 변화시켜 음량을 크게 하거나 작게 조절할 수 있는 장치는 음량조절기이다.

참고 비상방송설비의 용어 정의

㉠ 증폭기: 전압전류의 진폭을 늘려 감도를 좋게 하고 미약한 음성전류를 커다란 음성전류로 변화시켜 소리를 크게 하는 장치이다.
㉡ 확성기: 소리를 크게 하여 멀리까지 전달될 수 있도록 하는 장치로써 일명 스피커를 말한다.
㉢ 음량조절기: 가변저항을 이용하여 전류를 변화시켜 음량을 크게 하거나 작게 조절할 수 있는 장치이다.

정답 ④

26. 소방시설용 비상전원수전설비의 화재안전기준에 따라 소방회로배선은 일반회로배선과 불연성 격벽으로 구획하여야 하나 소방회로배선과 일반회로배선을 몇 cm 이상 떨어져 설치한 경우에는 그러하지 아니하는가?

① 5
② 10
③ 15
④ 20

| 해설

소방회로배선은 일반회로배선과 불연성의 격벽으로 구획할 것. 다만, 소방회로배선과 일반회로배선을 15cm 이상 떨어져 설치한 경우는 그렇지 않다.

정답 ③

27. 비상콘센트설비의 화재안전기준(NFSC 504)에 따라 비상콘센트설비의 전원부와 외함 사이에 절연저항은 전원부와 외함 사이를 500V 절연저항계로 측정할 때 몇 MΩ 이상이어야 하는가?

① 10　　② 20
③ 30　　④ 50

| 해설
비상콘센트설비의 전원부와 외함 사이의 절연저항은 전원부와 외함 사이를 500V 절연저항계로 측정할 때 20MΩ 이상이어야 한다.

　　　　　　　　　　　　　　　　　정답 ②

28. 비상콘센트를 보호하기 위한 비상콘센트 보호함의 설치기준으로 옳지 않은 것은?

① 비상콘센트 보호함에는 쉽게 개폐할 수 있는 문을 설치하여야 한다.
② 비상콘센트 보호함 상부에 적색의 표시등을 설치하여야 한다.
③ 비상콘센트 보호함에는 그 내부에 "비상콘센트"라고 표시한 표지를 하여야 한다.
④ 비상콘센트 보호함을 옥내소화전함 등과 접속하여 설치하는 경우에는 옥내소화전함 등의 표시등과 겸용할 수 있다.

| 해설
보호함 표면에 "비상콘센트"라고 표시한 표지를 하여야 한다.

　　　　　　　　　　　　　　　　　정답 ③

29. 자동화재탐지설비에서 취침·숙박·입원 등 이와 유사한 용도로 사용되는 거실에 연기감지기를 설치하여야 하는 특정소방대상물로 옳지 않은 것은?

① 공동주택
② 교육연구시설 중 도서관
③ 근린생활시설 중 입원실이 있는 의원
④ 근린생활시설 중 고시원

| 해설
취침·숙박·입원 등 이와 유사한 용도로 사용되는 거실에 연기감지기를 설치하여야 하는 특정소방대상물
㉠ 공동주택·오피스텔·숙박시설·노유자시설·수련시설
㉡ 교육연구시설 중 합숙소
㉢ 의료시설, 근린생활시설 중 입원실이 있는 의원·조산원
㉣ 교정 및 군사시설
㉤ 근린생활시설 중 고시원

　　　　　　　　　　　　　　　　　정답 ②

30. 비상벨설비에는 그 설비에 대한 감시상태를 몇 분간 지속한 후 유효하게 10분 이상 경보할 수 있는 축전지설비 또는 전기저장장치를 설치하여야 하는가?

① 10　　② 20
③ 30　　④ 60

| 해설
비상벨설비에는 그 설비에 대한 감시상태를 60분간 지속한 후 유효하게 10분 이상 경보할 수 있는 축전지설비 또는 전기저장장치를 설치하여야 한다.

　　　　　　　　　　　　　　　　　정답 ④

31. 자동화재탐지설비 및 시각경보장치의 화재안전기준(NFSC 203)에 따른 감지기의 시설기준으로 옳은 것은?

① 스포트형 감지기는 15° 이상 경사되지 아니하도록 부착할 것
② 공기관식 차동식분포형 감지기의 검출부는 45° 이상 경사되지 아니하도록 부착할 것
③ 보상식 스포트형 감지기는 정온점이 감지기 주위의 평상시 최고 온도보다 20℃ 이상 높은 것으로 설치할 것
④ 정온식 감지기는 주방·보일러실 등으로서 다량의 화기를 취급하는 장소에 설치하되, 공칭작동온도가 최고주위온도보다 30℃ 이상 높은 것으로 설치할 것

| 해설

- 스포트형 감지기는 45° 이상 경사되지 아니하도록 부착할 것
- 공기관식 차동식분포형 감지기의 검출부는 5° 이상 경사되지 아니하도록 부착할 것
- 정온식 감지기는 주방·보일러실 등으로서 다량의 화기를 취급하는 장소에 설치하되, 공칭작동온도가 최고주위온도보다 20℃ 이상 높은 것으로 설치할 것

정답 ③

32. 복도통로유도등의 설치 높이는 몇 m 이하인가?

① 0.5m 이하   ② 1m 이하
③ 1.2m 이하   ④ 1.5m 이하

| 해설

복도통로유도등 및 계단통로유도등의 설치 높이는 1m 이하이다.

정답 ②

33. 서로 다른 주파수의 합성된 신호를 분리하기 위해서 사용하는 장치는?

① 혼합기   ② 분배기
③ 증폭기   ④ 분파기

| 해설

서로 다른 주파수의 합성된 신호를 분리하기 위해서 사용하는 장치는 분파기이다.

참고 무선통신보조설비

㉠ 분배기: 신호의 전송로가 분기되는 장소에 설치하는 것으로 임피던스 매칭(Matching)과 신호 균등분배를 위해 사용하는 장치
㉡ 분파기: 서로 다른 주파수의 합성된 신호를 분리하기 위해서 사용하는 장치
㉢ 혼합기: 두 개 이상의 입력신호를 원하는 비율로 조합한 출력이 발생하도록 하는 장치
㉣ 증폭기: 신호 전송시 신호가 약해져 수신이 불가능해지는 것을 방지하기 위해서 증폭하는 장치

정답 ④

34. 자동화재탐지설비 및 시각경보장치의 화재안전기준(NFSC 203)에 따라 감지기회로의 도통시험을 위한 종단저항의 설치기준으로 옳지 않은 것은?

① 감지기회로의 끝부분에 설치할 것
② 점검 및 관리가 쉬운 장소에 설치할 것
③ 전용함을 설치하는 경우 그 설치 높이는 바닥으로부터 2.0m 이내로 할 것
④ 종단감지기에 설치할 경우에는 구별이 쉽도록 해당 감지기의 기판 등에 별도의 표시를 할 것

| 해설

전용함을 설치하는 경우 그 설치 높이는 바닥으로부터 1.5m 이내로 할 것

정답 ③

35. 경종의 형식승인 및 제품검사의 기술기준에 따라 경종은 전원전압이 정격전압의 ± 몇 % 범위에서 변동하는 경우 기능에 이상이 생기지 아니하여야 하는가?

① 5 ② 10
③ 20 ④ 30

| 해설
경종은 전원전압이 정격전압의 ±20% 범위에서 변동하는 경우 기능에 이상이 생기지 아니하여야 한다.

 ③

36. 경종의 우수품질인증 기술기준에 따라 경종에 정격전압을 인가한 경우 경종의 소비전류는 몇 mA 이하 이어야 하는가?

① 10 ② 30
③ 50 ④ 100

| 해설
경종에 정격전압을 인가한 경우 경종의 소비전류는 50mA 이하 이어야 한다.

 ③

37. 유도등 및 유도표지의 화재안전기준(NFSC 303)에 따라 유도표지는 각 층마다 복도 및 통로의 각 부분으로부터 하나의 유도표지까지의 보행거리가 몇 m 이하가 되는 곳과 구부러진 모퉁이의 벽에 설치하여야 하는가? (단, 계단에 설치하는 것은 제외한다)

① 5 ② 10
③ 15 ④ 25

| 해설
유도표지는 각 층마다 복도 및 통로의 각 부분으로부터 하나의 유도표지까지의 보행거리가 15m 이하가 되는 곳과 구부러진 모퉁이의 벽에 설치하여야 한다. 단, 계단에 설치하는 것은 제외한다

 ③

38. 누전경보기의 형식승인 및 제품검사의 기술기준에 따라 누전경보기에 차단기구를 설치하는 경우 차단기구에 대한 설명으로 옳지 않은 것은?

① 개폐부는 정지점이 명확하여야 한다.
② 개폐부는 원활하고 확실하게 작동하여야 한다.
③ 개폐부는 KS C 8321(배선용차단기)에 적합한 것이어야 한다.
④ 개폐부는 수동으로 개폐되어야 하며 자동적으로 복귀하지 아니하여야 한다.

| 해설
개폐부는 KS C 4613(누전차단기)에 적합한 것이어야 한다.

 ③

39. 차동식 분포형 감지기의 검출부 설치 높이는?

① 바닥으로부터 0.5m 이상 1.0m 이하
② 바닥으로부터 0.8m 이상 1.5m 이하
③ 바닥으로부터 1.0m 이상 1.5m 이하
④ 바닥으로부터 2.5m 이하

| 해설

차동식 분포형 감지기의 검출부는 바닥으로부터 0.8m 이상 1.5m 이하 높이에 설치할 것

정답 ②

40. 비상경보설비 및 단독경보형감지기의 화재안전기준(NFSC 201)에 따라 비상경보설비의 발신기 설치 시 복도 또는 별도로 구획된 실로서 보행거리가 몇 m 이상일 경우에는 추가로 설치하여야 하는가?

① 10
② 20
③ 30
④ 40

| 해설

비상경보설비의 발신기 설치 시 복도 또는 별도로 구획된 실로서 보행거리가 40m 이상일 경우에는 추가로 설치하여야 한다.

정답 ④

2024년 제3회(CBT)

※ CBT 문제는 수험생의 기억에 따라 복원된 것이며, 실제 기출문제와 동일하지 않을 수 있습니다.

소방전기일반

01. 불대수의 기본정리에 관한 설명으로 옳지 않은 것은?

① A + A = A
② A + 1 = 1
③ A · 0 = 1
④ A + 0 = A

| 해설

A · 0 = 0 이다.

정답 ③

02. 평행판 콘덴서에서 판사이의 거리를 1/2로 하고 판의 면적을 2배로 하면 그 정전용량은 몇 배인가?

① 1/2
② 2
③ 3
④ 4

| 해설

정전용량 $(C) = \epsilon \dfrac{A}{l}$ 에서

$C' = \epsilon \dfrac{2A}{\frac{1}{2}l} = 4 \times \epsilon \dfrac{A}{l} = 4C$

정답 ④

03. 전자유도현상에서 코일에 생기는 유도기전력의 방향을 정의한 법칙은?

① 쿨롱의 법칙
② 플레밍의 왼손 법칙
③ 렌츠의 법칙
④ 패러데이의 법칙

| 해설

- 전자유도현상에서 코일에 생기는 유도기전력의 방향을 정의한 법칙은 렌츠의 법칙이다.
- 전자유도현상에서 코일에 생기는 유도기전력의 크기를 정의한 법칙은 패러데이의 법칙이다.

정답 ③

04. 서보전동기는 제어기기의 어디에 속하는가?

① 검출부
② 조절부
③ 증폭부
④ 조작부

| 해설

서보전동기는 제어기기의 조작부(조작기기)에 속한다.

참고 조절기기와 조작기기
㉠ 조절기기: 2위치 조절기, 전자식 조절기
㉡ 조작기기: 전자밸브, 전동밸브, 서보전동기, 펄스전동기

정답 ④

05. 최대눈금이 200mA, 내부저항이 0.8Ω인 전류계가 있다. 8mΩ의 분류기를 사용하여 전류계의 측정범위를 넓히면 몇 A까지 측정할 수 있는가?

① 19.6
② 20.2
③ 21.4
④ 22.8

| 해설

$I_0 = \left(\dfrac{r}{R_a} + 1\right) I_A$ 에서

$I_0 = \left(\dfrac{0.8}{8 \times 10^{-3}} + 1\right) \times 200 \times 10^{-3} = 20.2$

정답 ②

06. 전원 전압을 일정하게 유지하기 위하여 사용하는 다이오드는?

① 쇼트키다이오드
② 터널다이오드
③ 제너다이오드
④ 버렉터다이오드

| 해설

전원 전압을 일정하게 유지하기 위하여 사용하는 다이오드는 제너다이오드이며, 일명 정전압다이오드라 한다.

정답 ③

07. 제어요소의 구성으로 옳은 것은?

① 조작부와 조절부
② 조작부와 검출부
③ 검출부와 조절부
④ 검출부와 비교부

| 해설

제어시스템에서 제어요소는 조작부와 조절부로 구성된다.

정답 ①

08. 120Hz의 3상 전압을 반파 정류하였을 때 리플(맥동) 주파수(Hz)는?

① 60
② 120
③ 180
④ 360

| 해설

$f' = 3f = 3 \times 120 = 360 [\text{Hz}]$

정답 ④

09. 직류회로에서 도체를 균일한 체적으로 길이를 10배 늘이면 도체의 저항은 몇 배가 되는가?

① 10
② 20
③ 100
④ 120

| 해설

- 도선의 길이를 n배로 늘리면 저항값은 처음 저항의 n^2배로 증가한다.
- $R' = n^2 R$에서 $R' = 10^2 R = 100$배

정답 ③

10. 진공 중 대전된 도체의 표면에 면전하밀도 σ (C/m²)가 균일하게 분포되어 있을 때, 이 도체 표면에서의 전계의 세기 E(V/m)는? (단, ϵ_0는 진공의 유전율이다)

① $E = \dfrac{\sigma}{\epsilon_0}$
② $E = \dfrac{\sigma}{2\epsilon_0}$
③ $E = \dfrac{\sigma}{2p\epsilon_0}$
④ $E = \dfrac{\sigma}{4p\epsilon_0}$

| 해설

- 대전체(=도체) 표면에서의 전계의 세기 = $\dfrac{\sigma}{\epsilon_0}$
- 무한평판에서의 전계의 세기 = $\dfrac{\sigma}{2\epsilon_0}$

정답 ①

11. 그림과 같은 정전압 회로에서 Q_1의 역할은?

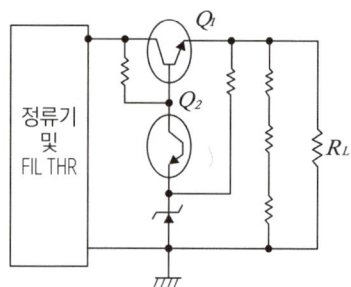

① 증폭용　② 비교부용
③ 제어용　④ 기준부용

| 해설
Q_1은 제어용으로 사용된다.

정답 ③

12. 단상 반파정류회로에서 교류 실효값 220V를 정류하면 직류 평균전압(V)은? (단, 정류기의 전압강하는 무시한다)

① 58　② 73
③ 88　④ 99

| 해설
단상 반파정류회로 직류 평균전압
$V_a = \dfrac{1}{\pi} V_m = \dfrac{1}{\pi} \times 220\sqrt{2} = 99.03 \fallingdotseq 99 \,(V)$

정답 ④

13. 그림과 같은 정류회로에서 R에 걸리는 전압의 최대값(V)은? (단, $V_2(t) = 20\sqrt{2}\sin\omega t$이다)

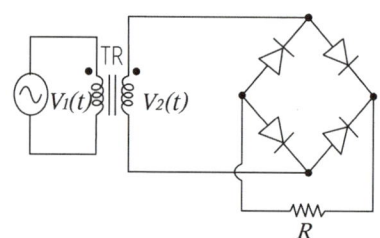

① 20　② $20\sqrt{2}$
③ 40　④ $40\sqrt{2}$

| 해설
단상전파 브리지회로 최대전압
$E_m = \sqrt{2}\,E$
$\quad = \sqrt{2} \times \dfrac{20\sqrt{2}}{\sqrt{2}} = 20\sqrt{2}\,[V]$

정답 ②

14. PD(비례 미분) 제어 동작의 특징으로 옳은 것은?

① 잔류편차 제거　② 간헐현상 제거
③ 불연속 제어　④ 속응성 개선

| 해설
PD(비례 미분) 제어 동작의 특징으로 옳은 것은 속응성 개선이다.
① 잔류편차 제거는 PI 제어 동작의 특징이다.
② 간헐현상 제거는 PI 제어 동작의 특징이다.
③ 불연속 제어는 ON-OFF 제어 동작의 특징이다.

정답 ④

15. 단상변압기 3대를 △결선하여 부하에 전력을 공급하고 있는 중 변압기 1대가 고장 나서 V결선으로 바꾼 경우에 고장 전과 비교하여 몇 % 출력을 낼 수 있는가?

① 50
② 57.7
③ 70.7
④ 86.6

| 해설

V결선 출력비 $\dfrac{P_V}{P_\triangle} = \dfrac{\sqrt{3}\,P}{3P} = 0.577 = 57.7\%$

정답 ②

16. 다음 그림과 같은 브리지 회로의 평형조건은?

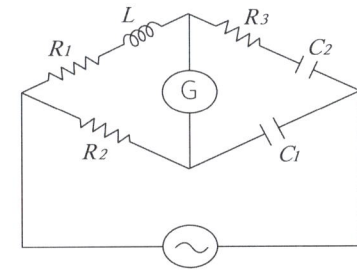

① $R_1C_1 = R_2C_2,\ R_2R_3 = C_1L$
② $R_1C_1 = R_2C_2,\ R_2R_3C_1 = L$
③ $R_1C_2 = R_2C_1,\ R_2R_3 = C_1L$
④ $R_1C_2 = R_2C_1,\ R_2R_3C_1 = L$

| 해설

• $(R_1 + j\omega L)\dfrac{1}{j\omega C_1} = R_2(R_3 + \dfrac{1}{j\omega C_2})$에서

$\dfrac{R_1}{j\omega C_1} + \dfrac{L}{C_1} = R_2R_3 + \dfrac{R_2}{j\omega C_2}$

• 양변의 실수부와 허수부는 같아야 하므로

$\dfrac{R_1}{C_1} = \dfrac{R_2}{C_2}$에서 $R_1C_2 = R_2C_1$

$\dfrac{L}{C_1} = R_2R_3$에서 $L = R_2R_3C_1$

정답 ④

17. 단상 유도전동기의 Slip은 5.5[%], 회전자의 속도가 1,700rpm인 경우 동기속도(N_s)는?

① 3,090rpm
② 9,350rpm
③ 1,799rpm
④ 1,750rpm

| 해설

N(회전자속도) $= (1-s) \times$ 동기속도(N_s)에서

$N_s = \dfrac{N}{1-s} = \dfrac{1700}{1-0.055} = 1798.9 \fallingdotseq 1799(\text{rpm})$

정답 ③

18. 교류전력변환장치로 사용되는 인버터회로에 대한 설명으로 옳지 않은 것은?

① 직류 전력을 교류 전력으로 변환하는 장치를 인버터라고 한다.
② 전류형 인버터와 전압형 인버터로 구분할 수 있다.
③ 전류방식에 따라서 타려식과 자려식으로 구분할 수 있다.
④ 인버터의 부하장치에는 직류직권전동기를 사용할 수 있다.

| 해설

인버터의 부하장치에는 교류전동기를 사용할 수 있다.

정답 ④

19. 무한장 솔레노이드 자계의 세기에 대한 설명으로 옳지 않은 것은?

① 전류의 세기에 비례한다.
② 코일의 권수에 비례한다.
③ 솔레노이드 내부에서의 자계의 세기는 위치에 관계없이 일정한 평등자계이다.
④ 자계의 방향과 암페어 경로 간에 서로 수직인 경우 자계의 세기가 최고이다.

| 해설

무한장 솔레노이드 자계의 세기
㉠ 전류의 세기에 비례한다.
㉡ 코일의 권수에 비례한다.
㉢ 솔레노이드 내부에서의 자계의 세기는 위치에 관계없이 일정한 평등자계이다.

정답 ④

20. 축전지의 자기방전을 보충함과 동시에 상용부하에 대한 전력공급은 충전기가 부담하도록 하되 충전기가 부담하기 어려운 일시적인 대전류의 부하는 축전지로 하여금 부담하게 하는 충전방식은?

① 과충전방식 ② 부동충전방식
③ 균등충전방식 ④ 세류충전방식

| 해설

축전지의 자기방전을 보충함과 동시에 상용부하에 대한 전력공급은 충전기가 부담하도록 하되 충전기가 부담하기 어려운 일시적인 대전류의 부하는 축전지로 하여금 부담하게 하는 충전방식은 부동충전방식이다.

정답 ②

소방전기시설의 구조 및 원리

21. 무선통신보조설비의 화재안전기준(NFSC 505)에 따른 무선통신보조설비의 설치 제외 기준이다. 다음 (   ) 안에 들어갈 내용으로 옳은 것은?

> 지하층으로서 특정소방대상물의 바닥부분 (㉠)면 이상이 지표면과 동일하거나 지표면으로부터의 깊이가 (㉡)m 이하인 경우에는 해당 층에 한하여 무선통신보조설비를 설치하지 아니할 수 있다.

① ㉠: 2, ㉡: 1 ② ㉠: 2, ㉡: 3
③ ㉠: 3, ㉡: 2 ④ ㉠: 3, ㉡: 3

| 해설

지하층으로서 특정소방대상물의 바닥부분 ㉠ 2면 이상이 지표면과 동일하거나 지표면으로부터의 깊이가 ㉡ 1m 이하인 경우에는 해당 층에 한하여 무선통신보조설비를 설치하지 아니할 수 있다.

정답 ①

22. 무선통신보조설비의 증폭기에는 비상전원이 부착된 것으로 하고 비상전원의 용량은 무선통신보조설비를 유효하게 몇 분 이상 작동시킬 수 있는 것이어야 하는가?

① 10분   ② 20분
③ 30분   ④ 40분

| 해설

증폭기 설치기준
㉠ 전원은 전기가 정상적으로 공급되는 축전지, 전기저장장치(외부 전기에너지를 저장해 두었다가 필요한 때 전기를 공급하는 장치) 또는 교류전압 옥내간선으로 하고, 전원까지의 배선은 전용으로 할 것
㉡ 증폭기의 전면에는 주 회로의 전원이 정상인지의 여부를 표시할 수 있는 표시등 및 전압계를 설치할 것

ⓒ 증폭기에는 비상전원이 부착된 것으로 하고 해당 비상전원 용량은 무선통신보조설비를 유효하게 30분 이상 작동시킬 수 있는 것으로 할 것

정답 ③

23. 휴대용 비상조명등의 배터리 용량은 최소 몇 분 이상이어야 하는가?

① 60
② 30
③ 10
④ 20

| 해설

건전지 및 충전식 배터리의 용량은 20분 이상 유효하게 사용할 수 있는 것으로 하여야 한다.

정답 ④

25. 비상콘센트설비 전원회로의 설치기준 중 틀린 것은?

① 전원으로부터 각 층의 비상콘센트에 분기되는 경우에는 분기배선용 차단기를 보호함 안에 설치할 것
② 비상콘센트용의 풀박스 등은 방청도장을 한 것으로서, 두께 1.6mm 이상의 철판으로 할 것
③ 비상콘센트설비의 전원회로는 단상교류 220V인 것으로서, 그 공급용량은 1.5kVA 이상인 것으로 할 것
④ 콘센트마다 배선용 차단기(KS C 8321)를 설치하여야 하며, 충전부가 노출되도록 할 것

| 해설

콘센트마다 배선용 차단기(KS C 8321)를 설치하여야 하며, 충전부가 노출되지 아니하도록 하여야 한다.

정답 ④

24. 비상콘센트설비의 화재안전기준(NFSC 504)에 따라 비상콘센트를 보호하기 위한 비상콘센트 보호함의 시설기준으로 틀린 것은?

① 보호함 상부에 적색의 표시등을 설치하여야 한다.
② 보호함 표면에 "비상콘센트"라고 표시한 표지를 하여야 한다.
③ 보호함의 문을 쉽게 개폐할 수 없도록 잠금장치를 하여야 한다.
④ 비상콘센트의 보호함을 옥내소화전함 등과 접속하여 설치하는 경우에는 옥내소화전함 등의 표시등과 겸용할 수 있다.

| 해설

보호함을 쉽게 개폐할 수 있는 문을 설치하여야 한다.

정답 ③

26. 비상경보설비 및 단독경보형감지기의 화재안전기준(NFSC 201)에 따른 발신기의 시설기준으로 옳지 않은 것은?

① 발신기의 위치표시등은 함의 하부에 설치한다.
② 조작스위치는 바닥으로부터 0.8m 이상 1.5m 이하의 높이에 설치할 것
③ 복도 또는 별도로 구획된 실로서 보행거리가 40m 이상일 경우에는 추가로 설치하여야 한다.
④ 특정소방대상물의 층마다 설치하되, 해당 특정소방대상물의 각 부분으로부터 하나의 발신기까지의 수평거리가 25m 이하가 되도록 할 것

| 해설

발신기의 위치표시등은 함의 상부에 설치한다.

정답 ①

27. 무선통신보조설비의 화재안전기준(NFSC 505)에 따른 무선통신보조설비의 누설동축케이블 등의 설치기준으로 틀린 것은?

① 누설동축케이블과 이에 접속하는 안테나 또는 동축케이블과 이에 접속하는 안테나로 구성할 것
② 누설동축케이블은 불연 또는 난연성의 것으로서 온도에 따라 전기의 특성이 변질되지 아니하는 것으로 할 것
③ 누설동축케이블 및 안테나는 금속판 등에 따라 전파의 복사 또는 특성이 현저하게 저하되지 아니하는 위치에 설치할 것
④ 소방전용 주파수대에서 전파의 전송 또는 복사에 적합한 것으로서 소방대 상호간의 무선연락에 지장이 없는 경우에는 다른 용도와 겸용할 수 있다.

| 해설
무선통신보조설비의 누설동축케이블 등의 설치기준
㉠ 누설동축케이블과 이에 접속하는 안테나 또는 동축케이블과 이에 접속하는 안테나로 구성할 것
㉡ 누설동축케이블은 불연 또는 난연성의 것으로서 습기에 따라 전기의 특성이 변질되지 아니하는 것으로 할 것
㉢ 누설동축케이블 및 안테나는 금속판 등에 따라 전파의 복사 또는 특성이 현저하게 저하되지 아니하는 위치에 설치할 것
㉣ 소방전용 주파수대에서 전파의 전송 또는 복사에 적합한 것으로서 소방대 상호간의 무선연락에 지장이 없는 경우에는 다른 용도와 겸용할 수 있다.

정답 ②

28. 자동화재탐지설비 및 시각경보장치의 화재안전기준(NFSC 203)에 따른 수신기 설치기준에 대한 설명으로 옳지 않은 것은?

① 하나의 경계구역은 하나의 표시등 또는 하나의 문자로 표시되도록 할 것
② 감지기·중계기 또는 발신기가 작동하는 경계구역을 표시할 수 있는 것으로 할 것
③ 음향기구는 그 음량 및 음색이 다른 기기의 소음 등과 명확히 구별될 수 있는 것으로 할 것
④ 사람이 상시 근무하는 장소가 없는 경우에는 관계인이 쉽게 접근할 수 없는 장소에 설치할 것

| 해설
사람이 상시 근무하는 장소가 없는 경우에는 관계인이 쉽게 접근할 수 있는 장소에 설치하여야 한다.

정답 ④

29. 유도등 및 유도표지의 화재안전기준(NFSC 303)에 따라 거실의 통로가 벽체 등으로 구획된 경우에는 어떤 유도등을 설치해야 하는가?

① 피난구유도등
② 계단통로유도등
③ 복도통로유도등
④ 거실통로유도등

| 해설
거실통로유도등은 거실의 통로에 설치할 것. 다만, 거실의 통로가 벽체 등으로 구획된 경우에는 복도통로유도등을 설치하여야 한다.

정답 ③

30. 비상방송설비의 화재안전기준에 따라 다음에 해당하는 장치는?

> 전압전류의 진폭을 늘려 감도를 좋게 하고 미약한 음성전류를 커다란 음성전류로 변화시켜 소리를 크게 하는 장치

① 증폭기
② 스피커
③ 확성기
④ 음량조절기

| 해설

전압전류의 진폭을 늘려 감도를 좋게 하고 미약한 음성전류를 커다란 음성전류로 변화시켜 소리를 크게 하는 장치는 증폭기이다.

정답 ①

31. 소방시설용 비상전원수전설비의 화재안전기술기준(NFTC 602)에 따라 큐비클형의 시설기준으로 틀린 것은?

① 전용큐비클 또는 공용큐비클식으로 설치할 것
② 외함은 건축물의 바닥 등에 견고하게 고정할 것
③ 자연환기구에 따라 충분히 환기할 수 없는 경우에는 환기설비를 설치할 것
④ 공용큐비클식의 소방회로와 일반회로에 사용되는 배선 및 배선용기기는 난연재료로 구획할 것

| 해설

공용큐비클식의 소방회로와 일반회로에 사용되는 배선 및 배선용기기는 불연재료로 구획하여야 한다.

정답 ④

32. 소방시설용 비상전원수전설비의 화재안전기준(NFSC602)에 따라 소방시설용 비상전원수전설비에서 소방회로 및 일반회로 겸용의 것으로서 수전설비, 변전설비 그 밖의 기기 및 배선을 금속제 외함에 수납한 것은?

① 공용분전반
② 전용배전반
③ 공용큐비클식
④ 전용큐비클식

| 해설

공용큐비클식에 대한 설명이다.

참고 비상전원수전설비의 용어 정의

㉠ **공용분전반**: 소방회로 전용의 것으로서 분기 개폐기, 분기과전류차단기 그 밖의 배선용기기 및 배선을 금속제 외함에 수납한 것
㉡ **전용배전반**: 소방회로 전용의 것으로서 개폐기, 과전류차단기, 계기 그 밖의 배선용기기 및 배선을 금속제 외함에 수납한 것
㉢ **공용큐비클식**: 소방회로 및 일반회로 겸용의 것으로서 수전설비, 변전설비 그 밖의 기기 및 배선을 금속제 외함에 수납한 것
㉣ **전용큐비클식**: 소방회로용의 것으로 수전설비, 변전설비 그 밖의 기기 및 배선을 금속제 외함에 수납한 것

정답 ③

33. 광전식 분리형 감지기의 설치기준 중 옳은 것은?

① 감지기의 수광면은 햇빛을 직접 받도록 설치할 것
② 광축(송광면과 수광면의 중심을 연결한 선)은 나란한 벽으로부터 1.5m 이상 이격하여 설치할 것
③ 감지기의 송광부와 수광부는 설치된 뒷벽으로부터 0.6m 이내 위치에 설치할 것
④ 광축의 높이는 천장 등(천장의 실내에 면한 부분 또는 상층의 바닥하부면) 높이의 80% 이상일 것

| 해설

광전식 분리형 감지기의 설치기준
㉠ 감지기의 수광면은 햇빛을 직접 받지 않도록 설치할 것
㉡ 광축(송광면과 수광면의 중심을 연결한 선)은 나란한 벽으로부터 0.6m 이상 이격하여 설치할 것
㉢ 감지기의 송광부와 수광부는 설치된 뒷벽으로부터 1m 이내 위치에 설치할 것
㉣ 광축의 높이는 천장 등(천장의 실내에 면한 부분 또는 상층의 바닥하부면) 높이의 80% 이상일 것

정답 ④

34. 비상벨설비 음향장치의 음량은 부착된 음향장치의 중심으로부터 1m 떨어진 위치에서 몇 dB 이상이 되는 것으로 하여야 하는가?

① 90   ② 80
③ 70   ④ 60

| 해설

비상벨설비 음향장치의 음량은 부착된 음향장치의 중심으로부터 1m 떨어진 위치에서 90dB 이상이 되는 것으로 하여야 한다.

정답 ①

35. 유도등 및 유도표지의 화재안전기준(NFSC 303)에 따른 피난구유도등의 설치장소로 옳지 않은 것은?

① 직통계단
② 직통계단의 계단실
③ 안전구획된 거실로 통하는 출입구
④ 옥외로부터 직접 지하로 통하는 출입구

| 해설

피난구유도등의 설치장소
㉠ 직통계단
㉡ 직통계단의 계단실
㉢ 안전구획된 거실로 통하는 출입구
㉣ 옥내로부터 직접 지상으로 통하는 출입구

정답 ④

36. 비상콘센트설비의 화재안전기준(NFSC 504)에 따른 용어의 정의 중 옳은 것은?

① "저압"이란 직류는 1.5kV 이하, 교류는 1kV 이하인 것을 말한다.
② "저압"이란 직류는 0.75kV 이하, 교류는 0.6kV 이하인 것을 말한다.
③ "고압"이란 직류는 1.5kV를, 교류는 1kV를 초과하는 것을 말한다.
④ "고압"이란 직류는 0.75kV를, 교류는 0.6kV를 초과하는 것을 말한다.

| 해설

비상콘센트설비의 정의
㉠ "저압"이란 직류는 1.5kV 이하, 교류는 1kV 이하인 것을 말한다.
㉡ "고압"이란 직류는 1.5kV를, 교류는 1kV를 초과하고, 7kV 이하인 것을 말한다.
㉢ "특고압"이란 7kV를 초과하는 것을 말한다.

정답 ①

37. 누전경보기의 형식승인 및 제품검사의 기술기준에 따라 비호환성형 수신부는 신호입력회로에 공칭작동전류치의 42%에 대응하는 변류기의 설계출력전압을 가하는 경우 몇 초 이내에 동작하지 아니해야 하는가?

① 0.2초　　② 1초
③ 30초　　　④ 60초

| 해설
비호환성형 수신부는 신호입력회로에 공칭작동전류치의 42%에 대응하는 변류기의 설계출력전압을 가하는 경우 30초 이내에 작동하지 아니하여야 하며, 공칭작동전류치에 대응하는 변류기의 설계출력전압을 가하는 경우 1초(차단기구가 있는 것은 0.2초) 이내에 작동하여야 한다.

정답 ③

38. 다음의 소방설비 중 비상전원의 용량이 최소 10분 이상이 아닌 것은?

① 비상경보설비
② 무선통신보조설비
③ 자동화재속보설비
④ 자동화재탐지설비

| 해설
무선통신보조설비의 비상전원의 용량은 최소 30분 이상이어야 한다.

정답 ②

39. 지하 3층, 지상 11층의 근린생활시설인 특정소방대상물의 1층에 화재가 발생한 경우 우선적으로 경보를 발해야 하는 층은?

① 발화층
② 지하층, 지상층
③ 지하층, 발화층 및 그 직상 4개층
④ 발화층, 지상 8·9·10·11층

| 해설
층수가 11층(공동주택의 경우에는 16층) 이상의 특정소방대상물은 다음의 기준에 따라 경보를 발할 수 있도록 하여야 한다.
㉠ 2층 이상의 층에서 발화한 때에는 발화층 및 그 직상 4개 층에 경보를 발할 것
㉡ 1층에서 발화한 때에는 발화층·그 직상 4개 층 및 지하층에 경보를 발할 것
㉢ 지하층에서 발화한 때에는 발화층·그 직상층 및 기타의 지하층에 경보를 발할 것

정답 ③

40. 공연장에 설치하지 않아도 되는 유도등 및 유도표지의 종류는?

① 통로유도등
② 중형 피난구유도등
③ 대형 피난구유도등
④ 객석유도등

| 해설
공연장, 집회장, 관람장 및 운동시설에는 통로유도등, 객석유도등 및 대형 피난구유도등을 설치할 것

정답 ②

2024년 | 제2회(CBT)

※ CBT 문제는 수험생의 기억에 따라 복원된 것이며, 실제 기출문제와 동일하지 않을 수 있습니다.

소방전기일반

01. 제어 대상에서 제어량을 측정하고 검출하여 주궤환 신호를 만드는 것은?

① 조작부 ② 출력부
③ 검출부 ④ 제어부

| 해설
제어 대상에서 제어량을 측정하고 검출하여 주궤환 신호를 만드는 것은 검출부이다.

정답 ③

02. 직류회로에서 도체를 균일한 체적으로 길이를 10배 늘이면 도체의 저항은 몇 배가 되는가?

① 10   ② 20
③ 100 ④ 120

| 해설
- 도선의 길이를 n배로 늘리면 저항값은 처음 저항의 n^2배로 증가한다.
- $R' = n^2 R$에서 $R' = 10^2 R = 100$배

정답 ③

03. 그림과 같은 다이오드 게이트 회로에서 출력전압은? (단, 다이오드 내의 전압강하는 무시한다)

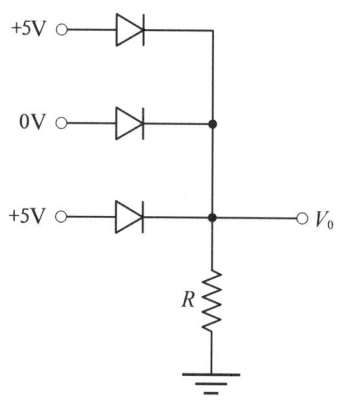

① 0V ② 2V ③ 5V ④ 10V

| 해설
OR 논리이므로, 5V + 0V + 5V = 5V이다.

정답 ③

04. 비투자율 μ_s = 500, 평균 자로의 길이 1m의 환상 철심 자기회로에 2mm의 공극을 내면 전체의 자기저항은 공극이 없을 때의 약 몇 배가 되는가?

① 0.5 ② 2 ③ 2.5 ④ 5

| 해설
처음 자기저항(R_1), 전체 자기저항(R_2)

$l : 1m, \; l_g : 2mm = 2 \times 10^{-3} m, \; \mu_s = \dfrac{\mu}{\mu_0}$

$\dfrac{R_2}{R_1} = 1 + \dfrac{l_g}{l} \times \dfrac{\mu}{\mu_0}$ 에서

$\dfrac{R_2}{R_1} = 1 + \dfrac{2 \times 10^{-3}}{1} \times 500 = 2$배

정답 ②

05. 3상유도전동기 Y-△ 기동회로의 제어요소가 아닌 것은?

① MC　　　② THR
③ ZCT　　　④ MCCB

| 해설

Y-△ 기동회로의 제어요소
㉠ MC(전자접촉기)
㉡ THR(열동형계전기)
㉢ TLR(시한계전기)
㉣ MCCB(배선용차단기)

정답 ③

06. 4극 직류 발전기의 전기자 도체 수가 600개, 각 자극의 자속이 0.01Wb, 회전수가 1800rpm일 때 이 발전기의 유도 기전력(V)은? (단, 전기자권선법은 파권이다)

① 140　　　② 220
③ 360　　　④ 480

| 해설

$E = \dfrac{PZ\phi N}{60a} = \dfrac{4 \times 600 \times 0.01 \times 1800}{60 \times 2} = 360\,(V)$

정답 ③

07. 잔류편차가 있는 제어 동작은?

① 적분 제어　　　② 비례 제어
③ 비례 적분 제어　④ 비례 적분 미분 제어

| 해설

- 적분 제어: 잔류편차 제거
- 비례 제어: 정상오차를 수반, 잔류편차 발생
- 미분 제어: 오차가 커지는 것을 사전 방지

정답 ②

08. 그림과 같이 접속된 회로에서 a, b 사이의 합성저항은 몇 Ω인가?

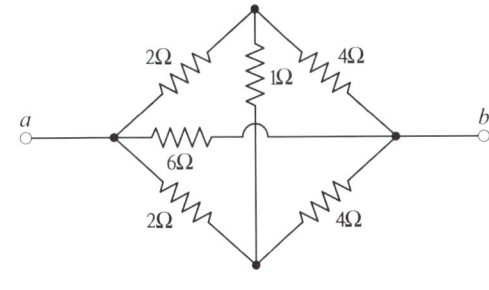

① 1　　　② 2
③ 3　　　④ 4

| 해설

$\dfrac{1}{R_0} = \dfrac{1}{R_1} + \dfrac{1}{R_2} + \dfrac{1}{R_3}$ 에서

$\dfrac{1}{R_0} = \dfrac{1}{6} + \dfrac{1}{6} + \dfrac{1}{6}$, $\dfrac{1}{R_0} = \dfrac{3}{6}$

∴ $R_0 = 2\,(\Omega)$

또는 6Ω으로 크기가 같으므로

$R_0 = \dfrac{\text{하나의 저항 값}}{\text{개수}} = \dfrac{6}{3} = 2\,(\Omega)$

정답 ②

09. 단방향 대전류의 전력용 스위칭 소자로서 교류의 위상 제어용으로 사용되는 정류소자는?

① 서미스터　　② SCR
③ 제너다이오드　④ UJT

| 해설

SCR은 단방향 대전류의 전력용 스위칭 소자로서 교류의 위상 제어용으로 사용되는 정류소자이다.

정답 ②

10. 200V의 교류전압에서 30A의 전류가 흐르는 부하가 4.8kW의 유효전력을 소비하고 있을 때 이 부하의 리액턴스(Ω)는?

① 6.6　　② 5.3
③ 4.0　　④ 3.3

| 해설

$P_r = I^2 X_L$, $X_L = \dfrac{P_r}{I^2}$

$P_r = \sqrt{P_a^2 - P^2} = \sqrt{(200 \times 30)^2 - (4.8 \times 10^3)^2}$
　　$= 3600(\text{Var})$

$X_L = \dfrac{3600}{30^2} = 4(\Omega)$

정답 ③

11. 불대수의 기본정리에 관한 설명으로 옳지 않은 것은?

① A + A = A　　② A + 1 = 1
③ A · 0 = 1　　④ A + 0 = A

| 해설

A · 0 = 0이다.

정답 ③

12. 다음과 같은 블록선도의 전체 전달함수는?

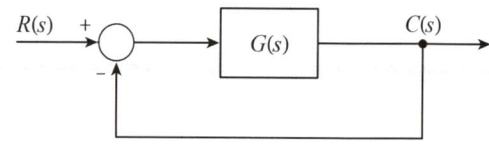

① $\dfrac{C(s)}{R(s)} = 1 - G(s)$　　② $\dfrac{C(s)}{R(s)} = 1 + G(s)$

③ $\dfrac{C(s)}{R(s)} = \dfrac{G(s)}{1 - G(s)}$　　④ $\dfrac{C(s)}{R(s)} = \dfrac{G(s)}{1 + G(s)}$

| 해설

$\dfrac{C(s)}{R(s)} = \dfrac{\Sigma \text{전향경로이득}}{1 - \Sigma \text{루프이득}}$ 에서

$\dfrac{C(s)}{R(s)} = \dfrac{G(s)}{1 - [-G(s)]} = \dfrac{G(s)}{1 + G(s)}$

정답 ④

13. 1cm의 간격을 둔 평행 왕복전선에 25A의 전류가 흐른다면 전선 사이에 작용하는 단위 길이당 힘(N/m)은?

① 1.25×10^{-2} N/m(흡인력)
② 2.5×10^{-2} N/m(흡인력)
③ 1.25×10^{-2} N/m(반발력)
④ 2.5×10^{-2} N/m(반발력)

| 해설

- $F = 2 \times 10^{-7} \times \dfrac{I_1 I_2}{r}$ 에서

　$F = 2 \times 10^{-7} \times \dfrac{25 \times 25}{1 \times 10^{-2}} = 0.0125 = 1.25 \times 10^{-2}$

- 왕복전류이므로 반발력이 작용한다.

정답 ③

14. 회로의 전압과 전류를 측정하기 위한 계측기의 연결방법으로 옳은 것은?

① 전압계: 부하와 직렬, 전류계: 부하와 직렬
② 전압계: 부하와 직렬, 전류계: 부하와 병렬
③ 전압계: 부하와 병렬, 전류계: 부하와 직렬
④ 전압계: 부하와 병렬, 전류계: 부하와 병렬

| 해설

회로의 전압과 전류를 측정하기 위한 계측기의 연결방법
㉠ 전압계: 부하와 병렬
㉡ 전류계: 부하와 직렬

정답 ③

15. 변위를 압력으로 변환하는 장치로 옳은 것은?

① 벨로우즈 ② 다이어프램
③ 가변저항기 ④ 노즐플래퍼

| 해설

변위를 압력으로 변환하는 장치는 노즐 플래퍼이다.

정답 ④

16. 60Hz의 3상 전압을 전파 정류하였을 때 맥동주파수(Hz)는?

① 120 ② 180
③ 360 ④ 720

| 해설

3상 전파 정류 맥동주파수 $= 6f = 6 \times 60 = 360(\text{Hz})$

정답 ③

17. 메거(megger)는 어떤 저항을 측정하기 위한 장치인가?

① 궤조저항 ② 절연저항
③ 접지저항 ④ 전지의 내부저항

| 해설

메거(megger)는 절연저항 측정을 위한 장치이다.

정답 ②

18. 제연용으로 사용되는 3상 유도전동기를 Y-△ 기동 방식으로 하는 경우, 기동을 위해 제어회로에서 사용되는 것과 거리가 먼 것은?

① 타이머 ② 전자접촉기
③ 열동계전기 ④ 영상변류기

| 해설

Y-△ 기동 방식에서 제어회로에서 사용되는 것으로는 타이머, 열동계전기, 전자접촉기가 있으며, 영상변류기는 해당하지 않는다.

정답 ④

19. 저항이 4Ω, 인덕턴스가 8mH인 코일을 직렬로 연결하고 100V, 60Hz인 전압을 공급할 때 유효전력(kW)은?

① 0.6 ② 1.0
③ 1.6 ④ 2.4

| 해설

유효전력 $(P) = I^2 R = (\dfrac{V}{\sqrt{R^2 + X_L^2}})^2 \times R(\text{W})$,

$X_L = \omega L = 2\pi f L (\Omega)$

$P = (\dfrac{100}{4^2 + (2\pi \times 60 \times 8 \times 10^{-3})^2})^2 \times 4$

$= 1593.8(\text{W}) = 1.6(\text{kW})$

정답 ③

20. 공기 중에 2m의 거리에 $10\mu\text{C}$, $20\mu\text{C}$의 두 점전하가 존재할 때 이 두 전하 사이에 작용하는 정전력(N)은?

① 0.45 ② 0.9
③ 1.8 ④ 3.6

| 해설

정전력$(F) = 9 \times 10^9 \times \dfrac{Q_1 Q_2}{r^2}(\text{N})$에서

$F = 9 \times 10^9 \times \dfrac{10 \times 10^{-6} \times 20 \times 10^{-6}}{2^2} = 0.45(\text{N})$

정답 ①

소방전기시설의 구조 및 원리

21. 누전경보기의 5~10회로까지 사용할 수 있는 집합형 수신기 내부결선도에서 구성요소가 아닌 것은?

① 증폭부 ② 조작부
③ 제어부 ④ 자동입력 절환부

| 해설
집합형 수신기의 구성요소에는 제어부, 증폭부, 자동입력 절환부가 있으며, 조작부는 포함되지 않는다.

정답 ②

22. 자동화재탐지설비 및 시각경보장치의 화재안전기준(NFSC 203)에 따른 경계구역에 관한 기준이다. ( ) 안에 들어갈 내용으로 옳은 것은?

> 하나의 경계구역의 면적은 (㉠) 이하로 하고, 한 변의 길이는 (㉡) 이하로 하여야 한다.

① ㉠: 600m², ㉡: 50m
② ㉠: 1200m², ㉡: 50m
③ ㉠: 600m², ㉡: 100m
④ ㉠: 1200m², ㉡: 100m

| 해설
하나의 경계구역의 면적은 ㉠ 600m² 이하로 하고, 한 변의 길이는 ㉡ 50m 이하로 하여야 한다.

정답 ①

23. 자동화재속보설비의 속보기의 성능인증 및 제품검사의 기술기준에 따라 교류입력측과 외함 간의 절연저항은 직류 500V의 절연저항계로 측정한 값이 몇 MΩ 이상이어야 하는가?

① 5   ② 10
③ 20 ④ 50

| 해설
절연저항시험
㉠ 절연된 충전부와 외함간의 절연저항은 직류 500V의 절연저항계로 측정한 값이 5MΩ(교류입력측과 외함간에는 20MΩ) 이상이어야 한다.
㉡ 절연된 선로간의 절연저항은 직류 500V의 절연저항계로 측정한 값이 20MΩ 이상이어야 한다.

정답 ③

24. 비상콘센트설비의 화재안전기준(NFSC 504)에 따른 비상콘센트설비의 전원회로(비상콘센트에 전력을 공급하는 회로를 말한다)의 시설기준으로 옳은 것은?

① 하나의 전용회로에 설치하는 비상콘센트는 12개 이하로 할 것
② 전원회로는 단상교류 220V인 것으로서, 그 공급용량은 1.0kVA 이상인 것으로 할 것
③ 비상콘센트용의 풀박스 등은 방청도장을 한 것으로서, 두께 1.2mm 이상의 철판으로 할 것
④ 전원으로부터 각 층의 비상콘센트에 분기되는 경우에는 분기배선용 차단기를 보호함 안에 설치할 것

| 해설
비상콘센트설비의 전원회로 시설기준
㉠ 하나의 전용회로에 설치하는 비상콘센트는 10개 이하로 할 것
㉡ 전원회로는 단상교류 220V인 것으로서, 그 공급용량은 1.5kVA 이상인 것으로 할 것
㉢ 비상콘센트용의 풀박스 등은 방청도장을 한 것으로서, 두께 1.6mm 이상의 철판으로 할 것
㉣ 전원으로부터 각 층의 비상콘센트에 분기되는 경우에는 분기배선용 차단기를 보호함 안에 설치할 것

정답 ④

25. 예비전원의 성능인증 및 제품검사의 기술기준에서 정의하는 "예비전원"에 해당하지 않는 것은?

① 리튬계 2차 축전지
② 알카리계 2차 축전지
③ 용융염 전해질 연료전지
④ 무보수 밀폐형 연축전지

| 해설

"예비전원"이란 소방용품에 사용되는 알카리계 2차 축전지, 리튬계 2차 축전지 및 무보수 밀폐형 연축전지를 말하며, 용융염 전해질 연료전지는 해당하지 않는다.

정답 ③

26. 비상방송설비의 화재안전기준(NFSC 202)에 따른 용어의 정의에서 소리를 크게 하여 멀리까지 전달될 수 있도록 하는 장치로써 일명 "스피커"를 말하는 것은?

① 사이렌
② 증폭기
③ 확성기
④ 음량조절기

| 해설

소리를 크게 하여 멀리까지 전달될 수 있도록 하는 장치로써 일명 "스피커"를 말하는 것은 확성기이다.

참고 비상방송설비의 용어정의

㉠ **증폭기**: 전압전류의 진폭을 늘려 감도를 좋게 하고 미약한 음성전류를 커다란 음성전류로 변화시켜 소리를 크게 하는 장치이다.
㉡ **확성기**: 소리를 크게 하여 멀리까지 전달될 수 있도록 하는 장치로써 일명 스피커를 말한다.
㉢ **음량조절기**: 가변저항을 이용하여 전류를 변화시켜 음량을 크게 하거나 작게 조절할 수 있는 장치이다.

정답 ③

27. 유도등의 형식승인 및 제품검사의 기술기준에 따른 유도등의 일반구조에 대한 설명으로 옳지 않은 것은?

① 축전지에 배선 등을 직접 납땜하지 아니하여야 한다.
② 유도등에는 점멸, 음성 또는 이와 유사한 방식 등에 의한 유도장치를 설치할 수 있다.
③ 충전부가 노출되지 아니한 것은 300V를 초과할 수 있다
④ 예비전원을 직렬로 접속하는 경우는 역충전 방지 등의 조치를 강구하여야 한다.

| 해설

예비전원을 병렬로 접속하는 경우는 역충전 방지 등의 조치를 강구하여야 한다.

정답 ④

28. 비상경보설비 및 단독경보형감지기의 화재안전기준(NFSC 201)에 따라 비상경보설비의 발신기 설치 시 복도 또는 별도로 구획된 실로서 보행거리가 몇 m 이상일 경우에는 추가로 설치하여야 하는가?

① 10
② 20
③ 30
④ 40

| 해설

비상경보설비의 발신기 설치 시 복도 또는 별도로 구획된 실로서 보행거리가 40m 이상일 경우에는 추가로 설치하여야 한다.

정답 ④

29. 유도등 및 유도표지의 화재안전기준(NFSC 303)에 따라 운동시설에 설치하지 아니할 수 있는 유도등은?

① 객석유도등
② 통로유도등
③ 중형피난구유도등
④ 대형피난구유도등

| 해설
운동시설에 설치하는 유도등의 종류에는 통로유도등, 객석유도등, 대형피난구유도등이 있으며, 중형피난구유도등은 해당하지 않는다.

정답 ③

30. 객석 내의 통로의 직선부분의 길이가 125m일 경우 객석유도등을 몇 개 설치하여야 하는가?

① 12개　　② 19개
③ 21개　　④ 31개

| 해설
객석 내의 통로의 직선부분의 길이가 125m이므로,
객석유도등 설치개수 $= \dfrac{125m}{4} - 1 = 30.25$
소수점 이하의 수는 1로 본다. 따라서 31개를 설치하여야 한다.

정답 ④

31. 무선통신보조설비의 누설동축케이블의 설치기준으로 옳지 않은 것은?

① 고압의 전로로부터 1.5m 이상 떨어진 위치에 설치할 것
② 끝부분에는 반사 종단저항을 견고하게 설치할 것
③ 금속판 등에 따라 전파의 복사 또는 특성이 현저하게 저하되지 아니하는 위치에 설치할 것
④ 불연 또는 난연성의 것으로서 습기에 따라 전기의 특성이 변질되지 아니하는 것으로 설치할 것

| 해설
끝부분에는 무반사 종단저항을 견고하게 설치하여야 한다.

정답 ②

32. 비상조명등의 우수품질인증 기술기준에 따라 인출선인 경우 전선의 굵기는 몇 ㎟ 이상이어야 하는가?

① 0.5　　② 0.75
③ 1.5　　④ 2.5

| 해설
전선의 굵기가 인출선인 경우에는 단면적이 0.75㎟ 이상, 인출선 외의 경우에는 단면적이 0.5㎟ 이상이어야 한다.

정답 ②

33. 부착높이가 10m인 장소에 적응성 있는 감지기는?

① 차동식분포형감지기
② 정온식스포트형감지기
③ 차동식스포트형감지기
④ 정온식감지선형감지기

| 해설
차동식분포형감지기는 8m 이상 15m 미만에 설치할 수 있는 감지기이다.

정답 ①

34. 비상방송설비 음향장치 설치기준 중 층수가 11층 이상인 특정소방대상물의 1층에서 발화한 때의 경보 기준으로 옳은 것은? (단, 공동주택이 아니다)

① 발화층에 경보를 발할 것
② 발화층 및 그 직상층에 경보를 발할 것
③ 발화층·그 직상층 및 기타의 지하층에 경보를 발할 것
④ 발화층·그 직상 4개층 및 지하층에 경보를 발할 것

| 해설

비상방송설비 음향장치 설치기준
층수가 11층(공동주택인 경우 16층) 이상인 특정소방대상물은 다음에 따라 경보를 발할 수 있도록 하여야 한다.
㉠ 2층 이상의 층에서 발화한 때에는 발화층 및 그 직상 4개층에 경보를 발할 것
㉡ 1층에서 발화한 때에는 발화층·그 직상 4개층 및 지하층에 경보를 발할 것
㉢ 지하층에서 발화한 때에는 발화층·그 직상층 및 기타의 지하층에 경보를 발할 것

정답 ④

35. 비상벨설비 음향장치의 음량은 부착된 음향장치의 중심으로부터 1m 떨어진 위치에서 몇 dB 이상이 되는 것으로 하여야 하는가?

① 90   ② 80
③ 70   ④ 60

| 해설

비상벨설비 음향장치의 음량은 부착된 음향장치의 중심으로부터 1m 떨어진 위치에서 90dB 이상이 되는 것으로 하여야 한다.

정답 ①

36. 자동화재탐지설비 및 시각경보장치의 화재안전기준(NFSC 203)에 따라 광전식분리형감지기의 설치기준에 대한 설명으로 옳지 않은 것은?

① 감지기의 수광면은 햇빛을 직접 받지 않도록 설치할 것
② 감지기의 송광부와 수광부는 설치된 뒷벽으로부터 1m 이내 위치에 설치할 것
③ 광축(송광면과 수광면의 중심을 연결한 선)은 나란한 벽으로부터 0.6m 이상 이격하여 설치할 것
④ 광축의 높이는 천장 등(천장의 실내에 면한 부분 또는 상층의 바닥하부면을 말한다) 높이의 70% 이상일 것

| 해설

광전식분리형감지기의 설치기준
광축의 높이는 천장 등(천장의 실내에 면한 부분 또는 상층의 바닥하부면을 말한다) 높이의 80% 이상이어야 한다.

정답 ④

37. 소방시설용 비상전원수전설비의 화재안전기준(NFSC602)에 따른 용어의 정의에서 소방부하에 전원을 공급하는 전기회로를 말하는 것은?

① 수전설비   ② 일반회로
③ 소방회로   ④ 변전설비

| 해설

비상전원수전설비 용어의 정의
㉠ **수전설비**: 전력수급용 계기용변성기·주차단장치 및 그 부속기기이다.
㉡ **일반회로**: 소방회로 이외의 전기회로이다.
㉢ **소방회로**: 소방부하에 전원을 공급하는 전기회로이다.
㉣ **변전설비**: 전력용변압기 및 그 부속장치이다.

정답 ③

38. 유도등 및 유도표지의 화재안전기준(NFSC 303)에 따라 유도표지는 각 층마다 복도 및 통로의 각 부분으로부터 하나의 유도표지까지의 보행거리가 몇 m 이하가 되는 곳과 구부러진 모퉁이의 벽에 설치하여야 하는가? (단, 계단에 설치하는 것은 제외한다)

① 5
② 10
③ 15
④ 25

| 해설

유도표지는 각 층마다 복도 및 통로의 각 부분으로부터 하나의 유도표지까지의 보행거리가 15m 이하가 되는 곳과 구부러진 모퉁이의 벽에 설치하여야 한다. 단, 계단에 설치하는 것은 제외한다.

정답 ③

39. 소방회로용의 것으로 수전설비, 변전설비 그 밖의 기기 및 배선을 금속제 외함에 수납한 것으로 정의되는 것은?

① 전용분전반
② 공용분전반
③ 공용큐비클식
④ 전용큐비클식

| 해설

소방회로용의 것으로 수전설비, 변전설비 그 밖의 기기 및 배선을 금속제 외함에 수납한 것은 전용큐비클식이다.

참고 비상전원수전설비의 정의
㉠ **전용분전반**: 소방회로 전용의 것으로서 분기 개폐기, 분기과전류차단기 그 밖의 배선용기기 및 배선을 금속제 외함에 수납한 것이다.
㉡ **공용분전반**: 소방회로 및 일반회로 겸용의 것으로서 분기 개폐기, 분기과전류차단기 그 밖의 배선용기기 및 배선을 금속제 외함에 수납한 것이다.
㉢ **공용큐비클식**: 소방회로 및 일반회로 겸용의 것으로서 수전설비, 변전설비 그 밖의 기기 및 배선을 금속제 외함에 수납한 것이다.
㉣ **전용큐비클식**: 소방회로용의 것으로 수전설비, 변전설비 그 밖의 기기 및 배선을 금속제 외함에 수납한 것이다.

정답 ④

40. 휴대용비상조명등 설치 높이는?

① 0.6m ~ 1.0m
② 0.8m ~ 1.5m
③ 1.0m ~ 1.5m
④ 1.0m ~ 1.8m

| 해설

휴대용비상조명등은 0.8m 이상 1.5m 이하의 높이로 설치한다.

정답 ②

2024년 제1회(CBT)

※ CBT 문제는 수험생의 기억에 따라 복원된 것이며, 실제 기출문제와 동일하지 않을 수 있습니다.

소방전기일반

01. 전기기기에서 생기는 손실 중 권선의 저항에 의하여 생기는 손실은?

① 철손 ② 동손
③ 표류부하손 ④ 히스테리시스손

| 해설

- 권선의 저항에 의하여 생기는 손실은 동손이다.
- 철손은 시간적으로 변화하는 자화력에 의해서 발생하는 철심의 전력 손실이다.

정답 ②

02. 가동철편형 계기의 구조 형태가 아닌 것은?

① 흡인형 ② 회전자장형
③ 반발형 ④ 반발흡인형

| 해설

가동철편형 계기의 구조 형태에는 흡인형, 반발흡인형, 반발형이 있으며, 회전자장형은 해당하지 않는다.

정답 ②

03. 역률 0.8인 전동기에 200V의 교류전압을 가하였더니 10A의 전류가 흘렀다. 피상전력은 몇 VA인가?

① 1,000 ② 1,200
③ 1,600 ④ 2,000

| 해설

피상전력(P_a) = VI(VA)에서
$P_a = 200 \times 10 = 2000$(VA)

정답 ④

04. 반도체에 빛을 쬐이면 전자가 방출되는 현상은?

① 홀효과 ② 광전효과
③ 펠티어효과 ④ 압전기효과

| 해설

반도체에 빛을 쬐이면 전자가 방출되는 현상은 광전효과이다.

정답 ②

05. 교류에서 파형의 개략적인 모습을 알기 위해 사용하는 파고율과 파형율에 대한 설명으로 옳은 것은?

① 파고율 = $\dfrac{실효값}{평균값}$, 파형율 = $\dfrac{평균값}{실효값}$

② 파고율 = $\dfrac{최대값}{실효값}$, 파형율 = $\dfrac{실효값}{평균값}$

③ 파고율 = $\dfrac{실효값}{최대값}$, 파형율 = $\dfrac{평균값}{실효값}$

④ 파고율 = $\dfrac{최대값}{평균값}$, 파형율 = $\dfrac{실효값}{평균값}$

| 해설

파고율 = $\dfrac{최대값}{실효값}$, 파형율 = $\dfrac{실효값}{평균값}$ 이 옳은 내용이다.

정답 ②

06. 논리식 $X \cdot (X+Y)$를 간략화하면?

① X ② Y ③ X+Y ④ X·Y

| 해설

$$X \cdot (X+Y) = X \cdot X + X \cdot Y$$
$$= X \cdot (1+Y)$$
$$= X \cdot 1 = X$$

정답 ①

07. 입력신호와 출력신호가 모두 직류(DC)로서 출력이 최대 5kW까지로 견고성이 좋고 토크가 에너지원이 되는 전기식 증폭기기는?

① 계전기 ② SCR
③ 자기증폭기 ④ 앰플리다인

| 해설

입력신호와 출력신호가 모두 직류(DC)로서 출력이 최대 5kW까지로 견고성이 좋고 토크가 에너지원이 되는 전기식증폭기기는 앰플리다인이다.

정답 ④

08. 회로에서 전류 I는 약 몇 A인가?

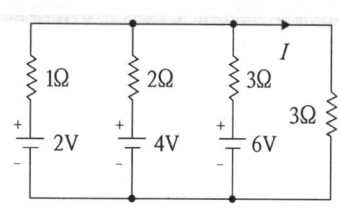

① 0.92 ② 1.125 ③ 1.29 ④ 1.38

| 해설

밀만의 정리에서 지로의 전압이 없는 것은 0[V]이다.

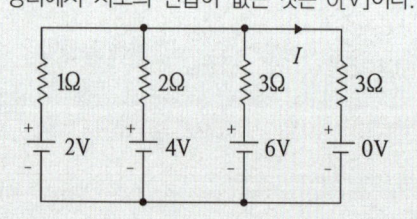

$$V = \frac{I}{Y} = \frac{\frac{2}{1}+\frac{4}{2}+\frac{6}{3}+\frac{0}{3}}{\frac{1}{1}+\frac{1}{2}+\frac{1}{3}+\frac{1}{3}} = \frac{36}{13}(V)$$

$$I = \frac{V}{3} = \frac{\frac{36}{13}}{3} = \frac{12}{13} = 0.916 ≒ 0.92(A)$$

정답 ①

09. 정전용량이 각각 $1\mu F$, $2\mu F$, $3\mu F$이고, 내압이 모두 동일한 3개의 커패시터가 있다. 이 커패시터들을 직렬로 연결하여 양단에 전압을 인가한 후 전압을 상승시키면 가장 먼저 절연이 파괴되는 커패시터는? (단, 커패시터의 재질이나 형태는 동일하다)

① $1\mu F$ ② $2\mu F$
③ $3\mu F$ ④ 3개 모두

| 해설

내압이 일정하므로 정전용량이 가장 작은 $1\mu F$의 것이 가장 먼저 파괴된다.

정답 ①

10. 전원 전압을 일정하게 유지하기 위하여 사용하는 다이오드는?

① 쇼트키다이오드 ② 터널다이오드
③ 제너다이오드 ④ 버렉터다이오드

| 해설

전원 전압을 일정하게 유지하기 위하여 사용하는 다이오드는 제너다이오드이며, 일명 정전압다이오드라 한다.

정답 ③

11. 다음의 내용이 설명하는 것으로 가장 옳은 것은?

> 회로망 내 임의의 폐회로(closed circuit)에서, 그 폐회로를 따라 한 방향으로 일주하면서 생기는 전압강하의 합은 그 폐회로 내에 포함되어 있는 기전력의 합과 같다.

① 노튼의 정리
② 중첩의 정리
③ 키르히호프의 전압법칙
④ 패러데이의 법칙

| 해설
키르히호프의 전압법칙에 대한 설명이다.

정답 ③

12. 0℃에서 저항이 20Ω이고, 저항의 온도계수가 0.0052인 전선이 있다. 30℃에서 이 전선의 저항(Ω)은?

① 1.04 ② 12.67
③ 23.1 ④ 33.1

| 해설
$R_T = R_t[1+\alpha_t(T_t)]$ 에서
$R_T = 20 \times [1+0.0052 \times (30-0)] = 23.12 ≒ 23.1\,(\Omega)$

정답 ③

13. 두 개의 입력신호 중 한 개의 입력만이 1일 때 출력신호가 1이 되는 논리게이트는?

① EXCLUSIVE NOR
② NAND
③ EXCLUSIVE OR
④ AND

| 해설
두 개의 입력신호 중 한 개의 입력만이 1일 때 출력신호가 1이 되는 논리는 'EXCLUSIVE OR' 논리이다.

정답 ③

14. 단상변압기 3대를 △결선하여 부하에 전력을 공급하고 있는 중 변압기 1대가 고장나서 V결선으로 바꾼 경우에 고장 전과 비교하여 몇 % 출력을 낼 수 있는가?

① 50 ② 57.7
③ 70.7 ④ 86.6

| 해설
V결선 출력비
$$\frac{P_V}{P_\triangle} = \frac{\sqrt{3}\,P}{3P} = 0.577 = 57.7\%$$

정답 ②

15. 제어계 안정도 판별법으로 틀린 것은?

① 루쓰판별법
② 나이퀴스트판별법
③ 볼츠만판별법
④ 후르비츠판별법

| 해설
볼츠만판별법은 안정도 판별법에 해당하지 않는다.

정답 ③

16. 한변의 길이가 l(m)인 정사각형 도체회로에 전류 I(A)를 흘릴 때 회로의 중심점에서의 자계세기는 몇(AT/m)인가?

① $\dfrac{2I}{\pi l}$ ② $\dfrac{I}{\sqrt{2}\,\pi l}$ ③ $\dfrac{\sqrt{2}\,I}{\pi l}$ ④ $\dfrac{2\sqrt{2}\,I}{\pi l}$

| 해설

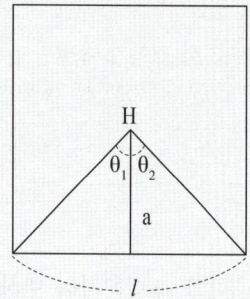

$H = \dfrac{I}{4\pi a}(\cos\theta_1 + \cos\theta_2)$

$ = \dfrac{I}{4\pi \times \dfrac{l}{2}} \times (\cos 45° + \cos 45°)$

$ = \dfrac{I}{2\pi l} \times \dfrac{2}{\sqrt{2}} = \dfrac{I}{2\pi l} \times \sqrt{2}$

4변이므로

$\dfrac{I}{2\pi l} \times \sqrt{2} \times 4 = \dfrac{2\sqrt{2}\,I}{\pi l}$

정답 ④

17. $i = I_m \sin\omega t\,(A)$의 정현파에서 순시값과 실효값이 같아지는 위상은 몇 도인가?

① 30°   ② 45°   ③ 50°   ④ 60°

| 해설

$I_m \sin\omega t = \dfrac{I_m}{\sqrt{2}}$, $\sin\omega t = \dfrac{1}{\sqrt{2}}$

$\theta(=\omega t) = \sin^{-1}\dfrac{1}{\sqrt{2}} = 45°$

정답 ②

18. 다음 그림과 같은 접점기호는?

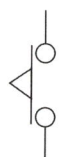

① 자동복귀 수동조작접점
② 수동복귀 수동조작접점
③ 순시동작 한시복귀접점
④ 한시동작 순시복귀접점

| 해설
순시동작 한시복귀접점의 기호이다.

정답 ③

19. 다음 그림 중 마디(node)전압 V_1, V_2의 값은 얼마인가?

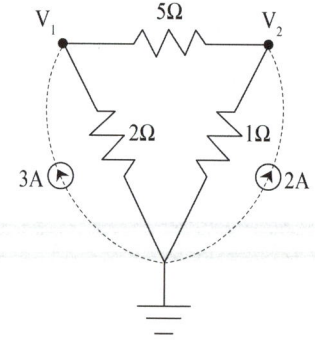

① $V_1 = 1V,\ V_2 = 6V$
② $V_1 = 3V,\ V_2 = 2.5V$
③ $V_1 = 4V,\ V_2 = 4V$
④ $V_1 = 5V,\ V_2 = 2.5V$

| 해설

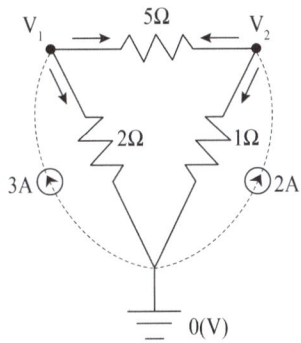

$\Sigma I = 0$,

$3 = \dfrac{V_1 - V_2}{5} + \dfrac{V_1 - 0}{2}$, $3 \times 10 = 2(V_1 - V_2) + 5V_1$,

$7V_1 - 2V_2 = 30$ ················ ①식

$2 = \dfrac{V_2 - V_1}{5} + \dfrac{V_2 - 0}{1}$,

$2 \times 5 = V_2 - V_1 + 5V_2$

$-V_1 + 6V_2 = 10$ ················ ②식

$(-V_1 + 6V_2 = 10) + (21V_1 - 6V_2 = 90)$, $20V_1 = 100$,

$V_1 = 5(V)$ ···················· ③식

③식을 ①식 또는 ②식에 대입

$7 \times 5 - 2V_2 = 30$, $2V_2 = 35 - 30$

$V_2 = 2.5(V)$

정답 ④

20. 아날로그와 디지털 통신에서 데시벨의 단위로 나타내는 SN비를 올바르게 풀어 쓴 것은?

① SIGN TO NUMBER RATING
② SIGNAL TO NOISE RATIO
③ SOURCE NULL RESISTANCE
④ SOURCE NETWORK RANGE

| 해설

S/N or SNR(signal-to-noise ratio): 신호 대 잡음비
아날로그와 디지털통신에서 신호 대 잡음비, 즉 S/N은 신호 대 잡음의 상대적인 크기를 재는 것으로서, 대개 데시벨이라는 단위가 사용된다.

정답 ②

소방전기시설의 구조 및 원리

21. 자동화재속보설비의 속보기의 성능인증 및 제품검사의 기술기준에 따라 교류입력측과 외함 간의 절연저항은 직류 500V의 절연저항계로 측정한 값이 몇 MΩ 이상이어야 하는가?

① 5   ② 10
③ 20   ④ 50

| 해설

절연저항시험
㉠ 절연된 충전부와 외함간의 절연저항은 직류 500V의 절연저항계로 측정한 값이 5MΩ(교류입력측과 외함간에는 20MΩ) 이상이어야 한다.
㉡ 절연된 선로간의 절연저항은 직류 500V의 절연저항계로 측정한 값이 20MΩ 이상이어야 한다.

정답 ③

22. 비상조명등의 비상전원은 지하층 또는 무창층으로서 용도가 도매시장·소매시장·여객자동차터미널·지하역사 또는 지하상가인 경우 그 부분에서 피난층에 이르는 부분의 비상조명등을 몇 분 이상 유효하게 작동시킬 수 있는 용량으로 하여야 하는가?

① 10   ② 20
③ 30   ④ 60

| 해설

비상조명등의 비상전원은 지하층 또는 무창층으로서 용도가 도매시장·소매시장·여객자동차터미널·지하역사 또는 지하상가인 경우 그 부분에서 피난층에 이르는 부분의 비상조명등을 60분 이상 유효하게 작동시킬 수 있는 용량으로 하여야 한다.

정답 ④

23. 자동화재탐지설비의 경계구역에 대한 설정기준으로 옳지 않은 것은?

① 지하구의 경우 하나의 경계구역의 길이는 800m 이하로 할 것
② 하나의 경계구역이 2개 이상의 층에 미치지 아니하도록 할 것
③ 하나의 경계구역의 면적은 600㎡ 이하로 하고 한 변의 길이는 50m 이하로 할 것
④ 하나의 경계구역이 2개 이상의 건축물에 미치지 아니하도록 할 것

| 해설
지하구의 경우 하나의 경계구역의 길이는 700m 이하로 한다.

정답 ①

24. 화재안전기준(NFSC)에 따른 비상전원 및 건전지의 유효 사용시간에 대한 최소 기준이 가장 긴 것은?

① 휴대용비상조명등의 건전지 용량
② 무선통신보조설비 증폭기의 비상전원
③ 지하층을 제외한 층수가 11층 미만의 층인 특정소방대상물에 설치되는 유도등의 비상전원
④ 지하층을 제외한 층수가 11층 미만의 층인 특정소방대상물에 설치되는 비상조명등의 비상전원

| 해설
비상전원 및 건전지의 유효 사용시간에 대한 최소 기준
㉠ 휴대용비상조명등의 건전지 용량은 20분 이상이다.
㉡ 무선통신보조설비 증폭기의 비상전원은 30분 이상이다.
㉢ 지하층을 제외한 층수가 11층 미만의 층인 특정소방대상물에 설치되는 유도등의 비상전원은 20분 이상이다.
㉣ 지하층을 제외한 층수가 11층 미만의 층인 특정소방대상물에 설치되는 비상조명등의 비상전원은 20분 이상이다.

정답 ②

25. 유도등 및 유도표지의 화재안전기준(NFSC 303)에 따라 객석유도등을 설치하여야 하는 장소로 옳지 않은 것은?

① 벽   ② 천장
③ 바닥   ④ 통로

| 해설
객석유도등을 설치하여야 하는 장소에는 벽, 통로, 바닥이 있으며, 천장은 포함되지 않는다.

정답 ②

26. 자동화재탐지설비 및 시각경보장치의 화재안전기준(NFSC 203)에 따른 청각장애인용 시각경보장치의 설치 높이는? (단, 천장의 높이가 2m 초과인 경우이다)

① 바닥으로부터 0.8m 이상 1.5m 이하
② 바닥으로부터 1.0m 이상 1.5m 이하
③ 바닥으로부터 1.5m 이상 2.0m 이하
④ 바닥으로부터 2.0m 이상 2.5m 이하

| 해설
청각장애인용 시각경보장치는 바닥으로부터 2.0m 이상 2.5m 이하에 설치하여야 한다.

정답 ④

27. 누전경보기의 형식승인 및 제품검사의 기술기준에서 정하는 누전경보기의 공칭작동전류치(누전경보기를 작동시키기 위하여 필요한 누설전류의 값으로서 제조자에 의하여 표시된 값을 말한다)는 몇 mA 이하이어야 하는가?

① 50   ② 100
③ 150   ④ 200

| 해설

누전경보기의 공칭작동전류치(누전경보기를 작동시키기 위하여 필요한 누설전류의 값으로서 제조자에 의하여 표시된 값을 말한다)는 200mA 이하이다.

정답 ④

---

28. 비상방송설비의 음향장치는 정격전압의 몇 % 전압에서 음향을 발할 수 있는 것으로 하여야 하는가?

① 80 ② 90
③ 100 ④ 110

| 해설

음향장치의 구조 및 성능
㉠ 정격전압의 80% 전압에서 음향을 발할 수 있는 것으로 하여야 한다.
㉡ 자동화재탐지설비의 작동과 연동하여 작동할 수 있는 것으로 하여야 한다.

정답 ①

---

29. 비상콘센트설비의 성능인증 및 제품검사의 기술기준에 따라 비상콘센트설비의 절연된 충전부와 외함 간의 절연내력은 정격전압 150V 이하의 경우 60Hz의 정현파에 가까운 실효전압 1,000V 교류전압을 가하는 시험에서 몇 분간 견디어야 하는가?

① 1 ② 5
③ 10 ④ 30

| 해설

절연내력시험
절연된 충전부와 외함 간의 절연내력은 정격전압 150V 이하의 경우 60Hz의 정현파에 가까운 실효전압 1,000V 교류전압을 가하는 시험에서 1분간 견디는 것이어야 한다. 정격전압이 150V를 초과하는 경우 그 정격전압에 2를 곱하여 1천을 더한 값의 교류전압을 가하는 시험에서 1분간 견디는 것이어야 한다.

정답 ①

---

30. 자동화재탐지설비 및 시각경보장치의 화재안전기준(NFSC 203)에 따라 감지기회로의 도통시험을 위한 종단저항의 설치기준으로 옳지 않은 것은?

① 감지기회로의 끝부분에 설치할 것
② 점검 및 관리가 쉬운 장소에 설치할 것
③ 전용함을 설치하는 경우 그 설치 높이는 바닥으로부터 2.0m 이내로 할 것
④ 종단감지기에 설치할 경우에는 구별이 쉽도록 해당 감지기의 기판 등에 별도의 표시를 할 것

| 해설

감지기회로의 도통시험을 위한 종단저항 설치기준
㉠ 점검 및 관리가 쉬운 장소에 설치할 것
㉡ 전용함을 설치하는 경우 그 설치 높이는 바닥으로부터 1.5m 이내로 할 것
㉢ 감지기 회로의 끝부분에 설치하며, 종단감지기에 설치할 경우에는 구별이 쉽도록 해당 감지기의 기판 및 감지기 외부 등에 별도의 표시를 할 것

정답 ③

---

31. 자동화재탐지설비 및 시각경보장치의 화재안전기준(NFSC 203)에 따라 광전식분리형감지기의 설치기준에 대한 설명으로 옳지 않은 것은?

① 감지기의 수광면은 햇빛을 직접 받지 않도록 설치할 것
② 감지기의 송광부와 수광부는 설치된 뒷벽으로부터 1m 이내 위치에 설치할 것
③ 광축(송광면과 수광면의 중심을 연결한 선)은 나란한 벽으로부터 0.6m 이상 이격하여 설치할 것
④ 광축의 높이는 천장 등(천장의 실내에 면한 부분 또는 상층의 바닥하부면을 말한다) 높이의 70% 이상일 것

| 해설

광전식분리형감지기의 설치기준
광축의 높이는 천장 등(천장의 실내에 면한 부분 또는 상층의 바닥하부면을 말한다) 높이의 80% 이상이어야 한다.

정답 ④

32. 자동화재속보설비의 속보기의 성능인증 및 제품검사의 기술기준에 따라 속보기는 작동신호를 수신하거나 수동으로 동작시키는 경우 20초 이내에 소방관서에 자동적으로 신호를 발하여 통보하되, 몇 회 이상 속보할 수 있어야 하는가?

① 1
② 2
③ 3
④ 4

| 해설
속보기의 기능
자동화재속보설비의 속보기는 작동신호를 수신하거나 수동으로 동작시키는 경우 20초 이내에 소방관서에 자동적으로 신호를 발하여 통보하되, 3회 이상 속보할 수 있어야 한다.

정답 ③

33. 자동화재탐지설비 및 시각경보장치의 화재안전기준(NFSC 203)에 따라 환경상태가 현저하게 고온으로 되어 연기감지기를 설치할 수 없는 건조실 또는 살균실 등에 적응성 있는 열감지기가 아닌 것은?

① 정온식 1종
② 정온식 특종
③ 열아날로그식
④ 보상식 스포트형 1종

| 해설
환경상태가 현저하게 고온으로 되어 연기감지기를 설치할 수 없는 건조실 또는 살균실 등에 적응성 있는 열감지기의 종류에는 정온식 1종, 정온식 특종, 열아날로그식이 있으며, 보상식 스포트형 1종은 포함되지 않는다.

정답 ④

34. 누전경보기의 형식승인 및 제품검사의 기술기준에 따라 외함은 불연성 또는 난연성 재질로 만들어져야 하며, 누전경보기의 외함의 두께는 몇 mm 이상이어야 하는가? (단, 직접 벽면에 접하여 벽 속에 매립되는 외함의 부분은 제외한다)

① 1
② 1.2
③ 2.5
④ 3

| 해설
외함은 불연성 또는 난연성 재질로 만들어져야 하며, 누전경보기의 외함의 두께는 1mm 이상이어야 한다(단, 직접 벽면에 접하여 벽 속에 매립되는 외함의 부분은 1.6mm 이상).

정답 ①

35. 무선통신보조설비의 화재안전기준(NFSC 505)에 따라 지표면으로부터의 깊이가 몇 m 이하인 경우에는 해당층에 한하여 무선통신보조설비를 설치하지 아니할 수 있는가?

① 0.5
② 1
③ 1.5
④ 2

| 해설
무선통신보조설비는 지표면으로부터의 깊이가 1m 이하인 경우에는 해당층에 한하여 무선통신보조설비를 설치하지 아니할 수 있다.

정답 ②

36. 무선통신보조설비의 화재안전기준(NFSC 505)에 따른 무선통신보조설비의 주요 구성요소가 아닌 것은?

① 증폭기
② 분배기
③ 음향장치
④ 누설동축케이블

| 해설

무선통신보조설비의 주요 구성요소에는 증폭기, 분배기, 옥외안테나, 누설동축케이블이 있으며, 음향장치는 포함되지 않는다.

정답 ③

37. 비상방송설비의 화재안전기준(NFSC 202)에 따라 기동장치에 따른 화재신고를 수신한 후 필요한 음량으로 화재발생 상황 및 피난에 유효한 방송이 자동으로 개시될 때까지의 소요시간은 몇 초 이하로 하여야 하는가?

① 3   ② 5   ③ 7   ④ 10

| 해설

비상방송설비는 기동장치에 따른 화재신고를 수신한 후 필요한 음량으로 화재발생 상황 및 피난에 유효한 방송이 자동으로 개시될 때까지의 소요시간은 10초 이하로 하여야 한다.

정답 ④

38. 무선통신보조설비의 화재안전기준(NFSC 505)에 따라 누설동축케이블 또는 동축케이블의 임피던스(Ω)는?

① 5   ② 10   ③ 30   ④ 50

| 해설

누설동축케이블 등
㉠ 누설동축케이블 및 안테나는 고압의 전로로부터 1.5m 이상 떨어진 위치에 설치할 것. 다만, 해당 전로에 정전기차폐장치를 유효하게 설치한 경우에는 그러하지 아니하다.
㉡ 누설동축케이블의 끝부분에는 무반사 종단저항을 견고하게 설치할 것
㉢ 누설동축케이블 또는 동축케이블의 임피던스는 50Ω으로 하고, 이에 접속하는 안테나·분배기 기타의 장치는 해당 임피던스에 적합한 것으로 하여야 한다.

정답 ④

39. 유도등 및 유도표지의 화재안전기준(NFSC 303)에 따른 피난구유도등의 설치장소로 옳지 않은 것은?

① 직통계단
② 직통계단의 계단실
③ 안전구획된 거실로 통하는 출입구
④ 옥외로부터 직접 지하로 통하는 출입구

| 해설

피난구유도등의 설치장소
㉠ 직통계단
㉡ 직통계단의 계단실
㉢ 안전구획된 거실로 통하는 출입구
㉣ 옥내로부터 직접 지상으로 통하는 출입구

정답 ④

40. 비상경보설비 및 단독경보형감지기의 화재안전기준(NFSC 201)에 따라 바닥면적이 450㎡일 경우 단독경보형감지기의 최소 설치개수는?

① 1개   ② 2개
③ 3개   ④ 4개

| 해설

단독경보형감지기의 최소 설치개수 = 450㎡/150㎡ = 3
∴ 3개이다.

정답 ③

2023년 제4회(CBT)

※ CBT 문제는 수험생의 기억에 따라 복원된 것이며, 실제 기출문제와 동일하지 않을 수 있습니다.

소방전기일반

01. 변압기 내부의 고장 검출 및 보호에 사용되는 계전기는?

① 비율차동계전기   ② 부족전압계전기
③ 역전류계전기   ④ 온도계전기

| 해설
변압기 내부의 고장 검출 및 보호에 사용되는 계전기
㉠ 비율차동계전기
㉡ 차동계전기
㉢ 브흐홀쯔계전기

정답 ①

02. $R=4\Omega$, $\dfrac{1}{\omega C}=9\Omega$인 RC 직렬회로에 전압 $e(t)$를 인가할 때, 제3고조파 전류의 실효값 크기 (A)는? (단, $e(t)=50+10\sqrt{2}\sin\omega t + 120\sqrt{2}\sin3\omega t(V)$이다)

① 4.4   ② 12.2
③ 24   ④ 34

| 해설

$$I_3 = \frac{|V_3|}{|Z_3|} = \frac{V_3}{\sqrt{R^2+(\frac{1}{3\omega C})^2}} = \frac{\frac{120\sqrt{2}}{\sqrt{2}}}{\sqrt{4^2+(\frac{9}{3})^2}}$$
$$= 24(A)$$

정답 ③

03. 블록선도에서 외란 $D(s)$의 입력에 대한 출력 $C(s)$의 전달함수 $\left(\dfrac{C(s)}{D(s)}\right)$는?

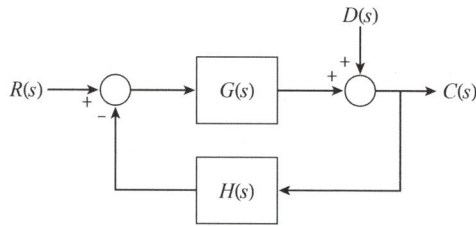

① $\dfrac{G(s)}{H(s)}$ ② $\dfrac{1}{1+G(s)H(s)}$

③ $\dfrac{H(s)}{G(s)}$ ④ $\dfrac{G(s)}{1+G(s)H(s)}$

| 해설
$$\frac{C(s)}{D(s)} = \frac{1}{1+G(s)H(s)}$$

정답 ②

04. 두 개의 코일 L_1과 L_2를 동일방향으로 직렬 접속하였을 때 합성인덕턴스가 140mH이고, 반대방향으로 접속하였더니 합성 인덕턴스가 20mH이었다. 이때, L_1 = 40mH이면 결합계수 k는?

① 0.38   ② 0.5
③ 0.75   ④ 1.3

| 해설
$(140 = 40 + L_2 + 2M) - (20 = 40 + L_2 - 2M)$
$120 = 4M$
$M = 30(mH)$
$L_2 = 140 - 40 - 2 \times 30 = 40(mH)$
결합계수$(k) = \dfrac{M}{\sqrt{L_1 L_2}} = \dfrac{30}{\sqrt{40 \times 40}} = 0.75$

정답 ③

05. 목표값이 시간에 관계없이 항상 일정한 값을 가지는 제어는?

① 정치제어   ② 추종제어
③ 비율제어   ④ 프로그램제어

| 해설

목표값이 시간에 관계없이 항상 일정한 값을 가지는 제어는 정치제어이다.

정답 ①

06. 반도체를 이용한 화재감지기 중에서 서미스터(thermistor)는 무엇을 측정하기 위한 반도체 소자인가?

① 온도
② 연기 농도
③ 가스 농도
④ 불꽃의 스펙트럼 강도

| 해설

- 서미스터는 열적 신호를 전기적 신호로 바꾸어 주는 여러 가지 센서의 역할을 하며, 온도 측정 장치·자동 온도 조절 장치 등에 이용된다.
- 서미스터는 여러 가지 금속산화물을 녹여 만든 반도체로서, 일반적인 금속과는 달리 온도가 올라갈수록 저항이 감소하는 전기적 성질을 나타낸다.

정답 ①

07. 다음의 단상 유도전동기 중 기동 토크가 가장 큰 것은?

① 세이딩 코일형   ② 콘덴서 기동형
③ 분상 기동형   ④ 반발 기동형

| 해설

- 단상 유도전동기 중 기동 토크가 가장 큰 것은 반발 기동형이다.
- 콘덴서 기동형은 단상 유도전동기 중 역률 및 효율이 좋다.

정답 ④

08. 조작기기는 직접 제어대상에 작용하는 장치이고 빠른 응답이 요구된다. 다음 중 전기식 조작기기가 아닌 것은?

① 서보 전동기   ② 전동 밸브
③ 다이어프램 밸브   ④ 전자 밸브

| 해설

다이어프램 밸브는 기계식 조작기기이다.

정답 ③

09. 다음 중 교류전압계의 지침이 지시하는 전압은?

① 실효값   ② 평균값
③ 최대값   ④ 순시값

| 해설

- **실효값** 지시: 교류전압계의 지침이 지시하는 전압
- **평균값** 지시: 직류계기의 지침이 지시

정답 ①

10. 두 전하 사이에 작용하는 힘을 정전력이라고 한다. 이 정전력이 두 전하(전기량)의 곱에 비례하고 거리의 제곱에 반비례하는 성질을 무슨 법칙이라고 하는가?

① 패러데이의 법칙 ② 키르히호프의 법칙
③ 쿨롱의 법칙   ④ 가우스 법칙

| 해설
정전력이 두 전하(전기량)의 곱에 비례하고 거리의 제곱에 반비례하는 성질을 쿨롱의 법칙이라 한다.

정답 ③

11. 논리식 $\overline{A} \cdot (\overline{A} + B)$를 간단히 표현하면?

① $\overline{A}$ ② $\overline{A} \cdot B$
③ $\overline{A} + B$ ④ $A \cdot B$

| 해설
$\overline{A} \cdot \overline{A} + \overline{A} \cdot B = \overline{A} + \overline{A} \cdot B$
$= \overline{A}(1+B) = \overline{A}$

정답 ①

12. 단상 반파정류회로에서 교류 실효값 220V를 정류하면 직류 평균전압(V)은? (단, 정류기의 전압강하는 무시한다)

① 58   ② 73
③ 88   ④ 99

| 해설
단상 반파정류회로 직류 평균전압
$V_a = \frac{1}{\pi} V_m = \frac{1}{\pi} \times 220\sqrt{2} = 99.03 ≒ 99(V)$

정답 ④

13. 그림과 같은 논리회로의 출력 L을 간단히 표시하면?

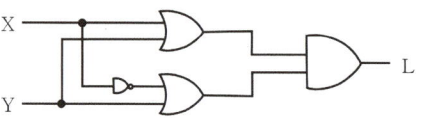

① $L = X$ ② $L = Y$
③ $L = \overline{X}$ ④ $L = \overline{Y}$

| 해설
$(X+Y)(\overline{X}+Y) = X\overline{X} + XY + \overline{X}Y + YY$
$= Y(X+\overline{X}+1) = Y$

정답 ②

14. 0°C에서 저항이 10Ω이고, 저항의 온도계수가 0.0043인 전선이 있다. 30°C에서 이 전선의 저항(Ω)은?

① 0.013   ② 0.68
③ 1.4   ④ 11.3

| 해설
$R_T = R_t[1+\alpha_t(T-t)]$에서
$R_T = 10 \times [1+0.0043 \times (30-0)]$
$= 11.29 ≒ 11.3(\Omega)$

정답 ④

15. 저항 $R_1(\Omega)$, 저항 $R_2(\Omega)$, 인덕턴스 $L(H)$의 직렬회로가 있다. 이 회로의 시정수(s)는?

① $-\dfrac{R_1+R_2}{L}$ ② $\dfrac{R_1+R_2}{L}$
③ $-\dfrac{L}{R_1+R_2}$ ④ $\dfrac{L}{R_1+R_2}$

| 해설

시정수$(s) = \dfrac{L}{R_1+R_2}$

정답 ④

16. 옴의 법칙에 대한 설명으로 옳은 것은?

① 전압은 저항에 반비례한다.
② 전압은 전류에 비례한다.
③ 전압은 전류에 반비례한다.
④ 전압은 전류의 제곱에 비례한다.

| 해설

옴의 법칙
㉠ 전압은 저항에 비례한다.
㉡ 전압은 전류에 비례한다.
㉢ 전류는 저항에 반비례한다.

정답 ②

17. 프로세스제어의 제어량이 아닌 것은?

① 액위 ② 유량
③ 온도 ④ 자세

| 해설

• 프로세스제어의 제어량이 아닌 것은 자세이다.
• 프로세스제어란 제어량에 따른 제어방식의 분류 중 온도, 유량, 액위, 압력 등의 공업 프로세스의 상태량을 제어량으로 하는 제어계로서 외란의 억제를 주목적으로 하는 제어방식이다.

정답 ④

18. 동기발전기의 병렬운전 조건으로 옳지 않은 것은?

① 기전력의 크기가 같을 것
② 기전력의 위상이 같을 것
③ 기전력의 주파수가 같을 것
④ 극수가 같을 것

| 해설

동기발전기의 병렬운전 조건
㉠ 기전력의 크기가 같을 것
㉡ 기전력의 위상이 같을 것
㉢ 기전력의 주파수가 같을 것

정답 ④

19. 저항이 4Ω, 인덕턴스가 8mH인 코일을 직렬로 연결하고 100V, 60Hz인 전압을 공급할 때 유효전력(kW)은?

① 0.8 ② 1.2
③ 1.6 ④ 2.0

| 해설

유효전력$(P) = I^2 R = (\dfrac{V}{\sqrt{R^2 + X_L^2}})^2 \times R(W)$,

$X_L = \omega L = 2\pi f L(\Omega)$

$P = (\dfrac{100}{\sqrt{4^2 + (2\pi \times 60 \times 8 \times 10^{-3})^2}})^2 \times 4$

$= 1593.8(W) ≒ 1600(W) = 1.6(kW)$

정답 ③

20. 무한장 솔레노이드 자계의 세기에 대한 설명으로 옳지 않은 것은?

① 전류의 세기에 비례한다.
② 코일의 권수에 비례한다.
③ 솔레노이드 내부에서의 자계의 세기는 위치에 관계없이 일정한 평등자계이다.
④ 자계의 방향과 암페어 경로 간에 서로 수직인 경우 자계의 세기가 최고이다.

| 해설

무한장 솔레노이드 자계의 세기
㉠ 전류의 세기에 비례한다.
㉡ 코일의 권수에 비례한다.
㉢ 솔레노이드 내부에서의 자계의 세기는 위치에 관계없이 일정한 평등자계이다.

정답 ④

소방전기시설의 구조 및 원리

21. 예비전원의 성능인증 및 제품검사의 기술기준에 따른 예비전원의 구조 및 성능에 대한 설명으로 옳지 않은 것은?

① 예비전원을 병렬로 접속하는 경우에는 역충전방지 등의 조치를 강구하여야 한다.
② 배선은 충분한 전류 용량을 갖는 것으로서 배선의 접속이 적합하여야 한다.
③ 예비전원에 연결되는 배선의 경우 양극은 청색, 음극은 적색으로 오접속방지 조치를 하여야 한다.
④ 축전지를 직렬 또는 병렬로 사용하는 경우에는 용량(전압, 전류)이 균일한 축전지를 사용하여야 한다.

| 해설

예비전원에 연결되는 배선의 경우 양극은 적색, 음극은 청색 또는 흑색으로 오접속방지 조치를 하여야 한다.

정답 ③

22. 비상콘센트설비의 화재안전기준(NFSC 504)에 따른 용어의 정의 중 고압으로 옳은 것은?

① "고압"이란 직류는 0.75kV를, 교류는 0.6kV를 초과하는 것을 말한다.
② "고압"이란 직류는 1.5kV를, 교류는 1kV를 초과하는 것을 말한다.
③ "고압"이란 7kV를 초과하는 것을 말한다.
④ "고압"이란 직류는 1.5kV를, 교류는 1kV를 초과하고 7kV 이하인 것을 말한다.

| 해설

비상콘센트설비의 정의
㉠ "저압"이란 직류는 1.5kV 이하, 교류는 1kV 이하인 것을 말한다.
㉡ "고압"이란 직류는 1.5kV를, 교류는 1kV를 초과하고, 7kV 이하인 것을 말한다.

ⓒ "특고압"이란 7kV를 초과하는 것을 말한다.

정답 ④

23. 유도등 및 유도표지의 화재안전기준(NFSC 303)에 따라 광원점등방식 피난유도선의 설치기준으로 틀린 것은?

① 구획된 각 실로부터 주출입구 또는 비상구까지 설치할 것
② 피난유도 표시부는 바닥으로부터 높이 1m 이하의 위치 또는 바닥 면에 설치할 것
③ 피난유도 제어부는 조작 및 관리가 용이하도록 바닥으로부터 0.8m 이상 1.5m 이하의 높이에 설치할 것
④ 피난유도 표시부는 50cm 이내의 간격으로 연속되도록 설치하되 실내장식물 등으로 설치가 곤란할 경우 2m 이내로 설치할 것

| 해설

피난유도 표시부는 50cm 이내의 간격으로 연속되도록 설치하되 실내장식물 등으로 설치가 곤란할 경우 1m 이내로 설치한다.

정답 ④

24. 화재안전기준에서 비상콘센트의 저압에 관한 설명으로 옳은 것은?

① "저압"이란 직류는 1.5kV 이하, 교류는 1kV 이하인 것을 말한다.
② "저압"이란 직류는 0.75kV 이하, 교류는 0.6kV 이하인 것을 말한다.
③ "고압"이란 직류는 1.5kV를, 교류는 1kV를 초과하는 것을 말한다.
④ "고압"이란 직류는 0.75kV를, 교류는 0.6kV를 초과하는 것을 말한다.

| 해설

비상콘센트설비의 전압 정의
㉠ "저압"이란 직류는 1.5kV 이하, 교류는 1kV 이하인 것을 말한다.
㉡ "고압"이란 직류는 1.5kV를, 교류는 1kV를 초과하고, 7kV 이하인 것을 말한다.
㉢ "특고압"이란 7kV를 초과하는 것을 말한다.

정답 ①

25. 무선통신보조설비의 화재안전기준(NFSC 505)에 따른 감시제어반 등에 설치된 무선중계기의 입력과 출력포트에 연결되어 송수신 신호를 원활하게 방사·수신하기 위해 옥외에 설치하는 장치를 말하는 것은?

① 혼합기   ② 분파기
③ 증폭기   ④ 옥외안테나

| 해설

옥외안테나는 감시제어반 등에 설치된 무선중계기의 입력과 출력포트에 연결되어 송수신 신호를 원활하게 방사·수신하기 위해 옥외에 설치하는 장치를 말한다.

정답 ④

26. 무선통신보조설비의 화재안전기준(NFSC 505)에 따른 무선통신보조설비의 주요 구성 요소로 옳지 않은 것은?

① 무선기를 접속하는 단자
② 분배기
③ 변류기
④ 누설동축케이블

| 해설

변류기는 누전경보기의 주요구성 요소이다.

정답 ③

27. 자동화재탐지설비 및 시각경보장치의 화재안전기준(NFSC 203)에 따른 공기관식 차동식분포형감지기의 설치기준으로 옳지 않은 것은?

① 검출부는 3° 이상 경사되지 아니하도록 부착할 것
② 공기관의 노출부분은 감지구역마다 20m 이상이 되도록 할 것
③ 하나의 검출부분에 접속하는 공기관의 길이는 100m 이하로 할 것
④ 공기관과 감지구역의 각 변과의 수평거리는 1.5m 이하가 되도록 할 것

| 해설
검출부는 5° 이상 경사되지 아니하도록 부착하여야 한다.

정답 ①

28. 자동화재속보설비의 설치기준으로 옳지 않은 것은?

① 조작스위치는 바닥으로부터 0.8m 이상 1.5m 이하의 높이에 설치한다.
② 비상경보설비와 연동으로 작동하여 자동적으로 화재발생 상황을 소방관서에 전달하도록 한다.
③ 속보기는 소방관서에 통신망으로 통보하도록 하며, 데이터 또는 코드전송방식을 부가적으로 설치할 수 있다.
④ 속보기는 소방청장이 정하여 고시한 「자동화재속보설비의 속보기의 성능인증 및 제품검사의 기술기준」에 적합한 것으로 설치하여야 한다.

| 해설
비상경보설비가 아닌 자동화재탐지설비와 연동으로 작동하여 자동적으로 화재발생 상황을 소방관서에 전달하도록 한다.

정답 ②

29. 누전경보기의 화재안전기준(NFSC 205)에 따른 누전경보기 전원의 시설기준으로 틀린 것은?

① 전원은 분전반으로부터 전용회로로 하여야 한다.
② 각 극에 개폐기 및 15A 이하의 과전류차단기를 설치하여야 한다.
③ 전원의 개폐기에는 누전경보기용임을 표시한 표지를 하여야 한다.
④ 전원을 분기할 때에는 다른 차단기에 따라 동시에 전원이 차단되도록 하여야 한다.

| 해설
전원을 분기할 때에는 다른 차단기에 따라 전원이 차단되지 아니하도록 하여야 한다.

정답 ④

30. 수신기를 나타내는 소방시설 도시기호로 옳은 것은?

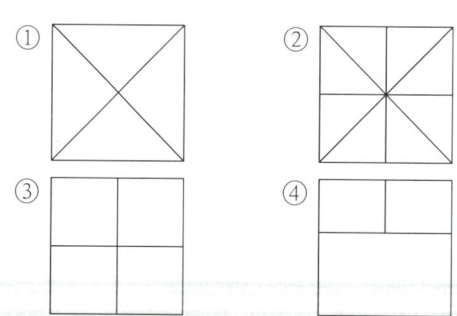

| 해설
수신기를 나타내는 소방시설 도시기호는 ②의 기호이다.

참고 수신기 관련 기호

㉠ : 수신기
㉡ : 부수신기
㉢ : 중계기

정답 ②

31. 비상조명등의 우수품질인증 기술기준에 따라 인출선인 경우 전선의 굵기는 몇 mm² 이상이어야 하는가?

① 0.5
② 0.75
③ 1.5
④ 2.5

| 해설

전선의 굵기가 인출선인 경우에는 단면적이 0.75mm² 이상, 인출선 외의 경우에는 단면적이 0.5mm² 이상이어야 한다.

정답 ②

32. 자동화재탐지설비 및 시각경보장치의 화재안전기준(NFSC 203)에 따른 배선의 시설기준으로 옳지 않은 것은?

① 감지기 사이의 회로의 배선은 송배전식으로 할 것
② 감지기회로의 도통시험을 위한 종단저항은 감지기회로의 끝 부분에 설치할 것
③ 피(P)형수신기의 감지기 회로의 배선에 있어서 하나의 공통선에 접속할 수 있는 경계구역은 5개 이하로 할 것
④ 수신기의 각 회로별 종단에 설치되는 감지기에 접속되는 배선의 전압은 감지기 정격전압의 80% 이상이어야 할 것

| 해설

자동화재탐지설비 및 시각경보장치의 배선의 시설기준
㉠ 감지기 사이의 회로의 배선은 송배전식으로 할 것
㉡ 감지기회로의 도통시험을 위한 종단저항은 감지기회로의 끝부분에 설치할 것
㉢ 피(P)형수신기의 감지기 회로의 배선에 있어서 하나의 공통선에 접속할 수 있는 경계구역은 7개 이하로 할 것
㉣ 수신기의 각 회로별 종단에 설치되는 감지기에 접속되는 배선의 전압은 감지기 정격전압의 80% 이상이어야 할 것

정답 ③

33. 비상조명등의 형식승인 및 제품검사의 기술기준에 따라 비상조명등의 일반구조로 광원과 전원부를 별도로 수납하는 구조에 대한 설명으로 옳지 않은 것은?

① 전원함은 방폭구조로 할 것
② 배선은 충분히 견고한 것을 사용할 것
③ 광원과 전원부 사이의 배선길이는 1m 이하로 할 것
④ 전원함은 불연재료 또는 난연재료의 재질을 사용할 것

| 해설

비상조명등의 일반구조로 광원과 전원부를 별도로 수납하는 구조
㉠ 전원함은 불연재료 또는 난연재료의 재질을 사용할 것
㉡ 배선은 충분히 견고한 것을 사용할 것
㉢ 광원과 전원부 사이의 배선길이는 1m 이하로 할 것

정답 ①

34. 자동화재속보설비의 속보기의 성능인증 및 제품검사의 기술기준에 따라 자동화재속보설비의 속보기가 소방관서에 자동적으로 통신망을 통해 통보하는 신호의 내용으로 옳은 것은?

① 당해 소방대상물의 위치 및 규모
② 당해 소방대상물의 위치 및 용도
③ 당해 화재발생 및 당해 소방대상물의 위치
④ 당해 고장발생 및 당해 소방대상물의 위치

| 해설

"자동화재속보설비의 속보기(이하 이 기준에서 "속보기"라 한다)"란 수동작동 및 자동화재탐지설비 수신기의 화재신호와 연동으로 작동하여 관계인에게 화재발생을 경보함과 동시에 소방관서에 자동적으로 통신망을 통한 당해 화재발생 및 당해 소방대상물의 위치 등을 음성으로 통보하여 주는 것을 말한다.

정답 ③

35. 소방시설용 비상전원수전설비의 화재안전기준(NFSC 602)에 따른 제1종 배전반 및 제1종 분전반의 시설기준으로 옳지 않은 것은?

① 전선의 인입구 및 입출구는 외함에 노출하여 설치하면 아니 된다.
② 외함의 문은 2.3mm 이상의 강판과 이와 동등 이상의 강도와 내화성능이 있는 것으로 제작하여야 한다.
③ 공용배전반 및 공용분전반의 경우 소방회로와 일반회로에 사용하는 배선 및 배선용 기기는 불연재료로 구획되어야 한다.
④ 외함은 금속관 또는 금속제 가요전선관을 쉽게 접속할 수 있도록 하고, 당해 접속부분에는 단열조치를 하여야 한다.

| 해설
전선의 인입구 및 입출구는 외함에 노출하여 설치할 수 있다.
정답 ①

36. 누전경보기의 형식승인 및 제품검사의 기술 기준에 따라 누전경보기의 수신부는 그 정격전압에서 몇 회의 누전작동시험을 실시하는가?

① 1,000회
② 5,000회
③ 10,000회
④ 20,000회

| 해설
수신부는 그 정격전압에서 1만회의 누전작동시험을 실시하는 경우 그 구조 또는 기능에 이상이 생기지 아니하여야 한다.
정답 ③

37. 자동화재탐지설비 및 시각경보장치의 화재안전기준(NFSC 203)에 따른 자동화재탐지설비의 감지기 설치에 있어서 부착 높이가 20m 이상일 때 적합한 감지기 종류는?

① 불꽃감지기
② 연기복합형감지기
③ 차동식분포형감지기
④ 이온화식 1종 감지기

| 해설
감지기 부착 높이가 20m 이상일 때 적합한 감지기
㉠ 불꽃감지기
㉡ 광전식(분리형, 공기흡입형) 중 아날로그방식
정답 ①

38. 다음 비상경보설비 및 비상방송설비에 사용되는 용어에 대한 설명으로 옳지 않은 것은?

① "비상벨설비"라 함은 화재발생 상황을 경종으로 경보하는 설비를 말한다.
② "증폭기"라 함은 전압전류의 주파수를 늘려 감도를 좋게 하고 소리를 크게 하는 장치를 말한다.
③ "확성기"라 함은 소리를 크게 하여 멀리까지 전달될 수 있도록 하는 장치로써 일명 스피커를 말한다.
④ "음량조절기"라 함은 가변저항을 이용하여 전류를 변화시켜 음량을 크게 하거나 작게 조절할 수 있는 장치를 말한다.

| 해설
"증폭기"라 함은 전압전류의 진폭을 늘려 감도를 좋게 하고 미약한 음성전류를 커다란 음성전류로 변화시켜 소리를 크게 하는 장치를 말한다.
정답 ②

39. 비상콘센트설비의 전원부와 외함 사이의 절연내력 기준 중 ( ) 안에 알맞은 것은?

> 절연내력은 전원부와 외함 사이에 정격 전압이 150V 이하인 경우에는 (㉠)V의 실효전압을, 정격전압이 150V 이상인 경우에는 그 정격전압에 (㉡)을(를) 곱하여 1,000을 더한 실효전압을 가하는 시험에서 1분 이상 견디는 것으로 할 것

	㉠	㉡
①	500	2
②	500	3
③	1000	2
④	1000	3

| 해설

절연내력은 전원부와 외함 사이에 정격 전압이 150V 이하인 경우에는 ㉠ 1,000V의 실효전압을, 정격전압이 150V 이상인 경우에는 그 정격전압에 ㉡ 2를 곱하여 1,000을 더한 실효전압을 가하는 시험에서 1분 이상 견디는 것으로 할 것

정답 ③

40. 휴대용비상조명등 설치 높이로 옳은 것은?

① 0.8m ~ 1.0m
② 0.8m ~ 1.5m
③ 1.0m ~ 1.5m
④ 1.0m ~ 1.8m

| 해설

휴대용비상조명등은 0.8m 이상 1.5m 이하의 높이로 설치한다.

정답 ②

2023년 | 제2회(CBT)

※ CBT 문제는 수험생의 기억에 따라 복원된 것이며, 실제 기출문제와 동일하지 않을 수 있습니다.

소방전기일반

01. 다음 논리식 중 옳지 않은 것은?

① $X + X = X$
② $X \cdot X = X$
③ $X + \overline{X} = 1$
④ $X \cdot \overline{X} = 1$

| 해설
$X \cdot \overline{X} = 0$이다.

정답 ④

02. 3상 농형 유도전동기의 기동법이 아닌 것은?

① Y-△ 기동법
② 기동 보상기법
③ 2차 저항 기동법
④ 리액터 기동법

| 해설
2차 저항 기동법은 3상 농형 유도전동기의 기동법에 해당하지 않으며, 권선형 유도전동기의 기동법에 해당한다.

> 참고 3상 농형 유도전동기의 기동법
> ㉠ Y-△ 기동법
> ㉡ 기동 보상기법
> ㉢ 리액터 기동법

정답 ③

03. 3상 유도전동기가 중부하로 운전되던 중 1선이 절단되면 어떻게 되는가?

① 전류가 감소한 상태에서 회전이 계속된다.
② 전류가 증가한 상태에서 회전이 계속된다.
③ 속도가 증가하고 부하전류가 급상승한다.
④ 속도가 감소하고 부하전류가 급상승한다.

| 해설
3상 유도전동기가 중부하로 운전되던 중 1선이 절단되면 속도가 감소하고 부하전류가 급상승한다.

정답 ④

04. AC 서보전동기의 전달함수는 어떻게 취급하면 되는가?

① 미분요소와 1차요소의 직렬결합으로 취급한다.
② 적분요소와 1차요소의 직렬결합으로 취급한다.
③ 미분요소와 2차요소의 병렬결합으로 취급한다.
④ 적분요소와 1차요소의 병렬결합으로 취급한다.

| 해설
AC 서보전동기의 전달함수는 적분요소와 1차요소의 직렬결합으로 취급한다.

정답 ②

05. 다음 중 피드백제어계에 반드시 필요한 장치는?

① 조작장치
② 안정도 향상장치
③ 속응성 향상장치
④ 입·출력 비교장치

| 해설
피드백제어계에 반드시 필요한 장치는 입·출력 비교장치이다.

정답 ④

06. 변위를 전압으로 변환시키는 장치가 아닌 것은?

① 포텐셔미터 ② 차동변압기
③ 전위차계   ④ 측온저항체

| 해설

변위를 전압으로 변환시키는 장치에는 포텐셔미터, 차동변압기, 전위차계가 있으며, 측온저항체는 이에 포함되지 않는다.

정답 ④

07. 줄의 법칙에 관한 수식으로 옳지 않은 것은?

① $H = \dfrac{1}{4.2} I^2 Rt \,(\text{cal})$
② $H = 0.24 I^2 Rt \,(\text{cal})$
③ $H = I^2 Rt \,(\text{J})$
④ $H = 0.12 VIt \,(\text{J})$

| 해설

줄의 법칙
㉠ $H = \dfrac{1}{4.2} I^2 Rt \,(\text{cal})$
㉡ $H = 0.24 I^2 Rt \,(\text{cal})$
㉢ $H = I^2 Rt \,(\text{J})$
㉣ $H = VIt \,(\text{J})$
따라서 옳지 않은 것은 ④이다.

정답 ④

08. 다이오드를 사용한 정류회로에서 과전압방지를 위한 대책으로 가장 알맞은 것은?

① 다이오드를 직렬로 추가한다.
② 다이오드를 병렬로 추가한다.
③ 다이오드의 양단에 적당한 값의 저항을 추가한다.
④ 다이오드의 양단에 적당한 값의 콘덴서를 추가한다.

| 해설

다이오드를 사용한 정류회로에서 과전압방지를 위해 다이오드를 직렬로 추가한다.

정답 ①

09. 제어동작에 따른 제어계의 분류에 대한 설명으로 옳지 않은 것은?

① 미분동작: D동작 또는 rate동작이라고 부르며, 동작신호의 기울기에 비례한 조작신호를 만든다.
② 비례동작: P동작이라고도 부르며, 제어동작신호에 반비례하는 조절신호를 만드는 제어동작이다.
③ 2위치제어: on/off 동작이라고도 하며, 제어량이 목표값 보다 작은지 큰지에 따라 조작량으로 on 또는 off의 두 가지 값의 조절 신호를 발생한다.
④ 적분동작: I동작 또는 리셋동작이라고 부르며, 적분값의 크기에 비례하여 조절신호를 만든다.

| 해설

비례동작은 제어동작신호에 비례하는 조절신호를 만드는 제어동작이다.

정답 ②

10. 3상유도전동기 Y-△ 기동회로의 제어요소가 아닌 것은?

① MCCB   ② THR
③ MC   ④ ZCT

| 해설

Y-△ 기동회로의 제어요소
㉠ MCCB(배선용차단기)
㉡ THR(열동형계전기)
㉢ MC(전자접촉기)
㉣ TLR(시한계전기)

정답 ④

11. 분류기를 써서 배율을 9로 하기 위한 분류기의 저항은 전류계 내부저항의 몇 배인가?

① $\frac{1}{8}$ ② $\frac{1}{9}$
③ 8   ④ 9

| 해설

분류기 저항$(R_a) = \frac{r}{m-1} = \frac{r}{9-1} = \frac{1}{8}r$

∴ $\frac{1}{8}$ 배이다.

정답 ①

12. 회로에서 a, b 사이의 합성저항은 몇 Ω 인가?

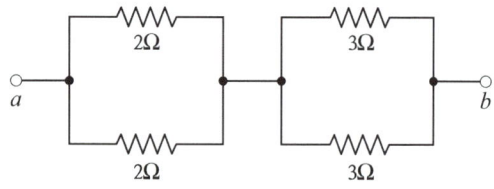

① 2.5   ② 5
③ 7.5   ④ 10

| 해설

$R_{ab} = \frac{2}{2} + \frac{3}{2} = 2.5(\Omega)$

정답 ①

13. 교류에서 파형의 개략적인 모습을 알기 위해 사용하는 파고율과 파형율에 대한 설명으로 옳은 것은?

① 파고율 = $\frac{실효값}{평균값}$, 파형율 = $\frac{평균값}{실효값}$

② 파고율 = $\frac{최대값}{실효값}$, 파형율 = $\frac{실효값}{평균값}$

③ 파고율 = $\frac{실효값}{최대값}$, 파형율 = $\frac{평균값}{실효값}$

④ 파고율 = $\frac{최대값}{평균값}$, 파형율 = $\frac{실효값}{평균값}$

| 해설

파고율 = $\frac{최대값}{실효값}$, 파형율 = $\frac{실효값}{평균값}$ 이 옳은 내용이다.

정답 ②

14. 백열전등의 점등스위치로는 다음 중 어떤 스위치를 사용하는 것이 적합한가?

① 복귀형 a접점 스위치
② 복귀형 b접점 스위치
③ 유지형 스위치
④ 전자 접촉기

| 해설

백열전등의 점등스위치로는 유지형 스위치를 사용하는 것이 적합하다.

정답 ③

15. 그림과 같은 계전기 접점회로의 논리식은?

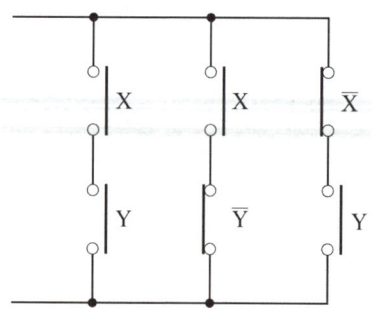

① $(X+Y)(X+\overline{Y})(\overline{X}+Y)$
② $(XY)+(X\overline{Y})+(\overline{X}Y)$
③ $(X+Y)+(X+\overline{Y})+(\overline{X}+Y)$
④ $(XY)(X\overline{Y})(\overline{X}+Y)$

| 해설

논리식은 $(XY)+(X\overline{Y})+(\overline{X}Y)$ 이다.

정답 ②

16. 다음 중 릴레이 자동복귀 a접점에 해당되는 것은?

① ─o─o─   ② ─o o─
③ ─o✕o─   ④ ─o┴o─

| 해설

① ─o─o─ : 리미트스위치 a접점
② ─o o─ : 전자릴레이 자동복귀 a접점
③ ─o✕o─ : 동형계전기의 수동복귀 a접점
④ ─o┴o─ : 수동조작 자동복귀 a접점

정답 ②

17. 반도체 정류기에 적용된 소자 중 첨두 역방향 내전압이 가장 큰 것은?

① 셀렌정류기   ② 실리콘정류기
③ 게르마늄정류기   ④ 아산화동정류기

| 해설

실리콘정류기는 전류용량, 정류효율, 역방향 내전압이 우수하다.

정답 ②

18. 회로의 전압과 전류를 측정하기 위한 계측기의 연결방법으로 옳은 것은?

① 전압계: 부하와 직렬, 전류계: 부하와 병렬
② 전압계: 부하와 직렬, 전류계: 부하와 직렬
③ 전압계: 부하와 병렬, 전류계: 부하와 병렬
④ 전압계: 부하와 병렬, 전류계: 부하와 직렬

| 해설

계측기의 연결방법
㉠ 전압계: 부하와 병렬
㉡ 전류계: 부하와 직렬

정답 ④

19. 서보전동기의 특징에 대한 설명으로 틀린 것은?

① 저속이며, 원활한 운전이 가능하다.
② 급가속 및 급감속이 용이한 것이어야 한다.
③ 원칙적으로 정역전이 가능해야 한다.
④ 직류용은 없고, 교류용만 있다.

| 해설

서보전동기는 직류용 및 교류용이 있다.

정답 ④

20. 정현파 교류의 실효값을 계산하는 식은?

① $I = \dfrac{1}{T}\int_0^T i^2 dt$ ② $I^2 = \dfrac{1}{T}\int_0^T i\,dt$

③ $I^2 = \dfrac{1}{T}\int_0^T i^2 dt$ ④ $I = \sqrt{\dfrac{2}{T}\int_0^T i^2 dt}$

| 해설

동일한 저항 R에 직류전류 I가 흐를 때 소비전력 P_D와, 교류전류 i가 흐를 때 소비전력 P_A가 같다는 실효값의 정리에 따라서

$P_D = I^2 R$

$P_A = \dfrac{1}{T}\int_0^T i^2 R\,dt$

$\therefore I^2 R = \dfrac{1}{T}\int_0^T i^2 R\,dt$

$I^2 = \dfrac{1}{T}\int_0^T i^2 dt$

$I = \sqrt{\dfrac{1}{T}\int_0^T i^2 dt}$

정답 ③

소방전기시설의 구조 및 원리

21. 복도통로유도등의 식별도 기준 중 ( ) 안에 알맞은 것은?

> 복도통로유도등에 있어서 상용전원으로 등을 켜는 경우에는 직선거리 (㉠)m의 위치에서, 비상전원으로 등을 켜는 경우에는 직선거리 (㉡)m의 위치에서 보통시력에 의하여 표시면의 화살표가 쉽게 식별되어야 한다.

① ㉠: 15, ㉡: 20
② ㉠: 20, ㉡: 15
③ ㉠: 30, ㉡: 20
④ ㉠: 20, ㉡: 30

| 해설
복도통로유도등에 있어서 상용전원으로 등을 켜는 경우에는 직선거리 ㉠ 20m의 위치에서, 비상전원으로 등을 켜는 경우에는 직선거리 ㉡ 15m의 위치에서 보통시력에 의하여 표시면의 화살표가 쉽게 식별되어야 한다.

정답 ②

22. 자동화재속보설비의 속보기의 성능인증 및 제품검사의 기술기준에 따라 교류입력측과 외함간의 절연저항은 직류 500V의 절연저항계로 측정한 값이 몇 MΩ 이상이어야 하는가?

① 5
② 10
③ 20
④ 50

| 해설
절연저항시험
㉠ 절연된 충전부와 외함간의 절연저항은 직류 500V의 절연저항계로 측정한 값이 5MΩ(교류입력측과 외함간에는 20MΩ) 이상이어야 한다.
㉡ 절연된 선로간의 절연저항은 직류 500V의 절연저항계로 측정한 값이 20MΩ 이상이어야 한다.

정답 ③

23. 비상경보설비 및 단독경보형감지기의 화재안전기준(NFSC 201)에 따라 바닥면적이 450m²일 경우 단독경보형감지기의 최소 설치개수는?

① 1개
② 2개
③ 3개
④ 4개

| 해설
단독경보형감지기의 최소 설치개수 = $\frac{450m^2}{150m^2}$ = 3개

정답 ③

24. 비상방송설비 음향장치에 대한 설치기준으로 옳은 것은?

① 다른 전기회로에 따라 유도장애가 생기지 않도록 한다.
② 음량조정기를 설치하는 경우 음량조정기의 배선은 2선식으로 한다.
③ 다른 방송설비와 공용하는 것에 있어서는 화재 시 비상경보 외의 방송이 차단되는 구조가 아니어야 한다.
④ 기동장치에 따른 화재신고를 수신한 후 필요한 음량으로 화재발생 상황 및 피난에 유효한 방송이 자동으로 개시될 때까지의 소요시간은 60초 이하로 한다.

| 해설
비상방송설비 음향장치의 설치기준
㉠ 다른 전기회로에 따라 유도장애가 생기지 않도록 한다.
㉡ 음량조정기를 설치하는 경우 음량조정기의 배선은 3선식으로 한다.
㉢ 다른 방송설비와 공용하는 것에 있어서는 화재 시 비상경보 외의 방송이 차단되는 구조이어야 한다.
㉣ 기동장치에 따른 화재신고를 수신한 후 필요한 음량으로 화재발생 상황 및 피난에 유효한 방송이 자동으로 개시될 때까지의 소요시간은 10초 이하로 한다.

정답 ①

25. 비상콘센트설비의 화재안전기준(NFSC 504)에 따른 용어의 정의 중 옳은 것은?

① "저압"이란 직류는 1.5kV 이하, 교류는 1kV 이하인 것을 말한다.
② "저압"이란 직류는 0.75kV 이하, 교류는 0.6kV 이하인 것을 말한다.
③ "고압"이란 직류는 1.5kV를, 교류는 1kV를 초과하는 것을 말한다.
④ "고압"이란 직류는 0.75kV를, 교류는 0.6kV를 초과하는 것을 말한다.

| 해설

비상콘센트설비의 정의
㉠ "저압"이란 직류는 1.5kV 이하, 교류는 1kV 이하인 것을 말한다.
㉡ "고압"이란 직류는 1.5kV를, 교류는 1kV를 초과하고, 7kV 이하인 것을 말한다.
㉢ "특고압"이란 7kV를 초과하는 것을 말한다.

정답 ①

26. 객석 내의 통로가 경사로 또는 수평로로 되어 있는 부분에 설치하여야 하는 객석유도등의 설치개수 산출 공식으로 옳은 것은?

① $\dfrac{\text{객석 통로의 직선 부분의 길이(m)}}{3} - 1$

② $\dfrac{\text{객석 통로의 직선 부분의 길이(m)}}{4} - 1$

③ $\dfrac{\text{객석 통로의 넓이(m}^2\text{)}}{3} - 1$

④ $\dfrac{\text{객석 통로의 넓이(m}^2\text{)}}{4} - 1$

| 해설

객석유도등의 설치개수 산출 공식
객석유도등의 설치개수
$= \dfrac{\text{객석 통로의 직선 부분의 길이(m)}}{4} - 1$

정답 ②

27. 소방회로용의 것으로 수전설비, 변전설비 그 밖의 기기 및 배선을 금속제 외함에 수납한 것으로 정의되는 것은?

① 전용분전반　　② 공용분전반
③ 공용큐비클식　④ 전용큐비클식

| 해설

소방회로용의 것으로 수전설비, 변전설비 그 밖의 기기 및 배선을 금속제 외함에 수납한 것은 전용큐비클식이다.

참고 비상전원수전설비의 정의
㉠ **전용분전반**: 소방회로 전용의 것으로서 분기 개폐기, 분기과전류차단기 그 밖의 배선용기기 및 배선을 금속제 외함에 수납한 것
㉡ **공용분전반**: 소방회로 및 일반회로 겸용의 것으로서 분기 개폐기, 분기과전류차단기 그 밖의 배선용기기 및 배선을 금속제 외함에 수납한 것
㉢ **공용큐비클식**: 소방회로 및 일반회로 겸용의 것으로서 수전설비, 변전설비 그 밖의 기기 및 배선을 금속제 외함에 수납한 것
㉣ **전용큐비클식**: 소방회로용의 것으로 수전설비, 변전설비 그 밖의 기기 및 배선을 금속제 외함에 수납한 것

정답 ④

28. 불꽃감지기의 설치기준으로 옳지 않은 것은?

① 수분이 많이 발생할 우려가 있는 장소에는 방수형으로 설치할 것
② 감지기를 천장에 설치하는 경우에는 감지기는 천장을 향하여 설치할 것
③ 감지기는 화재감지를 유효하게 감지할 수 있는 모서리 또는 벽 등에 설치할 것
④ 감지기는 공칭감시거리와 공칭시야각을 기준으로 감시구역이 모두 포용될 수 있도록 설치할 것

| 해설

감지기를 천장에 설치하는 경우에는 감지기는 바닥을 향하여 설치한다.

정답 ②

29. 자동화재탐지설비의 수신기에 대한 일반적 구조원리로 옳지 않은 것은?

① 취급과 보수 점검 및 부속품 교체가 용이하여야 한다.
② 내구성을 가져야 하며, 장해전파를 발하는 구조이어야 한다.
③ 부식에 의하여 기능에 현저한 영향을 초래할 우려가 있는 부분은 도장, 도금 등으로 유효한 내식 또는 방청가공을 하여야 한다.
④ 기기내의 배선은 색 구별 배선으로 구분하여야 한다.

| 해설
수신기는 장해전파를 발하지 않는 구조이어야 한다.

정답 ②

30. 유도등 예비전원의 종류로 옳은 것은?

① 알칼리계 2차 축전지
② 리튬계 1차 축전지
③ 리튬 이온계 2차 축전지
④ 수은계 1차 축전지

| 해설
유도등 예비전원의 종류에는 알칼리계 2차 축전지, 리튬계 2차 축전지, 무보수 밀폐형 연축전지가 있다.

정답 ①

31. 자동화재속보설비 속보기 예비전원의 주위온도 충방전시험 기준 중 ( ) 안에 알맞은 것은?

> 무보수 밀폐형 연축전지는 방전종지전압 상태에서 0.1C로 48시간 충전한 다음 1시간 방치 후 0.05C로 방전시킬 때 정격용량의 95% 용량을 지속하는 시간이 ( )분 이상이어야 하며, 외관이 부풀어 오르거나 누액 등이 생기지 아니하여야 한다.

① 10 ② 25
③ 30 ④ 40

| 해설
무보수 밀폐형 연축전지는 방전종지전압 상태에서 0.1C로 48시간 충전한 다음 1시간 방치 후 0.05C로 방전시킬 때 정격용량의 95% 용량을 지속하는 시간이 30분 이상이어야 하며, 외관이 부풀어 오르거나 누액 등이 생기지 아니하여야 한다.

정답 ③

32. 비상조명등의 비상전원은 지하층 또는 무창층으로서 용도가 도매시장·소매시장·여객자동차터미널·지하역사 또는 지하상가인 경우 그 부분에서 피난층에 이르는 부분의 비상조명등을 몇 분 이상 유효하게 작동시킬 수 있는 용량으로 하여야 하는가?

① 10 ② 20
③ 30 ④ 60

| 해설
비상조명등의 비상전원은 지하층 또는 무창층으로서 용도가 도매시장·소매시장·여객자동차터미널·지하역사 또는 지하상가인 경우 그 부분에서 피난층에 이르는 부분의 비상조명등을 60분 이상 유효하게 작동시킬 수 있는 용량으로 하여야 한다.

정답 ④

33. 비상조명등의 화재안전기준(NFSC 304)에 따라 보행거리 25m 이내마다 휴대용 비상조명등을 3개 이상 설치하여야 하는 곳은?

① 호텔
② 대형백화점
③ 영화상영관
④ 지하상가 및 지하역사

| 해설

휴대용 비상조명등 설치 기준
㉠ 숙박시설 또는 다중이용업소에는 객실 또는 영업장 안의 구획된 실마다 잘 보이는 곳(외부에 설치시 출입문 손잡이로부터 1m 이내 부분)에 1개 이상 설치
㉡ 유통산업발전법 제2조 제3호에 따른 대규모점포(지하상가 및 지하역사는 제외한다)와 영화상영관에는 보행거리 50m 이내마다 3개 이상 설치
㉢ 지하상가 및 지하역사에는 보행거리 25m 이내마다 3개 이상 설치

정답 ④

34. 비상경보설비의 구성요소로 옳지 않은 것은?

① 기동장치, 경종, 화재표시등, 전원
② 전원, 경종, 기동장치, 위치표시등
③ 위치표시등, 경종, 화재표시등, 전원
④ 경종, 기동장치, 화재표시등, 감지기

| 해설

감지기는 비상경보설비의 구성요소에 포함되지 않고, 자동화재탐지설비의 구성요소에 해당된다.

정답 ④

35. 소방시설용 비상전원수전설비의 화재안전기준(NFSC 602)에 따른 용어의 정의에서 소방부하에 전원을 공급하는 전기회로를 말하는 것은?

① 수전설비
② 일반회로
③ 소방회로
④ 변전설비

| 해설

비상전원수전설비 용어의 정의
㉠ 수전설비: 전력수급용 계기용변성기·주차단장치 및 그 부속기기
㉡ 일반회로: 소방회로 이외의 전기회로
㉢ 소방회로: 소방부하에 전원을 공급하는 전기회로
㉣ 변전설비: 전력용변압기 및 그 부속장치

정답 ③

36. 유도등 및 유도표지의 화재안전기준(NFSC 303)에 따른 피난구유도등의 설치장소로 옳지 않은 것은?

① 직통계단
② 직통계단의 계단실
③ 안전구획된 거실로 통하는 출입구
④ 옥외로부터 직접 지하로 통하는 출입구

| 해설

피난구유도등의 설치장소
㉠ 직통계단
㉡ 직통계단의 계단실
㉢ 안전구획된 거실로 통하는 출입구
㉣ 옥내로부터 직접 지상으로 통하는 출입구

정답 ④

37. 스포트형 감지기의 배선으로 옳은 것은?

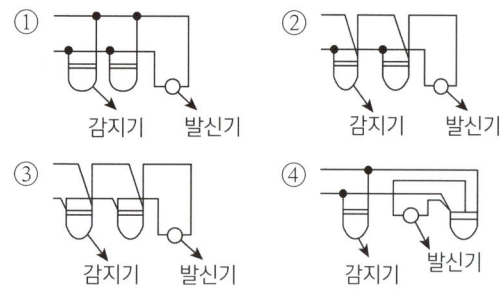

| 해설
감지기 상호간의 배선은 송배전방식으로 한다.

정답 ③

38. 자동화재탐지설비의 경계구역에 대한 설정기준으로 옳지 않은 것은?

① 지하구의 경우 하나의 경계구역의 길이는 800m 이하로 할 것
② 하나의 경계구역이 2개 이상의 층에 미치지 아니하도록 할 것
③ 하나의 경계구역의 면적은 600㎡ 이하로 하고 한 변의 길이는 50m 이하로 할 것
④ 하나의 경계구역이 2개 이상의 건축물에 미치지 아니하도록 할 것

| 해설
지하구의 경우 하나의 경계구역의 길이는 700m 이하로 한다.

정답 ①

39. 비상콘센트설비 상용전원회로의 배선이 고압수전 또는 특고압수전인 경우의 설치기준은?

① 인입개폐기의 직전에서 분기하여 전용배선으로 할 것
② 인입개폐기의 직후에서 분기하여 전용배선으로 할 것
③ 전력용변압기 1차측의 주차단기 2차측에서 분기하여 전용배선으로 할 것
④ 전력용변압기 2차측의 주차단기 1차측 또는 2차측에서 분기하여 전용배선으로 할 것

| 해설
비상콘센트설비 상용전원회로의 배선
㉠ 저압수전인 경우에는 인입개폐기의 직후에서 분기하여 전용배선으로 할 것
㉡ 고압수전 또는 특고압수전인 경우에는 전력용변압기 2차측의 주차단기 1차측 또는 2차측에서 분기하여 전용배선으로 할 것

정답 ④

40. 자동화재속보설비의 설치기준으로 옳지 않은 것은?

① 조작스위치는 바닥으로부터 1m 이상 1.5m 이하의 높이에 설치할 것
② 속보기는 소방관서에 통신망으로 통보하도록 하며, 데이터 또는 코드전송방식을 부가적으로 설치할 수 있다.
③ 자동화재탐지설비와 연동으로 작동하여 자동적으로 화재발생 상황이 소방관서에 전달되는 것으로 할 것
④ 속보기는 소방청장이 정하여 고시한 자동화재속보설비의 속보기의 성능인증 및 제품검사의 기술기준에 적합한 것으로 설치하여야 한다.

| 해설
조작스위치는 바닥으로부터 0.8m 이상 1.5m 이하의 높이에 설치한다.

정답 ①

2023년 제1회(CBT)

※ CBT 문제는 수험생의 기억에 따라 복원된 것이며, 실제 기출문제와 동일하지 않을 수 있습니다.

소방전기일반

01. 반지름이 5cm인 도체구에 전하 Q(μC)를 줄 때, 도체구 1개의 정전용량은 몇 [pF]?

① 2.78　　② 5.56
③ 11.12　　④ 22.24

| 해설

도체구 정전용량 C[F]는

$$C[F] = \frac{Q}{V} = \frac{Q}{\frac{Q}{4\pi\epsilon_0 a}} = 4\pi\epsilon_0 a \text{에서}$$

$C = 4\pi \times 8.855 \times 10^{-12} \times 5 \times 10^{-2} = 5.56 \times 10^{-12}[F]$
$= 5.56[pF]$

정답 ②

02. 전자유도현상에서 코일에 생기는 유도기전력의 방향을 정의한 법칙은?

① 플레밍의 오른손법칙　② 플레밍의 왼손법칙
③ 렌쯔의 법칙　　　　④ 패러데이의 법칙

| 해설

- 전자유도현상에서 코일에 생기는 유도기전력의 방향을 정의한 법칙은 렌쯔의 법칙이다.
- 전자유도현상에서 코일에 생기는 유도기전력의 크기를 정의한 법칙은 패러데이의 법칙이다.

정답 ③

03. 0.5H인 코일의 리액턴스가 753.6Ω일 때, 주파수는 약 몇 Hz인가?

① 60　　② 120
③ 240　　④ 360

| 해설

유도리액턴스(X_L) = $\omega L = 2\pi f L$, $f = \frac{X_L}{2\pi L}$에서

$f = \frac{753.6}{2\pi \times 0.5} = 239.8 \fallingdotseq 240(\text{Hz})$

정답 ③

04. 다음 그림과 같은 브리지 회로의 평형조건은?

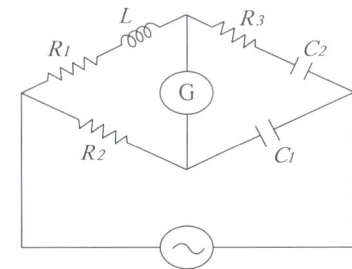

① $R_1 C_1 = R_2 C_2$, $R_2 R_3 = C_1 L$
② $R_1 C_1 = R_2 C_2$, $R_2 R_3 C_1 = L$
③ $R_1 C_2 = R_2 C_1$, $R_2 R_3 = C_1 L$
④ $R_1 C_2 = R_2 C_1$, $L = R_2 R_3 C_1$

| 해설

- $(R_1 + j\omega L)\frac{1}{j\omega C_1} = R_2 \left(R_3 + \frac{1}{j\omega C_2}\right)$ 에서

$\frac{R_1}{j\omega C_1} + \frac{L}{C_1} = R_2 R_3 + \frac{R_2}{j\omega C_2}$

- 양변의 실수부와 허수부는 같아야 하므로

$\frac{R_1}{C_1} = \frac{R_2}{C_2}$ 에서 $R_1 C_2 = R_2 C_1$

$\frac{L}{C_1} = R_2 R_3$ 에서 $L = R_2 R_3 C_1$

정답 ④

05. 진공 중 대전된 도체의 표면에 면전하밀도 σ (C/m²)가 균일하게 분포되어 있을 때, 이 도체 표면에서의 전계의 세기 E(V/m)는? (단, ϵ_0는 진공의 유전율이다)

① $E = \dfrac{\sigma}{\epsilon_0}$ ② $E = \dfrac{\sigma}{2\epsilon_0}$

③ $E = \dfrac{\sigma}{2\pi\epsilon_0}$ ④ $E = \dfrac{\sigma}{4\pi\epsilon_0}$

| 해설
- 대전체(=도체) 표면에서의 전계의 세기 = $\dfrac{\sigma}{\epsilon_0}$
- 무한평판에서의 전계의 세기 = $\dfrac{\sigma}{2\epsilon_0}$

정답 ①

06. 평행판 콘덴서에서 판사이의 거리를 $\dfrac{1}{2}$로 하고 판의 면적을 2배로 하면 그 정전용량은 몇 배인가?

① $\dfrac{1}{2}$ ② 2
③ 3 ④ 4

| 해설
정전용량 $(C) = \epsilon \dfrac{A}{l}$에서
$C' = \epsilon \dfrac{2A}{\frac{1}{2}l} = 4 \times \epsilon \dfrac{A}{l} = 4C$

정답 ④

07. 서보전동기는 제어기기의 어디에 속하는가?

① 검출부 ② 조절부
③ 증폭부 ④ 조작부

| 해설
서보전동기는 제어기기의 조작부(조작기기)에 속한다.

참고 조절기기와 조작기기
㉠ 조절기기: 2위치 조절기, 전자식 조절기
㉡ 조작기기: 전자밸브, 전동밸브, 서보전동기, 펄스전동기

정답 ④

08. 전원 전압을 일정하게 유지하기 위하여 사용하는 다이오드는?

① 쇼트키다이오드 ② 터널다이오드
③ 제너다이오드 ④ 버렉터다이오드

| 해설
전원 전압을 일정하게 유지하기 위하여 사용하는 다이오드는 제너다이오드이며, 일명 정전압다이오드라 한다.

정답 ③

09. 최대눈금이 200mA, 내부저항이 0.8Ω인 전류계가 있다. 8mΩ의 분류기를 사용하여 전류계의 측정범위를 넓히면 몇 A까지 측정할 수 있는가?

① 19.6 ② 20.2
③ 21.4 ④ 22.8

| 해설
$I_0 = \left(\dfrac{r}{R_a} + 1\right) I_A$에서
$I_0 = \left(\dfrac{0.8}{8 \times 10^{-3}} + 1\right) \times 200 \times 10^{-3} = 20.2$

정답 ②

10. 불대수의 기본정리에 관한 설명으로 옳지 않은 것은?

① A + A = A
② A + 1 = 1
③ A · 0 = 1
④ A + 0 = A

| 해설

A · 0 = 0이다.

정답 ③

11. 어떤 회로에 $v(t) = 150\sin\omega t\,(V)$의 전압을 가하니 $i(t) = 12\sin(\omega t - 30°)(A)$의 전류가 흘렀다. 이 회로의 소비전력(유효전력)은 약 몇 W인가?

① 390
② 450
③ 780
④ 900

| 해설

$$P = VI\cos\omega t = \frac{V_m I_m}{2}\cos\omega(\theta_1 - \theta_2)$$
$$v(t) = 150\cos(\omega t - 90°),$$
$$i(t) = 12\cos(\omega t - 120°)$$
$$P = \frac{150 \times 12}{2}\cos[-90° - (-120°)]$$
$$= 779.4 ≒ 780\,(W)$$

정답 ③

12. 다음 중 강자성체에 속하지 않는 것은?

① 니켈
② 코발트
③ 알루미늄
④ 철

| 해설

- 강자성체에 속하지 않는 것은 알루미늄이다.
- 강자성체란 외부 자기장 없이도 자기모멘트가 한 방향으로 정렬하는 물질로서 철(Fe), 코발트(Co), 니켈(Ni) 등의 전이금속 또는 네오디뮴(Nd), 사마륨(Sm) 등 희토류 원자를 포함하는 금속화합물 등이 있다.

- 상자성체란 자기장 안에 넣으면 자기장 방향으로 약하게 자화하고, 자기장이 제거되면 자화하지 않는 물질로서 알루미늄·주석·백금·이리듐 외에 산소·공기 등이 있다.

정답 ③

13. 시퀀스제어에 관한 설명 중 옳지 않은 것은?

① 기계적 계전기접점이 사용된다.
② 논리회로가 조합 사용된다.
③ 시간 지연요소가 사용된다.
④ 전체 시스템에 연결된 접점들이 일시에 동작할 수 있다.

| 해설

전체 시스템에 연결된 접점들이 순차적으로 동작할 수 있다.

정답 ④

14. 자동제어계를 제어목적에 의해 분류한 경우로 옳지 않은 것은?

① 정치제어: 제어량을 주어진 일정목표로 유지시키기 위한 제어
② 추종제어: 목표치가 시간에 따라 변화하는 제어
③ 프로그램제어: 목표치가 프로그램대로 변하는 제어
④ 서보제어: 선박의 방향제어계인 서보제어는 정치제어와 같은 성질

| 해설

선박의 방향제어계인 서보제어는 추종제어와 같은 성질을 가진다.

정답 ④

15. 평행한 왕복 전선에 10A의 전류가 흐를 때 전선 사이에 작용하는 전자력(N/m)은? (단, 전선의 간격은 40cm이다)

① 5×10^{-5} N/m, 서로 흡인하는 힘
② 5×10^{-5} N/m, 서로 반발하는 힘
③ 7×10^{-5} N/m, 서로 흡인하는 힘
④ 7×10^{-5} N/m, 서로 반발하는 힘

| 해설

- 전자력$(F) = 2 \times 10^{-7} \dfrac{I_1 I_2}{r}$ 에서

$$F = 2 \times 10^{-7} \times \dfrac{10 \times 10}{40 \times 10^{-2}} = 5 \times 10^{-5} \, (\text{N/m})$$

- 왕복전류이므로 반발력이 작용한다.

정답 ②

16. 50F의 콘덴서 2개를 직렬로 연결하면 합성 정전용량(F)은?

① 5   ② 15
③ 25   ④ 100

| 해설

$$C_0 = \dfrac{50 \times 50}{50 + 50} = 25 \, (\text{F})$$

또는 $C_0 = \dfrac{50}{2} = 25 \, (\text{F})$

정답 ③

17. 논리식 $X = AB\overline{C} + \overline{A}BC + \overline{A}B\overline{C}$를 가장 간소화하면?

① $B(\overline{A} + \overline{C})$ ② $B(\overline{A} + A\overline{C})$
③ $B(\overline{A}C + \overline{C})$ ④ $B(A + C)$

| 해설

$X = AB\overline{C} + \overline{A}BC + \overline{A}B\overline{C} = AB\overline{C} + \overline{A}B(C + \overline{C})$
$= AB\overline{C} + \overline{A}B = B(A\overline{C} + \overline{A}) = B[(A + \overline{A})(\overline{A} + \overline{C})]$
$= B(\overline{A} + \overline{C})$

정답 ①

18. 제어량에 따른 제어방식의 분류 중 온도, 유량, 압력 등의 공업 프로세스의 상태량을 제어량으로 하는 제어계로서 외란의 억제를 주목적으로 하는 제어방식은?

① 서보기구   ② 자동조정
③ 추종제어   ④ 프로세스제어

| 해설

- 제어량에 따른 제어방식의 분류 중 온도, 유량, 압력 등의 공업 프로세스의 상태량을 제어량으로 하는 제어계로서 외란의 억제를 주목적으로 하는 제어방식은 프로세스제어이다.
- 시퀀스제어: 미리 정해놓은 순서에 따라서 차례차례 순차적으로 진행되는 제어(순차적 제어)이다.

정답 ④

19. 축전지의 자기방전을 보충함과 동시에 상용 부하에 대한 전력공급은 충전기가 부담하도록 하되 충전기가 부담하기 어려운 일시적인 대전류의 부하는 축전지로 하여금 부담하게 하는 충전방식은?

① 과충전방식 ② 부동충전방식
③ 균등충전방식 ④ 세류충전방식

| 해설
축전지의 자기방전을 보충함과 동시에 상용 부하에 대한 전력공급은 충전기가 부담하도록 하되 충전기가 부담하기 어려운 일시적인 대전류의 부하는 축전지로 하여금 부담하게 하는 충전방식은 부동충전방식이다.

정답 ②

20. 그림과 같은 정전압 회로에서 Q_1의 역할은?

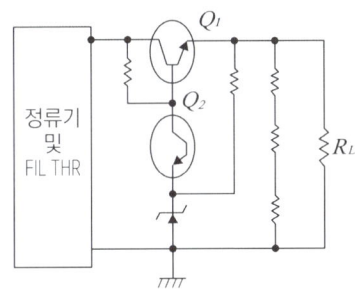

① 증폭용 ② 비교부용
③ 제어용 ④ 기준부용

| 해설
Q_1은 제어용으로 사용된다.

정답 ③

소방전기시설의 구조 및 원리

21. 누전경보기의 5~10회로까지 사용할 수 있는 집합형 수신기 내부결선도에서 구성요소가 아닌 것은?

① 제어부 ② 증폭부
③ 조작부 ④ 전원전압절환부

| 해설
집합형 수신기의 구성요소에는 제어부, 증폭부, 전원전압절환부가 있으며, 조작부는 포함되지 않는다.

정답 ③

22. 무선통신보조설비의 증폭기에는 비상전원이 부착된 것으로 하고 비상전원의 용량은 무선통신보조설비를 유효하게 몇 분 이상 작동시킬 수 있는 것이어야 하는가?

① 10분 ② 20분
③ 30분 ④ 40분

| 해설
증폭기 설치기준
㉠ 전원은 전기가 정상적으로 공급되는 축전지, 전기저장장치(외부 전기에너지를 저장해 두었다가 필요한 때 전기를 공급하는 장치) 또는 교류전압 옥내간선으로 하고, 전원까지의 배선은 전용으로 할 것
㉡ 증폭기의 전면에는 주 회로의 전원이 정상인지의 여부를 표시할 수 있는 표시등 및 전압계를 설치할 것
㉢ 증폭기에는 비상전원이 부착된 것으로 하고 해당 비상전원 용량은 무선통신보조설비를 유효하게 30분 이상 작동시킬 수 있는 것으로 할 것

정답 ③

23. 자동화재속보설비의 속보기의 성능인증 및 제품검사의 기술기준에 따라 자동화재속보설비의 속보기의 외함에 합성수지를 사용할 경우 외함의 최소 두께(mm)는?

① 1.2
② 3
③ 6.4
④ 7

| 해설
외함의 두께
㉠ 강판 외함: 1.2mm 이상
㉡ 합성수지 외함: 3mm 이상

정답 ②

24. 연기감지기의 설치기준으로 옳지 않은 것은?

① 부착높이 4m 이상 20m 미만에는 3종 감지기를 설치할 수 없다.
② 복도 및 통로에 있어서 3종은 보행거리 30m마다 설치한다.
③ 계단 및 경사로에 있어서 3종은 수직거리 10m마다 설치한다.
④ 감지기는 벽 또는 보로부터 0.6m 이상 떨어진 곳에 설치한다.

| 해설
복도 및 통로에 있어서는 보행거리 30m(3종에 있어서는 20m)마다 설치한다.

정답 ②

25. 휴대용비상조명등의 설치기준으로 옳지 않은 것은?

① 대규모점포(지하상가 및 지하역사는 제외)와 영화상영관에는 보행거리 50m 이내마다 3개 이상 설치할 것
② 사용시 수동으로 점등되는 구조일 것
③ 건전지 및 충전식 밧데리의 용량은 20분 이상 유효하게 사용할 수 있는 것으로 할 것
④ 지하상가 및 지하역사에서는 보행거리 25m 이내마다 3개 이상 설치할 것

| 해설
사용시 자동으로 점등되는 구조이어야 한다.

정답 ②

26. 유도등 및 유도표지의 화재안전기준(NFSC 303)에 따라 지하층을 제외한 층수가 11층 이상인 특정소방대상물의 유도등의 비상전원을 축전지로 설치한다면 피난층에 이르는 부분의 유도등을 몇 분 이상 유효하게 작동시킬 수 있는 용량으로 하여야 하는가?

① 10
② 20
③ 50
④ 60

| 해설
비상전원
• 축전지로 할 것
• 유도등을 20분 이상 유효하게 작동시킬 수 있는 용량으로 할 것. 단, 다음의 특정소방대상물의 경우에는 그 부분에서 피난층에 이르는 부분의 유도등을 60분 이상 유효하게 작동시킬 수 있는 용량으로 하여야 한다.
㉠ 지하층을 제외한 층수가 11층 이상의 층
㉡ 지하층 또는 무창층으로서 용도가 도매시장·소매시장·여객자동차터미널·지하역사 또는 지하상가

정답 ④

27. 자동화재속보설비 속보기의 기능에 대한 기준으로 옳지 않은 것은?

① 작동신호를 수신하거나 수동으로 동작시키는 경우 30초 이내에 소방관서에 자동적으로 신호를 발하여 통보하되, 3회 이상 속보할 수 있어야 한다.
② 예비전원을 병렬로 접속하는 경우에는 역충전방지 등의 조치를 하여야 한다.
③ 연동 또는 수동으로 소방관서에 화재발생 음성정보를 속보 중인 경우에도 송수화장치를 이용한 통화가 우선적으로 가능하여야 한다.
④ 속보기의 송수화장치가 정상위치가 아닌 경우에도 연동 또는 수동으로 속보가 가능하여야 한다.

| 해설
작동신호를 수신하거나 수동으로 동작시키는 경우 20초 이내에 소방관서에 자동적으로 신호를 발하여 통보하되, 3회 이상 속보할 수 있어야 한다.

정답 ①

28. 발신기의 푸시버튼을 눌렀으나 수신기가 화재표시 동작을 하지 않을 경우 그 원인으로 보기에 옳은 것은? (단, 배선 및 수신기는 정상이다)

① 발신기의 응답램프가 없다.
② 발신기에 접점의 접촉 불량
③ 발신기내에 설치되어 있는 종단저항이 없다.
④ 발신기내의 전화선의 단자가 빠져 있다.

| 해설
발신기에 접점의 접촉이 불량한 경우에는 푸시버튼을 눌러도 화재신호가 발신되지 않으므로 화재표시등, 해당 지구등 및 음향장치 등이 작동하지 않는다.

정답 ②

29. 유도등 및 유도표지의 화재안전기준(NFSC 303)에 따른 통로유도등의 설치기준에 대한 설명으로 옳지 않은 것은?

① 복도·거실통로유도등은 구부러진 모퉁이 및 보행거리 20m마다 설치
② 복도·계단통로유도등은 바닥으로부터 높이 1m 이하의 위치에 설치
③ 통로유도등은 녹색바탕에 백색으로 피난방향을 표시한 등으로 할 것
④ 거실통로유도등은 바닥으로부터 높이 1.5m 이상의 위치에 설치

| 해설
통로유도등은 백색바탕에 녹색으로 피난방향을 표시한 등으로 한다.

정답 ③

30. 비상방송설비의 배선공사 종류 중 합성수지관공사에 대한 설명으로 옳지 않은 것은?

① 금속관 공사에 비해 중량이 가벼워 시공이 용이하다.
② 절연성이 있으나 금속제 박스에 접속하는 경우 누전의 우려가 있으므로 접지공사가 필요하다.
③ 열에 약하며, 기계적 충격 및 중량물에 의한 압력 등 외력에 약하다.
④ 내식성이 있어 부식성 가스가 체류하는 화학공장 등에 적합하며, 금속관과 비교하여 가격이 비싸다.

| 해설
금속관은 가격이 비싸고 반면에 합성수지관은 가격이 싸다.

정답 ④

31. 자동화재탐지설비 및 시각경보장치의 화재안전기준(NFSC 203)에 따른 배선의 시설기준으로 옳지 않은 것은?

① 감지기 사이의 회로의 배선은 송배전식으로 할 것
② 자동화재탐지설비의 감지기 회로의 전로저항은 50Ω 이하가 되도록 할 것
③ 수신기의 각 회로별 종단에 설치되는 감지기에 접속되는 배선의 전압은 감지기 정격전압의 80% 이상이어야 할 것
④ 피(P)형수신기 및 지피(G.P.)형수신기의 감지기 회로의 배선에 있어서 하나의 공통선에 접속할 수 있는 경계구역은 10개 이하로 할 것

| 해설
피(P)형수신기 및 지피(G.P.)형수신기의 감지기 회로의 배선에 있어서 하나의 공통선에 접속할 수 있는 경계구역은 7개 이하로 한다.

정답 ④

32. 비상조명등의 화재안전기준(NFSC 304)에 따라 비상조명등의 비상전원을 설치하는데 있어서 어떤 특정소방대상물의 경우에는 그 부분에서 피난층에 이르는 부분의 비상조명등을 60분 이상 유효하게 작동시킬 수 있는 용량으로 하여야 한다. 이 특정소방대상물에 해당하지 않는 것은?

① 무창층인 지하역사
② 무창층인 소매시장
③ 지하층인 관람시설
④ 지하층을 제외한 층수가 11층 이상의 층

| 해설
비상조명등의 비상전원 용량: 60분 이상
㉠ 지하층을 제외한 층수가 11층 이상의 층
㉡ 지하층 또는 무창층으로서 용도가 도매시장·소매시장·여객자동차터미널·지하역사 또는 지하상가

정답 ③

33. 신호의 전송로가 분기되는 장소에 설치하는 것으로 임피던스 매칭과 신호 균등분배를 위해 사용되는 장치는?

① 혼합기   ② 분배기
③ 증폭기   ④ 분파기

| 해설
신호의 전송로가 분기되는 장소에 설치하는 것으로 임피던스 매칭과 신호 균등분배를 위해 사용되는 장치는 분배기이다.

참고 **무선통신보조설비의 정의**
㉠ "분배기"란 신호의 전송로가 분기되는 장소에 설치하는 것으로 임피던스 매칭(Matching)과 신호 균등분배를 위해 사용하는 장치를 말한다.
㉡ "분파기"란 서로 다른 주파수의 합성된 신호를 분리하기 위해서 사용하는 장치를 말한다.
㉢ "혼합기"란 두 개 이상의 입력신호를 원하는 비율로 조합한 출력이 발생하도록 하는 장치를 말한다.
㉣ "증폭기"란 신호 전송시 신호가 약해져 수신이 불가능해지는 것을 방지하기 위해서 증폭하는 장치를 말한다.

정답 ②

34. 소방시설용 비상전원수전설비의 화재안전기준(NFSC 602)에 따른 용어의 정의에서 소방부하에 전원을 공급하는 전기회로를 말하는 것은?

① 수전설비   ② 일반회로
③ 소방회로   ④ 변전설비

| 해설
비상전원수전설비 용어의 정의
① 수전설비: 전력수급용 계기용변성기·주차단장치 및 그 부속기기
② 일반회로: 소방회로 이외의 전기회로
③ 소방회로: 소방부하에 전원을 공급하는 전기회로
④ 변전설비: 전력용변압기 및 그 부속장치

정답 ③

35. 화재안전기준(NFSC)에 따른 비상전원 및 건전지의 유효 사용시간에 대한 최소 기준이 가장 긴 것은?

① 휴대용비상조명등의 건전지 용량
② 무선통신보조설비 증폭기의 비상전원
③ 지하층을 제외한 층수가 11층 미만의 층인 특정소방대상물에 설치되는 유도등의 비상전원
④ 지하층을 제외한 층수가 11층 미만의 층인 특정소방대상물에 설치되는 비상조명등의 비상전원

| 해설
비상전원 및 건전지의 유효 사용시간에 대한 최소 기준
㉠ 휴대용비상조명등의 건전지 용량: 20분 이상
㉡ 무선통신보조설비 증폭기의 비상전원: 30분 이상
㉢ 지하층을 제외한 층수가 11층 미만의 층인 특정소방대상물에 설치되는 유도등의 비상전원: 20분 이상
㉣ 지하층을 제외한 층수가 11층 미만의 층인 특정소방대상물에 설치되는 비상조명등의 비상전원: 20분 이상

정답 ②

36. 자동화재탐지설비의 예비전원으로 전환되는 원인으로 틀린 것은?

① 정류기의 2차 측의 부하저항이 증대하였다.
② 전원 퓨즈가 단절되었다.
③ 정류회로의 고장으로 직류전압은 생기지 않는다.
④ 변압기의 고장으로 2차 측 전압은 생기지 않는다.

| 해설
수신기 내 전원회로에서 정류기의 2차 측의 부하저항이 증대하였다고 하여 예비전원으로 전환되지 않는다.

정답 ①

37. 소방시설용 비상전원수전설비의 화재안전기준(NFSC 602)에 따른 제1종 배전반 및 제1종 분전반의 시설기준으로 옳지 않은 것은?

① 전선의 인입구 및 입출구는 외함에 노출하여 설치하면 아니 된다.
② 외함의 문은 2.3mm 이상의 강판과 이와 동등 이상의 강도와 내화성능이 있는 것으로 제작하여야 한다.
③ 공용배전반 및 공용분전반의 경우 소방회로와 일반회로에 사용하는 배선 및 배선용 기기는 불연재료로 구획되어야 한다.
④ 외함은 금속관 또는 금속제 가요전선관을 쉽게 접속할 수 있도록 하고, 당해 접속부분에는 단열조치를 하여야 한다.

| 해설
전선의 인입구 및 입출구는 외함에 노출하여 설치할 수 있다.

정답 ①

38. 무선통신보조설비의 화재안전기준(NFSC 505)에 따라 누설동축케이블 또는 동축케이블의 임피던스(Ω)는?

① 5
② 10
③ 30
④ 50

| 해설
누설동축케이블 등
㉠ 누설동축케이블 및 안테나는 고압의 전로로부터 1.5m 이상 떨어진 위치에 설치할 것. 다만, 해당 전로에 정전기 차폐장치를 유효하게 설치한 경우에는 그러하지 아니하다.
㉡ 누설동축케이블의 끝부분에는 무반사 종단저항을 견고하게 설치할 것
㉢ 누설동축케이블 또는 동축케이블의 임피던스는 50Ω으로 하고, 이에 접속하는 안테나·분배기 기타의 장치는 해당 임피던스에 적합한 것으로 하여야 한다.

정답 ④

39. 비상경보설비를 설치하여야 하는 특정소방대상물의 기준 중 옳은 것은? (단, 지하구, 모래·석재 등 불연재료 창고 및 위험물 저장·처리 시설 중 가스시설은 제외한다)

① 지하층 또는 무창층의 바닥면적이 150m² 이상인 것
② 공연장으로서 지하층 또는 무창층의 바닥 면적이 200m² 이상인 것
③ 지하가 중 터널로서 길이가 400m 이상인 것
④ 30명 이상의 근로자가 작업하는 옥내작업장

| 해설

비상경보설비를 설치하여야 하는 특정소방대상물(단, 지하구, 모래·석재 등 불연재료 창고 및 위험물 저장·처리 시설 중 가스시설은 제외)
㉠ 지하층 또는 무창층의 바닥면적이 150m² 이상인 것
㉡ 공연장으로서 지하층 또는 무창층의 바닥면적이 100m² 이상인 것
㉢ 지하가 중 터널로서 길이가 500m 이상인 것
㉣ 50명 이상의 근로자가 작업하는 옥내작업장

정답 ①

40. 자동화재탐지설비의 화재안전기준에서 사용하는 용어가 아닌 것은?

① 중계기
② 경계구역
③ 시각경보장치
④ 단독경보형 감지기

| 해설

자동화재탐지설비의 화재안전기준에서 사용하는 용어에는 중계기, 경계구역, 시각경보장치, 감지기가 있으며, 단독경보형 감지기는 포함되지 않는다.

정답 ④

2022년 제4회(CBT)

※ CBT 문제는 수험생의 기억에 따라 복원된 것이며, 실제 기출문제와 동일하지 않을 수 있습니다.

소방전기일반

01. $R = 4\Omega$, $\dfrac{1}{\omega C} = 9\Omega$ 인 RC 직렬회로에 전압 $e(t)$를 인가할 때, 제3고조파 전류의 실효값 크기 (A)는? (단, $e(t) = 50 + 10\sqrt{2}\sin\omega t + 120\sqrt{2}\sin3\omega t(\text{V})$이다)

① 4.4　　② 12.2
③ 24　　④ 34

| 해설

$$I_3 = \dfrac{|V_3|}{|Z_3|} = \dfrac{V_3}{\sqrt{R^2 + (\dfrac{1}{3\omega C})^2}}$$

$$= \dfrac{\dfrac{120\sqrt{2}}{\sqrt{2}}}{\sqrt{4^2 + (\dfrac{9}{3})^2}} = 24(\text{A})$$

정답 ③

02. 다음과 같은 블록선도의 전체 전달함수는?

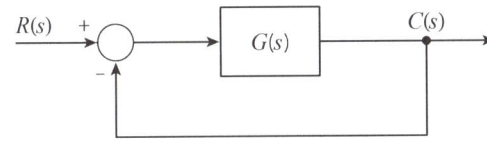

① $\dfrac{C(s)}{R(s)} = \dfrac{G(s)}{1+G(s)}$　② $\dfrac{C(s)}{R(s)} = \dfrac{G(s)}{1-G(s)}$
③ $\dfrac{C(s)}{R(s)} = 1+G(s)$　④ $\dfrac{C(s)}{R(s)} = 1-G(s)$

| 해설

$\dfrac{C(s)}{R(s)} = \dfrac{\Sigma \text{전향경로이득}}{1-\Sigma \text{루프이득}}$ 에서

$\dfrac{C(s)}{R(s)} = \dfrac{G(s)}{1-[-G(s)]} = \dfrac{G(s)}{1+G(s)}$

정답 ①

03. 열감지기의 온도감지용으로 사용하는 소자는?

① 서미스터　　② 바리스터
③ 제너다이오드　　④ 발광다이오드

| 해설

열감지기의 온도감지용으로 사용하는 소자는 서미스터이다.

정답 ①

04. 두 전하 사이에 작용하는 힘을 정전력이라고 한다. 이 정전력이 두 전하(전기량)의 곱에 비례하고 거리의 제곱에 반비례하는 성질을 무슨 법칙이라고 하는가?

① 패러데이의 법칙　　② 키르히호프의 법칙
③ 쿨롱의 법칙　　④ 가우스 법칙

| 해설

정전력이 두 전하(전기량)의 곱에 비례하고 거리의 제곱에 반비례하는 성질을 쿨롱의 법칙이라 한다.

정답 ③

05. 논리식 $A(A+B)$를 간단히 하면?

① A
② B
③ AB
④ A+B

| 해설

$A(A+B) = AA + AB = A(1+B)$
$\qquad = A \cdot 1 = A$

정답 ①

06. 조작기기는 직접 제어대상에 작용하는 장치이고 빠른 응답이 요구된다. 다음 중 전기식 조작기기가 아닌 것은?

① 서보전동기
② 전동밸브
③ 다이어프램밸브
④ 전자밸브

| 해설

• 다이어프램밸브는 기계식 조작기기이다.
• 서보전동기, 전동밸브, 전자밸브는 전기식 조작기기이다.

정답 ③

07. 그림의 시퀀스회로와 등가인 논리 게이트는?

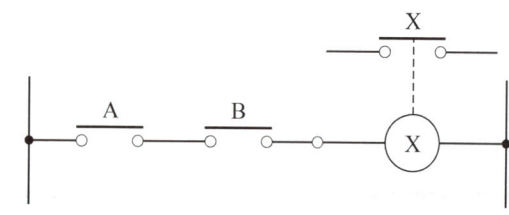

① OR 게이트
② AND 게이트
③ NOT 게이트
④ NOR 게이트

| 해설

AND 게이트이다. ($A \times B = X$)

정답 ②

08. RC 직렬회로에서 $R=100\Omega$, $C=4\mu F$일 때 $e=220\sqrt{2}\sin 377t$[V]인 전압이 인가되면 합성 임피던스는 약 몇 Ω인가?

① 0.3
② 1.8
③ 66
④ 670

| 해설

임피던스$(Z) = \sqrt{R^2 + X_C^2} = \sqrt{R^2 + (\frac{1}{\omega C})^2}$ 에서

$Z = \sqrt{100^2 + (\frac{1}{377 \times 4 \times 10^{-6}})^2} = 670.6 \fallingdotseq 670(\Omega)$

정답 ④

09. 변압기의 내부 보호에 사용되는 계전기는?

① 비율 차동 계전기
② 부족 전압 계전기
③ 역전류 계전기
④ 온도 계전기

| 해설

변압기의 내부 보호에 사용되는 계전기
㉠ 비율 차동 계전기
㉡ 차동 계전기
㉢ 브흐홀쯔 계전기

정답 ①

10. 단상 반파정류회로에서 교류 실효값 220V를 정류하면 직류 평균전압(V)은? (단, 정류기의 전압강하는 무시한다)

① 58
② 73
③ 88
④ 99

| 해설

단상 반파정류회로 직류 평균전압

$V_a = \frac{1}{\pi} V_m = \frac{1}{\pi} \times 220\sqrt{2} = 99.03 \fallingdotseq 99(V)$

정답 ④

11. 제어량이 압력, 온도 및 유량 등과 같은 공업량일 경우의 제어는?

① 시퀀스제어 ② 프로세스제어
③ 추종제어 ④ 프로그램제어

| 해설
제어량이 압력, 온도 및 유량 등과 같은 공업량일 경우의 제어는 프로세스제어이다.

정답 ②

12. 다음 중 교류전압계의 지침이 지시하는 전압은?

① 실효값 ② 평균값
③ 최대값 ④ 순시값

| 해설
- 실효값 지시: 교류전압계의 지침이 지시하는 전압
- 평균값 지시: 직류계기의 지침이 지시

정답 ①

13. 0℃에서 저항이 10Ω, 저항의 온도계수가 0.0043인 전선이 있다. 30℃에서 이 전선의 저항(Ω)은?

① 0.013 ② 0.68
③ 1.4 ④ 11.3

| 해설
$R_T = R_t[1+\alpha_t(T-t)]$에서
$R_T = 10 \times [1+0.0043 \times (30-0)]$
$= 11.29 ≒ 11.3(\Omega)$

정답 ④

14. 회로에서 저항 5Ω의 양단 전압 V_R(V)은?

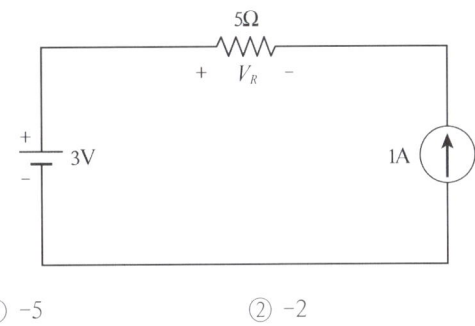

① −5 ② −2
③ 3 ④ 8

| 해설
- 전압원 단락시 $V_R = -(1 \times 5) = -5(V)$
- 전류원을 개방시에는 개회로망이 되어 전류가 흐르지 않으므로 전압은 없다.

정답 ①

15. 두 코일이 결합계수 0.3으로 인접해 있다. 코일 1의 자기인덕턴스가 10μH이고, 코일 2의 자기인덕턴스가 5μH일 때 이 코일의 상호인덕턴스(μH)는?

① 0.04 ② 2.12
③ 3.12 ④ 5

| 해설
상호인덕턴스$(M) = k\sqrt{L_1 L_2}$에서
$M = 0.3 \times \sqrt{10 \times 5} = 2.12(\mu H)$

정답 ②

16. 두 개의 코일 L_1과 L_2를 동일방향으로 직렬 접속하였을 때 합성인덕턴스가 140mH이고, 반대방향으로 접속하였더니 합성 인덕턴스가 20mH이었다. 이때, L_1 = 40mH이면 결합계수 k는?

① 0.38 ② 0.5 ③ 0.75 ④ 1.3

| 해설

$(140 = 40 + L_2 + 2M) - (20 = 40 + L_2 - 2M)$
$120 = 4M$
$M = 30 \text{(mH)}$
$L_2 = 140 - 40 - 2 \times 30 = 40 \text{(mH)}$
결합계수$(k) = \dfrac{M}{\sqrt{L_1 L_2}} = \dfrac{30}{\sqrt{40 \times 40}} = 0.75$

정답 ③

17. 50Hz의 주파수에서 유도성 리액턴스가 4Ω인 인덕터와 용량성 리액턴스가 1Ω인 커패시터와 4Ω의 저항이 모두 직렬로 연결되어 있다. 이 회로에 100V, 50Hz의 교류전압을 인가했을 때 무효전력(var)은?

① 1,000 ② 1,200 ③ 1,400 ④ 1,600

| 해설

무효전력$(P_r) = \sqrt{P_a^2 - P^2}$, 피상전력$(P_a) = VI$,
유효전력 $(P) = I^2 R$, $I = \dfrac{V}{Z}$에서
$I = \dfrac{100}{\sqrt{4^2 + (4-1)^2}} = 20 \text{(A)}$
$P_r = \sqrt{(100 \times 20)^2 - (20^2 \times 4)^2} = 1,200 \text{(Var)}$

정답 ②

18. 60mH의 코일에 전류가 10초간 5A 변화되었다면 유도되는 기전력은 몇 mV인가?

① 30 ② 50 ③ 300 ④ 500

| 해설

유도기전력$(V_L) = L \dfrac{\Delta i}{\Delta t}$에서
$V_L = 60 \times 10^{-3} \times \dfrac{5}{10} = 0.03 \text{(V)} = 30 \text{(mV)}$

정답 ①

19. 적분시간이 2초이고, 비례감도가 5인 PI제어기의 전달함수는?

① $\dfrac{10s + 5}{2s}$ ② $\dfrac{10s - 5}{2s}$

③ $1 + \dfrac{1}{2s}$ ④ $1 - \dfrac{1}{2s}$

| 해설

비례적분제어$(PI$제어$)$
$y(t) = K_p [x(t) + \dfrac{1}{T_I} \int x(t) dt]$
$Y(s) = K_p (1 + \dfrac{1}{Ts}) X(s)$
$G(s) = \dfrac{Y(s)}{X(s)} = 5(1 + \dfrac{1}{2s}) = 5 \times \dfrac{2s+1}{2s} = \dfrac{10s+5}{2s}$

정답 ①

20. 200V의 교류전압에서 30A의 전류가 흐르는 부하가 4.8kW의 유효전력을 소비하고 있을 때 이 부하의 리액턴스(Ω)는?

① 6.6 ② 5.3 ③ 4.0 ④ 3.3

| 해설

$P_r = I^2 X_L$, $X_L = \dfrac{P_r}{I^2}$,
$P_r = \sqrt{P_a^2 - P^2} = \sqrt{(200 \times 30)^2 - (4.8 \times 10^3)^2}$
$= 3600 \text{(Var)}$
$X_L = \dfrac{3600}{30^2} = 4 (\Omega)$

정답 ③

소방전기시설의 구조 및 원리

21. 자동화재속보설비의 속보기의 성능인증 및 제품검사의 기술기준에 따라 자동화재속보설비의 속보기가 소방관서에 자동적으로 통신망을 통해 통보하는 신호의 내용으로 옳은 것은?

① 당해 소방대상물의 위치 및 규모
② 당해 소방대상물의 위치 및 용도
③ 당해 화재발생 및 당해 소방대상물의 위치
④ 당해 고장발생 및 당해 소방대상물의 위치

| 해설

자동화재속보설비의 속보기(이하 이 기준에서 속보기라 한다)란 수동작동 및 자동화재탐지설비 수신기의 화재신호와 연동으로 작동하여 관계인에게 화재발생을 경보함과 동시에 소방관서에 자동적으로 통신망을 통한 당해 화재발생 및 당해 소방대상물의 위치 등을 음성으로 통보하여 주는 것을 말한다.

정답 ③

22. 자동화재탐지설비 배선의 기준 중 감지기 회로의 전로저항은 몇 Ω 이하가 되도록 하여야 하는가?

① 30 ② 50
③ 70 ④ 90

| 해설

자동화재탐지설비 배선의 기준

㉠ 자동화재탐지설비의 배선은 다른 전선과 별도의 관·덕트(절연효력이 있는 것으로 구획한 때에는 그 구획된 부분은 별개의 덕트로 본다)·몰드 또는 풀박스 등에 설치할 것. 다만, 60V 미만의 약 전류회로에 사용하는 전선으로서 각각의 전압이 같을 때에는 그러하지 아니하다.
㉡ 피(P)형 수신기 및 지피(G.P.)형 수신기의 감지기 회로의 배선에 있어서 하나의 공통선에 접속할 수 있는 경계구역은 7개 이하로 할 것

㉢ 자동화재탐지설비의 감지기 회로의 전로저항은 50Ω 이하가 되도록 하여야 하며, 수신기의 각 회로별 종단에 설치되는 감지기에 접속되는 배선의 전압은 감지기 정격전압의 80% 이상이어야 할 것

정답 ②

23. 유도등 및 유도표지의 화재안전기준(NFSC 303)에 따라 객석유도등을 설치하여야 하는 장소로 옳지 않은 것은?

① 벽   ② 천장
③ 바닥 ④ 통로

| 해설

객석유도등을 설치하여야 하는 장소에는 벽, 통로, 바닥이 있으며, 천장은 포함되지 않는다.

정답 ②

24. 주요구조부를 내화구조로한 특정소방대상물 또는 그 부분에 정온식 스포트형 1종 감지기를 설치하려는 경우에 최소 설치 개수는? (단, 부착높이는 2.7m이고, 바닥면적은 600m²이다)

① 7   ② 9
③ 10 ④ 12

| 해설

정온식 스포트형 1종 감지기의 최소 설치 개수는
$\dfrac{600\text{m}^2}{60\text{m}^2}=10$개이다.

정답 ③

25. 비상콘센트설비의 화재안전기준(NFSC 504)에 따라 하나의 전용회로에 설치하는 비상콘센트는 몇 개 이하로 하여야 하는가?

① 2
② 3
③ 10
④ 20

| 해설

비상콘센트설비의 전원회로
하나의 전용회로에 설치하는 비상콘센트는 10개 이하로 하여야 한다. 이 경우 전선의 용량은 각 비상콘센트(비상콘센트가 3개 이상인 경우에는 3개)의 공급용량을 합한 용량 이상의 것으로 하여야 한다.

정답 ③

26. 누전경보기의 형식승인 및 제품검사의 기술기준에 따른 과누전시험에 대한 내용이다. 다음 (   ) 안에 들어갈 내용으로 옳은 것은?

> 변류기는 1개의 전선을 변류기에 부착시킨 회로를 설치하고 출력단자에 부하저항을 접속한 상태로 당해 1개의 전선에 변류기의 정격전압의 (㉠)%에 해당하는 수치의 전류를 (㉡)분간 흘리는 경우 그 구조 또는 기능에 이상이 생기지 아니하여야 한다.

① ㉠: 20, ㉡: 5
② ㉠: 30, ㉡: 10
③ ㉠: 50, ㉡: 15
④ ㉠: 80, ㉡: 20

| 해설

변류기는 1개의 전선을 변류기에 부착시킨 회로를 설치하고 출력단자에 부하저항을 접속한 상태로 당해 1개의 전선에 변류기의 정격전압의 ㉠ 20%에 해당하는 수치의 전류를 ㉡ 5분간 흘리는 경우 그 구조 또는 기능에 이상이 생기지 아니하여야 한다.

정답 ①

27. 무선통신보조설비의 화재안전기준(NFSC 505)에 따른 무선통신보조설비의 시설기준으로 틀린 것은?

① 분배기·분파기 및 혼합기 등의 임피던스는 100 Ω의 것으로 할 것
② 누설동축케이블 및 안테나는 고압의 전로로부터 1.5m 이상 떨어진 위치에 설치할 것
③ 지상에 설치하는 접속단자는 보행거리 300m 이내마다 설치하고, 다른 용도로 사용되는 접속단자에서 5m 이상의 거리를 둘 것
④ 증폭기에는 비상전원이 부착된 것으로 하고 해당 비상전원용량은 무선통신보조설비를 유효하게 30분 이상 작동시킬 수 있는 것으로 할 것

| 해설

분배기·분파기 및 혼합기 등의 임피던스는 50Ω의 것으로 한다.

정답 ①

28. 비상경보설비 및 단독경보형감지기의 화재안전기준(NFSC 201)에 따른 비상벨설비에 대한 설명으로 옳은 것은?

① 비상벨설비는 화재발생 상황을 사이렌으로 경보하는 설비를 말한다.
② 비상벨설비는 부식성가스 또는 습기 등으로 인하여 부식의 우려가 없는 장소에 설치하여야 한다.
③ 음향장치의 음량은 부착된 음향장치의 중심으로부터 1m 떨어진 위치에서 60dB 이상이 되는 것으로 하여야 한다.
④ 특정소방대상물의 층마다 설치하되, 해당 특정소방대상물의 각 부분으로부터 하나의 발신기까지의 수평거리가 30m 이하가 되도록 하여야 한다.

| 해설

비상벨설비
㉠ 화재발생 상황을 경종으로 경보하는 설비를 말한다.
㉡ 부식성가스 또는 습기 등으로 인하여 부식의 우려가 없는 장소에 설치하여야 한다.

ⓒ 음향장치의 음량은 부착된 음향장치의 중심으로부터 1m 떨어진 위치에서 90dB 이상이 되는 것으로 하여야 한다.
ⓔ 특정소방대상물의 층마다 설치하되, 해당 특정소방대상물의 각 부분으로부터 하나의 발신기까지의 수평거리가 25m 이하가 되도록 하여야 한다.

정답 ②

29. 비상경보설비 및 단독경보형감지기의 화재안전기준(NFSC 201)에 따라 바닥면적이 450m²일 경우 단독경보형감지기의 최소 설치개수는?

① 1개 ② 2개
③ 3개 ④ 4개

| 해설

단독경보형감지기의 최소 설치개수 = $\dfrac{450\text{m}^2}{150\text{m}^2}$ = 3개

정답 ③

30. 소방시설용 비상전원수전설비의 화재안전기준(NFSC 602)에 따른 큐비클형의 시설기준으로 옳지 않은 것은?

① 전용큐비클 또는 공용큐비클식으로 설치할 것
② 외함은 건축물의 바닥 등에 견고하게 고정할 것
③ 자연환기구에 따라 충분히 환기할 수 없는 경우에는 환기설비를 설치할 것
④ 공용큐비클식의 소방회로와 일반회로에 사용되는 배선 및 배선용기기는 난연재료로 구획할 것

| 해설

공용큐비클식의 소방회로와 일반회로에 사용되는 배선 및 배선용기기는 불연재료로 구획하여야 한다.

정답 ④

31. 무선통신보조설비의 화재안전기준(NFSC 505)에 따른 용어의 정의 중 감시제어반 등에 설치된 무선중계기의 입력과 출력포트에 연결되어 송수신 신호를 원활하게 방사·수신하기 위해 옥외에 설치하는 장치를 말하는 것은?

① 혼합기 ② 분파기
③ 증폭기 ④ 옥외안테나

| 해설

감시제어반 등에 설치된 무선중계기의 입력과 출력포트에 연결되어 송수신 신호를 원활하게 방사·수신하기 위해 옥외에 설치하는 장치는 옥외안테나이다.

정답 ④

32. 비상조명등의 화재안전기준(NFSC 304)에 따라 조도는 비상조명등이 설치된 장소의 각 부분의 바닥에서 몇 lx 이상이 되도록 하여야 하는가?

① 1 ② 3
③ 5 ④ 10

| 해설

비상조명등의 화재안전기준(NFSC 304)에 따라 조도는 비상조명등이 설치된 장소의 각 부분의 바닥에서 1lx 이상이 되도록 하여야 한다.

정답 ①

33. 비상방송설비의 화재안전기준(NFSC 202)에 따른 정의에서 가변저항을 이용하여 전류를 변화시켜 음량을 크게 하거나 작게 조절할 수 있는 장치를 말하는 것은?

① 증폭기 ② 변류기
③ 중계기 ④ 음량조절기

| 해설
가변저항을 이용하여 전류를 변화시켜 음량을 크게 하거나 작게 조절할 수 있는 장치는 음량조절기이다.

참고 비상방송설비의 용어 정의
㉠ 증폭기: 전압전류의 진폭을 늘려 감도를 좋게 하고 미약한 음성전류를 커다란 음성전류로 변화시켜 소리를 크게 하는 장치이다.
㉡ 확성기: 소리를 크게 하여 멀리까지 전달될 수 있도록 하는 장치로써 일명 스피커를 말한다.
㉢ 음량조절기: 가변저항을 이용하여 전류를 변화시켜 음량을 크게 하거나 작게 조절할 수 있는 장치이다.

정답 ④

34. 자동화재탐지설비 및 시각경보장치의 화재안전기준(NFSC 203)에 따른 청각장애인용 시각경보장치의 설치 높이는? (단, 천장의 높이가 2m 초과인 경우이다)

① 바닥으로부터 0.8m 이상 1.5m 이하
② 바닥으로부터 1.0m 이상 1.5m 이하
③ 바닥으로부터 1.5m 이상 2.0m 이하
④ 바닥으로부터 2.0m 이상 2.5m 이하

| 해설
청각장애인용 시각경보장치는 바닥으로부터 2.0m 이상 2.5m 이하에 설치하여야 한다.

정답 ④

35. 광전식 분리형 감지기의 설치기준 중 옳은 것은?
① 감지기의 수광면은 햇빛을 직접 받도록 설치할 것
② 광축(송광면과 수광면의 중심을 연결한 선)은 나란한 벽으로부터 1.5m 이상 이격하여 설치할 것
③ 감지기의 송광부와 수광부는 설치된 뒷벽으로부터 0.6m 이내 위치에 설치할 것
④ 광축의 높이는 천장 등(천장의 실내에 면한 부분 또는 상층의 바닥하부면) 높이의 80% 이상일 것

| 해설
광전식 분리형 감지기의 설치기준
㉠ 감지기의 수광면은 햇빛을 직접 받지 않도록 설치할 것
㉡ 광축(송광면과 수광면의 중심을 연결한 선)은 나란한 벽으로부터 0.6m 이상 이격하여 설치할 것
㉢ 감지기의 송광부와 수광부는 설치된 뒷벽으로부터 1m 이내 위치에 설치할 것
㉣ 광축의 높이는 천장 등(천장의 실내에 면한 부분 또는 상층의 바닥하부면) 높이의 80% 이상일 것

정답 ④

36. 비상콘센트설비의 화재안전기준(NFSC 504)에 따라 비상콘센트의 플러그접속기는 어떤 것을 사용하여야 하는가?

① 접지형 2극 플러그접속기
② 접지형 4극 플러그접속기
③ 비접지형 2극 플러그접속기
④ 비접지형 4극 플러그접속기

| 해설
비상콘센트의 플러그접속기는 접지형 2극 플러그접속기를 사용하여야 한다.

정답 ①

37. 누전경보기의 형식승인 및 제품검사의 기술기준에 따라 감도조정장치를 갖는 누전경보기에 있어서 감도조정장치의 조정범위는 최대치가 몇 A이어야 하는가?

① 0.2
② 1.0
③ 1.5
④ 2.0

| 해설
감도조정장치를 갖는 누전경보기에 있어서 감도조정장치의 조정범위는 최대치가 1A이다.

정답 ②

38. 복도통로유도등의 식별도 기준 중 ( ) 안에 알맞은 것은?

> 복도통로유도등에 있어서 상용전원으로 등을 켜는 경우에는 직선거리 (㉠)m의 위치에서, 비상전원으로 등을 켜는 경우에는 직선거리 (㉡)m의 위치에서 보통시력에 의하여 표시면의 화살표가 쉽게 식별되어야 한다.

① ㉠: 15, ㉡: 20
② ㉠: 20, ㉡: 15
③ ㉠: 30, ㉡: 20
④ ㉠: 20, ㉡: 30

| 해설
복도통로유도등에 있어서 상용전원으로 등을 켜는 경우에는 직선거리 ㉠ 20m의 위치에서, 비상전원으로 등을 켜는 경우에는 직선거리 ㉡ 15m의 위치에서 보통시력에 의하여 표시면의 화살표가 쉽게 식별되어야 한다.

정답 ②

39. 자동화재탐지설비에서 비화재보가 계속되는 경우의 조치로써 틀린 것은?

① 감지기 회로 배선의 절연 상태 조사
② 수신기 내부의 계전기 기능 조사
③ 전원회로의 전압계의 지시 확인
④ 감지기 설치 장소에 이상 온도 반입 체가 있는가 조사

| 해설
전원회로의 전압계의 지시 확인과 비화재보가 통보되는 것은 관계가 없다.

정답 ③

40. 자동화재탐지설비 및 시각경보장치의 화재안전기준(NFSC 203)에 따른 자동화재탐지 설비의 수신기 설치기준에 관한 사항 중, 최소 몇 층 이상의 특정소방대상물에는 발신기와 전화통화가 가능한 수신기를 설치하여야 하는가?

① 3
② 4
③ 5
④ 7

| 해설
4층 이상의 특정소방대상물에는 발신기와 전화통화가 가능한 수신기를 설치하여야 한다.
※ 2022년 12월 1일부터 해당 화재안전기준은 삭제되어 더 이상 출제되지 않음

정답 없음

2022년 | 제2회

소방전기일반

01. 정전용량이 각각 $1\mu F$, $2\mu F$, $3\mu F$ 이고, 내압이 모두 동일한 3개의 커패시터가 있다. 이 커패시터들을 직렬로 연결하여 양단에 전압을 인가한 후 전압을 상승시키면 가장 먼저 절연이 파괴되는 커패시터는? (단, 커패시터의 재질이나 형태는 동일하다)

① $1\mu F$　　② $2\mu F$
③ $3\mu F$　　④ 3개 모두

| 해설
내압이 일정하므로 정전용량이 가장 작은 $1\mu F$의 것이 가장 먼저 파괴된다.

정답 ①

02. 그림과 같은 블록선도의 전달함수($\frac{C(s)}{R(s)}$)는?

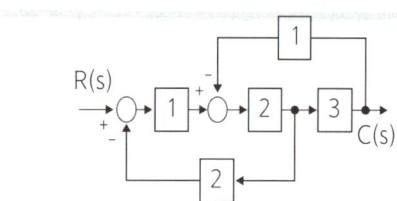

① $\frac{6}{23}$　② $\frac{6}{17}$　③ $\frac{6}{15}$　④ $\frac{6}{11}$

| 해설
$\frac{C(s)}{R(s)} = \frac{\Sigma 전향경로이득}{1-(\Sigma 루프이득)}$
$= \frac{1\times 2\times 3}{1+1\times 2\times 2+2\times 3\times 1} = \frac{6}{11}$

정답 ④

03. 그림의 단상 반파 정류회로에서 R에 흐르는 전류의 평균값(A)은? (단, $v(t)=220\sqrt{2}\sin\omega t(V)$, $R=16\sqrt{2}(\Omega)$ 다이오드의 전압강하는 무시한다)

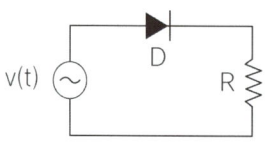

① 3.2　　② 3.8
③ 4.4　　④ 5.2

| 해설
$I_a = \frac{I_m}{\pi} = \frac{\frac{V_m}{R}}{\pi}$
$= \frac{\frac{220\sqrt{2}}{16\sqrt{2}}}{\pi} = 4.37 \fallingdotseq 4.4\,[A]$

정답 ③

04. 3상 유도 전동기를 Y 결선으로 운전했을 때 토크가 T_Y이었다. 이 전동기를 동일한 전원에서 △결선으로 운전했을 때 토크($T_\triangle$)는?

① $T_\triangle = 3T_Y$　　② $T_\triangle = \sqrt{3}T_Y$
③ $T_\triangle = \frac{1}{3}T_Y$　　④ $T_\triangle = \frac{1}{\sqrt{3}}T_Y$

| 해설
$\triangle = 3Y$의 관계가 성립되는 것
㉠ 저항
㉡ 전류
㉢ 토크
그러므로 $T_\triangle = 3T_Y$

정답 ①

05. 어떤 코일의 임피던스를 측정하고자 한다. 이 코일에 30V의 직류전압을 가했을 때 300W가 소비되었고, 100V의 실효치 교류전압을 가했을 때 1,200W가 소비되었다. 이 코일의 리액턴스(Ω)는?

① 2 ② 4
③ 6 ④ 8

| 해설

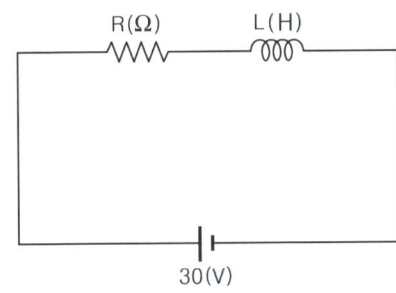

$R = \dfrac{V^2}{P} = \dfrac{30^2}{300} = 3(\Omega)$

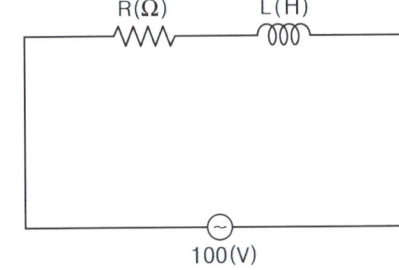

$P_r = I^2 X_L (\text{Var})$

$X_L = \dfrac{P_r}{I^2} = \dfrac{\sqrt{P_a^2 - P^2}}{I^2}$

$= \dfrac{\sqrt{(100\times)20^2 - 1200^2}}{20^2} = 4(\Omega)$

$[P = I^2 R, \ I^2 = \dfrac{P}{R},$

$I = \sqrt{\dfrac{P}{R}} = \dfrac{\sqrt{1200}}{3} = 20(A)]$

정답 ②

06. 제어요소가 제어 대상에 가하는 제어 신호로 제어 장치의 출력인 동시에 제어 대상의 입력이 되는 것은?

① 조작량   ② 제어량
③ 기준입력 ④ 동작신호

| 해설

제어요소가 제어대상에 가하는 제어신호로 제어장치의 출력인 동시에 제어대상의 입력이 되는 것은 조작량이다.

정답 ①

07. 적분 시간이 3sec이고, 비례 감도가 5인 PI(비례적분) 제어 요소가 있다. 이 제어 요소의 전달함수는?

① $\dfrac{5s+5}{3s}$ ② $\dfrac{15s+5}{3s}$
③ $\dfrac{3s+3}{5s}$ ④ $\dfrac{15s+3}{5s}$

| 해설

비례적분제어(PI 제어)

$y(t) = K_p [x(t) + \dfrac{1}{T_I} \int x(t) dt]$

$Y(s) = K_p (1 + \dfrac{1}{Ts}) X(s)$

$G(s) = \dfrac{Y(s)}{X(s)} = 5(1 + \dfrac{1}{3s})$

$= 5 \times \dfrac{3s+1}{3s} = \dfrac{15s+5}{3s}$

정답 ②

08. 100V에서 500W를 소비하는 전열기가 있다. 이 전열기에 90V의 전압을 인가했을 때 소비되는 전력(W)은?

① 81　　　　　② 90
③ 405　　　　 ④ 450

| 해설

$$R = \frac{V^2}{P} = \frac{100^2}{500} = 20[\Omega]$$

$$P' = \frac{V'^2}{R} = \frac{90^2}{20} = 405[W]$$

정답 ③

09. 4극 직류 발전기의 전기자 도체 수가 500개, 각 자극의 자속이 0.01Wb, 회전수가 1,800rpm일 때 이 발전기의 유도 기전력(V)은? (단, 전기자 권선법은 파권이다)

① 100　　　　 ② 200
③ 300　　　　 ④ 400

| 해설

$$E = \frac{PZ\phi N}{60a} = \frac{4 \times 500 \times 0.01 \times 1800}{60 \times 2} = 300[V]$$

정답 ③

10. 진공 중에서 원점에 10^{-8}C의 전하가 있을 때 점 (1, 2, 2)m에서의 전계의 세기는 약 몇 V/m인가?

① 0.1　　　　 ② 1
③ 10　　　　 ④ 100

| 해설

$$r = \sqrt{1^2 + 2^2 + 2^2} = 3$$

$$E = 9 \times 10^9 \frac{Q}{r^2} = 9 \times 10^9 \times \frac{10^{-8}}{3^2} = 10[V/m]$$

정답 ③

11. 정현파 교류전압 $e_1(t)$과 $e_2(t)$의 합$[e_1(t) + e_2(t)]$은 몇 V인가?

$$e_1(t) = 10\sqrt{2}\sin\left(\omega t + \frac{\pi}{3}\right)(V)$$
$$e_2(t) = 20\sqrt{2}\cos\left(\omega t - \frac{\pi}{6}\right)(V)$$

① $30\sqrt{2}\sin\left(\omega t + \frac{\pi}{3}\right)$

② $30\sqrt{2}\sin\left(\omega t - \frac{\pi}{3}\right)$

③ $10\sqrt{2}\sin\left(\omega t + \frac{2\pi}{3}\right)$

④ $10\sqrt{2}\sin\left(\omega t - \frac{2\pi}{3}\right)$

| 해설

$$e_1(t) = 10\sqrt{2}\sin\left(\omega t + \frac{\pi}{3}\right)(V),$$
$$e_2(t) = 20\sqrt{2}\cos\left(\omega t - \frac{\pi}{6}\right)$$
$$= 20\sqrt{2}\sin\left(\omega t + \frac{\pi}{3}\right)(V),$$
$$e_1(t) + e_2(t) = 30\sqrt{2}\sin\left(\omega t + \frac{\pi}{3}\right)$$

정답 ①

12. 60Hz의 3상 전압을 반파 정류하였을 때 리플(맥동) 주파수(Hz)는?

① 60　　　　 ② 120
③ 180　　　　④ 360

| 해설

$$f' = 3f = 3 \times 60 = 180[Hz]$$

정답 ③

13. 테브난의 정리를 이용하여 그림 (a)의 회로를 그림 (b)와 같은 등가회로로 만들고자 할 때 V_{th}(V)와 $R_{th}(\Omega)$은?

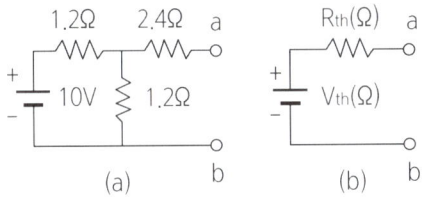

① 5V, 2Ω
② 5V, 3Ω
③ 6V, 2Ω
④ 6V, 3Ω

| 해설

- $V_{th} = 10 \times \dfrac{1.2}{1.2+1.2} = 5[V]$
- $R_{th} = 2.4 + \dfrac{1.2 \times 1.2}{1.2+1.2} = 3[\Omega]$

정답 ②

14. 각 상의 임피던스가 $Z=4+j3(\Omega)$인 △결선의 평형 3상 부하에 선간전압이 200V인 대칭 3상 전압을 가했을 때 이 부하로 흐르는 선전류의 크기(A)는?

① $\dfrac{40}{3}$
② $\dfrac{40}{\sqrt{3}}$
③ 40
④ $40\sqrt{3}$

| 해설

$I_l = \sqrt{3}\, I_p = \sqrt{3}\, \dfrac{V_p}{Z} = \sqrt{3}\, \dfrac{V_l}{Z}$

$\sqrt{3}\, \dfrac{200}{\sqrt{4^2+3^2}} = 40\sqrt{3}[A]$

정답 ④

15. 어떤 전압계의 측정 범위를 12배로 하려고 할 때 배율기의 저항은 전압계 내부저항의 몇 배로 해야 하는가?

① 9
② 10
③ 11
④ 12

| 해설

$R_m = r(m-1) = r(12-1) = 11r$

정답 ③

16. 시퀀스회로를 논리식으로 표현하면?

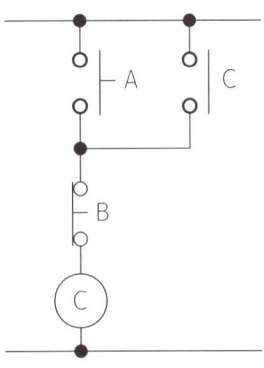

① $C = A + \overline{B} \cdot C$
② $C = A \cdot \overline{B} + C$
③ $C = A \cdot C + \overline{B}$
④ $C = (A+C) \cdot \overline{B}$

| 해설

병렬접속은 OR, 직렬접속은 AND이므로
$C = (A+C) \cdot \overline{B}$ 이다.

정답 ④

17. 그림의 회로에서 a-b 간에 V_{ab}(V)를 인가했을 때 c-d 간의 전압이 100V이었다. 이때 a-b 간에 인가한 전압(V_{ab})은 몇 V인가?

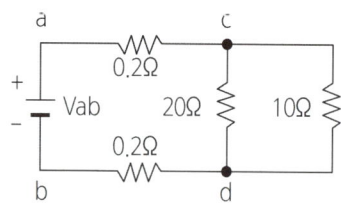

① 104
② 106
③ 108
④ 110

| 해설

- 전전류 = $\dfrac{100}{\dfrac{10 \times 20}{10+20}} = 15[A]$

- 전전압 $V_{ab} = 15 \times (0.2 + \dfrac{10 \times 20}{10+20} + 0.2) = 106[V]$

정답 ②

18. 균일한 자기장 내에서 운동하는 도체에 유도된 기전력의 방향을 나타내는 법칙은?

① 플레밍의 왼손 법칙
② 플레밍의 오른손 법칙
③ 암페어의 오른나사 법칙
④ 패러데이의 전자유도 법칙

| 해설

플레밍의 오른손 법칙
균일한 자기장 내에서 운동하는 도체에 유도된 기전력의 방향을 나타내는 법칙이다.

정답 ②

19. 회로에서 저항 5Ω의 양단 전압 V_R(V)은?

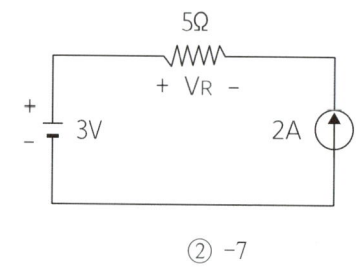

① -10
② -7
③ 7
④ 10

| 해설

- 전류원 개방시 5Ω에는 전류가 흐르지 않으므로 전압은 0[V]이다.
- 전압원 단락시 $V_R = -2 \times 5 = -10[V]$

정답 ①

20. 다음의 논리식을 간단히 표현한 것은?

$$Y = \overline{A}\,\overline{B}\,C + \overline{A}\,B\,\overline{C} + \overline{A}\,B\,C$$

① $\overline{A} \cdot (B+C)$
② $\overline{B} \cdot (A+C)$
③ $\overline{C} \cdot (A+B)$
④ $C \cdot (A+\overline{B})$

| 해설

$Y = \overline{A}\,\overline{B}\,C + \overline{A}\,B\,\overline{C} + \overline{A}\,B\,C$
$= \overline{A}\,\overline{B}\,C + \overline{A}B(C + \overline{C})$
$= \overline{A}\,\overline{B}\,C + \overline{A}B = \overline{A}(\overline{B}C + B)$
$= \overline{A}[(B+\overline{B})(B+C)]$
$= \overline{A}(B+C)$

정답 ①

소방전기시설의 구조 및 원리

21. 소방시설용 비상전원수전설비의 화재안전기준에 따라 저압으로 수전하는 제1종 배전반 및 분전반의 외함 두께와 전면판(또는 문) 두께에 대한 설치기준으로 옳은 것은?

① 외함: 1.0mm 이상,
전면판(또는 문): 2.4mm 이상
② 외함: 2.0mm 이상,
전면판(또는 문): 2.3mm 이상
③ 외함: 1.6mm 이상,
전면판(또는 문): 2.4mm 이상
④ 외함: 1.6mm 이상,
전면판(또는 문): 2.3mm 이상

| 해설

제1종 배전반 및 제1종 분전반의 외함은 두께 1.6mm(전면판 및 문은 2.3mm) 이상의 강판과 이와 동등 이상의 강도와 내화성능이 있는 것으로 제작할 것

정답 ④

22. 무선통신보조설비의 화재안전기준에서 정하는 분배기·분파기 및 혼합기 등의 임피던스는 몇 Ω의 것으로 하여야 하는가?

① 10 ② 30
③ 50 ④ 100

| 해설

무선통신보조설비의 분배기·분파기 및 혼합기의 설치기준
㉠ 임피던스는 50Ω의 것으로 할 것
㉡ 먼지·습기 및 부식 등에 따라 기능에 이상을 가져오지 아니하도록 할 것
㉢ 점검에 편리하고 화재 등의 재해로 인한 피해의 우려가 없는 장소에 설치할 것

정답 ③

23. 비상콘센트설비의 성능인증 및 제품검사의 기술기준에 따라 절연저항 시험 부위의 절연내력은 정격전압 150V 이하의 경우 60Hz의 정현파에 가까운 실효전압 1000V 교류전압을 가하는 시험에서 몇 분간 견디는 것이어야 하는가?

① 1   ② 10
③ 30 ④ 60

| 해설

절연내력시험
절연내력은 전원부와 외함 사이에 정격전압이 150[V] 이하인 경우에는 60Hz의 정현파에 가까운 1000[V]의 실효전압을, 정격전압이 150[V] 이상인 경우에는 그 정격전압에 2를 곱하여 1000을 더한 실효전압을 가하는 시험에서 1분 이상 견디는 것으로 할 것

정답 ①

24. 다음은 누전경보기의 형식승인 및 제품검사의 기술기준에 따른 표시등에 대한 내용이다. ( ) 안에 들어갈 내용으로 옳은 것은?

> 주위의 밝기가 (㉠)lx인 장소에서 측정하여 앞면으로부터 (㉡)m 떨어진 곳에서 켜진 등이 확실히 식별되어야 한다.

① ㉠: 150, ㉡: 3
② ㉠: 300, ㉡: 3
③ ㉠: 150, ㉡: 5
④ ㉠: 300, ㉡: 5

| 해설

주위의 밝기가 ㉠ 300lx인 장소에서 측정하여 앞면으로부터 ㉡ 3m 떨어진 곳에서 켜진 등이 확실히 식별되어야 한다.

정답 ②

25. 무선통신보조설비의 화재안전기준에 따라 무선통신보조설비의 누설동축케이블 및 동축케이블은 화재에 따라 해당 케이블의 피복이 소실된 경우에 케이블 본체가 떨어지지 아니하도록 몇 m 이내마다 금속제 또는 자기제 등의 지지금구로 벽·천장·기둥 등에 견고하게 고정시켜야 하는가? (단, 불연재료로 구획된 반자 안에 설치하지 않은 경우이다)

① 1
② 1.5
③ 2.5
④ 4

| 해설
누설동축케이블 및 동축케이블은 화재에 따라 해당 케이블의 피복이 소실된 경우에 케이블 본체가 떨어지지 아니하도록 4m 이내마다 금속제 또는 자기제등의 지지금구로 벽·천장·기둥 등에 견고하게 고정시킬 것. 다만, 불연재료로 구획된 반자 안에 설치하는 경우에는 그러하지 아니하다.

정답 ④

26. 자동화재탐지설비 및 시각경보장치의 화재안전기준에서 정하는 불꽃감지기의 시설기준으로 틀린 것은?

① 폭발의 우려가 있는 장소에는 방폭형으로 설치할 것
② 공칭감시거리 및 공칭시야각은 형식승인내용에 따를 것
③ 감지기를 천장에 설치하는 경우에는 감지기는 바닥을 향하여 설치할 것
④ 감지기는 화재감지를 유효하게 감지할 수 있는 모서리 또는 벽 등에 설치할 것

| 해설
불꽃감지기의 시설기준
㉠ 공칭감시거리 및 공칭시야각은 형식승인내용에 따를 것
㉡ 감지기는 공칭감시거리와 공칭시야각을 기준으로 감시구역이 모두 포용될 수 있도록 설치할 것
㉢ 감지기는 화재감지를 유효하게 감지할 수 있는 모서리 또는 벽 등에 설치할 것

㉣ 감지기를 천장에 설치하는 경우에는 감지기는 바닥을 향하여 설치할 것
㉤ 수분이 많이 발생할 우려가 있는 장소에는 방수형으로 설치할 것

정답 ①

27. 비상콘센트설비의 화재안전기준에 따라 비상콘센트용의 풀박스 등은 방청도장을 한 것으로서, 두께가 몇 mm 이상인 철판으로 하여야 하는가?

① 1.0
② 1.2
③ 1.5
④ 1.6

| 해설
비상콘센트용의 풀박스 등은 방청도장을 한 것으로서, 두께 1.6mm 이상의 철판으로 하여야 한다.

정답 ④

28. 다음은 비상조명등의 우수품질인증 기술기준에서 정하는 비상조명등의 상태를 자동적으로 점검하는 기능에 대한 내용이다. ( ) 안에 들어갈 내용으로 옳은 것은?

> 자가점검시간은 (㉠)초 이상 (㉡)분 이하로 (㉢)일마다 최소 한 번 이상 자동으로 수행하여야 한다.

① ㉠: 15, ㉡: 15, ㉢: 15
② ㉠: 15, ㉡: 20, ㉢: 30
③ ㉠: 30, ㉡: 30, ㉢: 30
④ ㉠: 30, ㉡: 45, ㉢: 60

| 해설
비상조명등의 상태를 자동적으로 점검하는 자가점검시간은 ㉠ 30초 이상 ㉡ 30분 이하로 ㉢ 30일마다 최소 한 번 이상 자동으로 수행하여야 한다.

정답 ③

29. 자동화재탐지설비 및 시각경보장치의 화재안전기준에 따라 부착 높이가 4m 미만으로 연기감지기 3종을 설치할 때, 바닥면적 몇 m²마다 1개 이상 설치하여야 하는가?

① 50
② 75
③ 100
④ 150

| 해설

부착 높이가 4m 미만으로 연기감지기 3종을 설치할 때, 바닥면적 50m²마다 1개 이상을 설치하여야 한다.

정답 ①

30. 비상방송설비와 자동화재탐지설비의 연동시 동작 순서로 옳은 것은?

① 기동장치 → 증폭기 → 수신기 → 조작부 → 확성기
② 기동장치 → 조작부 → 증폭기 → 수신부 → 확성기
③ 기동장치 → 수신기 → 증폭기 → 조작부 → 확성기
④ 기동장치 → 증폭기 → 조작부 → 수신부 → 확성기

| 해설

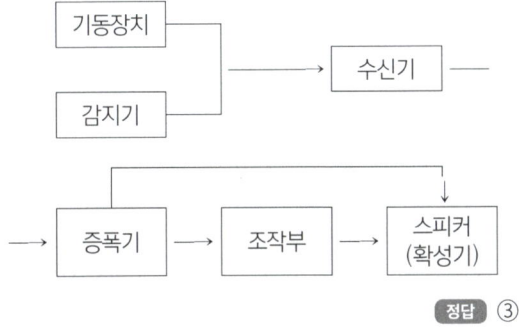

정답 ③

31. 유도등의 우수품질인증 기술기준에서 정하는 유도등의 일반구조에 적합하지 않은 것은?

① 축전지에 배선 등은 직접 납땜하여야 한다.
② 충전부가 노출되지 아니한 것은 사용전압이 300V를 초과할 수 있다.
③ 외함은 기기 내의 온도 상승에 의하여 변형, 변색 또는 변질되지 아니하여야 한다.
④ 전선의 굵기는 인출선인 경우 단면적이 0.75mm² 이상, 인출선 외의 경우에는 면적이 0.6mm² 이상이어야 한다.

| 해설

유도등 일반구조에서 축전지에 배선 등은 직접 납땜하지 아니하여야 한다.

정답 ①

32. 축광표지의 성능인증 및 제품검사의 기술기준에 따라 피난 방향 또는 소방용품 등의 위치를 추가적으로 알려주는 보조 역할을 하는 축광보조표지의 설치 위치로 틀린 것은?

① 바닥
② 천장
③ 계단
④ 벽면

| 해설

"축광보조표지"란 피난로 등의 바닥·계단·벽면 등에 설치함으로서 피난방향 또는 소방용품 등의 위치를 추가적으로 알려주는 보조역할을 하는 표지를 말한다.

정답 ②

33. 시각경보장치의 성능인증 및 제품검사의 기술기준에 따라 시각 경보장치의 전원부 양단자 또는 양선을 단락시킨 부분과 비충전부를 DC 500V의 절연저항계로 측정하는 경우 절연저항이 몇 $M\Omega$ 이상이어야 하는가?

① 0.1 ② 5
③ 10 ④ 20

| 해설
시각경보장치의 전원부 양단자 또는 양선을 단락시킨 부분과 비충전부를 DC 500V의 절연저항계로 측정하는 경우 절연저항이 5MΩ 이상이어야 한다.

정답 ②

34. 누전경보기의 형식승인 및 제품검사의 기술기준에서 정하는 누전경보기의 공칭작동전류치(누전경보기를 작동시키기 위하여 필요한 누설전류의 값으로서 제조자에 의하여 표시된 값을 말한다)는 몇 mA 이하이어야 하는가?

① 50 ② 100
③ 150 ④ 200

| 해설
누전경보기의 공칭작동전류치(누전경보기를 작동시키기 위하여 필요한 누설전류의 값으로서 제조자에 의하여 표시된 값을 말한다)는 200mA 이하이다.

정답 ④

35. 다음은 자동화재속보설비의 속보기의 성능인증 및 제품검사의 기술기준에 따른 속보기에 대한 내용이다. ( ) 안에 들어갈 내용으로 옳은 것은?

> 속보기는 연동 또는 수동 작동에 의한 다이얼링 후 소방관서와 전화접속이 이루어지지 않는 경우에는 최초 다이얼링을 포함하여 (㉠)회 이상 반복적으로 접속을 위한 다이얼링이 이루어져야 한다. 이 경우 매회 다이얼링 완료 후 호출은 (㉡)초 이상 지속되어야 한다.

① ㉠: 10, ㉡: 30 ② ㉠: 15, ㉡: 30
③ ㉠: 10, ㉡: 60 ④ ㉠: 15, ㉡: 60

| 해설
속보기는 연동 또는 수동 작동에 의한 다이얼링 후 소방관서와 전화접속이 이루어지지 않는 경우에는 최초 다이얼링을 포함하여 ㉠ 10회 이상 반복적으로 접속을 위한 다이얼링이 이루어져야 한다. 이 경우 매회 다이얼링 완료 후 호출은 ㉡ 30초 이상 지속되어야 한다.

정답 ①

36. 단독경보형 감지기에 대한 설명으로 틀린 것은?

① 단독경보형 감지기는 감지부, 경보장치, 전원이 개별로 구성되어 있다.
② 화재경보음은 감지기로부터 1m 떨어진 위치에서 85dB 이상으로 10분 이상 계속하여 경보할 수 있어야 한다.
③ 단독경보형 감지기는 수동으로 작동시험을 하고 자동복귀형 스위치에 의하여 자동으로 정위치에 복귀하여야 한다.
④ 작동되는 감지기는 작동표시등에 의하여 화재의 발생을 표시하고, 내장된 음향장치의 명동에 의하여 화재경보음을 발하여야 한다.

| 해설

단독경보형 감지기란 화재에 의해서 발생되는 열, 연기 또는 불꽃을 감지하여 작동하는 것으로서 수신기에 작동신호를 발신하지 아니하고 감지기가 단독적으로 내장된 음향장치에 의하여 경보하는 감지기를 말한다.

정답 ①

37. 비상방송설비의 음향장치는 정격전압의 몇 % 전압에서 음향을 발할 수 있는 것으로 하여야 하는가?

① 80
② 90
③ 100
④ 110

| 해설

음향장치의 구조 및 성능
㉠ 정격전압의 80% 전압에서 음향을 발할 수 있는 것으로 할 것
㉡ 자동화재탐지설비의 작동과 연동하여 작동할 수 있는 것으로 할 것

정답 ①

38. 소방시설용 비상전원수전설비의 화재안전기준에 따라 소방회로배선은 일반회로배선과 불연성 격벽으로 구획하여야 하나, 소방회로배선과 일반회로배선을 몇 cm 이상 떨어져 설치한 경우에는 그러하지 아니하는가?

① 5
② 10
③ 15
④ 20

| 해설

소방회로배선은 일반회로배선과 불연성의 격벽으로 구획할 것. 다만, 소방회로배선과 일반회로배선을 15cm 이상 떨어져 설치한 경우는 그렇지 않다.

정답 ③

39. 경종의 우수품질인증 기술기준에 따라 경종에 정격전압을 인가한 경우 경종의 소비전류는 몇 mA 이하이어야 하는가?

① 10
② 30
③ 50
④ 100

| 해설

경종에 정격전압을 인가한 경우 경종의 소비전류는 50mA 이하이어야 한다.

정답 ③

40. 자동화재탐지설비 및 시각경보장치의 화재안전기준에 따라 감지기 상호 간 또는 감지기로부터 수신기에 이르는 감지기회로의 배선 중 전자파 방해를 받지 아니하는 쉴드선 등을 사용하지 않아도 되는 것은?

① R형 수신기용으로 사용되는 것
② 차동식 감지기
③ 다신호식 감지기
④ 아날로그식 감지기

| 해설

쉴드선 등을 사용하는 경우
㉠ R형 수신기용으로 사용되는 것
㉡ 다신호식 감지기
㉢ 아날로그식 감지기

정답 ②

2022년 제1회

소방전기일반

01. 그림과 같은 회로에서 단자 a, b 사이에 주파수 f(Hz)의 정현파 전압을 가했을 때 전류계 A_1, A_2의 값이 같았다. 이 경우 f, L, C 사이의 관계로 옳은 것은?

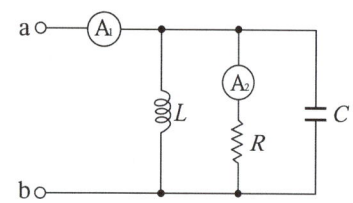

① $f = \dfrac{1}{LC}$ ② $f = \dfrac{1}{2\pi\sqrt{LC}}$

③ $f = \dfrac{1}{4\pi\sqrt{LC}}$ ④ $f = \dfrac{1}{\sqrt{2\pi^2 LC}}$

| 해설

전전류 A_1과 저항에 흐르는 전류 A_2가 같으므로 병렬공진상태이다.

그러므로, 병렬공진주파수 $f = \dfrac{1}{2\pi\sqrt{LC}}$ (Hz)

정답 ②

02. 논리식 $Y = \overline{A}\overline{B}C + A\overline{B}\overline{C} + A\overline{B}C$ 를 간단히 표현한 것은?

① $\overline{A} \cdot (B+C)$ ② $\overline{B} \cdot (A+C)$
③ $\overline{A} \cdot (A+B)$ ④ $C \cdot (A+\overline{B})$

| 해설

$Y = \overline{A}\overline{B}C + A\overline{B}\overline{C} + A\overline{B}C$
$= \overline{A}\overline{B}C + A\overline{B}(\overline{C}+C)$
$= \overline{A}\overline{B}C + A\overline{B}$
$= \overline{B}(\overline{A}C + A) = \overline{B}[(A+\overline{A})(A+C)]$
$= \overline{B}(A+C)$

정답 ②

03. 회로에서 전류 I는 약 몇 A인가?

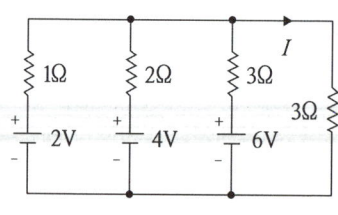

① 0.92 ② 1.125
③ 1.29 ④ 1.38

| 해설

밀만의 정리에서 지로의 전압이 없는 것은 0[V]이다.

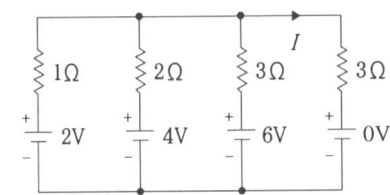

$$V = \frac{I}{Y} = \frac{\frac{2}{1}+\frac{4}{2}+\frac{6}{3}+\frac{0}{3}}{\frac{1}{1}+\frac{1}{2}+\frac{1}{3}+\frac{1}{3}} = \frac{36}{13}(\text{V})$$

$$I = \frac{V}{3} = \frac{\frac{36}{13}}{3} = \frac{12}{13} = 0.916 ≒ 0.92(\text{A})$$

정답 ①

04. 절연저항시험에서 "전로의 사용전압이 500V 이하인 경우 1.0MΩ 이상"이란 뜻으로 가장 옳은 것은?

① 누설전류가 0.5mA 이하이다.
② 누설전류가 5mA 이하이다.
③ 누설전류가 15mA 이하이다.
④ 누설전류가 30mA 이하이다.

| 해설

$$I = \frac{V}{R(\text{이상})} = \frac{500}{1 \times 10^6} = \frac{1}{2000}(\text{A})$$

$$\therefore \frac{1}{2000} \times 10^3 = 0.5(\text{mA}) \text{ 이하}$$

정답 ①

05. 권선수가 100회인 코일에 유도되는 기전력의 크기가 e_1이다. 이 코일의 권선수를 200회로 늘렸을 때 유도되는 기전력의 크기(e_2)는?

① $e_2 = \frac{1}{4}e_1$ ② $e_2 = \frac{1}{2}e_1$
③ $e_2 = 2e_1$ ④ $e_2 = 4e_1$

| 해설

$$e = -L\frac{di}{dt}, \quad L = \frac{\mu A N^2}{l}$$

$$\therefore e \propto N^2$$

$$\frac{e_2}{e_1} = \frac{200^2}{100^2}$$

$$e_2 = 4e_1$$

정답 ④

06. 동일한 전류가 흐르는 두 평행 도선 사이에 작용하는 힘이 F_1이다. 두 도선 사이의 거리를 2.5배로 늘였을 때 두 도선 사이 작용하는 힘 F_2는?

① $F_2 = \frac{1}{2.5}F_1$ ② $F_2 = \frac{1}{2.5^2}F_1$
③ $F_2 = 2.5F_1$ ④ $F_2 = 6.25F_1$

| 해설

$$F = 2 \times 10^{-7}\frac{I_1 I_2}{2r}, \quad F \propto \frac{1}{r} \text{ 이므로,}$$

$$\frac{F_2}{F_1} = \frac{r_1}{r_2} = \frac{r}{2.5r}$$

$$\therefore F_2 = \frac{1}{2.5}F_1$$

정답 ①

07. 그림의 회로에서 a와 c 사이의 합성 저항은?

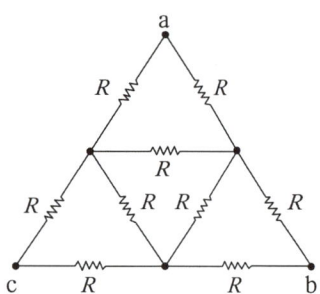

① $\dfrac{9}{10}R$ ② $\dfrac{10}{9}R$ ③ $\dfrac{7}{10}R$ ④ $\dfrac{10}{7}R$

| 해설

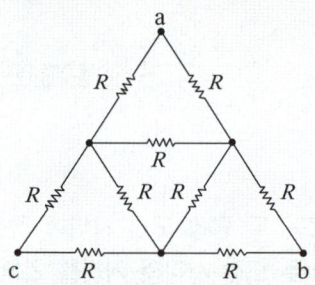

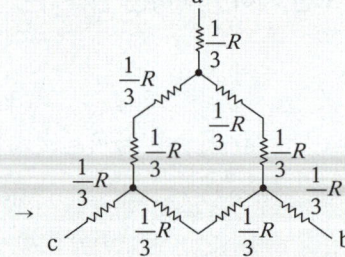

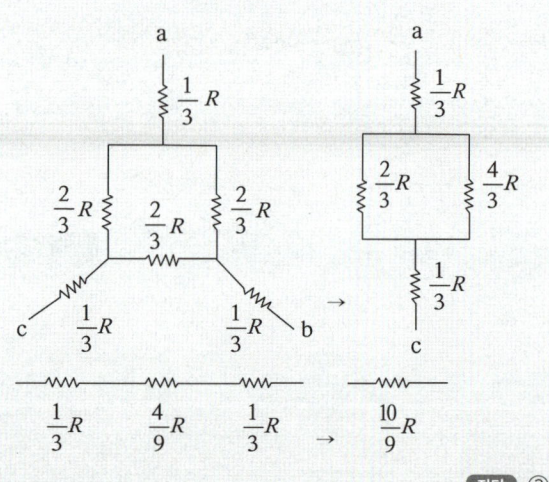

정답 ②

08. 잔류편차가 있는 제어 동작은?

① 비례 제어
② 적분 제어
③ 비례 적분 제어
④ 비례 적분 미분 제어

| 해설
- 비례 제어: 정상오차를 수반, 잔류편차 발생
- 적분 제어: 잔류편차 제거
- 미분 제어: 오차가 커지는 것을 사전 방지

정답 ①

09. 그림과 같은 정류회로에서 R에 걸리는 전압의 최대값(V)은? [단, $V_2(t) = 20\sqrt{2}\sin\omega t$ 이다.]

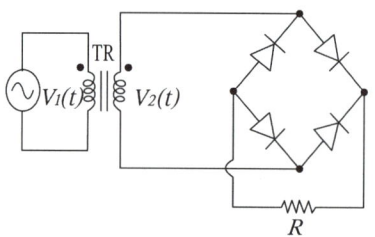

① 20
② $20\sqrt{2}$
③ 40
④ $40\sqrt{2}$

| 해설
단상전파 브리지회로 최대전압
$E_m = \sqrt{2}\,E$
$= \sqrt{2} \times \dfrac{20\sqrt{2}}{\sqrt{2}} = 20\sqrt{2}\,[\text{V}]$

정답 ②

10. 회로에서 저항 20Ω에 흐르는 전류(A)는?

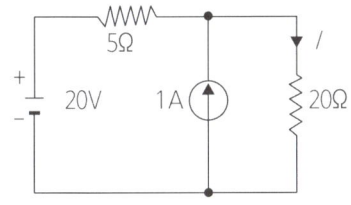

① 0.8　　　　② 1.0
③ 1.8　　　　④ 2.8

| 해설

- 전압원 단락시 20Ω에 흐르는 전류

$$I_1 = 1 \times \frac{5}{5+20} = 0.2[A]$$

- 전류원 개방시 20Ω에 흐르는 전류

$$I_2 = \frac{20}{5+20} = 0.8[A]$$

- 20Ω에 흐르는 전류

$$I = I_1 + I_2 = 0.2 + 0.8 = 1[A]$$

정답 ②

11. 다음의 내용이 설명하는 것으로 가장 옳은 것은?

> 회로망 내 임의의 폐회로(closed circuit)에서, 그 폐회로를 따라 한 방향으로 일주하면서 생기는 전압강하의 합은 그 폐회로 내에 포함되어 있는 기전력의 합과 같다.

① 노튼의 정리
② 중첩의 정리
③ 키르히호프의 전압법칙
④ 패러데이의 법칙

| 해설

키르히호프의 전압법칙: 회로망 내 임의의 폐회로(closed circuit)에서, 그 폐회로를 따라 한 방향으로 일주하면서 생기는 전압강하의 합은 그 폐회로 내에 포함되어 있는 기전력의 합과 같다.

정답 ③

12. 그림과 같은 논리회로의 출력 Y는?

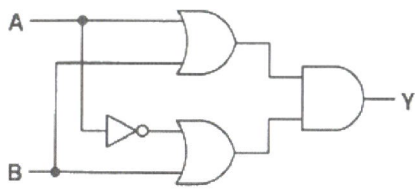

① AB　　　　② A + B
③ A　　　　　④ B

| 해설

$$(A+B)(\overline{A}+B) = A\overline{A} + AB + B\overline{A} + BB$$
$$= B(A + \overline{A} + 1) = B \cdot 1 = B$$

정답 ④

13. 3상 농형 유도전동기를 Y-△ 기동방식으로 기동할 때 전류 I_1(A)과 △결선으로 직입(전전압) 기동할 때 전류 I_2(A)의 관계는?

① $I_1 = \frac{1}{\sqrt{3}} I_2$　　② $I_1 = \frac{1}{3} I_2$
③ $I_1 = \sqrt{3} I_2$　　④ $I_1 = 3 I_2$

| 해설

$I_\triangle = 3 I_Y$ 이므로

$I_2 = 3 I_1$,　$I_1 = \frac{1}{3} I_2$

정답 ②

14. 유도전동기의 슬립이 5.6%, 회전자 속도가 1700rpm 일 때, 이 유도전동기의 동기속도(rpm)는?

① 1000 ② 1200
③ 1500 ④ 1800

| 해설
- 회전자속도
$N = N_s(1-s)[\text{rpm}]$
- 동기속도
$N_s = \dfrac{N}{1-s}$
$= \dfrac{1700}{1-0.056} = 1800.847 ≒ 1800[\text{rpm}]$

정답 ④

15. 목표값이 다른 양과 일정한 비율 관계를 가지고 변화하는 제어방식은?

① 정치제어 ② 추종제어
③ 프로그램제어 ④ 비율제어

| 해설
목표값이 다른 양과 일정한 비율 관계를 가지고 변화하는 제어는 비율제어이다. (예 연료와 공기)

정답 ④

16. 축전지의 자기 방전을 보충함과 동시에 일반 부하로 공급하는 전력은 충전기가 부담하고, 충전기가 부담하기 어려운 일시적인 대전류는 축전지가 부담하는 충전방식은?

① 급속충전 ② 부동충전
③ 균등충전 ④ 세류충전

| 해설
축전지의 자기 방전을 보충함과 동시에 일반 부하로 공급하는 전력은 충전기가 부담하고, 충전기가 부담하기 어려운 일시적인 대전류는 축전지가 부담하는 충전방식은 부동충전이다.

정답 ②

17. 각 상의 임피던스가 $Z = 6 + j8(\Omega)$인 △결선의 평형 3상 부하에 선간전압이 220v인 대칭 3상 전압을 가했을 때 이 부하로 흐르는 선전류의 크기 (A)는?

① 13 ② 22
③ 38 ④ 66

| 해설
$I_l = \sqrt{3}$
$I_p = \sqrt{3}\dfrac{V_p}{Z} = \sqrt{3}\dfrac{V_l}{\sqrt{R^2+X_L^2}}$
$I_l = \sqrt{3} \times \dfrac{220}{\sqrt{6^2+8^2}} = 38.1 ≒ 38[A]$

정답 ③

18. 전기화재의 원인 중 하나인 누설전류를 검출하기 위해 사용되는 것은?

① 부족전압계전기 ② 영상변류기
③ 계기용변압기 ④ 과전류계전기

| 해설
전기화재의 원인 중 하나인 누설전류를 검출하기 위해 사용되는 것은 영상변류기이다.

정답 ②

19. 그림의 블록선도에서 $\dfrac{C(s)}{R(s)}$ 을 구하면?

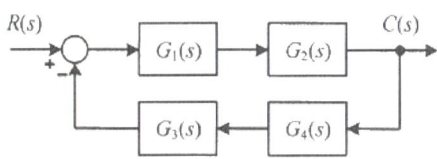

① $\dfrac{G_1(s)+G_2(s)}{1+G_1(s)G_2(s)+G_3(s)G_4}$

② $\dfrac{G_1(s)G_2(s)}{1+G_1(s)G_2(s)G_3(s)G_4}$

③ $\dfrac{G_3(s)G_4(s)}{1+G_1(s)G_2(s)G_3(s)G_4}$

④ $\dfrac{G_3(s)G_4(s)}{1-G_1(s)G_2(s)G_3(s)G_4}$

| 해설

$\dfrac{C(s)}{R(s)} = \dfrac{\text{전향이득경로}}{1-(\Sigma\text{루프이득경로})}$

$= \dfrac{G_1(s)G_2(s)}{1+G_1(s)G_2(s)G_3(s)G_4(s)}$

정답 ②

20. 한 변의 길이가 150mm인 정방형 회로에 1A의 전류가 흐를 때 회로 중심에서의 자계의 세기(AT/m)는?

① 5   ② 6
③ 9   ④ 21

| 해설

$H = \dfrac{2\sqrt{2}\,I}{\pi l}$

$= \dfrac{2\sqrt{2}\times 1}{\pi\times 150\times 10^{-3}} = 6.002 \fallingdotseq 6\,[\text{AT/m}]$

정방형 = 정사각형

정답 ②

소방전기시설의 구조 및 원리

21. 비상콘센트설비의 성능인증 및 제품검사의 기술기준에 따라 비상콘센트설비의 절연된 충전부와 외함 간의 절연내력은 정격전압 150V 이하의 경우 60Hz의 정현파에 가까운 실효전압 1,000V 교류전압을 가하는 시험에서 몇 분간 견디어야 하는가?

① 1   ② 5
③ 10   ④ 30

| 해설

절연내력시험

절연된 충전부와 외함 간의 절연내력은 정격전압 150V 이하의 경우 60Hz의 정현파에 가까운 실효전압 1,000V 교류전압을 가하는 시험에서 1분간 견디는 것이어야 한다. 정격전압이 150V를 초과하는 경우 그 정격전압에 2를 곱하여 1천을 더한 값의 교류전압을 가하는 시험에서 1분간 견디는 것이어야 한다.

정답 ①

22. 누전경보기의 형식승인 및 제품검사의 기술기준에 따라 비호환성형 수신부는 신호입력회로에 공칭작동전류치의 42%에 대응하는 변류기의 설계출력전압을 가하는 경우 몇 초 이내에 작동하지 아니하여야 하는가?

① 10초   ② 20초
③ 30초   ④ 60초

| 해설

수신부의 기능

㉠ 호환성형 수신부는 신호입력회로에 공칭작동전류치에 대응하는 변류기의 설계출력전압의 52%인 전압을 가하는 경우 30초 이내에 작동하지 아니하여야 하며, 공칭작동전류치에 대응하는 변류기의 설계출력전압의 75%인 전압을 가하는 경우 1초(차단기구가 있는 것은 0.2초) 이내에 작동하여야 한다.

ⓒ 비호환성형 수신부는 신호입력회로에 공칭작동전류치의 42%에 대응하는 변류기의 설계출력전압을 가하는 경우 30초 이내에 작동하지 아니하여야 하며, 공칭작동전류치에 대응하는 변류기의 설계출력전압을 가하는 경우 1초(차단기구가 있는 것은 0.2초) 이내에 작동하여야 한다.

정답 ③

23. 자동화재탐지설비 및 시각경보장치의 화재안전기준(NFSC 203)에 따른 감지기의 시설기준으로 옳은 것은?

① 스포트형 감지기는 15° 이상 경사되지 아니하도록 부착할 것
② 공기관식 차동식분포형 감지기의 검출부는 45° 이상 경사되지 아니하도록 부착할 것
③ 보상식 스포트형 감지기는 정온점이 감지기 주위의 평상시 최고 온도보다 20℃ 이상 높은 것으로 설치할 것
④ 정온식 감지기는 주방·보일러실 등으로서 다량의 화기를 취급하는 장소에 설치하되, 공칭작동온도가 최고주위온도보다 30℃ 이상 높은 것으로 설치할 것

| 해설
① 스포트형 감지기는 45° 이상 경사되지 아니하도록 부착할 것
② 공기관식 차동식분포형 감지기의 검출부는 5° 이상 경사되지 아니하도록 부착할 것
④ 정온식 감지기는 주방·보일러실 등으로서 다량의 화기를 취급하는 장소에 설치하되, 공칭작동온도가 최고주위온도보다 20℃ 이상 높은 것으로 설치할 것

정답 ③

24. 누전경보기의 화재안전기준(NFSC 205)에 따라 경계전로의 누설전류를 자동적으로 검출하여 이를 누전경보기의 수신부에 송신하는 것은?

① 변류기
② 변압기
③ 음향장치
④ 과전류차단기

| 해설
경계전로의 누설전류를 자동적으로 검출하여 이를 누전경보기의 수신부에 송신하는 것은 변류기이다.

정답 ①

25. 비상방송설비의 화재안전기준(NFSC 202)에 따라 전원회로의 배선으로 사용할 수 없는 것은?

① 450/750V 비닐절연전선
② 0.6/1kV EP 고무절연 클로로프렌 시스케이블
③ 450/750V 저독성 난연 가교 폴리올레핀 절연전선
④ 내열성 에틸렌-비닐 아세테이트 고무 절연케이블

| 해설
전원회로의 배선시 사용전선
㉠ 0.6/1kV EP 가교 폴리에틸렌 절연 저독성 난연 폴리올레핀 시스 전력 케이블
㉡ 0.6/1kV EP 고무절연 클로로프렌 시스케이블
㉢ 450/750V 저독성 난연 가교 폴리올레핀 절연전선
㉣ 내열성 에틸렌-비닐 아세테이트 고무 절연케이블

정답 ①

26. 층수가 5층 이상으로서 연면적 3,000m²를 초과하는 특정소방대상물의 2층에서 발화한 때의 경보기준으로 옳은 것은? [단, 비상방송설비의 화재안전기준(NFSC 202)에 따른다.]

① 발화층에만 경보를 발할 것
② 발화층 및 그 직상층에만 경보를 발할 것
③ 발화층·그 직상층 및 지하층에 경보를 발할 것
④ 발화층·그 직상층 및 기타의 지하층에 경보를 발할 것

| 해설

층수가 5층 이상으로서 연면적이 3,000m²를 초과하는 특정소방대상물의 경보기준
㉠ 2층 이상의 층에서 발화한 때에는 발화층 및 그 직상층에 경보를 발할 것
㉡ 1층에서 발화한 때에는 발화층·그 직상층 및 지하층에 경보를 발할 것
㉢ 지하층에서 발화한 때에는 발화층·그 직상층 및 기타의 지하층에 경보를 발할 것

정답 ②

27. 자동화재탐지설비 및 시각경보장치의 화재안전기준(NFSC 203)에 따라 감지기회로의 도통시험을 위한 종단저항의 설치기준으로 옳지 않은 것은?

① 감지기회로의 끝부분에 설치할 것
② 점검 및 관리가 쉬운 장소에 설치할 것
③ 전용함을 설치하는 경우 그 설치 높이는 바닥으로부터 2.0m 이내로 할 것
④ 종단감지기에 설치할 경우에는 구별이 쉽도록 해당 감지기의 기판 등에 별도의 표시를 할 것

| 해설

감지기회로의 도통시험을 위한 종단저항 설치기준
㉠ 점검 및 관리가 쉬운 장소에 설치할 것
㉡ 전용함을 설치하는 경우 그 설치 높이는 바닥으로부터 1.5m 이내로 할 것
㉢ 감지기 회로의 끝부분에 설치하며, 종단감지기에 설치할 경우에는 구별이 쉽도록 해당 감지기의 기판 및 감지기 외부 등에 별도의 표시를 할 것

정답 ③

28. 경종의 우수품질인증 기술기준에 따른 기능시험에 대한 내용이다. 다음 ( ) 안에 들어갈 내용으로 옳은 것은?

> 경종은 정격전압을 인가하여 경종의 중심으로부터 1m 떨어진 위치에서 (㉠)dB 이상이어야 하며, 최소청취거리에서 (㉡)dB을 초과하지 아니하여야 한다.

① ㉠: 90, ㉡: 110
② ㉠: 90, ㉡: 130
③ ㉠: 110, ㉡: 90
④ ㉠: 110, ㉡: 130

| 해설

기능시험
경종은 정격전압을 인가하여 다음의 기능에 적합하여야 한다.
- 경종의 중심으로부터 1m 떨어진 위치에서 ㉠ 90dB 이상이어야 하며, 최소청취거리에서 ㉡ 110dB을 초과하지 아니하여야 한다.
- 경종의 소비전류는 50mA 이하이어야 한다.

정답 ①

29. 「유통산업발전법」 제2조 제3호에 따른 대규모점포(지하상가 및 지하역사는 제외한다)와 영화상영관에는 보행거리 몇 m 이내마다 휴대용비상조명등을 3개 이상 설치하여야 하는가? [단, 비상조명등의 화재안전기준(NFSC 304)에 따른다]

① 50
② 60
③ 70
④ 80

| 해설

설치장소
㉠ 숙박시설 또는 다중이용업소에는 객실 또는 영업장 안의 구획된 실마다 잘 보이는 곳(외부에 설치시 출입문 손잡이로부터 1m 이내 부분)에 1개 이상 설치
㉡ 유통산업발전법 제2조 제3호에 따른 대규모점포(지하상가 및 지하역사는 제외한다)와 영화상영관에는 보행거리 50m 이내마다 3개 이상 설치
㉢ 지하상가 및 지하역사에는 보행거리 25m 이내마다 3개 이상 설치

정답 ①

30. 자동화재탐지설비 및 시각경보장치의 화재안전기준(NFSC 203)에 따라 전화기기실, 통신기기실 등과 같은 훈소화재의 우려가 있는 장소에 적응성이 없는 감지기는?

① 광전식 스포트형
② 광전아날로그식 분리형
③ 광전아날로그식 스포트형
④ 이온아날로그식 스포트형

| 해설

훈소화재의 우려가 있는 장소에 적응성이 있는 설치 감지기
㉠ 광전식 스포트형
㉡ 광전아날로그식 분리형
㉢ 광전아날로그식 스포트형
㉣ 광전식 분리형

정답 ④

31. 자동화재속보설비의 속보기의 성능인증 및 제품검사의 기술기준에 따른 속보기의 기능에 대한 내용이다. 다음 ( ) 안에 들어갈 내용으로 옳은 것은?

> 작동신호를 수신하거나 수동으로 동작시키는 경우 (㉠)초 이내에 소방관서에 자동적으로 신호를 발하여 통보하되, (㉡)회 이상 속보할 수 있어야 한다.

① ㉠: 10, ㉡: 3
② ㉠: 10, ㉡: 5
③ ㉠: 20, ㉡: 3
④ ㉠: 20, ㉡: 5

| 해설

속보기 기능
- 작동신호를 수신하거나 수동으로 동작시키는 경우 ㉠ 20초 이내에 소방관서에 자동적으로 신호를 발하여 통보하되, ㉡ 3회 이상 속보할 수 있어야 한다.
- 주전원이 정지한 경우에는 자동적으로 예비전원으로 전환되고, 주전원이 정상상태로 복귀한 경우에는 자동적으로 예비전원에서 주전원으로 전환되어야 한다.
- 예비전원은 자동적으로 충전되어야 하며 자동과충전방지장치가 있어야 한다.

정답 ③

32. 비상콘센트설비의 화재안전기준(NFSC 504)에 따른 비상콘센트설비의 전원회로(비상콘센트에 전력을 공급하는 회로를 말한다)의 설치기준으로 틀린 것은?

① 전원회로는 주배전반에서 전용회로로 할 것
② 전원회로는 각층에 1 이상이 되도록 설치할 것
③ 콘센트마다 배선용 차단기(KS C 8321)를 설치하여야 하며, 충전부가 노출되지 아니하도록 할 것
④ 비상콘센트설비의 전원회로는 단상교류 220V인 것으로서, 그 공급용량은 1.5kVA 이상인 것으로 할 것

| 해설

비상콘센트설비의 전원회로
㉠ 비상콘센트설비의 전원회로는 단상교류 220V인 것으로서, 그 공급용량은 1.5kVA 이상인 것으로 할 것
㉡ 전원회로는 각층에 2 이상이 되도록 설치할 것. 다만, 설치해 할 층의 비상콘센트가 1개인 때에는 하나의 회로로 할 수 있다.
㉢ 전원회로는 주배전반에서 전용회로로 할 것
㉣ 콘센트마다 배선용 차단기(KS C 8321)를 설치하여야 하며, 충전부가 노출되지 아니하도록 할 것

정답 ②

33. 무선통신보조설비의 화재안전기준(NFSC 505)에 따라 분배기·분파기 및 혼합기 등의 임피던스는 몇 Ω의 것으로 하여야 하는가?

① 10　　② 20
③ 50　　④ 75

| 해설

임피던스
분배기·분파기 및 혼합기 등의 임피던스는 50Ω의 것으로 할 것

정답 ③

34. 자동화재탐지설비 및 시각경보장치의 화재안전기준(NFSC 203)에 따라 광전식분리형감지기의 설치기준에 대한 설명으로 옳지 않은 것은?

① 감지기의 수광면은 햇빛을 직접 받지 않도록 설치할 것
② 감지기의 송광부와 수광부는 설치된 뒷벽으로부터 1m 이내 위치에 설치할 것
③ 광축(송광면과 수광면의 중심을 연결한 선)은 나란한 벽으로부터 0.6m 이상 이격하여 설치할 것
④ 광축의 높이는 천장 등(천장의 실내에 면한 부분 또는 상층의 바닥하부면을 말한다) 높이의 70% 이상일 것

| 해설

광전식분리형감지기의 설치기준
광축의 높이는 천장 등(천장의 실내에 면한 부분 또는 상층의 바닥하부면을 말한다) 높이의 80% 이상일 것

정답 ④

35. 유도등의 형식승인 및 제품검사의 기술기준에 따라 유도등의 교류입력측과 외함 사이, 교류입력측과 충전부 사이 및 절연된 충전부와 외함 사이의 각 절연저항을 DC 500V의 절연저항계로 측정한 값이 몇 MΩ 이상이어야 하는가?

① 0.1　　② 5
③ 20　　④ 50

| 해설

절연저항시험
유도등의 교류입력측과 외함 사이, 교류입력측과 충전부사이 및 절연된 충전부와 외함 사이의 각 절연저항의 DC 500V의 절연저항계로 측정한 값이 5MΩ 이상이어야 한다.

정답 ②

36. 비상경보설비의 축전지의 성능인증 및 제품검사의 기술기준에 따른 축전지설비의 외함 두께는 강판인 경우 몇 mm 이상이어야 하는가?

① 0.7　　② 1.2
③ 2.3　　④ 3

| 해설

축전지설비 외함 두께
㉠ 강판 외함: 1.2mm 이상
㉡ 합성수지 외함: 3mm 이상

정답 ②

37. 유도등 및 유도표지의 화재안전기준(NFSC 303)에 따라 객석 내 통로의 직선부분 길이가 85m인 경우 객석유도등을 몇 개 설치하여야 하는가?

① 17개　　② 19개
③ 21개　　④ 22개

| 해설

전압 지시전기계기의 최대눈금은 사용하는 회로의 정격전압의 140% 이상 200% 이하이어야 한다.

객석유도등 개수 = $\dfrac{직선거리}{4} - 1$

$= \dfrac{85}{4} - 1 = 20.25$,

소수는 1이므로 20 + 1 = 21개

정답 ③

38. 비상경보설비 및 단독경보형감지기의 화재안전기준(NFSC 201)에 따른 용어에 대한 정의로 옳지 않은 것은?

① 비상벨설비라 함은 화재발생 상황을 경종으로 경보하는 설비를 말한다.
② 자동식사이렌설비라 함은 화재발생 상황을 사이렌으로 경보하는 설비를 말한다.
③ 수신기라 함은 발신기에서 발하는 화재신호를 간접 수신하여 화재의 발생을 표시 및 경보하여 주는 장치를 말한다.
④ 단독경보형감지기라 함은 화재발생 상황을 단독으로 감지하여 자체에 내장된 음향장치로 경보하는 감지기를 말한다.

| 해설

수신기라 함은 발신기에서 발하는 화재신호를 직접 수신하여 화재의 발생을 표시 및 경보하여 주는 장치를 말한다.

정답 ③

39. 다음의 무선통신보조설비 그림에서 ⓐ에 해당하는 것은?

① 혼합기　　② 옥외안테나
③ 무선중계기　　④ 무반사종단저항

| 해설

누설동축케이블의 끝 부분에는 무반사종단저항을 견고하게 설치하여야 한다.

정답 ④

40. 축전지의 자기방전을 보충함과 동시에 상용부하에 대한 전력공급은 충전기가 부담하도록 하되 충전기가 부담하기 어려운 일시적인 대전류 부하는 축전지로 하여금 부담하게 하는 충전방식은?

① 보통충전방식　　② 균등충전방식
③ 부동충전방식　　④ 급속충전방식

| 해설

축전지의 자기방전을 보충함과 동시에 상용부하에 대한 전력공급은 충전기가 부담하도록 하되 충전기가 부담하기 어려운 일시적인 대전류 부하는 축전지로 하여금 부담하게 하는 충전방식은 부동충전방식이다.

정답 ③

2021년 제4회

소방전기일반

01. 단상 반파 정류회로를 통해 평균 26V의 직류 전압을 출력하는 경우, 정류 다이오드에 인가되는 역방향 최대 전압(V)은? [단, 직류측에 평활회로(필터)가 없는 정류회로이고, 다이오드의 순방향 전압은 무시한다]

① 26　② 37　③ 58　④ 82

| 해설

단상 반파 첨두역전압 $= \sqrt{2} \cdot E = \sqrt{2} \times \dfrac{26}{0.45}$
$= 81.71 ≒ 82(V)$

정답 ④

02. 다음 시퀀스회로를 논리식으로 표현하면?

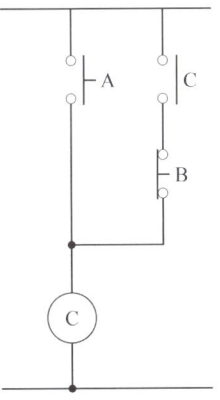

① $C = A + \overline{B} \cdot C$
② $C = A \cdot \overline{B} + C$
③ $C = A \cdot C + \overline{B}$
④ $C = A \cdot C + \overline{B} \cdot C$

| 해설

$C = A + C \cdot \overline{B} = A + \overline{B} \cdot C$

정답 ①

03. 제어량에 따른 제어방식의 분류 중 온도, 유량, 압력 등의 공업 프로세스의 상태량을 제어량으로 하는 제어계로서 외란의 억제를 주목적으로 하는 제어방식은?

① 서보기구　② 자동조정
③ 추종제어　④ 프로세스제어

| 해설

- 제어량에 따른 제어방식의 분류 중 온도, 유량, 압력 등의 공업 프로세스의 상태량을 제어량으로 하는 제어계로서 외란의 억제를 주목적으로 하는 제어방식은 프로세스제어이다.
- 시퀀스제어: 미리 정해놓은 순서에 따라서 차례차례 순차적으로 진행되는 제어(순차적 제어)이다.

정답 ④

04. 반도체를 이용한 화재감지기 중 서미스터(thermistor)는 무엇을 측정하기 위한 반도체 소자인가?

① 온도
② 연기 농도
③ 가스 농도
④ 불꽃의 스펙트럼 강도

| 해설

- 서미스터는 열적 신호를 전기적 신호로 바꾸어 주는 여러 가지 센서의 역할을 하며, 온도 측정 장치·자동 온도 조절 장치 등에 이용된다.
- 서미스터는 여러 가지 금속산화물을 녹여 만든 반도체로서, 일반적인 금속과는 달리 온도가 올라갈수록 저항이 감소하는 전기적 성질을 나타낸다.

정답 ①

05. 회로에서 a와 b 사이의 합성저항(Ω)은?

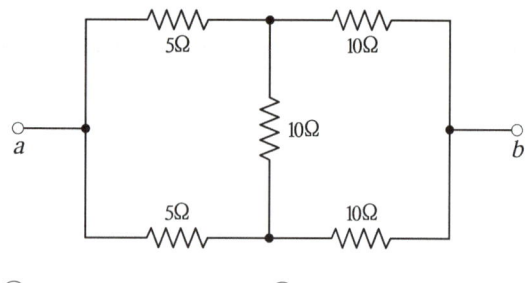

① 5
② 7.5
③ 15
④ 30

| 해설

합성저항을 $R_o(\Omega)$이라고 하면,
$R_o = \dfrac{15 \times 15}{15 + 15} = 7.5(\Omega)$

정답 ②

06. 1개의 용량이 25W인 객석유도등 10개가 설치되어 있다. 이 회로에 흐르는 전류(A)는? (단, 전원전압은 220V이고, 기타 선로손실 등은 무시한다)

① 0.88
② 1.14
③ 1.25
④ 1.36

| 해설

$P = VI$에서
$I = \dfrac{P}{V} = \dfrac{25 \times 10}{220} = 1.136 ≒ 1.14(A)$

정답 ②

07. PD(비례 미분) 제어 동작의 특징으로 옳은 것은?

① 잔류편차 제거
② 간헐현상 제거
③ 불연속 제어
④ 속응성 개선

| 해설

- PD(비례 미분) 제어 동작의 특징으로 옳은 것은 속응성 개선이다.
- 잔류편차 제거는 PI 제어 동작의 특징이다.
- 간헐현상 제거는 PI 제어 동작의 특징이다.
- 불연속 제어는 ON-OFF 제어 동작의 특징이다.

정답 ④

08. 회로에서 저항 20Ω에 흐르는 전류(A)는?

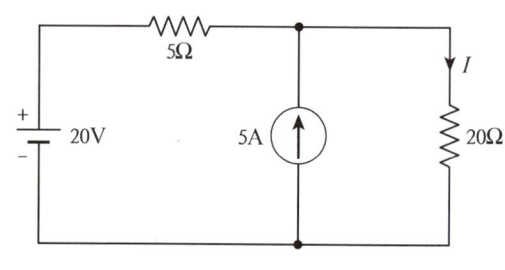

① 0.8
② 1.0
③ 1.8
④ 2.8

| 해설

- 전압원 단락시 전류
 $\dfrac{5}{20+5} \times 5 = 1(A)$
- 전류원 개방시 전류
 전류 $= \dfrac{전압}{합성저항} = \dfrac{20}{5+20} = 0.8(A)$
- 20Ω에 흐르는 전류
 $1 + 0.8 = 1.8(A)$

정답 ③

09. 1cm의 간격을 둔 평행 왕복전선에 25A의 전류가 흐른다면 전선 사이에 작용하는 단위 길이당 힘(N/m)은?

① 2.5×10^{-2} N/m(반발력)
② 1.25×10^{-2} N/m(반발력)
③ 2.5×10^{-2} N/m(흡인력)
④ 1.25×10^{-2} N/m(흡인력)

| 해설

- $F = 2 \times 10^{-7} \times \dfrac{I_1 I_2}{r}$ 에서

  $F = 2 \times 10^{-7} \times \dfrac{25 \times 25}{1 \times 10^{-2}} = 0.0125 = 1.25 \times 10^{-2}$

- 왕복전류이므로 반발력이 작용한다.

정답 ②

10. 0.5kVA의 수신기용 변압기가 있다. 이 변압기의 철손은 7.5W이고, 전부하동손은 16W이다. 화재가 발생하여 처음 2시간은 전부하로 운전되고, 다음 2시간은 1/2의 부하로 운전되었다고 한다. 4시간에 걸친 이 변압기의 전손실 전력량(Wh)은?

① 62 ② 70
③ 78 ④ 94

| 해설

- 처음 2시간 손실전력량
  $(7.5 + 16) \times 2 = 47 (Wh)$
- 다음 2시간 손실전력량
  $47(Wh)/2 = 23.5(Wh)$
- 전손실전력량
  $47 + 23.5 = 70.5 ≒ 70(Wh)$

정답 ②

11. 테브난의 정리를 이용하여 그림 (a)의 회로를 그림 (b)와 같은 등가회로로 만들고자 할 때 V_{th}(V)와 $R_{th}(\Omega)$은?

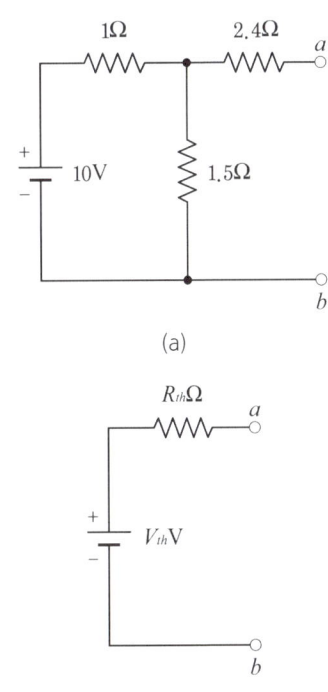

(a)

(b)

① 5V, 2Ω   ② 5V, 3Ω
③ 6V, 2Ω   ④ 6V, 3Ω

| 해설

- $V_{th} = 10 \times \dfrac{1.5}{1 + 1.5} = 6(V)$
- $R_{th} = 2.4 + \dfrac{1 \times 1.5}{1 + 1.5} = 3(\Omega)$

정답 ④

12. 블록선도에서 외란 D(s)의 입력에 대한 출력 $C(s)$의 전달함수 $\left(\dfrac{C(s)}{D(s)}\right)$는?

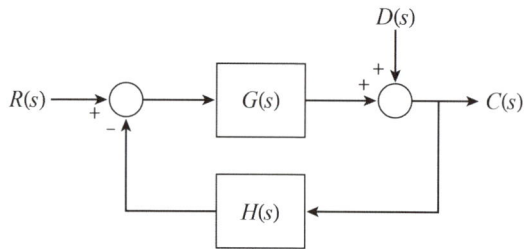

① $\dfrac{G(s)}{H(s)}$ ② $\dfrac{1}{1+G(s)H(s)}$

③ $\dfrac{H(s)}{G(s)}$ ④ $\dfrac{G(s)}{1+G(s)H(s)}$

| 해설

$\dfrac{C(s)}{D(s)} = \dfrac{1}{1+G(s)H(s)}$

정답 ②

13. 회로에서 전압계 Ⓥ가 지시하는 전압의 크기(V)는?

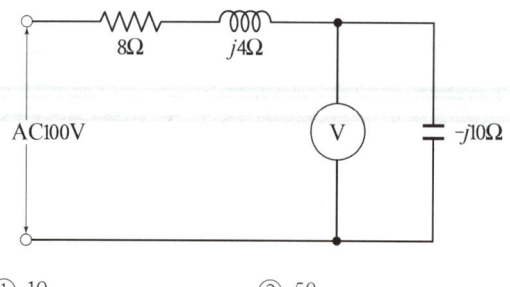

① 10 ② 50
③ 80 ④ 100

| 해설

- $V_C = IX_C$
- $I = \dfrac{V}{Z} = \dfrac{100}{\sqrt{8^2+(4-10)^2}} = 10(A)$
- $\therefore V_C = 10 \times 10 = 100(V)$

정답 ④

14. 지시계기에 대한 동작원리가 아닌 것은?

① 열전형 계기: 대전된 도체 사이에 작용하는 정전력을 이용
② 가동 철편형 계기: 전류에 의한 자기장에서 고정 철편과 가동 철편 사이에 작용하는 힘을 이용
③ 전류력계형 계기: 고정 코일에 흐르는 전류에 의한 자기장과 가동 코일에 흐르는 전류 사이에 작용하는 힘을 이용
④ 유도형 계기: 회전 자기장 또는 이동 자기장과 이것에 의한 유도 전류와의 상호작용을 이용

| 해설

지시계기 동작원리
㉠ 열전형 계기: 측정전류를 열선에 흐르게 하여 그 온도상승을 열전쌍으로 측정하여 회로전류를 알 수 있게 한 계기
㉡ 가동 철편형 계기: 전류에 의한 자기장에서 고정 철편과 가동 철편 사이에 작용하는 힘을 이용
㉢ 전류력계형 계기: 고정 코일에 흐르는 전류에 의한 자기장과 가동 코일에 흐르는 전류 사이에 작용하는 힘을 이용
㉣ 유도형 계기: 회전 자기장 또는 이동 자기장과 이것에 의한 유도 전류와의 상호작용을 이용

정답 ①

15. 선간전압의 크기가 $100\sqrt{3}$ V인 대칭 3상 전원에 각 상의 임피던스가 Z = 30 + j40(Ω)인 Y결선의 부하가 연결되었을 때 이 부하로 흐르는 선전류 (A)의 크기는?

① 2 ② $2\sqrt{3}$
③ 5 ④ $5\sqrt{3}$

| 해설

$I_l = I_p = \dfrac{V_p}{Z}$, $V_l = \sqrt{3}\,V_p$에서

$I_l = \dfrac{\dfrac{100\sqrt{3}}{\sqrt{3}}}{\sqrt{30^2+40^2}} = 2(A)$

정답 ①

16. 자유공간에서 무한히 넓은 평면에 면전하밀도 σ (C/m²)가 균일하게 분포되어 있는 경우 전계의 세기(E)는 몇 V/m인가? (단, ϵ_0는 진공의 유전율이다)

① $E = \dfrac{\sigma}{\epsilon_0}$
② $E = \dfrac{\sigma}{2\epsilon_0}$
③ $E = \dfrac{\sigma}{2\pi\epsilon_0}$
④ $E = \dfrac{\sigma}{4\pi\epsilon_0}$

| 해설

자유공간에서 무한히 넓은 평면에 면전하밀도 σ(C/m²)가 균일하게 분포되어 있는 경우 전계의 세기(E)(V/m)

$E = \dfrac{\sigma}{2\epsilon_0}$

정답 ②

17. 50Hz의 주파수에서 유도성 리액턴스가 4Ω인 인덕터와 용량성 리액턴스가 1Ω인 커패시터와 4Ω의 저항이 모두 직렬로 연결되어 있다. 이 회로에 100V, 50Hz의 교류전압을 인가했을 때 무효전력(Var)은?

① 1,000
② 1,200
③ 1,400
④ 1,600

| 해설

무효전력$(P_r) = \sqrt{P_a^2 - P^2}$, 피상전력$(P_a) = VI$,

유효전력 $(P) = I^2 R$, $I = \dfrac{V}{Z}$에서

$I = \dfrac{100}{\sqrt{4^2 + (4-1)^2}} = 20(A)$

$P_r = \sqrt{(100 \times 20)^2 - (20^2 \times 4)^2} = 1,200(Var)$

정답 ②

18. 다음의 단상 유도전동기 중 기동 토크가 가장 큰 것은?

① 세이딩 코일형
② 콘덴서 기동형
③ 분상 기동형
④ 반발 기동형

| 해설

• 단상 유도전동기 중 기동 토크가 가장 큰 것은 반발 기동형이다.
• 콘덴서 기동형은 단상 유도전동기 중 역률 및 효율이 좋다.

정답 ④

19. 무한장 솔레노이드에서 자계의 세기에 대한 설명으로 옳지 않은 것은?

① 솔레노이드 내부에서의 자계의 세기는 전류의 세기에 비례한다.
② 솔레노이드 내부에서의 자계의 세기는 코일의 권수에 비례한다.
③ 솔레노이드 내부에서의 자계의 세기는 위치에 관계없이 일정한 평등 자계이다.
④ 자계의 방향과 암페어 적분 경로가 서로 수직인 경우 자계의 세기가 최대이다.

| 해설

무한장 솔레노이드의 자계세기
㉠ 솔레노이드 내부에서의 자계의 세기는 전류의 세기에 비례한다.
㉡ 솔레노이드 내부에서의 자계의 세기는 코일의 권수에 비례한다.
㉢ 솔레노이드 내부에서의 자계의 세기는 위치에 관계없이 일정한 평등 자계이다.

정답 ④

20. 다음의 논리식을 간소화하면?

$$Y = \overline{(\overline{A}+B) \cdot \overline{B}}$$

① $Y = A+B$
② $Y = \overline{A}+B$
③ $Y = A+\overline{B}$
④ $Y = \overline{A}+\overline{B}$

| 해설

$Y = \overline{(\overline{A}+B) \cdot \overline{B}} = \overline{\overline{A} \cdot \overline{B} + B \cdot \overline{B}}$
$= \overline{\overline{A} \cdot \overline{B} + 0} = \overline{\overline{A} \cdot \overline{B} \times 0}$
$= (A+B) \times 1 = A+B$

정답 ①

소방전기시설의 구조 및 원리

21. 감지기의 형식승인 및 제품검사의 기술기준에 따라 단독경보형감지기를 스위치 조작에 의하여 화재경보를 정지시킬 경우 화재경보 정지 후 몇 분 이내에 화재경보 정지기능이 자동적으로 해제되어 정상상태로 복귀되어야 하는가?

① 3
② 5
③ 10
④ 15

| 해설

단독경보형감지기를 스위치 조작에 의하여 화재경보를 정지시킬 경우 화재경보 정지 후 15분 이내에 화재경보 정지기능이 자동적으로 해제되어 정상상태로 복귀되어야 한다.

정답 ④

22. 비상콘센트설비의 화재안전기준(NFSC 504)에 따라 하나의 전용회로에 설치하는 비상콘센트는 몇 개 이하로 하여야 하는가?

① 2
② 3
③ 10
④ 20

| 해설

비상콘센트설비의 전원회로
하나의 전용회로에 설치하는 비상콘센트는 10개 이하로 할 것. 이 경우 전선의 용량은 각 비상콘센트(비상콘센트가 3개 이상인 경우에는 3개)의 공급용량을 합한 용량 이상의 것으로 하여야 한다.

정답 ③

23. 자동화재속보설비의 속보기의 성능인증 및 제품검사의 기술기준에 따라 속보기는 작동신호를 수신하거나 수동으로 동작시키는 경우 20초 이내에 소방관서에 자동적으로 신호를 발하여 통보하되, 몇 회 이상 속보할 수 있어야 하는가?

① 1　　② 2
③ 3　　④ 4

| 해설

속보기의 기능
자동화재속보설비의 속보기는 작동신호를 수신하거나 수동으로 동작시키는 경우 20초 이내에 소방관서에 자동적으로 신호를 발하여 통보하되, 3회 이상 속보할 수 있어야 한다.

정답 ③

24. 자동화재탐지설비 및 시각경보장치의 화재안전기준(NFSC 203)에 따른 감지기의 설치 제외 장소가 아닌 것은?

① 실내의 용적이 20m³ 이하인 장소
② 부식성가스가 체류하고 있는 장소
③ 목욕실·욕조나 샤워시설이 있는 화장실·기타 이와 유사한 장소
④ 고온도 및 저온도로서 감지기의 기능이 정지되기 쉽거나 감지기의 유지관리가 어려운 장소

| 해설

감지기 설치 제외 장소
㉠ 천장 또는 반자의 높이가 20m 이상인 장소. 다만, 감지기로서 부착높이에 따라 적응성이 있는 장소는 제외한다.
㉡ 부식성가스가 체류하고 있는 장소
㉢ 목욕실·욕조나 샤워시설이 있는 화장실·기타 이와 유사한 장소
㉣ 고온도 및 저온도로서 감지기의 기능이 정지되기 쉽거나 감지기의 유지관리가 어려운 장소

정답 ①

25. 비상콘센트의 배치와 설치에 대한 현장 사항이 비상콘센트설비의 화재안전기준(NFSC 504)에 적합하지 않은 것은?

① 전원회로의 배선은 내화배선으로 되어 있다.
② 보호함에는 쉽게 개폐할 수 있는 문을 설치하였다.
③ 보호함 표면에 "비상콘센트"라고 표시한 표지를 붙였다.
④ 3상 교류 200볼트 전원회로에 대해 비접지형 3극 플러그 접속기를 사용하였다.

| 해설

비상콘센트의 배치, 설치기준
㉠ 전원회로의 배선은 내화배선으로, 그 밖의 배선은 내화배선 또는 내열배선으로 할 것
㉡ 보호함에는 쉽게 개폐할 수 있는 문을 설치할 것
㉢ 보호함 표면에 "비상콘센트"라고 표시한 표지를 할 것
㉣ 단상 교류 220볼트 전원회로에 대해 접지형 2극 플러그 접속기를 사용하여야 한다.

정답 ④

26. 자동화재탐지설비 및 시각경보장치의 화재안전기준(NFSC 203)에 따라 제2종 연기감지기를 부착높이가 4m 미만인 장소에 설치시 기준 바닥면적은?

① 30m²　　② 50m²
③ 75m²　　④ 150m²

| 해설

부착높이별 연기감지기 감지면적

부착높이	감지면적
4m 미만	• 1, 2종 → 150m² • 3종 → 50m²
4m 이상 20m 미만	1, 2종 → 75m²

정답 ④

27. 아래 그림은 자동화재탐지설비의 배선도이다. 추가로 구획된 공간이 생겨 가, 나, 다, 라 감지기를 증설했을 경우, 자동화재탐지설비 및 시각경보장치의 화재안전기준(NFSC 203)에 적합하게 설치한 것은?

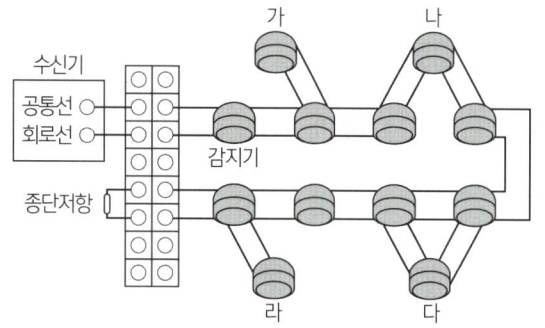

① 가　　　　　　② 나
③ 다　　　　　　④ 라

| 해설
잘못 배선된 이유는 다음과 같다.
㉠ 4가닥: 가, 라
㉡ 전선 2가닥 절취: 다

정답 ②

28. 비상방송설비의 화재안전기준(NFSC 202)에 따른 비상방송설비 음향장치의 설치기준 중 다음 ( ) 안에 들어갈 내용으로 옳은 것은?

> 층수가 (㉠)층 이상으로서 연면적이 (㉡)m²를 초과하는 특정소방대상물의 1층에서 발화한 때에는 발화층 그 직상층 및 지하층에 경보를 발할 수 있도록 하여야 한다.

	㉠	㉡
①	2	3,500
②	3	5,000
③	5	3,000
④	6	1,500

| 해설
층수가 ㉠ 5층 이상으로서 연면적이 ㉡ 3,000m²를 초과하는 특정소방대상물의 1층에서 발화한 때에는 발화층 그 직상층 및 지하층에 경보를 발할 수 있도록 하여야 한다.

정답 ③

29. 유도등의 형식승인 및 제품검사의 기술기준에 따른 용어의 정의에서 '유도등에 있어서 표시면의 조명에 사용되는 면'을 말하는 것은?

① 조사면　　　② 피난면
③ 조도면　　　④ 광속면

| 해설
유도등 용어의 정의
㉠ 조사면: 유도등에 있어서 표시면의 조명에 사용되는 면
㉡ 표시면: 유도등에 있어서 피난구나 피난방향을 안내하기 위한 문자 또는 부호 등이 표시된 면

정답 ①

30. 자동화재탐지설비 및 시각경보장치의 화재안전기준(NFSC 203)에 따라 부착높이 20m 이상에 설치되는 광전식 중 아날로그방식의 감지기는 공칭감지농도 하한값이 감광률 몇 %/m 미만인 것으로 하는가?

① 3　　　　　② 5
③ 7　　　　　④ 10

| 해설
부착높이 20m 이상 적응 감지기
㉠ 불꽃감지기
㉡ 광전식(분리형, 공기흡입형) 중 아날로그방식(부착높이 20m 이상에 설치되는 광전식 중 아날로그방식의 감지기는 공칭감지농도 하한값이 5%/m 미만인 것으로 한다)

정답 ②

31. 비상조명등의 우수품질인증 기술기준에 따라 인출선인 경우 전선의 굵기는 몇 mm² 이상이어야 하는가?

① 0.5　　② 0.75
③ 1.5　　④ 2.5

| 해설

전선의 굵기가 인출선인 경우에는 단면적이 0.75mm² 이상, 인출선 외의 경우에는 단면적이 0.5mm² 이상이어야 한다.

정답 ②

32. 누전경보기의 형식승인 및 제품검사의 기술기준에 따른 과누전시험에 대한 내용이다. 다음 (　) 안에 들어갈 내용으로 옳은 것은?

> 변류기는 1개의 전선을 변류기에 부착시킨 회로를 설치하고 출력단자에 부하저항을 접속한 상태를 당해 1개의 전선에 변류기의 정격전압의 (㉠)%에 해당하는 수치의 전류를 (㉡)분간 흘리는 경우 그 구조 또는 기능에 이상이 생기지 아니하여야 한다.

	㉠	㉡
①	20	5
②	30	10
③	50	15
④	80	20

| 해설

변류기는 1개의 전선을 변류기에 부착시킨 회로를 설치하고 출력단자에 부하저항을 접속한 상태로 당해 1개의 전선에 변류기의 정격전압의 ㉠ 20%에 해당하는 수치의 전류를 ㉡ 5분간 흘리는 경우 그 구조 또는 기능에 이상이 생기지 아니하여야 한다.

정답 ①

33. 비상방송설비의 화재안전기준(NFSC 202)에 따른 비상방송설비의 음향장치에 대한 설치기준으로 옳지 않은 것은?

① 다른 전기회로에 따라 유도장애가 생기지 아니하도록 할 것
② 음향장치는 자동화재속보설비의 작동과 연동하여 작동할 수 있는 것으로 할 것
③ 다른 방송설비와 공용하는 것에 있어서는 화재 시 비상경보 외의 방송을 차단할 수 있는 구조로 할 것
④ 증폭기 및 조작부는 수위실 등 상시 사람이 근무하는 장소로서 점검이 편리하고 방화상 유효한 곳에 설치할 것

| 해설

비상방송설비의 음향장치 설치기준
㉠ 다른 전기회로에 따라 유도장애가 생기지 아니하도록 할 것
㉡ 음향장치는 자동화재탐지설비의 작동과 연동하여 작동할 수 있는 것으로 할 것
㉢ 다른 방송설비와 공용하는 것에 있어서는 화재 시 비상경보 외의 방송을 차단할 수 있는 구조로 할 것
㉣ 증폭기 및 조작부는 수위실 등 상시 사람이 근무하는 장소로서 점검이 편리하고 방화상 유효한 곳에 설치할 것

정답 ②

34. 무선통신보조설비의 화재안전기준(NFSC 505)에 따른 용어의 정의 중 감시제어반 등에 설치된 무선중계기의 입력과 출력포트에 연결되어 송수신 신호를 원활하게 방사·수신하기 위해 옥외에 설치하는 장치를 말하는 것은?

① 혼합기
② 분파기
③ 증폭기
④ 옥외안테나

| 해설
감시제어반 등에 설치된 무선중계기의 입력과 출력포트에 연결되어 송수신 신호를 원활하게 방사·수신하기 위해 옥외에 설치하는 장치는 옥외안테나이다.

정답 ④

35. 무선통신보조설비의 화재안전기준(NFSC 505)에 따라 무선통신보조설비의 누설동축케이블 또는 동축케이블의 임피던스는 몇 Ω으로 하여야 하는가?

① 5
② 10
③ 50
④ 100

| 해설
누설동축케이블 또는 동축케이블의 임피던스는 50Ω으로 하고, 이에 접속하는 안테나·분배기 기타의 장치는 해당 임피던스에 적합한 것으로 하여야 한다.

정답 ③

36. 비상경보설비 및 단독경보형감지기의 화재안전기준(NFSC 201)에 따른 단독경보형감지기에 대한 내용이다. 다음 (   ) 안에 들어갈 내용으로 옳은 것은?

> 이웃하는 실내의 바닥면적이 각각 (   )m² 미만이고 벽체의 상부의 전부 또는 일부가 개방되어 이웃하는 실내와 공기가 상호 유동되는 경우에는 이를 1개의 실로 본다.

① 30
② 50
③ 100
④ 150

| 해설
이웃하는 실내의 바닥면적이 각각 30m² 미만이고 벽체의 상부의 전부 또는 일부가 개방되어 이웃하는 실내와 공기가 상호 유동되는 경우에는 이를 1개의 실로 본다.

정답 ①

37. 소방시설용 비상전원수전설비의 화재안전기준(NFSC 602)에 따른 용어의 정의에서 소방부하에 전원을 공급하는 전기회로를 말하는 것은?

① 수전설비
② 일반회로
③ 소방회로
④ 변전설비

| 해설
비상전원수전설비 용어의 정의
㉠ 수전설비: 전력수급용 계기용변성기·주차단장치 및 그 부속기기
㉡ 일반회로: 소방회로 이외의 전기회로
㉢ 소방회로: 소방부하에 전원을 공급하는 전기회로
㉣ 변전설비: 전력용변압기 및 그 부속장치

정답 ③

38. 누전경보기의 형식승인 및 제품검사의 기술기준에 따라 누전경보기의 변류기는 직류 500V의 절연저항계로 절연된 1차권선과 2차권선간의 절연저항시험을 할 때 몇 MΩ 이상이어야 하는가?

① 0.1
② 5
③ 10
④ 20

| 해설
누전경보기 변류기의 절연저항시험: 직류 500V의 절연저항계로 시험을 할 때 5MΩ 이상일 것
㉠ 절연된 1차권선과 2차권선간의 절연저항
㉡ 절연된 1차권선과 외부금속부간의 절연저항
㉢ 절연된 2차권선과 외부금속부간의 절연저항

정답 ②

39. 소방시설용 비상전원수전설비의 화재안전기준(NFSC 602)에 따라 소방시설용 비상전원 수전설비의 인입구배선은 옥내소화전설비의 화재안전기준(NFSC 102) [별표 1]에 따른 어떤 배선으로 하여야 하는가?

① 나전선
② 내열배선
③ 내화배선
④ 차폐배선

| 해설
인입선 및 인입구 배선의 시설
㉠ 인입선은 특정소방대상물에 화재가 발생할 경우에도 화재로 인한 손상을 받지 않도록 설치하여야 한다.
㉡ 인입구배선은 옥내소화전설비의 화재안전기준(NFSC 102) [별표 1]에 따른 내화배선으로 하여야 한다.

정답 ③

40. 유도등 및 유도표지의 화재안전기준(NFSC 303)에 따라 설치하는 유도표지는 계단에 설치하는 것을 제외하고는 각 층마다 복도 및 통로의 각 부분으로부터 하나의 유도표지까지의 보행거리가 몇 m 이하가 되는 곳과 구부러진 모퉁이의 벽에 설치하여야 하는가?

① 10
② 15
③ 20
④ 25

| 해설
유도표지 설치기준
㉠ 계단에 설치하는 것을 제외하고는 각층마다 복도 및 통로의 각 부분으로부터 하나의 유도표지까지의 보행거리가 15m 이하가 되는 곳과 구부러진 모퉁이의 벽에 설치할 것
㉡ 피난구유도표지는 출입구 상단에 설치하고, 통로유도표지는 바닥으로부터 높이 1m 이하의 위치에 설치할 것
㉢ 주위에는 이와 유사한 등화·광고물·게시물 등을 설치하지 아니할 것
㉣ 유도표지는 부착판 등을 사용하여 쉽게 떨어지지 아니하도록 설치할 것
㉤ 축광방식의 유도표지는 외광 또는 조명장치에 의하여 상시 조명이 제공되거나 비상조명등에 의한 조명이 제공되도록 설치할 것

정답 ②

2021년 제2회

소방전기일반

01. 제어요소는 동작신호를 무엇으로 변환하는 요소인가?

① 제어량   ② 비교량
③ 검출량   ④ 조작량

| 해설

제어요소는 동작신호를 조작량으로 변환하는 요소로서 조절부와 조작부로 나누어진다.

정답 ④

02. 빛이 닿으면 전류가 흐르는 다이오드로서 들어온 빛에 대해 직선적으로 전류가 증가하는 다이오드는?

① 제너다이오드   ② 터널다이오드
③ 발광다이오드   ④ 포토다이오드

| 해설

빛이 닿으면 전류가 흐르는 다이오드로서 들어온 빛에 대해 직선적으로 전류가 증가하는 다이오드는 포토다이오드이다.

정답 ④

03. 그림과 같이 접속된 회로에서 a, b 사이의 합성저항은 몇 Ω인가?

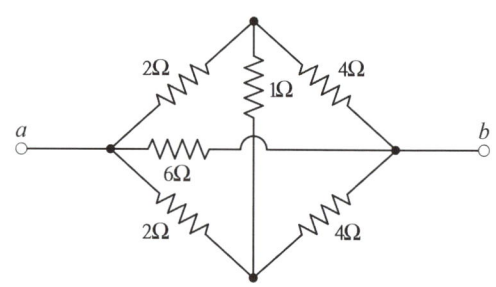

① 1   ② 2
③ 3   ④ 4

| 해설

- $\dfrac{1}{R_0} = \dfrac{1}{R_1} + \dfrac{1}{R_2} + \dfrac{1}{R_3}$ 에서

  $\dfrac{1}{R_0} = \dfrac{1}{6} + \dfrac{1}{6} + \dfrac{1}{6}$, $\dfrac{1}{R_0} = \dfrac{3}{6}$

  $\therefore R_0 = 2(\Omega)$

- 또는 6Ω으로 크기가 같으므로

  $R_0 = \dfrac{\text{하나의 저항 값}}{\text{개수}} = \dfrac{6}{3} = 2(\Omega)$

정답 ②

04. 회로에서 저항 5Ω의 양단 전압 V_R(V)은?

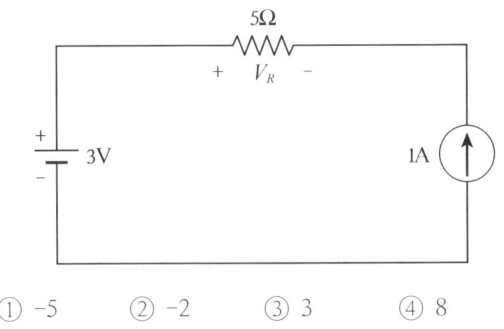

① -5 ② -2 ③ 3 ④ 8

| 해설

- 전압원 단락시 $V_R = -(1 \times 5) = -5(\mathrm{V})$
- 전류원을 개방시에는 개회로망이 되어 전류가 흐르지 않으므로 전압은 없다.

정답 ①

05. 그림과 같은 회로에 평형 3상 전압 200V를 인가한 경우 소비된 유효전력(kW)은? (단, $R = 20\,\Omega$, $X = 10\,\Omega$)

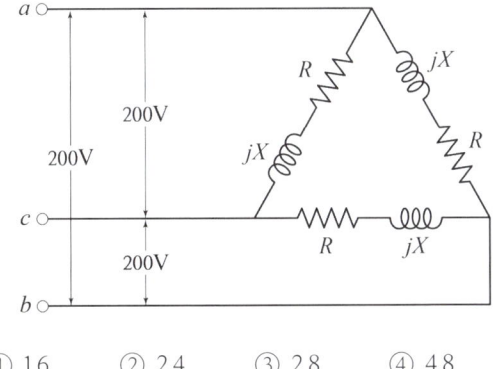

① 1.6 ② 2.4 ③ 2.8 ④ 4.8

| 해설
3상 유효전력

$P = 3I_p^2 R = 3(\dfrac{V_p}{Z})^2 R$에서

$P = 3 \times (\dfrac{200}{\sqrt{20^2 + 10^2}})^2 \times 20 = 4800(\mathrm{W}) = 4.8(\mathrm{kW})$

정답 ④

06. 자기용량이 10kVA인 단권변압기를 그림과 같이 접속하였을 때 역률 80%의 부하에 몇 kW의 전력을 공급할 수 있는가?

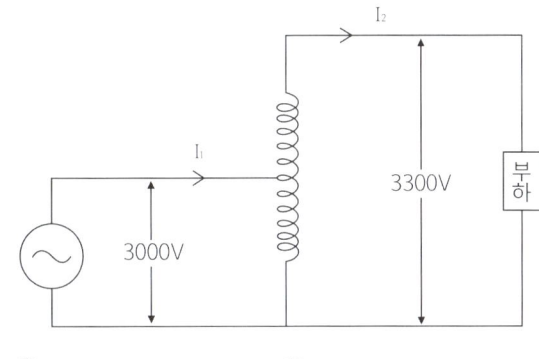

① 8 ② 54
③ 80 ④ 88

| 해설

$\dfrac{\text{자기용량}}{\text{부하용량}} = 1 - \dfrac{V_l}{V_h}$에서

$\dfrac{10}{\text{부하용량}} = 1 - \dfrac{3000}{3300} = \dfrac{1}{11}$, 부하용량 $= 110(\mathrm{kVA})$

∴ 전력 = 부하용량 × 역률
       $= 110 \times 0.8 = 88(\mathrm{kW})$

정답 ④

07. 그림의 논리회로와 등가인 논리게이트는?

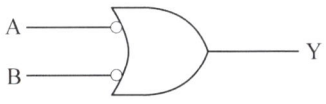

① NOR ② NAND
③ NOT ④ OR

| 해설
NAND 논리도이다.
$\overline{A} + \overline{B} = \overline{A \cdot B}$

정답 ②

08. 정현파 교류전압의 최대값이 V_m(V) 이고, 평균값이 V_{av}(V)일 때 이 전압의 실효값 V_{rms}(V)는?

① $V_{rms} = \dfrac{\pi}{\sqrt{2}} V_m$ ② $V_{rms} = \dfrac{\pi}{2\sqrt{2}} V_{av}$

③ $V_{rms} = \dfrac{\pi}{2\sqrt{2}} V_m$ ④ $V_{rms} = \dfrac{1}{\pi} V_m$

| 해설

$V_s = \dfrac{V_m}{\sqrt{2}}$, $V_a = \dfrac{2}{\pi} \times V_m$ 에서

$V_s = \dfrac{\frac{\pi}{2} V_a}{\sqrt{2}} = \dfrac{\pi}{2\sqrt{2}} V_{av}$

정답 ②

09. 그림 (a)와 그림 (b)의 각 블록선도가 등가인 경우 전달함수 G(s)는?

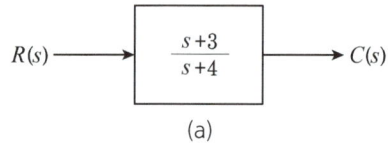

(a)

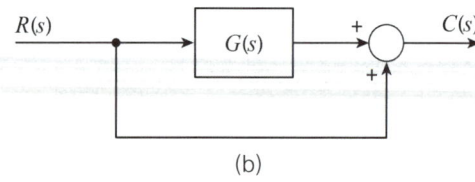

(b)

① $\dfrac{1}{s+4}$ ② $\dfrac{2}{s+4}$

③ $\dfrac{-1}{s+4}$ ④ $\dfrac{-2}{s+4}$

| 해설

$\dfrac{s+3}{s+4} = G+1$

$G(s) = \dfrac{s+3}{s+4} - 1 = \dfrac{s+3}{s+4} - \dfrac{s+4}{s+4} = \dfrac{-1}{s+4}$

정답 ③

10. 회로에서 a와 b 사이에 나타나는 전압 V_{ab}(V)는?

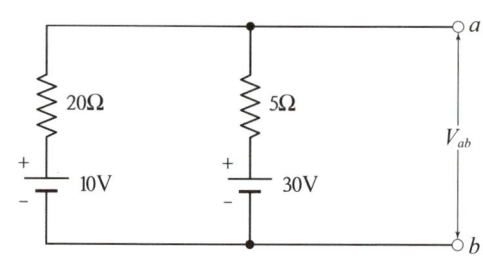

① 20   ② 23
③ 26   ④ 28

| 해설

밀만의 정리

$V_{ab} = \dfrac{\dfrac{V_1}{Z_1} + \dfrac{V_2}{Z_2}}{\dfrac{1}{Z_1} + \dfrac{1}{Z_2}}$ 에서

$V_{ab} = \dfrac{\dfrac{10}{20} + \dfrac{30}{5}}{\dfrac{1}{20} + \dfrac{1}{5}} = 26(V)$

정답 ③

11. 단방향 대전류의 전력용 스위칭 소자로서 교류의 위상 제어용으로 사용되는 정류소자는?

① 서미스터   ② SCR
③ 제너다이오드   ④ UJT

| 해설

SCR은 단방향 대전류의 전력용 스위칭 소자로서 교류의 위상 제어용으로 사용되는 정류소자이다.

정답 ②

12. 입력이 r(t)이고, 출력이 c(t)인 제어시스템이 다음의 식과 같이 표현될 때 이 제어시스템의 전달함수 $\left(G(s) = \dfrac{C(s)}{R(s)}\right)$는? (단, 초기값은 0이다)

$$2\dfrac{d^2c(t)}{dt^2} + 3\dfrac{dc(t)}{dt} + c(t) = 3\dfrac{dr(t)}{dt} + r(t)$$

① $\dfrac{3s+1}{2s^2+3s+1}$ ② $\dfrac{2s^2+3s+1}{s+3}$

③ $\dfrac{3s+1}{s^2+3s+2}$ ④ $\dfrac{s+3}{s^2+3s+2}$

| 해설

미분방정식에 의한 전달함수

$2s^2C(s) + 3sC(s) + C(s) = 3sR(s) + R(s)$

$C(s)(2s^2+3s+1) = R(s)(3s+1)$

$\therefore G(s) = \dfrac{C(s)}{R(s)} = \dfrac{3s+1}{2s^2+3s+1}$

정답 ①

---

13. 직류전원이 연결된 코일에 10A의 전류가 흐르고 있다. 이 코일에 연결된 전원을 제거하는 즉시 저항을 연결하여 폐회로를 구성하였을 때 저항에서 소비된 열량이 24cal이었다. 이 코일의 인덕턴스(H)는?

① 0.1 ② 0.5
③ 2.0 ④ 24

| 해설

$24(\text{cal}) = 24 \times 4.086(\text{J}) ≒ 100(\text{J})$

$W_L(\text{J}) = \dfrac{1}{2}LI^2$에서

$L = \dfrac{2W_L}{I^2} = \dfrac{2 \times 100}{10^2} = 2(\text{H})$

정답 ③

---

14. 60Hz, 4극 3상 유도전동기가 정격 출력일 때 슬립이 2%이다. 이 전동기의 동기속도(rpm)는?

① 1,200 ② 1,764
③ 1,800 ④ 1,836

| 해설

$N_s = \dfrac{120f}{P}$에서

$N_s = \dfrac{120 \times 60}{4} = 1800(\text{rpm})$

정답 ③

---

15. 논리식 $A \cdot (A+B)$를 간단히 표현하면?

① A ② B
③ A·B ④ A+B

| 해설

$A \cdot (A+B)$
$= A \cdot A + A \cdot B = A \cdot (1+B) = A \cdot 1 = A$

정답 ①

---

16. 0℃에서 저항이 10Ω이고, 저항의 온도계수가 0.0043인 전선이 있다. 30℃에서 이 전선의 저항(Ω)은?

① 0.013 ② 0.68
③ 1.4 ④ 11.3

| 해설

$R_T = R_t[1 + \alpha_t(T-t)]$에서

$R_T = 10 \times [1 + 0.0043 \times (30-0)] = 11.29 ≒ 11.3(\Omega)$

정답 ④

17. 길이 1cm마다 감은 권선수가 50회인 무한장 솔레노이드에 500mA의 전류를 흘릴 때 솔레노이드 내부에서의 자계의 세기(AT/m)는?

① 1,250
② 2,500
③ 12,500
④ 25,000

| 해설

$$H = \frac{NI}{l} = \frac{50 \times 500 \times 10^{-3}}{1 \times 10^{-2}} = 2500(\text{AT/m})$$

정답 ②

18. 회로의 전압과 전류를 측정하기 위한 계측기의 연결방법으로 옳은 것은?

① 전압계: 부하와 직렬, 전류계: 부하와 직렬
② 전압계: 부하와 직렬, 전류계: 부하와 병렬
③ 전압계: 부하와 병렬, 전류계: 부하와 직렬
④ 전압계: 부하와 병렬, 전류계: 부하와 병렬

| 해설
회로의 전압과 전류를 측정하기 위한 계측기의 연결방법
㉠ 전압계: 부하와 병렬
㉡ 전류계: 부하와 직렬

정답 ③

19. 최대 눈금이 150V이고, 내부저항이 30kΩ인 전압계가 있다. 이 전압계로 750V까지 측정하기 위해 필요한 배율기의 저항(kΩ)은?

① 120
② 150
③ 300
④ 800

| 해설

$R_m = R_v(m-1)$에서

$$R_m = 30 \times 10^3 \times \left(\frac{750}{150} - 1\right) = 120000(\Omega) = 120(\text{k}\Omega)$$

정답 ①

20. 내압이 1.0kV이고 정전용량이 각각 0.01μF, 0.02μF, 0.04μF인 3개의 커패시터를 직렬로 연결했을 때 전체 내압(V)은?

① 1,500
② 1,750
③ 2,000
④ 2,200

| 해설
직렬접속에서 전하량 $Q[\text{C}]$이 일정하므로
$Q = CV = 0.01 \times 10^{-6} \times 1 \times 10^3 = 1 \times 10^{-5}$

$V = V_1 + V_2 + V_3$

$= 1 \times 10^{-5} \left(\frac{1}{0.01 \times 10^{-6}} + \frac{1}{0.02 \times 10^{-6}} + \frac{1}{0.04 \times 10^{-6}}\right)$

$= 1750(\text{V})$

정답 ②

소방전기시설의 구조 및 원리

21. 소방시설용 비상전원수전설비의 화재안전기준(NFSC 602)에 따라 일반전기사업자로부터 특별고압 또는 고압으로 수전하는 비상전원수전설비의 종류에 해당하지 않는 것은?

① 큐비클형 ② 축전지형
③ 방화구획형 ④ 옥외개방형

| 해설
비상전원수전설비의 종류(특별고압 또는 고압으로 수전)에는 큐비클형, 옥외개방형, 방화구획형이 있으며, 축전지형은 해당하지 않는다.

정답 ②

22. 비상콘센트설비의 성능인증 및 제품검사의 기술기준에 따른 비상콘센트설비 표시등의 구조 및 기능에 대한 설명으로 옳지 않은 것은?

① 발광다이오드에는 적당한 보호커버를 설치하여야 한다.
② 소켓은 접속이 확실하여야 하며 쉽게 전구를 교체할 수 있도록 부착하여야 한다.
③ 적색으로 표시되어야 하며 주위의 밝기가 300lx 이상인 장소에서 측정하여 앞면으로부터 3m 떨어진 곳에서 켜진 등이 확실히 식별되어야 한다.
④ 전구는 사용전압의 130%인 교류전압을 20시간 연속하여 가하는 경우 단선, 현저한 광속변화, 흑화, 전류의 저하 등이 발생하지 아니하여야 한다.

| 해설
전구에는 적당한 보호커버를 설치하여야 한다. 다만, 발광다이오드의 경우에는 그러하지 아니하다.

정답 ①

23. 비상방송설비의 화재안전기준(NFSC 202)에 따라 부속회로의 전로와 대지 사이 및 배선 상호간의 절연저항은 1경계구역마다 직류 250V의 절연저항측정기를 사용하여 측정한 절연저항이 몇 MΩ 이상이 되도록 하여야 하는가?

① 0.1 ② 0.2
③ 10 ④ 20

| 해설
부속회로의 전로와 대지 사이 및 배선 상호 간의 절연저항은 1경계구역마다 직류 250V의 절연저항측정기를 사용하여 측정한 절연저항이 0.1MΩ 이상이 되도록 하여야한다.

정답 ①

24. 자동화재탐지설비 및 시각경보장치의 화재안전기준(NFSC 203)에 따라 환경상태가 현저하게 고온으로 되어 연기감지기를 설치할 수 없는 건조실 또는 살균실 등에 적응성 있는 열감지기가 아닌 것은?

① 정온식 1종
② 정온식 특종
③ 열아날로그식
④ 보상식 스포트형 1종

| 해설
환경상태가 현저하게 고온으로 되어 연기감지기를 설치할 수 없는 건조실 또는 살균실 등에 적응성 있는 열감지기의 종류에는 정온식 1종, 정온식 특종, 열아날로그식이 있으며, 보상식 스포트형 1종은 포함되지 않는다.

정답 ④

25. 자동화재속보설비의 속보기의 성능인증 및 제품검사의 기술기준에서 정하는 데이터 및 코드전송방식 신고부분 프로토콜 정의서에 대한 내용이다. 다음의 (　) 안에 들어갈 내용으로 옳은 것은?

> 119서버로부터 처리결과 메시지를 (㉠)초 이내 수신받지 못할 경우에는 (㉡)회 이상 재전송할 수 있어야 한다.

	㉠	㉡
①	10	5
②	10	10
③	20	10
④	20	20

| 해설
119서버로부터 처리결과 메시지를 ㉠ 20초 이내 수신받지 못할 경우에는 ㉡ 10회 이상 재전송할 수 있어야 한다.

정답 ③

26. 유도등 및 유도표지의 화재안전기준(NFSC 303)에 따른 객석유도등의 설치기준이다. (　) 안에 들어갈 내용으로 옳은 것은?

> 객석유도등은 객석의 (㉠), (㉡) 또는 (㉢)에 설치하여야 한다.

	㉠	㉡	㉢
①	통로	바닥	벽
②	바닥	천장	벽
③	통로	바닥	천장
④	바닥	통로	출입구

| 해설
객석유도등은 객석의 ㉠ 통로, ㉡ 바닥 또는 ㉢ 벽에 설치하여야 한다.

정답 ①

27. 누전경보기의 형식승인 및 제품검사의 기술기준에 따라 외함은 불연성 또는 난연성 재질로 만들어져야 하며, 누전경보기의 외함의 두께는 몇 mm 이상이어야 하는가? (단, 직접 벽면에 접하여 벽 속에 매립되는 외함의 부분은 제외한다)

① 1　　② 1.2　　③ 2.5　　④ 3

| 해설
외함은 불연성 또는 난연성 재질로 만들어져야 하며, 누전경보기의 외함의 두께는 1mm 이상이어야 한다. (단, 직접 벽면에 접하여 벽 속에 매립되는 외함의 부분은 1.6mm 이상)

정답 ①

28. 비상콘센트설비의 화재안전기준(NFSC 504)에 따라 비상콘센트설비의 전원부와 외함 사이의 절연저항은 전원부와 외함 사이를 500V 절연저항계로 측정할 때 몇 MΩ 이상이어야 하는가?

① 10　　② 20　　③ 30　　④ 50

| 해설
비상콘센트설비의 전원부와 외함 사이의 절연저항은 전원부와 외함 사이를 500V 절연저항계로 측정할 때 20MΩ 이상이어야 한다.

정답 ②

29. 자동화재탐지설비 및 시각경보장치의 화재안전기준(NFSC 203)에 따라 자동화재탐지설비의 감지기 설치에 있어서 부착높이가 20m 이상일 때 적합한 감지기 종류는?

① 불꽃감지기　　② 연기복합형
③ 차동식 분포형　　④ 이온화식 1종

| 해설
감지기 부착높이가 20m 이상일 때 적합한 감지기 종류는 ㉠ 불꽃감지기와 ㉡ 광전식(분리형, 공기흡입형) 중 아날로그방식이다.

정답 ①

30. 비상방송설비의 화재안전기준(NFSC 202)에 따라 비상방송설비가 기동장치에 따른 화재신고를 수신한 후 필요한 음량으로 화재 발생 상황 및 피난에 유효한 방송이 자동으로 개시될 때까지의 소요시간은 몇 초 이하로 하여야 하는가?

① 5 ② 10 ③ 20 ④ 30

| 해설

비상방송설비가 기동장치에 따른 화재신고를 수신한 후 필요한 음량으로 화재 발생 상황 및 피난에 유효한 방송이 자동으로 개시될 때까지의 소요시간은 10초 이하로 하여야 한다.

정답 ②

31. 비상경보설비 및 단독경보형감지기의 화재안전기준(NFSC 201)에 따른 비상벨설비에 대한 설명으로 옳은 것은?

① 비상벨설비는 화재발생 상황을 사이렌으로 경보하는 설비를 말한다.
② 비상벨설비는 부식성가스 또는 습기 등으로 인하여 부식의 우려가 없는 장소에 설치하여야 한다.
③ 음향장치의 음량은 부착된 음향장치의 중심으로부터 1m 떨어진 위치에서 60dB 이상이 되는 것으로 하여야 한다.
④ 특정소방대상물의 층마다 설치하되, 해당 특정소방대상물의 각 부분으로부터 하나의 발신기까지의 수평거리가 30m 이하가 되도록 하여야 한다.

| 해설

비상벨설비
㉠ 화재발생 상황을 경종으로 경보하는 설비를 말한다.
㉡ 부식성가스 또는 습기 등으로 인하여 부식의 우려가 없는 장소에 설치하여야 한다.
㉢ 음향장치의 음량은 부착된 음향장치의 중심으로부터 1m 떨어진 위치에서 90dB 이상이 되는 것으로 하여야 한다.
㉣ 특정소방대상물의 층마다 설치하되, 해당 특정소방대상물의 각 부분으로부터 하나의 발신기까지의 수평거리가 25m 이하가 되도록 하여야 한다.

정답 ②

32. 누전경보기의 형식승인 및 제품검사의 기술기준에 따라 감도조정장치를 갖는 누전경보기에 있어서 감도조정장치의 조정범위는 최대치가 몇 A이어야 하는가?

① 0.2 ② 1.0
③ 1.5 ④ 2.0

| 해설

감도조정장치를 갖는 누전경보기에 있어서 감도조정장치의 조정범위는 최대치가 1A이다.

정답 ②

33. 자동화재탐지설비 및 시각경보장치의 화재안전기준(NFSC 203)에 따른 배선의 시설기준으로 옳지 않은 것은?

① 감지기 사이의 회로의 배선은 송배전식으로 할 것
② 감지기회로의 도통시험을 위한 종단저항은 감지기회로의 끝 부분에 설치할 것
③ 피(P)형수신기의 감지기 회로의 배선에 있어서 하나의 공통선에 접속할 수 있는 경계구역은 5개 이하로 할 것
④ 수신기의 각 회로별 종단에 설치되는 감지기에 접속되는 배선의 전압은 감지기 정격전압의 80% 이상이어야 할 것

| 해설

자동화재탐지설비 및 시각경보장치의 배선의 시설기준
㉠ 감지기 사이의 회로의 배선은 송배전식으로 할 것
㉡ 감지기회로의 도통시험을 위한 종단저항은 감지기회로의 끝 부분에 설치할 것
㉢ 피(P)형수신기의 감지기 회로의 배선에 있어서 하나의 공통선에 접속할 수 있는 경계구역은 7개 이하로 할 것
㉣ 수신기의 각 회로별 종단에 설치되는 감지기에 접속되는 배선의 전압은 감지기 정격전압의 80% 이상이어야 할 것

정답 ③

34. 무선통신보조설비의 화재안전기준(NFSC 505)에 따른 용어의 정의로 옳은 것은?

① "혼합기"는 신호의 전송로가 분기되는 장소에 설치하는 장치를 말한다.
② "분배기"는 서로 다른 주파수의 합성된 신호를 분리하기 위해서 사용하는 장치를 말한다.
③ "증폭기"는 두 개 이상의 입력신호를 원하는 비율로 조합한 출력이 발생되도록 하는 장치를 말한다.
④ "누설동축케이블"은 동축케이블의 외부도체에 가느다란 홈을 만들어서 전파가 외부로 새어나갈 수 있도록 한 케이블을 말한다.

| 해설

무선통신보조설비의 용어
㉠ "분배기"는 신호의 전송로가 분기되는 장소에 설치하는 장치를 말한다.
㉡ "분파기"는 서로 다른 주파수의 합성된 신호를 분리하기 위해서 사용하는 장치를 말한다.
㉢ "혼합기"는 두 개 이상의 입력신호를 원하는 비율로 조합한 출력이 발생되도록 하는 장치를 말한다.
㉣ "누설동축케이블"은 동축케이블의 외부도체에 가느다란 홈을 만들어서 전파가 외부로 새어나갈 수 있도록 한 케이블을 말한다.

정답 ④

35. 비상조명등의 화재안전기준(NFSC 304)에 따라 비상조명등의 조도는 비상조명등이 설치된 장소의 각 부분의 바닥에서 몇 lx 이상이 되도록 하여야 하는가?

① 1 ② 3
③ 5 ④ 10

| 해설

비상조명등의 조도는 비상조명등이 설치된 장소의 각 부분의 바닥에서 1lx 이상이 되도록 하여야 한다.

정답 ①

36. 화재안전기준(NFSC)에 따른 비상전원 및 건전지의 유효 사용시간에 대한 최소 기준이 가장 긴 것은?

① 휴대용비상조명등의 건전지 용량
② 무선통신보조설비 증폭기의 비상전원
③ 지하층을 제외한 층수가 11층 미만의 층인 특정소방대상물에 설치되는 유도등의 비상전원
④ 지하층을 제외한 층수가 11층 미만의 층인 특정소방대상물에 설치되는 비상조명등의 비상전원

| 해설

비상전원 및 건전지의 유효 사용시간에 대한 최소 기준
㉠ 무선통신보조설비 증폭기의 비상전원은 30분 이상이다.
㉡ 휴대용비상조명등의 건전지 용량, 지하층을 제외한 층수가 11층 미만의 층인 특정소방대상물에 설치되는 유도등 및 비상조명등의 비상전원은 20분 이상이다.

정답 ②

37. 비상경보설비 및 단독경보형감지기의 화재안전기준(NFSC 201)에 따른 단독경보형감지기의 시설기준에 대한 내용이다. ( ) 안에 들어갈 내용으로 옳은 것은?

> 단독경보형감지기는 바닥면적이 (㉠)m²를 초과하는 경우에는 (㉡)m²마다 1개 이상을 설치하여야 한다.

	㉠	㉡
①	100	100
②	100	150
③	150	150
④	150	200

| 해설
단독경보형감지기는 바닥면적이 ㉠ 150m²를 초과하는 경우에는 ㉡ 150m²마다 1개 이상을 설치하여야 한다.

정답 ③

38. 무선통신보조설비의 화재안전기준(NFSC 505)에 따라 무선통신보조설비의 누설동축케이블 및 안테나는 고압의 전로로부터 1.5m 이상 떨어진 위치에 설치해야 하나 그렇게 하지 않아도 되는 경우는?

① 끝부분에 무반사 종단저항을 설치한 경우
② 불연재료로 구획된 반자 안에 설치한 경우
③ 해당 전로에 정전기 차폐장치를 유효하게 설치한 경우
④ 금속제 등의 지지금구로 일정한 간격으로 고정한 경우

| 해설
누설동축케이블 및 안테나는 고압의 전로로부터 1.5m 이상 떨어진 위치에 설치할 것. 다만, 해당 전로에 정전기 차폐장치를 유효하게 설치한 경우에는 그러하지 아니하다.

정답 ③

39. 유도등 및 유도표지의 화재안전기준(NFSC 303)에 따라 유도표지는 각 층마다 복도 및 통로의 각 부분으로부터 하나의 유도표지까지의 보행거리가 몇 m 이하가 되는 곳과 구부러진 모퉁이의 벽에 설치하여야 하는가? (단, 계단에 설치하는 것은 제외한다)

① 5 ② 10
③ 15 ④ 25

| 해설
유도표지는 각 층마다 복도 및 통로의 각 부분으로부터 하나의 유도표지까지의 보행거리가 15m 이하가 되는 곳과 구부러진 모퉁이의 벽에 설치하여야 한다. 단, 계단에 설치하는 것은 제외한다.

정답 ③

40. 자동화재탐지설비 및 시각경보장치의 화재안전기준(NFSC 203)에 따른 발신기의 시설기준에 대한 내용이다. ( ) 안에 들어갈 내용으로 옳은 것은?

> 발신기의 위치를 표시하는 표시등은 함의 상부에 설치하되, 그 불빛은 부착면으로부터 (㉠)° 이상의 범위 안에서 부착지점으로부터 (㉡)m 이내의 어느 곳에서도 쉽게 식별할 수 있는 적색등으로 하여야 한다.

	㉠	㉡
①	10	10
②	15	10
③	25	15
④	25	20

| 해설
발신기의 위치를 표시하는 표시등은 함의 상부에 설치하되, 그 불빛은 부착면으로부터 ㉠ 15° 이상의 범위 안에서 부착지점으로부터 ㉡ 10m 이내의 어느 곳에서도 쉽게 식별할 수 있는 적색등으로 하여야 한다.

정답 ②

2021년 | 제1회

소방전기일반

01. 논리식 $(X+Y)(X+\overline{Y})$을 간단히 하면?

① 1　　　　② XY
③ X　　　　④ Y

| 해설

$(X+Y)(X+\overline{Y}) = XX + X\overline{Y} + YX + Y\overline{Y}$
$= X(1+\overline{Y}+Y+0) = X \cdot 1 = X$

정답 ③

02. 어떤 측정계기의 지시값을 M, 참값을 T라 할 때 보정률(%)은?

① $\dfrac{T-M}{M} \times 100\%$

② $\dfrac{M}{M-T} \times 100\%$

③ $\dfrac{T-M}{T} \times 100\%$

④ $\dfrac{T}{M-T} \times 100\%$

| 해설

지시값이 M, 참값이 T이면

보정률(%) $= \dfrac{T-M}{M} \times 100\%$

정답 ①

03. 그림과 같이 반지름 r(m)인 원의 원주상 임의의 2점 a, b 사이에 전류 I(A)가 흐른다. 원의 중심에서의 자계의 세기(A/m)는?

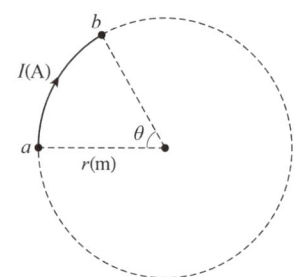

① $\dfrac{I\theta}{4\pi r}$　② $\dfrac{I\theta}{4\pi r^2}$　③ $\dfrac{I\theta}{2\pi r}$　④ $\dfrac{I\theta}{2\pi r^2}$

| 해설

전류가 θ만큼 흐를 때 원형 코일 중심에서의 자계세기 H

$H = \dfrac{I}{2 \cdot r} \times \dfrac{\theta}{2\pi} = \dfrac{I\theta}{4\pi r}$ [A/m]

정답 ①

04. 회로에서 a, b 간의 합성저항(Ω)은? (단, $R_1 = 3\Omega$, $R_2 = 9\Omega$ 이다)

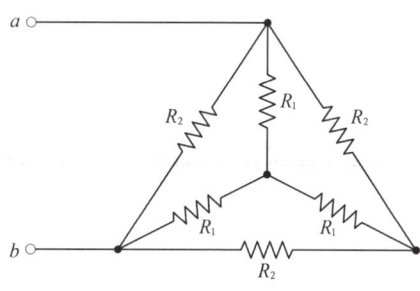

① 3　　② 4　　③ 5　　④ 6

| 해설

$R_0 = \dfrac{4.5 \times 9}{4.5 + 9} = 3(\Omega)$

정답 ①

05. 2차 제어시스템에서 무제동으로 무한 진동이 일어나는 감쇠율(damping ratio) ζ는?

① $\zeta = 0$ ② $\zeta > 1$
③ $\zeta = 1$ ④ $0 < \zeta < 1$

| 해설

제타(ζ)
㉠ 1보다 크면 과제동
㉡ 1이면 임계제동
㉢ 0보다 크고 1보다 작으면 부족제동
㉣ 0이면 무제동
㉤ 0보다 작으면 발산

정답 ①

06. 블록선도의 전달함수 $\left(\dfrac{C(s)}{R(s)}\right)$는?

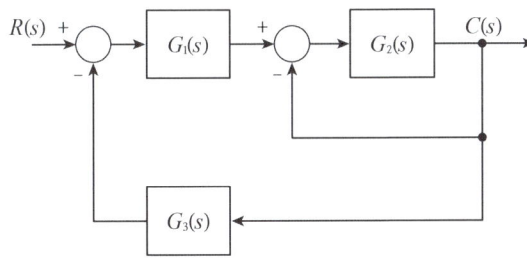

① $\dfrac{G_1(s)G_2(s)}{1+G_1(s)G_2(s)G_3(s)}$

② $\dfrac{G_1(s)G_2(s)}{1+G_1(s)+G_1(s)G_2(s)G_3(s)}$

③ $\dfrac{G_1(s)G_2(s)}{1+G_2(s)+G_1(s)G_2(s)G_3(s)}$

④ $\dfrac{G_1(s)G_2(s)}{1+G_3(s)+G_1(s)G_2(s)G_3(s)}$

| 해설

전달함수 $\dfrac{C(s)}{R(s)} = \dfrac{\Sigma 전향경로이득}{1-(\Sigma 루프이득)}$

$\left(\dfrac{C(s)}{R(s)}\right) = \dfrac{G_1(s)\,G_2(s)}{1+G_2(s)+G_1(s)G_2(s)G_3(s)}$

정답 ③

07. 3상 유도전동기의 특성에서 토크, 2차 입력, 동기속도의 관계로 옳은 것은?

① 토크는 2차 입력과 동기속도에 비례한다.
② 토크는 2차 입력에 비례하고 동기속도에 반비례한다.
③ 토크는 2차 입력에 반비례하고 동기속도에 비례한다.
④ 토크는 2차 입력의 제곱에 비례하고 동기속도의 제곱에 반비례한다.

| 해설

3상 유도전동기의 특성에서 토크, 2차 입력, 동기속도의 관계는 토크는 2차 입력에 비례하고 동기속도에 반비례한다.

정답 ②

08. 어떤 회로에 $v(t) = 150\sin\omega t\,(V)$의 전압을 가하니 $i(t) = 12\sin(\omega t - 30°)(A)$의 전류가 흘렀다. 이 회로의 소비전력(유효전력)은 약 몇 W인가?

① 390   ② 450
③ 780   ④ 900

| 해설

$P = VI\cos\omega t = \dfrac{V_m I_m}{2}\cos\omega(\theta_1 - \theta_2)$

$v(t) = 150\cos(\omega t - 90°)$,
$i(t) = 12\cos(\omega t - 120°)$
$P = \dfrac{150 \times 12}{2}\cos[-90° - (-120°)]$
$= 779.4 ≒ 780(W)$

정답 ③

09. 평행한 두 도선 사이의 거리가 r이고, 각 도선에 흐르는 전류에 의해 두 도선 간의 작용력이 F_1일 때, 두 도선 사이의 거리를 $2r$로 하면 두 도선 간의 작용력 F_2는?

① $F_2 = \dfrac{1}{4}F_1$ ② $F_2 = \dfrac{1}{2}F_1$
③ $F_2 = 2F_1$ ④ $F_2 = 4F_1$

| 해설

$F = 2 \times 10^{-7} \times \dfrac{I_1 I_2}{r}$에서 $F \propto \dfrac{1}{r}$이므로 $F_2 = \dfrac{1}{2}F_1$

정답 ②

10. 200V의 교류전압에서 30A의 전류가 흐르는 부하가 4.8kW의 유효전력을 소비하고 있을 때 이 부하의 리액턴스(Ω)는?

① 6.6   ② 5.3
③ 4.0   ④ 3.3

| 해설

$P_r = I^2 X_L,\ X_L = \dfrac{P_r}{I^2}$,

$P_r = \sqrt{P_a^2 - P^2} = \sqrt{(200 \times 30)^2 - (4.8 \times 10^3)^2}$
$\quad = 3600(\text{Var})$

$X_L = \dfrac{3600}{30^2} = 4(\Omega)$

정답 ③

11. 정전용량이 $0.02\mu F$인 커패시터 2개와 정전용량이 $0.01\mu F$인 커패시터 1개를 모두 병렬로 접속하여 24V의 전압을 가하였다. 이 병렬회로의 합성 정전용량(μF)과 $0.01\mu F$의 커패시터에 축적되는 전하량(C)은?

① 0.05, 0.12×10^{-6}
② 0.05, 0.24×10^{-6}
③ 0.03, 0.12×10^{-6}
④ 0.03, 0.24×10^{-6}

| 해설

• 병렬 합성정전용량 $= 0.02 + 0.02 + 0.01 = 0.05(\mu F)$
• $Q = CV = 0.01 \times 10^{-6} \times 24 = 0.24 \times 10^{-6}(C)$

정답 ②

12. 그림과 같은 다이오드 회로에서 출력전압 V_0는? (단, 다이오드의 전압강하는 무시한다)

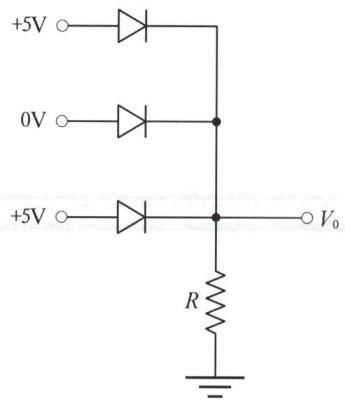

① 10V   ② 5V
③ 1V   ④ 0V

| 해설

OR 논리이므로, $5V + 0V + 5V = 5V$이다.

정답 ②

13. 테브난의 정리를 이용하여 그림 (a)의 회로를 그림 (b)와 같은 등가회로로 만들고자 할 때 V_{th}(V)와 R_{th}(Ω)은?

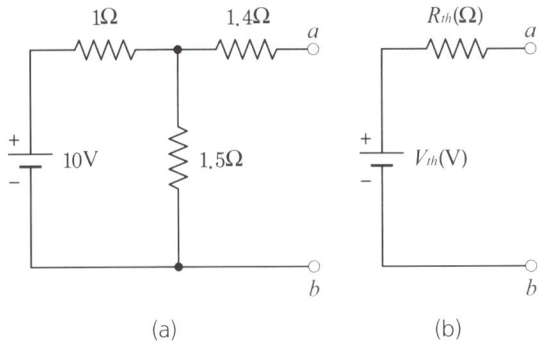

(a) (b)

① 5V, 2Ω   ② 5V, 3Ω
③ 6V, 2Ω   ④ 6V, 3Ω

| 해설

테브난의 정리에서

- $V_{th} = 10 \times \dfrac{1.5}{1+1.5} = 6(V)$
- $R_{th} = 1.4 + \dfrac{1 \times 1.5}{1 \times 1.5} = 2(\Omega)$

정답 ③

14. LC 직렬회로에 직류전압 E를 $t=0(s)$에 인가했을 때 흐르는 전류 $i(t)$는?

① $\dfrac{E}{\sqrt{L/C}} \cos \dfrac{1}{\sqrt{LC}} t$

② $\dfrac{E}{\sqrt{L/C}} \sin \dfrac{1}{\sqrt{LC}} t$

③ $\dfrac{E}{\sqrt{C/L}} \cos \dfrac{1}{\sqrt{LC}} t$

④ $\dfrac{E}{\sqrt{C/L}} \sin \dfrac{1}{\sqrt{LC}} t$

| 해설

$i(t) = \dfrac{E}{\sqrt{L/C}} \sin \dfrac{1}{\sqrt{LC}} t$

정답 ②

15. 다음 소자 중에서 온도 보상용으로 쓰이는 것은?

① 서미스터   ② 바리스터
③ 제너다이오드   ④ 터널다이오드

| 해설

- 온도 보상용으로 쓰이는 것은 서미스터이다.
- 서미스터는 여러 가지 금속산화물을 녹여 만든 반도체이며, 일반적인 금속과는 달리 온도가 올라갈수록 저항이 감소하는 전기적 성질을 나타낸다. 열적 신호를 전기적 신호로 바꾸어 주는 여러 가지 센서의 역할을 하며, 온도 측정 장치·자동 온도 조절 장치 등에 이용된다.

정답 ①

16. 변위를 압력으로 변환하는 장치로 옳은 것은?

① 다이어프램   ② 가변 저항기
③ 벨로우즈   ④ 노즐 플래퍼

| 해설

변위를 압력으로 변환하는 장치는 노즐 플래퍼이다.

정답 ④

17. 저항 R_1(Ω), 저항 R_2(Ω), 인덕턴스 L(H)의 직렬회로가 있다. 이 회로의 시정수(s)는?

① $-\dfrac{R_1+R_2}{L}$ ② $\dfrac{R_1+R_2}{L}$

③ $-\dfrac{L}{R_1+R_2}$ ④ $\dfrac{L}{R_1+R_2}$

| 해설

시정수(s) $= \dfrac{L}{R_1+R_2}$

정답 ④

18. 자기 인덕턴스 L_1, L_2가 각각 4mH, 9mH인 두 코일이 이상적인 결합이 되었다면 상호 인덕턴스(mH)는? (단, 결합계수는 1이다)

① 6 ② 12 ③ 24 ④ 36

| 해설

$M = k\sqrt{L_1 L_2}$ 에서
$M = 1 \times \sqrt{4 \times 9} = 6 \text{(mH)}$

정답 ①

19. 분류기를 사용하여 내부저항이 R_A인 전류계의 배율을 9로 하기 위한 분류기의 저항 $R_s(\Omega)$은?

① $R_s = \dfrac{1}{8}R_A$ ② $R_s = \dfrac{1}{9}R_A$
③ $R_s = 8R_A$ ④ $R_s = 9R_A$

| 해설

분류기 저항$(R_s) = \dfrac{R_A}{m-1} = \dfrac{R_A}{9-1} = \dfrac{1}{8}R_A$

정답 ①

20. 그림의 논리회로와 등가인 논리 게이트는?

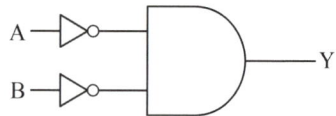

① NOR ② NAND
③ NOT ④ OR

| 해설

$\overline{A} \times \overline{B} = \overline{A+B}$
그러므로 NOR 논리이다.

정답 ①

소방전기시설의 구조 및 원리

21. 비상콘센트설비의 화재안전기준(NFSC 504)에 따라 하나의 전용회로에 단상교류 비상콘센트 6개를 연결하는 경우, 전선의 용량은 몇 kVA 이상이어야 하는가?

① 1.5 ② 3
③ 4.5 ④ 9

| 해설

비상콘센트설비의 전원회로
㉠ 비상콘센트설비의 전원회로는 단상교류 220V인 것으로서, 그 공급용량은 1.5kVA 이상인 것으로 할 것
㉡ 전선의 용량은 비상콘센트의 공급용량을 합한 용량 이상의 것으로 할 것. 이 경우 비상콘센트가 3개 이상인 경우에는 3개의 공급용량을 합한 것으로 할 것

정답 ③

22. 무선통신보조설비의 화재안전기준(NFSC 505)에 따라 지표면으로부터의 깊이가 몇 m 이하인 경우에는 해당층에 한하여 무선통신보조설비를 설치하지 아니할 수 있는가?

① 0.5 ② 1
③ 1.5 ④ 2

| 해설

무선통신보조설비는 지표면으로부터의 깊이가 1m 이하인 경우에는 해당층에 한하여 무선통신보조설비를 설치하지 아니할 수 있다.

정답 ②

23. 자동화재속보설비의 속보기의 성능인증 및 제품검사의 기술기준에 따른 속보기의 구조에 대한 설명으로 옳지 않은 것은?

① 수동통화용 송수화장치를 설치하여야 한다.
② 접지전극에 직류전류를 통하는 회로방식을 사용하여야 한다.
③ 작동시 그 작동시간과 작동회수를 표시할 수 있는 장치를 하여야 한다.
④ 예비전원회로에는 단락사고 등을 방지하기 위한 퓨즈, 차단기 등과 같은 보호장치를 하여야 한다.

| 해설
속보기의 구조
㉠ 수동통화용 송수화장치를 설치하여야 한다.
㉡ 접지전극에 직류전류가 통하지 않는 회로방식을 사용하여야 한다.
㉢ 작동시 그 작동시간과 작동회수를 표시할 수 있는 장치를 하여야 한다.
㉣ 예비전원회로에는 단락사고 등을 방지하기 위한 퓨즈, 차단기 등과 같은 보호장치를 하여야 한다.

정답 ②

24. 공기관식 차동식 분포형감지기의 기능시험을 하였더니 검출기의 접점수고치가 규정 이상으로 되어 있었다. 이때 발생되는 장애로 볼 수 있는 것은?

① 작동이 늦어진다.
② 장애는 발생되지 않는다.
③ 동작이 전혀 되지 않는다.
④ 화재도 아닌데 작동하는 일이 있다.

| 해설
접점수고치
㉠ 검출기의 접점수고치가 규정 이상일 때 발생되는 장애: 작동이 늦어진다.
㉡ 검출기의 접점수고치가 규정 이하일 때 발생되는 장애: 작동이 빨라진다.

정답 ①

25. 경종의 형식승인 및 제품검사의 기술기준에 따라 경종은 전원전압이 정격전압의 ± 몇 % 범위에서 변동하는 경우 기능에 이상이 생기지 아니하여야 하는가?

① 5
② 10
③ 20
④ 30

| 해설
경종은 전원전압이 정격전압의 ± 20% 범위에서 변동하는 경우 기능에 이상이 생기지 아니하여야 한다.

정답 ③

26. 누전경보기의 화재안전기준(NFSC 205)에 따라 누전경보기의 수신부를 설치할 수 있는 장소는? (단, 해당 누전경보기에 대하여 방폭·방식·방습·방온·방진 및 정전기 차폐 등의 방호조치를 하지 않은 경우이다)

① 습도가 낮은 장소
② 온도의 변화가 급격한 장소
③ 화약류를 제조하거나 저장 또는 취급하는 장소
④ 부식성의 증기·가스 등이 다량으로 체류하는 장소

| 해설
누전경보기의 수신부를 설치해서는 아니 되는 장소(단, 해당 누전경보기에 대하여 방폭·방식·방습·방온·방진 및 정전기 차폐 등의 방호조치를 하지 않은 경우이다)
㉠ 습도가 높은 장소
㉡ 온도의 변화가 급격한 장소
㉢ 화약류를 제조하거나 저장 또는 취급하는 장소
㉣ 부식성의 증기·가스 등이 다량으로 체류하는 장소
㉤ 대전류회로·고주파 발생회로 등에 따른 영향을 받을 우려가 있는 장소

정답 ①

27. 자동화재탐지설비 및 시각경보장치의 화재안전기준(NFSC 203)에 따라 특정소방대상물 중 화재신호를 발신하고 그 신호를 수신 및 유효하게 제어할 수 있는 구역을 무엇이라 하는가?

① 방호구역 ② 방수구역
③ 경계구역 ④ 화재구역

| 해설
특정소방대상물 중 화재신호를 발신하고 그 신호를 수신 및 유효하게 제어할 수 있는 구역을 경계구역이라 한다.

정답 ③

28. 소방시설용 비상전원수전설비의 화재안전기준(NFSC 602) 용어의 정의에 따라 수용장소의 조영물(토지에 정착한 시설물 중 지붕 및 기둥 또는 벽이 있는 시설물을 말한다)의 옆면 등에 시설하는 전선으로서 그 수용장소의 인입구에 이르는 부분의 전선은 무엇인가?

① 인입선   ② 내화배선
③ 열화배선 ④ 인입구배선

| 해설
수용장소의 조영물(토지에 정착한 시설물 중 지붕 및 기둥 또는 벽이 있는 시설물을 말한다)의 옆면 등에 시설하는 전선으로서 그 수용장소의 인입구에 이르는 부분의 전선은 인입선이다.

정답 ①

29. 비상콘센트설비의 성능인증 및 제품검사의 기술기준에 따른 표시등의 구조 및 기능에 대한 내용이다. 다음 (   ) 안에 들어갈 내용으로 옳은 것은?

적색으로 표시되어야 하며, 주위의 밝기가 (㉠)lx 이상인 장소에서 측정하여 앞면으로부터 (㉡)m 떨어진 곳에서 켜진 등이 확실히 식별되어야 한다.

	㉠	㉡
①	100	1
②	300	3
③	500	5
④	1000	10

| 해설
적색으로 표시되어야 하며, 주위의 밝기가 ㉠ 300lx 이상인 장소에서 측정하여 앞면으로부터 ㉡ 3m 떨어진 곳에서 켜진 등이 확실히 식별되어야 한다.

정답 ②

30. 일반적인 비상방송설비의 계통도이다. 다음의 (   ) 안에 들어갈 내용으로 옳은 것은?

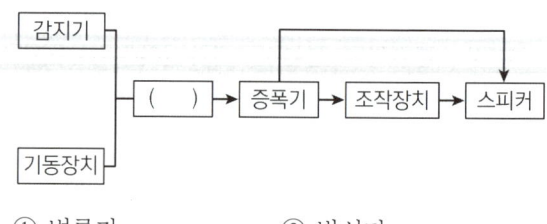

① 변류기   ② 발신기
③ 수신기   ④ 음향장치

| 해설
• (   ) 안에 들어갈 내용으로 옳은 것은 수신기이다.
• 수신기는 감지기 및 기동장치에 따른 화재신고를 수신한다.

정답 ③

31. 감지기의 형식승인 및 제품검사의 기술기준에 따라 단독경보형감지기의 일반기능에 대한 내용이다. ( ) 안에 들어갈 내용으로 옳은 것은?

> 주기적으로 섬광하는 전원표시등에 의하여 전원의 정상 여부를 감시할 수 있는 기능이 있어야 하며, 전원의 정상상태를 표시하는 전원표시등의 섬광 주기는 (㉠)초 이내의 점등과 (㉡)초에서 (㉢)초 이내의 소등으로 이루어져야 한다.

	㉠	㉡	㉢
①	1	15	60
②	1	30	60
③	2	15	60
④	2	30	60

| 해설

주기적으로 섬광하는 전원표시등에 의하여 전원의 정상 여부를 감시할 수 있는 기능이 있어야 하며, 전원의 정상상태를 표시하는 전원표시등의 섬광 주기는 ㉠ 1초 이내의 점등과 ㉡ 30초에서 ㉢ 60초 이내의 소등으로 이루어져야 한다.

정답 ②

32. 자동화재탐지설비 및 시각경보장치의 화재안전기준(NFSC 203)에 따른 자동화재탐지설비의 주음향장치의 설치 장소로 옳은 것은?

① 발신기의 내부
② 수신기의 내부
③ 누전경보기의 내부
④ 자동화재속보설비의 내부

| 해설

• 주음향장치는 수신기의 내부 또는 그 직근에 설치한다.
• 지구음향장치는 특정소방대상물의 층마다 설치한다.

정답 ②

33. 비상조명등의 형식승인 및 제품검사의 기술기준에 따라 비상조명등의 일반구조로 광원과 전원부를 별도로 수납하는 구조에 대한 설명으로 옳지 않은 것은?

① 전원함은 방폭구조로 할 것
② 배선은 충분히 견고한 것을 사용할 것
③ 광원과 전원부 사이의 배선길이는 1m 이하로 할 것
④ 전원함은 불연재료 또는 난연재료의 재질을 사용할 것

| 해설

비상조명등의 일반구조로 광원과 전원부를 별도로 수납하는 구조
㉠ 전원함은 불연재료 또는 난연재료의 재질을 사용할 것
㉡ 배선은 충분히 견고한 것을 사용할 것
㉢ 광원과 전원부 사이의 배선길이는 1m 이하로 할 것

정답 ①

34. 누전경보기의 형식승인 및 제품검사의 기술기준에 따라 누전경보기에 사용되는 표시등의 구조 및 기능에 대한 설명으로 옳지 않은 것은?

① 누전등이 설치된 수신부의 지구등은 적색 외의 색으로도 표시할 수 있다.
② 방전등 또는 발광다이오드의 경우 전구는 2개 이상을 병렬로 접속하여야 한다.
③ 소켓은 접촉이 확실하여야 하며 쉽게 전구를 교체할 수 있도록 부착하여야 한다.
④ 누전등 및 지구등과 쉽게 구별할 수 있도록 부착된 기타의 표시등은 적색으로도 표시할 수 있다.

| 해설

누전경보기에 사용되는 표시등의 구조 및 기능
㉠ 누전등이 설치된 수신부의 지구등은 적색 외의 색으로도 표시할 수 있다.
㉡ 전구는 2개 이상을 병렬로 접속하여야 한다. 다만, 방전등 또는 발광다이오드의 경우에는 그러하지 아니하다.

ⓒ 소켓은 접촉이 확실하여야 하며 쉽게 전구를 교체할 수 있도록 부착하여야 한다.
ⓔ 누전등 및 지구등과 쉽게 구별할 수 있도록 부착된 기타의 표시등은 적색으로도 표시할 수 있다.
ⓕ 주위의 밝기가 300lx인 장소에서 측정하여 앞면으로부터 3m 떨어진 곳에서 켜진 등이 확실히 식별되어야 한다.

정답 ②

35. 유도등의 형식승인 및 제품검사의 기술기준에 따라 영상표시소자(LED, LCD 및 PDP 등)를 이용하여 피난유도표시 형상을 영상으로 구현하는 방식은?

① 투광식
② 패널식
③ 방폭형
④ 방수형

| 해설

유도등의 형식승인 및 제품검사의 기술기준에 따라 영상표시소자(LED, LCD 및 PDP 등)를 이용하여 피난유도표시 형상을 영상으로 구현하는 방식은 패널식이다.

참고 유도등의 용어 정의
ⓐ 투광식: 광원의 빛이 통과하는 투과면에 피난유도표시 형상을 인쇄하는 방식을 말한다.
ⓑ 패널식: 영상표시소자(LED, LCD 및 PDP 등)를 이용하여 피난유도표시 형상을 영상으로 구현하는 방식을 말한다.
ⓒ 방폭형: 폭발성가스가 용기 내부에서 폭발하였을때 용기가 그 압력에 견디거나 또는 외부의 폭발성가스에 인화될 우려가 없도록 만들어진 형태의 제품을 말한다.
ⓓ 방수형: 그 구조가 방수구조로 되어 있는 것을 말한다.

정답 ②

36. 발신기의 형식승인 및 제품검사의 기술기준에 따라 발신기의 작동기능에 대한 내용이다. 다음 (   )에 들어갈 내용으로 옳은 것은?

발신기의 조작부는 작동스위치의 동작방향으로 가하는 힘이 (㉠)kg을 초과하고 (㉡)kg 이하인 범위에서 확실하게 동작되어야 하며, (㉠)kg의 힘을 가하는 경우 동작되지 아니하여야 한다. 이 경우 누름판이 있는 구조로서 손끝으로 눌러 작동하는 방식의 작동스위치는 누름판을 포함한다.

	㉠	㉡
①	2	8
②	3	7
③	2	7
④	3	8

| 해설

발신기의 조작부는 작동스위치의 동작방향으로 가하는 힘이 ㉠ 2kg을 초과하고 ㉡ 8kg 이하인 범위에서 확실하게 동작되어야 하며, ㉠ 2kg의 힘을 가하는 경우 동작되지 아니하여야 한다. 이 경우 누름판이 있는 구조로서 손끝으로 눌러 작동하는 방식의 작동스위치는 누름판을 포함한다.

참고 발신기의 작동기능
ⓐ 발신기의 조작부는 작동스위치의 동작방향으로 가하는 힘이 2kg을 초과하고 8kg 이하인 범위에서 확실하게 동작되어야 하며, 2kg의 힘을 가하는 경우 동작되지 아니하여야 한다. 이 경우 누름판이 있는 구조로서 손끝으로 눌러 작동하는 방식의 작동스위치는 누름판을 포함한다.
ⓑ 발신기는 조작부의 작동스위치가 작동되는 경우 화재신호를 전송하여야 하며, 발신기는 발신기의 확인장치에 화재신호가 전송되었음을 표기하여야 한다.
ⓒ 발신기는 수신기와 통화가 가능한 장치를 설치할 수 있다. 이 경우 화재신호의 전송에 지장을 주지 아니하여야 한다.

정답 ①

37. 유도등의 형식승인 및 제품검사의 기술기준에 따라 객석유도등은 바닥면 또는 디딤바닥면에서 높이 0.5m의 위치에 설치하고 그 유도등의 바로 밑에서 0.3m 떨어진 위치에서의 수평조도가 몇 lx 이상이어야 하는가?

① 0.1 ② 0.2
③ 0.5 ④ 1

| 해설

객석유도등은 바닥면 또는 디딤바닥면에서 높이 0.5m의 위치에 설치하고 그 유도등의 바로 밑에서 0.3m 떨어진 위치에서의 수평조도가 0.2lx 이상이어야 한다.

정답 ②

38. 무선통신보조설비의 화재안전기준(NFSC 505)에 따른 무선통신보조설비의 주요 구성요소가 아닌 것은?

① 증폭기 ② 분배기
③ 음향장치 ④ 누설동축케이블

| 해설

무선통신보조설비의 주요 구성요소에는 증폭기, 분배기, 옥외안테나, 누설동축케이블이 있으며, 음향장치는 포함되지 않는다.

정답 ③

39. 소방시설용 비상전원수전설비의 화재안전기준(NFSC 602)에 따라 일반전기사업자로부터 특별고압 또는 고압으로 수전하는 비상전원 수전설비로 큐비클형을 사용하는 경우의 시설기준으로 옳지 않은 것은? (단, 옥내에 설치하는 경우이다)

① 외함은 내화성능이 있는 것으로 제작할 것
② 전용큐비클 또는 공용큐비클식으로 설치할 것
③ 개구부에는 갑종방화문 또는 병종방화문을 설치할 것
④ 외함은 두께 2.3mm 이상의 강판과 이와 동등 이상의 강도를 가질 것

| 해설

일반전기사업자로부터 특별고압 또는 고압으로 수전하는 비상전원 수전설비로 큐비클형을 사용하는 경우의 시설기준
㉠ 외함은 내화성능이 있는 것으로 제작할 것
㉡ 전용큐비클 또는 공용큐비클식으로 설치할 것
㉢ 개구부에는 갑종방화문 또는 을종방화문을 설치할 것
㉣ 외함은 두께 2.3mm 이상의 강판과 이와 동등 이상의 강도를 가질 것

정답 ③

40. 비상방송설비의 화재안전기준에 따른 비상방송설비의 음향장치에 대한 내용이다. ( ) 안에 들어갈 내용으로 옳은 것은?

> 확성기는 각 층마다 설치하되, 그 층의 각 부분으로부터 하나의 확성기까지의 수평거리가 ( )m 이하가 되도록 하고, 해당층의 각 부분에 유효하게 경보를 발할 수 있도록 설치할 것

① 10 ② 15 ③ 20 ④ 25

| 해설

확성기는 각 층마다 설치하되, 그 층의 각 부분으로부터 하나의 확성기까지의 수평거리가 25m 이하가 되도록 하고, 해당층의 각 부분에 유효하게 경보를 발할 수 있도록 설치할 것

정답 ④

2020년 | 제4회

소방전기일반

01. 다음 중 쌍방향성 전력용 반도체 소자인 것은?
① SCR
② IGBT
③ TRIAC
④ DIODE

| 해설
쌍방향성 전력용 반도체 소자는 TRIAC이다.

정답 ③

02. 그림의 시퀀스(계전기 접점)회로를 논리식으로 표현하면?

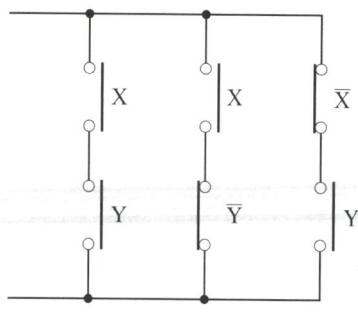

① X + Y
② (X Y) + (X $\overline{Y}$)($\overline{X}$ Y)
③ (X + Y)(X + $\overline{Y}$)($\overline{X}$ + Y)
④ (X + Y) + (X + $\overline{Y}$) + ($\overline{X}$ + Y)

| 해설
$XY + X\overline{Y} + \overline{X}Y = X(Y + \overline{Y}) + \overline{X}Y$
$X + \overline{X}Y = (X + \overline{X})(X + Y) = X + Y$

정답 ①

03. 그림의 블록선도와 같이 표현되는 제어 시스템의 전달함수 $G(s)$는?

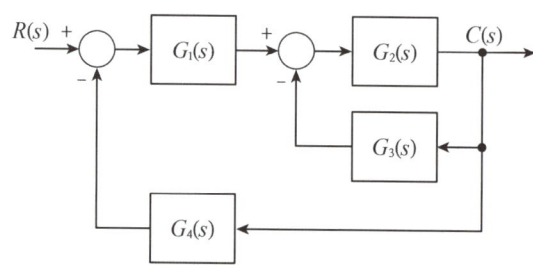

① $\dfrac{G_1(s)G_2(s)}{1 + G_2(s)G_3(s) + G_1(s)G_2(s)G_4(s)}$

② $\dfrac{G_3(s)G_4(s)}{1 + G_2(s)G_3(s) + G_1(s)G_2(s)G_4(s)}$

③ $\dfrac{G_1(s)G_2(s)}{1 + G_1(s)G_2(s) + G_1(s)G_2(s)G_3(s)}$

④ $\dfrac{G_3(s)G_4(s)}{1 + G_1(s)G_2(s) + G_1(s)G_2(s)G_3(s)}$

| 해설
전달함수 $\dfrac{C(s)}{R(s)}$
$= \dfrac{\Sigma 전향경로이득}{1 - (\Sigma 루프이득)}$
$= \dfrac{G_1(s)G_2(s)}{1 + G_2(s)G_3(s) + G_1(s)G_2(s)G_4(s)}$

정답 ①

04. 조작기기는 직접 제어대상에 작용하는 장치이고 빠른 응답이 요구된다. 다음 중 전기식 조작기기가 아닌 것은?

① 서보전동기　　② 전동밸브
③ 다이어프램밸브　④ 전자밸브

| 해설
- 다이어프램밸브는 기계식 조작기기이다.
- 서보전동기, 전동밸브, 전자밸브는 전기식 조작기기이다.

정답 ③

05. 전기자 제어 직류 서보전동기에 대한 설명으로 옳은 것은?

① 교류 서보전동기에 비하여 구조가 간단하여 소형이고 출력이 비교적 낮다.
② 제어 권선과 콘덴서가 부착된 여자권선으로 구성된다.
③ 전기적 신호를 계자권선의 입력 전압으로 한다.
④ 계자권선의 전류가 일정하다.

| 해설
직류 서보전동기
㉠ 전기식 서보기구에서 그 조작부에 직류전동기를 사용한 것이다.
㉡ 직류 서보기구는 일반적으로 구조가 복잡하고, 대출력의 서보기구에 널리 사용된다.
㉢ 자계전류(= 계자권선 전류)가 일정하다.

정답 ④

06. 절연저항을 측정할 때 사용하는 계기는?

① 전류계　　② 전위차계
③ 메거　　　④ 휘트스톤브리지

| 해설
절연저항을 측정할 때 사용하는 계기는 메거이다.

정답 ③

07. $R = 10\,\Omega$, $\omega L = 20\,\Omega$인 직렬회로에 $220\angle 0°\text{V}$의 교류 전압을 가하는 경우 이 회로에 흐르는 전류(A)는?

① $24.5\angle -26.5°$　② $9.8\angle -63.4°$
③ $12.2\angle -13.2°$　④ $73.6\angle -79.6°$

| 해설
- $I = \dfrac{V}{\sqrt{R^2 + X_L^2}} = \dfrac{220}{\sqrt{10^2 + 20^2}} = 9.83 ≒ 9.8(\text{A})$
- 위상 $\theta = \tan^{-1}\dfrac{X_L}{R} = \tan^{-1}\dfrac{20}{10} = 63.43° ≒ 63.4°$

전류지상이므로 각도는 $-63.4°$이다.

정답 ②

08. 다음 논리식 중 옳지 않은 것은?

① $(\overline{A}+B)\cdot(A+B) = B$
② $(A+B)\cdot\overline{B} = A\overline{B}$
③ $\overline{AB + AC} + \overline{A} = \overline{A} + \overline{B}\,\overline{C}$
④ $\overline{(\overline{A}+B)+CD} = A\overline{B}(C+D)$

| 해설
$\overline{(\overline{A}+B)+CD} = A\overline{B}(\overline{C}+\overline{D})$이다.

정답 ④

09. $R = 4\Omega$, $\frac{1}{\omega C} = 9\Omega$인 RC 직렬회로에 전압 $e(t)$를 인가할 때, 제3고조파 전류의 실효값 크기 (A)는? (단, $e(t) = 50 + 10\sqrt{2}\sin\omega t + 120\sqrt{2}\sin 3\omega t (\text{V})$이다)

① 4.4
② 12.2
③ 24
④ 34

| 해설

$$I_3 = \frac{|V_3|}{|Z_3|} = \frac{V_3}{\sqrt{R^2 + (\frac{1}{3\omega C})^2}}$$

$$= \frac{\frac{120\sqrt{2}}{\sqrt{2}}}{\sqrt{4^2 + (\frac{9}{3})^2}} = 24(A)$$

정답 ③

10. 분류기를 사용하여 전류를 측정하는 경우에 전류계의 내부저항이 0.28Ω이고 분류기의 저항이 0.07Ω이라면, 이 분류기의 배율은?

① 4
② 5
③ 6
④ 7

| 해설

배율$(m) = \frac{r}{R_a} + 1 = \frac{0.28}{0.07} + 1 = 5$

정답 ②

11. 옴의 법칙에 대한 설명으로 옳은 것은?

① 전압은 저항에 반비례한다.
② 전압은 전류에 비례한다.
③ 전압은 전류에 반비례한다.
④ 전압은 전류의 제곱에 비례한다.

| 해설

옴의 법칙
㉠ 전압은 저항에 비례한다.
㉡ 전압은 전류에 비례한다.
㉢ 전류는 저항에 반비례한다.

정답 ②

12. 3상 직권 정류자 전동기에서 고정자 권선과 회전자 권선 사이에 중간 변압기를 사용하는 주된 이유가 아닌 것은?

① 경부하시 속도의 이상 상승 방지
② 철심을 포화시켜 회전자 상수를 감소
③ 중간 변압기의 권수비를 바꾸어서 전동기 특성을 조정
④ 전원전압의 크기에 관계없이 정류에 알맞은 회전자 전압 선택

| 해설

3상 직권 정류자 전동기에서 고정자 권선과 회전자 권선 사이에 중간 변압기를 사용하는 주된 이유
㉠ 경부하시 속도의 이상 상승 방지
㉡ 전원전압의 크기에 관계없이 정류에 알맞은 회전자 전압 선택
㉢ 중간 변압기의 권수비를 바꾸어서 전동기 특성을 조정

정답 ②

13. 공기 중에 $10\mu C$과 $20\mu C$인 두 개의 점전하를 1m 간격으로 놓았을 때 발생되는 정전기력(N)은?

① 1.2
② 1.8
③ 2.4
④ 3.0

| 해설

정전기력$(F) = 9 \times 10^9 \dfrac{Q_1 Q_2}{r^2}$

$= 9 \times 10^9 \times \dfrac{10 \times 10^{-6} \times 20 \times 10^{-6}}{1^2}$

$= 1.8[N]$

정답 ②

14. 교류 회로에 연결되어 있는 부하의 역률을 측정하는 경우 필요한 계측기의 구성은?

① 전압계, 전력계, 회전계
② 상순계, 전력계, 전류계
③ 전압계, 전류계, 전력계
④ 전류계, 전압계, 주파수계

| 해설

부하의 역률을 측정하는 경우 필요한 계측기는 전압계, 전류계, 전력계로 구성된다.

정답 ③

15. 평형 3상 회로에서 측정된 선간전압과 전류의 실효값이 각각 28.87V, 10A이고, 역률이 0.8일 때 3상 무효전력의 크기(Var)는?

① 400   ② 300
③ 231   ④ 173

| 해설

$P_r = \sqrt{3}\, VI\sin\theta = \sqrt{3}\, VI\sqrt{1-\cos^2\theta}$ 에서

$P_r = \sqrt{3} \times 28.87 \times 10 \times \sqrt{1-0.8^2}$
$= 300.02 ≒ 300(\mathrm{Var})$

정답 ②

16. 회로에서 a, b 사이의 합성저항은 몇 Ω인가?

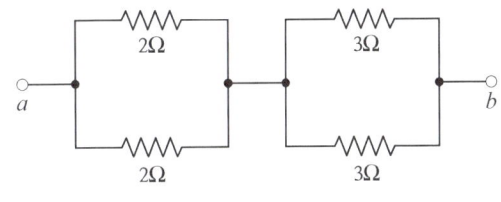

① 2.5   ② 5   ③ 7.5   ④ 10

| 해설

$R_{ab} = \dfrac{2}{2} + \dfrac{3}{2} = 2.5(\Omega)$

정답 ①

17. 60Hz의 3상 전압을 전파 정류하였을 때 맥동주파수(Hz)는?

① 120   ② 180   ③ 360   ④ 720

| 해설

3상 전파 정류 맥동주파수 $= 6f = 6 \times 60 = 360(\mathrm{Hz})$

정답 ③

18. 두 개의 입력신호 중 한 개의 입력만이 1일 때 출력신호가 1이 되는 논리게이트는?

① EXCLUSIVE NOR   ② NAND
③ EXCLUSIVE OR   ④ AND

| 해설

두 개의 입력신호 중 한 개의 입력만이 1일 때 출력신호가 1이 되는 논리는 'EXCLUSIVE OR' 논리이다.

정답 ③

19. 진공 중 대전된 도체의 표면에 면전하밀도 σ (C/m²)가 균일하게 분포되어 있을 때, 이 도체 표면에서의 전계의 세기 E (V/m)는? (단, ϵ_0는 진공의 유전율이다)

① $E = \dfrac{\sigma}{\epsilon_0}$ ② $E = \dfrac{\sigma}{2\epsilon_0}$

③ $E = \dfrac{\sigma}{2\pi\epsilon_0}$ ④ $E = \dfrac{\sigma}{4\pi\epsilon_0}$

| 해설

- 대전체(=도체) 표면에서의 전계의 세기 = $\dfrac{\sigma}{\epsilon_0}$
- 무한평판에서의 전계의 세기 = $\dfrac{\sigma}{2\epsilon_0}$

정답 ①

20. 3상 유도 전동기의 출력이 25HP, 전압이 220V, 효율이 85%, 역률이 85%일 때, 이 전동기로 흐르는 전류(A)는? (단, 1HP = 0.746kW이다)

① 40 ② 45
③ 68 ④ 70

| 해설

$P = \sqrt{3}\, VI\cos\theta\eta$

$I = \dfrac{P}{\sqrt{3}\, VI\cos\theta\eta}$ 에서

$I = \dfrac{25 \times 746}{\sqrt{3} \times 220 \times 0.85 \times 0.85} = 67.7 ≒ 68(A)$

정답 ③

소방전기시설의 구조 및 원리

21. 비상경보설비 및 단독경보형감지기의 화재안전기준(NFSC 201)에 따라 화재신호 및 상태신호 등을 송수신하는 방식으로 옳은 것은?

① 자동식 ② 수동식
③ 반자동식 ④ 유·무선식

| 해설

신호처리방식
화재신호 및 상태신호 등(이하 "화재신호 등"이라 한다)을 송수신하는 방식은 다음과 같다.
㉠ "유선식"은 화재신호 등을 배선으로 송·수신하는 방식의 것
㉡ "무선식"은 화재신호 등을 전파에 의해 송·수신하는 방식의 것
㉢ "유·무선식"은 유선식과 무선식을 겸용으로 사용하는 방식의 것

정답 ④

22. 감지기의 형식승인 및 제품검사의 기술기준에 따른 연기감지기의 종류로 옳은 것은?

① 연복합형 ② 공기흡입형
③ 차동식스포트형 ④ 보상식스포트형

| 해설

연기감지기 구조 및 기능에 따른 구분
㉠ "이온화식스포트형"이란 주위의 공기가 일정한 농도의 연기를 포함하게 되는 경우에 작동하는 것으로서 일국소의 연기에 의하여 이온전류가 변화하여 작동하는 것을 말한다.
㉡ "광전식스포트형"이란 주위의 공기가 일정한 농도의 연기를 포함하게 되는 경우에 작동하는 것으로서 일국소의 연기에 의하여 광전소자에 접하는 광량의 변화로 작동하는 것을 말한다.

ⓒ "광전식분리형"이란 발광부와 수광부로 구성된 구조로 발광부와 수광부 사이의 공간에 일정한 농도의 연기를 포함하게 되는 경우에 작동하는 것을 말한다.

ⓓ "공기흡입형"이란 감지기 내부에 장착된 공기흡입장치로 감지하고자 하는 위치의 공기를 흡입하고 흡입된 공기에 일정한 농도의 연기가 포함된 경우 작동하는 것을 말한다.

정답 ②

23. 비상콘센트설비의 화재안전기준(NFSC 504)에 따른 비상콘센트설비의 전원회로(비상콘센트에 전력을 공급하는 회로를 말한다)의 시설기준으로 옳은 것은?

① 하나의 전용회로에 설치하는 비상콘센트는 12개 이하로 할 것
② 전원회로는 단상교류 220V인 것으로서, 그 공급용량은 1.0kVA 이상인 것으로 할 것
③ 비상콘센트용의 풀박스 등은 방청도장을 한 것으로서, 두께 1.2mm 이상의 철판으로 할 것
④ 전원으로부터 각 층의 비상콘센트에 분기되는 경우에는 분기배선용 차단기를 보호함 안에 설치할 것

| 해설

비상콘센트설비의 전원회로 시설기준
ⓐ 하나의 전용회로에 설치하는 비상콘센트는 10개 이하로 할 것
ⓑ 전원회로는 단상교류 220V인 것으로서, 그 공급용량은 1.5kVA 이상인 것으로 할 것
ⓒ 비상콘센트용의 풀박스 등은 방청도장을 한 것으로서, 두께 1.6mm 이상의 철판으로 할 것
ⓓ 전원으로부터 각 층의 비상콘센트에 분기되는 경우에는 분기배선용 차단기를 보호함 안에 설치할 것

정답 ④

24. 비상방송설비의 화재안전기준(NFSC 202)에 따라 기동장치에 따른 화재신고를 수신한 후 필요한 음량으로 화재발생 상황 및 피난에 유효한 방송이 자동으로 개시될 때까지의 소요시간은 몇 초 이하로 하여야 하는가?

① 3
② 5
③ 7
④ 10

| 해설

비상방송설비는 기동장치에 따른 화재신고를 수신한 후 필요한 음량으로 화재발생 상황 및 피난에 유효한 방송이 자동으로 개시될 때까지의 소요시간은 10초 이하로 하여야 한다.

정답 ④

25. 비상조명등의 화재안전기준(NFSC 304)에 따른 휴대용비상조명등의 설치기준이다. ( ) 안에 들어갈 내용으로 옳은 것은?

> 지하상가 및 지하역사에는 보행거리 (㉠)m 이내마다 (㉡)개 이상 설치할 것

	㉠	㉡
①	25	1
②	25	3
③	50	1
④	50	3

| 해설

지하상가 및 지하역사에는 보행거리 ㉠ 25m 이내마다 ㉡ 3개 이상 설치할 것

정답 ②

26. 자동화재탐지설비 및 시각경보장치의 화재안전기준(NFSC 203)에 따른 자동화재탐지설비의 중계기의 시설기준으로 옳지 않은 것은?

① 조작 및 점검에 편리하고 화재 및 침수 등의 재해로 인한 피해를 받을 우려가 없는 장소에 설치할 것
② 수신기에서 직접 감지기회로의 도통시험을 행하지 아니하는 것에 있어서는 수신기와 감지기 사이에 설치할 것
③ 감지기에 따라 감시되지 아니하는 배선을 통하여 전력을 공급받는 것에 있어서는 전원입력측의 배선에 누전경보기를 설치할 것
④ 수신기에 따라 감시되지 아니하는 배선을 통하여 전력을 공급받는 것에 있어서는 해당 전원의 정전이 즉시 수신기에 표시되는 것으로 할 것

| 해설
자동화재탐지설비의 중계기의 시설기준
㉠ 조작 및 점검에 편리하고 화재 및 침수 등의 재해로 인한 피해를 받을 우려가 없는 장소에 설치할 것
㉡ 수신기에서 직접 감지기회로의 도통시험을 행하지 아니하는 것에 있어서는 수신기와 감지기 사이에 설치할 것
㉢ 수신기에 따라 감시되지 아니하는 배선을 통하여 전력을 공급받는 것에 있어서는 전원입력측의 배선에 과전류차단기를 설치할 것
㉣ 수신기에 따라 감시되지 아니하는 배선을 통하여 전력을 공급받는 것에 있어서는 해당 전원의 정전이 즉시 수신기에 표시되는 것으로 할 것

정답 ③

27. 자동화재탐지설비 및 시각경보장치의 화재안전기준(NFSC 203)에 따라 부착높이 8m 이상 15m 미만에 설치 가능한 감지기가 아닌 것은?

① 불꽃감지기
② 보상식 분포형감지기
③ 차동식 분포형감지기
④ 광전식 분리형 1종 감지기

| 해설
보상식 분포형감지기는 부착높이 8m 이상 15m 미만에 설치 가능한 감지기에 해당하지 않는다.

참고 부착높이 8m 이상 15m 미만에 설치 가능한 감지기
㉠ 불꽃감지기
㉡ 이온화식 1종
㉢ 차동식 분포형감지기
㉣ 광전식(스포트형, 분리형, 공기흡입형) 1종 감지기
㉤ 연기복합형

정답 ②

28. 예비전원의 성능인증 및 제품검사의 기술기준에서 정의하는 "예비전원"에 해당하지 않는 것은?

① 리튬계 2차 축전지
② 알카리계 2차 축전지
③ 용융염 전해질 연료전지
④ 무보수 밀폐형 연축전지

| 해설
"예비전원"이란 소방용품에 사용되는 알카리계 2차 축전지, 리튬계 2차 축전지 및 무보수 밀폐형 연축전지를 말하며, 용융염 전해질 연료전지는 해당하지 않는다.

정답 ③

29. 누전경보기의 형식승인 및 제품검사의 기술기준에 따라 누전경보기에서 사용되는 표시등에 대한 설명으로 옳지 않은 것은?

① 지구등은 녹색으로 표시되어야 한다.
② 소켓은 접촉이 확실하여야 하며 쉽게 전구를 교체할 수 있도록 부착하여야 한다.
③ 주위의 밝기가 300lx인 장소에서 측정하여 앞면으로부터 3m 떨어진 곳에서 켜진 등이 확실히 식별되어야 한다.
④ 전구는 사용전압의 130%인 교류전압을 20시간 연속하여 가하는 경우 단선, 현저한 광속변화, 흑화, 전류의 저하 등이 발생하지 아니하여야 한다.

| 해설
지구등은 적색으로 표시되어야 한다.

정답 ①

30. 비상콘센트설비의 화재안전기준(NFSC 504)에 따라 아파트 또는 바닥면적이 1,000m² 미만인 층은 비상콘센트를 계단의 출입구로부터 몇 m 이내에 설치해야 하는가? (단, 계단의 부속실을 포함하며 계단이 2 이상 있는 경우에는 그중 1개의 계단을 말한다)

① 10 ② 8
③ 5   ④ 3

| 해설
아파트 또는 바닥면적이 1,000m² 미만인 층은 비상콘센트를 계단의 출입구로부터 5m 이내에 설치해야 한다. (단, 계단의 부속실을 포함하며 계단이 2 이상 있는 경우에는 그중 1개의 계단을 말한다.)

정답 ③

31. 무선통신보조설비의 화재안전기준(NFSC 505)에 따른 설치 제외에 대한 내용이다. (　) 안에 들어갈 내용으로 옳은 것은?

(㉠)으로서 특정소방대상물의 바닥 부분 2면 이상이 지표면과 동일하거나 지표면으로부터의 깊이가 (㉡)m 이하인 경우에는 해당 층에 한하여 무선통신보조설비를 설치하지 아니할 수 있다.

	㉠	㉡
①	지하층	1
②	지하층	2
③	무창층	1
④	무창층	2

| 해설
㉠ 지하층으로서 특정소방대상물의 바닥 부분 2면 이상이 지표면과 동일하거나 지표면으로부터의 깊이가 ㉡ 1m 이하인 경우에는 해당 층에 한하여 무선통신보조설비를 설치하지 아니할 수 있다.

정답 ①

32. 비상방송설비의 화재안전기준(NFSC 202)에 따른 정의에서 가변저항을 이용하여 전류를 변화시켜 음량을 크게 하거나 작게 조절할 수 있는 장치를 말하는 것은?

① 증폭기   ② 변류기
③ 중계기   ④ 음량조절기

| 해설
가변저항을 이용하여 전류를 변화시켜 음량을 크게 하거나 작게 조절할 수 있는 장치는 음량조절기이다.

참고 비상방송설비의 용어 정의
㉠ **증폭기**: 전압전류의 진폭을 늘려 감도를 좋게 하고 미약한 음성전류를 커다란 음성전류로 변화시켜 소리를 크게 하는 장치이다.
㉡ **확성기**: 소리를 크게 하여 멀리까지 전달될 수 있도록 하는 장치로써 일명 스피커를 말한다.
㉢ **음량조절기**: 가변저항을 이용하여 전류를 변화시켜 음량을 크게 하거나 작게 조절할 수 있는 장치이다.

정답 ④

33. 소방시설용 비상전원수전설비의 화재안전기준(NFSC 602)에 따른 큐비클형의 시설기준으로 옳지 않은 것은?

① 전용큐비클 또는 공용큐비클식으로 설치할 것
② 외함은 건축물의 바닥 등에 견고하게 고정할 것
③ 자연환기구에 따라 충분히 환기할 수 없는 경우에는 환기설비를 설치할 것
④ 공용큐비클식의 소방회로와 일반회로에 사용되는 배선 및 배선용기기는 난연재료로 구획할 것

| 해설
공용큐비클식의 소방회로와 일반회로에 사용되는 배선 및 배선용기기는 불연재료로 구획하여야 한다.

정답 ④

34. 비상경보설비 및 단독경보형감지기의 화재안전기준(NFSC 201)에 따른 발신기의 시설기준에 대한 내용이다. ( ) 안에 들어갈 내용으로 옳은 것은?

조작이 쉬운 장소에 설치하고, 조작 스위치는 바닥으로부터 (㉠)m 이상 (㉡)m 이하의 높이에 설치할 것

	㉠	㉡
①	0.6	1.2
②	0.8	1.5
③	1.0	1.8
④	1.2	2.0

| 해설
조작이 쉬운 장소에 설치하고, 조작 스위치는 바닥으로부터 ㉠ 0.8m 이상 ㉡ 1.5m 이하의 높이에 설치하여야 한다.

정답 ②

35. 누전경보기의 형식승인 및 제품검사의 기술기준에 따라 누전경보기에 차단기구를 설치하는 경우 차단기구에 대한 설명으로 옳지 않은 것은?

① 개폐부는 정지점이 명확하여야 한다.
② 개폐부는 원활하고 확실하게 작동하여야 한다.
③ 개폐부는 KS C 8321(배선용차단기)에 적합한 것이어야 한다.
④ 개폐부는 수동으로 개폐되어야 하며 자동적으로 복귀하지 아니하여야 한다.

| 해설
개폐부는 KS C 4613(누전차단기)에 적합한 것이어야 한다.

정답 ③

36. 감지기의 형식승인 및 제품검사의 기술기준에 따른 단독경보형감지기(주전원이 교류전원 또는 건전지인 것을 포함한다)의 일반기능에 대한 설명으로 옳지 않은 것은?

① 작동되는 경우 작동표시등에 의하여 화재의 발생을 표시할 수 있는 기능이 있어야 한다.
② 작동되는 경우 내장된 음향장치의 명동에 의하여 화재경보음을 발할 수 있는 기능이 있어야 한다.
③ 전원의 정상상태를 표시하는 전원표시등의 섬광주기는 3초 이내의 점등과 60초 이내의 소등으로 이루어져야 한다.
④ 자동복귀형 스위치(자동적으로 정위치에 복귀될 수 있는 스위치를 말한다)에 의하여 수동으로 작동시험을 할 수 있는 기능이 있어야 한다.

| 해설
전원의 정상상태를 표시하는 전원표시등의 섬광주기는 1초 이내의 점등과 30초 에서 60초 이내의 소등으로 이루어져야 한다.

정답 ③

37. 자동화재속보설비의 속보기의 성능인증 및 제품검사의 기술기준에 따라 자동화재속보설비의 속보기가 소방관서에 자동적으로 통신망을 통해 통보하는 신호의 내용으로 옳은 것은?

① 당해 소방대상물의 위치 및 규모
② 당해 소방대상물의 위치 및 용도
③ 당해 화재발생 및 당해 소방대상물의 위치
④ 당해 고장발생 및 당해 소방대상물의 위치

| 해설

"자동화재속보설비의 속보기(이하 이 기준에서 "속보기"라 한다)"란 수동작동 및 자동화재탐지설비 수신기의 화재신호와 연동으로 작동하여 관계인에게 화재발생을 경보함과 동시에 소방관서에 자동적으로 통신망을 통한 당해 화재발생 및 당해 소방대상물의 위치 등을 음성으로 통보하여 주는 것을 말한다.

정답 ③

38. 유도등의 우수품질인증 기술기준에 따른 유도등의 일반구조에 대한 내용이다. ( ) 안에 들어갈 내용으로 옳은 것은?

> 전선의 굵기는 인출선인 경우에는 단면적이 (㉠)mm² 이상, 인출선 외의 경우에는 면적이 (㉡)mm² 이상이어야 한다.

	㉠	㉡
①	0.75	0.5
②	0.75	0.75
③	1.5	0.75
④	2.5	1.5

| 해설

전선의 굵기는 인출선인 경우에는 단면적이 ㉠ 0.75mm² 이상, 인출선 외의 경우에는 면적이 ㉡ 0.5mm² 이상이어야 한다.

정답 ①

39. 유도등 및 유도표지의 화재안전기준(NFSC 303)에 따라 객석유도등을 설치하여야 하는 장소로 옳지 않은 것은?

① 벽   ② 천장
③ 바닥 ④ 통로

| 해설

객석유도등을 설치하여야 하는 장소에는 벽, 통로, 바닥이 있으며, 천장은 포함되지 않는다.

정답 ②

40. 무선통신보조설비의 화재안전기준(NFSC 505)에 따라 누설동축케이블 또는 동축케이블의 임피던스(Ω)는?

① 5   ② 10
③ 30   ④ 50

| 해설

누설동축케이블 등

㉠ 누설동축케이블 및 안테나는 고압의 전로로부터 1.5m 이상 떨어진 위치에 설치할 것. 다만, 해당 전로에 정전기 차폐장치를 유효하게 설치한 경우에는 그러하지 아니하다.
㉡ 누설동축케이블의 끝부분에는 무반사 종단저항을 견고하게 설치할 것
㉢ 누설동축케이블 또는 동축케이블의 임피던스는 50Ω으로 하고, 이에 접속하는 안테나·분배기 기타의 장치는 해당 임피던스에 적합한 것으로 하여야 한다.

정답 ④

2020년 제3회

소방전기일반

01. 최대눈금이 200mA, 내부저항이 0.8Ω인 전류계가 있다. 8mΩ의 분류기를 사용하여 전류계의 측정범위를 넓히면 몇 A까지 측정할 수 있는가?

① 19.6　　② 20.2
③ 21.4　　④ 22.8

| 해설

$I_0 = (\dfrac{r}{R_a}+1)I_A$ 에서

$I_0 = (\dfrac{0.8}{8 \times 10^{-3}}+1) \times 200 \times 10^{-3} = 20.2$

정답 ②

02. 5Ω의 저항과 2Ω의 유도성 리액턴스를 직렬로 접속한 회로에 5A의 전류를 흘렀을 때 이 회로의 복소전력(VA)은?

① $25+j10$　　② $10+j25$
③ $125+j50$　　④ $50+j125$

| 해설

$\dot{V} = 5 \times (5+j2) = 25+j10\,(V)$
$P_a(\mathrm{VA}) = 5 \times (25+j10) = 125+j50$

정답 ③

03. 그림과 같은 회로에서 전압계 Ⓥ가 10V일 때 단자 A－B간의 전압(V)은?

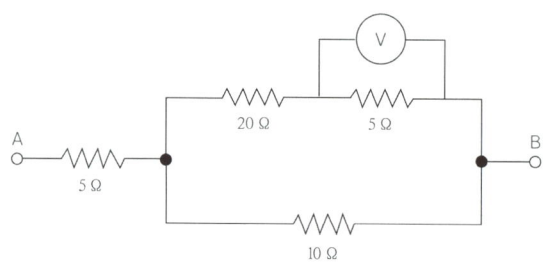

① 50　　② 85
③ 100　　④ 135

| 해설

- 전압계 5Ω에 흐르는 전류 $= \dfrac{10}{5} = 2(A)$
- 10Ω에 흐르는 전류: $\dfrac{10}{25} = \dfrac{2}{x}$ 에서 $x = 5(A)$
- ∴ 전전류 $= 2+5 = 7(A)$
- $V_{ab} = 7 \times 5 + 7 \times \dfrac{25 \times 10}{25+10} = 85\,(V)$

정답 ②

04. 50Hz의 3상 전압을 전파 정류하였을 때 리플(맥동)주파수(Hz)는?

① 50　　② 100
③ 150　　④ 300

| 해설

3상 전파 정류 맥동주파수 $= 6f = 6 \times 50 = 300\,(Hz)$

정답 ④

05. 개루프 제어와 비교하여 폐루프 제어에서 반드시 필요한 장치는?

① 안정도를 좋게 하는 장치
② 제어대상을 조작하는 장치
③ 동작신호를 조절하는 장치
④ 기준입력신호와 주궤환신호를 비교하는 장치

| 해설

개루프 제어와 비교하여 폐루프 제어에서 반드시 필요한 장치는 기준입력신호와 주궤환신호를 비교하는 장치(비교부)이다.

정답 ④

06. 그림의 시퀀스회로와 등가인 논리 게이트는?

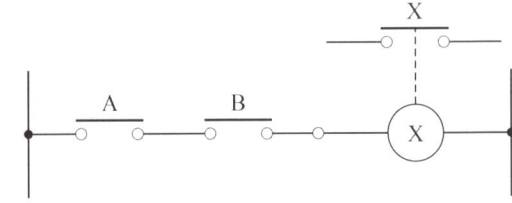

① OR 게이트
② AND 게이트
③ NOT 게이트
④ NOR 게이트

| 해설

AND 게이트이다. ($A \times B = X$)

정답 ②

07. 전압이득이 60dB인 증폭기와 궤환율(β)이 0.01인 궤환회로를 부궤환 증폭기로 구성하였을 때 전체 이득은 약 몇 dB인가?

① 20
② 40
③ 60
④ 80

| 해설

- 전압이득(A_{vf}) = $20\log A$,
  $60(\mathrm{dB}) = 20\log A (\log A = 3)$,
  $A = 10^3 = 1000$
- 증폭기 이득(A_f) = $\dfrac{A}{1+\beta A} = \dfrac{1000}{1+0.01 \times 1000} = 90.9$

∴ $A_{vf} = 20\log 90.9 = 39.17 \fallingdotseq 40(\mathrm{dB})$

정답 ②

08. 지하 1층, 지상 2층, 연면적이 1,500m²인 기숙사에서 지상 2층에 설치된 차동식스포트형감지기가 작동하였을 때 전 층의 지구경종이 동작되었다. 각 층 지구경종의 정격전류가 60mA이고, 24V가 인가되고 있을 때 모든 지구경종에서 소비되는 총 전력(W)은?

① 4.23
② 4.32
③ 5.67
④ 5.76

| 해설

$P = VI$에서
$P = 24 \times 60 \times 10^{-3} \times 3 = 4.32(\mathrm{W})$

정답 ②

09. 진공 중에 놓인 $5\mu C$의 점전하에서 2m되는 점에서의 전계(V/m)는?

① 11.25×10^3
② 16.25×10^3
③ 22.25×10^3
④ 28.25×10^3

| 해설

전계세기(E) = $9 \times 10^9 \times \dfrac{Q}{r^2}(\mathrm{V/m})$에서

$E = 9 \times 10^9 \times \dfrac{5 \times 10^{-6}}{2^2} = 11250 = 11.25 \times 10^3 (\mathrm{V/m})$

정답 ①

10. 열팽창식 온도계가 아닌 것은?

① 열전대 온도계 ② 유리 온도계
③ 바이메탈 온도계 ④ 압력식 온도계

| 해설
열팽창식 온도계에는 압력식 온도계, 유리 온도계, 바이메탈 온도계가 있으며, 열전대 온도계는 포함되지 않는다.

정답 ①

11. 3상 유도전동기를 Y결선으로 기동할 때 전류의 크기($|I_Y|$)와 △결선으로 기동할 때 전류의 크기($|I_\triangle|$)의 관계로 옳은 것은?

① $|I_Y| = \dfrac{1}{3}|I_\triangle|$ ② $|I_Y| = \sqrt{3}|I_\triangle|$

③ $|I_Y| = \dfrac{1}{\sqrt{3}}|I_\triangle|$ ④ $|I_Y| = \dfrac{\sqrt{3}}{2}|I_\triangle|$

| 해설
3상 유도전동기를 Y결선으로 기동할 때 전류의 크기($|I_Y|$)와 △결선으로 기동할 때 전류의 크기($|I_\triangle|$)의 관계
$[I_Y] = \dfrac{1}{3}[I_\triangle]$ 또는 $[I_\triangle] = [I_Y]$

정답 ①

12. 역률 0.8인 전동기에 200V의 교류전압을 가하였더니 10A의 전류가 흘렀다. 피상전력은 몇 VA인가?

① 1,000 ② 1,200
③ 1,600 ④ 2,000

| 해설
피상전력(P_a) = VI(VA)에서
$P_a = 200 \times 10 = 2000$(VA)

정답 ④

13. 다음 중 강자성체에 속하지 않는 것은?

① 니켈   ② 알루미늄
③ 코발트 ④ 철

| 해설
- 강자성체에 속하지 않는 것은 알루미늄이다.
- 강자성체란 외부 자기장 없이도 자기모멘트가 한 방향으로 정렬하는 물질로서 철(Fe), 코발트(Co), 니켈(Ni) 등의 전이금속 또는 네오디뮴(Nd), 사마륨(Sm) 등 희토류 원자를 포함하는 금속화합물 등이 있다.
- 상자성체란 자기장 안에 넣으면 자기장 방향으로 약하게 자화하고, 자기장이 제거되면 자화하지 않는 물질로서 알루미늄·주석·백금·이리듐 외에 산소·공기 등이 있다.

정답 ②

14. 프로세스제어의 제어량이 아닌 것은?

① 액위 ② 유량
③ 온도 ④ 자세

| 해설
- 프로세스제어의 제어량이 아닌 것은 자세이다.
- 프로세스제어란 제어량에 따른 제어방식의 분류 중 온도, 유량, 액위, 압력 등의 공업 프로세스의 상태량을 제어량으로 하는 제어계로서 외란의 억제를 주목적으로 하는 제어방식이다.

정답 ④

15. 3상 농형 유도전동기의 기동법이 아닌 것은?

① Y - △ 기동법
② 기동 보상기법
③ 2차 저항 기동법
④ 리액터 기동법

| 해설

2차 저항 기동법은 3상 농형 유도전동기의 기동법에 해당하지 않으며, 권선형 유도전동기의 기동법에 해당한다.

참고 3상 농형 유도전동기의 기동법
㉠ Y-△ 기동법
㉡ 기동 보상기법
㉢ 리액터 기동법

정답 ③

17. 그림과 같은 논리회로의 출력 Y는?

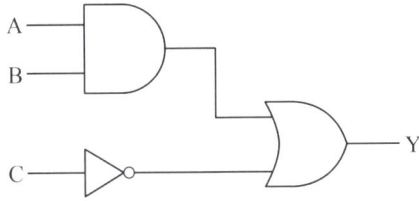

① $AB + \overline{C}$
② $A + B + \overline{C}$
③ $(A + B)\overline{C}$
④ $AB\overline{C}$

| 해설

$Y = AB + \overline{C}$ 이다.

정답 ①

16. 100V, 500W의 전열선 2개를 같은 전압에서 직렬로 접속한 경우와 병렬로 접속한 경우에 각 전열선에서 소비되는 전력은 각각 몇 W인가?

	직렬	병렬
①	250	500
②	250	1000
③	500	500
④	500	1000

| 해설

- 100(V), 500(W) 전열선 1개의 저항

$R = \dfrac{V^2}{P} = \dfrac{100^2}{500} = 20(\Omega)$

- 2개를 직렬접속한 경우의 소비전력

$P = \dfrac{V^2}{R} = \dfrac{100^2}{20 + 20} = 250(W)$

- 2개를 병렬접속한 경우의 소비전력

$P = \dfrac{100^2}{\frac{20}{2}} = \dfrac{100^2}{10} = 1000(W)$

정답 ②

18. 단상변압기 3대를 △결선하여 부하에 전력을 공급하고 있는 중 변압기 1대가 고장나서 V결선으로 바꾼 경우에 고장 전과 비교하여 몇 % 출력을 낼 수 있는가?

① 50
② 57.7
③ 70.7
④ 86.6

| 해설

V결선 출력비

$\dfrac{P_V}{P_\Delta} = \dfrac{\sqrt{3}\,P}{3P} = 0.577 = 57.7\%$

정답 ②

19. 대칭 n상의 환상결선에서 선전류와 상전류(환상전류) 사이의 위상차는?

① $\frac{n}{2}(1-\frac{2}{\pi})$ ② $\frac{n}{2}(1-\frac{\pi}{2})$

③ $\frac{\pi}{2}(1-\frac{2}{n})$ ④ $\frac{\pi}{2}(1-\frac{n}{2})$

| 해설

n상회로의 위상차

$\phi = \frac{\pi}{2} - \frac{\pi}{n} = \frac{\pi}{2}(1-\frac{2}{n})$

정답 ③

20. 공기 중에서 50kW 방사 전력이 안테나에서 사방으로 균일하게 방사될 때, 안테나에서 1km 거리에 있는 점에서의 전계의 실효값(V/m)은?

① 0.87 ② 1.22
③ 1.73 ④ 3.98

| 해설

전파에너지 $(P) = \frac{E^2}{120\pi} = \frac{W}{4\pi r^2}$ 에서

$E^2 = \frac{120\pi W}{4\pi r^2}$

$E = \sqrt{\frac{120\pi W}{4\pi r^2}} = \sqrt{\frac{120\pi \times 50 \times 10^3}{4\pi \times (1 \times 10^3)^2}}$

$= 1.224 ≒ 1.22 (V/m)$

정답 ②

소방전기시설의 구조 및 원리

21. 자동화재속보설비의 속보기의 성능인증 및 제품검사의 기술기준에 따라 교류입력측과 외함간의 절연저항은 직류 500V의 절연저항계로 측정한 값이 몇 MΩ 이상이어야 하는가?

① 5   ② 10
③ 20   ④ 50

| 해설

절연저항시험

㉠ 절연된 충전부와 외함간의 절연저항은 직류 500V의 절연저항계로 측정한 값이 5MΩ(교류입력측과 외함간에는 20MΩ) 이상이어야 한다.

㉡ 절연된 선로간의 절연저항은 직류 500V의 절연저항계로 측정한 값이 20MΩ 이상이어야 한다.

정답 ③

22. 무선통신보조설비의 화재안전기준(NFSC 505)에 따라 금속제 지지금구를 사용하여 무선통신보조설비의 누설동축케이블을 벽에 고정시키고자 하는 경우 몇 m 이내마다 고정시켜야 하는가? (단, 불연재료로 구획된 반자 안에 설치하는 경우는 제외한다)

① 2   ② 3
③ 4   ④ 5

| 해설

누설동축케이블 및 동축케이블은 화재에 따라 해당 케이블의 피복이 소실된 경우에 케이블 본체가 떨어지지 아니하도록 4m 이내마다 금속제 또는 자기제등의 지지금구로 벽·천장·기둥 등에 견고하게 고정시킬 것. 다만, 불연재료로 구획된 반자 안에 설치하는 경우에는 그러하지 아니하다.

정답 ③

23. 비상경보설비 및 단독경보형감지기의 화재안전기준(NFSC 201)에 따라 비상벨설비의 음향장치의 음량은 부착된 음향장치의 중심으로부터 1m 떨어진 위치에서 몇 dB 이상이 되는 것으로 하여야 하는가?

① 60 ② 70
③ 80 ④ 90

| 해설
비상벨설비의 음향장치의 음량은 부착된 음향장치의 중심으로부터 1m 떨어진 위치에서 90dB 이상이 되는 것으로 하여야 한다.

정답 ④

24. 자동화재탐지설비 및 시각경보장치의 화재안전기준(NFSC 203)에 따라 외기에 면하여 상시 개방된 부분이 있는 차고·주차장·창고 등에 있어서는 외기에 면하는 각 부분으로부터 몇 m 미만의 범위 안에 있는 부분은 경계구역의 면적에 산입하지 아니하는가?

① 1 ② 3
③ 5 ④ 10

| 해설
외기에 면하여 상시 개방된 부분이 있는 차고·주차장·창고 등에 있어서는 외기에 면하는 각 부분으로부터 5m 미만의 범위 안에 있는 부분은 경계구역의 면적에 산입하지 아니한다.

정답 ③

25. 누전경보기의 형식승인 및 제품검사의 기술기준에 따른 누전경보기 수신부의 기능검사 항목이 아닌 것은?

① 충격시험 ② 진공가압시험
③ 과입력전압시험 ④ 전원전압변동시험

| 해설
누전경보기 수신부의 기능검사 항목에는 충격시험, 온도특성시험, 과입력전압시험, 전원전압변동시험이 있으며, 진공가압시험은 포함되지 않는다.

정답 ②

26. 비상방송설비의 화재안전기준(NFSC 202)에 따른 음향장치의 구조 및 성능에 대한 기준이다. ( ) 안에 들어갈 내용으로 옳은 것은?

- 정격전압의 (㉠)% 전압에서 음향을 발할 수 있는 것으로 할 것
- (㉡)의 작동과 연동하여 작동할 수 있는 것으로 할 것

	㉠	㉡
①	65	자동화재탐지설비
②	80	자동화재탐지설비
③	65	단독경보형감지기
④	80	단독경보형감지기

| 해설
- 정격전압의 ㉠ 80% 전압에서 음향을 발할 수 있는 것으로 할 것
- ㉡ 자동화재탐지설비의 작동과 연동하여 작동할 수 있는 것으로 할 것

정답 ②

27. 비상조명등의 화재안전기준(NFSC 304)에 따라 조도는 비상조명등이 설치된 장소의 각 부분의 바닥에서 몇 lx 이상이 되도록 하여야 하는가?

① 1
② 3
③ 5
④ 10

| 해설
비상조명등의 화재안전기준(NFSC 304)에 따라 조도는 비상조명등이 설치된 장소의 각 부분의 바닥에서 1lx 이상이 되도록 하여야 한다.

정답 ①

28. 비상방송설비의 화재안전기준(NFSC 202)에 따른 용어의 정의에서 소리를 크게 하여 멀리까지 전달될 수 있도록 하는 장치로써 일명 "스피커"를 말하는 것은?

① 확성기
② 증폭기
③ 사이렌
④ 음량조절기

| 해설
소리를 크게 하여 멀리까지 전달될 수 있도록 하는 장치로써 일명 "스피커"를 말하는 것은 확성기이다.

참고 비상방송설비의 용어 정의
㉠ 증폭기: 전압전류의 진폭을 늘려 감도를 좋게 하고 미약한 음성전류를 커다란 음성전류로 변화시켜 소리를 크게 하는 장치이다.
㉡ 확성기: 소리를 크게 하여 멀리까지 전달될 수 있도록 하는 장치로써 일명 스피커를 말한다.
㉢ 음량조절기: 가변저항을 이용하여 전류를 변화시켜 음량을 크게 하거나 작게 조절할 수 있는 장치이다.

정답 ①

29. 자동화재탐지설비 및 시각경보장치의 화재안전기준(NFSC 203)에 따른 중계기에 대한 시설기준으로 옳지 않은 것은?

① 조작 및 점검에 편리하고 화재 및 침수 등의 재해로 인한 피해를 받을 우려가 없는 장소에 설치할 것
② 수신기에서 직접 감지기회로의 도통시험을 행하지 아니하는 것에 있어서는 수신기와 발신기 사이에 설치할 것
③ 수신기에 따라 감시되지 아니하는 배선을 통하여 전력을 공급받는 것에 있어서는 전원입력측에 배선에 과전류 차단기를 설치할 것
④ 수신기에 따라 감시되지 아니하는 배선을 통하여 전력을 공급받는 것에 있어서는 해당 전원의 정전이 즉시 수신기에 표시되는 것으로 할 것

| 해설
수신기에서 직접 감지기회로의 도통시험을 행하지 아니하는 것에 있어서는 수신기와 감지기 사이에 설치하여야 한다.

정답 ②

30. 비상콘센트설비의 화재안전기준(NFSC 504)에 따라 비상콘센트용의 풀박스 등은 방청도장을 한 것으로서, 두께 몇 mm 이상의 철판으로 하여야 하는가?

① 1.2
② 1.6
③ 2.0
④ 2.4

| 해설
비상콘센트용의 풀박스 등은 방청도장을 한 것으로서, 두께 1.6mm 이상의 철판으로 하여야 한다.

정답 ②

31. 누전경보기의 형식승인 및 제품검사의 기술기준에 따라 누전경보기의 변류기는 경계전로에 정격전류를 흘리는 경우, 그 경계전로의 전압강하는 몇 V 이하이어야 하는가? (단, 경계전로의 전선을 그 변류기에 관통시키는 것은 제외한다)

① 0.3　　② 0.5
③ 1.0　　④ 3.0

| 해설
누전경보기의 변류기는 경계전로에 정격전류를 흘리는 경우, 그 경계전로의 전압강하는 0.5V 이하이어야 한다(단, 경계전로의 전선을 그 변류기에 관통시키는 것은 제외한다).

정답 ②

32. 자동화재탐지설비 및 시각경보장치의 화재안전기준(NFSC 203)에 따른 배선의 시설기준으로 옳지 않은 것은?

① 감지기 사이의 회로의 배선은 송배전식으로 할 것
② 자동화재탐지설비의 감지기 회로의 전로저항은 50Ω 이하가 되도록 할 것
③ 수신기의 각 회로별 종단에 설치되는 감지기에 접속되는 배선의 전압은 감지기 정격전압의 80% 이상이어야 할 것
④ 피(P)형수신기 및 지피(G.P.)형수신기의 감지기 회로의 배선에 있어서 하나의 공통선에 접속할 수 있는 경계구역은 10개 이하로 할 것

| 해설
피(P)형수신기 및 지피(G.P.)형수신기의 감지기 회로의 배선에 있어서 하나의 공통선에 접속할 수 있는 경계구역은 7개 이하로 한다.

정답 ④

33. 예비전원의 성능인증 및 제품검사의 기술기준에 따른 예비전원의 구조 및 성능에 대한 설명으로 옳지 않은 것은?

① 예비전원을 병렬로 접속하는 경우에는 역충전방지 등의 조치를 강구하여야 한다.
② 배선은 충분한 전류 용량을 갖는 것으로서 배선의 접속이 적합하여야 한다.
③ 예비전원에 연결되는 배선의 경우 양극은 청색, 음극은 적색으로 오접속방지 조치를 하여야 한다.
④ 축전지를 직렬 또는 병렬로 사용하는 경우에는 용량(전압, 전류)이 균일한 축전지를 사용하여야 한다.

| 해설
예비전원에 연결되는 배선의 경우 양극은 적색, 음극은 청색 또는 흑색으로 오접속방지 조치를 하여야 한다.

정답 ③

34. 비상콘센트설비의 성능인증 및 제품검사의 기술기준에 따라 비상콘센트설비에 사용되는 부품에 대한 설명으로 옳지 않은 것은?

① 진공차단기는 KS C 8321(진공차단기)에 적합하여야 한다.
② 접속기는 KS C 8305(배선용 꽂음 접속기)에 적합하여야 한다.
③ 표시등의 소켓은 접속이 확실하여야 하며 쉽게 전구를 교체할 수 있도록 부착하여야 한다.
④ 단자는 충분한 전류용량을 갖는 것으로 하여야 하며 단자의 접속이 정확하고 확실하여야 한다.

| 해설
배선용차단기는 KS C 8321(배선용차단기)에 적합하여야 한다.

정답 ①

35. 소방시설용 비상전원수전설비의 화재안전기준(NFSC 602)에 따른 제1종 배전반 및 제1종 분전반의 시설기준으로 옳지 않은 것은?

① 전선의 인입구 및 입출구는 외함에 노출하여 설치하면 아니 된다.
② 외함의 문은 2.3mm 이상의 강판과 이와 동등 이상의 강도와 내화성능이 있는 것으로 제작하여야 한다.
③ 공용배전반 및 공용분전반의 경우 소방회로와 일반회로에 사용하는 배선 및 배선용 기기는 불연재료로 구획되어야 한다.
④ 외함은 금속관 또는 금속제 가요전선관을 쉽게 접속할 수 있도록 하고, 당해 접속부분에는 단열조치를 하여야 한다.

| 해설
전선의 인입구 및 입출구는 외함에 노출하여 설치할 수 있다.

정답 ①

36. 비상경보설비 및 단독경보형감지기의 화재안전기준(NFSC 201)에 따른 발신기의 시설기준으로 옳지 않은 것은?

① 발신기의 위치표시등은 함의 하부에 설치한다.
② 조작스위치는 바닥으로부터 0.8m 이상 1.5m 이하의 높이에 설치할 것
③ 복도 또는 별도로 구획된 실로서 보행거리가 40m 이상일 경우에는 추가로 설치하여야 한다.
④ 특정소방대상물의 층마다 설치하되, 해당 특정소방대상물의 각 부분으로부터 하나의 발신기까지의 수평거리가 25m 이하가 되도록 할 것

| 해설
발신기의 위치표시등은 함의 상부에 설치한다.

정답 ①

37. 유도등의 형식승인 및 제품검사의 기술기준에 따른 유도등의 일반구조에 대한 설명으로 옳지 않은 것은?

① 축전지에 배선 등을 직접 납땜하지 아니하여야 한다.
② 충전부가 노출되지 아니한 것은 300V를 초과할 수 있다.
③ 예비전원을 직렬로 접속하는 경우는 역충전 방지 등의 조치를 강구하여야 한다.
④ 유도등에는 점멸, 음성 또는 이와 유사한 방식 등에 의한 유도장치를 설치할 수 있다.

| 해설
예비전원을 병렬로 접속하는 경우는 역충전 방지 등의 조치를 강구하여야 한다.

정답 ③

38. 자동화재탐지설비 및 시각경보장치의 화재안전기준(NFSC 203)에 따라 지하층·무창층 등으로서 환기가 잘 되지 아니하거나 실내 면적이 40m² 미만인 장소에 설치하여야 하는 적응성이 있는 감지기가 아닌 것은?

① 불꽃감지기
② 광전식분리형감지기
③ 정온식스포트형감지기
④ 아날로그방식의 감지기

| 해설
정온식스포트형감지기는 지하층·무창층 등으로서 환기가 잘 되지 아니하거나 실내 면적이 40m² 미만인 장소에 설치하여야 하는 적응성이 있는 감지기에 포함되지 않는다.

> **참고** 지하층·무창층 등으로서 환기가 잘 되지 아니하거나 실내 면적이 40m2 미만인 장소에 설치하여야 하는 적응성이 있는 감지기
> ㉠ 불꽃감지기
> ㉡ 광전식분리형감지기
> ㉢ 정온식감지선형감지기
> ㉣ 아날로그방식의 감지기
> ㉤ 분포형감지기
> ㉥ 복합형감지기
> ㉦ 다신호방식의 감지기
> ㉧ 축적방식의 감지기

정답 ③

---

39. 무선통신보조설비의 화재안전기준(NFSC 505)에 따른 무선기기의 접속단자에 대한 시설기준이다. ( ) 안에 들어갈 내용으로 옳은 것은?

> 지상에 설치하는 접속단자는 보행거리 (㉠)m 이내마다 설치하고, 다른 용도로 사용되는 접속단자에서 (㉡)m 이상의 거리를 둘 것

	㉠	㉡
①	300	3
②	300	5
③	500	3
④	500	5

| 해설
지상에 설치하는 접속단자는 보행거리 ㉠ 300m 이내마다 설치하고, 다른 용도로 사용되는 접속단자에서 ㉡ 5m 이상의 거리를 둘 것

정답 ②

---

40. 유도등 및 유도표지의 화재안전기준(NFSC 303)에 따른 피난구유도등의 설치장소로 옳지 않은 것은?

① 직통계단
② 직통계단의 계단실
③ 안전구획된 거실로 통하는 출입구
④ 옥외로부터 직접 지하로 통하는 출입구

| 해설
피난구유도등의 설치장소
㉠ 직통계단
㉡ 직통계단의 계단실
㉢ 안전구획된 거실로 통하는 출입구
㉣ 옥내로부터 직접 지상으로 통하는 출입구

정답 ④

2020년 | 제1, 2회

소방전기일반

01. 인덕턴스가 0.5H인 코일의 리액턴스가 753.6Ω일 때 주파수(Hz)는?

① 120　　② 240
③ 360　　④ 480

| 해설

$X_L = \omega L = 2\pi f L$에서

$f = \dfrac{X_L}{2\pi L} = \dfrac{753.6}{2\pi \times 0.5} = 239.8 ≒ 240(\text{Hz})$

정답 ②

02. 최고 눈금 50mV, 내부 저항이 100Ω인 직류 전압계에 1.2MΩ의 배율기를 접속하면 측정할 수 있는 최대 전압(V)은?

① 3　　② 60
③ 600　　④ 1200

| 해설

$V_0 = (1 + \dfrac{R_m}{r}) V_r$에서

$V_0 = (1 + \dfrac{1.2 \times 10^6}{100}) \times 50 \times 10^{-3} = 600.05 ≒ 600(\text{V})$

정답 ③

03. 제어 대상에서 제어량을 측정하고 검출하여 주궤환 신호를 만드는 것은?

① 조작부　　② 출력부
③ 검출부　　④ 제어부

| 해설

제어 대상에서 제어량을 측정하고 검출하여 주궤환 신호를 만드는 것은 검출부이다.

정답 ③

04. 그림과 같은 블록선도에서 출력 $C(s)$는?

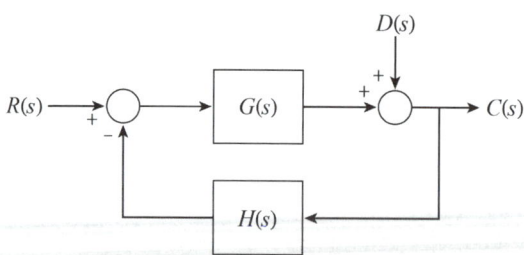

① $\dfrac{G(s)}{1+G(s)+H(s)}R(s) + \dfrac{G(s)}{1+G(s)+H(s)}D(s)$

② $\dfrac{1}{1+G(s)+H(s)}R(s) + \dfrac{1}{1+G(s)+H(s)}D(s)$

③ $\dfrac{G(s)}{1+G(s)H(s)}R(s) + \dfrac{1}{1+G(s)H(s)}D(s)$

④ $\dfrac{1}{1+G(s)H(s)}R(s) + \dfrac{G(s)}{1+G(s)H(s)}D(s)$

| 해설

$\dfrac{C(S)}{R(S)} = \dfrac{\Sigma \text{전향경로이득}}{1 - (\Sigma \text{루프이득})}$

$= \dfrac{G(s)}{1+G(s)H(s)}R(s) + \dfrac{1}{1+G(s)H(s)}D(s)$

정답 ③

05. 그림과 같은 유접점 회로의 논리식은?

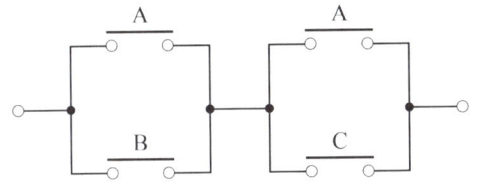

① A + B · C
② A · B + C
③ B + A · C
④ A · B + B · C

| 해설

$(A+B)(A+C) = AA + AC + BA + BC$
$= A(1+C+B) + BC = A + BC$

정답 ①

06. 반지름 20cm, 권수 50회인 원형코일에 2A의 전류를 흘려주었을 때 코일 중심에서 자계(자기장)의 세기(AT/m)는?

① 70
② 100
③ 125
④ 250

| 해설

원형코일 중심에서 자계(자기장)의 세기(AT/m)

$H = \dfrac{NI}{2r} = \dfrac{50 \times 2}{2 \times 20 \times 10^{-2}} = 250(\text{AT/m})$

정답 ④

07. 평형 3상 부하의 선간전압이 200V, 전류가 10A, 역률이 70.7%일 때 무효전력(Var)은?

① 2,880
② 2,450
③ 2,000
④ 1,410

| 해설

무효전력$(P_r) = \sqrt{3}\, VI \sin\theta$, $\sin\theta = \sqrt{1 - \cos^2\theta}$

$P_r = \sqrt{3} \times 200 \times 10 \times \sqrt{1 - 0.707^2}$
$= 2449.8 ≒ 2,450(\text{Var})$

정답 ②

08. 변위를 전압으로 변환시키는 장치가 아닌 것은?

① 포텐셔미터
② 차동변압기
③ 전위차계
④ 측온저항체

| 해설

변위를 전압으로 변환시키는 장치에는 포텐셔미터, 차동변압기, 전위차계가 있으며, 측온저항체는 포함되지 않는다.

정답 ④

09. 단상변압기의 권수비가 a = 8이고, 1차 교류전압의 실효치는 110V이다. 변압기 2차 전압을 단상 반파 정류회로를 이용하여 정류했을 때 발생하는 직류 전압의 평균치(V)는?

① 6.19
② 6.29
③ 6.39
④ 6.88

| 해설

• $a = \dfrac{V_1}{V_2}$에서 $V_2 = \dfrac{V_1}{a} = \dfrac{110}{8} = 13.75(\text{V})$

• 반파정류 평균값 $= \dfrac{1}{\pi} V_m (\text{V})$

$= \dfrac{13.75\sqrt{2}}{\pi} = 6.189 ≒ 6.19(V)$

정답 ①

10. 복소수로 표시된 전압 $10-j$[V]를 어떤 회로에 가하는 경우 $5+j$[A]의 전류가 흘렀다면 이 회로의 저항(Ω)은?

① 1.88　② 3.6　③ 4.5　④ 5.46

| 해설

$Z = \dfrac{V}{I}$ 에서 $Z = \dfrac{10-j}{5+j} = \dfrac{(10-j)(5-j)}{(5+j)(5-j)} = \dfrac{49-j15}{26}$

$\therefore R = 1.88(\Omega), X_C = 0.57(\Omega)$

정답 ①

11. 다음 중 직류전동기의 제동법이 아닌 것은?

① 회생제동　② 정상제동
③ 발전제동　④ 역전제동

| 해설

직류전동기의 제동법에는 회생제동, 역전제동, 발전제동이 있으며, 정상제동법은 해당하지 않는다.

정답 ②

12. 자동화재탐지설비의 감지기 회로의 길이가 500m 이고, 종단에 8kΩ의 저항이 연결되어 있는 회로에 24V의 전압이 가해졌을 경우 도통시험시 전류(mA)는? (단, 동선의 저항률은 $1.69 \times 10^{-8} \Omega \cdot m$ 이며, 동선의 단면적은 2.5mm²이고, 접촉저항 등은 없다고 본다)

① 2.4　② 3.0　③ 4.8　④ 6.0

| 해설

전류$(I) = \dfrac{\text{전압}(V)}{\text{배선저항}(r) + \text{종단저항}(R)}$,

배선저항$(r) = \rho \dfrac{l}{A}$ 에서

$r = 1.69 \times 10^{-8} \times \dfrac{500}{2.5 \times (10^{-3})^2} = \dfrac{169}{50}(\Omega)$

$I = \dfrac{24}{\dfrac{169}{50} + 8 \times 10^3}$

$= 2.99 \times 10^{-3} \fallingdotseq 3 \times 10^{-3}(A) = 3(mA)$

정답 ②

13. 다음 회로에서 출력전압은 몇 V인가? (단, A = 5V, B = 0V인 경우이다)

① 0　② 5　③ 10　④ 15

| 해설

- 논리도: AND 논리
- $5V \times 0V = 0V$

정답 ①

14. 평행한 왕복 전선에 10A의 전류가 흐를 때 전선 사이에 작용하는 전자력(N/m)은? (단, 전선의 간격은 40cm이다)

① 5×10^{-5}N/m, 서로 반발하는 힘
② 5×10^{-5}N/m, 서로 흡인하는 힘
③ 7×10^{-5}N/m, 서로 반발하는 힘
④ 7×10^{-5}N/m, 서로 흡인하는 힘

| 해설

- 전자력$(F) = 2 \times 10^{-7} \dfrac{I_1 I_2}{r}$ 에서

$F = 2 \times 10^{-7} \times \dfrac{10 \times 10}{40 \times 10^{-2}} = 5 \times 10^{-5}$(N/m)

- 왕복전류이므로 반발력이 작용한다.

정답 ①

15. 수정, 전기석 등의 결정에 압력을 가하여 변형을 주면 변형에 비례하여 전압이 발생하는 현상을 무엇이라 하는가?

① 국부작용 ② 전기분해
③ 압전현상 ④ 성극작용

| 해설
수정, 전기석 등의 결정에 압력을 가하여 변형을 주면 변형에 비례하여 전압이 발생하는 현상은 압전현상이다.

정답 ③

16. 그림과 같이 전류계 A_1, A_2를 접속할 경우 A_1은 25A, A_2는 5A를 지시하였다. 전류계 A_2의 내부저항(Ω)은?

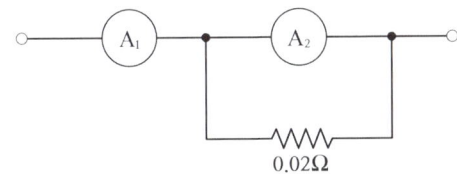

① 0.05 ② 0.08 ③ 0.12 ④ 0.15

| 해설
전류계 A_2 내부저항 $(r) = \dfrac{\text{전류계 단자전압}}{\text{전류}}$ 에서

$r = \dfrac{(25-5) \times 0.02}{5} = 0.08(\Omega)$

정답 ②

17. 메거(megger)는 어떤 저항을 측정하기 위한 장치인가?

① 절연저항 ② 접지저항
③ 전지의 내부저항 ④ 궤조저항

| 해설
메거(megger)는 절연저항 측정을 위한 장치이다.

정답 ①

18. 전원 전압을 일정하게 유지하기 위하여 사용하는 다이오드는?

① 쇼트키다이오드 ② 터널다이오드
③ 제너다이오드 ④ 버랙터다이오드

| 해설
전원 전압을 일정하게 유지하기 위하여 사용하는 다이오드는 제너다이오드이며, 일명 정전압다이오드라 한다.

정답 ③

19. 동기발전기의 병렬운전 조건으로 옳지 않은 것은?

① 기전력의 크기가 같을 것
② 기전력의 위상이 같을 것
③ 기전력의 주파수가 같을 것
④ 극수가 같을 것

| 해설
동기발전기의 병렬운전 조건
㉠ 기전력의 크기가 같을 것
㉡ 기전력의 위상이 같을 것
㉢ 기전력의 주파수가 같을 것

정답 ④

20. 그림과 같은 무접점회로의 논리식(Y)은?

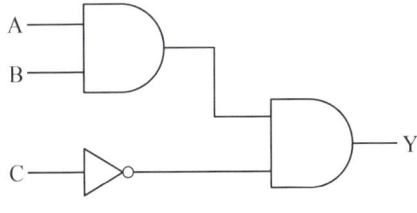

① $A \cdot B + \overline{C}$ ② $A + B + \overline{C}$
③ $(A + B) \cdot \overline{r}$ ④ $A \cdot B \cdot \overline{C}$

| 해설
$Y = A \cdot B \cdot \overline{C}$

정답 ④

소방전기시설의 구조 및 원리

21. 소방시설용 비상전원수전설비의 화재안전기준(NFSC 602)에 따라 소방시설용 비상전원 수전설비에서 소방회로 및 일반회로 겸용의 것으로서 수전설비, 변전설비 그 밖의 기기 및 배선을 금속제 외함에 수납한 것은?

① 공용분전반 ② 전용배전반
③ 공용큐비클식 ④ 전용큐비클식

| 해설

공용큐비클식에 대한 설명이다.

참고 비상전원수전설비의 용어 정의
㉠ **공용분전반**: 소방회로 전용의 것으로서 분기 개폐기, 분기과전류차단기 그 밖의 배선용기기 및 배선을 금속제 외함에 수납한 것
㉡ **전용배전반**: 소방회로 전용의 것으로서 개폐기, 과전류차단기, 계기 그 밖의 배선용기기 및 배선을 금속제 외함에 수납한 것
㉢ **공용큐비클식**: 소방회로 및 일반회로 겸용의 것으로서 수전설비, 변전설비 그 밖의 기기 및 배선을 금속제 외함에 수납한 것
㉣ **전용큐비클식**: 소방회로용의 것으로 수전설비, 변전설비 그 밖의 기기 및 배선을 금속제 외함에 수납한 것

정답 ③

22. 비상조명등의 화재안전기준(NFSC 304)에 따른 비상조명등의 시설기준에 적합하지 않은 것은?

① 조도는 비상조명등이 설치된 장소의 각 부분의 바닥에서 0.5lx가 되도록 하였다.
② 특정소방대상물의 각 거실과 그로부터 지상에 이르는 복도·계단 및 그 밖의 통로에 설치하였다.
③ 예비전원을 내장하는 비상조명등에 평상시 점등여부를 확인할 수 있는 점검스위치를 설치하였다.
④ 예비전원을 내장하는 비상조명등에 해당 조명등을 유효하게 작동시킬 수 있는 용량의 축전지와 예비전원 충전장치를 내장하도록 하였다.

| 해설

조도는 비상조명등이 설치된 장소의 각 부분의 바닥에서 1lx가 되도록 한다.

정답 ①

23. 무선통신보조설비의 화재안전기준(NFSC 505)에 따라 무선통신보조설비의 주회로 전원이 정상인지 여부를 확인하기 위해 증폭기의 전면에 설치하는 것은?

① 상순계 ② 전류계
③ 전압계 및 전류계 ④ 표시등 및 전압계

| 해설

무선통신보조설비의 주회로 전원이 정상인지 여부를 확인하기 위해 증폭기의 전면에 표시등 및 전압계를 설치한다.

정답 ④

24. 자동화재탐지설비 및 시각경보장치의 화재안전기준(NFSC 203)에 따른 공기관식 차동식분포형감지기의 설치기준으로 옳지 않은 것은?

① 검출부는 3° 이상 경사되지 아니하도록 부착할 것
② 공기관의 노출부분은 감지구역마다 20m 이상이 되도록 할 것
③ 하나의 검출부분에 접속하는 공기관의 길이는 100m 이하로 할 것
④ 공기관과 감지구역의 각 변과의 수평거리는 1.5m 이하가 되도록 할 것

| 해설

검출부는 5° 이상 경사되지 아니하도록 부착하여야 한다.

정답 ①

25. 유도등 및 유도표지의 화재안전기준(NFSC 303)에 따라 지하층을 제외한 층수가 11층 이상인 특정소방대상물의 유도등의 비상전원을 축전지로 설치한다면 피난층에 이르는 부분의 유도등을 몇 분 이상 유효하게 작동시킬 수 있는 용량으로 하여야 하는가?

① 10 ② 20
③ 50 ④ 60

| 해설

비상전원
- 축전지로 할 것
- 유도등을 20분 이상 유효하게 작동시킬 수 있는 용량으로 할 것. 단, 다음의 특정소방대상물의 경우에는 그 부분에서 피난층에 이르는 부분의 유도등을 60분 이상 유효하게 작동시킬 수 있는 용량으로 하여야 한다.
  ㉠ 지하층을 제외한 층수가 11층 이상의 층
  ㉡ 지하층 또는 무창층으로서 용도가 도매시장·소매시장·여객자동차터미널·지하역사 또는 지하상가

정답 ④

26. 비상경보설비 및 단독경보형감지기의 화재안전기준(NFSC 201)에 따라 바닥면적이 450m²일 경우 단독경보형감지기의 최소 설치개수는?

① 1개 ② 2개
③ 3개 ④ 4개

| 해설

단독경보형감지기의 최소 설치개수 = $\dfrac{450m^2}{150m^2}$ = 3개

정답 ③

27. 비상방송설비의 배선공사 종류 중 합성수지관공사에 대한 설명으로 옳지 않은 것은?

① 금속관 공사에 비해 중량이 가벼워 시공이 용이하다.
② 절연성이 있으나 금속제 박스에 접속하는 경우 누전의 우려가 있으므로 접지공사가 필요하다.
③ 열에 약하며, 기계적 충격 및 중량물에 의한 압력 등 외력에 약하다.
④ 내식성이 있어 부식성 가스가 체류하는 화학공장 등에 적합하며, 금속관과 비교하여 가격이 비싸다.

| 해설

내식성이 있어 부식성 가스가 체류하는 화학공장 등에 적합하며, 금속관과 비교하여 가격이 싸다.

정답 ④

28. 자동화재탐지설비 및 시각경보장치의 화재안전기준(NFSC 203)에 따라 자동화재탐지설비에서 4층 이상의 특정소방대상물에는 어떤 기기와 전화통화가 가능한 수신기를 설치하여야 하는가?

① 발신기 ② 감지기
③ 중계기 ④ 시각경보장치

| 해설

자동화재탐지설비에서 4층 이상의 특정소방대상물에는 발신기와 전화통화가 가능한 수신기를 설치하여야 한다.

정답 ①

29. 비상방송설비의 화재안전기준(NFSC 202)에 따라 비상방송설비에서 기동장치에 따른 화재신고를 수신한 후 필요한 음량으로 화재발생 상황 및 피난에 유효한 방송이 자동으로 개시될 때까지의 소요시간은 몇 초 이하로 하여야 하는가?

① 5　　② 10
③ 15　　④ 20

| 해설
비상방송설비에서 기동장치에 따른 화재신고를 수신한 후 필요한 음량으로 화재발생 상황 및 피난에 유효한 방송이 자동으로 개시될 때까지의 소요시간은 10초 이하로 하여야 한다.

정답 ②

30. 비상경보설비 및 단독경보형감지기의 화재안전기준(NFSC 201)에 따라 비상경보설비의 발신기 설치시 복도 또는 별도로 구획된 실로서 보행거리가 몇 m 이상일 경우에는 추가로 설치하여야 하는가?

① 25　　② 30
③ 40　　④ 50

| 해설
비상경보설비의 발신기 설치시 복도 또는 별도로 구획된 실로서 보행거리가 40m 이상일 경우에는 추가로 설치하여야 한다.

정답 ③

31. 비상콘센트설비의 화재안전기준(NFSC 504)에 따른 비상콘센트의 시설기준에 적합하지 않은 것은?

① 바닥으로부터 높이 1.45m에 움직이지 않게 고정시켜 설치된 경우
② 바닥면적이 800m^2인 층의 계단의 출입구로부터 4m에 설치된 경우
③ 바닥면적의 합계가 12,000m^2인 지하상가의 수평거리 30m마다 추가 설치된 경우
④ 바닥면적의 합계가 2,500m^2인 지하층의 수평거리 40m마다 추가로 설치한 경우

| 해설
바닥면적의 합계가 12,000m^2인 지하상가의 수평거리 25m마다 추가 설치된 경우이어야 한다.

정답 ③

32. 무선통신보조설비의 화재안전기준(NFSC 505)에 따라 서로 다른 주파수의 합성된 신호를 분리하기 위하여 사용하는 장치는?

① 분배기　　② 혼합기
③ 증폭기　　④ 분파기

| 해설
서로 다른 주파수의 합성된 신호를 분리하기 위하여 사용하는 장치는 분파기이다.

참고 무선통신보조설비의 용어정의
㉠ **분배기**: 신호의 전송로가 분기되는 장소에 설치하는 것으로 임피던스 매칭(Matching)과 신호 균등분배를 위해 사용하는 장치
㉡ **혼합기**: 두 개 이상의 입력신호를 원하는 비율로 조합한 출력이 발생하도록 하는 장치
㉢ **증폭기**: 신호 전송시 신호가 약해져 수신이 불가능해지는 것을 방지하기 위해서 증폭하는 장치
㉣ **분파기**: 서로 다른 주파수의 합성된 신호를 분리하기 위해서 사용하는 장치

정답 ④

33. 자동화재속보설비의 속보기의 성능인증 및 제품검사의 기술기준에 따른 자동화재속보설비의 속보기에 대한 설명이다. ( )의 ㉠, ㉡에 들어갈 내용으로 옳은 것은?

> 작동신호를 수신하거나 수동으로 동작시키는 경우 (㉠)초 이내에 소방관서에 자동적으로 신호를 발하여 통보하되, (㉡)회 이상 속보할 수 있어야 한다.

	㉠	㉡
①	20	3
②	20	4
③	30	3
④	30	4

| 해설
작동신호를 수신하거나 수동으로 동작시키는 경우 ㉠ 20초 이내에 소방관서에 자동적으로 신호를 발하여 통보하되, ㉡ 3회 이상 속보할 수 있어야 한다.

정답 ①

34. 비상콘센트설비의 화재안전기준(NFSC 504)에 따라 비상콘센트설비의 전원부와 외함 사이의 절연저항은 전원부와 외함 사이를 500V 절연저항계로 측정할 때 몇 MΩ 이상이어야 하는가?

① 20　　② 30
③ 40　　④ 50

| 해설
전원부와 외함 사이를 500V 절연저항계로 측정할 때 20MΩ 이상이어야 한다.

정답 ①

35. 비상경보설비 및 단독경보형감지기의 화재안전기준(NFSC 201)에 따른 비상벨설비 또는 자동식 사이렌설비에 대한 설명이다. ( )의 ㉠, ㉡에 들어갈 내용으로 옳은 것은?

> 비상벨설비 또는 자동식 사이렌설비에는 그 설비에 대한 감시상태를 (㉠)분간 지속한 후 유효하게 (㉡)분 이상 경보할 수 있는 축전지설비(수신기에 내장하는 경우를 포함한다) 또는 전기저장장치(외부 전기에너지를 저장해 두었다가 필요한 때 전기를 공급하는 장치)를 설치하여야 한다.

	㉠	㉡
①	30	10
②	60	10
③	30	20
④	60	20

| 해설
비상벨설비 또는 자동식 사이렌설비에는 그 설비에 대한 감시상태를 ㉠ 60분간 지속한 후 유효하게 ㉡ 10분 이상 경보할 수 있는 축전지설비(수신기에 내장하는 경우를 포함한다) 또는 전기저장장치(외부 전기에너지를 저장해 두었다가 필요한 때 전기를 공급하는 장치)를 설치하여야 한다.

정답 ②

36. 비상경보설비의 구성요소로 옳지 않은 것은?

① 기동장치, 경종, 화재표시등, 전원
② 전원, 경종, 기동장치, 위치표시등
③ 위치표시등, 경종, 화재표시등, 전원
④ 경종, 기동장치, 화재표시등, 감지기

| 해설
감지기는 비상경보설비의 구성 요소에 포함되지 않는다.

정답 ④

37. 누전경보기의 형식승인 및 제품검사의 기술 기준에 따라 누전경보기의 수신부는 그 정격전압에서 몇 회의 누전작동시험을 실시하는가?

① 1,000회　　② 5,000회
③ 10,000회　④ 20,000회

| 해설
수신부는 그 정격전압에서 1만회의 누전작동시험을 실시하는 경우 그 구조 또는 기능에 이상이 생기지 아니하여야 한다.

정답 ③

38. 자동화재탐지설비 및 시각경보장치의 화재안전기준(NFSC 203)에 따라 감지기 회로의 도통시험을 위한 종단저항의 설치기준으로 옳지 않은 것은?

① 동일층 발신기함 외부에 설치할 것
② 점검 및 관리가 쉬운 장소에 설치할 것
③ 전용함을 설치하는 경우 그 설치 높이는 바닥으로부터 1.5m 이내로 할 것
④ 종단감지기에 설치할 경우에는 구별이 쉽도록 해당 감지기의 기판 등에 별도의 표시를 할 것

| 해설
동일층 발신기함 내부에 설치한다.

정답 ①

39. 수신기를 나타내는 소방시설 도시기호로 옳은 것은?

① 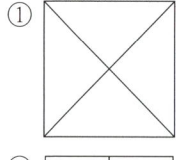　②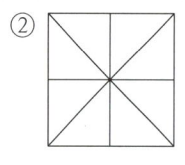

③ 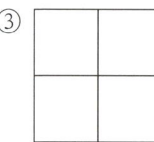　④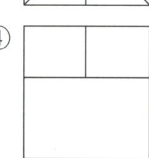

| 해설
수신기를 나타내는 소방시설 도시기호는 ②이다.

참고 수신기 관련 기호

㉠ 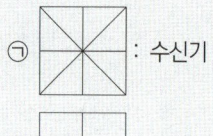 : 수신기

㉡ 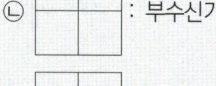 : 부수신기

㉢ 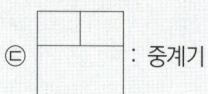 : 중계기

정답 ②

40. 비상경보설비 및 단독경보형감지기의 화재안전기준(NFSC 201)에 따라 비상벨설비 또는 자동식사이렌설비의 전원회로 배선 중 내열배선에 사용하는 전선의 종류가 아닌 것은?

① 버스닥트(Bus Duct)
② 600V 1종 비닐절연전선
③ 0.6/1kV EP 고무절연 클로로프렌 시스 케이블
④ 450/750V 저독성 난연 가교 폴리올레핀 절연전선

| 해설
600V 1종 비닐절연전선은 내열배선에 사용하는 전선의 종류에 포함되지 않는다.

참고 내열배선에 사용하는 전선의 종류
㉠ 버스닥트(Bus Duct)
㉡ 0.6/1kV 가교 폴리에틸렌 절연 저독성 난연 폴리올레핀 시스 전력 케이블
㉢ 0.6/1kV EP 고무절연 클로로프렌 시스 케이블
㉣ 450/750V 저독성 난연 가교 폴리올레핀 절연전선
㉤ 6/10kV 가교 폴리에틸렌 절연 저독성 난연 폴리올레핀 시스 전력용 케이블
㉥ 가교 폴리에틸렌 절연 비닐시스 트레이용 난연 전력 케이블
㉦ 300/500V 내열성 실리콘 고무 절연전선(180℃)
㉧ 내열성 에틸렌-비닐아세테이트 고무절연 케이블

정답 ②

2019년 | 제4회

소방전기일반

01. 다음 논리식 중 옳지 않은 것은?

① $X + X = X$
② $X \cdot X = X$
③ $X + \overline{X} = 1$
④ $X \cdot \overline{X} = 1$

| 해설

$X \cdot \overline{X} = 0$이다.

정답 ④

02. 다음과 같은 블록선도의 전체 전달함수는?

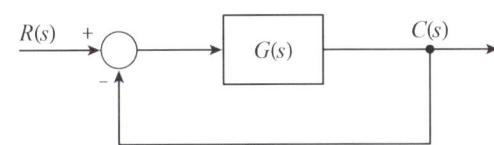

① $\dfrac{C(s)}{R(s)} = \dfrac{G(s)}{1+G(s)}$
② $\dfrac{C(s)}{R(s)} = \dfrac{G(s)}{1-G(s)}$
③ $\dfrac{C(s)}{R(s)} = 1 + G(s)$
④ $\dfrac{C(s)}{R(s)} = 1 - G(s)$

| 해설

$\dfrac{C(s)}{R(s)} = \dfrac{\Sigma 전향경로이득}{1-(\Sigma 루프이득)}$ 에서

$\dfrac{C(s)}{R(s)} = \dfrac{G(s)}{1-[-G(s)]} = \dfrac{G(s)}{1+G(s)}$

정답 ①

03. 바리스터(varistor)의 용도는?

① 정전류 제어용
② 정전압 제어용
③ 과도한 전류로부터 회로보호
④ 과도한 전압으로부터 회로보호

| 해설

바리스터(varistor)는 과도한 전압으로부터 회로를 보호한다.

정답 ④

04. SCR(silicon-controlled rectifier)에 대한 설명으로 옳지 않은 것은?

① PNPN 소자이다.
② 스위칭 반도체 소자이다.
③ 양방향 사이리스터이다.
④ 교류의 전력제어용으로 사용된다.

| 해설

SCR(silicon-controlled rectifier)
㉠ PNPN 소자이다.
㉡ 스위칭 반도체 소자이다.
㉢ 단방향 사이리스터이다.
㉣ 교류의 전력제어용으로 사용된다.

정답 ③

05. 변압기의 내부 보호에 사용되는 계전기는?

① 비율 차동 계전기　② 부족 전압 계전기
③ 역전류 계전기　　④ 온도 계전기

| 해설
변압기의 내부 보호에 사용되는 계전기
㉠ 비율 차동 계전기
㉡ 차동 계전기
㉢ 브흐홀쯔 계전기

정답 ①

06. 직류회로에서 도체를 균일한 체적으로 길이를 10배 늘이면 도체의 저항은 몇 배가 되는가?

① 10　　② 20
③ 100　④ 120

| 해설
- 도선의 길이를 n배로 늘리면 저항값은 처음 저항의 n^2배로 증가한다.
- $R' = n^2 R$에서 $R' = 10^2 R = 100$배

정답 ③

07. 다음 중 1W·s와 같은 것은?

① 1J　　　② 1kg·m
③ 1kWh　④ 860kcal

| 해설
1W·s = 1J이다.

정답 ①

08. 가동철편형 계기의 구조 형태가 아닌 것은?

① 흡인형　　② 회전자장형
③ 반발형　　④ 반발흡인형

| 해설
가동철편형 계기의 구조 형태에는 흡인형, 반발흡인형, 반발형이 있으며, 회전자장형은 해당하지 않는다.

정답 ②

09. 다음 중 교류전압계의 지침이 지시하는 전압은?

① 실효값　② 평균값
③ 최대값　④ 순시값

| 해설
- 실효값 지시: 교류전압계의 지침이 지시하는 전압
- 평균값 지시: 직류계기의 지침이 지시

정답 ①

10. 내부저항이 200Ω이며 직류 120mA인 전류계를 6A까지 측정할 수 있는 전류계로 사용하고자 한다. 어떻게 하면 되겠는가?

① 24Ω의 저항을 전류계와 직렬로 연결한다.
② 12Ω의 저항을 전류계와 병렬로 연결한다.
③ 약 6.24Ω의 저항을 전류계와 직렬로 연결한다.
④ 약 4.08Ω의 저항을 전류계와 병렬로 연결한다.

| 해설
- 분류기 저항(4.08Ω)을 전류계와 병렬로 접속한다.
- 분류기저항 $(R_a) = \dfrac{r}{m-1}$에서

$$R_a = \dfrac{200}{\left(\dfrac{6}{120 \times 10^{-3}}\right) - 1} = 4.081 ≒ 4.08(\Omega)$$

정답 ④

11. 상순이 a, b, c인 경우 V_a, V_b, V_c를 3상 불평형 전압이라 하면 정상분 전압은 얼마인가?

(단, $a = \epsilon^{j\frac{2\pi}{3}}$ $Z = 1\angle 120°$)

① $\frac{1}{3}(V_a + V_b + V_c)$

② $\frac{1}{3}(V_a + aV_b + a^2V_c)$

③ $\frac{1}{3}(V_a + a^2V_b + aV_c)$

④ $\frac{1}{3}(V_a + aV_b + aV_c)$

| 해설

$\frac{1}{3}(V_a + aV_b + a^2V_c)$이다.

정답 ②

12. 수신기에 내장된 축전지의 용량이 6Ah인 경우 0.4A의 부하전류로는 몇 시간 동안 사용할 수 있는가?

① 2.4시간   ② 15시간
③ 24시간   ④ 30시간

| 해설

시간(h) $= \frac{Q}{I} = \frac{6}{0.4} = 15$시간

정답 ②

13. 변압기의 임피던스 전압을 구하기 위하여 행하는 시험은?

① 단락시험   ② 유도저항시험
③ 무부하 통전시험 ④ 무극성시험

| 해설

변압기의 임피던스 전압을 구하기 위하여 행하는 시험은 단락시험이다.

정답 ①

14. 어떤 회로에 $v(t) = 150\sin\omega t(V)$의 전압을 가하니 $i(t) = 6\sin(\omega t - 30°)(A)$의 전류가 흘렀다. 이 회로의 소비전력(유효전력)은 약 몇 W인가?

① 390   ② 450
③ 780   ④ 900

| 해설

$v(t) = 150\sin\omega t = 150\cos(\omega t - 90°)$
$i(t) = 6\sin(\omega t - 30°) = 6\cos(\omega t - 120°)$

유효전력$(P) = \frac{V_m I_m}{2}\cos(\theta_1 - \theta_2)$

$= \frac{150 \times 6}{2} \times \cos[-90° - (-120°)] = 389.7 \fallingdotseq 390(W)$

정답 ①

15. 배선의 절연저항은 어떤 측정기를 사용하여 측정하는가?

① 전압계   ② 전류계
③ 메거   ④ 서미스터

| 해설

배선의 절연저항은 메거를 사용하여 측정한다.

정답 ③

16. 50F의 콘덴서 2개를 직렬로 연결하면 합성 정전 용량(F)은?

① 25　　　　② 50
③ 100　　　 ④ 1000

| 해설

$$C_0 = \frac{50 \times 50}{50 + 50} = 25(F)$$

또는 $C_0 = \frac{50}{2} = 25(F)$

정답 ①

17. 반파 정류회로를 통해 정현파를 정류하여 얻은 반파정류파의 최대값이 1일 때, 실효값과 평균값은?

① $\frac{1}{\sqrt{2}}, \frac{2}{\pi}$　　　② $\frac{1}{2}, \frac{\pi}{2}$

③ $\frac{1}{\sqrt{2}}, \frac{\pi}{2\sqrt{2}}$　　④ $\frac{1}{2}, \frac{1}{\pi}$

| 해설

반파 정류파의 최대값이 1일 때, 실효값과 평균값

㉠ 실효값 $= \frac{1}{2}V_m = \frac{1}{2}$

㉡ 평균값 $= \frac{1}{\pi}V_m = \frac{1}{\pi}$

정답 ④

18. 제연용으로 사용되는 3상 유도전동기를 Y-△ 기동 방식으로 하는 경우, 기동을 위해 제어회로에서 사용되는 것과 거리가 먼 것은?

① 타이머　　　　② 영상변류기
③ 전자접촉기　　④ 열동계전기

| 해설

Y-△ 기동 방식에서 제어회로에서 사용되는 것으로는 타이머, 열동계전기, 전자접촉기가 있으며, 영상변류기는 해당하지 않는다.

정답 ②

19. 제어요소의 구성으로 옳은 것은?

① 조절부와 조작부　　② 비교부와 검출부
③ 설정부와 검출부　　④ 설정부와 비교부

| 해설

제어요소는 조절부와 조작부로 구성된다.

정답 ①

20. 논리식 X · (X + Y)를 간략화하면?

① X　　　　② Y
③ X + Y　　④ X · Y

| 해설

X · (X + Y)
= X · X + X · Y
= X · (1 + Y)
= X · 1 = X

정답 ①

소방전기시설의 구조 및 원리

21. 자동화재탐지설비 및 시각경보장치의 화재안전기준(NFSC 203)에 따른 경계구역에 관한 기준이다. ( ) 안에 들어갈 내용으로 옳은 것은?

> 하나의 경계구역의 면적은 (㉠) 이하로 하고, 한 변의 길이는 (㉡) 이하로 하여야 한다.

	㉠	㉡
①	600m²	50m
②	600m²	100m
③	1,200m²	50m
④	1,200m²	100m

| 해설

하나의 경계구역의 면적은 ㉠ 600m² 이하로 하고, 한 변의 길이는 ㉡ 50m 이하로 하여야 한다.

정답 ①

22. 차동식분포형감지기의 동작방식이 아닌 것은?

① 공기관식　② 열전대식
③ 열반도체식　④ 불꽃 자외선식

| 해설

차동식분포형감지기의 동작방식으로는 공기관식, 열전대식, 열반도체식이 있으며, 불꽃 자외선식은 포함되지 않는다.

정답 ④

23. 비상방송설비의 화재안전기준(NFSC 202)에 따를 때 ( )의 ㉠, ㉡에 들어갈 내용으로 옳은 것은?

> 비상방송설비에는 그 설비에 대한 감시상태를 (㉠)분간 지속한 후 유효하게 (㉡)분 이상 경보할 수 있는 축전지설비(수신기에 내장하는 경우를 포함한다)를 설치하여야 한다.

	㉠	㉡
①	30	5
②	30	10
③	60	5
④	60	10

| 해설

비상방송설비에는 그 설비에 대한 감시상태를 ㉠ 60분간 지속한 후 유효하게 ㉡ 10분 이상 경보할 수 있는 축전지설비(수신기에 내장하는 경우를 포함한다)를 설치하여야 한다.

정답 ④

24. 누전경보기의 형식승인 및 제품검사의 기술기준에 따라 누전경보기의 경보기구에 내장하는 음향장치는 사용전압의 몇 %인 전압에서 소리를 내어야 하는가?

① 40　② 60
③ 80　④ 100

| 해설

경보기구에 내장하는 음향장치
㉠ 사용전압의 80%인 전압에서 소리를 내어야 한다.
㉡ 사용전압에서의 음압은 무향실 내에서 정위치에 부착된 음향장치의 중심으로부터 1m 떨어진 지점에서 누전경보기는 70dB 이상이어야 한다. 다만, 고장표시장치용 등의 음압은 60dB 이상이어야 한다.

정답 ③

25. 자동화재속보설비의 속보기의 성능인증 및 제품검사의 기술기준에 따라 자동화재속보설비의 속보기의 외함에 합성수지를 사용할 경우 외함의 최소 두께(mm)는?

① 1.2 ② 3
③ 6.4 ④ 7

| 해설
외함의 두께
㉠ 강판 외함: 1.2mm 이상
㉡ 합성수지 외함: 3mm 이상

정답 ②

26. 소방시설용 비상전원수전설비의 화재안전기준(NFSC 602)에 따라 일반전기사업자로부터 특고압 또는 고압으로 수전하는 비상전원 수전설비의 경우에 있어 소방회로배선과 일반회로배선을 몇 cm 이상 떨어져 설치하는 경우 불연성 벽으로 구획하지 않을 수 있는가?

① 5   ② 10
③ 15 ④ 20

| 해설
일반전기사업자로부터 특고압 또는 고압으로 수전하는 비상전원 수전설비의 경우에 있어 소방회로 배선과 일반회로배선을 15cm 이상 떨어져 설치하는 경우 불연성 벽으로 구획하지 않을 수 있다.

정답 ③

27. 비상콘센트설비의 화재안전기준(NFSC 504)에 따라 비상콘센트설비의 전원회로(비상콘센트에 전력을 공급하는 회로를 말한다)에 대한 전압과 공급용량으로 옳은 것은?

	전압	공급용량
①	단상교류 110V	1.5kVA 이상
②	단상교류 220V	1.5kVA 이상
③	단상교류 110V	3kVA 이상
④	단상교류 220V	3kVA 이상

| 해설
비상콘센트설비의 전원회로(비상콘센트에 전력을 공급하는 회로를 말한다)는 단상교류전압 220V로서 공급용량은 1.5kVA 이상일 것

정답 ②

28. 비상콘센트설비의 화재안전기준(NFSC 504)에 따른 용어의 정의 중 옳은 것은?

① "저압"이란 직류는 750V 이하, 교류는 600V 이하인 것을 말한다.
② "저압"이란 직류는 700V 이하, 교류는 600V 이하인 것을 말한다.
③ "고압"이란 직류는 700V를, 교류는 600V 초과하는 것을 말한다.
④ "고압"이란 직류는 750V를, 교류는 600V 초과하는 것을 말한다.

| 해설
비상콘센트설비의 정의
㉠ "저압"이란 직류는 750V 이하, 교류는 600V 이하인 것을 말한다.
㉡ "고압"이란 직류는 750V를, 교류는 600V를 초과하고, 7kV 이하인 것을 말한다.
㉢ "특고압"이란 7kV를 초과하는 것을 말한다.

정답 ①

29. 유도등 및 유도표지의 화재안전기준(NFSC 303)에 따른 통로유도등의 설치기준에 대한 설명으로 옳지 않은 것은?

① 복도·거실통로유도등은 구부러진 모퉁이 및 보행거리 20m마다 설치
② 복도·계단통로유도등은 바닥으로부터 높이 1m 이하의 위치에 설치
③ 통로유도등은 녹색바탕에 백색으로 피난방향을 표시한 등으로 할 것
④ 거실통로유도등은 바닥으로부터 높이 1.5m 이상의 위치에 설치

| 해설
통로유도등은 백색바탕에 녹색으로 피난방향을 표시한 등으로 한다.

정답 ③

30. 유도등 및 유도표지의 화재안전기준(NFSC 303)에 따라 운동시설에 설치하지 아니할 수 있는 유도등은?

① 통로유도등   ② 객석유도등
③ 대형피난구유도등   ④ 중형피난구유도등

| 해설
운동시설에 설치하는 유도등의 종류에는 통로유도등, 객석유도등, 대형피난구유도등이 있으며, 중형피난구유도등은 해당하지 않는다.

정답 ④

31. 자동화재탐지설비 및 시각경보장치의 화재안전기준(NFSC 203)에 따른 감지기의 설치기준으로 옳지 않은 것은?

① 스포트형감지기는 45° 이상 경사되지 아니하도록 부착할 것
② 감지기(차동식분포형의 것을 제외한다)는 실내로의 공기유입구로부터 1.5m 이상 떨어진 위치에 설치할 것
③ 보상식스포트형 감지기는 정온점이 감지기 주위의 평상시 최고온도보다 10℃ 이상 높은 것으로 설치할 것
④ 정온식감지기는 주방·보일러실 등으로서 다량의 화기를 취급하는 장소에 설치하되 공칭작동온도가 최고주위온도보다 20℃ 이상 높은 것으로 설치할 것

| 해설
보상식스포트형 감지기는 정온점이 감지기 주위의 평상시 최고온도보다 20℃ 이상 높은 것으로 설치한다.

정답 ③

32. 무선통신보조설비의 화재안전기준(NFSC 505)에 따라 무선통신보조설비의 누설동축케이블의 설치기준으로 옳지 않은 것은?

① 누설동축케이블은 불연 또는 난연성으로 할 것
② 누설동축케이블의 중간 부분에는 무반사종단저항을 견고하게 설치할 것
③ 누설동축케이블 및 안테나는 고압의 전로로부터 1.5m 이상 떨어진 위치에 설치할 것
④ 누설동축케이블과 이에 접속하는 안테나 또는 동축케이블과 이에 접속하는 안테나로 구성할 것

| 해설
누설동축케이블의 끝 부분에는 무반사종단저항을 견고하게 설치하여야 한다.

정답 ②

33. 누전경보기의 화재안전기준(NFSC 205)의 용어 정의에 따라 변류기로부터 검출된 신호를 수신하여 누전의 발생을 해당 특정소방대상물의 관계인에게 경보하여 주는 것은?

① 축전지   ② 수신부
③ 경보기   ④ 음향장치

| 해설

변류기로부터 검출된 신호를 수신하여 누전의 발생을 해당 특정소방대상물의 관계인에게 경보하여 주는 것은 수신기(수신부)이다.

> **참고** 누전경보기의 정의
> ㉠ "누전경보기"란 내화구조가 아닌 건축물로서 벽, 바닥 또는 천장의 전부나 일부를 불연재료 또는 준불연재료가 아닌 재료에 철망을 넣어 만든 건물의 전기설비로부터 누설전류를 탐지하여 경보를 발하며 변류기와 수신부로 구성된 것을 말한다.
> ㉡ "수신부"란 변류기로부터 검출된 신호를 수신하여 누전의 발생을 해당 특정소방대상물의 관계인에게 경보하여 주는 것(차단기구를 갖는 것을 포함한다)을 말한다.
> ㉢ "변류기"란 경계전로의 누설전류를 자동적으로 검출하여 이를 누전경보기의 수신부에 송신하는 것을 말한다.

정답 ②

34. 비상조명등의 화재안전기준(NFSC 304)에 따라 비상조명등의 비상전원을 설치하는데 있어서 어떤 특정소방대상물의 경우에는 그 부분에서 피난층에 이르는 부분의 비상조명등을 60분 이상 유효하게 작동시킬 수 있는 용량으로 하여야 한다. 이 특정소방대상물에 해당하지 않는 것은?

① 무창층인 지하역사
② 무창층인 소매시장
③ 지하층인 관람시설
④ 지하층을 제외한 층수가 11층 이상의 층

| 해설

비상조명등의 비상전원 용량: 60분 이상
㉠ 지하층을 제외한 층수가 11층 이상의 층
㉡ 지하층 또는 무창층으로서 용도가 도매시장·소매시장·여객자동차터미널·지하역사 또는 지하상가

정답 ③

35. 자동화재탐지설비 및 시각경보장치의 화재안전기준(NFSC 203)에 따른 자동화재탐지 설비의 수신기 설치기준에 관한 사항 중, 최소 몇 층 이상의 특정소방대상물에는 발신기와 전화통화가 가능한 수신기를 설치하여야 하는가?

① 3   ② 4
③ 5   ④ 7

| 해설

4층 이상의 특정소방대상물에는 발신기와 전화통화가 가능한 수신기를 설치하여야 한다.

정답 ②

36. 비상방송설비의 화재안전기준(NFSC 202)에 따라 비상방송설비 음향장치의 정격전압이 220V인 경우 최소 몇 V 이상에서 음향을 발할 수 있어야 하는가?

① 165   ② 176
③ 187   ④ 198

| 해설

비상방송설비 음향장치의 구조 및 성능
㉠ 정격전압의 80% 전압에서 음향을 발할 수 있는 것을 할 것
㉡ 자동화재탐지설비의 작동과 연동하여 작동할 수 있는 것으로 할 것
∴ 220V × 0.8 = 176V

정답 ②

37. 유도등 및 유도표지의 화재안전기준(NFSC 303)에 따라 광원점등방식 피난유도선의 설치기준으로 틀린 것은?

① 구획된 각 실로부터 주출입구 또는 비상구까지 설치할 것
② 피난유도 표시부는 바닥으로부터 높이 1m 이하의 위치 또는 바닥 면에 설치할 것
③ 피난유도 제어부는 조작 및 관리가 용이도록 바닥으로부터 0.8m 이상 1.5m 이하의 높이에 설치할 것
④ 피난유도 표시부는 50cm 이내의 간격으로 연속되도록 설치하되 실내장식물 등으로 설치가 곤란할 경우 2m 이내로 설치할 것

| 해설
피난유도 표시부는 50cm 이내의 간격으로 연속되도록 설치하되 실내장식물 등으로 설치가 곤란할 경우 1m 이내로 설치한다.

정답 ④

38. 예비전원의 성능인증 및 제품검사의 기술기준에 따를 때 (   ) 안에 들어갈 내용으로 옳은 것은?

> 예비전원은 1/5C 이상 1C 이하의 전류로 역충전하는 경우 (   )시간 이내에 안전장치가 작동하여야 하며, 외관이 부풀어 오르거나 누액이 없어야 한다.

① 1   ② 3
③ 5   ④ 10

| 해설
예비전원은 1/5C 이상 1C 이하의 전류로 역충전하는 경우 5시간 이내에 안전장치가 작동하여야 하며, 외관이 부풀어 오르거나 누액이 없어야 한다.

정답 ③

39. 비상경보설비 및 단독경보형감지기의 화재안전기준(NFSC 201)에 따라 비상벨설비 또는 자동식사이렌설비의 지구음향장치는 특정소방대상물의 층마다 설치하되, 해당 특정소방대상물의 각 부분으로부터 하나의 음향장치까지의 수평거리가 몇 m 이하가 되도록 하여야 하는가?

① 15   ② 25
③ 40   ④ 50

| 해설
지구음향장치는 특정소방대상물의 층마다 설치하되, 해당 특정소방대상물의 각 부분으로부터 하나의 음향장치까지의 수평거리가 25m 이하가 되도록 한다.

정답 ②

40. 무선통신보조설비의 화재안전기준(NFSC 505)에 따라 지하층으로서 특정소방대상물의 바닥부분 2면 이상이 지표면과 동일하거나 지표면으로부터의 깊이가 몇 m 이하인 경우에는 해당 층에 한하여 무선통신보조설비를 설치하지 않을 수 있는가?

① 0.5   ② 1.0
③ 1.5   ④ 2.0

| 해설
지하층으로서 특정소방대상물의 바닥부분 2면 이상이 지표면과 동일하거나 지표면으로부터의 깊이가 1m 이하인 경우에는 해당 층에 한하여 무선통신보조설비를 설치하지 아니할 수 있다.

정답 ②

2019년 | 제2회

소방전기일반

01. 그림과 같은 회로에서 $A - B$ 단자에 나타나는 전압(V)은?

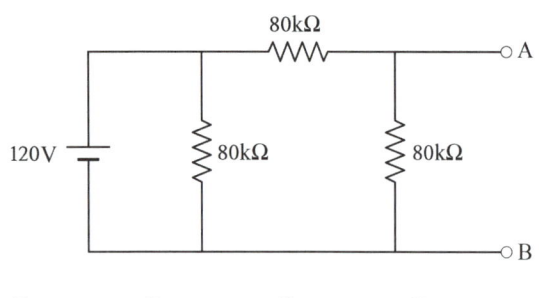

① 20 ② 40 ③ 60 ④ 80

| 해설

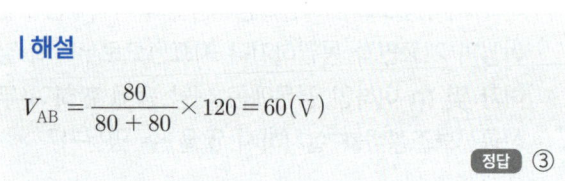

정답 ③

02. 부궤환 증폭기의 장점에 해당되는 것은?

① 전력이 절약된다.
② 안정도가 증진된다.
③ 증폭도가 증가된다.
④ 능률이 증대된다.

| 해설
부궤환 증폭기의 장점
㉠ 대역폭 확장
㉡ 안정도 증진
㉢ 잡음 감소
㉣ 왜곡 감소

정답 ②

03. 전기기기에서 생기는 손실 중 권선의 저항에 의하여 생기는 손실은?

① 철손   ② 동손
③ 표류부하손   ④ 히스테리시스손

| 해설
- 권선의 저항에 의하여 생기는 손실은 동손이다.
- 철손은 시간적으로 변화하는 자화력에 의해서 발생하는 철심의 전력 손실이다.

정답 ②

04. 그림과 같은 무접점회로는 어떤 논리회로인가?

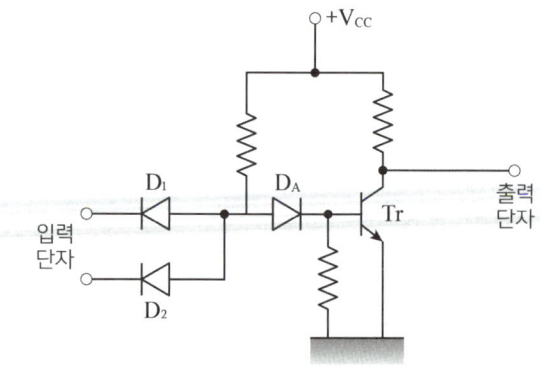

① NOR   ② OR
③ NAND ④ AND

| 해설
NAND 무접점회로이다.

정답 ③

05. 열감지기의 온도감지용으로 사용하는 소자는?

① 서미스터　　② 바리스터
③ 제너다이오드　④ 발광다이오드

| 해설

열감지기의 온도감지용으로 사용하는 소자는 서미스터이다.

정답 ①

06. 그림과 같은 회로에서 각 계기의 지시값이 Ⓥ는 180V, Ⓐ는 5A, W는 720W라면 이 회로의 무효전력(Var)은?

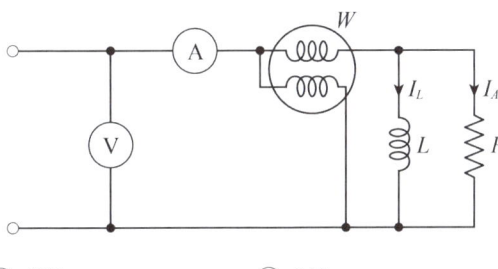

① 480　　② 540
③ 960　　④ 1,200

| 해설

무효전력$(P_r) = \sqrt{P_a^2 - P^2}$ 에서
$P_r = \sqrt{(180 \times 5)^2 - 720^2} = 540(\text{Var})$

정답 ②

07. 정현파 신호 $\sin t$의 전달함수는?

① $\dfrac{1}{s^2+1}$　　② $\dfrac{1}{s^2-1}$

③ $\dfrac{s}{s^2+1}$　　④ $\dfrac{s}{s^2-1}$

| 해설

$\mathcal{L}[\sin \omega t] = \dfrac{\omega}{s^2+\omega^2}$ 이므로

$\mathcal{L}[\sin t] = \dfrac{1}{s^2+1^2} = \dfrac{1}{s^2+1}$

정답 ①

08. 제어량이 압력, 온도 및 유량 등과 같은 공업량일 경우의 제어는?

① 시퀀스제어　　② 프로세스제어
③ 추종제어　　　④ 프로그램제어

| 해설

제어량이 압력, 온도 및 유량 등과 같은 공업량일 경우의 제어는 프로세스제어이다.

정답 ②

09. SCR를 턴온시킨 후 게이트 전류를 0으로 하여도 온(ON)상태를 유지하기 위한 최소의 애노드 전류를 무엇이라 하는가?

① 래칭전류　　② 스텐드온전류
③ 최대전류　　④ 순시전류

| 해설

SCR를 턴온시킨 후 게이트 전류를 0으로 하여도 온(ON)상태를 유지하기 위한 최소의 애노드 전류는 래칭전류이다.

정답 ①

10. 인덕턴스가 1H인 코일과 정전용량이 $0.2\mu F$인 콘덴서를 직렬로 접속할 때 이 회로의 공진주파수(Hz)는?

① 89 ② 178
③ 267 ④ 356

| 해설

$$f_0 = \frac{1}{2\pi\sqrt{LC}}$$
$$= \frac{1}{2\pi\sqrt{1 \times 0.2 \times 10^{-6}}} = 355.88 \fallingdotseq 356(Hz)$$

정답 ④

11. 단상 반파정류회로에서 교류 실효값 220V를 정류하면 직류 평균전압(V)은? (단, 정류기의 전압강하는 무시한다)

① 58 ② 73
③ 88 ④ 99

| 해설

단상 반파정류회로 직류 평균전압
$$V_a = \frac{1}{\pi}V_m = \frac{1}{\pi} \times 220\sqrt{2} = 99.03 \fallingdotseq 99(V)$$

정답 ④

12. 논리식 $X + \overline{X}Y$를 간단히 하면?

① X ② $X\overline{Y}$
③ $\overline{X}Y$ ④ $X + Y$

| 해설

$$X + \overline{X}Y = (X + \overline{X}) \cdot (X + Y)$$
$$= 1 \cdot (X + Y) = X + Y$$

정답 ④

13. 온도 t℃에서 저항이 R_1, R_2이고 저항의 온도계수가 각각 α_1, α_2인 두 개의 저항을 직렬로 접속했을 때 합성저항 온도계수는?

① $\dfrac{R_1\alpha_2 + R_2\alpha_1}{R_1 + R_2}$ ② $\dfrac{R_1\alpha_1 + R_2\alpha_2}{R_1 R_2}$

③ $\dfrac{R_1\alpha_1 + R_2\alpha_2}{R_1 + R_2}$ ④ $\dfrac{R_1\alpha_2 + R_2\alpha_1}{R_1 R_2}$

| 해설

온도 t℃에서 저항이 R_1, R_2이고 저항의 온도계수가 각각 α_1, α_2인 두 개의 저항을 직렬로 접속했을 때 합성저항 온도계수는 $\dfrac{R_1\alpha_1 + R_2\alpha_2}{R_1 + R_2}$이다.

정답 ③

14. 단상전력을 간접적으로 측정하기 위해 3전압계법을 사용하는 경우 단상 교류전력 P(W)는?

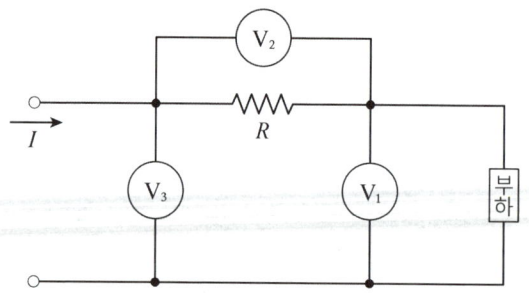

① $P = \dfrac{1}{2R}(V_3 - V_2 - V_1)^2$

② $P = \dfrac{1}{R}(V_3^2 - V_1^2 - V_2^2)$

③ $P = \dfrac{1}{2R}(V_3^2 - V_1^2 - V_2^2)$

④ $P = V_3 I \cos\theta$

| 해설

단상전력 측정(3전압계법)시 교류전력은 다음과 같다.
$$P = \frac{1}{2R}(V_3^2 - V_1^2 - V_2^2)$$

정답 ③

15. 그림과 같은 R – L 직렬회로에서 소비되는 전력은 몇 W인가?

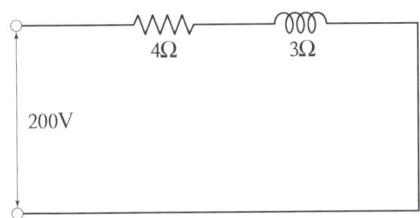

① 6,400
② 8,800
③ 10,000
④ 12,000

| 해설

유효전력$(P) = I^2 R = (\dfrac{V}{Z})^2 R$에서

$P = (\dfrac{200}{\sqrt{4^2+3^2}})^2 \times 4 = 6,400 \,(W)$

정답 ①

16. 선간전압 E(V)의 3상 평형전원에 대칭 3상 저항부하 R(Ω)이 그림과 같이 접속되었을 때 a, b 두 상간에 접속된 전력계의 지시값이 W(W)라면 C상의 전류는?

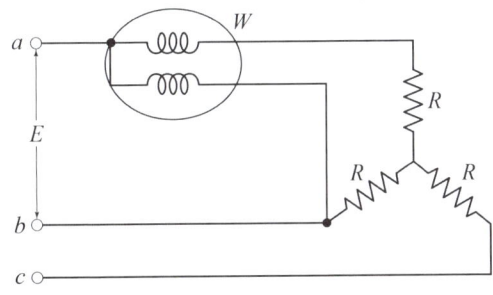

① $\dfrac{2W}{\sqrt{3}\,E}$
② $\dfrac{3W}{\sqrt{3}\,E}$
③ $\dfrac{W}{\sqrt{3}\,E}$
④ $\dfrac{\sqrt{3}\,W}{\sqrt{E}}$

| 해설

전원 및 부하가 모두 대칭이므로
$E_{ab} = E_{bc} = E_{ca} = E(V)$, $I_a = I_b = I_c = I$라 하면
소비전력$(P) = 2W = \sqrt{3}\,EI$에서
$I = \dfrac{2W}{\sqrt{3}\,E}$ (A)

정답 ①

17. 교류전력변환장치로 사용되는 인버터회로에 대한 설명으로 옳지 않은 것은?

① 직류 전력을 교류 전력으로 변환하는 장치를 인버터라고 한다.
② 전류형 인버터와 전압형 인버터로 구분할 수 있다.
③ 전류방식에 따라서 타려식과 자려식으로 구분할 수 있다.
④ 인버터의 부하장치에는 직류직권전동기를 사용할 수 있다.

| 해설

인버터의 부하장치에는 교류전동기를 사용할 수 있다.

정답 ④

18. 다이오드를 사용한 정류회로에서 과전압방지를 위한 대책으로 가장 알맞은 것은?

① 다이오드를 직렬로 추가한다.
② 다이오드를 병렬로 추가한다.
③ 다이오드의 양단에 적당한 값의 저항을 추가한다.
④ 다이오드의 양단에 적당한 값의 콘덴서를 추가한다.

| 해설

다이오드를 사용한 정류회로에서 과전압방지를 위해 다이오드를 직렬로 추가한다.

정답 ①

19. 이미터 전류를 1mA 증가시켰더니 컬렉터 전류는 0.98mA 증가되었다. 이 트랜지스터의 증폭률 β는?

① 4.9
② 9.8
③ 49.0
④ 98.0

| 해설

트랜지스터의 증폭 작용
- 이미터에서 유입된 전자 가운데 컬렉터에 도달하는 전자의 비율을 α라 하면 α는 보통 0.99정도로 1에 가까운 값을 갖는다. 또한 베이스와 컬렉터 사이의 전류 증폭률을 β라 하면, $\beta = \dfrac{\alpha}{1-\alpha}$로 나타낼 수 있다.
- 만약 α를 0.99로 하면 β는 약 100이 되어 베이스 전류가 100배로 증폭되어 컬렉터에 흐르게 된다. 이것이 트랜지스터의 증폭작용이다.
- $\alpha = \dfrac{I_c}{I_e} = \dfrac{0.98(\mathrm{mA})}{1(\mathrm{mA})} = 0.98$

  $\beta = \dfrac{\alpha}{1-\alpha} = \dfrac{0.98}{1-0.98} = 49$

정답 ③

20. 저항이 4Ω, 인덕턴스가 8mH인 코일을 직렬로 연결하고 100V, 60Hz인 전압을 공급할 때 유효전력(kW)은?

① 0.8
② 1.2
③ 1.6
④ 2.0

| 해설

유효전력 $(P) = I^2R = \left(\dfrac{V}{\sqrt{R^2+X_L^2}}\right)^2 \times R(\mathrm{W})$,

$X_L = \omega L = 2\pi f L(\Omega)$

$P = \left(\dfrac{100}{\sqrt{4^2 + (2\pi \times 60 \times 8 \times 10^{-3})^2}}\right)^2 \times 4$

$= 1593.8(\mathrm{W}) \fallingdotseq 1600(\mathrm{W}) = 1.6(\mathrm{kW})$

정답 ③

소방전기시설의 구조 및 원리

21. 무선통신보조설비의 증폭기에는 비상전원이 부착된 것으로 하고 비상전원의 용량은 무선통신보조설비를 유효하게 몇 분 이상 작동시킬 수 있는 것이어야 하는가?

① 10분
② 20분
③ 30분
④ 40분

| 해설

증폭기 설치기준
㉠ 전원은 전기가 정상적으로 공급되는 축전지, 전기저장장치(외부 전기에너지를 저장해 두었다가 필요한 때 전기를 공급하는 장치) 또는 교류전압 옥내간선으로 하고, 전원까지의 배선은 전용으로 할 것
㉡ 증폭기의 전면에는 주 회로의 전원이 정상인지의 여부를 표시할 수 있는 표시등 및 전압계를 설치할 것
㉢ 증폭기에는 비상전원이 부착된 것으로 하고 해당 비상전원 용량은 무선통신보조설비를 유효하게 30분 이상 작동시킬 수 있는 것으로 할 것

정답 ③

22. 비상방송설비의 배선에 대한 설치기준으로 옳지 않은 것은?

① 배선은 다른 용도의 전선과 동일한 관, 닥트, 몰드 또는 풀박스 등에 설치할 것
② 전원회로의 배선은 옥내소화전설비의 화재안전기준에 따른 내화배선으로 설치할 것
③ 화재로 인하여 하나의 층의 확성기 또는 배선이 단락 또는 단선되어도 다른 층의 화재통보에 지장이 없도록 할 것
④ 부속회로의 전로와 대지 사이 및 배선 상호간의 절연저항은 1경계구역마다 직류 250V의 절연저항측정기를 사용하여 측정한 절연저항이 0.1MΩ 이상이 되도록 할 것

| 해설
배선은 다른 용도의 전선과 동일한 관, 닥트, 몰드 또는 풀박스 등에 설치하지 않아야 한다.

정답 ①

23. 비상콘센트설비의 설치기준으로 옳지 않은 것은?

① 개폐기에는 "비상콘센트"라고 표시한 표지를 할 것
② 하나의 전용회로에 설치하는 비상콘센트는 10개 이하로 할 것
③ 비상전원을 실내에 설치하는 때에는 그 실내에 비상조명등을 설치할 것
④ 비상전원은 비상콘센트설비를 유효하게 10분 이상 작동시킬 수 있는 용량으로 할 것

| 해설
비상전원은 비상콘센트설비를 유효하게 20분 이상 작동시킬 수 있는 용량으로 한다.

정답 ④

24. 비상전원이 비상조명등을 60분 이상 유효하게 작동시킬 수 있는 용량으로 하지 않아도 되는 특정소방대상물은?

① 지하상가
② 숙박시설
③ 무창층으로서 용도가 소매시장
④ 지하층을 제외한 층수가 11층 이상의 층

| 해설
비상조명등의 비상전원 용량: 60분 이상
㉠ 지하층을 제외한 층수가 11층 이상의 층
㉡ 지하층 또는 무창층으로서 용도가 도매시장·소매시장·여객자동차터미널·지하역사 또는 지하상가

정답 ②

25. 일국소의 주위온도가 일정한 온도 이상이 되는 경우에 작동하는 것으로서 외관이 전선으로 되어 있는 감지기는?

① 공기흡입형
② 광전식분리형
③ 차동식스포트형
④ 정온식감지선형

| 해설
일국소의 주위온도가 일정한 온도 이상이 되는 경우에 작동하는 것으로서 외관이 전선으로 되어 있는 감지기는 정온식감지선형 감지기이다.

정답 ④

26. 비상콘센트를 보호하기 위한 비상콘센트 보호함의 설치기준으로 옳지 않은 것은?

① 비상콘센트 보호함에는 쉽게 개폐할 수 있는 문을 설치하여야 한다.
② 비상콘센트 보호함 상부에 적색의 표시등을 설치하여야 한다.
③ 비상콘센트 보호함에는 그 내부에 "비상콘센트"라고 표시한 표식을 하여야 한다.
④ 비상콘센트 보호함을 옥내소화전함 등과 접속하여 설치하는 경우에는 옥내소화전함 등의 표시등과 겸용할 수 있다.

| 해설
보호함 표면에 "비상콘센트"라고 표시한 표식을 하여야 한다.

정답 ③

27. 소방회로용의 것으로 수전설비, 변전설비 그 밖의 기기 및 배선을 금속제 외함에 수납한 것으로 정의되는 것은?

① 전용분전반　　② 공용분전반
③ 공용큐비클식　④ 전용큐비클식

| 해설
소방회로용의 것으로 수전설비, 변전설비 그 밖의 기기 및 배선을 금속제 외함에 수납한 것은 전용큐비클식이다.

> 참고　비상전원수전설비의 정의
> ㉠ **전용분전반**: 소방회로 전용의 것으로서 분기 개폐기, 분기과전류차단기 그 밖의 배선용기기 및 배선을 금속제 외함에 수납한 것
> ㉡ **공용분전반**: 소방회로 및 일반회로 겸용의 것으로서 분기 개폐기, 분기과전류차단기 그 밖의 배선용기기 및 배선을 금속제 외함에 수납한 것
> ㉢ **공용큐비클식**: 소방회로 및 일반회로 겸용의 것으로서 수전설비, 변전설비 그 밖의 기기 및 배선을 금속제 외함에 수납한 것
> ㉣ **전용큐비클식**: 소방회로용의 것으로 수전설비, 변전설비 그 밖의 기기 및 배선을 금속제 외함에 수납한 것

정답 ④

28. 비상방송설비 음향장치에 대한 설치기준으로 옳은 것은?

① 다른 전기회로에 따라 유도장애가 생기지 않도록 한다.
② 음량조정기를 설치하는 경우 음량조정기의 배선은 2선식으로 한다.
③ 다른 방송설비와 공용하는 것에 있어서는 화재 시 비상경보 외의 방송이 차단되는 구조가 아니어야 한다.
④ 기동장치에 따른 화재신고를 수신한 후 필요한 음량으로 화재발생 상황 및 피난에 유효한 방송이 자동으로 개시될 때까지의 소요시간은 60초 이하로 한다.

| 해설
비상방송설비 음향장치의 설치기준
㉠ 다른 전기회로에 따라 유도장애가 생기지 않도록 한다.
㉡ 음량조정기를 설치하는 경우 음량조정기의 배선은 3선식으로 한다.
㉢ 다른 방송설비와 공용하는 것에 있어서는 화재 시 비상경보 외의 방송이 차단되는 구조이어야 한다.
㉣ 기동장치에 따른 화재신고를 수신한 후 필요한 음량으로 화재발생 상황 및 피난에 유효한 방송이 자동으로 개시될 때까지의 소요시간은 10초 이하로 한다.

정답 ①

29. 객석 내의 통로의 직선부분의 길이가 85m일 경우 객석유도등을 몇 개 설치하여야 하는가?

① 17개　　② 19개
③ 21개　　④ 22개

| 해설
객석 내의 통로의 직선부분의 길이가 85m이므로,

객석유도등 설치개수 $= \dfrac{85\text{m}}{4} - 1 = 20.25$

소수점 이하의 수는 1로 본다. 따라서 21개를 설치하여야 한다.

정답 ③

30. 자동화재탐지설비의 감지기회로에 설치하는 종단저항의 설치기준으로 옳지 않은 것은?

① 감지기회로 끝부분에 설치한다.
② 점검 및 관리가 쉬운 장소에 설치하여야 한다.
③ 전용함에 설치하는 경우 그 설치 높이는 바닥으로부터 0.8m 이내에 설치하여야 한다.
④ 종단감지기에 설치할 경우에는 구별이 쉽도록 해당감지기의 기판 및 감지기 외부 등에 별도의 표시를 하여야 한다.

| 해설
전용함에 설치하는 경우 그 설치 높이는 바닥으로부터 1.5m 이내에 설치하여야 한다.

정답 ③

31. 비상경보설비의 축전지설비의 구조에 대한 설명으로 옳지 않은 것은?

① 예비전원을 병렬로 접속하는 경우에는 역충전 방지 등의 조치를 하여야 한다.
② 내부에 주전원의 양극을 동시에 개폐할 수 있는 전원스위치를 설치하여야 한다.
③ 축전지설비는 접지전극에 교류전류를 통하는 회로방식을 사용하여서는 아니 된다.
④ 예비전원은 축전지설비용 예비전원과 외부부하 공급용 예비전원을 별도로 설치하여야 한다.

| 해설
축전지설비는 접지전극에 직류전류를 통하는 회로방식을 사용하여서는 아니 된다.

정답 ③

32. 신호의 전송로가 분기되는 장소에 설치하는 것으로 임피던스 매칭과 신호 균등분배를 위해 사용되는 장치는?

① 혼합기   ② 분배기
③ 증폭기   ④ 분파기

| 해설
신호의 전송로가 분기되는 장소에 설치하는 것으로 임피던스 매칭과 신호 균등분배를 위해 사용되는 장치는 분배기이다.

참고 무선통신보조설비의 정의
㉠ "분배기"란 신호의 전송로가 분기되는 장소에 설치하는 것으로 임피던스 매칭(Matching)과 신호 균등분배를 위해 사용하는 장치를 말한다.
㉡ "분파기"란 서로 다른 주파수의 합성된 신호를 분리하기 위해서 사용하는 장치를 말한다.
㉢ "혼합기"란 두 개 이상의 입력신호를 원하는 비율로 조합한 출력이 발생하도록 하는 장치를 말한다.
㉣ "증폭기"란 신호 전송시 신호가 약해져 수신이 불가능해지는 것을 방지하기 위해서 증폭하는 장치를 말한다.

정답 ②

33. 부착높이 3m, 바닥면적 50m²인 주요구조부를 내화구조로 한 소방대상물에 1종 열반도체식 차동식 분포형감지기를 설치하고자 할 때 감지부의 최소 설치개수는?

① 1개   ② 2개
③ 3개   ④ 4개

| 해설
• 열반도체식 차동식분포형감지기는 다음의 기준에 따른다. 감지부는 그 부착높이 및 특정소방대상물에 따라 다음 표에 따른 바닥면적마다 1개 이상으로 할 것. 다만, 바닥면적이 다음 표에 따른 면적의 2배 이하인 경우에는 2개(부착높이가 8m 미만이고, 바닥면적이 다음 표에 따른 면적 이하인 경우에는 1개) 이상으로 하여야 한다.

(단위: m²)

부착높이 및 소방대상물의 구분		감지기의 종류	
		1종	2종
8m 미만	주요구조부가 내화구조로 된 소방대상물 또는 그 부분	65	36
	기타 구조의 소방대상물 또는 그 부분	40	23
8m 이상 15m 미만	주요구조부가 내화구조로 된 소방대상물 또는 그 부분	50	36
	기타 구조의 소방대상물 또는 그 부분	30	23

• $\dfrac{50\text{m}^2}{65\text{m}^2} = 0.76$

∴ 따라서 최소 설치개수는 1개이다.

정답 ①

34. 3선식 배선에 따라 상시 충전되는 유도등의 전기 회로에 점멸기를 설치하는 경우 유도등이 점등되어야 할 경우로 관계없는 것은?

① 제연설비가 작동한 때
② 자동소화설비가 작동한 때
③ 비상경보설비의 발신기가 작동한 때
④ 자동화재탐지설비의 감지기가 작동한 때

| 해설
제연설비가 작동한 때는 유도등이 점등되어야 할 경우와 관계가 없다.

> **참고** 3선식 배선에 따라 상시 충전되는 유도등의 전기회로에 점멸기를 설치하는 경우 유도등이 점등되어야 할 경우
> ㉠ 자동화재탐지설비의 감지기 또는 발신기가 작동되는 때
> ㉡ 비상경보설비의 발신기가 작동되는 때
> ㉢ 상용전원이 정전되거나 전원선이 단선되는 때
> ㉣ 방재업무를 통제하는 곳 또는 전기실의 배전반에서 수동으로 점등하는 때
> ㉤ 자동소화설비가 작동되는 때

정답 ①

35. 누전경보기의 전원은 분전반으로부터 전용회로로 하고 각 극에 개폐기와 몇 A 이하의 과전류차단기를 설치하여야 하는가?

① 15   ② 20
③ 25   ④ 30

| 해설
누전경보기의 전원은 분전반으로부터 전용회로로 하고 각 극에 개폐기와 15A 이하의 과전류차단기(배선용차단기: 20A 이하)를 설치한다.

정답 ①

36. 자동화재속보설비의 설치기준으로 옳지 않은 것은?

① 조작스위치는 바닥으로부터 0.8m 이상 1.5m 이하의 높이에 설치한다.
② 비상경보설비와 연동으로 작동하여 자동적으로 화재발생 상황을 소방관서에 전달하도록 한다.
③ 속보기는 소방관서에 통신망으로 통보하도록 하며, 데이터 또는 코드전송방식을 부가적으로 설치할 수 있다.
④ 속보기는 소방청장이 정하여 고시한 「자동화재속보설비의 속보기의 성능인증 및 제품검사의 기술기준」에 적합한 것으로 설치하여야 한다.

| 해설
비상경보설비가 아닌 자동화재탐지설비와 연동으로 작동하여 자동적으로 화재발생 상황을 소방관서에 전달하도록 한다.

정답 ②

37. 다음 비상경보설비 및 비상방송설비에 사용되는 용어에 대한 설명으로 옳지 않은 것은?

① "비상벨설비"라 함은 화재발생 상황을 경종으로 경보하는 설비를 말한다.
② "증폭기"라 함은 전압전류의 주파수를 늘려 감도를 좋게 하고 소리를 크게 하는 장치를 말한다.
③ "확성기"라 함은 소리를 크게 하여 멀리까지 전달될 수 있도록 하는 장치로써 일명 스피커를 말한다.
④ "음량조절기"라 함은 가변저항을 이용하여 전류를 변화시켜 음량을 크게 하거나 작게 조절할 수 있는 장치를 말한다.

| 해설
"증폭기"라 함은 전압전류의 진폭을 늘려 감도를 좋게 하고 미약한 음성전류를 커다란 음성전류로 변화시켜 소리를 크게 하는 장치를 말한다.

정답 ②

38. 다음 ( ) 안에 들어갈 내용으로 옳은 것은?

> 누전경보기란 ( ) 이하인 경계전로의 누설전류 또는 지락전류를 검출하여 당해 소방대상물의 관계인에게 경보를 발하는 설비로서 변류기와 수신부로 구성된 것을 말한다.

① 사용전압 220V
② 사용전압 380V
③ 사용전압 600V
④ 사용전압 750V

| 해설

누전경보기란 사용전압 600V 이하인 경계전로의 누설전류 또는 지락전류를 검출하여 당해 소방대상물의 관계인에게 경보를 발하는 설비로서 변류기와 수신부로 구성된 것을 말한다.

정답 ③

39. 부착높이가 11m인 장소에 적응성 있는 감지기는?

① 차동식분포형
② 정온식스포트형
③ 차동식스포트형
④ 정온식감지선형

| 해설

부착높이 8m 이상 15m 미만의 감지기 종류
㉠ 차동식분포형
㉡ 이온화식 1종 또는 2종
㉢ 광전식(스포트형, 분리형, 공기흡입형) 1종 또는 2종
㉣ 연기복합형
㉤ 불꽃감지기

정답 ①

40. 비상콘센트설비 상용전원회로의 배선이 고압수전 또는 특고압수전인 경우의 설치기준은?

① 인입개폐기의 직전에서 분기하여 전용배선으로 할 것
② 인입개폐기의 직후에서 분기하여 전용배선으로 할 것
③ 전력용변압기 1차측의 주차단기 2차측에서 분기하여 전용배선으로 할 것
④ 전력용변압기 2차측의 주차단기 1차측 또는 2차측에서 분기하여 전용배선으로 할 것

| 해설

비상콘센트설비 상용전원회로의 배선
㉠ 저압수전인 경우에는 인입개폐기의 직후에서 분기하여 전용배선으로 할 것
㉡ 고압수전 또는 특고압수전인 경우에는 전력용변압기 2차측의 주차단기 1차측 또는 2차측에서 분기하여 전용배선으로 할 것

정답 ④

2019년 | 제1회

소방전기일반

01. R = 10Ω, C = 33μF, L = 20mH인 RLC 직렬회로의 공진주파수(Hz)는?

① 169　　② 176
③ 196　　④ 206

| 해설

$$f_0 = \frac{1}{2\pi\sqrt{LC}}$$
$$= \frac{1}{2\pi\sqrt{20 \times 10^{-3} \times 33 \times 10^{-6}}} = 195.9 ≒ 196(Hz)$$

정답 ③

02. PNPN 4층 구조로 되어 있는 소자가 아닌 것은?

① SCR　　② TRIAC
③ Diode　　④ GTO

| 해설

PNPN 4층 구조로 되어 있는 소자의 종류에는 SCR, TRIAC, GTO이 있고, Diode는 해당하지 않는다.

정답 ③

03. 역률 80%, 유효전력 80kW일 때, 무효전력(kVar)은?

① 10　　② 16
③ 60　　④ 64

| 해설

무효전력$(P_r) = P_a\sin\theta = \frac{P}{\cos\theta} \times \sqrt{1-\cos^2\theta}$ 에서
$P_r = \frac{80}{0.8} \times \sqrt{1-0.8^2} = 60(kVar)$

정답 ③

04. 전자회로에서 온도보상용으로 많이 사용되고 있는 소자는?

① 저항　　② 리액터
③ 콘덴서　　④ 서미스터

| 해설

전자회로에서 온도보상용으로 많이 사용되는 소자는 서미스터이다.

정답 ④

05. 서보전동기는 제어기기의 어디에 속하는가?

① 검출부　　② 조절부
③ 증폭부　　④ 조작부

| 해설

서보전동기는 제어기기의 조작부(조작기기)에 속한다.

참고 조절기기와 조작기기
㉠ 조절기기: 2위치 조절기, 전자식 조절기
㉡ 조작기기: 전자밸브, 전동밸브, 서보전동기, 펄스전동기

정답 ④

06. 자동제어계를 제어목적에 의해 분류한 경우로 옳지 않은 것은?

① 정치제어: 제어량을 주어진 일정목표로 유지시키기 위한 제어
② 추종제어: 목표치가 시간에 따라 변화하는 제어
③ 프로그램제어: 목표치가 프로그램대로 변하는 제어
④ 서보제어: 선박의 방향제어계인 서보제어는 정치제어와 같은 성질

| 해설
선박의 방향제어계인 서보제어는 추종제어와 같은 성질을 가진다.

정답 ④

07. 그림의 논리기호를 표시한 것으로 옳은 식은?

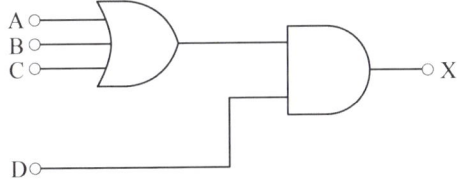

① X = (A · B · C) · D
② X = (A + B + C) · D
③ X = (A · B · C) + D
④ X = A + B + C + D

| 해설
$X = (A + B + C) \cdot D$ 가 옳은 식이다.

정답 ②

08. 20Ω과 40Ω의 병렬회로에서 20Ω에 흐르는 전류가 10A라면, 이 회로에 흐르는 총 전류(A)는?

① 5
② 10
③ 15
④ 20

| 해설
전전류$(I) = I_{20} + I_{40}$ (A)
$$= 10 + \frac{20 \times 10}{40} = 15 (A)$$

정답 ③

09. 3상 유도전동기가 중부하로 운전되던 중 1선이 절단되면 어떻게 되는가?

① 전류가 감소한 상태에서 회전이 계속된다.
② 전류가 증가한 상태에서 회전이 계속된다.
③ 속도가 증가하고 부하전류가 급상승한다.
④ 속도가 감소하고 부하전류가 급상승한다.

| 해설
3상 유도전동기가 중부하로 운전되던 중 1선이 절단되면 속도가 감소하고 부하전류가 급상승한다.

정답 ④

10. SCR의 양극 전류가 10A일 때 게이트 전류를 반으로 줄이면 양극 전류(A)는?

① 20
② 10
③ 5
④ 0.1

| 해설
SCR의 양극 전류가 10A일 때 게이트 전류를 반으로 줄이면 양극 전류는 변함이 없다. 즉, 10A이다.

정답 ②

11. 다음 중 '비례 + 적분 + 미분동작(PID동작)식'을 올바르게 나타낸 것은?

① $x_0 = K_p \left(x_i + \frac{1}{T_I} \int x_i dt + T_D \frac{dx_i}{dt} \right)$

② $x_0 = K_p \left(x_i - \frac{1}{T_I} \int x_i dt - T_D \frac{dx_i}{dt} \right)$

③ $x_0 = K_p \left(x_i + \frac{1}{T_I} \int x_i dt + T_D \frac{dt}{dx_i} \right)$

④ $x_0 = K_p \left(x_i - \frac{1}{T_I} \int x_i dt - T_D \frac{dt}{dx_i} \right)$

| 해설

비례 + 적분 + 미분동작(PID동작)식

$x_0 = K_p \left(x_i + \frac{1}{T_I} \int x_i dt + T_D \frac{dx_i}{dt} \right)$

정답 ①

12. 그림과 같은 회로에서 분류기의 배율은? (단, 전류계 A의 내부저항은 R_A이며 R_S는 분류기 저항이다)

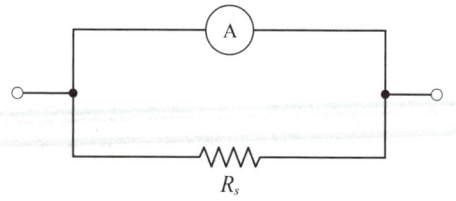

① $\frac{R_A}{R_A + R_S}$ ② $\frac{R_S}{R_A + R_S}$

③ $\frac{R_A + R_S}{R_S}$ ④ $\frac{R_A + R_S}{R_A}$

| 해설

배율$(m) = \frac{R_A + R_S}{R_S}$ 이다.

정답 ③

13. 어떤 옥내배선에 380V의 전압을 가하였더니 0.2mA의 누설전류가 흘렀다. 이 배선의 절연저항(MΩ)은?

① 0.2 ② 1.9
③ 3.8 ④ 7.6

| 해설

$R = \frac{V}{I}$ 에서

$R = \frac{380}{0.2 \times 10^{-3}} \times 10^{-6} = 1.9(\text{M}\Omega)$

정답 ②

14. 변류기에 결선된 전류계가 고장이 나서 교체하는 경우 옳은 방법은?

① 변류기의 2차를 개방시키고 전류계를 교체한다.
② 변류기의 2차를 단락시키고 전류계를 교체한다.
③ 변류기의 2차를 접지시키고 전류계를 교체한다.
④ 변류기에 피뢰기를 연결하고 전류계를 교체한다.

| 해설

변류기에 결선된 전류계가 고장이 나서 교체하는 경우에는 변류기의 2차를 단락시키고 전류계를 교체한다.

정답 ②

15. 두 콘덴서 C_1, C_2를 병렬로 접속하고 전압을 인가하였더니 전체 전하량이 $Q[C]$이었다. C_2에 충전된 전하량은?

① $\frac{C_1}{C_1 + C_2} Q$ ② $\frac{C_1 + C_2}{C_1} Q$

③ $\frac{C_1 + C_2}{C_2} Q$ ④ $\frac{C_2}{C_1 + C_2} Q$

| 해설

C_2에 충전된 전하량은 $Q_2 = \dfrac{C_2}{C_1+C_2} Q$ 이다.

정답 ④

16. 논리식 $\overline{X} + XY$ 를 간략화한 것은?

① $\overline{X} + Y$
② $X + \overline{Y}$
③ $\overline{X} Y$
④ $X \overline{Y}$

| 해설

$\overline{X} + XY = (\overline{X}+X) \cdot (\overline{X}+Y)$
$\qquad = 1 \cdot (\overline{X}+Y) = \overline{X}+Y$

정답 ①

17. 전기화재의 원인이 되는 누설전류를 검출하기 위해 사용되는 것은?

① 접지계전기
② 영상변류기
③ 계기용변압기
④ 과전류계전기

| 해설

전기화재의 원인이 되는 누설전류를 검출하기 위해 사용되는 것은 영상변류기이다.

정답 ②

18. 공기 중에 2m의 거리에 $10\mu C$, $20\mu C$의 두 점전하가 존재할 때 이 두 전하 사이에 작용하는 정전력(N)은?

① 0.45
② 0.9
③ 1.8
④ 3.6

| 해설

정전력$(F) = 9 \times 10^9 \times \dfrac{Q_1 Q_2}{r^2}$(N)에서

$F = 9 \times 10^9 \times \dfrac{10 \times 10^{-6} \times 20 \times 10^{-6}}{2^2} = 0.45$(N)

정답 ①

19. 100V, 1kW의 니크롬선을 3/4의 길이로 잘라서 사용할 때의 소비전력(W)은?

① 1,000
② 1,333
③ 1,430
④ 2,000

| 해설

$R = \dfrac{V^2}{P}$에서 $R = \dfrac{100^2}{1 \times 10^3} = 10(\Omega)$

$P' = \dfrac{V^2}{\dfrac{3}{4}R} = \dfrac{100^2}{\dfrac{3}{4} \times 10} = 1333.3 ≒ 1333$(W)

정답 ②

20. 줄의 법칙에 관한 수식으로 옳지 않은 것은?

① $H = I^2 Rt$(J)
② $H = 0.24 I^2 Rt$(cal)
③ $H = 0.12 VIt$(J)
④ $H = \dfrac{1}{4.2} I^2 Rt$(cal)

| 해설

줄의 법칙

㉠ $H = I^2 Rt$(J)
㉡ $H = 0.24 I^2 Rt$(cal)
㉢ $H = VIt$(J)
㉣ $H = \dfrac{1}{4.2} I^2 Rt$(cal)

따라서 옳지 않은 것은 ③이다.

정답 ③

소방전기시설의 구조 및 원리

21. 경계전로의 누설전류를 자동적으로 검출하여 이를 누전경보기의 수신부에 송신하는 것을 무엇이라고 하는가?

① 수신부 ② 확성기
③ 변류기 ④ 증폭기

| 해설
경계전로의 누설전류를 자동적으로 검출하여 이를 누전경보기의 수신부에 송신하는 것을 변류기라 한다.

> **참고** 누전경보기의 정의
> ㉠ "누전경보기"란 내화구조가 아닌 건축물로서 벽, 바닥 또는 천장의 전부나 일부를 불연재료 또는 준불연재료가 아닌 재료에 철망을 넣어 만든 건물의 전기설비로부터 누설전류를 탐지하여 경보를 발하며 변류기와 수신부로 구성된 것을 말한다.
> ㉡ "수신부"란 변류기로부터 검출된 신호를 수신하여 누전의 발생을 해당 특정소방대상물의 관계인에게 경보하여 주는 것(차단기구를 갖는 것을 포함한다)을 말한다.
> ㉢ "변류기"란 경계전로의 누설전류를 자동적으로 검출하여 이를 누전경보기의 수신부에 송신하는 것을 말한다.

정답 ③

22. 누전경보기의 5 ~ 10회로까지 사용할 수 있는 집합형 수신기 내부결선도에서 구성요소가 아닌 것은?

① 제어부 ② 증폭부
③ 조작부 ④ 자동입력 절환부

| 해설
집합형 수신기의 구성요소에는 제어부, 증폭부, 자동입력 절환부가 있으며, 조작부는 포함되지 않는다.

정답 ③

23. 비상콘센트설비의 화재안전기준에서 정하고 있는 저압의 정의는?

① 직류는 750V 이하, 교류는 600V 이하인 것
② 직류는 750V 이하, 교류는 380V 이하인 것
③ 직류는 750V를, 교류는 600V를 넘고 7,000V 이하인 것
④ 직류는 750V를, 교류는 380V를 넘고 7,000V 이하인 것

| 해설
비상콘센트설비의 정의
㉠ "저압"이란 직류는 750V 이하, 교류는 600V 이하인 것을 말한다.
㉡ "고압"이란 직류는 750V를, 교류는 600V를 초과하고, 7kV 이하인 것을 말한다.
㉢ "특고압"이란 7kV를 초과하는 것을 말한다.

정답 ①

24. 비상방송설비의 음향장치는 정격전압의 몇 % 전압에서 음향을 발할 수 있는 것으로 하여야 하는가?

① 80 ② 90
③ 100 ④ 110

| 해설
비상방송설비의 음향장치는 정격전압의 80% 전압에서 음향을 발할 수 있는 것으로 하여야 한다.

정답 ①

25. 자가발전설비, 비상전원수전설비 또는 전기저장장치(외부 전기에너지를 저장해 두었다가 필요한 때 전기를 공급하는 장치)를 비상콘센트설비의 비상전원으로 설치하여야 하는 특정소방대상물로 옳은 것은?

① 지하층을 제외한 층수가 4층 이상으로서 연면적 600m² 이상인 특정소방대상물
② 지하층을 제외한 층수가 5층 이상으로서 연면적 1,000m² 이상인 특정소방대상물
③ 지하층을 제외한 층수가 6층 이상으로서 연면적 1,500m² 이상인 특정소방대상물
④ 지하층을 제외한 층수가 7층 이상으로서 연면적 2,000m² 이상인 특정소방대상물

| 해설

지하층을 제외한 층수가 7층 이상으로서 연면적이 2,000m² 이상이거나 지하층의 바닥면적의 합계가 3,000m² 이상인 특정소방대상물의 비상콘센트설비에는 자가발전설비, 비상전원수전설비 또는 전기저장장치(외부 전기에너지를 저장해 두었다가 필요한 때 전기를 공급하는 장치)를 비상전원으로 설치할 것. 다만, 둘 이상의 변전소에서 전력을 동시에 공급받을 수 있거나 하나의 변전소로부터 전력의 공급이 중단되는 때에는 자동으로 다른 변전소로부터 전력을 공급받을 수 있도록 상용전원을 설치한 경우에는 비상전원을 설치하지 아니할 수 있다.

정답 ④

26. 불꽃감지기의 설치기준으로 옳지 않은 것은?

① 수분이 많이 발생할 우려가 있는 장소에는 방수형으로 설치할 것
② 감지기를 천장에 설치하는 경우에는 감지기는 천장을 향하여 설치할 것
③ 감지기는 화재감지를 유효하게 감지할 수 있는 모서리 또는 벽 등에 설치할 것
④ 감지기는 공칭감시거리와 공칭시야각을 기준으로 감시구역이 모두 포용될 수 있도록 설치할 것

| 해설

감지기를 천장에 설치하는 경우에는 감지기는 바닥을 향하여 설치한다.

정답 ②

27. 무선통신보조설비의 무선기기 접속단자 중 지상에 설치하는 접속단자는 보행거리 최대 몇 m 이내마다 설치하여야 하는가?

① 5   ② 50
③ 150   ④ 300

| 해설

무선통신보조설비의 무선기기 접속단자 중 지상에 설치하는 접속단자는 보행거리 300m 이내마다 설치하여야 한다.

정답 ④

28. 정온식감지선형 감지기에 관한 설명으로 옳은 것은?

① 일국소의 주위온도 변화에 따라서 차동 및 정온식의 성능을 갖는 것을 말한다.
② 일국소의 주위온도가 일정한 온도 이상이 되었을 때 작동하는 것으로서 외관이 전선으로 되어 있는 것을 말한다.
③ 그 주위온도가 일정한 온도상승률 이상이 되었을 때 작동하는 것을 말한다.
④ 그 주위온도가 일정한 온도상승률 이상이 되었을 때 작동하는 것으로서 광범위한 열효과의 누적에 의하여 동작하는 것을 말한다.

| 해설

정온식감지선형 감지기는 일국소의 주위온도가 일정한 온도 이상이 되었을 때 작동하는 것으로서 외관이 전선으로 되어 있는 것을 말한다.

정답 ②

29. 축전지의 자기방전을 보충함과 동시에 상용 부하에 대한 전력공급은 충전기가 부담하도록 하되 충전기가 부담하기 어려운 일시적인 대전류의 부하는 축전지로 하여금 부담하게 하는 충전방식은?

① 과충전방식 ② 균등충전방식
③ 부동충전방식 ④ 세류충전방식

| 해설
축전지의 자기방전을 보충함과 동시에 상용 부하에 대한 전력공급은 충전기가 부담하도록 하되 충전기가 부담하기 어려운 일시적인 대전류의 부하는 축전지로 하여금 부담하게 하는 충전방식은 부동충전방식이다.

정답 ③

30. 단독경보형 감지기 중 연동식감지기의 무선 기능에 대한 설명으로 옳은 것은?

① 화재신호를 수신한 단독경보형 감지기는 60초 이내에 경보를 발해야 한다.
② 무선통신 점검은 단독경보형 감지기가 서로 송수신하는 방식으로 한다.
③ 작동한 단독경보형 감지기는 화재경보가 정지하기 전까지 100초 이내 주기마다 화재신호를 발신해야 한다.
④ 무선통신 점검은 168시간 이내에 자동으로 실시하고 이때 통신이상이 발생하는 경우에는 300초 이내에 통신이상 상태의 단독경보형 감지기를 확인할 수 있도록 표시 및 경보를 해야 한다.

| 해설
단독경보형 감지기 중 연동식감지기의 무선 기능
㉠ 화재신호를 수신한 단독경보형 감지기는 10초 이내에 경보를 발해야 한다.
㉡ 무선통신 점검은 단독경보형 감지기가 서로 송수신하는 방식으로 한다.
㉢ 작동한 단독경보형 감지기는 화재경보가 정지하기 전까지 600초 이내 주기마다 화재신호를 발신해야 한다.
㉣ 무선통신 점검은 168시간 이내에 자동으로 실시하고 이때 통신이상이 발생하는 경우에는 200초 이내에 통신이상 상태의 단독경보형 감지기를 확인할 수 있도록 표시 및 경보를 해야 한다.

정답 ②

31. 정온식감지기의 설치시 공칭작동온도가 최고주위온도보다 최소 몇 ℃ 이상 높은 것으로 설치하여야 하는가?

① 10 ② 20
③ 30 ④ 40

| 해설
정온식감지기의 설치시 공칭작동온도가 최고주위온도보다 20℃ 이상 높은 것으로 설치하여야 한다.

정답 ②

32. 무선통신보조설비의 누설동축케이블의 설치기준으로 옳지 않은 것은?

① 끝부분에는 반사 종단저항을 견고하게 설치할 것
② 고압의 전로로부터 1.5m 이상 떨어진 위치에 설치할 것
③ 금속판 등에 따라 전파의 복사 또는 특성이 현저하게 저하되지 아니하는 위치에 설치할 것
④ 불연 또는 난연성의 것으로서 습기에 따라 전기의 특성이 변질되지 아니하는 것으로 설치할 것

| 해설
끝부분에는 무반사 종단저항을 견고하게 설치하여야 한다.

정답 ①

33. 소화활동시 안내방송에 사용하는 증폭기의 종류로 옳은 것은?

① 탁상형　② 휴대형
③ Desk형　④ Rack형

| 해설
소화활동시 안내방송에 사용하는 증폭기의 종류는 휴대형이다.

정답 ②

34. 계단통로유도등은 각 층의 경사로참 또는 계단참마다 설치하도록 하고 있는데 1개 층에 경사로참 또는 계단참이 2 이상 있는 경우에는 몇 개의 계단참마다 계단통로유도등을 설치하여야 하는가?

① 2개　② 3개
③ 4개　④ 5개

| 해설
계단통로유도등은 각 층의 경사로참 또는 계단참마다 설치하도록 하고 있는데 1개 층에 경사로참 또는 계단참이 2 이상 있는 경우에는 2개의 계단참마다 계단통로유도등을 설치하여야 한다.

정답 ①

35. 자동화재탐지설비의 수신기의 각 회로별 종단에 설치되는 감지기에 접속되는 배선의 전압은 감지기 정격전압의 최소 몇 % 이상이어야 하는가?

① 50　② 60
③ 70　④ 80

| 해설
자동화재탐지설비의 수신기의 각 회로별 종단에 설치되는 감지기에 접속되는 배선의 전압은 감지기 정격전압의 80% 이상이어야 한다.

정답 ④

36. 비상벨설비 또는 자동식 사이렌설비에는 그 설비에 대한 감시상태를 몇 시간 지속한 후 유효하게 10분 이상 경보할 수 있는 축전지설비(수신기에 내장하는 경우를 포함한다)를 설치하여야 하는가?

① 1시간　② 2시간
③ 4시간　④ 6시간

| 해설
비상벨설비 또는 자동식 사이렌설비에는 그 설비에 대한 감시상태를 60분(= 1시간) 이상 지속한 후 유효하게 10분 이상 경보할 수 있는 축전지설비(수신기에 내장하는 경우를 포함한다)를 설치하여야 한다.

정답 ①

37. 자동화재속보설비의 설치기준으로 옳지 않은 것은?

① 조작스위치는 바닥으로부터 1m 이상 1.5m 이하의 높이에 설치할 것
② 속보기는 소방관서에 통신망으로 통보하도록 하며, 데이터 또는 코드전송방식을 부가적으로 설치할 수 있다.
③ 자동화재탐지설비와 연동으로 작동하여 자동적으로 화재발생 상황을 소방관서에 전달되는 것으로 할 것
④ 속보기는 소방청장이 정하여 고시한 자동화재속보설비의 속보기의 성능인증 및 제품검사의 기술기준에 적합한 것으로 설치하여야 한다.

| 해설
조작스위치는 바닥으로부터 0.8m 이상 1.5m 이하의 높이에 설치한다.

정답 ①

38. 휴대용비상조명등 설치 높이는?

① 0.8m ~ 1.0m ② 0.8m ~ 1.5m
③ 1.0m ~ 1.5m ④ 1.0m ~ 1.8m

| 해설
휴대용비상조명등은 0.8m 이상 1.5m 이하의 높이로 설치한다.

정답 ②

39. 자동화재탐지설비의 화재안전기준에서 사용하는 용어가 아닌 것은?

① 중계기 ② 경계구역
③ 시각경보장치 ④ 단독경보형 감지기

| 해설
자동화재탐지설비의 화재안전기준에서 사용하는 용어에는 중계기, 경계구역, 시각경보장치, 감지기가 있으며, 단독경보형 감지기는 포함되지 않는다.

정답 ④

40. 비상경보설비를 설치하여야 할 특정소방대상물로 옳은 것은? (단, 지하구, 모래·석재 등 불연재료 창고 및 위험물 저장·처리 시설 중 가스시설은 제외한다)

① 지하가 중 터널로서 길이가 400m 이상인 것
② 30명 이상의 근로자가 작업하는 옥내작업장
③ 지하층 또는 무창층의 바닥면적이 150m²(공연장의 경우 100m²) 이상인 것
④ 연면적 300m²(지하가 중 터널 또는 사람이 거주하지 않거나 벽이 없는 축사 등 동·식물 관련시설은 제외) 이상인 것

| 해설
비상경보설비를 설치하여야 할 특정소방대상물(단, 지하구, 모래·석재 등 불연재료 창고 및 위험물 저장·처리 시설 중 가스시설은 제외)
㉠ 지하가 중 터널로서 길이가 500m 이상인 것
㉡ 50명 이상의 근로자가 작업하는 옥내작업장
㉢ 지하층 또는 무창층의 바닥면적이 150m²(공연장의 경우 100m²) 이상인 것
㉣ 연면적 400m²(지하가 중 터널 또는 사람이 거주하지 않거나 벽이 없는 축사 등 동·식물 관련시설은 제외) 이상인 것

정답 ③

2018년 | 제4회

소방전기일반

01. 정현파 전압의 평균값이 150V이면 최대값은 약 몇 V인가?

① 235.6　② 212.1
③ 106.1　④ 95.5

| 해설

$V_a = \dfrac{2V_m}{\pi}$, $V_m = \dfrac{V_a \pi}{2}$ 에서

$V_m = \dfrac{150 \times \pi}{2} = 235.61 ≒ 235.6(\text{V})$

정답 ①

02. 변위를 압력으로 변환하는 소자로 옳은 것은?

① 다이어프램　② 가변 저항기
③ 벨로우즈　④ 노즐 플래퍼

| 해설
- 변위를 압력으로 변환하는 소자는 노즐 플래퍼이다.
- 다이어프램은 압력을 변위로 변환한다.
- 가변 저항기는 변위를 임피던스로 변환한다.
- 벨로우즈는 압력을 변위로 변환한다.

정답 ④

03. 그림과 같은 다이오드 게이트 회로에서 출력전압은? (단, 다이오드 내의 전압강하는 무시한다)

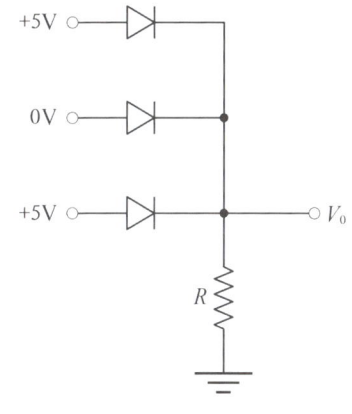

① 10V　② 5V
③ 1V　④ 0V

| 해설

OR 논리이므로, 5V + 0V + 5V = 5V 이다.

정답 ②

04. 전지의 내부 저항이나 전해액의 도전율 측정에 사용되는 것은?

① 접지저항계　② 캘빈 더블 브리지법
③ 콜라우시 브리지법　④ 메거

| 해설
- 전지의 내부 저항이나 전해액의 도전율 측정에 사용되는 것은 콜라우시 브리지법이다.
- 캘빈 더블 브리지법은 저저항 측정에 사용된다.

정답 ③

05. 전자유도현상에서 코일에 생기는 유도기전력의 방향을 정의한 법칙은?

① 플레밍의 오른손법칙 ② 플레밍의 왼손법칙
③ 렌쯔의 법칙 ④ 패러데이의 법칙

| 해설
- 전자유도현상에서 코일에 생기는 유도기전력의 방향을 정의한 법칙은 렌쯔의 법칙이다.
- 전자유도현상에서 코일에 생기는 유도기전력의 크기를 정의한 법칙은 패러데이의 법칙이다.

정답 ③

06. 반도체에 빛을 쬐이면 전자가 방출되는 현상은?

① 홀효과 ② 광전효과
③ 펠티어효과 ④ 압전기효과

| 해설
반도체에 빛을 쬐이면 전자가 방출되는 현상은 광전효과이다.

정답 ②

07. 입력신호와 출력신호가 모두 직류(DC)로서 출력이 최대 5kW까지로 견고성이 좋고 토크가 에너지원이 되는 전기식 증폭기기는?

① 계전기 ② SCR
③ 자기증폭기 ④ 앰플리다인

| 해설
입력신호와 출력신호가 모두 직류(DC)로서 출력이 최대 5kW까지로 견고성이 좋고 토크가 에너지원이 되는 전기식 증폭기기는 앰플리다인이다.

정답 ④

08. 시퀀스제어에 관한 설명 중 옳지 않은 것은?

① 기계적 계전기접점이 사용된다.
② 논리회로가 조합 사용된다.
③ 시간 지연요소가 사용된다.
④ 전체 시스템에 연결된 접점들이 일시에 동작할 수 있다.

| 해설
전체 시스템에 연결된 접점들이 순차적으로 동작할 수 있다.

정답 ④

09. 그림과 같은 회로에서 전압계 3개로 단상전력을 측정하고자 할 때의 유효전력은?

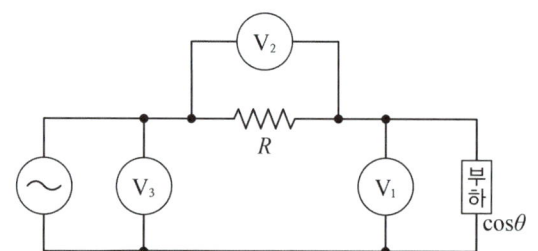

① $P = \dfrac{R}{2}(V_3^2 - V_1^2 - V_2^2)$

② $P = \dfrac{1}{2R}(V_3^2 - V_1^2 - V_2^2)$

③ $P = \dfrac{R}{2}(V_3^2 + V_1^2 + V_2^2)$

④ $P = \dfrac{1}{2R}(V_3^2 + V_1^2 + V_2^2)$

| 해설
단상전력 측정(3전압계법)시 교류전력

$P = \dfrac{1}{2R}(V_3^2 - V_1^2 - V_2^2)$

정답 ②

10. 어느 도선의 길이를 2배로 하고 전기저항을 5배로 하려면 도선의 단면적은 몇 배로 되는가?

① 10배　　② 0.4배
③ 2배　　　④ 2.5배

| 해설

$5R = \rho \dfrac{2l}{A}$ 에서

$A' = \dfrac{\rho 2l}{5R} = 0.4 \dfrac{\rho l}{R} = 0.4 A$

즉, 0.4배로 된다.

정답 ②

11. 각 전류의 대칭분 I_0, I_1, I_2가 모두 같게 되는 고장의 종류는?

① 1선 지락　　② 2선 지락
③ 2선 단락　　④ 3선 단락

| 해설

각 전류의 대칭분 I_0, I_1, I_2가 모두 같게 되는 고장의 종류는 1선 지락이다.

정답 ①

12. 입력 $r(t)$, 출력 $c(t)$인 제어시스템에서 전달함수 $G(s)$는? (단, 초기값은 0이다)

$$\dfrac{d^2c(t)}{dt^2} + 3\dfrac{dc(t)}{dt} + 2c(t) = \dfrac{dr(t)}{dt} + 3r(t)$$

① $\dfrac{3s+1}{2s^2+3s+1}$　　② $\dfrac{s^2+3s+2}{s+3}$

③ $\dfrac{s+1}{s^2+3s+2}$　　④ $\dfrac{s+3}{s^2+3s+2}$

| 해설

$s^2 C(s) + 3sC(s) + 2C(s) = sR(s) + 3R(s)$

$C(s)(s^2+3s+2) = R(s)(s+3)$

$G(s) = \dfrac{C(s)}{R(s)} = \dfrac{s+3}{s^2+3s+2}$

정답 ④

13. 다음 단상 유도전동기 중 기동토크가 가장 큰 것은?

① 셰이딩 코일형　　② 콘덴서 기동형
③ 분상 기동형　　　④ 반발 기동형

| 해설

단상 유도전동기 중 기동토크가 가장 큰 것은 반발 기동형이다.

정답 ④

14. $X = A\overline{B}C + \overline{A}BC + \overline{A}\,\overline{B}\,C + \overline{A}\,\overline{B}\,\overline{C} + A\overline{B}\,\overline{C}$ 를 가장 간소화한 것은?

① $\overline{A}BC + \overline{B}$　　② $B + \overline{A}C$
③ $\overline{B} + \overline{A}C$　　④ $\overline{A}BC + B$

| 해설

$X = A\overline{B}C + \overline{A}BC + \overline{A}\,\overline{B}\,C + \overline{A}\,\overline{B}\,\overline{C} + A\overline{B}\,\overline{C}$
$= A\overline{B}(C+\overline{C}) + \overline{A}\,\overline{B}(C+\overline{C}) + \overline{A}BC$
$= A\overline{B} + \overline{A}\,\overline{B} + \overline{A}BC = \overline{B}(A+\overline{A}) + \overline{A}BC$
$= \overline{B} + \overline{A}BC = (\overline{B} + \overline{A})(\overline{B}+B)(\overline{B}+C)$
$= (\overline{B} + \overline{A})(\overline{B}+C)$
$= \overline{B} + \overline{A}C$

정답 ③

15. 한 상의 임피던스가 $Z=16+j12\,\Omega$인 Y결선 부하에 대칭 3상 선간전압 380V를 가할 때 유효전력은 약 몇 kW인가?

① 5.8 ② 7.2
③ 17.3 ④ 21.6

| 해설

유효전력$(P)=3I_p^2R=3(\dfrac{V_p}{Z})^2R(\mathrm{W})$에서

$P=3\times(\dfrac{\frac{380}{\sqrt{3}}}{\sqrt{16^2+12^2}})^2\times 16=5776(\mathrm{W})$
$=5.776(\mathrm{kW})\fallingdotseq 5.8(\mathrm{kW})$

정답 ①

16. 10μF인 콘덴서를 60Hz 전원에 사용할 때 용량리액턴스는 약 몇 Ω인가?

① 250.5 ② 265.3
③ 350.5 ④ 465.3

| 해설

$X_L=\dfrac{1}{\omega C}=\dfrac{1}{2\pi fC}$
$=\dfrac{1}{2\pi\times 60\times 10\times 10^{-6}}=265.25\fallingdotseq 265.3(\Omega)$

정답 ②

17. 다음 소자 중에서 온도 보상용으로 쓰이는 것은?

① 서미스터 ② 바리스터
③ 제너다이오드 ④ 터널다이오드

| 해설

온도 보상용으로 쓰이는 소자는 서미스터이다.

정답 ①

18. 용량 10kVA의 단권변압기를 그림과 같이 접속하면 역률 80%의 부하에 몇 kW의 전력을 공급할 수 있는가?

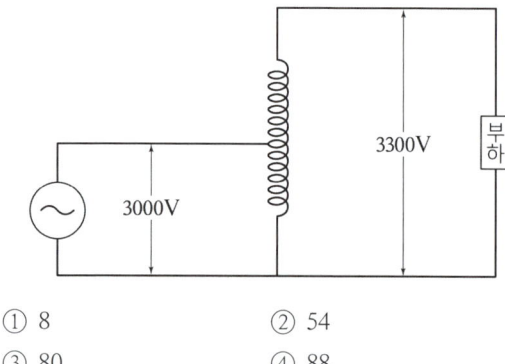

① 8 ② 54
③ 80 ④ 88

| 해설

- 단권변압기는 특수한 형의 변압기로서 1차코일과 2차코일의 일부분이 공통으로 되어 있는 것이다.
- $\dfrac{\text{자기용량}}{\text{부하용량}}=\dfrac{V_h-V_l}{V_h}$

부하용량$=\dfrac{3300}{3300-3000}\times 10=110(\mathrm{kVA})$

∴ 전력$(P)=$부하용량$\times$역률$=110\times 0.8=88(\mathrm{kW})$

정답 ④

19. 1cm의 간격을 둔 평행 왕복전선에 25A의 전류가 흐른다면 전선 사이에 작용하는 전자력은 몇 N/m이며, 이것은 어떤 힘인가?

① 2.5×10^{-2}, 반발력
② 1.25×10^{-2}, 반발력
③ 2.5×10^{-2}, 흡인력
④ 1.25×10^{-2}, 흡인력

| 해설

• 전자력 $(F) = 2 \times 10^{-7} \dfrac{I_1 I_2}{r}$ 에서

$F = 2 \times 10^{-7} \times \dfrac{25 \times 25}{1 \times 10^{-2}} = 0.0125 = 1.25 \times 10^{-2} (\mathrm{N})$

• 왕복전선이므로 반발력이 작용된다.

정답 ②

20. 그림과 같은 계전기 접점회로의 논리식은?

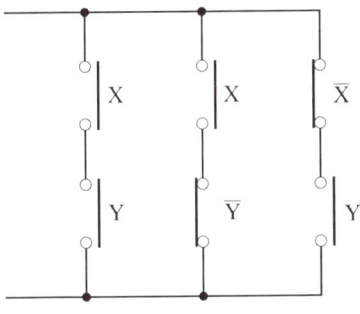

① $(X+Y)(X+\overline{Y})(\overline{X}+Y)$
② $(X+Y)+(X+\overline{Y})+(\overline{X}+Y)$
③ $(XY)+(X\overline{Y})+(\overline{X}Y)$
④ $(XY)(X\overline{Y})(\overline{X}+Y)$

| 해설
논리식은 $(XY)+(X\overline{Y})+(\overline{X}Y)$ 이다.

정답 ③

소방전기시설의 구조 및 원리

21. 무선통신보조설비의 분배기·분파기 및 혼합기의 설치기준으로 옳지 않은 것은?

① 먼지·습기 및 부식 등에 따라 기능에 이상을 가져오지 아니하도록 할 것
② 임피던스는 50Ω의 것으로 할 것
③ 전원은 전기가 정상적으로 공급되는 축전지, 전기저장장치 또는 교류전압 옥내간선으로 하고, 전원까지의 배선은 전용으로 할 것
④ 점검에 편리하고 화재 등의 재해로 인한 피해의 우려가 없는 장소에 설치할 것

| 해설
무선통신보조설비의 분배기·분파기 및 혼합기의 설치기준
㉠ 먼지·습기 및 부식 등에 따라 기능에 이상을 가져오지 아니하도록 할 것
㉡ 임피던스는 50Ω의 것으로 할 것
㉢ 점검에 편리하고 화재 등의 재해로 인한 피해의 우려가 없는 장소에 설치할 것

정답 ③

22. 피난기구의 용어의 정의 중 ( ) 안에 알맞은 것은?

( )란 사용자의 몸무게에 따라 자동적으로 내려올 수 있는 기구 중 사용자가 연속적으로 사용할 수 없는 것을 말한다.

① 구조대 ② 완강기
③ 간이완강기 ④ 다수인피난장비

| 해설
간이완강기란 사용자의 몸무게에 따라 자동적으로 내려올 수 있는 기구 중 사용자가 연속적으로 사용할 수 없는 것을 말한다.

정답 ③

23. 청각장애인용 시각경보장치는 천장의 높이가 2m 이하인 경우에는 천장으로부터 몇 m 이내의 장소에 설치하여야 하는가?

① 0.1
② 0.15
③ 1.0
④ 1.5

| 해설
청각장애인용 시각경보장치는 천장의 높이가 2m 이하인 경우에는 천장으로부터 0.15m 이내의 장소에 설치하여야 한다.
정답 ②

24. 자동화재탐지설비의 연기복합형 감지기를 설치할 수 없는 부착높이는?

① 4m 이상 8m 미만
② 8m 이상 15m 미만
③ 15m 이상 20m 미만
④ 20m 이상

| 해설
연기복합형 감지기는 부착높이 20m 미만까지 설치할 수 있다.
정답 ④

25. 비상조명등의 설치 제외 기준 중 ( ) 안에 알맞은 것은?

거실의 각 부분으로부터 하나의 출입구에 이르는 보행거리가 ( )m 이내인 부분

① 2
② 5
③ 15
④ 25

| 해설
'거실의 각 부분으로부터 하나의 출입구에 이르는 보행거리가 15m 이내인 부분'이다.
정답 ③

26. 각 소방설비별 비상전원의 종류와 비상전원 최소 용량의 연결이 옳지 않은 것은? (단, 소방설비 – 비상전원의 종류 – 비상전원 최소용량 순서이다)

① 자동화재탐지설비 – 축전지설비 – 20분
② 비상조명등설비 – 축전지설비 또는 자가발전설비 – 20분
③ 할로겐화합물 및 불활성기체소화설비 – 축전지설비 또는 자가발전설비 – 20분
④ 유도등 – 축전지 – 20분

| 해설
'자동화재탐지설비 – 축전지설비 – 10분'이 옳은 내용이다.
정답 ①

27. 연기감지기의 설치기준 중 틀린 것은?

① 부착높이 4m 이상 20m 미만에는 3종 감지기를 설치할 수 없다.
② 복도 및 통로에 있어서 3종은 보행거리 30m마다 설치한다.
③ 계단 및 경사로에 있어서 3종은 수직거리 10m마다 설치한다.
④ 감지기는 벽 또는 보로부터 0.6m 이상 떨어진 곳에 설치한다.

| 해설
복도 및 통로에 있어서는 보행거리 30m(3종에 있어서는 20m)마다 설치한다.
정답 ②

28. 비상콘센트용의 풀박스 등은 방청도장을 한 것으로서 두께는 최소 몇 mm 이상의 철판으로 하여야 하는가?

① 1.0
② 1.2
③ 1.5
④ 1.6

| 해설

비상콘센트용의 풀박스 등은 방청도장을 한 것으로서 두께는 최소 1.6mm 이상의 철판으로 하여야 한다.

정답 ④

29. 자동화재속보설비를 설치하여야 하는 특정소방대상물의 기준으로 옳지 않은 것은? (단, 사람이 24시간 상시 근무고 있는 경우는 제외한다)

① 판매시설 중 전통시장
② 지하가 중 터널로서 길이가 1,000m 이상인 것
③ 수련시설(숙박시설이 있는 건축물만 해당)로서 바닥면적이 500m² 이상인 층이 있는 것
④ 업무시설, 공장, 창고시설, 교정 및 군사시설 중 국방·군사시설, 발전시설(사람이 근무하지 않는 시간에는 무인경비시스템으로 관리하는 시설만 해당)로서 바닥면적이 1,500m² 이상인 층이 있는 것

| 해설

자동화재속보설비 설치대상 특정소방대상물(단, 사람이 24시간 상시 근무하고 있는 경우는 제외)
㉠ 판매시설 중 전통시장
㉡ 업무시설, 공장, 창고시설, 교정 및 군사시설 중 국방·군사시설, 발전시설(사람이 근무하지 않는 시간에는 무인경비시스템으로 관리하는 시설만 해당)로서 바닥면적이 1,500m² 이상인 층이 있는 것
㉢ 수련시설(숙박시설이 있는 건축물만 해당)로서 바닥면적이 500m² 이상인 층이 있는 것

정답 ②

30. 비상방송설비의 배선과 전원에 관한 설치기준으로 옳은 것은?

① 부속회로의 전로와 대지 사이 및 배선상호간의 절연저항은 1경계구역마다 직류 110V의 절연저항측정기를 사용하여 측정한 절연저항이 1MΩ 이상이 되도록 한다.
② 전원은 전기가 정상적으로 공급되는 축전지 또는 교류전압의 옥내간선으로 하고, 전원까지의 배선은 전용이 아니어도 무방하다.
③ 비상방송설비에는 그 설비에 대한 감시 상태를 30분간 지속한 후 유효하게 10분 이상 경보할 수 있는 축전지설비를 설치하여야 한다.
④ 비상방송설비의 배선은 다른 전선과 별도의 관·닥트·몰드 또는 풀박스 등에 설치하되 60V 미만의 약전류회로에 사용하는 전선으로서 각각의 전압이 같을 때에는 그러하지 아니하다.

| 해설

비상방송설비의 배선과 전원에 관한 설치기준
㉠ 부속회로의 전로와 대지 사이 및 배선상호간의 절연저항은 1경계구역마다 직류 250V의 절연저항측정기를 사용하여 측정한 절연저항이 0.1MΩ 이상이 되도록 한다.
㉡ 전원은 전기가 정상적으로 공급되는 축전지 또는 교류전압의 옥내간선으로 하고, 전원까지의 배선은 전용으로 하여야 한다.
㉢ 비상방송설비에는 그 설비에 대한 감시 상태를 60분간 지속한 후 유효하게 10분 이상 경보할 수 있는 축전지설비를 설치하여야 한다.
㉣ 비상방송설비의 배선은 다른 전선과 별도의 관·닥트·몰드 또는 풀박스 등에 설치하되 60V 미만의 약전류회로에 사용하는 전선으로서 각각의 전압이 같을 때에는 그러하지 아니하다.

정답 ④

31. 7층인 의료시설에 적응성을 갖는 피난기구가 아닌 것은?

① 구조대
② 피난교
③ 피난용트랩
④ 미끄럼대

| 해설
의료시설·근린생활시설 중 입원실이 있는 의원·접골원·조산원의 층별 피난기구

지하층	1층	2층	3층	4층 이상 10층 이하
피난용 트랩	–	–	미끄럼대·구조대·피난교·피난용트랩·다수인 피난장비·승강식 피난기	구조대·피난교·피난용트랩·다수인 피난장비·승강식 피난기

정답 ④

---

32. 비상방송설비의 음향장치 구조 및 성능기준 중 다음 ( ) 안에 알맞은 것은?

- 정격전압의 (㉠)% 전압에서 음향을 발할 수 있는 것을 할 것
- (㉡)의 작동과 연동하여 작동할 수 있는 것으로 할 것

	㉠	㉡
①	65	단독경보형감지기
②	65	자동화재탐지설비
③	80	단독경보형감지기
④	80	자동화재탐지설비

| 해설
- 정격전압의 ㉠ 80% 전압에서 음향을 발할 수 있는 것을 할 것
- ㉡ 자동화재탐지설비의 작동과 연동하여 작동할 수 있는 것으로 할 것

정답 ④

---

33. 비상방송설비 음향장치의 설치기준 중 ( ) 안에 알맞은 것은?

- 음량조정기를 설치하는 경우 음량조정기의 배선은 (㉠)선식으로 할 것
- 확성기는 각 층마다 설치하되, 그 층의 각 부분으로부터 하나의 확성기까지의 수평거리가 (㉡)m 이하가 되도록 하고, 해당 층의 각 부분에 유효하게 경보를 발할 수 있도록 설치할 것

	㉠	㉡		㉠	㉡
①	2	15	②	2	25
③	3	15	④	3	25

| 해설
- 음량조정기를 설치하는 경우 음량조정기의 배선은 ㉠ 3선식으로 할 것
- 확성기는 각 층마다 설치하되, 그 층의 각 부분으로부터 하나의 확성기까지의 수평거리가 ㉡ 25m 이하가 되도록 하고, 해당 층의 각 부분에 유효하게 경보를 발할 수 있도록 설치할 것

정답 ④

---

34. 누전경보기 전원의 설치기준 중 ( ) 안에 알맞은 것은?

전원은 분전반으로부터 전용회로로 하고, 각 극에 개폐기 및 (㉠)A 이하의 과전류 차단기(배선용 차단기에 있어서는 (㉡)A 이하의 것으로 각 극을 개폐할 수 있는 것)를 설치할 것

	㉠	㉡		㉠	㉡
①	15	30	②	15	20
③	10	30	④	10	20

| 해설
전원은 분전반으로부터 전용회로로 하고, 각 극에 개폐기 및 ㉠ 15A 이하의 과전류 차단기(배선용 차단기에 있어서는 ㉡ 20A 이하의 것으로 각 극을 개폐할 수 있는 것)를 설치할 것

정답 ②

35. 유도등 예비전원의 종류로 옳은 것은?

① 알칼리계 2차 축전지
② 리튬계 1차 축전지
③ 리튬 이온계 2차 축전지
④ 수은계 1차 축전지

| 해설

유도등 예비전원의 종류에는 알칼리계 2차 축전지, 리튬계 2차 축전지, 무보수 밀폐형 연축전지가 있다.

정답 ①

36. 축광방식의 피난유도선 설치기준 중 ( ) 안에 알맞은 것은?

- 바닥으로부터 높이 (㉠)cm 이하의 위치 또는 바닥면에 설치할 것
- 피난유도 표시부는 (㉡)cm 이내의 간격으로 연속되도록 설치할 것

	㉠	㉡		㉠	㉡
①	50	50	②	50	100
③	100	50	④	100	100

| 해설

- 바닥으로부터 높이 ㉠ 50cm 이하의 위치 또는 바닥면에 설치할 것
- 피난유도 표시부는 ㉡ 50cm 이내의 간격으로 연속되도록 설치할 것

참고 축광방식의 피난유도선 설치기준

㉠ 구획된 각 실로부터 주출입구 또는 비상구까지 설치할 것
㉡ 바닥으로부터 높이 50cm 이하의 위치 또는 바닥면에 설치할 것
㉢ 피난유도 표시부는 50cm 이내의 간격으로 연속되도록 설치할 것
㉣ 부착대에 의하여 견고하게 설치할 것
㉤ 외광 또는 조명장치에 의하여 상시 조명이 제공되거나 비상조명등에 의한 조명이 제공되도록 설치할 것

정답 ①

37. 무선통신보조설비 무선기기 접속단자의 설치 기준 중 ( ) 안에 알맞은 것은?

무선통신보조설비의 무선기기 접속단자를 지상에 설치하는 경우 접속단자는 보행거리 (㉠)m 이내마다 설치하고, 다른 용도로 사용되는 접속단자에서 (㉡)m 이상의 거리를 둘 것

	㉠	㉡		㉠	㉡
①	400	5	②	300	5
③	400	3	④	300	3

| 해설

무선통신보조설비의 무선기기 접속단자를 지상에 설치하는 경우 접속단자는 보행거리 ㉠ 300m 이내마다 설치하고, 다른 용도로 사용되는 접속단자에서 ㉡ 5m 이상의 거리를 둘 것

정답 ②

38. 비상콘센트설비의 전원부와 외함 사이의 절연내력 기준 중 ( ) 안에 알맞은 것은?

절연내력은 전원부와 외함 사이에 정격 전압이 150V 이하인 경우에는 (㉠)V의 실효전압을, 정격전압이 150V 이상인 경우에는 그 정격전압에 (㉡)을(를) 곱하여 1,000을 더한 실효전압을 가하는 시험에서 1분 이상 견디는 것으로 할 것

	㉠	㉡		㉠	㉡
①	500	2	②	500	3
③	1,000	2	④	1,000	3

| 해설

절연내력은 전원부와 외함 사이에 정격 전압이 150V 이하인 경우에는 1,000V의 실효전압을, 정격전압이 150V 이상인 경우에는 그 정격전압에 2를 곱하여 1,000을 더한 실효전압을 가하는 시험에서 1분 이상 견디는 것으로 할 것

정답 ③

39. 자동화재탐지설비의 경계구역에 대한 설정기준으로 옳지 않은 것은?

① 지하구의 경우 하나의 경계구역의 길이는 800m 이하로 할 것
② 하나의 경계구역이 2개 이상의 층에 미치지 아니하도록 할 것
③ 하나의 경계구역의 면적은 600m² 이하로 하고 한 변의 길이는 50m 이하로 할 것
④ 하나의 경계구역이 2개 이상의 건축물에 미치지 아니하도록 할 것

| 해설
지하구의 경우 하나의 경계구역의 길이는 700m 이하로 한다.
정답 ①

40. 비상경보설비를 설치하여야 하는 특정소방대상물의 기준 중 옳은 것은? (단, 지하구, 모래·석재 등 불연재료 창고 및 위험물 저장·처리 시설 중 가스시설은 제외한다)

① 지하층 또는 무창층의 바닥면적이 150m² 이상인 것
② 공연장으로서 지하층 또는 무창층의 바닥면적이 200m² 이상인 것
③ 지하가 중 터널로서 길이가 400m 이상인 것
④ 30명 이상의 근로자가 작업하는 옥내작업장

| 해설
비상경보설비를 설치하여야 하는 특정소방대상물(단, 지하구, 모래·석재 등 불연재료 창고 및 위험물 저장·처리 시설 중 가스시설은 제외)
㉠ 지하층 또는 무창층의 바닥면적이 150m² 이상인 것
㉡ 공연장으로서 지하층 또는 무창층의 바닥면적이 100m² 이상인 것
㉢ 지하가 중 터널로서 길이가 500m 이상인 것
㉣ 50명 이상의 근로자가 작업하는 옥내작업장
정답 ①

2018년 제2회

소방전기일반

01. 다음 그림과 같은 브리지 회로의 평형조건은?

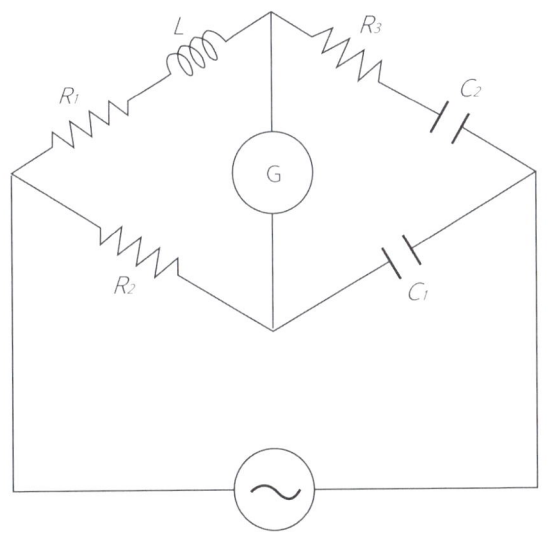

① $R_1 C_1 = R_2 C_2$, $R_2 R_3 = C_1 L$
② $R_1 C_1 = R_2 C_2$, $R_2 R_3 C_1 = L$
③ $R_1 C_2 = R_2 C_1$, $R_2 R_3 = C_1 L$
④ $R_1 C_2 = R_2 C_1$, $L = R_2 R_3 C_1$

| 해설

- $(R_1 + j\omega L)\dfrac{1}{j\omega C_1} = R_2\left(R_3 + \dfrac{1}{j\omega C_2}\right)$ 에서

  $\dfrac{R_1}{j\omega C_1} + \dfrac{L}{C_1} = R_2 R_3 + \dfrac{R_2}{j\omega C_2}$

- 양변의 실수부와 허수부는 같아야 하므로

  ㉠ $\dfrac{R_1}{C_1} = \dfrac{R_2}{C_2}$ 에서 $R_1 C_2 = R_2 C_1$

  ㉡ $\dfrac{L}{C_1} = R_2 R_3$ 에서 $L = R_2 R_3 C_1$

  정답 ④

02. R – C 직렬회로에서 저항 R을 고정시키고 X_C를 0에서 ∞까지 변화시킬 때 어드미턴스 궤적은?

① 1사분면 내의 반원이다.
② 1사분면 내의 직선이다.
③ 4사분면 내의 반원이다.
④ 4사분면 내의 직선이다.

| 해설

R – C 직렬회로에서 저항 R을 고정시키고 X_C를 0에서 ∞까지 변화시킬 때 어드미턴스 궤적은 1사분면 x축과 원점을 지나는 반원이다.

정답 ①

03. 비투자율 μ_s = 500, 평균 자로의 길이 1m의 환상 철심 자기회로에 2mm의 공극을 내면 전체의 자기저항은 공극이 없을 때의 약 몇 배가 되는가?

① 5   ② 2.5
③ 2   ④ 0.5

| 해설

처음 자기저항(R_1), 전체 자기저항(R_2)

$\dfrac{R_2}{R_1} = 1 + \dfrac{l_g}{l} \times \dfrac{\mu}{\mu_0}$ 에서

$\dfrac{R_2}{R_1} = 1 + \dfrac{2 \times 10^{-3}}{1} \times 500 = 2$배

정답 ③

04. 1개의 용량이 25W인 객석유도등 10개가 연결되어 있다. 이 회로에 흐르는 전류(A)는? (단, 전원 전압은 220V이고 기타 선로손실 등은 무시한다)

① 0.88A   ② 1.14A   ③ 1.25A   ④ 1.36A

| 해설

전류$(I) = \dfrac{P}{V} = \dfrac{25 \times 10}{220} = 1.136 ≒ 1.14(A)$

정답 ②

05. 분류기를 써서 배율을 9로 하기 위한 분류기의 저항은 전류계 내부저항의 몇 배인가?

① $\dfrac{1}{8}$ ② $\dfrac{1}{9}$ ③ 8   ④ 9

| 해설

분류기 저항$(R_a) = \dfrac{r}{m-1} = \dfrac{r}{9-1} = \dfrac{1}{8}r$

∴ $\dfrac{1}{8}$ 배이다.

정답 ①

06. R - L 직렬 회로의 설명으로 옳은 것은?

① v, i는 각각 다른 주파수를 가지는 정현파이다.
② v는 i보다 위상이 $\theta = \tan^{-1}\left(\dfrac{\omega L}{R}\right)$ 만큼 앞선다.
③ v와 i의 최대값과 실효값의 비는 $\sqrt{R^2 + \left(\dfrac{1}{X_L}\right)^2}$ 이다.
④ 용량성 회로이다.

| 해설

R - L 직렬 회로
㉠ v, i는 동일한 주파수를 가지는 정현파이다.
㉡ v는 i보다 위상이 $\theta = \tan^{-1}(\dfrac{\omega L}{R})$ 만큼 앞선다.
㉢ 유도성 회로이다.

정답 ②

07. 두 개의 코일 L_1과 L_2를 동일방향으로 직렬 접속하였을 때 합성인덕턴스가 140mH이고, 반대방향으로 접속하였더니 합성 인덕턴스가 20mH이었다. 이때, L_1 = 40mH이면 결합계수 k는?

① 0.38   ② 0.5
③ 0.75   ④ 1.3

| 해설

$(140 = 40 + L_2 + 2M) - (20 = 40 + L_2 - 2M)$
$120 = 4M$
$M = 30 \text{(mH)}$
$L_2 = 140 - 40 - 2 \times 30 = 40 \text{(mH)}$
결합계수$(k) = \dfrac{M}{\sqrt{L_1 L_2}} = \dfrac{30}{\sqrt{40 \times 40}} = 0.75$

정답 ③

08. 삼각파의 파형률 및 파고율은?

① 1.0, 1.0   ② 1.04, 1.226
③ 1.11, 1.414   ④ 1.155, 1.732

| 해설

삼각파

㉠ 파형률: $\dfrac{실효값}{평균값} = \dfrac{\dfrac{1}{\sqrt{3}} \times V_m}{\dfrac{V_m}{2}}$

$= \dfrac{2}{\sqrt{3}} = 1.1547 ≒ 1.155$

㉡ 파고율: $\dfrac{최대값}{실효값} = \dfrac{V_m}{\dfrac{1}{\sqrt{3}} \times V_m} = \sqrt{3} = 1.732$

정답 ④

09. P형 반도체에 첨가되는 불순물에 관한 설명으로 옳은 것은?

① 5개의 가전자를 갖는다.
② 억셉터 불순물이라 한다.
③ 과잉전자를 만든다.
④ 게르마늄에는 첨가할 수 있으나 실리콘에는 첨가가 되지 않는다.

| 해설

P형 반도체에 첨가되는 불순물
㉠ 3개의 가전자를 갖는다.
㉡ 억셉터 불순물이라 한다.
㉢ 정공(=양공)을 만든다.
㉣ 실리콘 및 게르마늄에 붕소, 알루미늄 및 갈륨을 첨가한다.

정답 ②

10. 그림과 같은 게이트의 명칭은?

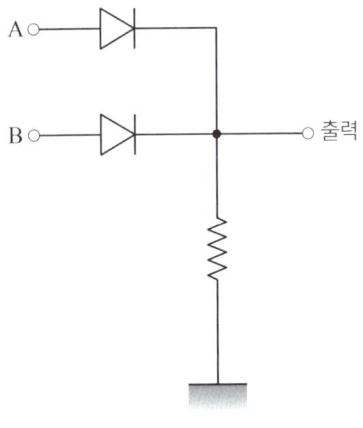

① AND
② OR
③ NOR
④ NAND

| 해설

그림의 게이트 명칭은 OR 논리이다.

정답 ②

11. 어떤 코일의 임피던스를 측정하고자 직류전압 30V를 가했더니 300W가 소비되고, 교류전압 100V를 가했더니 1,200W가 소비되었다. 이 코일의 리액턴스(Ω)는?

① 2
② 4
③ 6
④ 8

| 해설

• 직류전압 30(V)를 가한 경우

㉠ 전류$(I) = \dfrac{P}{V} = \dfrac{300}{30} = 10(A)$

㉡ 저항$(R) = \dfrac{P}{I^2} = \dfrac{300}{10^2} = 3(\Omega)$

• 교류전압 100(V)를 가한 경우

$I^2 = \dfrac{P}{R} = \dfrac{1200}{3} = 20(A)$

$\therefore X_L = \dfrac{P_r}{I^2} = \dfrac{\sqrt{P_a^2 - P^2}}{I^2}$

$= \dfrac{\sqrt{(100 \times 20)^2 - 1200^2}}{20^2} = 4(\Omega)$

정답 ②

12. 저항 6Ω과 유도리액턴스 8Ω이 직렬로 접속된 회로에 100V의 교류전압을 가할 때 흐르는 전류의 크기(A)는?

① 10
② 20
③ 50
④ 80

| 해설

$I = \dfrac{V}{Z} = \dfrac{100}{\sqrt{6^2 + 8^2}} = 10(A)$

정답 ①

13. 백열전등의 점등스위치로는 다음 중 어떤 스위치를 사용하는 것이 적합한가?

① 복귀형 a접점 스위치 ② 복귀형 b접점 스위치
③ 유지형 스위치   ④ 전자 접촉기

| 해설
백열전등의 점등스위치로는 유지형 스위치를 사용하는 것이 적합하다.

정답 ③

14. L – C 직렬 회로에서 직류전압 E를 t = 0에서 인가할 때 흐르는 전류는?

① $\dfrac{E}{\sqrt{\dfrac{L}{C}}}\cos\dfrac{1}{\sqrt{LC}}t$ ② $\dfrac{E}{\sqrt{\dfrac{L}{C}}}\sin\dfrac{1}{\sqrt{LC}}t$

③ $\dfrac{E}{\sqrt{\dfrac{C}{L}}}\cos\dfrac{1}{\sqrt{LC}}t$ ④ $\dfrac{E}{\sqrt{\dfrac{C}{L}}}\sin\dfrac{1}{\sqrt{LC}}t$

| 해설
- KVL을 적용하면

$$0 = IZ_C + IZ_L = I\dfrac{1}{j\omega C} + Ij\omega L = \dfrac{1}{C}\int i\,dt + L\dfrac{di}{dt}$$

- 양변을 라플라스 변환하면

$$0 = \dfrac{1}{sC}I(s) - \dfrac{1}{sC}Q_0 + sLI(s)$$

$$\dfrac{1}{sC}Q_0 = \dfrac{1}{s}\dfrac{Q_0}{C} = \dfrac{1}{s}E = \left(\dfrac{1}{sC} + sL\right)I(s)$$

$$\therefore I(s) = \dfrac{\dfrac{1}{s}E}{\dfrac{1+LCs^2}{sC}} = \dfrac{CE}{1+LCs^2}$$

$$= \dfrac{\dfrac{E}{L}}{s^2 + \dfrac{1}{LC}} = \sqrt{\dfrac{C}{L}}\,E\,\dfrac{\dfrac{1}{\sqrt{LC}}}{s^2 + \dfrac{1}{LC}}$$

$$= \dfrac{E}{\sqrt{\dfrac{L}{C}}}\sin\dfrac{1}{\sqrt{LC}}t$$

정답 ②

15. 피드백 제어계에 대한 설명으로 옳지 않은 것은?

① 감대역 폭이 증가한다.
② 정확성이 있다.
③ 비선형에 대한 효과가 증대된다.
④ 발진을 일으키는 경향이 있다.

| 해설
피드백 제어계
㉠ 감대역 폭이 증가한다.
㉡ 정확성이 있다.
㉢ 발진을 일으키는 경향이 있다.

정답 ③

16. 어떤 계를 표시하는 미분 방정식이 다음과 같다.

$$5\dfrac{d^2}{dt^2}y(t) + 3\dfrac{d}{dt}y(t) - 2y(t) = x(t)$$

$x(t)$는 입력신호, $y(t)$는 출력신호라고 하면 이 계의 전달 함수는?

① $\dfrac{1}{(s+1)(s-5)}$ ② $\dfrac{1}{(s-1)(s+5)}$

③ $\dfrac{1}{(5s-2)(s+1)}$ ④ $\dfrac{1}{(5s+1)(s-2)}$

| 해설

$5\dfrac{d^2}{dt^2}y(t) + 3\dfrac{d}{dt}y(t) - 2y(t) = x(t)$을 변환하면

$Y(s)(5s^2 + 3s - 2) = X(s)$

$\dfrac{Y(s)}{X(s)} = \dfrac{1}{5s^2 + 3s - 2} = \dfrac{1}{(5s-2)(s+1)}$

정답 ③

17. 측정기의 측정범위 확대를 위한 방법의 설명으로 옳지 않은 것은?

① 전류의 측정범위 확대를 위하여 분류기를 사용하고, 전압의 측정범위 확대를 위하여 배율기를 사용한다.
② 분류기는 계기에 직렬로 배율기는 병렬로 접속한다.
③ 측정기 내부 저항을 R_a, 분류기 저항을 R_s라 할 때, 분류기의 배율은 $1+\dfrac{R_a}{R_s}$로 표시된다.
④ 측정기 내부의 저항을 R_v, 배율기 저항을 R_m라 할 때, 배율기의 배율은 $1+\dfrac{R_m}{R_v}$로 표시된다.

| 해설

측정기의 측정범위 확대
㉠ 전류의 측정범위 확대를 위하여 분류기를 사용하고, 전압의 측정범위 확대를 위하여 배율기를 사용한다.
㉡ 분류기는 계기에 병렬로, 배율기는 직렬로 접속한다.
㉢ 측정기 내부 저항을 R_a, 분류기 저항을 R_s라 할 때, 분류기의 배율은 $1+\dfrac{R_a}{R_s}$로 표시된다.
㉣ 측정기 내부의 저항을 R_v, 배율기 저항을 R_m라 할 때, 배율기의 배율은 $1+\dfrac{R_m}{R_v}$로 표시된다.

정답 ②

18. 논리식 $X = AB\overline{C} + \overline{A}BC + \overline{A}B\overline{C}$를 가장 간소화하면?

① $B(\overline{A}+\overline{C})$
② $B(\overline{A}+A\overline{C})$
③ $B(\overline{A}C+\overline{C})$
④ $B(A+C)$

| 해설

$X = AB\overline{C} + \overline{A}BC + \overline{A}B\overline{C} = AB\overline{C} + \overline{A}B(C+\overline{C})$
$= AB\overline{C} + \overline{A}B = B(A\overline{C}+\overline{A}) = B[(A+\overline{A})(\overline{A}+\overline{C})]$
$= B(\overline{A}+\overline{C})$

정답 ①

19. 원형 단면적이 S(m²), 평균자로의 길이가 l(m), 1m당 권선수의 N회인 공심 환상솔레노이드에 I(A)의 전류를 흘릴 때 철심 내의 자속은?

① $\dfrac{NI}{l}$
② $\dfrac{\mu_0 SNI}{l}$
③ $\mu_0 SNI$
④ $\dfrac{\mu_0 SN^2 I}{l}$

| 해설

$\phi = BS = \mu HS$
$= \dfrac{\mu_0\mu_s SNI}{l} = \dfrac{\mu_0 SNI}{l}$

정답 ②

20. 무한장 솔레노이드 자계의 세기에 대한 설명으로 옳지 않은 것은?

① 전류의 세기에 비례한다.
② 코일의 권수에 비례한다.
③ 솔레노이드 내부에서의 자계의 세기는 위치에 관계없이 일정한 평등자계이다.
④ 자계의 방향과 암페어 경로 간에 서로 수직인 경우 자계의 세기가 최고이다.

| 해설

무한장 솔레노이드 자계의 세기
㉠ 전류의 세기에 비례한다.
㉡ 코일의 권수에 비례한다.
㉢ 솔레노이드 내부에서의 자계의 세기는 위치에 관계없이 일정한 평등자계이다.

정답 ④

소방전기시설의 구조 및 원리

21. 비상콘센트설비 전원회로의 설치기준으로 옳지 않은 것은?

① 전원회로는 3상교류 380V 이상인 것으로서, 그 전원공급용량은 3kVA 이상인 것으로 하여야 한다.
② 전원회로는 각층에 2 이상이 되도록 설치할 것. 다만, 설치하여야 할 층의 비상콘센트가 1개인 때에는 하나의 회로로 할 수 있다.
③ 비상콘센트용의 풀박스 등은 방청도장을 한 것으로서, 두께 1.6mm 이상의 철판으로 하여야 한다.
④ 하나의 전용회로에 설치하는 비상콘센트는 10개 이하로 할 것. 이 경우 전선의 용량은 각 비상콘센트(비상콘센트가 3개 이상인 경우에는 3개)의 공급용량을 합한 용량 이상의 것으로 하여야 한다.

| 해설
전원회로는 단상교류 220V로서, 그 전원공급용량은 1.5kVA 이상인 것으로 하여야 한다.

정답 ①

22. 불꽃감지기 중 도로형의 최대시야각 기준으로 옳은 것은?

① 30° 이상 ② 45° 이상
③ 90° 이상 ④ 180° 이상

| 해설
불꽃감지기 최대시야각 기준
㉠ 5° 간격으로 설정한다.
㉡ 도로형은 180° 이상이어야 한다.

정답 ④

23. 비상경보설비를 설치하여야 하는 특정소방대상물의 기준으로 옳은 것은? (단, 지하구, 모래·석재 등 불연재료 창고 및 위험물 저장·처리 시설 중 가스시설은 제외한다)

① 공연장의 경우 지하층 또는 무창층의 바닥면적이 100m² 이상인 것
② 지하층을 제외한 층수가 11층 이상인 것
③ 지하층의 층수가 3층 이상인 것
④ 30명 이상의 근로자가 작업하는 옥내작업장

| 해설
비상경보설비를 설치하여야 하는 특정소방대상물(단, 지하구, 모래·석재 등 불연재료 창고 및 위험물 저장·처리 시설 중 가스시설은 제외)
㉠ 공연장의 경우 지하층 또는 무창층의 바닥면적이 100m² 이상인 것
㉡ 지하층 또는 무창층의 바닥면적이 150m² 이상인 것
㉢ 지하가 중 터널로서 길이가 500m 이상인 것
㉣ 50명 이상의 근로자가 작업하는 옥내작업장

정답 ①

24. 휴대용비상조명등의 설치기준으로 옳지 않은 것은?

① 대규모점포(지하상가 및 지하역사는 제외)와 영화상영관에는 보행거리 50m 이내마다 3개 이상 설치할 것
② 사용시 수동으로 점등되는 구조일 것
③ 건전지 및 충전식 밧데리의 용량은 20분 이상 유효하게 사용할 수 있는 것으로 할 것
④ 지하상가 및 지하역사에서는 보행거리 25m 이내마다 3개 이상 설치할 것

| 해설
사용시 자동으로 점등되는 구조이어야 한다.

정답 ②

25. 객석 내의 통로가 경사로 또는 수평로로 되어 있는 부분에 설치하여야 하는 객석유도등의 설치개수 산출 공식으로 옳은 것은?

① $\dfrac{\text{객석 통로의 직선 부분의 길이(m)}}{3} - 1$

② $\dfrac{\text{객석 통로의 직선 부분의 길이(m)}}{4} - 1$

③ $\dfrac{\text{객석 통로의 넓이(m}^2\text{)}}{3} - 1$

④ $\dfrac{\text{객석 통로의 넓이(m}^2\text{)}}{4} - 1$

| 해설

객석유도등의 설치개수 산출 공식

객석유도등의 설치개수

$= \dfrac{\text{객석 통로의 직선 부분의 길이(m)}}{4} - 1$

정답 ②

26. 객석유도등을 설치하지 아니하는 경우의 기준 중 ( ) 안에 알맞은 것은?

> 거실 등의 각 부분으로부터 하나의 거실 출입구에 이르는 보행거리가 ( )m 이하인 객석의 통로로서 그 통로에 통로유도등이 설치된 객석

① 15　　② 20
③ 30　　④ 50

| 해설

거실 등의 각 부분으로부터 하나의 거실 출입구에 이르는 보행거리가 20m 이하인 객석의 통로로서 그 통로에 통로유도등이 설치된 객석

정답 ②

27. 비상벨설비의 설치기준 중 ( ) 안에 알맞은 것은?

> 비상벨설비에는 그 설비에 대한 감시 상태를 (㉠)분간 지속한 후 유효하게 (㉡)분 이상 경보할 수 있는 축전지설비 또는 전기저장장치를 설치하여야 한다.

　　㉠　　㉡
① 30　　10
② 10　　30
③ 60　　10
④ 10　　60

| 해설

비상벨설비에는 그 설비에 대한 감시 상태를 ㉠ 60분간 지속한 후 유효하게 ㉡ 10분 이상 경보할 수 있는 축전지설비 또는 전기저장장치를 설치하여야 한다.

정답 ③

28. 누전경보기 변류기의 절연저항시험 부위가 아닌 것은?

① 절연된 1차권선과 단자판 사이
② 절연된 1차권선과 외부금속부 사이
③ 절연된 1차권선과 2차권선 사이
④ 절연된 2차권선과 외부금속부 사이

| 해설

절연된 1차권선과 단자판 사이는 누전경보기 변류기의 절연저항시험 부위에 포함되지 않는다.

참고 누전경보기 변류기의 절연저항시험

DC 500V의 절연저항계로 시험을 하는 경우 5MΩ 이상이어야 한다.
㉠ 절연된 1차권선과 2차권선간의 절연저항
㉡ 절연된 1차권선과 외부금속부간의 절연저항
㉢ 절연된 2차권선과 외부금속부간의 절연저항

정답 ①

29. 피난기구의 설치기준으로 옳지 않은 것은?

① 피난기구를 설치하는 개구부는 서로 동일 직선상이 아닌 위치에 있을 것. 다만, 피난교·피난용 트랩·간이완강기·아파트에 설치되는 피난기구(다수인피난장비는 제외) 기타 피난상 지장이 없는 것에 있어서는 그러하지 아니하다.
② 4층 이상의 층에 하향식 피난구용 내림식 사다리를 설치하는 경우에는 금속성 고정사다리를 설치하고, 당해 고정사다리에는 쉽게 피난할 수 있는 구조의 노대를 설치하여야 한다.
③ 다수인피난장비 보관실은 건물 외측보다 돌출되지 아니하고, 빗물·먼지 등으로부터 장비를 보호할 수 있는 구조이어야 한다.
④ 승강식 피난기 및 하향식 피난구용 내림식 사다리의 착지점과 하강구는 상호 수평거리 15cm 이상의 간격을 두어야 한다.

| 해설

4층 이상의 층에 피난사다리(하향식 피난구용 내림식 사다리는 제외한다)를 설치하는 경우에는 금속성 고정사다리를 설치하고, 당해 고정사다리에는 쉽게 피난할 수 있는 구조의 노대를 설치하여야 한다.

정답 ②

30. 소방시설용 비상전원수전설비에서 전력수급용 계기용변성기·주차단장치 및 그 부속기기로 정의되는 것은?

① 큐비클설비　　② 배전반설비
③ 수전설비　　　④ 변전설비

| 해설

비상전원수전설비의 정의
㉠ 수전설비: 전력수급용 계기용변성기·주차단장치 및 그 부속기기
㉡ 변전설비: 전력용변압기 및 그 부속장치

정답 ③

31. 비상콘센트설비의 설치기준 중 (　) 안에 알맞은 것은?

> 도로터널의 비상콘센트설비는 주행차로의 우측 측벽에 (　)m 이내의 간격으로 바닥으로부터 0.8m 이상 1.5m 이하의 높이에 설치할 것

① 15　　　　　② 25
③ 30　　　　　④ 50

| 해설

도로터널의 비상콘센트설비는 주행차로의 우측 측벽에 50m 이내의 간격으로 바닥으로부터 0.8m 이상 1.5m 이하의 높이에 설치할 것

정답 ④

32. 자동화재속보설비 속보기 예비전원의 주위온도 충방전시험 기준 중 (　) 안에 알맞은 것은?

> 무보수 밀폐형 연축전지는 방전종지전압 상태에서 0.1C로 48시간 충전한 다음 1시간 방치 후 0.05C로 방전시킬 때 정격용량의 95% 용량을 지속하는 시간이 (　)분 이상이어야 하며, 외관이 부풀어 오르거나 누액 등이 생기지 아니하여야 한다.

① 10　　　　　② 25
③ 30　　　　　④ 40

| 해설

무보수 밀폐형 연축전지는 방전종지전압 상태에서 0.1C로 48시간 충전한 다음 1시간 방치 후 0.05C로 방전시킬 때 정격용량의 95% 용량을 지속하는 시간이 30분 이상이어야 하며, 외관이 부풀어 오르거나 누액 등이 생기지 아니하여야 한다.

정답 ③

33. 비상방송설비 음향장치 설치기준 중 층수가 5층 이상으로서 연면적 3,000m²를 초과하는 특정소방대상물의 1층에서 발화한 때의 경보 기준으로 옳은 것은?

① 발화층에 경보를 발할 것
② 발화층 및 그 직상층에 경보를 발할 것
③ 발화층·그 직상층 및 기타의 지하층에 경보를 발할 것
④ 발화층·그 직상층 및 지하층에 경보를 발할 것

| 해설
비상방송설비 음향장치 설치기준
층수가 5층 이상으로서 연면적이 3,000m²를 초과하는 특정소방대상물은 다음에 따라 경보를 발할 수 있도록 하여야 한다.
㉠ 2층 이상의 층에서 발화한 때에는 발화층 및 그 직상층에 경보를 발할 것
㉡ 1층에서 발화한 때에는 발화층·그 직상층 및 지하층에 경보를 발할 것
㉢ 지하층에서 발화한 때에는 발화층·그 직상층 및 기타의 지하층에 경보를 발할 것

정답 ④

34. 비상방송설비 음향장치의 구조 및 성능기준 중 다음 (   ) 안에 알맞은 것은?

- 정격전압의 (㉠)% 전압에서 음향을 발할 수 있는 것으로 할 것
- (㉡)의 작동과 연동하여 작동할 수 있는 것으로 할 것

	㉠	㉡
①	65	자동화재탐지설비
②	80	자동화재탐지설비
③	65	단독경보형감지기
④	80	단독경보형감지기

| 해설
- 정격전압의 ㉠ 80% 전압에서 음향을 발할 수 있는 것으로 할 것
- ㉡ 자동화재탐지설비의 작동과 연동하여 작동할 수 있는 것으로 할 것

정답 ②

35. 무선통신보조설비를 설치하여야 할 특정소방대상물의 기준 중 (   ) 안에 알맞은 것은?

층수가 30층 이상인 것으로서 (   )층 이상 부분의 모든 층

① 11   ② 15
③ 16   ④ 20

| 해설
무선통신보조설비를 설치하여야 할 특정소방대상물
㉠ 지하가(터널은 제외한다)로서 연면적 1천m² 이상인 것
㉡ 지하층의 바닥면적의 합계가 3천m² 이상인 것 또는 지하층의 층수가 3층 이상이고 지하층의 바닥면적의 합계가 1천m² 이상인 것은 지하층의 모든 층
㉢ 지하가 중 터널로서 길이가 500m 이상인 것
㉣ 국토의 계획 및 이용에 관한 법률 제2조 제9호에 따른 공동구
㉤ 층수가 30층 이상인 것으로서 16층 이상 부분의 모든 층

정답 ③

36. 자동화재탐지설비 수신기의 설치기준 중 (　) 안에 알맞은 것은?

> 4층 이상의 특정소방대상물에는 (　　)와 전화통화가 가능한 수신기를 설치할 것

① 감지기　　② 발신기
③ 중계기　　④ 시각경보기

| 해설
4층 이상의 특정소방대상물에는 발신기와 전화통화가 가능한 수신기를 설치하여야 한다.

정답 ②

37. 노유자시설 지하층에 적응성을 가진 피난 기구는?

① 미끄럼대　　② 다수인피난장비
③ 피난교　　　④ 피난용트랩

| 해설
노유자시설의 층별 피난기구

지하층	1층	2층	3층	4층 이상 10층 이하
피난용 트랩	미끄럼대·구조대·피난교·다수인피난장비·승강식피난기	미끄럼대·구조대·피난교·다수인피난장비·승강식피난기	미끄럼대·구조대·피난교·다수인피난장비·승강식피난기	피난교·다수인피난장비·승강식피난기

정답 ④

38. 자동화재탐지설비의 감지기 중 연기를 감지하는 감지기는 감시챔버로 몇 mm 크기의 물체가 침입할 수 없는 구조이어야 하는가?

① 1.3 ± 0.05　　② 1.5 ± 0.05
③ 1.8 ± 0.05　　④ 2.0 ± 0.05

| 해설
자동화재탐지설비의 감지기 중 연기를 감지하는 감지기는 감시챔버로 1.3 ± 0.05mm 크기의 물체가 침입할 수 없는 구조이어야 한다.

정답 ①

39. 무선통신보조설비 증폭기의 비상전원 용량은 무선통신보조설비를 유효하게 몇 분 이상 작동시킬 수 있는 것으로 설치하여야 하는가?

① 10　　② 20　　③ 30　　④ 60

| 해설
무선통신보조설비 증폭기의 비상전원 용량은 무선통신보조설비를 유효하게 30분 이상 작동시킬 수 있는 것으로 설치하여야 한다.

정답 ③

40. 광전식 분리형 감지기의 설치기준 중 옳은 것은?

① 감지기의 수광면은 햇빛을 직접 받도록 설치할 것
② 광축(송광면과 수광면의 중심을 연결한 선)은 나란한 벽으로부터 1.5m 이상 이격하여 설치할 것
③ 감지기의 송광부와 수광부는 설치된 뒷벽으로부터 0.6m 이내 위치에 설치할 것
④ 광축의 높이는 천장 등(천장의 실내에 면한 부분 또는 상층의 바닥하부면) 높이의 80% 이상일 것

| 해설
광전식 분리형 감지기의 설치기준
㉠ 감지기의 수광면은 햇빛을 직접 받지 않도록 설치할 것
㉡ 광축(송광면과 수광면의 중심을 연결한 선)은 나란한 벽으로부터 0.6m 이상 이격하여 설치할 것
㉢ 감지기의 송광부와 수광부는 설치된 뒷벽으로부터 1m 이내 위치에 설치할 것
㉣ 광축의 높이는 천장 등(천장의 실내에 면한 부분 또는 상층의 바닥하부면) 높이의 80% 이상일 것

정답 ④

2018년 | 제1회

소방전기일반

01. 다음과 같은 결합회로의 합성인덕턴스로 옳은 것은?

① $L_1 + L_2 + 2M$
② $L_1 + L_2 - 2M$
③ $L_1 + L_2 - M$
④ $L_1 + L_2 + M$

| 해설

가동결합이므로 합성인덕턴스는 $L_1 + L_2 + 2M$이다.

정답 ①

02. 권선수가 100회인 코일을 200회로 늘리면 코일에 유기되는 유도기전력은 어떻게 변화하는가?

① 1/2로 감소
② 1/4로 감소
③ 2배로 증가
④ 4배로 증가

| 해설

$e = -L\dfrac{di}{dt}$, $e \propto L$

$L = \dfrac{\mu A N^2}{l}$, $L \propto N^2$

∴ $2^2 = 4$배로 증가한다.

정답 ④

03. 그림과 같이 전압계 V_1, V_2, V_3와 5Ω의 저항 R을 접속하였다. 전압계의 지시가 V_1 = 20V, V_2 = 40V, V_3 = 50V라면 부하전력은 몇 W인가?

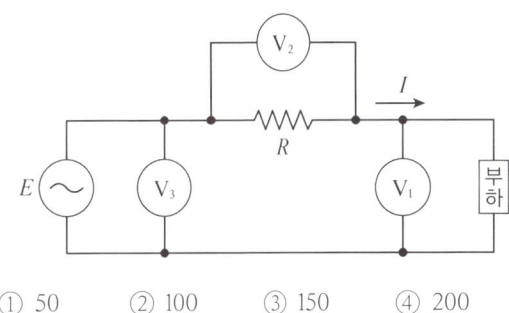

① 50 ② 100 ③ 150 ④ 200

| 해설

단상전력 측정(3전압계법)시 교류전력

$P = \dfrac{1}{2R}(V_3^2 - V_1^2 - V_2^2)$에서

$P = \dfrac{1}{2 \times 5}(50^2 - 40^2 - 20^2) = 50(W)$

정답 ①

04. 회로의 전압과 전류를 측정하기 위한 계측기의 연결방법으로 옳은 것은?

① 전압계: 부하와 직렬, 전류계: 부하와 병렬
② 전압계: 부하와 직렬, 전류계: 부하와 직렬
③ 전압계: 부하와 병렬, 전류계: 부하와 병렬
④ 전압계: 부하와 병렬, 전류계: 부하와 직렬

| 해설

계측기의 연결방법
㉠ 전압계: 부하와 병렬
㉡ 전류계: 부하와 직렬

정답 ④

05. 3상유도전동기 Y-△ 기동회로의 제어요소가 아닌 것은?

① MCCB
② THR
③ MC
④ ZCT

| 해설
Y-△ 기동회로의 제어요소
㉠ MCCB(배선용차단기)
㉡ THR(열동형계전기)
㉢ MC(전자접촉기)
㉣ TLR(시한계전기)

정답 ④

06. 제어동작에 따른 제어계의 분류에 대한 설명으로 옳지 않은 것은?

① 미분동작: D동작 또는 rate동작이라고 부르며, 동작신호의 기울기에 비례한 조작신호를 만든다.
② 적분동작: I동작 또는 리셋동작이라고 부르며, 적분값의 크기에 비례하여 조절신호를 만든다.
③ 2위치제어: on/off 동작이라고도 하며, 제어량이 목표값 보다 작은지 큰지에 따라 조작량으로 on 또는 off의 두 가지 값의 조절 신호를 발생한다.
④ 비례동작: P동작이라고도 부르며, 제어동작신호에 반비례하는 조절신호를 만드는 제어동작이다.

| 해설
비례동작은 제어동작신호에 비례하는 조절신호를 만드는 제어동작이다.

정답 ④

07. 용량 $0.02\mu F$ 콘덴서 2개와 $0.01\mu F$ 콘덴서 1개를 병렬로 접속하여 24V의 전압을 가하였다. 합성정전용량은 몇 μF이며, $0.01\mu F$ 콘덴서에 축적되는 전하량은 몇 C인가?

① 0.05, 0.12×10^{-6}
② 0.05, 0.24×10^{-6}
③ 0.03, 0.12×10^{-6}
④ 0.03, 0.24×10^{-6}

| 해설
- 합성정전용량$(C_0) = C_1 + C_2 + C_3$에서
  $C_0 = 0.02 + 0.02 + 0.01 = 0.05(\mu F)$
- 전하량$(Q) = CV = 0.01 \times 10^{-6} \times 24 = 0.24 \times 10^{-6}$

정답 ②

08. 불대수의 기본정리에 관한 설명으로 옳지 않은 것은?

① $A + A = A$
② $A + 1 = 1$
③ $A \cdot 0 = 1$
④ $A + 0 = A$

| 해설
$A \cdot 0 = 0$이다.

정답 ③

09. RLC 직렬공진회로에서 제n고조파의 공진주파수(f_n)는?

① $\dfrac{1}{2\pi n \sqrt{LC}}$
② $\dfrac{1}{\pi n \sqrt{LC}}$
③ $\dfrac{1}{2\pi \sqrt{LC}}$
④ $\dfrac{n}{2\pi \sqrt{LC}}$

| 해설
RLC 직렬공진회로에서 제n고조파의 공진주파수(f_n)
$f_n = \dfrac{1}{2\pi n \sqrt{LC}}$

정답 ①

10. 대칭 3상 Y부하에서 각 상의 임피던스는 20Ω이고, 부하 전류가 8A일 때 부하의 선간전압(V)은?

① 160   ② 226
③ 277   ④ 480

| 해설

선간전압(V_l) = $\sqrt{3}\,V_p = \sqrt{3}\,I_p Z(I_l = I_p)$에서
$V_l = \sqrt{3} \times 8 \times 20 = 277.1 ≒ 277(\text{V})$

정답 ③

11. R = 10Ω, ωL = 20Ω인 직렬회로에 220V의 전압을 가하는 경우 전류와 전압과 전류의 위상각은 각각 어떻게 되는가?

① 24.5A, 26.5°   ② 9.8A, 63.4°
③ 12.2A, 13.2°   ④ 73.6A, 79.6°

| 해설

• 전류(I) = $\dfrac{V}{Z} = \dfrac{220}{\sqrt{10^2 + 20^2}} = 9.83 ≒ 9.8(\text{A})$

• 위상각(θ) = $\tan^{-1}\dfrac{\omega L}{R} = \tan^{-1}\dfrac{20}{10} = 63.4°$

정답 ②

12. 터널다이오드를 사용하는 목적이 아닌 것은?

① 스위칭작용   ② 증폭작용
③ 발진작용   ④ 정전압 정류작용

| 해설

정전압 정류작용은 제너다이오드를 사용하는 목적에 해당한다.

정답 ④

13. 집적회로(IC)의 특징으로 옳은 것은?

① 시스템이 대형화된다.
② 신뢰성이 높으나, 부품의 교체가 어렵다.
③ 열에 강하다.
④ 마찰에 의한 정전기 영향에 주의해야 한다.

| 해설

집적회로(IC)의 특징
㉠ 시스템이 소형화된다.
㉡ 신뢰성이 높고, 부품의 교체가 쉽다.
㉢ 열에 약하다.
㉣ 마찰에 의한 정전기 영향에 주의해야 한다.

정답 ④

14. PB-on 스위치와 병렬로 접속된 보조접점 X-a의 역할은?

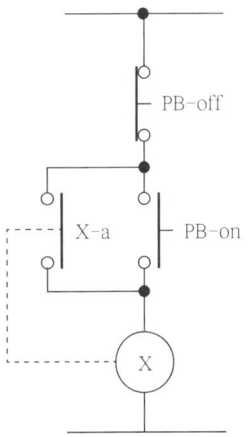

① 인터록 회로   ② 자기유지회로
③ 전원차단회로   ④ 램프점등회로

| 해설

PB-on 스위치와 병렬로 접속된 보조접점 X-a는 자기유지회로이다.

정답 ②

15. 1차 권선수 10회, 2차 권선수 300회인 변압기에서 2차 단자전압 1,500V가 유도되기 위한 1차 단자전압은 몇 V인가?

① 30 ② 50
③ 120 ④ 150

| 해설

$a = \dfrac{V_1}{V_2} = \dfrac{N_1}{N_2}$ 에서

$V_1 = \dfrac{1500 \times 10}{300} = 50(V)$

정답 ②

16. 교류에서 파형의 개략적인 모습을 알기 위해 사용하는 파고율과 파형율에 대한 설명으로 옳은 것은?

① 파고율 = $\dfrac{실효값}{평균값}$, 파형율 = $\dfrac{평균값}{실효값}$

② 파고율 = $\dfrac{최대값}{실효값}$, 파형율 = $\dfrac{실효값}{평균값}$

③ 파고율 = $\dfrac{실효값}{최대값}$, 파형율 = $\dfrac{평균값}{실효값}$

④ 파고율 = $\dfrac{최대값}{평균값}$, 파형율 = $\dfrac{평균값}{실효값}$

| 해설

파고율 = $\dfrac{최대값}{실효값}$, 파형율 = $\dfrac{실효값}{평균값}$ 이 옳은 내용이다.

정답 ②

17. 배전선에 6,000V의 전압을 가하였더니 2mA의 누설전류가 흘렀다. 이 배전선의 절연저항은 몇 MΩ인가?

① 3 ② 6
③ 8 ④ 12

| 해설

$R = \dfrac{V}{I}$ 에서

$R = \dfrac{6000}{2 \times 10^{-3}} = 3,000,000(\Omega) = 3(M\Omega)$

정답 ①

18. 자동화재탐지설비의 수신기에서 교류 220V를 직류 24V로 정류시 필요한 구성요소가 아닌 것은?

① 변압기
② 트랜지스터
③ 정류다이오드
④ 평활 콘덴서

| 해설

교류 220V를 직류 24V로 정류시 필요한 구성요소에는 변압기, 평활 콘덴서, 정류다이오드가 있으며, 트랜지스터는 포함되지 않는다.

정답 ②

19. 다음 그림과 같은 계통의 전달함수는?

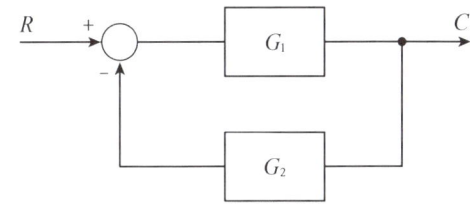

① $\dfrac{G_1}{1+G_2}$ ② $\dfrac{G_2}{1+G_1}$

③ $\dfrac{G_2}{1+G_1G_2}$ ④ $\dfrac{G_1}{1+G_1G_2}$

| 해설

$\dfrac{C(s)}{R(s)} = \dfrac{\Sigma 전향경로이득}{1-(\Sigma 루프이득)}$ 에서

$\dfrac{C(s)}{R(s)} = \dfrac{C(s)}{R(s)} = \dfrac{G_1}{1-(-G_1G_2)} = \dfrac{G_1}{1+G_1G_2}$

정답 ④

20. 단상 유도전동기의 Slip은 5.5[%], 회전자의 속도가 1,700rpm인 경우 동기속도(N_s)는?

① 3,090rpm   ② 9,350rpm
③ 1,799rpm   ④ 1,750rpm

| 해설

N(회전자속도) $= (1-s) \times$ 동기속도(N_s)에서

$N_s = \dfrac{N}{1-s} = \dfrac{1700}{1-0.055} = 1798.9 ≒ 1799(\text{rpm})$

정답 ③

소방전기시설의 구조 및 원리

21. 누전경보기를 설치하여야 하는 특정소방대상물의 기준 중 (   ) 안에 알맞은 것은? (단, 위험물 저장 및 처리 시설 중 가스시설, 지하가 중 터널 또는 지하구의 경우는 제외한다)

> 누전경보기는 계약전류용량이 (   )A를 초과하는 특정소방대상물(내화구조가 아닌 건축물로서 벽·바닥 또는 반자의 전부나 일부를 불연재료 또는 준불연재료가 아닌 재료에 철망을 넣어 만든 것만 해당)에 설치하여야 한다.

① 60   ② 100
③ 200   ④ 300

| 해설

누전경보기는 계약전류용량이 100A를 초과하는 특정소방대상물(내화구조가 아닌 건축물로서 벽·바닥 또는 반자의 전부나 일부를 불연재료 또는 준불연재료가 아닌 재료에 철망을 넣어 만든 것만 해당)에 설치하여야 한다.

정답 ②

22. 복도통로유도등의 식별도 기준 중 ( ) 안에 알맞은 것은?

> 복도통로유도등에 있어서 상용전원으로 등을 켜는 경우에는 직선거리 (㉠)m의 위치에서, 비상전원으로 등을 켜는 경우에는 직선거리 (㉡)m의 위치에서 보통시력에 의하여 표시면의 화살표가 쉽게 식별되어야 한다.

	㉠	㉡
①	15	20
②	20	15
③	30	20
④	20	30

| 해설
복도통로유도등에 있어서 상용전원으로 등을 켜는 경우에는 직선거리 ㉠ 20m의 위치에서, 비상전원으로 등을 켜는 경우에는 직선거리 ㉡ 15m의 위치에서 보통시력에 의하여 표시면의 화살표가 쉽게 식별되어야 한다.

정답 ②

23. 지하층을 제외한 층수가 7층 이상으로서 연면적이 2,000m² 이상이거나 지하층의 바닥면적의 합계가 3,000m² 이상인 특정소방대상물의 비상콘센트설비에 설치하여야 할 비상전원의 종류가 아닌 것은?

① 비상전원수전설비   ② 자가발전설비
③ 전기저장장치   ④ 축전지설비

| 해설
비상콘센트설비에 설치하여야 할 비상전원의 종류
㉠ 비상전원수전설비
㉡ 자가발전설비
㉢ 전기저장장치

정답 ④

24. 수신기의 구조 및 일반기능에 대한 설명으로 옳지 않은 것은? (단, 간이형수신기는 제외한다)

① 수신기(1회선용은 제외한다)는 2회선이 동시에 작동하여도 화재표시가 되어야 하며, 감지기의 감지 또는 발신기의 발신개시로부터 P형, P형복합식, GP형, GP형복합식, R형, R형복합식 수신기의 수신완료까지의 소요시간은 5초(축적형의 경우에는 60초) 이내이어야 한다.
② 수신기의 외부배선 연결용 단자에 있어서 공통신호선용 단자는 10개 회로마다 1개 이상 설치하여야 한다.
③ 화재신호를 수신하는 경우 P형, P형복합식, GP형, GP형복합식, R형, R형복합식, GR형 또는 GR형복합식의 수신기에 있어서는 2 이상의 지구표시장치에 의하여 각각 화재를 표시할 수 있어야 한다.
④ 정격전압이 60V를 넘는 기구의 금속제 외함에는 접지단자를 설치하여야 한다.

| 해설
수신기의 외부배선 연결용 단자에 있어서 공통신호선용 단자는 7개 회로마다 1개 이상 설치하여야 한다.

정답 ②

25. 비상벨설비 또는 자동식사이렌설비의 설치기준으로 옳지 않은 것은?

① 전원은 전기가 정상적으로 공급되는 축전지, 전기저장장치 또는 교류전압의 옥내 간선으로 하고, 전원까지의 배선은 전용으로 설치하여야 한다.
② 비상벨설비 또는 자동식사이렌설비에는 그 설비에 대한 감시상태를 60분간 지속한 후 유효하게 10분 이상 경보할 수 있는 축전지설비(수신기에 내장하는 경우를 포함) 또는 전기저장장치를 설치하여야 한다.
③ 특정소방대상물의 층마다 설치하되, 해당 특정소방대상물의 각 부분으로부터 하나의 발신기까지의 수평거리가 25m 이하가 되도록 할 것. 다만, 복도 또는 별도로 구획된 실로서 보행거리가 40m 이상일 경우에는 추가로 설치하여야 한다.
④ 발신기의 위치표시등은 함의 상부에 설치하되, 그 불빛은 부착면으로부터 45° 이상의 범위 안에서 부착지점으로부터 10m 이내의 어느 곳에서도 쉽게 식별할 수 있는 적색등으로 설치하여야 한다.

| 해설
발신기의 위치표시등은 함의 상부에 설치하되, 그 불빛은 부착면으로부터 15° 이상의 범위 안에서 부착지점으로부터 10m 이내의 어느 곳에서도 쉽게 식별할 수 있는 적색등으로 설치하여야 한다.

정답 ④

26. 비상방송설비 음향장치의 설치기준으로 옳은 것은?

① 확성기는 각층마다 설치하되, 그 층의 각 부분으로부터 하나의 확성기까지의 수평거리가 15m 이하가 되도록 하고, 해당 층의 각 부분에 유효하게 경보를 발할 수 있도록 설치할 것
② 층수가 5층 이상으로서 연면적이 3,000m²를 초과하는 특정소방대상물의 지하층에서 발화한 때에는 직상층에만 경보를 발할 것
③ 음향장치는 자동화재탐지설비의 작동과 연동하여 작동할 수 있는 것으로 할 것
④ 음향장치는 정격전압의 60% 전압에서 음향을 발할 수 있는 것으로 할 것

| 해설
비상방송설비 음향장치의 설치기준
㉠ 확성기는 각층마다 설치하되, 그 층의 각 부분으로부터 하나의 확성기까지의 수평거리가 25m 이하가 되도록 하고, 해당 층의 각 부분에 유효하게 경보를 발할 수 있도록 설치할 것
㉡ 층수가 5층 이상으로서 연면적이 3,000m²를 초과하는 특정소방대상물의 지하층에서 발화한 때에는 발화층, 그 직상층 및 기타 지하층에 경보를 발할 것
㉢ 음향장치는 자동화재탐지설비의 작동과 연동하여 작동할 수 있는 것으로 할 것
㉣ 음향장치는 정격전압의 80% 전압에서 음향을 발할 수 있는 것으로 할 것

정답 ③

27. 자동화재속보설비 속보기의 기능에 대한 기준으로 옳지 않은 것은?

① 작동신호를 수신하거나 수동으로 동작시키는 경우 30초 이내에 소방관서에 자동적으로 신호를 발하여 통보하되, 3회 이상 속보할 수 있어야 한다.
② 예비전원을 병렬로 접속하는 경우에는 역충전 방지 등의 조치를 하여야 한다.
③ 연동 또는 수동으로 소방관서에 화재발생 음성정보를 속보 중인 경우에도 송수화장치를 이용한 통화가 우선적으로 가능하여야 한다.
④ 속보기의 송수화장치가 정상위치가 아닌 경우에도 연동 또는 수동으로 속보가 가능하여야 한다.

| 해설
작동신호를 수신하거나 수동으로 동작시키는 경우 20초 이내에 소방관서에 자동적으로 신호를 발하여 통보하되, 3회 이상 속보할 수 있어야 한다.

정답 ①

28. 피난기구 설치 개수의 기준 중 ( ) 안에 알맞은 것은?

층마다 설치하되, 숙박시설·노유자시설 및 의료시설로 사용되는 층에 있어서는 그 층의 바닥면적 (㉠)m²마다, 위락시설·판매시설로 사용되는 층 또는 복합용도의 층에 있어서는 그 층의 바닥면적 (㉡)m²마다, 계단실형 아파트에 있어서는 각 세대마다, 그 밖의 용도의 층에 있어서는 그 층의 바닥면적 (㉢)m²마다 1개 이상 설치할 것

	㉠	㉡	㉢
①	300	500	1000
②	500	800	1000
③	300	500	1500
④	500	800	1500

| 해설
층마다 설치하되, 숙박시설·노유자시설 및 의료시설로 사용되는 층에 있어서는 그 층의 바닥면적 ㉠ 500m²마다, 위락시설·판매시설로 사용되는 층 또는 복합용도의 층에 있어서는 그 층의 바닥면적 ㉡ 800m²마다, 계단실형 아파트에 있어서는 각 세대마다, 그 밖의 용도의 층에 있어서는 그 층의 바닥면적 ㉢ 1,000m²마다 1개 이상 설치할 것

정답 ②

29. 비상조명등의 비상전원은 지하층 또는 무창층으로서 용도가 도매시장·소매시장·여객자동차터미널·지하역사 또는 지하상가인 경우 그 부분에서 피난층에 이르는 부분의 비상조명등을 몇 분 이상 유효하게 작동시킬 수 있는 용량으로 하여야 하는가?

① 10 ② 20 ③ 30 ④ 60

| 해설
비상조명등의 비상전원은 지하층 또는 무창층으로서 용도가 도매시장·소매시장·여객자동차터미널·지하역사 또는 지하상가인 경우 그 부분에서 피난층에 이르는 부분의 비상조명등을 60분 이상 유효하게 작동시킬 수 있는 용량으로 하여야 한다.

정답 ④

30. 무선통신보조설비를 설치하지 아니할 수 있는 기준 중 ( ) 안에 알맞은 것은?

(㉠)으로서 특정소방대상물의 바닥부분 2면 이상이 지표면과 동일하거나 지표면으로부터의 깊이가 (㉡)m 이하인 경우에는 해당 층에 한하여 무선통신보조설비를 설치하지 아니할 수 있다.

	㉠	㉡
①	지하층	1
②	지하층	2
③	무창층	1
④	무창층	2

| 해설

㉠ 지하층으로서 특정소방대상물의 바닥부분 2면 이상이 지표면과 동일하거나 지표면으로부터의 깊이가 ㉡ 1m 이하인 경우에는 해당 층에 한하여 무선통신보조설비를 설치하지 아니할 수 있다.

정답 ①

31. 일시적으로 발생한 열·연기 또는 먼지 등으로 인하여 화재신호를 발신할 우려가 있는 장소의 설치장소별 감지기 적응성 기준 중 항공기 격납고, 높은 천장의 창고 등 감지기 부착 높이가 8m 이상의 장소에 적응성을 갖는 감지기가 아닌 것은? (단, 연기감지기를 설치할 수 있는 장소이며, 설치장소는 넓은 공간으로 천장이 높아 열 및 연기가 확산하는 환경상태이다)

① 광전식 스포트형 감지기
② 차동식 분포형 감지기
③ 광전식 분리형 감지기
④ 불꽃감지기

| 해설

일시적으로 발생한 열·연기 또는 먼지 등으로 인하여 화재신호를 발신할 우려가 있는 장소의 설치장소별 감지기 적응성 기준 중 항공기 격납고, 높은 천장의 창고 등 감지기 부착 높이가 8m 이상의 장소에 적응성을 갖는 감지기(단, 연기감지기를 설치할 수 있는 장소이며, 설치장소는 넓은 공간으로 천장이 높아 열 및 연기가 확산하는 환경상태이다)
㉠ 불꽃감지기
㉡ 차동식 분포형 감지기
㉢ 광전식 분리형 감지기

정답 ①

32. 비상벨설비 음향장치의 음량은 부착된 음향장치의 중심으로부터 1m 떨어진 위치에서 몇 dB 이상이 되는 것으로 하여야 하는가?

① 90
② 80
③ 70
④ 60

| 해설

비상벨설비 음향장치의 음량은 부착된 음향장치의 중심으로부터 1m 떨어진 위치에서 90dB 이상이 되는 것으로 하여야 한다.

정답 ①

33. 소방대상물의 설치장소별 피난기구의 적응성 기준 중 ( ) 안에 알맞은 것은?

> 간이완강기의 적응성은 숙박시설의 (㉠)층 이상에 있는 객실에, 공기안전매트의 적응성은 (㉡)에 한한다.

	㉠	㉡
①	3	공동주택
②	4	공동주택
③	3	단독주택
④	4	단독주택

| 해설

간이완강기의 적응성은 숙박시설의 ㉠ 3층 이상에 있는 객실에, 공기안전매트의 적응성은 ㉡ 공동주택에 한한다.

정답 ①

34. 승강식피난기 및 하향식 피난구용 내림식 사다리의 설치기준으로 옳지 않은 것은?

① 착지점과 하강구는 상호 수평거리 15cm 이상의 간격을 두어야 한다.
② 대피실 출입문이 개방되거나, 피난기구 작동시 해당 층 및 직상층 거실에 설치된 표시등 및 경보장치가 작동되고, 감시 제어반에서는 피난기구의 작동을 확인할 수 있어야 한다.
③ 하강구 내측에는 기구의 연결 금속구 등이 없어야 하며 전개된 피난기구는 하강구 수평투영면적 공간 내의 범위를 침범하지 않는 구조이어야 할 것. 단, 직경 60cm 크기의 범위를 벗어난 경우이거나, 직하층의 바닥 면으로부터 높이 50cm 이하의 범위는 제외한다.
④ 대피실 내에는 비상조명등을 설치하여야 한다.

| 해설
대피실 출입문이 개방되거나, 피난기구 작동시 해당 층 및 직하층 거실에 설치된 표시등 및 경보장치가 작동되고, 감시 제어반에서는 피난기구의 작동을 확인할 수 있어야 한다.

정답 ②

35. 비상콘센트설비의 전원부와 외함사이의 절연 내력 기준 중 ( ) 안에 알맞은 것은?

전원부와 외함 사이에 정격전압이 150V 이상인 경우에는 그 정격전압에 (㉠)을/를 곱하여 (㉡)을 더한 실효전압을 가하는 시험에서 1분 이상 견디는 것으로 할 것

	㉠	㉡
①	2	1,500
②	3	1,500
③	2	1,000
④	3	1,000

| 해설
전원부와 외함 사이에 정격전압이 150V 이상인 경우에는 그 정격전압에 ㉠ 2를 곱하여 ㉡ 1,000을 더한 실효전압을 가하는 시험에서 1분 이상 견디는 것으로 할 것

정답 ③

36. 누전경보기 수신부의 구조 기준으로 옳은 것은?

① 감도조정장치와 감도조정부는 외함의 바깥쪽에 노출되지 아니하여야 한다.
② 2급 수신부는 전원을 표시하는 장치를 설치하여야 한다.
③ 전원입력측 및 외부부하에 직접 전원을 송출하도록 구성된 회로에는 퓨즈 또는 브레이커 등을 설치하여야 한다.
④ 2급 수신부에는 전원 입력측의 회로에 단락이 생기는 경우에는 유효하게 보호되는 조치를 강구하여야 한다.

| 해설
누전경보기 수신부의 구조 기준
㉠ 감도조정장치를 제외하고 감도조정부는 외함의 바깥쪽에 노출되지 아니하여야 한다.
㉡ 전원을 표시하는 장치를 설치하여야 한다(단, 2급 수신부는 제외).
㉢ 전원입력 및 외부부하에 직접 전원을 송출하도록 구성된 회로에는 퓨즈 또는 브레이커 등을 설치하여야 한다.
㉣ 전원 입력측의 회로에 단락이 생기는 경우에는 유효하게 보호되는 조치를 강구하여야 한다(단, 2급 수신부 제외).

정답 ③

37. 특정소방대상물의 비상방송설비 설치의 면제 기준 중 ( ) 안에 알맞은 것은?

> 비상방송설비를 설치하여야 하는 특정소방대상물에 ( ) 또는 비상경보설비와 같은 수준 이상의 음향을 발하는 장치를 부설한 방송설비를 화재안전기준에 적합하게 설치한 경우에는 그 설비의 유효범위에서 설치가 면제된다.

① 자동화재속보설비
② 시각경보기
③ 단독경보형 감지기
④ 자동화재탐지설비

| 해설

비상방송설비를 설치하여야 하는 특정소방대상물에 자동화재탐지설비 또는 비상경보설비와 같은 수준 이상의 음향을 발하는 장치를 부설한 방송설비를 화재안전기준에 적합하게 설치한 경우에는 그 설비의 유효범위에서 설치가 면제된다.

정답 ④

38. 비상조명등의 일반구조기준으로 옳지 않은 것은?

① 상용전원전압의 130% 범위 안에서는 비상조명등 내부의 온도상승이 그 기능에 지장을 주거나 위해를 발생시킬 염려가 없어야 한다.
② 사용전압은 300V 이하이어야 한다. 다만, 충전부가 노출되지 아니한 것은 300V를 초과할 수 있다.
③ 전선의 굵기가 인출선인 경우에는 단면적이 $0.75mm^2$ 이상, 인출선 외의 경우에는 단면적이 $0.5mm^2$ 이상이어야 한다.
④ 인출선의 길이는 전선인출 부분으로부터 150mm 이상이어야 한다. 다만, 인출선으로 하지 아니할 경우에는 풀어지지 아니하는 방법으로 전선을 쉽고 확실하게 부착할 수 있도록 접속단자를 설치하여야 한다.

| 해설

상용전원전압의 110% 범위 안에서는 비상조명등 내부의 온도상승이 그 기능에 지장을 주거나 위해를 발생시킬 염려가 없어야 한다.

정답 ①

39. 광전식분리형 감지기의 설치기준으로 옳지 않은 것은?

① 감지기의 수광면은 햇빛을 직접 받지 않도록 설치할 것
② 광축은 나란한 벽으로부터 0.6m 이상 이격하여 설치할 것
③ 감지기의 송광부와 수광부는 설치된 뒷벽으로부터 0.5m 이내 위치에 설치할 것
④ 광축의 높이는 천장 등 높이의 80% 이상일 것

| 해설

감지기의 송광부와 수광부는 설치된 뒷벽으로부터 1m 이내 위치에 설치하여야 한다.

정답 ③

40. 자동화재탐지설비 배선의 설치기준으로 옳은 것은?

① 감지기 사이의 회로의 배선은 교차회로 방식으로 설치하여야 한다.
② 피(P)형수신기 및 지피(G.P.)형수신기의 감지기 회로의 배선에 있어서 하나의 공통선에 접속할 수 있는 경계구역은 10개 이하로 설치하여야 한다.
③ 자동화재탐지설비의 감지기회로의 전로저항은 80Ω 이하가 되도록 하여야 하며, 수신기의 각 회로별 종단에 설치되는 감지기에 접속되는 배선의 전압은 감지기 정격전압의 50% 이상이어야 한다.
④ 자동화재탐지설비의 배선은 다른 전선과 별도의 관·닥트·몰드 또는 풀박스 등에 설치할 것. 다만, 60V 미만의 약전류회로에 사용하는 전선으로서 각각의 전압이 같을 때에는 그러하지 아니하다.

| 해설
자동화재탐지설비 배선의 설치기준
㉠ 감지기 사이의 회로의 배선은 송배전 방식으로 설치하여야 한다.
㉡ 피(P)형수신기 및 지피(G.P.)형수신기의 감지기 회로의 배선에 있어서 하나의 공통선에 접속할 수 있는 경계구역은 7개 이하로 설치하여야 한다.
㉢ 자동화재탐지설비의 감지기회로의 전로저항은 50Ω 이하가 되도록 하여야 하며, 수신기의 각 회로별 종단에 설치되는 감지기에 접속되는 배선의 전압은 감지기 정격전압의 80% 이상이어야 한다.
㉣ 자동화재탐지설비의 배선은 다른 전선과 별도의 관·닥트·몰드 또는 풀박스 등에 설치할 것. 다만, 60V 미만의 약전류회로에 사용하는 전선으로서 각각의 전압이 같을 때에는 그러하지 아니하다.

정답 ④

2026 대비 최신개정판

해커스
소방설비기사 필기 전기
한권합격 이론+최신기출+핵심노트

개정 5판 1쇄 발행 2026년 1월 5일

지은이	김진성
펴낸곳	㈜챔프스터디
펴낸이	챔프스터디 출판팀
주소	서울특별시 서초구 강남대로61길 23 ㈜챔프스터디
고객센터	02-537-5000
교재 관련 문의	publishing@hackers.com
동영상강의	pass.Hackers.com
ISBN	978-89-6965-684-1 (13530)
Serial Number	05-01-01

저작권자 ⓒ 2026, 김진성
이 책의 모든 내용, 이미지, 디자인, 편집 형태는 저작권법에 의해 보호받고 있습니다.
서면에 의한 저자와 출판사의 허락 없이 내용의 일부 혹은 전부를 인용, 발췌하거나 복제, 배포할 수 없습니다.

자격증 교육 1위 해커스자격증 pass.Hackers.com

· 34년 경력이 증명하는 김진성 선생님의 **본 교재 인강**(교재 내 할인쿠폰 수록)
· 소방설비기사 **무료 특강&이벤트**, 최신 기출문제 등 다양한 학습 콘텐츠

주간동아 선정 2022 올해의 교육브랜드 파워 온·오프라인 자격증 부문 1위

해커스 자격증

이번 소방설비(산업)기사, 합격일까? 불합격일까?

1분 만에 알아보는
해커스 자가진단 테스트

응시 분야와
시험 종류 선택

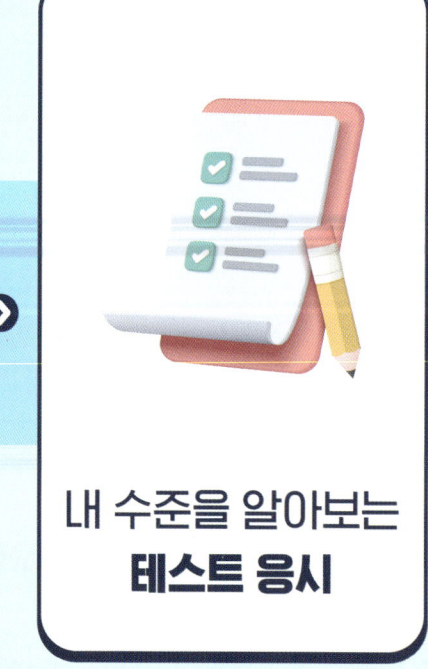

내 수준을 알아보는
테스트 응시

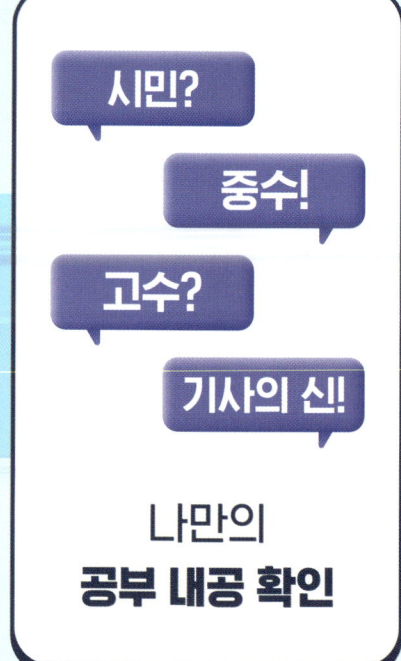

시민?
중수!
고수?
기사의 신!

나만의
공부 내공 확인

자격증 교육 1위 해커스
주간동아 선정 2022 올해의 교육브랜드 파워 온·오프라인 자격증 부문 1위 해커스

자가진단 테스트 바로가기 ▶
pass.Hackers.com